JN175337

グローバル環境ガバナンス事典

リチャード・E・ソーニア／リチャード・A・メガンク［編］
植田和弘／松下和夫［監訳］

Dictionary and Introduction to GLOBAL ENVIRONMENTAL GOVERNANCE

Richard E. Saunier, Richard A. Meganck

明石書店

DICTIONARY AND INTRODUCTION TO GLOBAL
ENVIRONMENTAL GOVERNANCE
by Richard E. Saunier and Richard A. Meganck

Japanese translation published by arrangement with
Earthscan, an imprint of James & James (Science Publishers) Limited
through the English Agency (Japan) Ltd.

献　辞

批評家、同僚、助言者であり友人でもある
ケントン・R・ミラーに捧ぐ

グローバル環境ガバナンス事典

目　次

献辞　3
謝辞　7
序文　9
まえがき　11
はじめに　15

第1部　グローバル環境ガバナンス：論考　21

第2部　グローバル環境ガバナンス：用語事典　59

・本事典の編集に使った情報源とアルファベット略語一覧　61
・用語事典　71
・頭字語・略語一覧　295
・参考文献　381

・付録1：水――グローバル環境ガバナンスにおけるテーマ事例研究　391
・付録2：政府間環境協定抜粋　401
・付録3：グローバル環境ガバナンスの諸原則と価値観　403
・付録4：市民社会による主な代替的協定　422
・付録5：ガバナンスの文書化　424
・付録6：ランダムな定義　427

・日本語索引　431
・監訳者あとがき　461
・編者紹介　471
・監訳者紹介　472

図表リスト

表1　「環境」という語が定義される文脈　36
表2　CIDIE 各構成機関の「環境事業」として扱われるべき問題についての解釈　38
表3　水貧困指標　282

「凡例」

1. “Global Environmental Governance” の訳語について

原書の表題でもある “Global Environmental Governance” の訳語については、「グローバル環境ガバナンス」と「地球環境ガバナンス」を同義語として併用している。「グローバル環境ガバナンス」は、表題、目次、見出し等に用い、本文中では「地球環境ガバナンス」を用いた。

2. 本事典に掲載されている頭字語・略語は必ずしも英語の原文には対応していない。そのため、頭字語・略語の後に英語の原文を掲載し、その後に頭字語に相当する元の言語（フランス語、スペイン語など）が明らかになっている場合は、それらを掲載した。

3. 原語がラテン語の用語については、対応するカタカナ表記が確認できるものはできる限りカタカナ表記を掲載した。

4. “sustainable development” については、すべて「持続可能な発展」とした。

5. なお、適宜、文中に「訳者注」を挿入した。

謝　辞

本書に書かれていることは新しいことではなく、その考えはすでに多数の同僚や諸先輩により議論され、認識され、批判や支持、非難や賞賛を受けてきたものである。われわれにとって、彼らのほとんどは今も変わらず友人である。長年にわたり、実にさまざまな会合で、バスの通勤途中で、長距離のフライトで、安い飲み屋で、そして近年では高価なホテルで、さらに丘の上や山の頂上で、ほとんど同じ顔ぶれの彼らとの付き合いが続いた。当初の話題は、自然保護と原生自然環境保全を定める法律の推進についてであった。次いで「環境」への強い関心が起こり、さらに持続可能な発展に関する議論が続いた。現在は環境ガバナンスについて論じている。このすべての過程で、多数の有益な批判と支持をいただいた。最も重要な人々からいただいたコメントと批判について少なくとも謝意を示しておかなければ、怠慢のそしりを免れえない。したがって、内容やその重要性または合意のあるなしにかかわらず、順不同で、次の方々に感謝の意を表するものである。アーサー・ヘイマン、ケントン・ミラー、ジョシュア・ディキンソン、アクセル・ドーロヘアンニ、ボリス・ウトリア、クリス・マッケイ、ダイアン・ウッド、ギルベルト・ガロピン、アリエル・ルーゴ、ジェームズ・ネーションズ、ジョアン・マーティン・ブラウン、フアン・ホセ・カストロ・チェンバレン、カーク・ロジャース、ブライアン・トムソン、マーガレット・カトレイ・カールソン、ラリー・ハミルトン、アーロン・ウルフ、ジョン・P・ベノ、エリザベス・ダウズウェル、リディア・ブリト、ピーター・ジェイコブス、ルイス・ボホルケス、マニュエル・ラミレス、マルティン・ゲーベル、マイケル・フリード、デイビッド・マンロー、ノエル・ブラウン、パブロ・ゴンザレス、ニール・バンドロウ、故ピーター・サッチャー、リチャード・サンドブルック、ヤディラ・ソト、ロバート・グッドランド、イロナ・ヴァン・デル・ウェンデン、ステファン・ベンダー、テッド・ターツィナ、ウォルター・ベルガラ、ウィリアム・ポシエル、ラルフ・デイリー、ヨランダ・カカバッジ、シルビオ・オリビエリ。

査読者数人からは本文の重要な変更につながるコメントをいただき、ほかの査読者からは、われわれが必要とする激励をいただいた。以下はそのリストである。ジャック・ボーン大使（米国）、ルイージ・R・エイナウディ大使（米国）、マイケル・キング大使（バルバドス）、ビンセント・サンチェス大使（チリ）、アンドラス・ソロシナジ、アンドレア・マーラ、ガス・スペス、アルフレッド・デユーダ、バート・シュルツ、アントニオ・レンヒフォ、クリスティーナ・ゴンザレス、エウード・コック、ローラ・クワックとピーター・ストロー、ジョイータ・グプタ、レン・ベリー、マンサ・メハリス、モハメド・T・エル・アシュレイ、リック・シュールバーグ、ロビン・ローゼンバーグ、トッド・ボールドウインとトム・ラブジョイ。

用語事典と頭字語リストの作成にあたっては、きわめて多くの個人と組織を典拠として用いた。われわれは彼らの業績に感謝し、その名前を 61 ～ 69 ページに掲げた。最後に、30 年にわたる家族ぐるみの付き合いを通じ、われわれを支え愛してくれた配偶者ゲール・ソーニアとジャネット・O・メガンクに、改めて感謝したい。

序　文

外交官は、もっともな理由をつけて、遠回しな言い方をしたり、曖昧な表現で本音を隠したりすることがある。だが、外交的な語り口は、ときにその人をまぬけか、あるいは食わせ者に見せてしまうことがある。

ボストン・グローブ

2006年末に*Dictionary & Introduction to Global Environmental Governance*がハードカバーで出版されて以来、新たな問題や再発した問題について、多くの定義がさまざまな政府や市民社会の注目を集めてきた。たとえば、地球規模の気候変動や、水と水分野の活動団体、自然災害などに関し、新しい用語が生まれている。今回かなりの追加が必要と思われることから、地球環境ガバナンスにおける言葉が、依然として急速な複雑化を続けていることがわかる。そのようなわけで、コミュニケーション全般、とりわけ地球環境ガバナンスの特別用語が、ガバナンスの活動の成功と失敗に大きくかかわるという私たちの基本的見解は、今もなお妥当性があるといえよう。

新たな定義の追加は、さらに次のような議論を浮き彫りにする。それは、先に述べた問題のほか、越境水、テロリズム、ケースバイケース対応のアラカルト多国間主義、さらに世界で10億の人々がミレニアム開発目標にうたわれた崇高な目標からも技術からもほとんど恩恵を受けることなく、1日1米ドル未満で生き延びている現状、といった複雑な問題への対応において、地域的あるいは世界的協調が優先されるべきかどうかという議論である。

さらにまた、さまざまな国際危機における国連の対応がもはや中立的とは思われないことが懸念されている。オックスファムによると、援助活動家に対する暴力的行為の年間件数は1997年以降年々増加し、2倍以上になった。結局、このような事件の多くは、誤解とコミュニケーション不足から生じる悲劇的な結果であり、多くの場合、言葉の問題でもある。

明確な議題と明らかなカオスが存在するが、とるべき道はただひとつ、開発関連問題に取り組むあらゆる当事者間の議論をサポートする以外にはない。たとえ問題のリストが果てしなく続くかに見えても、ほかに手立てはない。というわけで、私たちの目標は、依然としてコミュニケーション不足を軽減することである。本書がその目標達成に真に貢献することを心から願っている。

R. E. S. & R. A. M.
2008年1月

まえがき

グローバル化の進行により、各国の開発・環境問題は、他国と地域社会の経済や政策とより深く関連するようになっている。このようなことから、今日の世界のガバナンスは、多様な行政レベルで組織され、すべてのレベルにおける政策は相互に緊密に調整され関連づけられる必要がある。これは「重層的ガバナンス」と呼ばれるプロセスである。

3つの傾向がますます顕著になっている。第一は、地球レベルですべてを規制し調和のとれた状況と政治的な実行可能性を創造しようとする傾向である。第二は、地域社会レベルで利害関係者の参加を通じて政策課題に対処することによって、正当性と効果的な実施を確保しようとする傾向である。第三は、民間部門その他の非政府主体がガバナンスプロセスにより積極的に参加できるような状況を構築しようとする傾向である。これら3つの傾向は、相互に異なる方向に牽引する可能性があるが、2国・多国・全世界の政府間交渉が依然として中核をなすことは明白であり、時間の経過とともにこのような交渉の頻度が高まっている。最近の米国による国連システムに対する挑戦は、国連の弱体化を示すものと解釈されるべきではなく、もし米国が国連の合意事項を受け入れ批准したならば、米国は非政府主体による合意事項の不履行に対して国内で説明責任を問われうることを示すものである。

このような現実の前に、国際関係論・国際法の研究者、外交官、その他の交渉担当者およびオブザーバーは、地球規模での政策決定が図られている場裡の状況と現実を理解することが不可欠である。このプロセスの一部を構成する多くの会議は、1000人以上の政府代表団が参加し、多数の本会議としばしば数十の分科会および非公式の補助的会議が開かれる。会議で使われる用語はますます複雑化し、頭字語もよく使われる。実際にどのようにして決定がなされるかは、交渉の部屋にいる参加者にとってもしばしば謎のままである。なぜならば、多くの決定は本会議での議論が実際に始まるずっと前に準備され、鍵を握る少数の代表の間で事前に交渉されているからである。さらに、各国の公式な代表団は交渉担当者と外交官でなるものの、より技術的な交渉の多くには科学者が送られている。彼らはそれぞれの専門分野では非常に能力があるものの、国際交渉の複雑さを理解することにはきわめて不慣れである。多くの交渉担当者はしばしば既成事実に直面する。地球規模の交渉プロセスを熟知した者だけが、国連の手続き規則が地球規模での外交交渉においていかに影響力があるかを知り、これらの規則をどのように効果的に利用し、あるいは乱用できるかを知っている者が、交渉のプロセスとその結果を支配することができるのである。

交渉の現実は、国際関係理論、国際法の議論、交渉理論では考慮されていないことが多い。本書は既存の知識におけるこの重要な空白を埋め、将来の交渉担当者や国際プロセスの研究者がプロセス全体をつかみやすくなるようにする。本書は、地球環境ガバナンスにおけるカオスの本質を論じた抽象的な論考と、部外者もすぐに多数の用語にアクセスし理解できる非常に実際的な用語解説から構成されている。

国際関係論の観点からは、ほとんどの地球規模の開発と環境問題は相互に密接に関連しており、本質的に「厄介」で「構造化されていない」問題である。それは、行動を起こす費用と行動がもたらす便益が十分に整理されておらず、また、高度な複雑性と不確実性のため科学の現実的問題対処能力に限界があり、また、どのように問題に対処すべきかに関する基本的価値観についてほとんどまたはまったく合意がないからである。このような状況の下で、すべての地球規模のプロセスは、社会的学習プロセスとみなすことができ、そのようなプロセスがいずれは問題解決に導くことが期待される。社会科学の分野に属するわれわれの多くにとって、「狂気の中にも何かしら方法がある」のである。このことは本書において、現在われわれが置かれている「カオスの縁」から流れ出る手段の出現として説明される。

こうした背景の下、本書の論考は新鮮なアプローチをとり、国際プロセスを、国際ガバナンスプロセスの参加者の観点から検証している。外交的な出会いの背景、過程、構造、実施を、簡潔だが色彩豊かな記述で描いていく。その後、次のような特徴を持つ国際場裡を、カオスの比喩を用いて説明している。すなわち、「持続可能な発展」や「環境」のような主要用語についてすら合意された定義がほとんど存在せず、「生態系」の概念がほとんど理解されておらず、「エコロジー」という用語が有益な洞察を与える科学としてよりもイデオロギーとして使われ、政治的意思の欠如が宿題をやっていないことの言い訳に使われる国際場裡である。本書はまた、地球環境ガバナンス上の重大な課題への対応に役立つ追加的な道具に言及する。政治的意思の欠如は宿題を済ませていないことを反映し、合意はせいぜい象徴的なものとなるだろうと本書は論じている。さらに課題に取り組む戦略を展開する。

本書は有益な情報を読みやすく提供する。したがって、読むことが役に立ち、報われる。もし本書の欠点をあえて挙げるとすれば、相対立する見方の双方から、相手の用語と問題を理解できるということである。これは問題が社会的に構造化されているととらえる社会科学者には奇妙に響くかもしれないが、認識が現実をなし、「標準」科学は（事後標準または公益の科学と異なり）いわゆる「厄介」な問題に対する答えを持っていないのである。一方で、相対主義が過ぎると、見解と自信を曇らす。自信を持って雄弁に議論し地球規模の問題を描写することによって、これらの問題にどう取り組んだらいいかについての疑念を払拭し、より効果的に国際交渉場裡に参加する準備を助けてくれるであろう。

ジョイータ・グプタ
オランダ、デルフトにて
2006年12月4日

はじめに

> とても重要な仕事を始めておいて、途中でやめてしまうことほど大きな失敗はない。
>
> バーバラ・ウォード

本書に示す論考とそれに付随する事典と頭字語・略語一覧を作成することは、世界の関係者が2002年の「持続可能な発展のための世界首脳会議（WSSD）」の準備をしているとき——間違った解釈と共通理解のない用語に振り回された骨折りな2年間——にひらめいた[1)]。サミットの成果に対する諸々の反応は、地球とその住人が直面している諸問題についての対話をより活性化、かつ生産的にするための何かを提供したいというわれわれの気持ちを確たるものにしただけだった。確かに、一時的にではあったが、それを解決するため各国政府が何百万ドルも拠出しようという十分な勢いはあった。しかしながら、われわれの知るところでは、それらは結局のところほとんど、あるいはまったく実現していない[2)]。

もちろん、WSSDそのものの妥当性と有効性の評価は意見の分かれるところである。これ以前の同様の世界会議においても、価値ある合意が得られなかっただけでなく、そのための議論すらされなかったという声が参加者から聞かれている[3)]。WSSDに関し、たとえばベネズエラのウゴ・チャベス大統領（当時—訳者）は「耳の聞こえない人たちの対話」だったと切り捨てたが、これは開発途上国の政府や非政府組織（NGO）から繰り返し聞かれる意見でもある[4)]。「対話がなかった」という意見のほかには、「各国に譲歩する用意がなかった」「前回の同様のサミットで設定された緊急目標を達成しようとする意気込みが各国政府にはまるでなかった」「将来につながる直近の目標設定やすでに検討された事項の目標を定めることができなかった」といった意見が聞かれた[5)]。一方、国連機関やいくつかの先進国の政府は、アジェンダ21を実施することを決めたことが成功のひとつだったと報告しており、持続可能な発展を推進するため、構築された多くのパートナーシップに精力的に働きかけている[6)]。とはいえ、上述のような深刻な問題が存在することを認識し、国連はこのような大掛かりな環境会議の開催を見合わせることを宣言した[7)]。ところがこのような宣言は国連だけに当てはまるもので、その4年後に140カ国から2万人を集めメキシコで第4回世界水フォーラムを開催した世界水会議など、ほかの国際機関には関係がない。この会議の結論は、水問題は重要でありその保全は緊急を要する、ということだった[8)]。会議の最後のプレスリリースでは、ジャック・シラク大統領（当時—訳者）が「誰もが直面している水問題の緊急性を憂い、全員一丸となって永続的に関与し続けることを呼びかけた」と述べた[9]。このような実現を期待したいが、「緊急性」といったとき、そこにはこれ以外にも気候変動、HIV/AIDS、核拡散、エネルギー、感染症の大流行の脅威、増加する一方の壊滅的な自然災害による被害、大量殺戮、戦争、根強い貧困問題などがあり、大なり小なりガバナンス会議のテーマとなる事項が目白押しである。

これらの会議の中心テーマに取り組む外交官、科学者、関心のある市民が、それぞれにかたくなで偏ったデータ解釈をしていることは疑問の余地がない。しかし、しばしばそうした本筋でない口論や偏った解釈から、地球環境ガバナンスという考え方があらゆる範囲で必要とされる本当の理由が見えてくるものである。たとえば、これらの課題の協議に参加しうる200近くの主権国家の間で経済・社会政策や文化的価値観に複雑な違いがあることや、主要国が「ソフト・パワー」と「ハード・パワー」のどちらを用いた施策を選ぶかや[10]、地球環境ガバナンスにおける議題をまとめようとしている何千というNGOが存在することなどが挙げられるが、これだけにはとどまらない。

NGOはいろいろな形で大きな貢献をする一方、膨大な数の関心事項や要求事項の議論を求めることもまた事実である[11]。同様に、近頃良心または経済性により触発された企業もまた、市場に出される製品・サービスの数に匹敵するほど多くのアイデアを持ち込む。会議に招待されていない多くの不満を抱えた個人や団体もまた、投票権を剥奪されたからというわけではないが、自分の意見を表明する場を求めており、その数は増加している。さまざまな主張があり、自分の最終目標とは必ずしも一致しない意見も多く聞かれることから、このような団体の中には自分たちの意見に注意が払われるよう、対話そのものを妨害することもある。

国家の代表団の構成もまた、混乱状態に拍車をかける。代表団の構成員によく名を連ねる経済学者や法律家が、生物学や化学の議論の準備ができていることはまれである。そして生物学者や化学者はというと、おおむね外交駆け引きの術を知らない。そのため、彼らによる高尚な努力をしても、われわれの直面する多様かつ潜在的な問題を理解し、それに対する完全に効果的な解決策を示すことはできない。

さらに、ずいぶん前から国際的な環境管理の議論の中でも出ていたテーマではあるが、人権や貧困という問題が新たに重みを増してきており、「環境」という範疇を自然資源の保護や汚染防止にとどめておきたい人々がいる中、この境界線が破られようとする動きが見られる。また、「持続可能な発展」という議論がさまざまな形で、環境運動の関心の大半を奪っていると考えている人々もいる。不平等や貧困が環境問題の一部ではないと考えていたとしても、これら2つの現実が否応なしにわれわれにできること、できないことを制限しているといえる。

正確にいうと、地球環境ガバナンスの議論に積極的な外交官や学者の間では、これら各種多様な議論を包含する方策を探すことは最重要事項として認識されている[12]。しかしながら、きわめて実践的なレベルで起きている環境ガバナンスの問題は、間違って理解されたり解釈されたりしている用語や、よく知られているが留意されていない用語によって引き起こされているともいえる。そのため、地球環境ガバナンスの複雑さに取り組み明瞭化する学究的な作業に加え、国際文書の直接交渉にあたる人々の生産性を正しい方向に向けて促し、そのための数多くの大会や会議、会合などの準備をし、報告書を作成する人々の手助けをする道具が必要になる。もっと具体的にいうと、不必要に事態を複雑にし、さらに不完全または間違った情報に基づく議決や交渉を引き起こすような、混乱の元となる業界用語を解明する必要がある。

専門用語や頭字語は地球環境ガバナンスの標準的な（そして必要な）言語である。「PIC-INC」という頭字語を見てみよう。これを省略せずにいうと、「国際貿易の対象となる特定の有害な化学物質および駆除剤についての事前のかつ情報に基づく同意の手続きに関するロッテルダム条約の締約国会議準備のための政府間交渉委員会」となり、数年に一度いうだけでも、誰でも PIC-INC という頭字語を好んで使うようになるだろう。

同様に、アラン・ビーティは「G ＋数字」で表される国家グループの急増を指摘している。「国家グループのメンバーであることに強く魅せられているため、普通はグループを縮小する唯一の道はグループをやめてまた再開することなのだが、古いグループが解消される前に新しいものが次々と生まれている」[13]。現在、そのリストには G3、G4、旧 G5、新 G5、旧 G6、新 G6、旧 G7、新 G7、G8、G8+、新 G8+、G10、G13、G15、G20、G21、G33、G90、そして 100 カ国以上のメンバーを抱える G77＋中国が含まれる。

PIC-INC や「G 症候群」、その他数え切れないほどの地球環境ガバナンスの専門用語、頭字語、略語があるために、地球環境ガバナンスの学生や長い経験を持つ実務家でさえ、このような語彙を簡単に調べられる包括的な事典を必要としていると想定される。そのような事典と頭字語・略語一覧が、地球環境ガバナンスの入門書である本書の大半を占めている。

地球環境ガバナンスは何百という会議を通じ、何千もの献身的な人々の時間とエネルギーを要する継続的な作業である。しかしながら、公開される会議議事録を見ると、議論は同じことの繰り返しであったり、とりとめがなかったり、多くの場合間違った方向に向かったりしている[14]。公式な代表団と非公式な参加者間、政府関係者と非政府組織間、そして議場と議場外の間に見られる騒動は、わかりにくいが重要な科学的真理と、人気はあるが意味のない科学的虚構が混じり合った興味深い状況から生まれていることが非常に多い。実際、どれだけの団体が最も基本的な地球環境ガバナンス用語を正しく認識しているかわからないので、重要な用語を取り入れた短い論考も執筆した。これにより、争点が明瞭にならないまでも、議論が実りあるものになることを期待する。

ここまでに述べた状況を基に、地球環境ガバナンスの過程は失敗だったとか、成功裏にまとめられてきたさまざまな文書も失敗だったとかいうつもりはない。

われわれはその過程を何年にもわたり注意深く観察してきており、多くの個人や機関が投入した献身とエネルギーに敬意を表している。そうだとしても、多くの人が指摘しているように、この貴重で独特な文化の中で過程が進められていることが、現実の問題と仮想の問題をややこしくする大きな一因になっていると思われる。

このため、地球ガバナンスの過程の現状を、積極的に活動している人の中には納得できない人もいるかもしれないが、「失敗」というよりも「カオス」と表現することにしたい。とはいえ、現状のシステムをカオスの字義どおりに「混沌と混乱」と描写することもできるものの、ここではそれを強調したいわけではない。それよりも複雑科学的な視点でとらえたいのである。そこでは、最初のわずかな違いや不正確さ、最適でない事態の正のフィードバック、増加する複雑さといったものが、システムそのものをカオスの縁のある「場所」に導き、そこで自らが創出した通路で停滞するか、すべて終焉するか、終わりのないカオスの世界に滑り込むか、それとも何かより良い段階へ脱け出すことになる[15]。この最後の選択肢こそが「カオスの縁」を潜在的に建設的な場所にするのであり、これがおおむねわれわれが伝えたいことでもある[16]。

複雑性の概念は、往々にして数学や物理科学の視点からは間違って解釈されたり使われたりしてきており、これらの学問の立場においてわれわれが与えうる被害については十分理解している。しかしながら、ここでは複雑性の考え方を「暗喩的に適用」しようというだけである[17]。これは数学的なモデルを使って地球環境ガバナンスについての解を示そうといったことではまったくない。そうではなく、複雑性科学から生じる豊富な知識が地球環境ガバナンスに有意義な解釈を与え、その結果、ガバナンスの過程の実りある再考を促すことを期待している。

われわれには、ここに書かれていることの一部は、地球環境ガバナンスに献身的な多くの外交官や学者に意味のないことだということもわかっている。もしこれらの人々が本書を読むとしたら、最初の5～6ページを飛ばすことをお勧めする。しかし、読み手が見逃しているかもしれない、もしくはそうでないにしても現場からの視点を反映している残りの論考には是非、目を通していただきたい。そして、良きにつけ悪しきにつけ、「とても重要な仕事」である地球環境ガバナンスが途中で終わってしまうことがないよう、本書を提供するものである。

注

1）WSSD（持続可能な発展に関する世界首脳会議）は2002年8月26日から9月4日にかけて、南アフリカ共和国のヨハネスブルグで開催された。

2）GEG（地球環境ガバナンス）に関する最近の分析と課題、展望については、James Gustave Speth and Peter M. Haas (2006) *Global Environmental Governance,* Washington, DC: Island Press。

3）1992年のUNCED（国連環境開発会議）に対する批判は、Adil Najan (1995) 'An environmental negotiation strategy for the south,' *International Environmental Affairs*, vol 7, no 3, pp249-287、また2002年のWSSDに対する批判は、Tom Bigg (2003) 'The World Summit on Sustainable Development: Was it worthwhile?' T. Bigg (ed) *Survival for a Small Planet*, Earthscan, London。

4）チャベス大統領の引用は、Robin Pomeroy (2002) 'Earth summiteers cast doubt on future world meets,' *Reuters News Publication Service*, 4 September、開発途上国のNGOの意見については、Anju Sharma, Richard Mahapatra and Clifford Polycarp (2002) 'Dialogue of the deaf,' *Down to Earth*, Delhi, Centre for Science and Environment, pp25-33。

5）世界資源研究所（WRI/2003年）の報道発表では「WRIはWSSDの結果に遺憾である」旨が述べられている。<http://newsroom.wri.org>（2003年10月6日アクセス）

6）国連経済社会局持続可能な発展委員会（UNDESA/DSD）「持続可能な発展のためのパートナーシップ」<www.un.org/esa/sustdev/partnerships/partnerships/htm>（2003年11月13日アクセス）

7）Geoffrey Lean (2002) 'U.N. creates watchdog group in lieu of future summits,' *London Independent*, 8 September.

8）詳細についてはRobert Varady and Matthew Iles-Shihの2005年論文'Global water initiatives: What do the experts think?'を参照。この論文はタイ・バンコクで開催されたWorkshop on Impacts of Mega-Conferences on Global Water Development and Managementで公表されている。彼らは専門家協会や政府間組織、非政府組織において水問題が重要性を増している点を実証した。もっとも、彼らは、国際レベル・地域レベル・国内レベルにおいて会議の数が膨大となっているために、国際的に共通した議題設定をすることが困難であることにも言及している。

9）Jacques Chirac, 'Message from the President of the French Republic to the Closing Session of the 4th World Water Forum' <www.elysee.fr/elysee/elysee.fr/anglais/speeches_and_documents/2006/message_from_the_president_of_the_french_republic_to_the_closing_session_of_the_4th_world_water_forum.44782.html>（2006年11月30日アクセス）

10）Robert Kagan (2002) 'Power and weakness,' *Policy Review on Line*, <www.policyreview.org/JUN02/kagan.html>（2003年8月15日アクセス）。また、Andrew F. Cooper, John English and Ramesh Thakur (2002) *Enhancing Global Government: Towards a New Diplomacy*, Tokyo: UNU Press。

11）Elizabeth Corell and Michele M.Betsell (2001) 'A comparative look at NGO influence in intergovernmental environmental negotiations: Desertification and climate change,' *Global Environmental Politics*, vol 1, no 4, pp86-107.

12）Ronald B. Mitchell (2002b) 'Of course international institutions matter: But when and how?' Frank Bierman, Rainier Brohm and Klaus Dingwerth (eds) *Proceedings of the 2001 Berlin Conference on the Human Dimensions of Global Environmental Change; Global Environmental Change and the Nation State*, PIK Report no 80, Potsdam: Potsdam Institute for Climate Impact Research, pp16-25、また、Ronald B. Mitchell (2003) 'International environmental agreements defined' <www.uoregon.edu/~rmitchel/IEA/overview/definitions/htm>（2003年10月15日アクセス）

13）Alan Beattie (2005) 'Welcome to the Group of 78,' *The Financial Times*, 16 April.

14）Hillary French (2002) 'Reshaping global governance,' Christopher Flavin et al. (eds) *State of the World 2002 – Progress Towards a Sustainable Society*, London Worldwatch Institute and W. W. Norton and Company, pp174-198.（ヒラリー・フレンチ〈2002〉「グローバル・ガバナンスを再構築する」クリストファー・フレイヴィン編著『ワールドウォッチ研究所　地球白書2002-2003』家の光協会、pp293-330）

15）Edward N. Lorenz (1993) *The Essence of Chaos*, Seattle: University of Washington Press, pp161-179、また、M. Mitchell Waldrop (1993) *Complexity: The Emerging Science at the Edge of Order and Chaos*, New York: Touchstone。

16）水問題に対する国際的認識を高めた良作として、2005年にタイ・バンコクで開催されたワークショップで公表されたRobert Varady and Matthew Iles-shih 'Global water initiatives: What do the experts think?'がある。8を参照。

17) Stephen Kellert (1995) 'When is the economy not like the weather? The problem of extending chaos theory to the social sciences,' A. Albert (ed) *Chaos and Society,* Amsterdam: IOS Press、また Robert Axelrod (1997) *The Complexity of Cooperation*, Princeton: Princeton University Press, pp3-9。

第1部

グローバル環境ガバナンス：論　考

ガバナンスと政府

国際外交の術とは、不愉快なことを不可解なことへと変えることである。
広く認識されている地球環境ガバナンスの原則

初めに、本書ですでに何度も目にしている「地球環境ガバナンス」という用語について簡単に述べておこう。「地球」「環境」「ガバナンス」――この３つの単語は、どれも重要である。「ガバナンス」という概念は、「政府」という概念との間に微妙だが重要な違いがあるため、ここで考察しておこう[1]。２つの概念は重なる部分が大きいが、ガバナンスは、政府より範囲が広い。たとえば国連ハビタット（人間居住計画）は、「単一の権力と、共有された目的と責任」という違いがあるとしている[2]。さらに、ガバナンスは個人や組織がその日常的な事柄を計画したり管理したりするあらゆる方法を含み、「公式の機関や、非公式な取り決め」、さらに市民の知識や行動をも含む[3]。しかし、ガバナンスは、しばしばそう信じられているように、政府の重要性を減ずるものではない。というのも、ハビタットも言及しているが、政府はなお「規制権力と大半の財政責任」を保持しているからである。そして、政府の「規範的、政治的な正当性」は、われわれが共に行動するような構造をつくりだし、維持することに役立っているからである。

ガバナンスの前に付く「地球」も、「政府間」や「国際」を付けるのとは違う意味を持つ。「政府間」が２国間以上で公式な問題を扱うことを指すのに対して、「国際」が付くと、各国間の関係を考慮するだけでなく、各国政府と市民とが接点を持ち関係することも含んでいる。そして、「地球」が付いた場合は、政府間や国際という考え方よりもはるかに広い意味を持っている。政府、企業、非政府組織（NGO）、大学、研究所、財団など多くの組織による公式・非公式なガバナンス活動を包含する。地球という単語を付ける場合、政府の内外、そして国家や組織の境界を超える多数の組織が、地球の運営や管理で大部分の責任を担っていることを認識しているのである[4]。さらに「環境」という用語は、きわめて重要性が高いため、ひとつの項目として詳しく述べる。それについてはのちの論考をぜひ読んでいただきたい。

あらゆる地球規模のガバナンス問題と同様、地球環境ガバナンスもいくつかの基本ルールに基づいている[5]。第一に、国民国家の絶対的な主権と法的平等に関して 1648 年のウェストファリア条約にまとめられた基本的な前提が、中心になっている。このような概念がなかったら、国際的な場での国家間の関係は、政治的なゲームや重量挙げコンテストとほとんど変わらないものになっていただろう。第二に、地球環境ガバナンスは、国際法に従う。国際法とは、さまざまなレベルでの数年にわたる交渉によって成立するような拘束力のある合意の大要であり、それを用いて政府が違いを調整して共通利益の実現に向けて努力するものであり、そしてあとから国内法となっていくものである（付録2参照）。加えていうと、地球環境ガバナンスは、ますます多くの諸原則（付録3参照）と、そのほかの法的拘束力のない文書によって導かれている。ただし、このような諸原則は、合意されているとはいえ、すべての文化が同じようにそれらを理解しているとは限らない。

地球環境ガバナンスのさらにもうひとつの重要な特徴は、1992年にリオデジャネイロで開かれた国連環境開発会議（UNCED）において各国政府が認めた、意思決定における市民社会の役割である[6)]。リオ宣言の第10原則は、「環境問題は、それぞれのレベルで、関心のあるすべての市民が参加することにより最も適切に扱われる」と書いている。さらに重要なことは、「各国は、情報を広く行き渡らせることにより、国民の啓発と参加を促進しかつ奨励しなくてはならない。賠償、救済を含む司法および行政手続きへの効果的なアクセスが与えられなければならない」という記述を加えて、このプロセスを可能にしたことである[7)]。

地球環境ガバナンスは、「持続可能な発展に関する世界首脳会議（WSSD）」の準備段階で「地球持続可能な発展ガバナンス」へと変貌を遂げたともいえそうだが、核となる構成要素が少なくとも3つある。それは、「過程」「構造」「実施」である。理想的には、これら3つの構成要素が密に調整された順序で生じ、地球環境ガバナンスはこれら3つの相互依存関係を反映するものとなるだろう。しかし、地球環境ガバナンスの世界では、物事は理想どおりにはいかないかもしれない。秩序は、数多くの出だしのつまずきや挫折を経たのちに、初めて現れてくることだろう。

地球環境ガバナンスの「過程」は、ほとんどどこでも始められるが、どこにも行き着かないことも多く、このことは批准されない文書、完全に放棄された文書、時代遅れとなった文書が増え続けていることにも示されている[8)]。地球環境ガバナンスの「構造」は、公式および非公式の機関、公的および民間の機関によって構成され、これらの機関が「実施」を導くのだが、明確に定義された目標や正式な支持が得られる前に進んでしまうこともしばしばある[9)]。

過　程

地球環境ガバナンスの過程のうち、目に見えるものは、多種多様かつ頻繁な集会、会議、議会、サミットである。実際、持続可能な発展を「何千もの会議を始めることになった呪文」と定義した人がいる。これらの会議の重要な例は、いうまでもなく、1972年の「国連人間環境会議」、1992年の「国連環境開発会議（UNCED）」、2002年の「持続可能な発展に関する世界首脳会議（WSSD）」である。

しかしながら、1995年の「世界社会開発サミット」、1996年の「持続可能な発展に関する米州特別首脳会議」、2001年の「世界貿易機関（WTO）第4回閣僚会議（ドーハ）」、2006年「世界水フォーラム」などの会議もまた、地球環境ガバナンスの過程の一部として考えられている。

主要な会議が開催されるたびに、交渉に対して科学的事実を提供する人たちを含め、星の数ほどの関係者によって、まさに何百もの準備会合が主催される[10]。これらの関係者は、特定の課題に取り組む小グループに分かれたり、地理、経済、文化、イデオロギー、その日の議題に応じて連合を形成したりを繰り返す。公式会議では、のちの見直し、議論、修正、行動のために、議論や決定事項を事務局が正確に記録する。過程の主な部分を占めるのが、適切な言語ですべてを紙面に書き表して、特定数の国家やその他の機関において（政府の行政機関による）署名と（政府の立法機関による）批准がなされたのちに発効する法律文書を作成するという作業である[11]。

地球環境ガバナンスのための会議は、大規模なものから小規模なもの、公式なものから非公式なもの、包括的なものから限定的なものまであり、扱う内容にも部門別の関心事や、地理的・文化的な事柄など幅がある。さまざまな非公式な集会におけるスピーチ、記事、背景報告書が、新しい地球環境ガバナンスの取り組みの開始につながるばかりか、従来の地球環境ガバナンスの取り組みを再活性化することもある。政府間の条約や協定を交渉する公式の過程は、政府間交渉委員会（INC）の一連の会議である。しかしながら、公開される公式会議においてよりも、交渉担当者がまず合意に達するのは、廊下や休憩中、カクテルパーティー、どんなに取り繕おうとも早い段階で透明性がなくなる可能性がある緊急の深夜の分科会などが多い[12]。非政府組織（NGO）（付録4参照）や、最近よく行われる私企業の類似の会議でも、複雑さ、費用、関心の多様性、情報の量や正確さ、そして機密性といった点で、上述の特徴すべてが見られる[13]。

構　造

地球環境ガバナンスの構造、つまりガバナンスの法律文書を解釈し施行するために必要な協定と制度も、同じように複雑である[14]。ある協定に関する組織は、多様な公式・非公式な諮問委員会（パネルや補助機関など）や、条約や議定書の交渉や署名を行った締約国の会議や会合で構成される[15]。この構造の中には、事務局、プログラム、委員会もある。たとえば、国連環境計画（UNEP）は、1972年の国連人間環境会議で定められた責務の実施を助け、促し、国連持続可能な発展委員会（CSD）は、1992年の地球サミットで承認されたアジェンダの進捗状況を見直す[16]。現在発効している条約や協定のほとんどに、批准を見守り、実施を確保し、その運営機関を支援するための事務局がある[17]。

合意事項には、声明や宣言（「ソフト・ロー」と呼ばれることがある）のほか、協定や条約や議定書（「ハード・ロー」と呼ばれることがある）がある。このようなさまざまな種類の法律文書は、さまざまな権限レベルで締約国を拘束する[18]。法律文書に合意したことを示す記録は一般に、前文、過去の協定への言及、締約国が同意した一連の原則や声明からなる。そして、その法律文書自体や付録、または別の文書で規定された行動がその後実施される。各機関や会議には、作成された文書に付ける識別コードが与えられる（コードの解読方法については付録5を参照）。

地球環境ガバナンスに関する条約には、少なくとも4種類ある。「国連気候変動枠組条約（UNFCCC）」や「生物多様性条約」のような枠組条約は、条約に説明されている目的を達成するために、追加で別途交渉された議定書が必要であり、政府はすべての議定書に署名または批准していなくても、条約の署名、さらには批准さえも行うことができる。「国連砂漠化対処条約」や「絶滅のおそれのある野生動植物の種の国際取引に関する条約（ワシントン条約）」のように、必要なものを完備した条約は、実施のためのさらなる議定書が必ずしも必要ではない。「移動性野生動物の種の保全に関する条約（ボン条約）」のようなアンブレラ条約は、条約の幅広い責務の中でほかの関連協定の存在を認める。さらに、湿地に関する「ラムサール条約」のように、政府と非政府組織（NGO）の双方が署名できる条約がある。

法律文書に署名しても、その国に遵守させる法的な拘束力は発生しない。拘束されるのは批准した国のみであり、しかも特定数の署名国の批准によって発効したのちのことである[19]。しかしながら、ある国または機関が署名するということは、その法律文書の目的を達成しようとしている条約事務局やほかの締約国の活動を妨害することは何もしないということを意味する[20]。

実　施

ガバナンスの過程や構造は困難で複雑かもしれないが、決定事項を実施することに比べれば容易に見えることがある。地球環境ガバナンスの実施においては、しばしば際限のない不安、いら立ち、議論、非難、遅延が引き起こされるようである。なぜこうしたことが起こるのかというと、実施するということは、協定の行動計画の作業に必要な資金を確保すること、協定の目的を達成するために事務局やほかの機関に職員を配備すること、事務局の設置場所やその権限の範囲を決めるだけでも精力的に交渉を行うことを意味するからである。さらに、国や地域の威信や、国家経済への追加的な所得もかかわっている。

実施に関する議論はまた、(a) 条約で義務づけられた計画のための資金調達、(b) 国家主権、という2つの課題をめぐって堂々めぐりをする。開発途上国は一般に「新規かつ追加的」な資金を得ることを主張し、2国間および多国間開発機関は、資金問題を解決する前に一定の条件が満たされるべきだと主張する[21]。

計画や事業を実施するための資金は、伝統的には2国間の贈与か、低利融資や多国間機関からの融資でまかなわれる。このような融資は、商業銀行の融資よりも金利が低くて返済期間が長いことが多く、優遇されていることだろう。最近では、非政府組織（NGO）や財団、企業による外国直接投資、公的・民間資金の組み合わせによっても資金供与をはじめとする援助が行われるようになった。

いずれにしても、資金調達額は、地球環境ガバナンスについて合意された目標に向けて、現在の約束を満たすのに必要な額には程遠い。たとえば、1992年に180カ国の政府が参加して地球サミットが開催されたとき、政府開発援助（ODA）[22]の年間総額は500億～600億米ドルであった。この会議では、毎年2000億～5000億米ドルの実施資金を要するアジェンダ21が採択された。しかしそれ以降、500億米ドルだったODA総額を5000億米ドルに、あるいは2000億米ドルにさえ増やすことはなく、むしろ年々減らしてきた。ODA総額は、先進国のGNPの1.0％まで引き上げられるべきことが要求され、先進国の間でもGNPの0.7％にすべきとの合意がなされたにもかかわらず、現在は平均して0.5％程度でしかない[23]。

多くの地球環境ガバナンスは、ほとんどあるいはまったく資金源を持っていないが、持っているものも存在する[24]。たとえば地球環境ファシリティ（GEF）は、生物多様性条約、気候変動枠組条約、残留性有機汚染物質に関するストックホルム条約の実施や、モントリオール議定書事務局の作業、国際的な水・土壌劣化に関する取り組みの実施に資金を提供している。また、さまざまな信託基金が、その他個別の協定が実施され、多くの国際会議に開発途上国代表団が参加できるように資金援助している。

ほころび

地球環境ガバナンスとその過程、構造、実施は、静的なものではない。一部の課題分野では、議論を導くルールと実質的な内容の両方が、急速に進化している。各国政府は一般に、基本的なルールにのっとって互いにやりとりをするものだが、最近の諸行動を見ると、確立された行為規範に疑問が投げかけられているようである。

- 特定の問題に関して、地域間の立場がより分極化し、硬化しているという傾向がある。たとえば、2002年10月の気候変動枠組条約第8回締約国会議（COP8）では、地球温暖化に対処するための京都議定書をめぐって敵意に満ちた議論が巻き起こり、プロセス全体が危機にさらされた[25]。
- 問題や決定の内容にかかわらず、国連から生まれるものはすべてよこしまな利害関係に支配されているか偏っているという意見が、加盟国の間に広がっている[26]。

- 現実のあるいは認識された力ではなく、科学が国際交渉のアジェンダを牽引するはずだったにもかかわらず、力のある大きな国家や援助供与国が、一方的な目的のために地球環境ガバナンスの過程の結果に強引に影響を与えようとしているように見受けられる。
- これらの動きによって、小さな国家が参加するには、大きな国家と足並みをそろえるか、地理的あるいは利害関係による同盟を組んで投票するしかなくなっている。たとえば、小島嶼開発途上国（SIDS）は、大きな国々の注目を集め、結果に対して目に見える影響を与えるため、グループとして投票することが多い。
- その他の例では、支持や貿易許可を得るため、あるいは直接援助のためにさえ、国家が実際に票を「売る」（または「買う」）ことがある[27]。
- 海洋法、ワシントン条約、京都議定書、国際刑事裁判所規程、生物多様性条約、残留性有機汚染物質に関するストックホルム条約、文化多様性条約、有害廃棄物の移動に関するバーゼル条約に関して、違反行為であることも多い一方的な行動は、国連の基本的な価値や、政府間会合で受け入れられている「満場一致」という合意手続きを危険にさらすものである。
- 予防原則のような、長い間政策への適用が受け入れられている事項への批判が起きている。
- 世界の多くの市民が、実際に権利を奪われているため、あるいはそう感じているために、グローバル化の根幹をなす地球ガバナンスに反対する動きが起きている。これは重大な動きであり、進展とともに力を増していくであろう。
- 国連職員自身が腐敗し、総会や安全保障理事会の決定に反して動いていると非難されている。このことは、一般市民の国連に対する認識または敬意に影響を与える可能性がある。
- 各国が国際関係において「ハード・パワー（軍事力・経済力）」または「ソフト・パワー（交渉力）」を用いるにあたり、それぞれ異なる好み（および能力）を有する。
- 戦争で荒廃した国・地域において、国連やその他の援助団体や人道支援団体（民間ボランティア団体〈PVO〉、非政府組織〈NGO〉、2国間機関、多国間機関）を、侵略軍または占領軍の目的を支援するものとみなし、暴力の正当的な標的にしようとする望ましくない傾向が見られる。

結果として出現しつつあるのは、「先取」主義と「遡及」主義であるといえるかもしれない。脅威を与えたり一方的に力を行使したりすることさえ含み、地球環境ガバナンスの過程を大きく変える可能性がある。このことと、いわゆる「優位主義」、つまり生物多様性条約に対する知的財産権から戦争までさまざまな問題で独り善がりに取り組もうとする動きとの間に、直接的なつながりを見出す者もある[28]。このシナリオでは、既得権益（政治的・経済的など）のためだろうが、人道目的や利他的目的だろうが、持っている力を使って一国主義による行動を起こす。フィンランドのある元国連大使は、戦略として先取主義をとることは昔からあったが、その行使の今日的な意味は大幅に変化していると述べる[29]。これらの傾向が、現在の出来事を反映した単なる意見なのか、それともかつては世界的な価値観だったことを犠牲にして後世に残るのかは、時のみぞ知るだろう。

成功と失敗

確かに成功することはある。ただし、必ずしも成功の鍵を握るのは、各種機関がどのように地球環境ガバナンスを構築し執行するかではない。逆説的だが、複雑な地球環境ガバナンスにおける成功は、比較的シンプルないくつかの特性に左右されているようだ。それは、人格、関係性、信用、相互尊重、そして他者の関心への好意的理解である。連携を妨げたり、責任を追及したり、イデオロギー的争いに参加したりするのではなく、協働による問題解決が求められる。ガバナンスの過程では、高いレベルの外交的手腕と技術的専門知識がシステム全体で要求される。参加者はすべて、意思決定の手順や広く認められた一定のルールを把握し、それに従わなければならない。会議の担当者は、厳格で、熱心で、先入観がなく、問題の経緯と内容について知識を持っていなくてはならない。適切な言語で書かれた文書に加え、専門の記録要員および翻訳・通訳サービスを備えるなど、用意周到な事務局も必要である。さらに、市民社会からの支持、批判、アイデア、エネルギーも求められる[30]。

交渉者間のコミュニケーションが効率的に行われ、できる限り誤りがないことも、同じように重要である。定義に関して交渉者間の合意が得られないことはよくあるが、それでも、可能な限りすべての参加者が他者の発言を理解しようと努めるべきである。自発的または強制的に会場外にいる人々の発言についても同様だ。結局のところ、もし文書にすべての適切な表現が盛り込まれ、関係者がこれに同意したとしても、その理解がまちまちであるならば、この文書にいったい何の意味があろうか？

カオス

地球上には、過度の豊かさとみすぼらしい貧困とが混在している。私たちは月にたどり着いたが、いまだに互いを理解し合えてはいない。地球上でわれわれと共存する多くの種は……永遠に姿を消した。多くの美しい河川が、海洋を危険にさらす下水と化してきた。私たちは前兆を見逃してはならない。私たちは言葉を行動に、権利を義務に、自己利益を相互利益に、局所的平和を世界平和に変えていかなければならない。

ウ・タント

35年以上前（1970年）に当時の国連事務総長であったウ・タント氏によってなされたこの演説は、地球と地球にすむ生物が置かれている状況への懸念を表した初めてのものではない。しかし、地球環境ガバナンスの効果的な構造を構築するあらゆる活動から「イエス」という答えが得られなければならない問い――「人類とほかの種は生き残れるか？」――についての基礎を築くものであった。いくつかの成功事例は見られたものの、われわれを取り巻く複雑さに対する国際社会の反応は乱雑で混乱しており、この問いに対する答えは、地球上の人々を結びつけるだけでなく、人々を分断することにもなった。

地球環境ガバナンスのような複雑なものの中ではカオスは予期され歓迎されうると論じることができるし、カオスは探求や創造に必要な緊張を生み出すと述べることもできる。しかし、カオスそれだけでは、不必要な反復が起きてプロセスが遅れ、議論が非生産的な争いやいっそうの誤解へと向かい、すでに超過している財務費用や人的費用がさらに増えてしまうことになる。さらに、われわれが今日直面する問題に団結して取り組むといった、しばしばめんどうで報われない仕事を遂行するのに必要な熱意もそがれてしまう。

地球環境ガバナンスを複雑系科学の観点から見る場合に関心があるのは、後者よりも前者、つまりカオスは予期され歓迎されうるという考えである。ほかの社会システムと同様に、地球環境ガバナンスは、非線形で複雑かつ開かれた、それゆえ予測不可能なシステムであり、次の経路をたどる。

秩序 → 複雑性 → カオスの縁→ そのシステムが従う規則によって、カオス、崩壊、終焉、または新秩序の創発[31)]

これに沿って、システムは最初の秩序から進化を始める。しかし、あらゆる種類の新たな情報、事業、関心、誤解、調整、制約、妨害などが加わり、システムはしだいに複雑さを増していく。さらに、複雑系科学によると、初期値のわずかな違いが、のちにシステムをカオスやさまざまな望ましくない安定状態へ追いやる大きな力となりうるため、システムはますます秩序を失っていくことになる。同様に正のフィードバックによって、とりわけシステムが最適でない場合、そのシステムはさらなる無秩序状態へと導かれ、最終的には「カオスの縁」に至る。カオスの縁と呼ばれるこの地点に来たとき、「選択」が可能になる。この選択に影響を及ぼすのが「アトラクター」である。アトラクターとは、まわりに秩序が生じる点のことで、「ポイント・アトラクター」「リミットサイクル・アトラクター」「ストレンジ・アトラクター」の３種類がある。もし最初の２つのどちらかのアトラクターに向かってシステムが「収束」していくならば、その結果は停滞、あるいは終焉すらも起きる。もしシステムが３つ目のアトラクタに収束するならば、そこにはカオスが生まれる[32)]。

しかし幸いにも、４つ目の選択肢「創発」が存在する。そこでは、創造と革新によって、システムが依然として複雑ではあるが、新たに秩序の与えられたものに置き換えられ、うまくいけば社会システムにおいてさらに価値の高いものになる。制度において最初の２つのアトラクターが見られる例としては、周囲がさまざまな変化を遂げたとしても不動の、きわめて重要な組織目標が挙げられる。文化、本質的価値、イデオロギーなどは、ストレンジ・アトラクターの例となりうるだろう。しかし、非線形で複雑かつ開かれたシステムにおいては、システムの変化や進化は常に起きている。終焉、永遠の繰り返し、終わることのないカオスなどに代わる選択肢を与えられたとき、多くの者にとって理想的な政策とは、こういった変化を抑圧しようとする政策ではなく、こういった変化に影響を与える政策だと思われる。

グローバル環境ガバナンスにおける環境と持続可能な発展

地球環境ガバナンスは、カオスの縁にある。その兆しは、個別の国が一国主義に基づく行動を起こす動きや、職業的に好戦的な人々、また、われわれの目的でもある、地球環境ガバナンスの識者や交渉者が推定する国際環境協定の数に大きな幅があること（下は16から上は約1000）に見て取れる。これらの値は一見したところとりたてて害を及ぼさないが、実は単なる食い違いをはるかに超えた意味を持つ。なぜなら、その値は、その人にとって「環境」という単語が何を意味するのか[33)]、それがその人の開発の考え方にどう対応するのか[34)]、そして、これらの概念と「持続可能な発展」についての認識とがどう関係しているか[35)]によって決まるからである。こうした混乱の多くは、「保全」「環境保護」「環境と開発」「持続可能な発展」といったこの50年の間によく使われるようになった用語の関係性に基づいている。またこれらの用語の発展は、通常は好ましいことであるものの、地球環境／持続可能な発展ガバナンスの成功モデルの追求を阻むような多くの問題をも生んだ。

地球環境ガバナンスの交渉者をはじめとする人々は、「環境」と「持続可能な発展」の両方の用語について合意された定義がないことを、ずいぶん前から認識していた[36)]。これらの用語に関して共通の実際的な定義がないことは、問題の一角をなすものである。ほかの問題としては、一部の環境活動家の間で持続可能な発展に対する不信が増していることや、環境活動家ではないが持続可能な発展を推進する人々が「環境省庁の代表者が持続可能な発展を牛耳っている」と非難していることが挙げられる。次の文章は、開放型政府間閣僚級グループの要請を受けて近年開かれた専門家会議の議事録から引用したもので、この混乱を浮き彫りにしている[37]。

議長は、開放型政府間閣僚級グループが国際環境ガバナンスをより明確に定義するよう求めたことを再確認した。そして、ガバナンスの対象を環境問題とすべきか持続可能な発展とすべきかについて、専門家たちが議論することを求めた。

専門家たちは、環境政策を開発に完全に組み込むようにするため、持続可能な発展の概念を対象とすることを模索した。鍵となる経済分野の人々が関与していない場合、問題は本質的に政治的なものであることが合意された。このことは、持続可能な発展という議題が成熟していないことを示すと受け止められた。結果として、環境分野の人々は、広範にわたる持続可能な発展の問題を扱おうとする際、「転向者」だけと連携することになる。

これをきっかけに、持続可能な発展委員会（CSD）に批判的な議論が起こった。ある参加者は、会議室にいたのは環境分野の人々だけだったため、本当の仕事にとりかかるのは不可能だったと述べた。

持続可能な発展を扱うガバナンスの過程が存在するかについて意見の相違もあり、ガバナンスのシステムで有意義なものは唯一環境に関するものだけだという意見もあった。たとえば生産・消費パターンを変更するなど、主要な環境協定は持続可能な発展問題も扱っているという指摘もあった。

参加者は、国際環境／持続可能な発展ガバナンスにおいて、国連環境計画（UNEP）が担える役割について議論した。全体的に見ると、CSDは持続可能な発展の議論にほとんど貢献していないということで意見が一致した。

これらのコメントは、地球環境ガバナンスにおいて、環境および持続可能な発展に関する理解が今もなお多様であることを物語っている。これも主に、50年間の展開の結果現れたものだ。たとえば、1980年に出版された『世界保全戦略』[38]の時代の生物学者ならば、持続可能な発展に関して、1950年代の森林管理者や、1970年代に環境保護団体の弁護をするようになった弁護士とは違った見解を持っているであろう。これら3種の解釈はまた、1987年のブルントラント委員会報告書[39]を読んで持続可能な発展を学んだ外交官の解釈や、1992年の国連環境開発会議でこの言葉を知った実業家の解釈とも違ったものである。さらにこれらは、2000年に行われた国連ミレニアム・サミットの期間中に持続可能な発展について初めて知った人々の見方とも異なるだろう。これらの解釈はすべて、もちろん可能ではあるが、しかしどれもが不完全でもある。とはいえ、すべてを考えあわせてみれば、正当性がない見解や状況を無視した見解に比べれば、われわれが持続可能性を追究するうえで役立つ資源となる。

カオスの縁にあるグローバル環境ガバナンス

通常、地球環境ガバナンスのアイデアを正式な法的文書にするまでの道筋は、大きな熱狂と注目を受けて始まる。国家や似た考えを持った集団が、共通の懸念に基づいて、共に生み出した解決策の制度化の道筋を見下ろすという目的を共有する。交渉はなされるが、始まるやいなや、互いに立場が違ってくる。複数の締約国があれば、おのずと複数の争点が生じ、予測できない提携が生まれる。現実的であろうと想像上のものであろうと、偏った科学と技術の不確実性が生じ始め、ゆくゆくは力の差という現実が明らかになる。時間の枠組みが消え、当初の交渉における中核グループが姿を消す。代わりに、可能性のある結果を、共通で収束的な結果というよりもむしろ否定的もしくは競争的とみなす新たな人々が登場する[40]。交渉が続けられた結果、終了日時は変えることができないため、当初期待されていたよりもやや劣った文書が作成され、署名される。

地球環境ガバナンスを改善する努力には、長きにわたって組織に蓄積された記憶が必要となる。というのも、協定が必要と認識されてからそれが発効するまでにかかる時間は、ひとりの人間が社会に出てから定年退職するまでの年月の半分を優に超えるものだからである。記憶はそもそも、政府の公式な交渉担当者よりも、観察者の集団（事務局職員や関心ある非政府組織〈NGO〉）によって保持されることになっている。交渉担当者にとっては、ひとつひとつの新しい会議がこれまでの繰り返しであるか、もしくは新たに担当になった場合にはちょっと奇妙な新しい学習経験にすぎないのである。新たな担当者が出くわす気の遠くなるほど多くの概念や専門用語や頭字語は、異なる外交部局へ異動するまでに習得されることは決してないように思える。

国連持続可能な発展委員会（CSD）の会合を含め、地球環境ガバナンスの会合の公式代表団は、国家の環境省庁の代表であることが多いという批評家の言葉には一理ある。しかしながら、「環境」という用語の裏には、重要な細部が隠されている。代表者は、多様な部局（自然資源、農業、林業、水産業、保健、教育、文化、社会開発、住宅、青少年、労働、観光、レクリエーション、外交、財政、計画、科学、協同組合、エネルギー、産業、さらには公共事業まで含まれる）から参加し、それぞれの見解を述べることが可能なのだ。ときには、国家元首である場合もあり、真の権力を発揮できる。しかし、いささか弱小な部局の代表者も多い。「持続可能な発展」を肩書に冠する一握りの大臣も、物事をより良い方向に正すということはできず、実質的な権限を有する同僚に対して自身の立場を守ることに時間を費やす。内容が多様であることから、豊かで大きな国々の代表団には、外交部門を含め、複数の異なる部局から代表者が参加しており、政府がとるべき方針について互いに意見が一致しないことも多い。しかし、見解の不一致が技術的な点で生じることはそう多くはない。むしろ意見の隔たりは、技術的要素と政治的要素の間、もしくはその代表者が公的に支持しなければならない公式見解について生ずる。

仮に当初は統一されていても、代表団の立場は時とともに変わっていく。政府と国家政策は選挙のたびに変わっていき、政権が新しくなれば異なる交渉担当者がやって来る。新しい代表者は、少なくとも初めての会合の間、たとえその議題における自国政府の政策や立場が理解できていたとしても、彼らがそこで見出すことに対しては準備ができていない。

通常、代表団には専門家とゼネラリストの両方が含まれている。交渉に参加する専門家にとって厳しいのは、地球環境ガバナンスにおいて取り上げられる問題が多岐にわたるために、技術的な争点のうちのほんの一部分しか理解できず、外交に至ってはほとんど門外漢になることである。ゼネラリストにとって悩ましいのは、彼らの持つ具体的な問題についての理解が、往々にして必要とされていることとはほど遠いことである。合意に達するのに必要なのは、多くのとっぴな考えに基づいたひとつの解決策だけだ。実際、多くの協定において肝心なのは、かつて有効だった概念を調整することと、すべての人が理解できないように意図して言葉を考案することである[41]。しかし、さまざまな人々に対して異なる意味を持つ用語や概念を用いた協定は、少し高くつくペテンになりやすい[42]。

1972 年の国連人間環境会議は、市民社会から多数の人々がサイドイベントに参加した最初の大きな国際会議であった。その後、会議を重ねるごとに、市民社会と公式協議との距離が縮まった。同時に、市民社会が調達できる資金が増え、参加人数が伸び、利害が多様化し、準備が周到になり、市民の視点を知らしめる効果と積極性が上がった[43]。このような団体の影響力が大きくなると、複雑さが増し結果に対して好影響と悪影響の両方が加わる。市民団体が参加して影響をもたらすことで、交渉プロセスが技術的にも政治的にもさまざまな形でより良い結果をもたらすことに疑いはない。しかし、しばしば過剰な要求を満たそうとして、散漫になり、交渉を経て定められた目的にかなうように予算が組まれることになる。しかしそれは多くの政府にとって受け入れがたいものとなる。すると、多くの政府がこの目的について、国家の優先事項や保持する資源に見合う解決策を見出そうとする現実的な努力を示すのではなく、希望リストのように見えると主張する事態を招く。

地球環境ガバナンスを標榜する NGO は、数が増えているだけではなく、多様性が増すとともに、貿易や債務救済、経済理論、補助金の選定と割り当て、ライフスタイル、マーケティング、ジェンダー、戦争、民主主義、人権といった新たな社会経済テーマを、環境の議題として位置づけるだけの力も備えるようになった[44]。これは、かつて環境運動が、システム思考や影響調査、健康、市民参加などを開発や政府方針の議題として位置づけるのに成功したのと対照的である。環境保護主義者は不満に思うかもしれないが、このことは、彼らの当初の成功と環境自体の概念の論理的な延長線上にあるのである。

これらすべてに加え、（複数の異なる英語を含め）言語は世界にたくさん存在し、生み出された専門用語を同時通訳する中で曖昧さが生じる[45]。また、文化的な違いや古くからの憎しみ、現在の競争、不幸な歴史などによって激しさが増すことがある。さらに、深夜に及ぶ会議や組織への忠誠心、短命の連合、財政的な不公平によって、情報があからさまに、そして不注意でゆがめられることもある。そして、国・機関・代表団のエゴを克服することの複雑さや、複数の異文化間の戯れやいたずらや真の愛（組織と個人の両方）を同時に管理する難しさもある。地球環境ガバナンスがカオスの縁にあることに疑う余地はない。

もちろんわれわれ著者は、これらの事柄について何もできない。何かをする権限も能力もない。しかし、われわれには地球環境ガバナンスで交わされる用語を検討するチャンスがあり、本書でそれを行うものである。

カオスの誕生

> 言葉が正確でなければ、発言された内容は意図された内容と一致しない。発言と意図とが異なれば、なすべきことがなされることはない。なすべきことがなされなければ、モラルが低下し、行動が退廃し、正義が失われる。したがって、発言は不明瞭であってはならない。これは何より重要である。
>
> 孔子

複雑系科学の発展で使われる数理モデルは、初期条件に対する敏感性ゆえに、複雑なシステムの中でカオスが生じることを示している。このモデルからは、初期値ではほんのわずかな違いだったものが、桁外れの速さで大きくなることがわかる。同様に、先に述べたように、途中の不正確さと、最適以下の状態における正のフィードバックとによって、システムはますます複雑さを増したのち、「意思決定点」に達する。複雑なシステムはこの意思決定点で、終焉あるいは単調な形で自らを安定化させるか、自らがつくったわだちにとどまりカオスの中で果てしない時間を過ごすか、あるいは、依然複雑ではあるが再び秩序を持つものに創発するかのいずれかである。

この理論が物理システムだけでなく社会システムをも説明できるということは、今では広く受け入れられている[46]。自然科学においては、複雑性とカオスは、近代的なコンピューターの力を使って説明される。一方、社会科学では、非線形プログラミングの専門家よりずっと前に、孔子（上記参照）がこのことを発見しているのである。

カオス理論は地球環境ガバナンスにとって有効なのか？　われわれは「イエス」と推測する。環境保護運動や持続可能な発展のための運動にかかわる個人や組織が、「環境」「エコロジー」「生態系」という用語（概念はいうまでもなく）をどう理解するかに違いや不正確さが見られることや、「持続可能な発展」に関する「政治」を取り巻く正のフィードバック、「予防原則」などの概念によって顕在化した混乱は、地球環境ガバナンスの進む道に実に影響を与えているように思われる[47]。

環境管理コースの学生、教員、専門職員、事務職員や、政府官僚、そして非政府組織（NGO）の人々に、「環境」「エコロジー」「生態系」「持続可能な発展」という4つの用語を定義してもらうことが、われわれの長年の趣味になっている。点数評価はしていないものの、地球環境ガバナンスの指針になりうるほど理路整然とした回答がほとんどないことは一目瞭然だった（付録6にこれらの人々の回答をまとめた）。とはいえ、専門家であってもこのような求めに対して良い定義を出すのは難しいのだから、われわれは提出されたものを活字で見ておくべきである。そうすれば、十分に時間をかけて言葉を吟味できるからだ。

環　境

表1は、環境活動家が互いに話したり書いたりするとき、「環境」という用語をよくどのように使うかを表している。多様な使い方を分類するため、意味によって大きく4つのカテゴリーといくつかのサブカテゴリーを作成したが、実際にはこれよりはるかに多いかもしれない。用語の使われ方を知るのはためになるが、もっと興味深いのは、使われ方にかなりの違いがある（カオス理論の「初期値のわずかな違い」に相当する）という点である。しかし、さらに重要なのは、

表1　「環境」という語が定義される文脈

I. 構成要素	II. 経済的な使用	III. 空間的な使用	IV. 倫理的／精神的な使用
1）構造的	1）投入物	1）生態系	1）住みか
人工環境	自然資源	森林	自然
自然環境	システム・サービス	放牧地	地域
2）地理的	2）生産物	惑星	惑星
陸環境	汚染物質	2）包括的	地球
水環境	製品	流域	2）精神的
3）制度的	3）その他	景観	ガイア
家庭環境	労働安全		原生自然
労働環境	環境工学		文化
社会環境			ディープ・エコロジー

「環境」の科学的概念の重要な特質を真に反映するような使われ方は、ほとんどしていないということだ。環境の科学的概念とはすなわち、環境の特性は時空によって変わり、その特性が、その「中心」にある対象やシステムの健康・福祉・振る舞いを大きく決定づけるということである[48]。

このようにさまざまな使われ方をすることが、環境ガバナンスにおいて問題を引き起こすのだろうか？　今一度、われわれの答えは「イエス」であり、今回は単なる推測ではない。たとえば、環境という概念についての知識が欠けたために混乱が広がったようすは、国連開発計画（UNDP）の環境事業調査報告書における次の議論に表れている[49]。

(p.6) 第一歩として、フォーラムメンバーの貢献により、独自の政府開発援助（ODA）情報ベースを基に、UNDPが環境事業の概要を作成することが決定された。ODAが環境部門に及ぼす影響について理解を深めようというものである。

1996年に、UNDPは10年間の環境部門に対するODAについてまとめた『ベトナムにおける環境事業概要（1985～1995年）』を出版した……

概要を編纂したチームは、「環境」事業の定義を行わねばならなかった。このことは、問題を引き起こした。なぜなら、どのような活動を行えば環境事業・計画になるかを定義することは常に難しいからだ。

［国連環境開発会議（UNCED）の］直後の数年間、援助機関はこの分野の業績について異なる基準を用いて、あるいは既存事業を環境事業に「衣替え」させて、報告を行った。その結果、本当の環境投資の広がりを正確に把握することが不可能になってしまった……

この問題を避けるために……UNDPは「環境事業とは、事業の主な目的が自然環境を保存すること、もしくは自然資源の持続可能な管理を支援することであるもの」という定義を採用した。

UNDPはまた、「この幅広い定義が与えられても、事業を簡単明瞭に分類する問題は残る」と述べた。何が環境事業であって何が違うかを識別する最良の方法は、どの援助事業が環境事業として分類され、どの事業は分類されないかを明らかにすることであるということがわかった。このようにして、「環境」事業として分類された援助事業には、次のようなものがあった。

- すべての森林管理事業
- すべての土壌浸食・塩化事業（ただし、灌漑活動を除く）
- 流域汚染・水質汚染事業
- 環境調査と研修（ただし、一般的な農業調査を除く）
- 地域・農村総合開発事業（ただし、営利志向の農業基金・信用基金事業を除く）
- 災害対策・災害軽減

- 海の堤防再建事業
- 都市・地域開発計画
- 総合的病害虫管理（IPM）事業
- エネルギー効率事業（薪ストーブ、太陽発電、風力発電など）

ほとんどの読者は、この一覧に内在する矛盾に気づくだろう。たとえば「すべての森林管理事業」には、主伐、皆伐、プランテーションでの外来種の導入も含むのだろうか。都市計画・地域計画はたいてい、非常に激しい紛争を引き起こす。統合的病害虫管理は含まれるが、農業調査は含まれない。塩化事業（脱塩事業のことであろうか）は対象に入るが、おそらく塩化の主要因である灌漑は除外される。風力発電、汚水処理場、衛生埋め立て処分場（汚染防止）の設置場所にまつわる議論は、NIMBY（私の裏庭ではやらないで）の論争や環境正義のための闘いによくあるテーマだ。

このような混乱は、決して例外的ではないし、新しいわけでもない。1980年代初めには、国連環境計画、国連開発計画、世界銀行、米州開発銀行、アジア開発銀行、アフリカ開発銀行、欧州投資銀行、欧州復興開発銀行、米州機構、欧州経済委員会といった機関の環境部局で構成される「環境に関する国際開発機関委員会（CIDIE）」も同じように、その構成機関のポートフォリオから「環境事業」を抜き出そうとした。同委員会は、当時各機関に持ち上がっていた環境管理問題を理解するための共通基準も必要としていた。CIDIEを代表して8つの機関が「環境」問題と考える問題を挙げたところ、35の問題が示されたが（表2）、7機関が挙げたものはそのうちの2つであり、3機関が挙げたのが4つ、2機関に含ま

表2　CIDIE各構成機関の「環境事業」として扱われるべき問題についての解釈

構成機関	解　　釈
アジア開発銀行	再植林、給水、公衆衛生、固形廃棄物処理、都市再生、土地利用・能力評価、流域管理、土壌保全、アグロフォレストリー、産業・都市公害、地域計画
欧州投資銀行	給水、下水設備、汚水処理、石油タンカー洗浄、産業公害、新規植林、牧草地改善と土壌浸食管理、水飽和土壌
世界銀行	再植林、土壌保全、放牧地・流域管理、水資源・スラム改善、公害防止、自然資源開発
国連開発計画	新規植林、省エネルギー、公害防止、野生生物保全、給水と公衆衛生、洪水警報、労働安全衛生、環境法、環境管理の調査研究
米州開発銀行	環境の保全・改善、洪水管理、土地浸食、大気・土壌・水質汚染、科学技術の移転・利用
アフリカ開発銀行	公衆衛生、健康、水、林業、灌漑、アグロインダストリー、鉱業、農村開発、産業・エネルギー
欧州経済委員会	砂漠化・新規植林、野生生物保全、再生可能なエネルギー源、水管理、村落給水、土壌保全、漁業資源保全
米州機構	開発事業はすべて環境事業である

れたのが7つ、そして1機関のみが挙げた問題が22にのぼった。合意が得られたことはついになく、何が環境事業であり何が違うかという問題は依然として未解決のままである。一般的な用法においては、「環境事業」とはその人がそういえば環境事業になる、ということのようである[50)]。

もうひとつの矛盾は、専門家もそれ以外の人々も含め、人々が「環境」という用語をどう理解するかに見て取れる。たとえば、上述のUNDP報告書の抜粋に見られるように、環境は「自然資源」に関係しているという人が大半であろう。しかし、ほかの多くの人々は「環境と自然資源」という表現を好んで使う。これは、環境と自然資源は別個の存在だと述べているようである。また、「環境とはすべてを指す」という考え方も広く受け入れられている（付録6参照）。もしこれが事実ならば、やはり国連開発計画の1996年の報告書にあるように「環境部門」について論じようとする人々にとっては、事態が複雑になる。

「環境」という用語の使われ方の多くには、おそらく実践上や運用上の理由があるのだろう。しかしながらわれわれの結論は、この用語は環境管理のみならず持続可能な発展や地球ガバナンスの探求において最もよく使われながら、最も理解されていないということである。もちろん、何十年にもわたって誤用されてきており、それが意味することを十分に表現するような形でこの用語を使う著者はあまりにも少ない。すなわち、環境とは「特定の時点において、関心の対象（もしくはシステム）の健康・福祉・振る舞いに影響を及ぼす、関心の対象（もしくはシステム）以外のすべて」のことである[51)]。

この定義に基づけば、もちろん人間環境もほかの諸環境となんら変わりはない。主に局地的で、常に個人的で、継続的に変化し、その「中心」にある個人もしくは人々の健康・福祉・振る舞いに主要な影響を及ぼす。したがって、環境の概念をきちんと反映して「人間環境」という用語を使用するなら、特定の時・場所・所有者を指定しなければ「環境」と呼ばれるものは存在しない、という考えが伝わるであろう。

エコロジー

「エコロジー」の定義を行うよう求められたとき、ほとんどの人は程度の差こそあれ、それを正しく理解し、「科学」と呼ぶ。しかしその直後、その用語をまったく違う意味で使うのである[52)]。その用語を正しく定義し誤って使用する興味深い一例が、アジア開発銀行の出版物に出てくる。その中では、その用語が「生物体とそれを取り巻く環境との相互関係の研究」と定義されたのち、「エコロジーの概念」と「エコロジーの保護」が同じ文中に現れている[53)]。

エコロジー、つまり生態学は、確かに科学である。少なくとも米国生態学会――「米国」と付いてはいるが、世界中の生態学の専門家の集まりである――

によれば、科学であるとされている。同学会による完全な定義は、「エコロジー（生態学）とは、生物体とそれらの過去、現在、未来の諸環境との関係についての科学領域である」というものだ[54]。ここで、「環境」という用語が複数形（environments）で用いられていることに注目されたい。また、エコロジーは環境の同義語ではなく、たったひとつの定義しか与えられていないことにも注目されたい。ほかのいかなる使われ方――あたかも「エコロジー」が世界観であったり、環境の同義語であったり、あるいは問題を話すときの形容詞であったり――も「正確な言葉」ではない。何を意図するか定義もせずにほかの使い方をすることは、混乱を来たし、「なすべきことをなす」われわれの能力を妨げるものである。

それでもなお、その用語を使う人の多くは、科学として定義することは続けながらも、遠い昔に「エコロジー」なる単語が一般社会に取り入れられたため今やその語を別の意味で使うのも正しい用法なのだというだろう[55]。ある単語が誤って解釈され、あまりに頻繁に誤用されたために、とうとう何かほかのことを意味するようになり、定義も変わっていくということは、間違いなくあるだろう。また、そうではなく、新しい情報が得られた結果、ある現象や事象の説明として誤っていることがわかったので、定義が修正されるということもありうる。残念ながら、エコロジーという用語が社会に取り入れられた過程は、後者よりも前者に近い。このため、次の問いが提起される。なぜ地球環境ガバナンスはこのような不注意な言葉の使い方を甘受すべきなのか？　あるいはもっと重要なこととして、なぜそもそもイデオロギーから無縁なものとしてつくられた用語が、イデオロギー的に使われるのを甘受するのだろうか？　もし「エコロジー」という単語がイデオロギーによって取り入れられた場合、生態学という科学自体も多くの人の目から見るとイデオロギー的になるのだろうか？　観察によれば、その質問に対する答えもまた、残念なことに、「イエス」である。

生態系

生態学者ですら、「生態系」とは何かを語るのは難しい。にもかかわらず、まるでそれが何を意味するのかわかりきっているかのごとく、また、まるで聞いている誰もが何を説明されているのか完璧に理解しているかのごとく、その用語をほとんど誰もが使う[56]。しかしながら、「環境」や「エコロジー」という用語と同様に、「生態系」の一般的なとらえ方は大変重要な部分を見落としている。

たとえば、一般に受け入れられている生態系の「概念」では、ある生態系の境界線は、既知の事実ではなく、決して正確ではなく、そしてもっと重要なこととして、その生態系のまわりに境界線を見つけた人によって定義されるのが常だとされている[57]。「境界線は、システム自体が持つ固有の特性というよりも、観察者のニーズや、行為主体、そして事情に基づいている」[58]。別の目的のため、または別の測定手段や尺度を用いた別の人々は、境界線を別の場所に引くだろう[59]。同様に、生態系は非線形で開かれているため、静的でもないし、平衡を保っているわけでもない。常に移ろうものである。そして、その変化は速くも遅くもなりうるし、破滅的にも革新的にもなりうるし、人間に制御・影響されることもいかなる人的干渉も受けないこともありうる[60]。これらの生態系の特性は、当然のことながら、「生態系の均衡」「生態系の健全さ」「生態系の脆弱性」といった概念や、「生態系の復元」の解釈などに問題を引き起こす。

均　衡

たとえば、持続可能な発展の問題を取り巻く神話のひとつでは、持続可能性と、仮想の「自然の均衡」――人間によって引き起こされた攪乱は、やがて不調和と開発の失敗に至る――とが、密接に結びついている。しかしながら、このような均衡がもし生まれたならば、時間と空間の尺度に大きく依存することが科学によって明らかにされてきた[61]。実際のところ、たいていこの種の均衡は長くは続かないし、環境管理と同様、開発が持続可能であるためには、このような変化に順応すべきであり、さもなくば失敗するだろう。これは、よくいわれていることと正反対である。

そのうえ、生態系の安定性と、ひいてはストレス下の生態系の不安定性について、科学的な研究がこれまでに行われてきたにもかかわらず、生態系の「脆弱性」を真に調査した研究はほとんどない[62]。それなのに、一般報道で、脆弱だと銘打たれた生態系は――北極から熱帯まで、サンゴ礁や入り江から、高山帯の池、熱帯雨林、草地、砂漠、ついでながら都市域に至るまで――数多くある。しかしながら、世俗的な文章ではどこにでも登場するのに、科学的な論文には見られないことに鑑みれば、「脆弱な生態系」という用語は、科学的事実を公衆に伝えるよりも、特定の場所をどう扱うかという特定のものの見方を促すために使われることのほうが多いのだろうと推測できよう[63]。

生態系の健全性

生態系の健全さも同じく、創作された生態系の特性であり、生態系の概念自体に内在するものではない。それがモデルの有効な要素になるのは、管理目的がその生態系を操作することであるときに限られる[64]。ということは、誰かが生態系の健全さについて語ろうとするとき、その人はその生態系――トウモロコシ畑であれ、防風林であれ、原始の山岳湖であれ、あるいは熱帯の入り江であれ――に望む目的（食料、繊維、精神的安定など）も説明しなければならない。システムの特性を利用する目的や活動はいくつでも設定できる。ある目的に合致するようにシステムを操作する際には、当然ながら、保全や保存やほかの開発形態に必要な手段もその中に含まれる。一定期間中にそのシステムにおいて目的が２つ以上ある場合、構造と機能とをいかに「最適に」使うかということと、単にその決定を誰が行うのかということで、常に紛争が起きてしまうという特徴がある[65]。

生態系復元

同様に生態系は変化するというダイナミクスを前提とした場合、「生態系の復元」は理解するのが難しい用語であり、ましてや実行することはさらに難しい[66]。生態学者は、生態系の形成を描写するために遷移という概念を生み出した。これはまさに、復元者にとって既知および未知の促進機能によって改変される、進化する構造や機能の連なりである。この連なりの中のどこで、ある生態系が今「復元された」といえるかは、復元者の願望（目的）――それは、「均衡状態」にあるときのシステムの状態や、人類が登場する前の想像上の状態によって決められることもあれば、そうでないこともあろう――に従ってなされる決定なのである[67]。実際のところ、生態学的復元協会（SER）によれば、生態系の復元は、保全の目標、経済的必要性、倫理的・文化的価値、審美的な原則、さらには政治的配慮にすら基づきうるという[68]。

正のフィードバック

「予防原則」という概念が何の疑問も抱かずに利用され、「持続可能な発展」という用語が広範な部門に受け入れられ、さらにこれらの概念・用語の定義や実用化に関してさまざまな問題が生じている。そのため、地球環境ガバナンスでは、「予防原則」と「持続可能な発展」を、最適以下の正のフィードバックというくくりで取り扱うことにする。

予防原則

遺伝子組み換え生物（GMO）や地球の気候変動など、予測や数量化がますます難しいリスクが出現したため、科学界はそのようなリスクに異議を唱えるための予測モデルを発展させてきた。

ここ20年ほどで、「予防原則」は国際条約や宣言が最も頻繁に引用する論理的根拠のひとつになった。それはまた、地球環境ガバナンスの過程において最も批判を受け、白熱した議論が交わされてきたテーマのひとつでもある[69]。簡単にいうと、予防原則はリスクの評価や管理における科学的な不確実性に対処することを目的とした戦略（いわば政策決定における「転ばぬ先の杖」アプローチ）である。予防原則には、深刻かつ不可逆的な損害に対する保証から、世代間衡平の促進、必要とされる開発を遅延・阻止させる手段に至るまで、数多くの解釈が含まれる。このような解釈の違いをよそに、この40年の間に、1992年の国連環境開発会議（UNCED）や国連気候変動枠組条約（UNFCCC）など、地球環境ガバナンスに関連したさまざまな問題における指針として広く使われるようになった。

それにもかかわらず、予防原則の定義は互いに似通っているとはいえ広く合意されたものは存在しないし、予防原則が持つ権限の程度に関して統一性を見出すことはできない[70]。たとえば、科学的知識と技術の倫理に関する世界委員会（COMEST）は、「リオ宣言において『危険の厳密な裏付けの欠如は、行動しないことを正当化しない』という形で3重の否定の表現が用いられており、予防原則に基づいた介入を考慮することは強要するが、そのような介入自体を要求するものではない」と批判する[71]。ドイツ政府（1984年）は、「自然界に対する損害は、機会と可能性を踏まえて、事前に避けるべきである」と提言している。また、第2回北海会議閣僚宣言（通称「ロンドン宣言」、1987年）は、「たとえ因果関係が完全に明確な科学的根拠によって立証される前であっても、非常に危険な物質の投入を抑える行動を求められるようなアプローチが必要である」と述べる。さらに、予防原則に関する欧州連合（EU）指令（2000年）は、「科学的根拠が不十分であったり、結論に達しなかったり、不確実であるような場合と、環境、人間、動物、植物の健康に対する潜在的に危険な影響がEUの選択する高い保護水準と矛盾する可能性があるという懸念に関して、合理的な根拠が予備的な科学的評価によって示された場合」に、この指令が適用されると規定している。これらの文書において注目に値するのは、予防原則の解釈が時とともに変化していることである。拡大し続ける対象分野に予防原則がどう適用されてきたか、そして一般的な指針から義務的な行動や計測可能な目標へとどのように変遷してきたか、が見て取れる。また、予防原則について最も厳しい解釈を行っている文書でさえ、「その能力に応じて」あるいは「環境悪化を防止するための費用対効果の大きい対策を延期する理由として使われてはならない」という趣旨に沿った表現が見られる点も注目に値する。予防原則が、まるでわれわれの手の届かないほど的確な原則であるかのようである。しかし、予防原則は満場一致で望まれるほど聞こえが良いものの、もし完全に実施されれば、世の中の進歩が止まってしまうだろう[72]。

持続可能な発展[73]

「持続可能な発展」および「持続可能性」の歴史や定義、原則に関する論文は、収拾のつかないほど増加している。これらの用語の起源に関する議論は、研究内容によって左右されるのと同様に、著者の関心によっても左右されているように思われる。しかしどうやら、100ほどの持続可能な発展の定義における概念的な強度には少なくとも2つのレベル、すなわち抽象的なレベルと実際的なレベルが存在しそうである。われわれはそれぞれに、持続可能な発展という抽象的な概念に魅了され、それを直感的に理解している。しかし実際的なレベルになると、われわれはそれとはまるで違う理解をする。ほとんどの政治家や企業家、環境活動家たちは、それぞれに違う理解に基づいて持続可能な発展という用語を熱狂的に信奉している。開発と保全とを組み合わせるということに、高揚するのだ。さらに、どのような文脈や内容であろうと、誰かが持続可能な発展という用語を使うたびに正のフィードバックも生まれ、紛争やカオスが起こる。

実際的なレベルでは、持続可能な発展という概念は、開発の概念と同じ矛盾に満ちており、それは深刻である。たとえば、デニス・ゴウレットは、「技術的な合理性、政治的な合理性、倫理的な合理性の3つのうちのどれか1つに基づいて開発の意思決定を行うと往々にして別の1つまたは2つが満たせなくなるようなプロセスにおいて、これら3つの間に内在する対立に立ち向かうことは失敗に終わる」と述べる[74]。また、デビッド・J・パンネルとスティーブン・シリッツィも、最もよく引用される持続可能な発展の3つの原則（自然そのものの保護、資源利用における効率性、世代間の衡平性）は相互に相容れないものであるという[75]。

しかしだからといって、持続可能な発展という用語の使用をやめるべきだという意味では決してない。この概念が持続可能ではない開発から前進させる大きな一歩であることは間違いない。前進のための取り組みというものは、現在われわれの手にあるものを改良するものなのである。しかしながら、もし持続可能な発展の擁護者がこの概念には抽象的なレベルと実際的なレベルの両方が含まれているということを認めるならば、地球環境ガバナンスはもっと大きく前進できるだろう。そうすれば、誰かが事業や政策に「持続可能な」という用語を付け加えたから矛盾が生まれたのだと否定的になるのではなく、その抽象概念が実現可能であると信じ、開発の困難や矛盾を克服することに熱心に打ち込めるだろう。ほかの選択肢としては、われわれが知っていることではなく知りたいことに基づくことや、圧力――開発論者によるものであれ、自然保護論者によるものであれ――に応じることが挙げられる。しかしこれらの選択肢をとれば、実りのないカオスへと導かれるだけである。実のところ、持続可能性という概念について最善の理解を行い、ひいては前進するための最善の方法は、テリー・メイヤー・ボークの次の言葉のように認識することである。「それは、議論のテーマではない。態度なのだ」。

複 雑 性

カオス理論の体系化に貢献したW・ブライアン・アーサーは、次のように述べる[76]。

限界を打破するとき、予想外の状況に対応しなければいけないとき、さらに複雑化する世界に適応するときなど、システムに新たに機能や変更が加えられた際に［複雑性が］増すものである……そのシステムに不必要な機能を間引く力が存在すれば、複雑性の増加は円滑で効率的な機構を提供する。そうでなければ、単に足手まといになるだけだろう[77]。

アーサー博士のこの発言は、地球環境ガバナンスの担当官が「限界を打破し、予想外の状況に対応し、さらに複雑化する世界に適応しよう」と試みる際に心にとめておく必要があるだろう。たとえば、「持続可能な発展に関する世界首脳会議（WSSD）」の準備期間と会期中に起こった対立など、地球環境ガバナンスの過程は「円滑」でも「効率的」でもないからだ。

この円滑性と効率性の欠如の理由としては、先にも述べたように、200近くの独立国家とその政府の政策、イデオロギー、社会・経済状況、文化が多様であることや、何千もの非政府組織（NGO）の政策、イデオロギー、文化も多様であることが挙げられる。同様に、各国政府や各NGOの組織構成が常に変化し広範に及んでいるために、良い統治方法を探るという点でこれまで確実に前進してきたというよりも、往々にして失望が増しているようである。地球環境ガバナンスにおいて長く続くこのような状況を避け、切り抜ける方法を探るためには、学者と外交官が協調して取り組むことが必要となろう。われわれが考えるそうした努力のひとつが、地球環境ガバナンスの過程、構築、実施に常にかかわってくる、言葉とマナーの改善である。なぜなら、この部分でこそ、多くの「不必要な機能」を最も容易に間引けると考えるからだ。われわれの見解では、そうした足手まといのひとつが「政治的意思」と呼ばれるものである。

政治的意思

すでに述べたように、カオス理論にはアトラクターという概念がある。アトラクターとは、複雑なシステムにおけるやや安定した点を数学的に概念化したものであり、カオスを「組織」するものである。複雑なシステムが「カオスの縁」にあるとき、アトラクターの影響を受けて、システムは終焉（究極の安定状態を意味する）や、永遠の繰り返し（終焉よりはわずかながら望ましい）などの新秩序に追いやられる（引きずり込まれる）ことがある。また、システムによっては、「ストレンジ・アトラクター」またはカオス的アトラクターに落ち着くという振る舞いを見せることもある。ストレンジ・アトラクターの影響を受けるシステムは、その振る舞いが予測不能な形で変化し、永遠にカオスの中で過ごす。地球環境ガバナンスにおいて、「政治的意思」（地球環境ガバナンスはこの用語をいまだに定義も説明もしてはいないが）はストレンジ・アトラクターに相当するのではないかと、われわれは推測する。

地球環境ガバナンスはどの程度政治的意思という概念に取り付かれているのだろうか？　「政治的意思」と「環境」と入力してインターネットで検索してみると、300 万件以上がヒットする。「政治的意思」「持続可能な発展」「持続可能性」としてみても 200 万件弱がヒットした。ほとんど誰も説明を加えようとしない事柄のために、世の中には実に多くのサイトが存在しているものだ。しかし、さらに不安になるのが、多くのサイトが地球環境ガバナンス関連の会議での発言を引用しており、そのほとんどすべてのサイトには、行動を起こさないことや失敗したことを他人のせいにする言い訳としか思えないことが書かれていることである。「われわれは多くの時間を費やして計画を立て努力してきた。しかし政治的意思の欠如のために失敗に終わってしまった」というように。

しかし、ある事業や計画や政策が「政治的意思の欠如」のために失敗したと言い訳するのは、やり遂げなかった事に対する罪の意識から逃れるための常套句にすぎない。与えられた宿題をやりきれずに、半分ほど終えたところであきらめて提出してしまうのと同じである。何百万ドルもの出資を繰り返して行動計画を作成したあげくに、でき上がった行動計画は、世界を救うためといったすでに聞き飽きた目的を掲げるにすぎず、そのうえにその宿題も終わらせないというのでは、少し恥ずかしくはないだろうか。

この問題を少しでも理解するためには、少なくとも「政治的意思」とは何かということを定義しなければならない。その手始めに、われわれは確信を持って、「政治的意思」とは政治的な決断をともなうものだといおう。そのうえで問題となるのは、「政治的決断はどのようになされるのか？」ということである。そもそも政治的決断は、われわれがふだんから行っている決断とそんなに変わらないはずであるから（ただ名前とインパクトが違うだけだ）、われわれにとって最も紛争の少ない道筋に沿って決断を下せばいい。

「ふん！」という人がいるだろう。「いつもそうだ。政治家はしょせん臆病者だ！」と。だが、もう一段階進んで、「何との紛争なのか？　あるいは誰との紛争なのか？」とか、「どれくらい強力なのか？」「どの程度のものなのか？」といった質問を始めると、単純だったことがとたんにぐっと複雑になってしまう。複雑になるがゆえに、われわれは政治的決断を下す政治家に対して、敬意を表するようになるのである。

決断するということは熟考を必要とする。なぜなら、多くの異なる利害関係者やさまざまな概念（そのほとんどが大事なものだ）の間で巻き起こる紛争の数や種類について、バランスを保つ必要があるからだ。ほんの一部を挙げると、有権者、支持母体、師、友人、反対勢力、リーダー、法、憲法、ほかの優先事項、科学情報、大望、良心、といったものを考慮しなければならない。そのような事柄すべてに、地球環境ガバナンスの意思決定にかかわる数多くの個人をかけ合わせると、「政治的意思」はストレンジ・アトラクターになってしまう。そのため、宿題をしないまま政治的意思に依存しようというのは、高コストで、危険で、無邪気な考え方なのである。しかしながら、地球環境ガバナンスの前進は現実には政治家の決断に委ねられているのだから、どのような宿題がまだ終わっていないのかを確認しておかなければならない。

その答えを見つけるのは容易なのだが、解決するのはちょっと難しいだろう。というのも、われわれの宿題は、変化のまっただ中にある今の状況において、紛争を発見してそれに対処することだからである。この作業が得意な人は、そうそういない。共有のシステムの中にいる人々が主張する、多くの相反する要求に対処することは難しい。その理由は、競合する要求を早い段階で把握することができないか、たとえわかっていても分析や処置まではできないからである。また、ガバナンスに関する提案を行う前に、その過程や成果（しばしばその両方）について「現実的な」合意が存在していないという状況も起こりがちだ[78]。交渉を通じて、不満を抱いたり、権利を侵害されたと感じたりする利害関係者（数多くの政治団体を含む）のとる行動が、地球環境ガバナンスの提案と行動計画が失敗に終わる主な原因である。未決着の紛争のために、失敗しているのだ。

創　　発

地球環境ガバナンスのような複雑な社会システムで発生する変化をうまく処理する手法には、少なくとも２つある。市民社会の参加と、紛争の創造的な処理である[79]。どの分野における地球環境ガバナンスの担当者も、紛争を最小化させるために両方の手法を習得すべきである。なぜなら、望ましい目的を達成しながらも、決定によって起こる紛争を最小限にとどめるような計画や政策を政策決定者に提供することができるならば、われわれは宿題をやり遂げられるだろうからである。

市民社会の参加

国連環境開発会議（UNCED）で採択されたリオ宣言の第10原則を基に、市民社会が政府の意思決定プロセスに参加する正式な仕組みを構築した地域が、世界に２つある。ヨーロッパにおけるオーフス条約[80]と、「持続可能な発展に向けた意思決定において市民参加を促進するための米州戦略（ISP）」[81]である。いずれの文書にも、市民社会の意見を意思決定に組み込むことを保証するための原則がある。市民社会の国境を超えた活動が活発化していることに加え、このような仕組みが、国際交渉、外交、ガバナンスを根底から変えつつある。

ヨーロッパのオーフス条約（国連欧州経済委員会〈UNECE〉の環境に関する情報へのアクセス、意思決定における市民参画、司法へのアクセスに関する条約）は1998年６月に採択され、2002年10月に発効した。この種のものでは世界で最初の正式な合意であるだけではなく、環境権と人権を結びつけ、現代世代と将来世代の双方に対する責任があることを認識している点で、既存の条約とは異なる[82)]。持続可能な発展はすべての利害関係者の参加によって実現するとし、政府の説明責任と環境管理とを関連づけている。さらに、民主主義という文脈において市民と公的機関の相互作用に焦点を当て、市民が国際協定の交渉と実施に参加するための新しいプロセスをつくり上げている。

オーフス条約は、国民と政府との関係性の核心にも触れる。単純に環境管理を考慮するだけではなく、政府に対して説明責任、透明性、対応を求める。情報と司法とその過程へのアクセスについて、市民に権利を与えるとともに、締約国と公的機関に義務を課している。

「持続可能な発展に向けた意思決定において市民参加を促進するための米州戦略（ISP）」も同様に、国連環境開発会議（UNCED）に由来している。UNCEDの開催後、半球的な「持続可能な発展に関する米州特別首脳会議」が初めて開かれることとなった。この首脳会議は1996年末にボリビアのサンタクルスで開催され、米州機構（OAS）に対し、持続可能な発展に関する意思決定において市民参加を促すような米州戦略を策定するように指示した。これと整合するように、その後の首脳会議や閣僚会議（1996年チリ、2001年ケベック市）でも、政府の意思決定に市民が参加するという概念が支持されている。

これを受けて、OAS事務総長は1997年初頭にISPの策定を始め、その策定プロセス自体も、透明性のある開かれた参加型イニシアティブとした。事業諮問委員会（PAC）は、政府、民間企業、労働者、ならびに女性や先住民もメンバーとして加わり、戦略的ガイダンスとアドバイスを与えた。この戦略の中核は、次の6つの基本原則を含む政策枠組みである。

- 市民参加の機会を確保するうえで政府と市民社会の担う積極的な役割
- 多様な利益と部門の包括
- 開発の約束と負担を共有する責任
- 途中で適応できるような十分な柔軟性をともなう、意思決定過程のすべての段階で参加を確保する包括性
- 関連する情報へのアクセス、政策過程へのアクセス、司法制度へのアクセス
- 資源を効率的に利用するため、政府と市民社会組織の内部およびこれらの間における情報の透明性

これらの原則は、言い換えれば、次のような提案を行っている。

- 市民社会組織間、同一政府レベル内、異なる政府レベル間、市民社会と政府間において、情報共有、協働、協力を支援するような既存の公式・非公式の情報連絡メカニズムを強化あるいは新設する。

- 開発に関する決定に市民社会が参加できるような法律や規制の枠組みを創設し、拡大させ、実行する。
- 開発に関する決定において、政府と市民社会間の相互作用を積極的に促進するような制度組織、政策、手続きを支援する。
- 持続可能な発展の問題と市民参加の実施に関する知識を増やしながら開発の意思決定の過程に参加できるように、政府と市民社会組織内の個々人の能力を構築し、強化する。
- 開発の意思決定への参加を開始、強化、継続するための資金源を調達し、拡大する。
- 開発活動が議論され、関連する意思決定が行われるような、公式あるいは非公式の議論の場を創設、強化、支援する。

もちろん、これらは多くの一時的な問題を引き起こし、進展を大幅に遅らせるかもしれない（いや、遅らせることになろう）。しかしながら、デメリットよりもメリットのほうが大きそうである。市民社会の参加は、地球環境ガバナンスが十分注意を払うべき新たな解決策を示している。

紛争処理

地球環境ガバナンスにおける意思決定という観点で見ると、1972年の国連人間環境会議（ストックホルム会議）から長い年月を経てきたものの、ここから先も長い。この道中、紛争処理についてさらに大きな労力を割かなければならない。これは、地球環境ガバナンスでしばしば行われる厳しい交渉とは大きく異なるものである。

明らかに、紛争処理はこれまでもずっと行われてきたものであり、これからも必要なものである[83]。しかし残念なことに、地球環境ガバナンスの分野では、紛争処理は妥協としてとらえられることが多く、本来は力を生み出すチャンスととらえられるべきなのに、力を失うあるいは制限されるものと考えられている[84]。この認識は甘いだろうか？　もちろん「イエス」だろう。少なくともわれわれには無邪気すぎる感があるのだが、一方で、そのような認識を持つべき理由もある。われわれの世界は、情報、財源、組織、能力、機会が不公平であるとともに、隠された意図と、痛感されているが明確化されてはいないニーズに満ちている。人々の価値観は、個々の性格と同じように多様であり、すべてが重要である。記憶は長く続き、歴史は、本来あるべきよりも大きな影響力を持っている。紛争はどこにでもある。

しかし紛争は、ばかげているものが多いとはいえ、不公平が存在することをわれわれに教えてくれる。何か事が起これば問題は明らかになりやすく、議論すべき価値があると伝えてくれる。これらすべてを考え合わせると、紛争処理は単に論争を解決する手段ではない。紛争で明らかになった関係性を活用して建設的な議論を行い、紛争のために見つかった問題に対して新しい、これまでとは異なる解決策を探る機会でもあるのだ。

米国ワシントンDCのアメリカン大学で紛争解決を教えるダドリー・ウィークスによると、われわれの紛争に対する見方を、少なくとも次の4点で変える必要があるという[85]。

- 「紛争は常に秩序を崩壊させる」という否定的な見方がされるが、実のところ多様性が発展し、関係性や別の考え方を明らかにできる。
- 紛争は常に、競合し矛盾する自己利益の間で起きる争いだと考えられているが、双方（もしくはそれ以上）が共有できるようなニーズや目標の存在が忘れられている。
- 紛争はすべての関係性を定義すると見られるが、現実には、複雑な関係性の単なる一部分でしかない。
- 紛争は正誤や善悪の二極性だとされるが、実は多くの「価値観」は主観的な好みによって決まる。

それゆえ、地球環境ガバナンスを成功に導くためにわれわれが認識するあらゆる要素の中で、おそらく紛争処理こそいちばん重要なものであろう――ただし、あくまでも紛争を、味方を選んだり徹底的な破壊行為を行ったりするものではなく、肯定的にとらえた場合に限られる[86]。

正義と、環境という用語の単数形対複数形の問題

おそらく読者の中には、われわれ著者がこの論考を執筆するにあたって目指したことに集中するのがいかに難しかったかに気づいた人もいるだろう。つまり、地球環境ガバナンスの言葉の問題について論じることだけを目指し、権力の不均衡や文化の違い、そして環境活動家ではないが地球環境ガバナンスに関与しようとする人々などの問題はほかの人に任せるということである。しかしわれわれは、執筆しながら、結局これら2種類の問題は本質的に同じだという結論に達するのではないかと考えてきた。この点は、地球環境ガバナンスが今後正面から向かい合わなければならないことであるため、われわれも、この点について真剣に取り上げるべきだと考える。それは、「環境」という概念がどう理解されるか、ということにも関係する。

この用語の使われ方に多くの違いがあることは、限られた社会の中であれば問題にはならない。たとえば、建築家たちは皆、「睡眠環境」は「食事環境」と異なり「仕事環境」とも異なるということを認識している。生物学者たちは、「河

川環境」が「陸環境」とは異なることを理解しているし、社会学者たちは、ラテンアメリカにおける「貧民街の環境」と「高級街の環境」の相違や、ニューヨーク市のアッパー・マンハッタンとロウアー・マンハッタンの相違について、話すことができるだろう。しかしながら、「環境」とは何かを説明できる人はごく一部しかおらず、この点が問題なのである。

多くの人々が漠然と思っているこの用語の意味と、この概念を構築した人々が表そうとした実態との間には、大きな断絶が認められる。環境とは本来、中心にあるシステムの健康・福祉・振る舞いに影響を与えるような、外部のシステムのことを指すものである。この概念を基に考えると、われわれの取り組みは単なる「自然の保護」を超え、われわれの課題は「自然資源の持続可能な管理」以上のものとなる。そして、環境ガバナンスの仕事は、生物多様性の保全や、オゾン層破壊や気候変動といった諸問題への対応以上のものになる――もちろん、これらすべてがきわめて重要であり、間違いなく地球環境ガバナンスがかかわる一部ではあるが。

しかし環境という概念によると、地球環境ガバナンスは汚染の防止や資源の保全を超える必要がある。そしてわれわれは、この用語を単数形（the environment）ではなく複数形（environments）として理解し、使用しなければならない。ストックホルム会議以降すべての環境会合において、ある行動をとった場合に「誰の環境が保全されるのか？　誰の環境が開発されるのか？　誰の環境が影響を受けるのか？」という問いが、発展途上国によって提起されてきた。確かに、ストックホルム宣言の第1原則では、「人は、尊厳と福祉を保つに足る環境（*an* environment）で、自由、平等および十分な生活水準を享受する基本的権利を有する」（イタリック部分は著者による）と確認されている[87]。

環境の質とは、環境と貧困、環境と健康、環境と開発、といった関連性のことである。それは、ある環境（an environment）が、その中心に位置する人々のニーズをいかにうまく満たすか、ということにかかわっている。われわれ各個人あるいは各集団は、それぞれに異なり絶え間なく変化する諸環境（environments）で生活している。これら諸環境の一部は、豊かで、実りあるものであろう。一方で、人間のニーズを満たすのに必要な手段がまったく欠けている環境もある。単数形の「環境（the environment）」というものは存在せず、権力者たちや恵まれている者たちが「環境（the environment）」を保護しようという声は、権力のない者たちや恵まれない者たちの権利を剥奪しているのである。

残念ながら、「われわれはいったい誰の環境について話しているのか」という疑問に対しては、常に間違った答えが用意されている。世界にはひとつの「環境（the environment）」しかなく、それはすべての人のものであり、保護されなければならない、と直接的あるいは間接的に答えるなら、それは開発の選択肢を誤って伝えることにもなり、人間のエネルギーやその他資源を誤った形で使うことにもなり、紛争を処理する代わりに隠すことにもなる。環境を単数形としてとらえると問題が悪化する。環境を複数形としてとらえることによって、諸問題の分離や処理が可能となり、紛争の源を理解できるようになる。複数形を用いればわれわれの世界の複雑性に適切に対応できるようになるが、単数形を用いると極端な単純化が起こる。単数形を用いると、紛争が隠されてしまい、あとで一気に爆発して処理不能になってしまう。複数形を用いれば、地球環境ガバナンスの場で、解決策の協調的な模索や文明的な議論、信頼関係が可能になる。環境という用語を単数形で使用しているがために、地球環境ガバナンスは現状のようになっているといえる。

地球という惑星の「環境（the environment）」、つまり「地球環境」についてはどうであろうか。そのようなものは、存在するのだろうか。明らかに、存在はする。しかしながら、ここでいう環境とは、無数に存在する環境のうちのひとつにすぎず、大部分の個人や集団が個人的および局地的な諸環境（environments）に見られる諸問題をどう認識するかとはほとんど関係がない[88]。オゾンホールや気候変動については、どうだろうか。それらは環境問題ではないのだろうか。もちろん、環境問題である。しかしながら、善悪はともかく、オゾン層問題に対する関心は高緯度地域の人々のほうが高く、赤道に近い地域で暮らす人々の間ではそれより低い。赤道に近い地域とは、世界の中でも貧困や感染症が最も深刻な地域が多く存在するところでもある。また、明らかに気候変動は、地球のあちこちにさまざまな影響を与えるであろうし、その中には、少なくとも短期的に見れば、世界の一部の人々に対して好ましい結果をもたらすものもあるかもしれない[89]。

環境と開発は相対するものではなく、また、環境と開発の諸問題は、さまざまなレベルで二者択一する問題でもない。それは次のような簡単な比較によって説明できよう。森林に住む人々にとっては、森林伐採が環境問題である場合もあればそうでない場合もあり、それを森林保全活動によって解決できる場合もあれば解決できない場合もあろう。これに対して貧困と不公平性は、憎悪や腐敗、国際貿易、国家負債、地方の無能力さ、ジェンダー問題、力の不均衡、適切な教育と医療の欠如といった問題と絡み合っていて、間違いなく環境問題であり、開発や優れたガバナンスのみが解決しうる問題である[90]。このことの一部は今や、地球環境ガバナンスにおける将来的課題である。複雑性は大幅に増し、国立公園や、自然、野生生物といった今なお正当な懸念事項から遠く離れている。とはいえ、環境にも関することなのである。

注

1）Oran R. Young (1997b) 'Global governance: Drawing insights from the environmental experience,' in O. R. Young (ed) *Global Environmental Accord: Strategies for Sustainability and Institutional Innovations*, Cambridge: MIT Press; chapter 2 of UNCHS (2002) *Cities in a Globalizing World Global Report on Human Settlements 2001*, London: Earthscan, 344pp; and Ronnie D. Lipschutz (1999) 'From local knowledge and practice to global environmental

governance,' in Martin Hewson and Timothy J. Sinclair (eds) *Approaches to Global Governance Theory*, Albany, NY: State University of New York Press, pp259-283.
2）UNCHS pp90-92, and the CGG (1995) 'The concept of global governance,' in CGG (ed) *Our Global Neighborhood: The Report of the Commission on Global Governance*, Oxford: Oxford University Press.
3）UNCHS, pp90-92.
4）これが行われる方法や手段を解説する論文は多数ある。その例として、Patricia Birnie and Alan E. Boyle (1992) *International Law and the Environment*, Oxford: Clarendon Press, 563pp や、より大部で幅広い内容を扱う David Hunter, James Salzman and Durwood Zaelke (1998) *Inter-national Environmental Law and Policy,* New York: Foundation Press, 1567pp、そして Lamont Hempel (1996) *Environmental Governance: The Global Challenge*, Washing-ton, DC: Island Press, 291pp、また、 James Gustave Speth and Peter M. Haas (2006) *Global Environ-mental Governance*, Washington, DC: Island Press の4著書をここに紹介しておく。さらに、頻繁に改訂される情報源として、持続可能な発展国際研究所（IISD）から刊行されている *Earth Negotiations Bulletin* や、Fridtjof Nansen Institute の *Yearbook of International Cooperation on Environment and Development* (London: Earthscan) などは、さまざまな事実と分析を記録する優れた情報源である。当然ながら、必要な背景情報は、国際条約や条約事務局によって提供される記録に記されており、国連条約データベース（http://untreaty.un.org/）、コロンビア大学 CIESIN データベース（http://sedac.ciesin.columbia.edu.）から容易に入手できる。
5）これらの「ルール」に関する包括的な議論については、Birnie and Boyle (1992) の第1章と第2章を参照のこと。
6）UNCED 文書の簡易版は、Michael Keating (1993) *The Earth Summit's Agenda for Change: A Plain Language Version of Agenda 21 and the other Rio Agreements*, Geneva: Centre for Our Common Future, 70pp にある。
7）リオ宣言の全文は、www.unep.org/documents/default.asp?documentID=78&articleID=1163 から入手できる。
8）たとえば、欧州の多国間投資協定は放棄された様相を呈しており、また、ウィーン条約法条約は、国家と国際機関または国際機関同士の間で1986年からほとんど利用されていない。主に NGO が支持をしている世界自然憲章（World Charter for Nature）は、1982年の国連総会決議37/7で承認されたものの、「持続可能な発展論以前のもの」で今日の状況に対して倫理的基盤を完備するには不十分とみなされている。
9）これは早期の条約に特に明らかだが、そのような問題がありながらも成功事例は存在した。たとえば、1940年の自然資源保護に関する西半球条約（Western Hemisphere Convention on the Conservation of Natural Resources）は、条約推進のための公的協同活動や事務局への資金不足にもかかわらず、南米における多くの国立公園や保留地の形成に広く有用であることが判明した。この条約については、Kenton R. Miller (1980) 'Cooperación y asistencia internacional en la dirección de parques nacionales,' in *Planificatión de Parques Nacionales para el Ecodesarrollo en Latinoamerica*, Madrid, Fundación para la Ecologia y la Protección del Medio Ambiente を参照。
10）Victor Kremenyuk and Winfried Lang (1993) 'The political, diplomatic, and legal background,' in Gunnar Sjostedt (ed) *International Environmental Negotiation*, London: Sage Publications, pp3-16.
11）このすべてに関する特異性は、素人・玄人を問わず、混乱の元となりうる。会議参加には Joyeeta Gupta's *"On behalf of My Delegation..." A Survival Guide for Developing Country Climate Negotiators*, Climate Change Knowledge Network/Center for Sustainable Development in the Americas（日付不明）<www.unitar.org/cctrain/Survival%20Negotiations%(nAIP)www/index.htm>（2002年7月22日アクセス）や Felix Dodds and Michael Strauss (2004) *How to Lobby at Intergovernmental Meetings*, London: Earthscan を一読することが必須であろう。手続き全体に関する一般的な議論については、Richard Elliot Benedict (1993) 'Perspectives of a negotiation practitioner,' in Sjostedt, pp219-243 や Birnie and Boyle (1992) pp32-81 を参照。

12）これは、全体会議での議論よりもはるかに率直に行われる「非公式な」会議での討論を軽んじているわけではない。

13）14の創設機関で構成される民間コンソーシアムであるシカゴ気候取引所（Chicago Climate Exchange, CCX）は、4年で温室効果ガスを4%削減することに同意する法的拘束力を持つ文書（2003）に最近署名した。www.chicagoclimatex.com を参照。

14）地球環境ガバナンス構造に関する詳細な議論は、特にBirnie and Boyle (1992) の第1章と第2章を参照。

15）一般的に、締約国会議（COP）は協定・条約参加国による、運営上の集会であり、一方で締約国会合（MOP）は議定書参加国による、運営上の集会である。

16）UNEP (1997) *Compendium of Legislative Authority 1992-1997*, Oxford: United Nations Environment Programme/Express Litho Service, 287pp と Keating (1993)。

17）通常、政府間条約や協定は国際機関に託され、その後その機関によって専門事務局が提供される。

18）Kenneth W. Abbott and Duncan Snidal (2000) 'Hard and soft law in international governance,' *International Organization*, vol 54, no 3, pp421-456.

19）批准は、自動的にはほとんど行われない。実際、条約が国内の利益に重大な影響を与えることになれば、たとえ国の行政府が文書に署名したとしても、立法府が批准しないこともある（Abram Chayes and Antonia H. Chayes <1991> 'Adjustment and compliance processes in international regulatory regimes,' in Jessica Tuchman Mathews (ed) *Preserving the Global Environment: The Challenge of Shared Leadership*, New York and London: W.W. Norton and Company, pp280-308 を参照）。

20）1969年5月23日に署名され、1980年1月27日に発効した条約法に関するウィーン条約は幸いこのすべてを規定している。交渉に携わるすべての者が持つべきものである。www.fletcher.tufts.edu/multi/texts/BH538.txt において入手可能。

21）重要な関連問題として、いかに合意が実施されるべきなのかという問題がある。Ronald B. Mitchell (2002a) 'International environment,' in Thomas Risse, Beth Simmons and Walter Carlsnaes (eds) *Handbook of International Relations*, London: Sage Publications と Daniel W. Drezner (2002) 'Bargaining, enforcement, and multilateral sanctions: When is cooperation counterproductive?' *International Organization*, vol 54, no 1, pp73-102 を参照。

22）政府開発援助（official development assistance: ODA）とは経済協力開発機構（Organisation for Economic Co-operation and Development: OECD）の22の加盟国からの政府開発援助のことである。

23）2004年に米国政府は、国内総生産におけるODAの割合を0.2%へと倍増（日本は2005年に0.23%まで増加）し、欧州の数カ国は確約の0.7%を満たすべくODAの水準を引き上げ始めた。結果として、2005年の世界平均は0.5%近くに上昇した。また、地球開発センター（Center for Global Development: CGD）とカーネギー国際平和基金（Carnegie Endowment for International Peace）は新たな援助拠出の順位付け方法を最近発表した（Centre for Global Development and the Carnegie Endowment for International Peace (2003) 'Ranking the rich,' *Foreign Policy*, May/June, pp56-66）。それには、援助や投資以外に、貿易・移民・平和維持政策など、貧困国への支援を測る追加基準が用いられている。

24）Hillary French (2001) *Vanishing Borders*, London: Worldwatch Institute and W.W. Norton and Company.

25）これらの中で重要なのは、米国国連大使が2005年に、米国政府は目的・目標としてでなく幅広い声明としてのミレニアム宣言に署名したのだと主張し、多くの関係者に驚きを与えたことである。このような区別はプログラム開始5年後にするものでなく、署名の際に明らかにできたものであり、またそうされるべきであった。

26）Victor Davis Hanson (2004) 'The U.N.? Who Cares...' *The Wall Street Journal – Europe*, 23 September.

27）Third Millennium Foundation (2002) *Briefing on Japan's 'Votebuying' Strategy in the International Whaling Commission*, Paciano: Third Millennium Foundation.

28）Max Boot (2002) 'The big enchilada: American hegemony will be expensive,' *The*

International Herald Tribune, 15 October.
29) Max Jakobson (2002) 'Preemption: Shades of Roosevelt and Stalin,' *The International Herald Tribune*, 17 October.
30) James K. Sebenius (1993) 'The Law of the Sea Conference: Lessons for negotiations to control global warming,' in Sjostedt, pp189-215.
31) Lorenz (1993) p228.
32) Lorenz (1993) pp222-235.
33) 例として、ロナルド・B・ミッチェルは、国際環境協約のリストを作成するという目的のため、この問題について議論を展開し、協約がもし「第一の目的として、植物や動物の種（農業も対象とする）、大気、海洋、河川、湖沼、陸上生息地、そのほか、生態系サービスを供給する自然界の要素といった自然資源に対し人間が与える影響を管理または防止する」ならば、それは「環境」協約であると定義づけた。「定義づけられた国際環境協約」<www.uoregon.edu/~rmitchel/IEA/ overview/definitions/htm>（2003年7月5日アクセス）。一方、Ronnie D. Lipschutz, *Global Environmental Politics from the Ground Up* では、「生息環境」が地球環境を定義する、より適したアプローチであるとして好まれている <http://ic.ucsc.edu/~rlipsch/pol174/syllabus.html>（2003年7月15日 アクセス）。
34) Herman E. Daly (1996) *Beyond Growth: The Economics of Sustainable Development*, Boston: Beacon Press.
35) Richard E. Saunier (1999) *Perceptions of Sustainability: A Framework for the 21st Century*, Washington, DC: Trends for a Common Future 6. CIDI/Organization of American States、Simon Dresner (2004) *Principles of Sustainability*, London: Earthscan を参照。
36) Becky J. Brown et al. (1987) 'Global sustainability: Toward definition,' *Environmental Management*, vol 11, no 6, pp713-719; J. Pezzey (1992) *Sustainable Development Concepts: An Economic Analysis*, World Bank Environment Paper No. 2, Washington, DC: The World Bank; and Birnie and Boyle (1992), p2.
37) IISD (2001) 'Summary Report from the UNEP Expert Consultations on International Environmental Governance, 2nd Round Table, 29 May 2001,' *IISD Linkages*, vol 53, no 1.
38) IUCN, UNEP and WWF (1980) *World Conservation Strategy: Living Resource Conservation for Sustainable Development*, Gland: IUCN.
39) World Commission on Environment and Development (1987) *Our Common Future*, Oxford: Oxford University Press.
40) Christophe Dupont (1993) 'The Rhine: A study of inland water negotiations,' in Sjostedt, pp135-148.
41) これは、近年公刊した *The Times of London* (2003) の中の論文で、ローズマリー・ライターが「国際的な外交の技術は醜悪な事柄を理解できない事柄に変換することにある」と繰り返し述べるきっかけとなった。
42) 外交において、言葉の「建設的な曖昧さ」は、交渉継続に向けて苦境を乗り切るために用いられる。ともすると、結果として、曖昧な点がすべて捨て去られるほどの強い合意に達することもありうる。これには理念的に2つの特徴がある。第一に、それが意図的であり、当事者すべてが現在進行していることについて知り、同意していることである。そして第二は、それが、隠すことなく最低限の共通基準にまで相違を減らすことである。もし相違がさらなる問題を呼び、問題解決に最終的に至らないなら、それは危険な戦略となりうる。
43) 近年の発展には、政府間の機関や会合の多くの場に「公式な非政府系オブザーバー」の参加を認めた決定や、政府の意思決定と国際的会合に市民社会が関与する正式なメカニズムの発達などがある。
44) UNEP (2002) *Global Environment Outlook* 3, London: Earthscan.
45) この点で、欧州連合は25の加盟国で21の公用語を持ち、3つの実用上の言語と3つの公式のアルファベットを持つ明らかな記録保持者である。この「言語的多様性」は高額の経費を伴う。2005年には、翻訳と通訳サービスの費用が11億ユーロにのぼり、1650人の常勤の翻訳・通訳者に加えて550人の補助スタッフを抱える翻訳総局は欧州連合の最も大きい部署となっている。2005年に、彼らはなんと132万4231ページ分もの翻訳をしている。翻訳・通訳についての詳細は、Matthew Brunwasser (2006) 'For Europe, a lesson in ABCs (of Cyrillic),' *The International Herald Tribune*, 9 August を参照。

46）A. B. Cambel (1993) *Applied Chaos Theory: A Paradigm for Complexity*, San Diego: Academic Press, Inc.

47）Tim O'Riordan and James Cameron (eds) (1994) *Interpreting the Precautionary Principle*, London: Earthscan、T. O'Riordan et al. (2001) *Reinterpreting the Precautionary Principle*, London: Cameron May および Carnegie Council (2004) 'Human rights dialogue: Environmental rights,' *Human Rights Dialogue*, Series 2, no 11, Spring を参照。

48）Gilberto C. Gallopin (1981b) 'The abstract concept of environment,' *International Journal of General Systems*, vol 7, pp139-149.

49）UNDP (1996) *Compendium of Environmental Projects in Vietnam – 1985-1995*, Ha Noi, Viet Nam.

50）バーニーとボイルは「環境」という言葉のさまざまな使われ方について興味深い議論を行っている。彼らの議論をまとめると、「(環境) とはあらゆる人が理解するけれども、誰も定義できない言葉である」という Caldwell (1980) の嘆かわしい言葉を繰り返している。この言葉が嘆かわしいのは、環境の概念は科学ではよく理解されており、いかなる辞書や百科事典にもその概念を忠実に反映した定義が記載されているからである。

51）Gilberto C. Gallopin (1981a) 'Human systems: Needs, requirements, environments and quality of life,' in G. E. Lasker (ed) *Applied Systems and Cybernetics*, vol 1, *The Quality of Life: Systems Approaches*, Oxford: Pergamon Press、および Amos H. Hawley (1986) *Human Ecology: A Theoretical Essay*, Chicago: The University of Chicago Press を参照。

52）モジャン・ワリは米国生態学会の 1995 年 6 月号の紀要（*Bulletin of the Ecological Society of America*, vol 76, pp106-111）に、調査した出版物にあった「生態（学)」と「生態上（生態学）の」という語の 337 種類の使われ方を掲載した。

53）Asian Development Bank (1986) *Environmental Guidelines for the Development of Ports and Harbours*, Manila: ADB, p3.

54）www.esa.org/aboutesa/

55）Lynton Caldwell (1980) *International Environmental Policy and Law*, Durham: Duke University Press.

56）John E. Fauth (1997) 'Working toward operational definitions in ecology: Putting the system back into ecosystem,' *Bulletin of the Ecological Society of America*, vol 78, no 4, p295; Alice E. Ingerson (2002) 'A critical user's guide to "ecosystem" and related concepts in ecology,' Institute for Cultural Landscape Studies, the Arnold Arboretum of Harvard University <www.icls.harvard.edu/ecology/ecology.html>（2003 年 6 月 10 日アクセス）

57）John C. Maerz (1994) 'Ecosystem management: A summary of the Ecosystem Management Roundtable of 19 July 1993,' *Bulletin of the Ecological Society of America*, vol 75, no 2, pp93-95.

58）この問題に関しては議論があるが、大筋の結果は一般システム論の結果と重なるようである。それは、学習のためにわれわれはシステムを頭の中で個別視するというものである。Victor Marín (1997) 'General system theory and the ecosystem concept,' *Bulletin of the Ecological Society of America*, vol 78, no 1, pp102-103 や Bernard Pavard and Julie Dugale, 'An introduction to complexity in social science,' p17 <www.irit.fr/cosi/training/Complexity-tutorial/htm>（2003 年 7 月 15 日アクセス）を参照。

59）たとえば、土地利用規制において論じられる「湿地帯（wetland)」に対する多くの異なる定義である。GEG に近い論題としては、京都議定書の 3.3 条や、いかに「森林地帯」と「再植林地帯」「造林地帯」とを区別するかといった問題がある。

60）James J. Kay (1991) 'A non-equilibrium thermodynamic framework for discussing ecosystem integrity,' *Environmental Management*, vol 15, no 4, pp483-495.

61）Daniel B. Botkin (1990) *Discordant Harmony: A New Ecology for the Twenty-first Century*, Oxford: Oxford University Press, 256pp.

62）C. S. Hollings (1973) 'Resilience and stability of ecological systems,' *Annual Review of*

Ecology and Systematics, vol 4, pp1-24; Ariel E. Lugo (1978) 'Stress and ecosystems,' in J. H. Thorp and J. W. Gibbons (eds) *Energy and Environmental Stress in Aquatic Systems*, DOE Symposium Series; and Kay (1991).

63）科学対擁護活動に関して、検索エンジンに「生態系　壊れやすい」と「生態系　負荷」と入力し、それぞれの検索結果のうち何件が擁護活動と科学のカテゴリーに当てはまるか試してみるのも興味深いであろう。

64）Robert T. Lackey (2001) 'Values, policy, and ecosystem health,' *BioScience*, vol 51, no 6, pp437-443.

65）OAS (1987) *Minimum Conflict: Guidelines for Planning the Use of American Humid Tropic Environments*, Washington, DC: Organization of American States, 198pp.

66）James G. Wyant, Richard A. Meganck and Sam H. Ham (1995) 'The need for an environmental restoration decision framework,' *Ecological Engineering*, vol 5, pp417-420.

67）Kay (1991).

68）SER (2003) 'Global rationale for ecological restoration,' IUCNCEM 2nd Ecosystem Restoration Working Group Meeting, 2-5 March, Taman Negara, Malaysia.

69）Tim O'Riordan et al. (1994) *Interpreting the Precautionary Principle*, London: Earthscan および T. O'Riordan et al. (2001) *Reinterpreting the Precautionary Principle*, London: Cameron May を参照。

70）European Commission (2000) *Communication from the Commission on the Precautionary Principle*, EU COM(2000)1, February, Brussels <http://europa.eu.int/comm/environmental/docum/20001_en.htm>

71）COMEST (Commission on the Ethics of Scientific Knowledge and Technology) (2005) *The Precautionary Principle*, Paris: UNESCO.

72）COMEST 12.

73）ここでの議論の多くは、Richard E. Saunier (1999) *Perceptions of Sustainability: A Framework for the 21st Century*, Washington, DC: CIDI Organization of American States と同様である。

74）Denis Goulet (1986) 'Three rationalities in developmen decisionmaking,' *World Development*, vol 14, no 2, pp301-317.

75）David J. Pannell and Steven Schilizzi (1997) 'Sustainable agriculture: A question of ecology, equity, economic efficiency or expedience?' *Sustainability and Economics in Agriculture*, SEA Working Paper 97/1' GRDC Project, University of Western Australia.

76）M. Mitchell Waldrop (1993) *Complexity: The Emerging Science at the Edge of Order and Chaos*, New York: Touchstone の第１章を参照。

77）W. Brian Arthur (1993) 'Why do things become more complex?' *Scientific American*, May, p144.

78）当然ながら、合意は使用される言葉への承認に基づきながら拘束力のある条約に行き着くように意図された交渉過程の重要な目標である。しかし残念なことに、それは言葉の定義に対する同意を必ずしも含んではいない。

79）その他の事項もこれら２点に該当する。たとえば、ジェンダーの問題は、若者や先住民に関する問題等とともに重要である。これらにおける利害関係を分析に組み込むことは、将来の衝突を減少させ、より良い結果を導き出す。同様に環境影響に関し、「誰が引き起こしたのか」そして「誰がそれを感じるのか」といった問いを持つとき、「影響」というのは、扱うことのできる２つあるいはそれ以上の利益間における紛争であることに気づく。それは「環境」と呼ばれるものに対する開発活動の影響を識別すること、言い換えれば扱うことのできない問題とは非常に異なるものである。

80）UNECE (2002) *Introducing the Aårhus Convention* <www.buwal.ch/inter/e/ea_zugan.htm>（2001 年８月 15 日アクセス）

81）OAS (2001) *Inter-American Strategy for Public Participation in Decision-Making for Sustainable Development*, Washington, DC: General Secretariat, Organization of American States.

82）米州機構第32回総会（バルバドス2002年）においても、決議1896を採択する際にこの方法がとられた。これは明らかに、きれいな大気や水などの環境財・サービスと人権を米州人権委員会を通して結びつけている。

83）William I. Zartman (1993) 'Lessons for analysis and practice' と Jeffery Z. Rubin (1993) 'Third party roles: Mediation in international environmental disputes' を参照（両者とも Sjostedt 編）。

84）Dudley Weeks (1992) *Eight Essential Steps to Conflict Resolution*, New York: G. P. Putnam's Sons, 290pp.

85）Weeks (1992).

86）この問題は関連部門においても真剣な考慮が払われている。ユネスコは、国連水関連機関調整委員会（UN-Water）の構成組織、また、民間組織、NGO、学術機構と共に、越境水源あるいは共有の河川流域・湖・貯水池の利用に関する衝突当事者のための仲介センターである水協力ファシリティ（Water Cooperation Facility: WCF）設立の先頭に立った。多数の弁護士や、PCAやICJまたはその他の仲裁・裁判組織などでの正式な手続きがかかわる前に、不和を解決する手助けをするような役割がこのファシリティには期待されている。WCFの頭文字は当初 Water Conflict（紛争）Facility とされていたが、Cooperation（協力）で普及したのは賢明であった。

87）ストックホルム宣言の本文は、www.unep.org/document/default.atp?documentID=978&articleID=1501 で入手できる。

88）Thomas F. Saarinen (1974) 'Environmental perception,' in Ian R. Manners and Marvin W. Mikesell (eds) *Perspectives on Environment*, Washington, DC: Association of American Geographers, pp252-289.

89）IPCC (2001) 'Climate change 2001: Impacts, adaptation and vulnerability,' *IPCC Third Assessment Report*, WMO/UNEP. また特に、この報告書の第1.21項「気候変動は人間開発にとって好機でもありリスクでもある（Climate change represents opportunities and risks for human development)」を参照（www.ipcc.ch にて入手可能）。

90）Akiko Domoto (2001) 'International environmental governance: Its impact on social and human development,' *Inter-linkages*, World Summit for Sustainable Development, United Nations University Centre, 3-4 September.

第2部

グローバル環境ガバナンス：用語事典

本事典の編集に使った情報源とアルファベット略語一覧

本書はほとんど、用語と、それが地球環境ガバナンスの中でどう使われているかについての本だ。だからこそ、機関、仕組み、夢、そして我々の同僚が作り出した業界用語からなる3,500以上の定義とおよそ3,500の略語を含めたわけだ。これで地球環境ガバナンスの一流作家たちの創造性に報いることができたわけではないことは重々承知している。とはいえ、こうしてある程度の量の用語が集まった今となっては、用語を作り出す作業に費やされた時間と労力の量についても我々は気づいている。このため、そんな作業を試みた他のすべての人々の労をねぎらいたいし、知ってか知らずかして、仕事の成果を使わせてくれた彼らにお礼を言いたい。読者の皆さんは、各項目の多くが、我々が編み出した記号で締めくくられていることに気づかれるだろう――これは編集に使った情報源を明確にするためで、この記号の意味を以下に示す。ある用語が、出自のわかっている著者による記事や論文からとられているときは、その人の貢献が明記されており、情報源は文献リストにも挙げられている。

多くの読者が、我々が事典に含めた定義のいくつかについて同意しないだろうこともよく承知している。我々もその多くについて同意しない（第１部の論考で我々が言ったことと合わない内容がほとんどである）。でも、よかれあしかれ、これらは国際的な議論の場でよく使われるようになったものだ。これからも議論を続けようではないか。怪しい点を明確にする必要はあるし、我々としては、そんな指摘は歓迎だ。

A

A	Assembly (GEF)　総会（地球環境ファシリティ）
AAAID	Arab Authority for Agricultural Investment and Development　アラブ農業投資開発局
AACCLA	Association of American Chambers of Commerce in Latin American and Caribbean　米商工会議所ラテンアメリカ協会
ACCU	Asia-Pacific Cultural Centre for UNESCO　公益財団法人ユネスコ・アジア文化センター　http://www.accu.or.jp/litdbase/glossary
AD	Deardof's Glossary of International Economics Alan V. Deardorff 教授（University of Michigan）による国際経済用語集 http://www-personal.umich.edu/~alandear/glossary〔URL 更新〕
AFESD	Arab Fund for Economic and Social Development　アラブ経済社会開発基金 http://www.arabfund.org/
AIT	Asian Institute of Technology　アジア工科大学院（タイ）

	http://www.ait.ac.th 〔URL 更新〕
AM	Dictionary of Environmental Economics 環境経済学事典〔第一編者 Anil Makandya 氏のイニシャル〕〔URL 削除〕
AMNH	American Museum of Natural History アメリカ自然史博物館 http://cbc.amnh.org 〔URL 更新〕
APEC	Asia Pacific Economic Cooperation Forum アジア太平洋経済協力閣僚会議 http://www.apecsec.org.sg
APO	Asian Productivity Organization アジア生産性機構 http://www.apo-tokyo.org/
APWF	Asia-Pacific Water Forum アジア太平洋水フォーラム http://www.apwf.org
ASEAN	Association of South - East Asian Nations 東南アジア諸国連合 http://asean.org 〔URL 更新〕
AU	African Union アフリカ連合 http://www.au.int/en/about/nutshell 〔URL 更新〕

B

BCHM	Belgium Clearing House Mechanism ベルギー・クリアリング・ハウス・メカニズム〔生物学多様性条約に基づいたベルギーにおける情報公開システム〕 http://www.biodiv.be/chm_terms 〔URL 更新〕
BLD	Beck's Law Dictionary: A Compendium of International Law Terms and Phrases バージニア大学 Robert J. Beck 教授による法律用語集 http://people.virginia.edu/~rjb3v/latin.html
BWP	Bretton Woods Project ブレトンウッズ・プロジェクト〔世界銀行と国際通貨基金の活動に関する情報提供や提言を主たる活動とするプロジェクト〕 http://www.brettonwoodsproject.org/article-type/background/glossary 〔URL 更新〕

C

CAF	Andean Development Corporation 〔Corporacion Andina de Fomento〕 アンデス開発公社 http://www.caf.com 〔URL 更新〕
CAN	Climate Action Network 気候行動ネットワーク http://www. climatenetwork.org 〔URL 更新〕
CBD	Convention on Biological Diversity 生物多様性条約 https://www.cbd.int/secretariat 〔URL 更新〕
CCP	Copenhagen Consensus Project コペンハーゲン・コンセンサス・プロジェクト http://www.copenhagenconsensus.com
CCD	Convention to Combat Desertification 砂漠化対処条約 www.unccd.int
CEDAW	The Convention on the Elimination of All Forms of Discrimination against Women 女子差別撤廃条約 http://www.un.org/womenwatch/daw/cedaw
CF	Canter Fitzgerald 〔投資銀行〕 http://www.cantor.com 〔URL 更新〕
CFR	Council on Foreign Relations 外交問題評議会〔米国の超党派組織・民間シンクタンク〕 http://www.cfr.org/
CGC	Centre for Green Chemistry マサチューセッツ大学ローウェル校 持続可能な生産センター〔旧グリーン化学センター〕 https://www.uml.edu/research/lowell-center 〔URL 更新〕
CGD	Centre for Global Development 世界開発センター〔米国の民間シンクタンク〕 http://www.cgdev.org/cdi-2015 〔URL 更新〕

CI　Conservation International　コンサベーション・インターナショナル　http://www.conservation.org

CIPA　*World Directory of Environmental Organizations*〔edited by Thaddeus C. Trzyna and Roberta Childers, 4th ed., California Institute of Public Affairs in cooperation with the Sierra Club and IUCN〕〔URL 削除〕

CITES　Convention on International Trade in Endangered Species of Wild Fauna and Flora　絶滅のおそれのある野生動植物の種の国際取引に関する条約　https://www.cites.org

CIVICUS　World Alliance for Citizen Participation 市民参加世界同盟〔世界的な市民社会ネットワーク〕　http://www.civicus.org

CMI　Carbon Mitigation Initiative　〔プリンストン大学〕炭素低減イニシアティブ　http://cmi.princeton.edu

CMS　Convention on the Conservation of Migratory Species of Wild Animals　移動性野生動物の種の保全に関する条約　http://www.cms.int　〔URL 更新〕

CNS　James Martin Center for Nonproliferation Studies　ジェームズ・マーティン不拡散センター〔大量破壊破壊兵器の拡散抑制のための教育・研究 NGO〕　http://www.nonproliferation.org　〔URL 更新〕

Co　Chaordic Commons　カオーディック・コモンズ〔混沌と秩序が程よくまじりあった革新的な組織を増やすことを目指した団体と思われる〕　http://www.chaordic.com

COICA　Coordinating Group of Amazon Basin Indigenous Organizations〔Coordinadora de las Organizaciones Indígenas dela Cuena Amazónica〕アマゾン流域先住民組織の調整グループ　http://www.coica.org.ec　〔URL 更新〕

CONGO　Conference of Nongovernmental Organizations in Consultative Relationship with the United Nations　国連における協議資格を有する NGO 連合　http://www.ngocongo.org　〔URL 更新〕

CSD　Commission on Sustainable Development　国連持続可能な発展委員会　https://sustainabledevelopment.un.org/csd.html　〔URL 更新〕

CSG　Complex Systems Glossary. The Complexity and Artificial Life Research Concept for Self-Organizing Systems　複雑系用語集

CSIS　Centre for Strategic and International Studies　戦略国際問題研究所〔米国の無党派・非営利政策研究シンクタンク〕　www.csis.org

CT　Climate Trust クライメート・トラスト〔米国の環境 NGO〕　www.climatetrust.org

CW　Country Watch　カントリー・ウォッチ〔各国情勢に関する情報提供を行う〕　www.countrywatch.com

D

DESIP　Demographic, Environmental, and Security Issues Project　人口、環境、安全保障問題プロジェクト www.igc.apc.org/desip/toc.html

DFID　Department for International Development (UK)　国際開発省（英国）　www.dfid.gov.uk

E

EC　Earth Council　地球評議会

ECA　Environment Canada　カナダ環境省　www.ec.gc.ca

ECLAC　United Nations Economic Commission for Latin America and the Caribbean　国連ラテンアメリカ・カリブ経済委員会　www.eclac.org

ECO	The Ombudsman Centre for Environment and Development　環境開発オンブズマンセンター
eD	eDiplomat　イー・ディプロマット〔外交官間の交流を深めるNPO〕 www.eDiplomat.com
EEA	European Environmental Agency　欧州環境庁 http://www.eea.europa.eu　〔URL 更新〕
EES	Encyclopedia of Environmental Science　環境科学百科事典　〔Alexander, D. E., & Fairbridge, R. W. (Eds.). (1999). Encyclopedia of environmental science. Springer Science & Business Media〕 http://www.springer.com/gp/book/9781402044946　〔URL 更新〕
EI	The Earth Institute　コロンビア大学地球研究所 www.earth.columbia.edu
EM	Evomarkets エヴォマーケッツ〔環境関連に特化した証券会社〕 www.evomarkets.com　〔URL 更新〕
ENB	Earth Negotiations Bulletin　地球交渉速報　www.iisd.ca/linkages
ENN	Environmental News Network　環境ニュースネットワーク　www.enn.com
ENS	Environment News Service　環境ニュースサービス www.ens-newswire.com
EOE	The Encyclopedia of the Earth　地球百科事典〔サービス休止中〕 www.eoearth.org /EF The Earth Forum. /EN The Earth News. /EP The Earth Portal.
ES	Euroscience　ユーロサイエンス、ヨーロッパ科学技術振興協会 www.euroscience.org
ESA	The Ecological Society of America　米国生態学会　www.esa.org
ESS	Earth System Sciences　カリフォルニア州大学アーヴァイン校地球システム科学学部　www.ess.uci.edu
EU	Council of European Ministers　EU 閣僚理事会 www.europeanunion.org
e-Waste	The Swiss electronic waste glossary　スイス電子廃棄物用語集 http://ewasteguide.info/glossary〔訳注：e-Waste は 145 ページ E-waste を参照〕

F

FAO	Food and Agriculture Organization of the United Nations　国連食糧農業機関 www.fao.orgWAICENT/faoinfo/economics/ESN/codex/default.htm
FOEI	Friends of the Earth International　FoEI 地球の友インターナショナル www.foei.org
FSC	Forest Stewardship Council　森林管理協議会　www.fscoax.org

G

GBA	Global Biodiversity Assessment　世界生物多様性アセスメント www.unep_wcmc.org/assessments
GBS	Global Biodiversity Strategy　世界生物多様性保全戦略 www.wri.org/biodiv/pubs_description.cfm?pid=2550
GCC	Global Climate Coalition　地球気候連合 www.globalclimate.org
GEF	Global Environment Facility　地球環境ファシリティ www.gefweb.org/gefgloss.doc

GP　Greenpeace International　グリーンピース・インターナショナル　www.greenpeace.org
GPF　Global Policy Forum　地球政策フォーラム　www.globalpolicy.org/security/issues/diamond/kimberlindex.htm
GWP　Global Water Partnership　世界水パートナーシップ　www.gwpforum.org/servlet/PSP

H

HH　*Wycoff & Shaw's Harper Handbook* 3rd edn〔George S. Wykoff and Harry Shaw, eds., The Harper handbook of college composition, 3rd ed., New York: Harper, 1962〕
HI　Heifer International ハイファー・インターナショナル〔飢えと貧困に取り組む NGO〕 www.heifer.org

I

IDB　Inter-American Development Bank　米州開発銀行　www.iadb.org
IEA　International Energy Agency　国際エネルギー機関　www.iea.org
IFAD　International Fund for Agricultural Development　国際農業開発基金　www.ifad.org IFAD/CIDA/ IDRC(WDM)
Water Demand Management Glossary - 2007　水需要管理用語集
IFEJ　International Federation of Environmental Journalists　国際環境ジャーナリスト連盟　www.ifej.org
IISD　International Institute for Sustainable Development　国際持続可能な発展研究所（カナダ） www.iisd1.iisd.ca/glossary.asp
ILO　International Labor Organization　国際労働機関　www.ilo.org
IMF　International Monetary Fund　国際通貨基金　www.imf.org
IPCC　Intergovernmental Panel on Climate Change　気候変動に関する政府間パネル　www.ipcc.ch
IPIECA　International Petroleum Industry Environmental Conservation Association　国際石油産業環境保全連盟　www.ipieca.org
IPS　Institute for Policy Studies　政策研究所　http://www.ips-dc.org〔URL 更新〕
IPU　Inter-Parliamentary Union　列国議会同盟　www.parlinkom gv.at/ portal/page?_pageid+1033,658150&_dad+portal&_schema=PORTAL
ISDF　International Sustainable Development Foundation　持続可能な発展のための国際基金 . www.isdf.org
ISO　International Organization for Standardization　国際標準化機構　www.iso.org
ITTO　International Tropical Timber Organization　国際熱帯木材機関　www.itto.or.jp
IUCN　World Conservation Union　国際自然保護連合　www.iucn.org
IUFRO　International Union of Forest Research Organizations　国際林業研究機関連合　www.iufro.org

L

LEAD　Leadership for Environment and Development　環境と開発のためのリーダーシップ　www.fa.lead.org

LLL　Lectric Law Library 〔法律用語集〕 www.lectlaw.com

M

MBDC　McDonough Braungart Design Chemistry 〔米国の環境対策コンサルティング会社〕 www.mbdc.com/c2c_gkc.htm
McG-H　McGraw-Hill Online Learning Center　マグロウヒル·エデュケーション·オンライン·ラーニングセンター
http://www.mheducation. com/highered/home-guest.html 〔URL 更新〕
MW　Merriam Webster [US dictionary]　メリアム・ウェブスター（米国の辞書）

N

NAFTA　North American Free Trade Agreement　北米自由貿易協定
www/nafta-secalena.org
NASA　National Aeronautics and Space Administration　航空宇宙局（米国）
www.nasa.gov
NFF　National Forest Foundation　全米森林財団（米国）
www.natlforests.org
NGS　National Greenhouse Strategy of Australia　国家温室効果戦略（オーストラリア） www.ngs.greenhouse.gov.au/glossary
NRDC　Natural Resources Defense Council　天然資源保護協議会
www.nrdc.org/reference
NS　The Natural Step ナチュラル・ステップ　www.naturalstep.org

O

OAS　Organization of American States　米州機構　www.oas.org
OECD　Organisation for Economic Co-operation and Development　経済協力開発機構
www.oecd.org
OSCE　Organisation for Security and Cooperation in Europe　欧州安全保障協力機構
www.osce.org
Ox　Oxfam　オックスファム　www.oxfam.org

P

PAHO　Pan American Health Organization 汎アメリカ保健機構 www.paho.org
PEW　PEW Center on Global Climate Change〔Center for Climate and Energy Solutions (C2ES、ピュー研究所気候・エネルギー・ソリューションズ・センター）に承継〕 http://www.c2es.org 〔URL 更新〕
PI　Pacific Institute　太平洋研究所　www.pacinst.org
PIC　Rotterdam Convention Prior Informed Consent (PIC) 条約、ロッテルダム条約
www.chem.unep.ch/pic
PL　Pequeño Larousse　ラルース小辞典
www.larousse.es/larousse/ product.asp?sku=1
PLA　PLANKTOS Ecorestoration　プランクトス〔米国の環境ベンチャー企業〕
www.planktos.com
PPRC　Pacific Northwest Pollution Prevention Resource Center, Practical Solutions for Environmental and Economic Vitality　太平洋北西部汚染防止資源センター　www.pprc.org

R

R	Real Alternatives Information Network.　真の代替情報ネットワーク www.web.net/rain/main.htm
RC	Ramsar Convention　ラムサール条約　www.ramsar.org
RDI	Rural Development Institute　ブランドン大学地方開発研究所（カナダ） https://www.brandonu.ca/rdi〔URL 更新〕
RFF	Resources for the Future　未来資源研究所　www.rff.org
RMI	Rocky Mountain Institute　ロッキーマウンテン研究所　www.rmi.org

S

SACN	South American Community of Nations 南米共同体 www.comunidadandina. org/ingles/sudamerican.htm
SETAC	Society of Environmental Toxicology and Chemistry　環境毒性化学学会 www.setac.org
SFI	Sustainable Forestry Initiative　持続可能な森林イニシアティブ http://www.sfiprogram.org〔URL 更新〕
SFWMD	South Florida Water Management District　南フロリダ水管理地区 www.sfwmd.org
SNW	Sustainable Northwest　サステイナブル・ノースウェスト〔米国オレゴン州に拠点を置く環境 NPO〕　www.sustainablenorthwest.org
SWF	State of the World Forum　世界フォーラム連合　www.worldforum.org

T

TFDD	Transboundary Freshwater Dispute Database　越境淡水紛争データベース www.transboundarywaters.orst.edu
TI	Transparency International　トランスペアレンシー・インターナショナル www.transparency.org
TWAS	Third World Academy of Sciences　第三世界科学アカデミー　www.twas.org
TWN	Third World Network　第三世界科学組織ネットワーク www.twnside. org. sg/title/brie6-cn.htm
TWNSO	Third World Network of Scientific Organizations　第三世界科学組織ネットワーク　www.twnso.org
TWOWS	Third World Organization for Women in Science　第三世界女性科学者組織 www.twows.org

U

UN	United Nations (Main web page)　国際連合 www.unitednations.org
UNCED	United Nations Conference on Environment and Development　国連環境開発会議　www.unep.org/unep/partners/un/unced/home.htm
UNCESCR	United Nations Committee on Economic, Social and Cultural Rights　国連経済的、社会的及び文化的権利委員会 www.unhchr.ch/html/menu2/6/cescr.htm
UNCHS	UN Habitat〔United Nations Centre for Human Settlements〕 国連人間居住センター（ハビタット）　www.unchs.org

UNCLOS	United Nations Convention on the Law of the Sea　国連海洋法条約　www.un.org/depts/los
UNCSD	United Nations Commission on Sustainable Development　国連持続可能な発展委員会　www.un.org/esa/sustdev/csd/about Csd.htm
UNDP	United Nations Development Programme. *Governance for Sustainable Human Development*　国連開発計画『持続可能な人間開発のガバナンス用語集』
UNECE	United Nations Economic Commission for Europe　国連欧州経済委員会
UNED	United Nations Environment and Development Forum　国連環境・開発フォーラム　www.earthsummit2002.org
UNEP	United Nations Environment Programme　国連環境計画　www.unep.org
UNEP-CAR-RCU	United Nations Environment Programme - Cartagena Convention - Regional Coordinating Unit　国連環境計画カルタヘナ条約カリブ地域調整部　www.gpa.unep.org
UNESCO	United Nations Educational, Scientific and Cultural Organization　国連教育科学文化機関　www.unesco.org
UNESCOIHE	Institute for Water Education　ユネスコ水教育研究所　www.unesco-ihe.org
UNESCOWP	UNESCO Water Portal　ユネスコ水ポータル　www.unesco.org /water/news/ newsletter/
UNF	United Nations Foundation　国連財団　www.unfoundation.org
UNFAO	United Nations Food and Agriculture Organization　国連食糧農業機関　www.fao.org
UNFCCC	United Nations Framework Convention on Climate Change Secretariat　国連気候変動枠組条約事務局　www.unfccc.de/ siteinfo/glossary.html
UNFPA	United Nations Population Fund　国連人口基金　www.unfpa.org
UNIAEA	United Nations International Atomic Energy Agency　国際原子力機関　https://www.iaea.org　〔URL 更新〕
UNICEF	United Nations Children's Fund　国連児童基金　www.unicef.org.uk　〔URL 更新〕
UNMD	United Nations Millennium Declaration　国連ミレニアム宣言　http://www.un.org/millennium/declaration/ares552e.htm　〔URL 更新〕
UNMP	United Nations Millennium Development Project　国連ミレニアム開発プロジェクト　www.unmillenniumproject.org/htm/about/htm; unmp.forumone.com/index.html
UN-NEWS	United Nations News Centre/Service　国連ニュースセンター　www.un.org/News/index　〔URL 更新〕
UNOCHA	United Nations Office for Coordination of Humanitarian Affairs　国連人道問題調整部　www.reliefweb.int/w/rwb.nsf
UNT	United Nations Treaty Collection, Treaty Reference Guide　国連条約データベース　untreaty.un.org/english/guide/asp
UNU	United Nations University　国連大学　www.unu.edu
UNW	United Nations Wire　国連ニュースレター　un.wire@smartbrief. com
USAID	United States Agency for International Development　米国国際開発庁　www.USAID.org
USDA	United States Department of Agriculture　米国農務省森林局　www.usda.gov
USDOS	US Department of State　米国国務省　www.state.gov
USEPA	US Environmental Protection Agency　米国環境保護庁　www.epa.gov
USGS	United States Geological Survey　米国地質調査所　http://Interactive2.usgs.gov/glossary/index.asp
USNWS	US National Weather Service　米国国立気象局

	www.weca.org /nws-terms.html

V

VC	Vienna Convention on the Law of Treaties　条約法に関するウィーン条約 www.un.org/law/ilc/texts/cvkengl.html
VTPI	Victoria Transport Policy Institute　ヴィクトリア交通政策研究所（カナダ）

W

WB	World Bank　世界銀行　www.worldbank.org
WBCSD	World Business Council for Sustainable Development　持続可能な発展のための世界経済人会議　www.wbcsd.org
WC	WIDECAST-Wider Caribbean Sea Turtle Conservation Network　大カリブ海ウミガメ保護ネットワーク　www.widecast.org
WCMC	World Conservation Monitoring Centre　世界自然保護モニタリングセンター www.unep-wcmc.org
WDM	The Trilingual Water Demand Glossary of Terms IDRC　国際開発研究センター（カナダ）３か国語水需要用語集
WDp	Washington Diplomat　ワシントン・ディプロマット www.washdiplomat.com/glossary.html
WEF	World Economic Forum　世界経済フォーラム　www.weforum.org
WFp	Water Footprint　水フットプリントネットワーク　www.waterfootprint.org
WHO	World Health Organization　世界保健機関　www.who.int
WIPO	World Intellectual Property Organization　世界知的所有権機関 www.wipo.int
WP	Wikipedia　ウィキペディア　http://en.wikipedia.org/wiki/Main_Page
WR	World Reference.com 〔翻訳サイト〕 www.worldreference.com
WRI	World Resources Institute　世界資源研究所　www.wri.org
WSF	World Social Forum　世界社会フォーラム www.forumsocialmundial.org.br
WSSD	World Summit on Sustainable Development　持続可能な発展に関する世界首脳会議　www.johannesburgsummit.org/html/ documents
WTO	World Trade Organization　世界貿易機関 www.wto.org/english /thewto_e/minist_e/min99_e/english/about_e/23glos_e.htm
Wu	Wuppertal Institute　ヴッパータール研究所 www.wupperinst.org/ sites/links.html
WWF	Worldwide Fund for Nature　世界自然保護基金　www.wwf.org

〔訳注：原著に記載されているURLが更新がされている場合は新規のURLを、また無効になっている場合は、これを削除した〕

A a

A21 major groups　A21 主要グループ
「アジェンダ 21」の文書に使用されている言葉で、持続可能な発展を達成するために重要なグループを指す。子どもと若者、先住民、女性、非政府組織（NGO）、地方自治体、労働者と労働組合、科学および技術的コミュニティ、農業従事者、企業と産業界という 9 つの社会セクターのことである。(UN)

A posteriori
アポステリオリ、帰納的な
推論などの方法が、特定の事実や結果から一般的な原則を導き出そうとするさま。帰納的な推論。正当性や裏づけを証拠から引き出す、あるいはそれらを得るために証拠を必要とする方法。経験法則による。修正可能。(WR)

***A précis*　アプレシス、 概要**
長文の要点をとりまとめた抄録、短縮、簡約、梗概、概要、要約。(HH)

***A priori*　アプリオリ、演繹的な**
推論などの方法が、一般的な原則から、予期される事実あるいは結果を導き出そうとするさま。演繹的な推論。対象物の経験とは無関係に、あるいは経験に先立って、真実であると認識されている。その正当性の証明や支持のために証拠を必要としない。(WR)

Aarhus Convention　オーフス条約
正式名称は「環境に関する情報へのアクセス、意思決定における市民参加、司法へのアクセスに関する条約」。2001 年 10 月 30 日に発効した国連欧州経済委員会（UNECE）の条約。利害関係者の参加を通じて、環境に関する権利と人権を結びつけることが目的。本条約により、持続可能な発展は、環境保護に関する政府の説明責任を通じて達成されるものであることが示された。(UNECE)

Aarhus Protocol on Persistent Organic Pollutants (POPs)　残留性有機汚染物質に関するオーフス議定書
長距離越境大気汚染条約に基づく議定書。DDT、アルドリン、ディルドリン、PCB および工場の副産物、ダイオキシン、フランなど 16 の残留性有機化学物質による大気汚染を軽減することを目指したもの。1998 年には 33 カ国が署名したが、未発効である。(UNECE)

Abatement　削減
汚染物質や排気物の程度あるいは量の削減。(EM)

Absolute poverty　絶対的貧困
人間が生きるうえで最低限必要な基本的条件、たとえば食料、住居、衛生設備、清潔な水、医療、教育などを享受できない状態。国際的に 1 日 1 ドルという貧困線が絶対的貧困線とみなされる。(WDM) **'Heavily indebted Poor Countries'** を参照。

Absorptive capacity　吸収能力
経済活動により排出される廃棄物を吸収する環境の能力。

Acceptance　受諾
批准と同じ法的効力を持つ決定。受諾した国家は、最低限の数の国が署名し批准した場合、その条約に拘束されることへの同意を表

明することになる。（VC）

Accession (1)　登録
特定の地域および時期に収穫される作物の品種サンプル。（GBS）

Accession (2)　加入
すでに他国が交渉し署名している条約について、締約国になる申し出や機会を承諾する行為。批准と同じ法的効力を持つ。（VC）

Accession countries (1)　加入国
署名および批准によって、すでに施行されている協定あるいは条約の締約国になる国。（VC）

Accession countries (2)
EU 加盟候補国
欧州連合への加盟プロセスにある国。（EEA）

Acclimation　順化
生物が新しい環境に対して耐性を持つように変化すること。（CBD）

Accord　協定
従来、条約（convention, treaty）ほど重要でない国際的合意を意味するものだったが、現在では一般的にこれら3つの言葉は同義語とみなされている。（UNT）

Accountability　説明責任
当局者は、その権力、義務、決定をどう行ったかについて利害関係者に説明する必要があるという考え。当局者に対する批判あるいは要請に対応し、失敗や能力の欠如、欺瞞に対してとるべき責任。（UNDP）

Accreditation　登録認定
NGO の代表が政府間組織の会合に出席するための正式な登録プロセス。NGO は、組織、目的、事業計画についての情報を提供し、国際機関によって承認されたのち、登録される。

Accuracy　精度
計測された値と真の値が近いこと。（SFWMD）**'Precision'** を参照。

Acid rain　酸性雨
強い酸性物質が溶け込んでいる雨。工業活動から排出されたさまざまな汚染物質（主に二酸化硫黄や窒素酸化物など）が、自然界に存在する酸素および水蒸気と大気中で混ざり合って生成される。（NRDC）

Acquis communautaire
アキ・コミュノテール、EU 法の総体系
EU 法で使われる言葉で、現在までに制定されたすべての EU 法を指す。（EEA）

Acre-feet/foot (ac-ft)
エーカー・フィート
底面積1エーカー（0.405 ヘクタール）、高さ1フィート（30.48 センチメートル）の容器を満たすのに必要な液体の体積（訳注：1 エーカー・フィートは 1237.67 立方メートル）。（SFWMD）

Act　法令
立法上の意味では、立法府あるいは統治機関が通過させる議案または法案のことを指す。（MW）

Activated sludge　活性汚泥法
下水の二次処理プロセス。一次処理水とバクテリアを多く含む汚泥とを混ぜ合わせ、撹拌し、空気にさらして生物学的処理を促進する方法。（USEPA）

Activities Implemented Jointly (AIJ)
共同実施活動
温室効果ガスを削減するために共同で実施する国レベルの取り組み。共同実施（JI）とは異なり、UNFCCC の締約国が現在実施している AIJ の成果はクレジットとはみなされない。（UNFCCC）（PL）

***Ad hoc group*　アドホック・グループ**
特定の目的に限定して形成されるグループ

で、一般的には、課せられた作業が完了すると解散する。

Ad interim (a.i.)　アドインテリム、臨時

特定のポストに新任者が指名されるまで、あるいは担当者が不在の間、暫定的にほかの当局者をそのポストに指名すること。臨時代理大使（*Chargé d'Affaires, a.i.* あるいは Ambassador, a.i.）など。（eD）

***Ad referendum*　アドレフェレンドゥム、暫定的な**

政府の同意を条件として交渉者が到達する合意。（BLD）

Adaptation (1)　適応

植物や動物がある自然環境で生き残るために有用な特性。（CSG）

Adaptation (2)　適応

気候変動の悪影響を最小化する政策と行動。（UNFCCC）

Adaptation Fund　適応基金

京都議定書の締約国である開発途上国において、具体的な適応事業や計画を支援するために設置された基金。クリーン開発メカニズムの収益の一部やその他の財源から資金が調達される。（UNFCCC）

Adaptation measures　適応措置

気候変動に対応して、またはそれに先立って、悪影響を軽減する、または回避する、あるいは有益な変化を生かすための取り組み。（NGS）

Adaptive management　順応的管理

自然資源の管理手法。事業のモニタリングや新たな科学的情報、社会的条件の変化に照らし合わせ、必要に応じて対応を変えていく方法。

Additionality　追加性

従来の資金を流用、転用するのではなく、新たに資金を追加して投入すること。（DFID）

Adoption　採択

条文案の枠組みと内容を取り決める正式な行為であり、条約策定プロセスに参加している国家が同意を表明することで行われる。ただし、採択したからといって、国家が条約に拘束されることに同意したというわけではない。（VC）

Adsorption　吸着

活性炭素が有機物を除去する、高度の廃水処理方法。（USEPA）

Advanced informed agreement　事前の情報に基づく合意

植物に悪影響を与えうるような遺伝子組み換えの植物および微生物の国際取引は、（a）事前情報に基づいた受け入れ国の所轄官庁の合意なく、あるいは（b）所轄官庁の決定に反して、進めてはならないという原則。（BCHM）

Advanced treatment technologies (ATTs)　高度処理技術

地上を流れる雨水に含まれる化学物質を、非常に低い濃度にまで下げるために設計された生物学的・化学的処理。（SFWMD）

Advanced wastewater treatment　高度排水処理

二次処理では十分に取り除かれない汚染物質、特に窒素とリンを取り除くプロセス。サンドフィルターや精密濾過器などによって行われる。三次処理に類似している。（EEA）

Adverse effects of climate change　気候変動の悪影響

気候変動によって生じる、環境あるいは生物相における変化。自然生態系や管理された生態系の組成、復元力、生産性に、あるいは社会経済システムや人間の健康と福祉に有害な影響を与える。（UNFCCC）

Adverse impact　悪影響
法的に義務づけられた状況や望ましい状況、あるいはベースラインの状況と比較して、有害である環境変化への影響。(SFWMD)

Advocacy　アドボカシー
変革を起こすことを目的とする取り組み。政策決定者に影響を与えるためにしっかりと考案された過程。政策決定者に影響を与えるために用いる戦術。(WDM)

Aerosols　エアロゾル
水や氷以外で、大気中に浮遊する非ガス状の微粒子（0.01 ~ 0.00001 センチメートル）。最も多いのが鉱物粉末、硫酸、アンモニア硫酸塩、花粉、炭素またはすすの微粒子。(UNFCCC)

Affected public　被影響住民
プロジェクトや活動、あるいは政策の影響を受ける個人やコミュニティ。

Affordable safe minimum standard approach
支払い可能な最小安全基準アプローチ
気候変動による損害を回避するための最小限の活動は、受容できるリスクと削減費用の支払い可能性との間のバランスで決まるという管理手法。(UNFCCC)

Afforestation　新規植林
以前森林ではなかった土地に植林すること。(UNFCCC)

African Development Bank (AfDB or ADB)　アフリカ開発銀行
1964 年に設立されたアフリカの地域開発銀行。正式な業務開始は 1967 年。正式な本部はコートジボアールのアビジャンにあるが、同国の政情不安のため、2003 年に一時的にチュニジアのチュニスに移された。加盟国はアフリカの 53 カ国と、域外（米国、アジア、欧州）の 24 カ国。(CIPA)

African Marshall Plan
アフリカ復興計画
第二次世界大戦後、ヨーロッパの民間部門再建の火付け役となったアメリカの経済援助（特に借款と経済基盤に重点を置いた援助）の規模と特質に由来する言葉。数多の指標を考え合わせると、アフリカでも、各国政府や非政府組織（NGO）による現在の援助計画とは別に、民間部門を中心として成長の促進と貧困の軽減を図るために大量の資本投入と政策の再編が必要となることを、多くの開発専門家が実感している。(Hubbard and Duggan 2007)

African Union (AU)　アフリカ連合
2002年7月に、前身であるアフリカ統一機構（OAU）に代わり南アフリカのダーバンに設立された全アフリカ組織。安全保障理事会や議会を有し、「アフリカの開発のための新パートナーシップ（NEPAD）」という経済開発計画を有する。

***Agence Française Développement* (AFD)　フランス開発庁**
技術協力や対外援助を行うフランスの主要機関。

Agenda　行動計画
正式に採択された作業プログラム。(MW)

***Agenda 21*　アジェンダ 21**
40 章からなる、持続可能な発展を実現するための行動計画。1992 年、リオデジャネイロで行われた地球サミットで、およそ 180 カ国の政府が *Agenda 21* に合意した。(UNCED)

Agflation　アグフレーション
バイオ燃料生産に使われる農産物の量が増えるにつれて、食糧価格が上昇すること。**'Biofuel (social and environmental) backlash'** を参照。

Agrarian social justice
農地の社会的公正

農村部の貧困層の視点に立つ言葉。少数のエリート層が土地の所有権を握ることによって社会の大部分の経済的豊かさを支配するという不当な状態が生じているため、これを是正しようとする理にかなった対応策を指す。土地の所有権を差し押さえるか強制的に売却し、不法居住者や土地を持たない市民や協同組合に再分配する（完全な所有権または耕作権を付与する）ことにより、「公正」を実現。**'Agrarian terrorism' 'Social justice' 'Social ecology'** を参照。

Agrarian terrorism　農地テロ

土地所有層の視点に立つ言葉。政府などが私有地を非合法的に差し押さえ、または強制的に放棄させ、ほかの人々に再分配する。**'Agrarian social justice'** を参照。

Agreements　協定

一般的に、条約ほど正式ではなく、対象とする事柄について焦点をより絞っている法的文書。（MW）

***Agrément*　アグレマン**

国家が外交使節団の長を任命する際に、その人物について前もって相手国に承認を求める外交儀礼。任命についてのアグレマンを認めることは、相手国による受け入れを意味する。（eD）

Agro-ecosystem　アグロ・エコシステム

作物、牧草地、家畜、その他の植物相と動物相、大気、土壌、水の機能的なつながり。アグロ・エコシステムは、未耕作の土地や排水路網、農村コミュニティ、野生生物を含む、より大きな環境の一部である。（FAO）

Agro-forestry　アグロ・フォレストリー

国際アグロフォレストリー研究センター（CRAF）の定義によると、多年生樹木と作物や動物を、意図的に同じ土地で育てる土地利用システムおよび方法の総称である。空間的組み合わせ、あるいは時間的組み合わせのどちらの方法も可能である。この定義から、育生方法による混農林（樹木と作物）と混牧林（牧草地と樹木）の分類や、順次の育成と同時期の育生という時間的な組み合わせでの分類、さらに樹木と作物の組み合わせによる分類ができる。（EES）

Aid　援助

国家、民間銀行、国際機関あるいは非政府機関の間での物資やサービスの移転。一般には贈与や借款の形で行われる。国際援助としては、政府開発援助（DAC リスト・パート I の国に対する ODA）と政府援助（DAC リスト・パート II の国に対する OA）の純フローのことを指す。（DFID）

Aid insurance　援助保険

災害発生後の緊急時に、資金の要請や支払いという通常の手順の代わりに、保険業者がただちに支払いを行うという概念。特に生命が脅かされている状況では、遅れた援助は効果がないという事実を踏まえている。（UNW）**'United Nations Central Emergency Response Fund'** を参照。

***Aide mémoire*　エドメモワール、覚書**

記憶を補助するために、当事者の正式な会話の重要事項を署名および日付をつけて要約したもの。会話時あるいは会話後に作成される。（eD）

Airbase　エアベース

大気質に関する欧州トピックセンターが収集した、欧州の大気環境データベース。大気汚染情報や、観測網および観測施設についての情報などが含まれる。（EEA）

Air pollution　大気汚染

通常人間活動によって、有毒ガスや放射性ガス、または粒子状物質が大気中に放出されること。（NRDC）

Air pollution criteria　大気汚染基準

これを超えると人の健康や福祉に悪影響が生じる可能性があるという汚染レベルおよび

暴露時間。(USEPA)

Air pollution episode
大気汚染エピソード
大気中の汚染物質の濃度が異常に高い期間。風が弱く気温が逆転(大気の下層より上層の温度が高くなっている状態)する状況下でしばしば起こる。病気あるいは死を引き起こす可能性がある。(USEPA)

Air pollution standards　大気汚染基準
その地域では一定時間中にこの値を超えて検出されてはならないと規定される汚染物質のレベル。(USEPA)

Air Quality Visualization Instrument for Europe on the Web (Air-view)
欧州大気環境視覚化サービスサイト(エア・ビュー)
欧州の大気環境の情報を提供するウェブ上のデータベース。大気環境の生データや統計が、地図やグラフ、表などに視覚化されている。(EEA)

Albedo　アルベド
太陽の反射光エネルギーと入射光エネルギーの比率。入射光(降下)と反射光(上昇)はともに地表面に水平な面で計測され、太陽放射の全スペクトル(波長)域について積分される。単一の波長や狭いスペクトル・バンドでは、その比率は通常、スペクトル・アルベドあるいはスペクトル反射率と呼ばれる。(EES) **'Urban heat island'** を参照。

Alicante Declaration　アリカンテ宣言
地下水についての理解と管理の改善を目指した行動計画。2006年1月にスペインのアリカンテで開かれた「地下水の持続可能性に関する国際シンポジウム」で提案され、個人や団体による賛同を呼びかけた。(ES)

Alien species　外来種
人間活動によって意図的に、あるいは偶然に持ち込まれ、従来の生息地以外の場所に発生した種。(GBS)

Alliance for a green revolution in Africa　アフリカ緑の革命同盟
ビル&メリンダ・ゲイツ財団とロックフェラー財団からの補助金で2006年に設立された組織。アフリカにおける農業生産の促進、飢餓と土壌浸食および水不足の抑制を目指す。(ENN)

Alliance of Small Island States (AOSIS)　小島嶼国連合
40を超える太平洋やカリブ海の島国からなる連合。地球温暖化により海面上昇や暴風雨の勢力増大の脅威があるとして、先進国に対し、温室効果ガス排出量の削減を働きかけている。

Alphabet, official　公式アルファベット
国際機関でのコミュニケーションのため公式に認められたアルファベット。EUの公式アルファベットは、ラテン文字、ギリシャ文字、キリル文字の3つ。(EU)

***Alternat*　アルタナ**
各国用の公式文書には、その国の名前を別の署名国よりも先に記載するという原則。優先性についての繊細な問題に対処するため、数百年前から行われている慣習。たとえば、すべての国をアルファベット順に並べると、特定の国はいつも調印国リストの最後のほうになり、不満を持つ国が出てくる。通常、アルタナにより記載された国のあとは、アルファベット順か、署名または批准した国の順に列挙される。(eD)

Alternative energy　代替エネルギー
非化石燃料に由来するエネルギー。(IPCC)

Alternative fuels　代替燃料
石油を使わずにエンジンを動かす方法。代替燃料には、電気、メタン、水素、天然ガス、木材などがある。(WP)

Alternative water supply　代替水供給
都市用水、商業用水、農業用水として利用

したあとの再生水の供給。または、目的の用途にかなう規則および基準に従って処理された雨水、汽水、塩水の供給。(SFWMD)

Amazon Cooperation Treaty (Organization) (ACT-O)
アマゾン協力条約(機構)

1978年に調印された正式な協定。アマゾン川流域の持続可能な発展を促進することが目的。調印国は、ボリビア、ブラジル、コロンビア、エクアドル、ガイアナ、ペルー、スリナム、ベネズエラ。1995年に機構の設立を決定し、2002年にブラジルのブラジリアに常設の事務局を設置。(WP)

Ambassador　大使

政府の任命を受けた最上位の外交使節。通常は特定の期間または特定の任務で派遣される。(MW)

Ambassador at Large　特使

特定の仕事や目的のために任命される最上位の公使。特定の政府ではなく組織に派遣されることが多い。(MW)

Ambassador, Extraordinary and Plenipotentiary　特命全権大使

外交使節団の長で、最上級の職員あるいは外交代表。自国の元首の代理者として接受国の元首に派遣される。(eD)

Ambassador, Goodwill　親善大使

'Goodwill Ambassador' を参照。

Ambassador Without Portfolio
無任所大使

国家の元首や外務大臣の要請で特別な使命を帯びた大使。政府内では、実質的あるいは技術的な職にはない。「大使」という称号により、ハイレベルな権力や署名権限者に会えるなどして、使命を遂行することができる。(MW)

Ambassadress　女性大使

女性の大使を指す(ただし、正しい使い方ではない)。性別を問わず「大使」が正しい。Ambassadress ではなく Madame Ambassador であれば使用可能。(MW; eD)

Ambient-based standards
環境ベースの基準

目標とする環境の状態を基に設定された大気や水質の基準。通常は、人の健康と環境への悪影響を防ぐうえで求められるレベルに設定される。(AM)

Ambient permit system (APS)
環境許可制度

環境許可制度により、規制当局は、野生生物の保護区域や飲料水採取場などの対象地に及ぼされる影響に応じて、許可する排出量を決めることができる。(AM)

Amendment　修正

議会手続きによって作成された文書に、提案された、あるいはもたらされた変更。(MW)

Andean Community of Nations (CAN)
アンデス共同体

アンデス地域を中心に、1969年に発足した貿易圏(旧アンデス条約)。加盟国は、ボリビア、コロンビア、エクアドル、ペルー、ベネズエラ。2006年半ば、ベネズエラは、加盟国2カ国がCANの当初の主旨に反して米国との貿易協定に署名したことに抗議して、共同体からの脱退表明を行った。**'South American Community of Nations'** を参照。

Andean Development Corporation (CAF)　アンデス開発公社

アンデス地域の持続可能な発展と地域統合を目的として、1968年に発足した多国間金融機関。資本を呼び込み、さまざまな金融や付加価値的サービスを、加盟国(株保有国)の公共および民間部門へ提供することを目指す。現在の加盟国はラテンアメリカとカリブ海の16カ国。主要株主は、アンデス共同体を構成するボリビア、コロンビア、エクアドル、ペルー、ベネズエラの5カ国。そのほか、域外の11カ国(アルゼンチン、ブラジル、チリ、コスタリカ、ジャマイカ、メキシコ、パナマ、パラグアイ、スペイン、トリニダードトバゴ、ウルグアイ）と、アンデス地域の18の民間銀行が加盟している。（CAF）

Andean Free Trade Association (AFTA)　アンデス自由貿易協定
'South American Community of Nations' を参照。

Annex B Countries　附属書 B 国
京都議定書において、自国の温室効果ガス排出削減目標値に合意した先進国。通常、OECD 加盟国、中・東欧、ロシア連邦を含む。（UNFCCC）

Annex I Parties　附属書 I 締約国
2000 年までに 1990 年レベルに自国の温室効果ガス排出量を減らすことを誓約した、国連気候変動枠組条約の締約国。附属書 I 締約国は、OECD 加盟国と市場経済移行国（旧ユーゴスラビアとアルバニアを除く中・東欧）で構成される。（UNFCCC）

Annex II Parties　附属書 II 締約国
国連気候変動枠組条約附属書 I に含まれる先進国およびその他の締約国。京都議定書の締約国でもある。（UNFCCC）

Annex III Parties　附属書 III 締約国
化石燃料の採掘、生産、加工、輸出への依存度が非常に高い経済形態を持つ発展途上締約国。（UNFCCC）

Annotated agenda　注釈付き議題
説明文が付いた議題案。

Anthropocene　人新世
新たな地質年代。人間が、破滅的な変化に対する地球の防御システムに「ホットスポット」を現出させ、地球環境の物理的過程、化学作用、生物相に影響を与えて自然を脅かし始めていることから、このように名づけられた。「ホットスポット」の例としては、海面上昇、海洋循環パターンの変化、西南極氷床の崩壊と移動、氷河後退の速度上昇、アジアのモンスーンシステムのパターンと勢力の変化、土壌や海・湖などの酸性化、大気・海洋間の炭素交換などがある。（ES）

Anthropocentric environmental ethic　人間中心主義的環境倫理
人間中心的な環境の見方。（AM）

Anthropocentrism　人間中心主義
人間の大きな脳は、人特有の移動性と手先の器用さ、高等な論理的思考力、知覚能力の源であり、人類が自然界を支配するために選ばれたことを示しているという考え。（EES）

Anthropogenic　人為起源
人間がつくった、あるいは人間活動から生じる物や現象。（MW）

Anticorruption strategy　反汚職戦略
'World Bank Anticorruption Strategy' を参照。

AOSIS
'Alliance of Small Island States' を参照。

Appellate Body　上級委員会
1 国あるいは複数国の紛争当事国が、決定の説明あるいは見直しを要請したときに、その上訴内容を検討する独立機関。（MW）

Approach　アプローチ
問題に取り組むという価値観に基づいて、考えたり物事を行ったりする方法。（MW）

Appropriate technology　適正技術
地域コミュニティの問題を解決するうえで、外部の人々に依存することなくコミュニティ自身が維持できるような、持続可能な技術。非常にシンプルで、環境にやさしい技術を使い、効果的に目的を達成する方法を指す。（AM; WP）

Approval　承認
'Acceptance' を参照。

Aquifer　帯水層

透過性あるいは通水性が高く、人が使用するために十分な量の地下水を蓄えた地層。帯水層は、地下湖あるいは地下の貯水池とみなすことができ、容易に利用できる世界の淡水の約95%に相当する量を蓄えている。雨の多い地帯も乾燥地帯も含め世界中に存在する非常に重要な水資源である。(EES; SFWMD)

Aquifer storage and recovery
帯水層貯蔵と回復

供給が需要を上回っているときに淡水を被圧帯水層（地下の含水層または洞窟）に注入しておき、供給が不足しているときにそれを回収すること。(SFWMD)

Arab Fund for Economic and Social Development　アラブ経済社会開発基金

アラブ連盟に加盟するすべてのアラブ諸国で構成される、財政的に独立した汎アラブの地域的組織。アラブ国家の経済的・社会的開発を支援するため、(1) アラブ全体の開発またはアラブ人が共同で行う開発事業に優先して融資する、(2) アラブ人の事業に対し、民間および公的資金の投資を促進する、(3) アラブ人の経済的・社会的開発のための技術支援サービスを行う、という機能を持つ。(AFESD)

Arab League

'League of Arab States' を参照。

Arab Water Council (AWC)
アラブ水会議

2004年4月にエジプトのカイロで正式に発足。アラブ諸国の水問題に力を注ぐ同地域の非営利の市民社会組織。カイロに暫定事務局を置く。使命は、(1) アラブ諸国の水資源に関し、学際的・非政治的・専門的・科学的な手段を通して理解を深め、管理を推進すること、(2) 地域住民のための水資源開発に向けて、知識を広め、経験および情報の共有を促進すること。(UNESCO-WP)

Arbitration　仲裁

紛争の正式な解決プロセス。厳密な証拠法則にのっとり、複数の証人の反対尋問が行われる。仲裁者による決定は法的拘束力を持ち、当事者はすべてこれに従わなければならない。(McG-H)

Archipelagic State　群島国家

全体がひとつあるいはそれ以上の数の列島（島）からなる国家。島の一部分や、島々をつなぐ水域、その他の自然地形がきわめて密接に関連し合っているため、それらが本質的にひとつの地理的・経済的・政治的単位を構成しているもの、あるいは歴史的にそう見なされてきたものをいう。(UN)

Artesian (aquifer or well)
被圧（帯水層または井戸）

不透水性の地層に挟まれた通水性のある岩や土壌の中にあり、圧力がかかっている地下水。(USEPA)

Artesanal fisheries　零細漁業

家族や地域の人々の暮らしを支えるために行われる小規模な漁業。本来このタイプの漁業は営利のみを目的としているわけではない。漁業技術は非常に洗練されている場合もあるが、外部の資本や漁具への依存度は高くない。(AMNH)

Article 8 (j), Working Group on
第8条（j）項に関する作業グループ

生物多様性条約の締約国会議（COP）により設置された作業グループ。生物多様性の保全と持続可能な利用のために重要な、伝統的生活様式を有する先住民および地域社会の知識を保護するために、法的および他の適切な対策を適用し、発展させるための助言をする。(ENB)

Aruba Protocol　アルバ議定書

アルバ（ベネズエラ北西海岸沖にあるオランダ領の島）のオランジェスタードで1999年に合意された議定書。1983年の「広域カリブ海の海洋環境の保護と開発に関する条約

（カルタヘナ条約）」の3つの議定書のひとつである、「広域カリブ海における陸上排出源と陸上活動による汚染に関する議定書」に関連したもの。（CBD）

Ash　灰

焼却あるいは他の熱プロセス後に残る不燃性の残留物。（NRDC）

Asia-Pacific Economic Cooperation (APEC)　アジア太平洋経済協力

アジア太平洋地域の経済成長と繁栄を進め、アジア太平洋共同体を強化するために、1989年に設置されたフォーラム。経済成長、協力、貿易、投資の促進を目指す。政府間グループとしては世界で唯一、メンバーを法的に拘束することなく活動している。加盟国と加盟地域は、「メンバー・エコノミー」と呼ばれる。オーストラリア、ブルネイ、カナダ、チリ、中国、中国香港、インドネシア、日本、韓国、マレーシア、メキシコ、ニュージーランド、パプアニューギニア、ペルー、フィリピン、ロシア連邦、シンガポール、チャイニーズ・タイペイ（台湾）、タイ、米国、ベトナムの21の国と地域が加盟。

Asia-Pacific Partnership on Clean Development and Climate (APPCDC)　クリーン開発と気候に関するアジア太平洋パートナーシップ

2006年1月、オーストラリアのシドニーで正式に発足した。メンバーは、世界の温室効果ガスのほぼ半分を占める汚染大国である、米国、オーストラリア、日本、中国、韓国、インドの6カ国。このパートナーシップでは、自国による温室効果ガス排出削減の取り組みが京都議定書を補完するものと位置づけられている。また、民間セクターは、温室効果ガス排出量を抑制するために新しい技術を開発し、気候変動に率先して取り組むことが求められている。（UNFCCC）

Asia-Pacific Water Forum (APWF)　アジア太平洋水フォーラム

2006年9月設立。アジア太平洋地域で水資源管理に対する取り組みの協力体制を強化し、水資源管理を社会経済開発プロセスに効果的に統合させるプロセスを加速するための機構。

Asian brown cloud　アジアの褐色雲

気温の逆転によって閉じ込められた汚染物質の煙霧。毎冬3カ月から4カ月間にわたり、北インド洋上空や、南アジア、インド、パキスタン、東南アジア、中国の多くの地域で発生する。人間の健康や地域の気候に深刻な影響を与える恐れがある。（EES）

Asian Development Bank (ADB)　アジア開発銀行

アジア太平洋地域の経済発展のために1966年に設立された国際開発金融機関。1987年、銀行業務すべてのレベルにおいて環境計画を組み込むことを目指し、環境局を設置した。本部はフィリピンのマニラ。（CIPA）

Assembly　総会

法律や宣言、政策を審議し承認するために集まった個人や代表団の会合。（MW）

Assessed contribution　分担金

加盟国が、機関の中核的機能（通常予算）を支えるために支出を要請される資金。すべての国家について一定の計算式に基づき算出される。2007年の国連通常予算の分担率は上から、米国22%、日本19.5%、ドイツ8.6%、英国6.1%、フランス6%、イタリア4.8%。25カ国が加盟するEUは合わせて通常予算の37%を拠出した。（UN）**'Capacity to pay, principle of' 'Assessed contribution investment, concept of'** を参照。

Assessed contribution investment, concept of　分担金投資の概念

（分担金を支払うことにより）国連通常予算に「投資」する国が得られる利益。当該国は競争原理に基づく透明なプロセスを経た契約により、国連組織にサービスや物資を提供し、見返りを得るというもの。国が受けることのできるコンサルタント事業やその他の契

約と、その国の分担金の額は無関係である。(UN)

Assimilative capacity　浄化能力

自然水域が、水質の点で見て廃水や有害物質を受け入れることのできる能力。水中の生物や水を使う人間に有害な影響や被害を与えないレベルであることが必要。(USEPA)

Assistance　援助

事業への支援。資金だけでなく技術的な助言や援助も含まれる。(DFID)

Associated project　共同事業

ほかの機関の事業に物理的に依存しているか、ほかの事業の実施にその成功がかかっている可能性がある地球環境ファシリティ(GEF)の事業。「独立事業」の逆。(GEF)

Association of Caribbean States (ACS)　カリブ諸国連合

地域統合の促進を目的とし、1994年7月、コロンビアのカルタヘナで設立協定が調印された。地域経済を強化し、地域すべての人々の共通遺産であるカリブ海の環境を保全し、広域カリブ海地域の持続可能な発展を促進することを目指す。25の加盟国と3カ国の準加盟国で構成される。

Association of South-East Asian Nations　東南アジア諸国連合

1967年8月設立。目的は、(1) 東南アジア諸国の繁栄と平和の基礎を強固にするため、平等と協調の精神で共に努力し、地域の経済成長、社会的進歩、文化的発展を促進すること、(2) 地域諸国間の関係において正義と法の定めを遵守し、国連憲章の原則を固守することによって、地域の平和と安定を促進すること。現在の加盟国は、ブルネイ、カンボジア、インドネシア、ラオス、マレーシア、ミャンマー、フィリピン、シンガポール、タイ、ベトナムの10カ国。

Association of Southeast Asian Nations Eminent Persons Group　ASEAN賢人会議

2006年、EUに類似した地域（単一貨幣、国境のない社会、規則に従わない加盟国には制裁を科す法的拘束力を有する、など）をつくるという考えが、初めてASEANで真剣に検討された。2007年1月のASEAN首脳会議で、ASEAN憲章の草案作成のため、賢人会議が設立された。ASEAN憲章には、特に貿易、人権、環境規制、越境犯罪、海洋の安全、災害の減少と援助、伝染性疾病の抑制が盛り込まれる予定。(ASEAN)

Assumptions (risks)　前提（リスク）

プロジェクトの成功に必要と見なされるが、プロジェクト管理による制御がほとんどまたはまったくできない外的要因、影響、状況、事情。

Asylum fatigue　難民援助疲れ

亡命希望者に対して悪影響を及ぼすような政府の対応や政策。このために、亡命希望者の定義や、必要な援助についての考えに混乱が生じている。2006年に国連難民高等弁務官事務所が正当な亡命希望者と違法な移民との間の混同に気づいてから、この言葉が使われるようになった。(UNW)

Asylum shopping　亡命先あさり

亡命希望者が、複数の国へ同時に難民申請をする、あるいは受け入れの可能性が高い特定の国へ申請を行うこと。EUでこの傾向が見られる。EUはこの対策として亡命者に関する共通の政策の導入を検討している。(EU)

Atmosphere　大気

地球を取り巻く500キロメートルの厚さの空気の層。大気は地球の引力によって地球にとどまり、すべての植物と動物の生命を支えている。大気の主成分は、窒素（78.08%）、酸素（20.94%）、アルゴン（0.93%）、二酸化炭素（0.034%）の4つ。(EES; NRDC)

Atmospheric deposition　大気降下物
大気中から地面あるいは水面に移って定着した固体、液体、気体物質。（McG-H）

Atmospheric inversion　大気の逆転
上層の空気が暖かいために冷たい空気の上昇が妨げられること。地表近くに大気汚染物質が滞留することになる。（USEPA）

Atomic energy　核エネルギー
核反応で放出されるエネルギー。中性子が原子核を分裂させる現象を核分裂といい、2つの原子核が数百万度の熱で結合する反応を核融合という。（NRDC）

***Attaché*　アタッシェ**
政府から派遣される下級あるいは上級の大使館員。後者には「労働アタッシェ」「商務アタッシェ」「科学アタッシェ」「文化アタッシェ」「軍事アタッシェ」などの専門職があり、大使館業務のその分野において責任を負う、あるいは大使に助言を行う。（eD）

Attitude　態度
肯定的、否定的、あるいはそのどちらともつかない考え方、行動、出来事。（MW）

Attractor　アトラクター
意図的に、またはシステムのパラメーター（法）に制約されて、システムが向かう点。ゴール。固定点アトラクター、周期アトラクター、ストレンジ・アトラクター（またはカオス・アトラクター）がある。（CSG）

Audit　監査
事業や計画の全体あるいはその一部が、当初の予定や政策と一致しているかを評価するための体系的な遡及調査。（MW）

Australian Agency for International Development (AusAid)
オーストラリア国際開発庁
技術協力や対外援助を行うオーストラリアの主要機関。

Authentic text　正本
確定的なものとして作成された条文。国家が単独で内容を修正することはできない。条文を確定する方法としては通常、条約を交渉した政府代表による署名、暫定署名、あるいはイニシャルによる仮署名がある。（VC）

Authentication　確定
条約文が、真正かつ最終的なものとして確立される手続き。通常、交渉国の代表による署名あるいはイニシャルによる仮署名によって行われる。（UNT）

Autocrat　独裁者
一般に絶対権力を持つすべての支配者を指し、多くの場合否定的な意味で使われる（despot, tyrant ともいう）。（MW; WP）**'Plutocracy' 'Kleptocracy'** を参照。

B b

Background level (1)
バックグラウンド濃度（1）
人間活動からではなく、環境媒体（空気、水、土壌など）中に自然にある物質の濃度。(EEA)

Background level (2)
バックグラウンド濃度（2）
被曝評価の際に、データ収集前、収集中、あるいは収集後のある一定期間中の、対象区域における物質の濃度。(EEA)

Balance of payments　国際収支
一定期間内に行われたある一国の団体・個人と諸外国の団体・個人との金融取引をとりまとめた統計表。通常は1年間でとりまとめられ、経常収支と資本収支から構成される。経常収支は、一定期間内に当該国が諸外国から財やサービスを購入するために行った支出と、諸外国に財やサービスを販売することによって得られる収入を表す。資本収支は、私的投資、公的投資、その他の資本収支の流れを表す。(DFID)

Balkanization　バルカン化
民族的・文化的・宗教的断絶によって生じる、小規模な独立運動や小国家主義の傾向の高まりを表す言葉。対立や紛争に悩まされた欧州のバルカン地域に由来し、一般的には地政学的断片化の過程や世界的な政治崩壊を表す。(CW) **'Micronationalism'** を参照。

Baltic Climate Pact　バルト海気候協定
2007年6月にドイツのハイリゲンダムで開催されたG8サミットの主要な産物で、非公式な呼び名。気候変動に関する原則にG8諸国が初めて全会一致で合意。欧州連合（EU）が2050年までに温室効果ガスを50％削減すると述べているのに対して、この協定は具体的あるいは拘束力のある排出目標や上限を定めてはいないが、優先してその目標に向けて取り組むと公約している。さらに、温室効果ガス削減に向けて詳しく定めたあらゆる上限または目標——いずれポスト京都議定書の一部として承認される可能性のあるもの——について、それらを明確にし監視する主要な場として、国連を利用することを訴えている。(UNW; UNFCCC)

Bamako Convention on the Ban of the Imports into Africa and the Control of Transboundary Movement and Management of Hazardous Wastes within Africa　有害廃棄物のアフリカへの輸入禁止およびアフリカ内の越境移動および管理の規制に関するバマコ条約
アフリカ統一機構（OAU、現在はアフリカ連合〈AU〉）の加盟国において、有害廃棄物の管理についての指針となる条約。バーゼル条約による有害廃棄物の移動禁止では不十分だと感じていたOAU加盟国が、1991年1月にマリのバマコでバーゼル条約の代替案として採択した。現在22カ国が調印し、18カ国が批准している。(UNT)

Bank　銀行
特に預金の受け入れと貸付を通して、金融サービスを提供する機関。**'Development bank'** を参照。

Bankable　担保可能
主に国際技術援助機関や開発銀行が用いる

言葉で、費用対効果の高い事業計画案を指す。(WB)

Bank of the South (Banco del Sur)　南の銀行

2007年後半に正式に設立。世界銀行や米州開発銀行などのほかの機関が課しているレベルの融資条件を付けずに、中南米諸国に開発融資を行いたいとの思いが形になったベネズエラの取り組み。設立メンバー国は、アルゼンチン、ボリビア、ブラジル、エクアドル、パラグアイ、ウルグアイ、ベネズエラなど。(UNW)

Barbados Declaration and Plan of Action　バルバドス宣言と行動計画

1994年4月25日から5月6日まで、バルバドスのブリッジタウンで開催された「小島嶼開発途上国の持続可能な発展に関する世界会議」による公式声明。バルバドス宣言は、小島嶼開発途上国（SIDS）が持続可能な発展を実現できるように、国、地域、国際レベルで特定の政策、行動、対策をとることを公約した。また、SIDSが小規模であるがために、持続可能な発展を実現するうえで、特有の制約があることを認識した。さらに、SIDSの持続可能な発展に向けた行動プログラムを実施するため、政府・非政府の地域組織および国際組織の支援を呼びかけた。(UNDP)

Barcelona Convention　バルセロナ条約

'Mediterranean Action Plan' を参照。

Barefoot College　ベアフット・カレッジ

「素足の大学」を意味し、1972年にインドのティロニア村で設立された。貧者によって建設され、1日当たりの所得が1米ドル以下の人々のみ入学が認められる。その目的は、伝統的知識、村の知恵、地域の技術を認識し適用することによって、貧しい地域を開発し、外部技術への依存を減らすことである。この手法を用いた「大学」は、現在、インドの13の州にまたがり20校設置されている。飲料水資源の開発、所得創出、電力と発電、さらに社会意識、意思決定スキル、農村地域を支える生態系の保護などを学ぶ。(UN)

'Gross village product' を参照。

Barometer of sustainability　持続可能性のバロメーター

'Sustainability assessment measures' を参照。

Base floor salary scale　基本給

専門職以上（Pレベル、幹部職員であるDレベル、およびそれ以上）の国連職員に共通して適用される基準。世界各国の国連職員の最低純賃金を反映しているが、職員のレベルや赴任地に基づいて与えられるほかの手当（地域調整給、教育補助金、住宅補助金、休暇、健康保険、帰国休暇、異動・困難手当、危険職務手当、年金、移動条件、日当など）はここでは加味されていない。(UN)

Base water flow　基本流水量

恒久的な地下水やそれより浅いところにたまった宙水、さらに湖や湿地帯から乾期に水が流れ出ることによって、持続的または乾期に生じる川の流量。氷河や雪など、流出に直接帰因しない水源からの流量も含む。(FAO)

Basel Agreement　バーゼル合意

G10諸国が1988年に合意。国の信用力や信用リスクの計測手法を定めた。

Basel Convention　バーゼル条約

正式名称は「有害廃棄物の国境を越える移動及びその処分の規制に関するバーゼル条約」。有害廃棄物の発生を最小限に抑えることによって、人間と環境の健康を保護することを目的として、1989年に採択された。有害廃棄物の発生を「統合的なライフサイクル・アプローチ」を用いて管理することを求めている。これは、生産から保管、運搬、取り扱い、リユース（直接再利用）、リサイクル（再生利用）、回収、そして最終処分を厳しく管理するものである。(UNT)

Baseline (1)　ベースライン（1）
　ある事業が実施されるときに、その後の進展や影響を計画および／または監視する基準を提供するために、事業の開始前または開始時に集められる情報。（WB; SFWMD）

Baseline (2)　ベースライン（2）
　増分費用を算出するための基準点。地球環境ファシリティ（GEF）は、地球環境に関する目標を取り入れた場合の事業費用と、同じ事業で地球環境を考慮しない場合の事業費用の差額分を資金提供する。国内利益のみを生み出す後者の事業がベースラインとなる。（GEF）

Basic access to water
基本的な水へのアクセス
　1日に1人当たり最低20リットルの水が住居から1キロメートルの範囲内で入手できること。（FAO）

Basic human rights　基本的人権
「世界人権宣言」によって示されている権利。（付録3参照）

Beijing Declaration　北京宣言
　北京宣言および行動綱領は、1995年9月に中国の北京で開催された「第4回世界女性会議」で作成された。行動綱領は女性の社会的地位向上のために行うべきことをまとめたもの。経済的・社会的・文化的・政治的意思決定において完全で同等の権利を付与することにより、公的・私的生活の全領域において女性の積極的な参画を阻むあらゆる障壁を取り除くことを目標とする。（UNT）

Bellagio Principles　ベラジオ原則
　持続可能な発展に向けた進捗を評価する際に指針となる原則。国際持続可能な発展研究所（IISD）が1996年、評価に関する専門家らをイタリアのベラジオにあるロックフェラー財団の会議センターに招聘して作成した。ベラジオ原則によると、進捗評価は次の基準を満たすべきである。

- **Guiding vision and goals　指針となるビジョンと目標：** 持続可能な発展の明確なビジョンとそのビジョンを明確化する目標によって導かれていること。
- **Holistic perspective　全体論的な視点：** 一部分のみならずシステム全体の検討を含むこと。下位システムの福利を考慮すること。貨幣的および非貨幣的視点から人間活動の正負の影響を考慮すること。
- **Essential elements　重要な要素：** 現在の人々の間、さらに現在世代と未来世代の間の衡平性と格差を考慮すること。
- **Adequate scope　適切な範囲：** 人間と生態系双方の時間軸をとらえるうえで十分な長期的視野を採用すること。
- **Practical focus　実践的な焦点：** ビジョンと目標を指標に関連づけるような明確な分類分けに基づいていること。
- **Openness　開放性：** 透明性の高い手法および皆がアクセス可能なデータを用いること。データや解釈における判断、仮定、不確実性などをすべて明確にすること。
- **Effective communication　効果的なコミュニケーション：** 利用者のニーズを満たすように設計すること。わかりやすい構造と言語を目指すこと。
- **Broad participation　広範な参加：** 主要な専門団体、技術団体、社会団体からの広範な参加を得ること。意思決定者も参加するようにすること。
- **Ongoing assessment　継続的な評価：** 動向を見極めるために繰り返し測定を行う能力を構築すること。変化や不確実性に対応すること。新たな洞察が得られるたびに目標や枠組みを調整すること。
- **Institutional capacity　制度的能力：** 進捗状況の評価の継続を保証するために、意思決定プロセスにおいて支援を行い責任を明確に割り振ること。データ収集のための制度的能力を与えること。地域の評価能力の構築を支援すること。

Bench　ベンチ
　土地利用において、平らな耕作可能地をつくりだすために丘陵斜面を大きく切り出すこと。（FAO）

Bench-scale tests　ベンチスケール試験
フィールド実験を行う前の実験室規模での試験。(USEPA)

Beneficiary　受益者
プロジェクトや事業から便益を享受すると予想される人、コミュニティ、組織、国家。(WB)

Beneficiary pays principle
受益者負担の原則
直接的な市場利益をもたらさず、すべての人々が必要としているわけではない生態系の機能やサービスを維持するために資源利用者が負担している費用を、その環境の質の高さや質の改善から恩恵を受ける受益者が補うべきであるということ。(AM) **'Polluter pays principle'** を参照。

Benefit-cost ratio　便益費用比率
費用の純現在価値と便益の純現在価値の比率を用いた意思決定基準。(WB)

Benefit sharing　利益配分
生物多様性条約に記された3つの目的のひとつ。「遺伝資源の利用から生ずる利益の公正かつ衡平な配分」のこと。「この目的は、特に、遺伝資源の取得の適当な機会の提供及び関連のある技術の適当な移転（これらの提供及び移転は、当該遺伝資源及び当該関連のある技術についてのすべての権利を考慮して行う）並びに適当な資金供与の方法により達成する」と規定される。同条約は「生物の多様性の保全及び持続可能な利用に関連する伝統的な生活様式を有する先住民の社会及び地域社会の知識、工夫及び慣行の利用がもたらす利益の衡平な配分」も奨励する。(CBD)

Benthos　底生生物
海や湖の底に生息する生物。(MW)

Berlin Declaration　ベルリン宣言
持続可能な観光を促進する国際的な取り組み。1997年3月8日、ベルリンで採択された。(UNFCCC)

Berlin Mandate　ベルリン・マンデート
国連気候変動枠組条約（UNFCCC）に基づいて1995年に開催された第1回締約国会議（COP1）から始まった交渉プロセス。同条約では先進国が温室効果ガス排出量を2000年までに1990年の水準に戻すことが定められたが、ここで約束された措置の不足を補おうとするもの。条約議定書やほかの法的文書の採択を通して、先進国の約束強化など、2000年以降の締約国の活動を可能にした。(UNFCCC)

Bern Convention　ベルン条約
欧州の野生生物および自然生息地の保全に関する条約。1979年9月19日にスイスのベルンで採択、1982年6月1日施行。欧州とアフリカの45カ国およびECが加盟。「野生の動植物とその自然生息地の保全」「加盟国の協力促進」「移動性生物種も含む、絶滅危惧種と危急種の重点保護」という3つの目的を有する。(EEA)

Best alternative to a negotiated settlement (BATNA)
交渉による合意に代わる最善の代替案
現在の交渉関係とは違うところに持っている最善の選択肢。交渉時のボーダーラインとなる。

Best management practice(s) (BMPs)
最適管理手法
環境目標に従って栄養分、動物排泄物、有毒物質、汚染堆積物質による点源・非点源汚染を抑えるうえで、最も効果的で（技術的・経済的・制度的に）実行可能であるような、国家あるいは規制当局が決定する個別の管理手法、もしくは管理手法の組み合わせ。(SFWMD)

Bifurcation　分岐点
あるシステムの挙動が、2通りに分岐する点。どちらとも十分に起こりうる。どちらが実際に起こるかは、しばしば不確定で予測不能である。(CSG)

Big Table　ビッグ・テーブル
　アフリカ11カ国の財務大臣、および経済協力開発機構（OECD）加盟国の開発協力関係機関が集まって開催される非公式協議。（OECD）

Bilateral　二国間
　2つの国や市民社会団体に相互に影響を与える政策手段やプロセス。（MW）

Bilateral(s)　二国間協定主体
　2国家間の合意条件の履行や政策を実施する国家政府機関や組織。（USDOS）

Bilateral debt swap
二国間債務スワップ
　債権国と債務国の間で行われる債務交換のひとつ。債務国が見返り資金を特定目的に使う条件で、ある公的対外債務（またはその一部）が相殺されること。（AM）**'Debt for nature swap'** を参照。

Bilateral treaty　二国間条約
　2国間で合意された条約。（MW）

Bill　法案
　議論もしくは採決される法案。（NRDC）

Billanthropy　ビランソロピー
　大富豪（ビリオネア）による慈善活動（フィランソロピー）。ミレニアム開発目標、もしくは特定の国連事業、他の愛他的・人道的目標を実現するための巨額の寄付。有名なのは、HIV/AIDSなどの保健問題や教育問題に対するビル＆メリンダ・ゲイツ財団やウォーレン・バフェット、21世紀における健康、人道主義、社会経済、環境面での活動を支援するテッド・ターナー、中国の医療、教育、文化、地域福祉事業を支援する李嘉誠（リカシン）、気候変動に関する取り組みを支援するリチャード・ブランソンなど。（UNW）

Bioaccumulation　生物蓄積
　長期にわたって生物体が接触、呼吸、摂食などあらゆる方法によって化学物質を摂取する中で、周辺環境中の化学物質濃度よりも濃縮されていくこと。（EES; SFWMD）

Bioaccumulation factor (BAF)
生物蓄積係数
　生体組織内の汚染物質濃度を、その生物の食餌の汚染物質濃度で割った比率。（SFWMD）

Bioassay　生物検定
　実験的状況下で、ある化学物質の濃度が生物の成長に与える影響を調べることによって、その化学物質の活性を測る手法。（EEA）

Biochemical oxygen demand (BOD)
生物化学的酸素要求量
　一定温度下で、一定期間中に1単位量の水を生化学的に酸化するのに必要な酸素の量。水の有機性汚濁の程度を測る指標。（EEA）

Biocentrism　生物中心主義
　自然界の大きな枠組みにおいて、全生物が等しく重要であるとする概念。（EES）

Biocide　殺生物剤
　さまざまな動植物を殺す多種多様な毒物。（EES）

Bioconcentration　生物濃縮
　陸上生態系の空気や水界生態系の水から呼吸することによって、物質が生物体に完全に摂取・保持されること。（EES）

Bioconversion　生物変換
　有機物質をエネルギー源に変換すること。生物による発酵過程などによって生じるメタンなどが使われる。（EES）

Biodegradable　生分解性
　生物の活動によって無害な生成物へ分解することができる物質や生成物。（EES）

Biodiversity　生物多様性
　すべての生物（陸上生態系、海洋その他の水界生態系、これらが複合した生態系その他生息または生育の場のいかんを問わない）の間の変異性をいうものとし、種内の多様性、種間の多様性および生態系の多様性を含む。（CBD）ある地域や世界の遺伝子、種、生態系の全体のこと。（GBS）

Biodiversity Clearing-house Mechanism　生物多様性情報クリアリングハウス・メカニズム

国連生物多様性条約の履行を進めるために協力する締約国やパートナーのネットワーク。さらに、世界中の生物多様性に関する情報の入手と交換も促す。条約第18条に基づく。（UN）

Biodiversity, economic value of
生物多様性の経済的価値

生物多様性の経済的価値には、直接利用価値、間接利用価値、オプション価値、遺産価値、存在価値といったいくつかの要素がある。「直接利用価値」は、サンゴ礁、特定の植物、自然現象などによって観光を誘致するといった生物学的資源の直接的利用を指す。「間接利用価値」は、管理された森林で涵養される水などのように、人間活動を支える生物多様性の役割を指す。「オプション価値」とは、将来利用できるように現在は利用せずに残しておく資源の価値のことである。「遺産価値」とは、自然資本を将来世代のために残しておくことで得られる価値である。「存在価値」とは、ある資源が存在するという認識によって生まれる価値を指す。（AM）

Biodiversity hotspots
生物多様性ホットスポット

世界全体で34カ所ある、特に多くの固有種が生息する地域。その残存する生息地の面積の合計は地球の陸地面積のわずか2.3%ながら、その固有種は世界の植物種の50%以上、全陸上脊椎動物種の42%を占める。生物多様性ホットスポットとして特定されるためには、2つの厳格な基準を満たさなくてはならない。1つ目は、その土地固有の維管束植物が少なくとも1500種（世界中の0.5%以上）含まれること。2つ目が、元来の生息地の少なくとも70%がこれまでに消失していること。（CI）

Biodiversity measures　生物多様性尺度

一般に生物の多様性を測る尺度は主に4つある。(1) 生命体の数（例：種の数、希少性）、(2) 生物群集におけるこれらの生命体の個体数の分布状況（例：均等性、つまり、ある生態系内ですべての種の個体数がどれだけ均等に分布しているか）、(3) 各生命体がどの程度違うか（例：遺伝子レベルでの相違、形態学的な差異）、(4) 各生態系においてこれらの生命体が果たす機能的な役割（栄養機能、代謝機能、生息地の形成機能）。（EPortal）

Biodiversity, marine threats
海洋生物多様性への脅威

ほとんどが直接的または間接的に人為起源である。具体的には、乱獲、汚染、生息地破壊、臨海開発、無差別の海浜利用、外来種の導入、上流農業における化学肥料の乱用、地球温暖化など。（EPortal）

Bioenergetics　生体エネルギー学

生態系、人口、生物において、栄養経路に沿ったエネルギーの流れ、交換、変換に関する研究。（EES）

Biofuel (social and environmental) backlash
バイオ燃料の（社会的・環境的）反動

バイオ燃料生産のための穀物利用が増加したことにより、飢餓や農村部の貧困、自然生息地の改変や破壊、二酸化炭素排出量の増加が進行していること。予測されてはいたが意図的なものではなく、証拠を示す資料もまだない。（UNW）**'Agflation'** を参照。

Biogeochemical cycle
生物地球化学循環

大気圏、生物圏、水圏、地圏の間の化学的相互作用。（EES）

Biological controls　生物学的防除
自然界の捕食生物、病原生物、天敵を利用して、侵略的または有害な個体群を制限すること。(SFWMD)

Biological corridor　生物回廊
自然分布した地域間で種の渡りや移動を維持するため、さまざまな管理手法が用いられる保護地区。(WWF)

Biological diversity　生物の多様性
'Biodiversity' を参照。

Biological Oxygen Demand (BOD)
生物学的酸素要求量
水生微生物によって利用される溶存酸素の量を表す標準的な指標。(McG-H)

Biological resources　生物資源
現に利用され、もしくは将来利用されることがある、または人類にとって現実の、もしくは潜在的な価値を有する遺伝資源、生物またはその部分、個体群その他生態系の生物的な構成要素を含む。(CBD)

Biomagnification
（食物連鎖による）生物濃縮
食物連鎖においてより高次の栄養段階の生物種に化学物質が受け渡されることで生じる過程。たとえば、生物・環境間で均衡が成立するところでは、捕食動物の化学物質濃度は予期された水準を超えてしまう。(EES; SFWMD)

Biomass　バイオマス
ある地域に存在するあらゆる生物のこと。また、たとえばバイオ燃料やその他産業用の原材料をつくるのに使えるような、生態系で生産される植物や穀物の総量も意味する。(ESS; SFWMD)

Biomass fuel　バイオマス燃料
動植物や微生物が生産する有機物質。たとえば、サトウキビの茎幹、葉、動物の糞など。熱源としてそのまま燃やすか、ガス状あるいは液体状の燃料に転換する。(McG-H)

Biome　生物群系
地域の気候によって保たれ、独特な植生（ツンドラ、熱帯林、ステップ、砂漠など）で特徴づけられる生物群集の複合体。「生物相」の下位区分。人間も含め、動物、植物、その他の生物の特定の集合体として特徴づけられる。(EES)

Bio-piracy
バイオパイラシー、生物的海賊行為
資源基盤の所有者に便益を配分するという交渉による合意や公平な見返りなしに、医薬品、肥料、製品開発のために、ある地域社会の遺伝資源を搾取すること。(UNW)

Bioprospecting　生物資源調査
自然界で経済的に価値のある遺伝資源や生化学的資源を調査する活動のこと。(BCHM)

Bioregions　生命地域
地政学的観点からではなく、生物学的・社会的・地理学的基準を独自に組み合わせた特定の尺度で定められる区域。(EES)

Bioremediation
バイオレメディエーション、生物学的浄化
有害化学物質をより無害にするような微生物の代謝やその結果として起こる化学変化。この過程を進める微生物は主にバクテリアであるが、ときに菌類であることもある。汚染された土壌、地下水、地表水、廃水、汚泥、堆積物、空気などを処理する。(EES)

Biosecurity
バイオセキュリティ、生物安全保障
農業や食糧生産システムに有害な動植物の病原体が混入するのを防ぐために計画された政策や事業。(UN)

Biosphere　生物圏
生命体によって占有されている陸上や大気の領域のこと。水圏（非常に薄い液体の地表面）、地圏（岩、土壌、堆積物など地球の固

体部分)、大気圏（地球を取り囲む気体層）を含む。(EES; MW)

Biosphere reserve　生物圏保護区
国連教育科学文化機関（UNESCO）の「人間と生物圏（MAB）計画」で定められた土地利用分類。保全と開発の関係性を示すために保護を強化した連携地域を含む。(UNESCO; EES)

Biota　生物相
ある地域で確認される、動物、植物、菌類、微生物などを含むすべての生物を指す言葉。(GBS)

Biotechnology　バイオテクノロジー
製品またはプロセスを特定の用途のためにつくりだしまたは改変するため、生物システム、生物またはその派生物を利用する応用技術。例として、医薬品、ワクチン、動植物の品種改良、バイオ燃料、食料品などがある。(CBD; EES) **'Genetically modified organism'** を参照。

Biotic　生物の
生命の、または生命にかかわる。(NRDC)

Biotic resources　生物資源
人類の直接的・間接的・潜在的な利用の対象となる生物多様性の構成要素。(GBS)

Bird flu　鳥インフルエンザ
鳥類に対して強い伝染力を持つインフルエンザのひとつ。H5N1 型鳥インフルエンザウイルスによる。1900 年初頭にイタリアで初めて確認され、現在では世界各地に存在することが判明している。(WHO)

Birth rate　出生率
ある人口母集団において、出産年齢にある 1000 人の女性につき、1 年間に生まれる新生児の数。(NRDC)

Blast fishing　爆弾漁法
大量に漁獲するためにダイナマイトや自家製の爆発物を用いた（通常サンゴ礁で行われる）漁業方法。

Bloc　ブロック
共通の利益や目標を有する人々の集まり。通常、同じ方向に投票するための代表者集団（選挙人）を指す投票ブロックとして使われる。(NRDC)

Blocking coalition　阻止提携
勝利提携の成立や維持を防ぐような、反対勢力による集まり。(BLD)

Blood diamond　ブラッド・ダイヤモンド
戦争地域で採掘され、通常は内密に売却されて、反乱分子や侵略戦争の軍資金となるダイヤモンド。非政府組織も、このようなダイヤがほかの違法活動やテロ活動の軍資金として使われていると主張する。(WP)

Blood lead levels　血中鉛濃度
血液中の鉛の量。世界保健機関（WHO）の基準値と比較する。人間、特に子どもの血中に含まれる鉛は、脳にダメージを引き起こす可能性がある。(WHO; NRDG)

Blue Helmets　ブルーヘルメット
国連平和維持軍／国連平和維持活動に参加する平和維持隊員。青色の保護ヘルメットが特徴。紛争で疲弊した国が平和的選挙の条件を整えるのを支援したり、敵対勢力間の交渉を取り持ったりする。さまざまな国の兵士、将校、文民警察、市民からなり、紛争後の和平プロセスを観察・監視し、元交戦国が調印した平和協定の実施を支援する。こうした支援には、安全保障、信頼醸成措置、権限分割、選挙監視団／支援などさまざまな形態がある。(WP)

Blue plan　ブルー・プラン
'European Blue Plan' 'United Nations Environment Programme Blue Plan' を参照。

Blue revolution (1)　青の革命（1）
魚を養殖したり食用の海藻や淡水藻を栽培したりする新しい技術。人類の栄養源として、緑の革命で開発された新種の穀類と同程度に役立つ可能性がある。（UNESCO-WP）

Blue revolution (2)　青の革命（2）
包括的な水資源管理の一環として包括的な土地管理を行うべきという考え方。

Blue sector　ブルー・セクター
海洋に関する問題を扱う環境保護プロジェクトの総称。

Black water/issues
ブラック・ウォーター／イシュー
'Water' を参照。

Blue water/issues
ブルー・ウォーター／イシュー
'Water' を参照。

Body (1)　本文（1）
文書や協定の主要部分。（MW）

Body (2)　主体（2）
会議や会合の参加者。（eD）

Boiled-frog syndrome
ゆでガエル症候群
しばしば用いられる寓話。政府間で複雑な問題に取り組む際に明確な決定を延期しがちであることや、温室効果ガスの削減においてなかなか大きな成果が得られないこと、さらにその結果、結論を出そうともせずに延々と議論を続けがちであること、などを表す。気候変動の過程はゆるやかだが、大きな好影響をもたらしたであろう決定の回避や妥協によって、結局、カエルは"ゆで上がって死んでしまう"のである。

Bolivia+10　ボリビア＋10
2006年12月にボリビアのサンタクルスで開催された米州機構（OAS）加盟国の閣僚級会合。1992年の地球サミットの「アジェンダ21」、ボリビア＋5サミット、ミレニアム開発目標（MDG）で定められた目標の遂行状況をレビューした。（OAS）**'Summit of the Americas Process' 'Bolivia Summit'** を参照。

Bolivia Summit　ボリビア・サミット
持続可能な発展に関する米州特別首脳会議。アジェンダ21で求められた行動の優先順位を決めるため、1996年にボリビアのサンタクルスで開催された。（OAS, 2001）

***Bona Fides*　ボナ・フィデ、善意**
法律と国際関係における専門用語。意見の内容や命題の真偽について、たとえ客観的事実に基づいていなくとも誠実な信念を持つ精神的・倫理的状態。（WP）

Bonn Convention　ボン条約
移動性野生動物種の保全に関する条約。1979年採択。約50種の移動性動物の商業捕獲を禁じ、これらの種の生息地を保全・回復することを条約締約国に求めている。（UNT）

Bonn Guidelines　ボン・ガイドライン
遺伝資源の取得の機会および同資源の利用から生ずる利益の公正かつ衡平な配分に関するボン・ガイドライン。生物多様性条約COP6の決議VI/24で定められた自主的ガイドライン。遺伝資源の入手と利益配分に関して、契約合意交渉や、立法的・行政的・政治的措置の策定において、締約国、政府、その他利害関係者を支援することを目的としている。（CBD）

Bore hole　試錐孔
地中の水を抽出できるところまで掘った井戸または穴。（MW）

Boreal forest　北方林
北半球の極付近に位置するツンドラの森林。主に、クロトウヒとシロトウヒで構成され、バルサムモミ、カバ、アスペンも見られる。（EEA）

Bottom billion　底辺の 10 億人
最貧困層、つまり 1 日に 1 米ドル未満で生活する人々を指す。ロバート・ゼーリック元世界銀行総裁の言葉。(WB)

Boundary partners　境界パートナー
計画、事業、イニシアティブと直接的な相互作用を持ち影響を与え合う機会が見込まれる個人、団体、組織。(WDM)

***Bout de Papier*　紙切れ**
文書で情報を伝える非常に非公式的な手段。備忘録や覚書よりも非公式的である。(eD)
'Verbal note' を参照。

Brackets　角括弧
角括弧［　］は、論争中の単語や語句、もしくは法的文書の草案時に代表団が提案した代替表現の単語や語句を囲むもの。まだ合意が得られていないことを表す。(UN; eD)

Breeder reactor　増殖炉
ウラン系列およびトリウム系列の同位元素に、不活性の原子を核分裂物質に変換する働きを持つ高エネルギー中性子を衝突させることにより、燃料を生産する核施設。(IEA)

Bretton Woods Conference
ブレトンウッズ会議
ニューハンプシャー州のブレトンウッズで 1944 年 7 月 1 ～ 22 日に開催された国際会議。44 カ国の代表団が出席。国際通貨基金（IMF）と国際復興開発銀行（世界銀行）が設立された。(BWP)

Brown cloud　褐色雲
'Asian brown cloud' を参照。

Brownfields　ブラウンフィールド
実際に環境汚染が起きた、あるいは汚染されたと思われるために、拡大や再開発が困難な、放棄された、遊休の、あるいは利用不足状態の産業・商業設備。(NRDC)

Brown sector/issues
ブラウン・セクター／イシュー
都市地域と産業地域に関する問題を扱う環境保護プロジェクトの総称。(EES)

Brown water/issues
ブラウン・ウォーター／イシュー
'Water' を参照。

Brundtland Commission Report
ブルントラント委員会報告書
タイトルは *Our Common Future*（邦訳は『地球の未来を守るために』)。国連「環境と開発に関する世界委員会」が 1987 年に作成。当時ノルウェー首相だったグロ・ハーレム・ブルントラント博士が委員長を務めた。(WCED, 1987)

Bubble　バブル
特定の域内のすべての場所における排出削減量を足し合わせて、共同で削減目標を達成するという考え。域内のさまざまな排出源を包含するように、あたかも巨大なバブルで覆うような考え方。(EM)

Bubbles　バブル
多国間文書についての交渉を行う際、公式交渉において特定の議題について行う非公式な協議。(UN)

Bucharest Convention on the Protection of the Black Sea Against Pollution
黒海の汚染からの保護に関する条約
通称ブカレスト条約。1992 年採択、1994 年施行。黒海の海洋環境を保全・保護するために、条約規定と国際法に従って、汚染を防止、軽減、管理するうえで必要なあらゆる措置をとることを目的とする。(EEA)

Bucharest Population Conference
ブカレスト人口会議
1974 年にルーマニアのブカレストで開催された初の世界人口会議。135 カ国の代表者 1200 人以上が出席。

Budget　予算
あらかじめ決められた期間中の収入と支出の公式な見積もり。通常は、組織の最高責任者が提出し、統治機関が検討、承認する。(NRDC)

Buenos Aires Plan of Action (BAPA) ブエノスアイレス行動計画
1998年の国連気候変動枠組条約第4回締約国会議（COP4）で採択。京都議定書の履行に向けたスケジュールおよび具体的取り組みを規定。

Buffer zone　緩衝地帯
保護区とより集約的利用のために管理される他地区との間の移行帯。保護区の境界線近くに位置する。(EES)

Bully pulpit　公職の権威
現職者がほぼすべての公益問題について発言できるような名声（公的、私的を問わない）がある職。国連事務総長、ローマ法王、米国大統領などの偉大な職は、何事も思うままにできる公職の権威を有するとよくいわれる。(MW)

Burden sharing　責任分担
欧州連合（EU）の加盟15カ国（2005年には25カ国に拡大）で排出割当量を割り振るという概念。責任分担協定は1998年6月に合意され、京都議定書批准におけるEUの政策手段の一部として法的拘束力を有する。(EEA)

Bureau　運営委員会
条約締約国や組織の理事会の委任に基づき、会議の間に活動する各国代表者の集団。総会の業務を取り仕切り、締約国間やメンバー間の合意を促す。(BLD)

Bureau of Oceans and International Environmental and Scientific Affairs (OES)　海洋国際環境科学局
米国国務省に属する。地球環境、科学、技術分野における外交政策の策定や実施を行う。(CIPA)

Bushmeat　野生動物の肉
野生動物から得られる食用肉。(CBD)

Business as usual scenario BAUシナリオ
人口、経済、技術、人間活動、その他特定の行動において現在の傾向が続くとしたときの結末を分析するためのベースラインシナリオ。(EEA)

Business Council for Sustainable Development 持続可能な発展のための経済人会議
'World Business Council for Sustainable Development' を参照。

Business for Diplomatic Action® 外交活動のための実業家グループ
2001年9月にニューヨークとワシントンDCでテロ攻撃が起きたのちに結成。米国の実業家と学者で構成される。民間部門（人的資本、金融資本、最良事例、交流事業など）を動員して広報外交事業を行うことにより、諸外国の米国に対するイメージを改善しようと努力している。(USAID)

By-catch　混獲
漁獲のうち、不要である、もしくは商業的利用ができないとして放棄されるもの。(NRDC)

Byproduct　副産物
生産される主な製品やサービスではないが、その製造過程から生じる有益で市場価値のある製品やサービス。(EEA)

C c

C8 for Kids　C8子どもフォーラム
G8サミットの子ども版。国連児童基金（UNICEF）主催。第1回はG8サミットに合わせて、2005年7月3～5日にスコットランドのダンブレーンで開催。サミットの開催中、世界で最も貧しい8カ国（ブータン、カンボジア、モルドバ、イエメン、ギニア、シエラレオネ、レソト、ボリビア）の「18歳未満」の代表者たちが、一部G8諸国（ロシア、フランス、イタリア、ドイツ、英国）の人々と会って討論し、自分たちの問題をしっかりとG8サミットの議題に乗せることに成功した。このフォーラムはG8サミットと連携して開催されている。（UNICEF）**'Model United Nations'**を参照。

Cairo Plan　カイロ計画
1994年9月にカイロで開かれた国連国際人口開発会議で合意された、世界の人口を安定化させるための勧告。世界中の女性、子ども、家族のために保健医療と家族計画指導の改善を呼びかけ、小規模家族に移行するうえで少女たちへの教育の重要性を強調している。（UNT）

Cairns Group　ケアンズ・グループ
農産物貿易の自由化を求めてロビー活動をする農産物輸出国のグループ。1986年結成。メンバーは、アルゼンチン、オーストラリア、ボリビア、ブラジル、カナダ、チリ、コロンビア、コスタリカ、グアテマラ、インドネシア、マレーシア、ニュージーランド、パラグアイ、フィリピン、南アフリカ、タイ、ウルグアイ。（WTO）

Canadian International Development Agency (CIDA)　カナダ国際開発局
技術協力や対外援助を行うカナダ連邦政府の主要機関。

Canalization
水路づけ、キャナリゼーション
システムに外的あるいは自己生成的な制約がかかることにより、状態空間の可能性が制約を受けること。安定または現状維持には役立つが、より最適な状態への到達が妨げられる可能性がある。（CSG）

Cancer　がん（癌）
変化した細胞が無秩序に成長すること。変化した、成長する細胞の集まり（腫瘍）。（NRDC）

Capacity Building
能力構築、キャパシティ・ビルディング
教育と訓練を通じた人的資源の開発、組織とインフラの整備、潜在力を発揮させるための政策の策定といった活動の集まり。（WCED）　ある社会において、内部および／または外部の者が慎重に計画された介入を行う協調プロセス。その結果、(i) 一般的および専門的な技能の向上、(ii) 手続きの改善、(iii) 組織強化がもたらされる。（WB）

Capacity Development　能力開発
個人や組織、制度、社会が機能を発揮し、問題を解決し、さらに目標を設定し達成する能力を個別および集合的に開発するプロセス。（UNDP）

Capacity to pay, principle of
支払能力の原則

ニューヨーク市にある国連事務局の通常予算、あるいは国連専門機関に対して、国連加盟国が分担金を算定する際の基本原則。(UN) **'United Nations Economic and Social Council'** を参照。

Capital　資本

金融資産、あるいは現金などの資産の金融資産価値。(MW)

Capital　首都

連邦政府、地域政府、州政府などの所在地。(MW)

Capital costs　資本コスト

プロジェクトの計画開始から建設、引き渡しまでに生じる総支出額（労力、設備、インフラ)。ただし、操業およびメンテナンスの費用を除く。(WB)

Captive breeding Program
飼育下繁殖計画

絶滅危惧種が安定かつ自立した個体群として生存できるよう、健全な科学的原理に基づいて、捕獲すべき個体群を設定し管理すること。(IUCN)

Carbon capital fund
カーボン・キャピタルファンド

米国の全米森林財団（NFF）が設立し管理する基金。森林管理に投資して炭素を隔離することにより、個人のカーボン・フットプリントを相殺し、漠然と将来的には炭素収支に純便益をもたらすことを目指す。(NFF)

Carbon credit
炭素クレジット、カーボンクレジット

1単位の「炭素クレジット」は、大気中から除去され（つまり相殺、あるいは隔離され)、気候変動問題への取り組みに貢献することとなった二酸化炭素1トン分を表す。クレジットは、銀行での受付や取り引きが可能な商品で、世界中の商品市場で売買されている。カーボンオフセットを実現する手段としては、ライフスタイルを変えること（公共交通機関を利用する、効率の良い乗り物を選ぶ、照明を消す、省エネ家電を購入する、蛍光灯を使う、家を断熱仕様にする、地産地消を行うなど）のほか、次のような広範囲な活動をサポートすることが挙げられる。(1) 木を植える。木は、炭素を空気中から除去し、葉や樹皮、木部に蓄える。(2) 海の植生を回復する（まずはプランクトンから)。海の植生も、大量の炭素を大気中から吸収して、貝殻や葉に蓄え、その多くはこれらの生物が死んで海中深く沈む際に永久に隔離される。(PLA) **'Carbon offset' 'Carbon capital fund' '"Geritol" climate-carbon effect'** を参照。

Carbon dioxide emissions benefits
二酸化炭素削減の便益

定量化された炭素排出削減量。(CT)

Carbon dioxide doubling level
二酸化炭素の倍増レベル

560ppmを超え、産業革命以前の2倍と思われる二酸化炭素の大気中濃度。(Friedman, 2007)

Carbon dioxide emissions co-benefits
二酸化炭素削減の副次的便益

二酸化炭素削減の便益に加えて、二酸化炭素オフセット事業から生じる環境面・健康面・社会経済面での付加的な便益。たとえば、二酸化炭素削減の政策によって石炭の燃焼が減る可能性があり、石炭の燃焼が減ると、塵などの微粒子や二酸化硫黄の排出も減る。微粒子や二酸化硫黄の削減にともなう便益は、二酸化炭素削減の副次的便益である。(CT)

Carbon-14 dating
炭素14による年代測定

(^{14}CをCO$_2$ガスに変換、あるいは加速器質量分析によって）炭素原子を測定するプロセス。年代をあらかじめ推定する必要がある化石や堆積物、埋蔵物の年代を、数字で特定する。(EES; WP)

Carbon cycle　炭素循環

炭素の貯蔵庫（大気、地上バイオマス、海洋バイオマス、土壌有機物、化石燃料やその他の堆積物、海など）と、それら相互の炭素交換を支配する化学プロセス。

Carbon dioxide (CO_2)　二酸化炭素

大気中に自然に発生する温室効果ガス。石炭、石油、天然ガス、有機物を燃焼したために、その濃度は増加している（産業革命以前の280ppmに対し、1970年代以降は350ppmを上回る）。（NRDC）

Carbon dioxide equivalents
二酸化炭素換算

さまざまな温室効果ガスの排出量を比較するために、それぞれの地球温暖化係数（GWP）を使って計算する値（メートル法）。基づく単位は一般に「百万二酸化炭素換算メートルトン（MMTCDE）」または「百万二酸化炭素換算ショートトン（MSTCDE）」。排出量（トン）に、そのガスのGWPをかけて算出。（EEA）

Carbon dioxide fertilization
二酸化炭素施肥

大気中のCO_2濃度上昇につながるプロセス。（EEA）

Carbon Emissions Trading
炭素排出量取引

二酸化炭素（それ以外の温室効果ガスは、二酸化炭素換算トン〈tCO2e〉に換算）の排出許容量の取引。排出国が京都議定書における義務を果たして炭素排出量を削減し、それによって地球温暖化を緩和することを支援する手法。世界で唯一、強制的な炭素取引が行われているのは、EU域内排出量取引制度（EU-ETS）である。この制度は京都議定書と連動するプログラムとして創設され、EU加盟国の発電所や工場といった大規模施設が排出できる二酸化炭素の量に上限を設けている。（UNW; EU）

Carbon footprint
カーボン・フットプリント

人為的活動（ガス、電気、その他の燃料など、ライフスタイルに依存したエネルギー消費）が気候に与える影響を、生み出された温室効果ガス（CO_2）の総量で表す。（WP; PLA）**'Carbon credit'** を参照。

Carbon monoxide (CO)　一酸化炭素

無色・無臭で、刺激はないが毒性の高いガス。燃料の不完全燃焼や、バイオマスや固形廃棄物の焼却、あるいは有機物質の半嫌気性分解によって生じる。（McG-H）

Carbon neutral audit
カーボンニュートラル監査

エネルギー消費量の削減と、残存する排出量の相殺とを組み合わせ、CO_2排出量を実質ゼロにすること。排出量は温室効果ガスの炭素監査を通じて測定される。排出削減や炭素隔離が申告されたとおりに実際に行われ、安定しているかどうかを証明する。（WP）

Carbon neutral shipping
カーボンニュートラル輸送

'Carbon offset' を参照。

Carbon offset　カーボンオフセット

あるプロジェクトの実施によって、大気中の二酸化炭素やほかの温室効果ガスの排出量を、実施しなかった場合よりも減少できた場合に与えられる排出削減クレジット。排出の予防、隔離、置換が行われた二酸化炭素量を、メートルトン（1メートルトン＝2205ポンド＝1.1米トン）で測定。単位は一般にCO_2換算トン（t-CO2E）。国際的な仲介業者、オンライン小売業者、取引プラットフォームを通じて売買される。（CT）**'Carbon credit'** を参照。

Carbon offset additionality
カーボンオフセットの追加性

現状維持（BAU）シナリオでは起こらなかったであろう（追加的な）温室効果ガス削減量。（CT）

Carbon opportunity cost
炭素機会費用

'Environmental opportunity cost' 'Carbon ranching' を参照。

Carbon ranching　カーボン・ランチング

汚染者が第三世界諸国に熱帯林の保全費用を支払うことにより、自国の温室効果ガス排出量を埋め合わせることを認める概念。（UNW）**'Environmental opportunity cost'** を参照。

Carbon sequestration　炭素隔離

人為起源の二酸化炭素を含め、吸収や貯蔵が行われないと地球の気候変動に影響を与えるであろう炭素を、放出量よりも吸収量のほうが大きい大規模な炭素吸収源や貯蔵庫（海洋と未成熟林）に吸収・貯蔵すること。（UNEP）

Carbon sink　炭素吸収源

炭素を吸収する森林などの生態系。それによって大気中から CO_2 を取り除き、排出量を相殺する。京都議定書では、附属書I国が削減目標を達成するため、1990年以降実施された一定の人為的吸収源活動を算入することを認めている。（EEA）

Carbon smokescreen　炭素偽装

CO_2 隔離や削減の純便益が、たとえあったとしてもほとんどないに等しいようなカーボンオフセット投資／寄付スキームが急増していることを指す言葉。（Harvey and Fidler, 2007）

Carbon tax　炭素税

化石燃料（石炭、石油、ガソリン、天然ガスなど）への課金。炭素含有量と、その結果生じる環境影響によって算定。これらの燃料を燃焼すると、含有炭素は大気中で主要な温室効果ガスである二酸化炭素になる（NRDC）。

Carcinogen　発がん性物質

がんを引き起こすあらゆる物質。（MW）

Caribbean Community and Common Market (CARICOM)
カリブ共同体・共同市場

トリニダードトバゴのチャグアラマスで締結されたチャグアラマス協定により設立。バルバドス、ジャマイカ、ガイアナ、トリニダードトバゴが調印し、1973年8月に発効。現在の加盟国は15カ国。

Caring for the Earth
『かけがえのない地球を大切に』

『世界保全戦略（WCS）』（1980年出版）の改訂版として1991年に出版。1980年版と同様に、国際自然保護連合（IUCN）、国連環境計画（UNEP）、世界自然保護基金（WWF）が資金を出した。人類の幸福を増進し、地球の生命維持能力の破壊を止めるために求められる132の行動を示している。（CIPA）

Carrying capacity　環境容量

ある環境が既定の管理目的・手法の中で長期的に維持できるような、特定種の最大個体数を表す。（EES）

Cartagena Convention
カルタヘナ条約

広域カリブ海の海洋環境の保護と開発に関する条約。1983年3月24日にコロンビアのカルタヘナで採択、1986年10月11日に発効。カリブ海行動計画を履行するための法律文書。（UNEP-CAR-RUC）

Cartagena Protocol　カルタヘナ議定書

生物多様性条約のバイオセーフティに関するカルタヘナ議定書。1999年にコロンビアのカルタヘナで行われた特別締約国会議で作成。2000年1月29日、カナダのモントリオールで130カ国以上が採択。国境を越えて広がるバイオテクノロジー製品（遺伝子組み換え生物〈LMO〉と呼ばれる）の環境影響に対処する枠組みを提示する。（CBD）

Catchment area　集水域

ある河川や湖沼に水が流入する地域。（UNDP）

Caucus　党員集会
同じような議題を持つ人々が集まる非公開会議。通常、政策や地位について議論や決定を行う。(MW)

Center of crop diversity
作物多様性の中心地
生息域内状況において作物種の遺伝的多様性が豊富な地理的領域。(CBD)

Center of origin　原産地
栽培植物または野生植物の種がその特徴的性質を発現させた地理的領域。(CBD)

Central Group-11 (CG-11)
セントラルグループ 11
国連気候変動枠組条約（UNFCCC）の附属書Ⅰに記載されている市場経済移行国（ロシア連邦とウクライナを除く）の政府連合。(UNFCCC)

Certification　認証
確かな事実であるという書面による証明。人や物の能力、品質、性能などが特定基準を満たしていることを、規制当局や顧客に納得させるために利用される。**'Sustainability assessment measures' 'Cradle to cradle certification' 'Certified emission reductions' 'Fair-trade' 'Certified wood (1)(2)'** を参照。

Certified emission reductions (CERs)
認証排出削減量
クリーン開発メカニズム（CDM）で認証された削減プロジェクトや隔離プロジェクトにおいて、検証され証明された温室効果ガスの削減量。(UNFCCC)

Certified wood (1)　認証木材（1）
持続可能な植林地で、あるいは持続可能な方法で育てられたと認定を受けた木材や加工木材。(FSC)

Certified wood (2)　認証木材（2）
木材製品に使われる素材は、持続可能な森林に由来するか、認証された回収・再生含有物を含んでいなければならないとする原理。現在、大半の林産物の認証を行うのは、森林管理協議会（FSC）と持続可能な林業イニシアティブ（SFI）という2つの国際非政府組織（NGO）。(FSC; SFI)

CFCs　CFC
'Chlorofluorocarbons' を参照。

Chain of custody　CoC 認証、生産・流通・加工過程の管理認証
（品質管理〈QA/QC〉、ISO、森林管理協議会〈FSC〉、持続可能な林業イニシアティブ〈SFI〉などの）認証で用いられる用語。製品の生産、出荷、流通、販売の全段階が認証の対象となり、製品が認証機関による一連の基準を確実に満たしていることを示す。**'MDIAR agreement'** を参照。

Chair　議長
会議を進行する責任を負った人の称号。その会議の手続き規則が確実に守られるようにする。

Chancery　大使館事務所
在外公館の長と職員が働く事務所。この事務所はしばしば「大使館」と呼ばれるが、これは誤称。厳密にいえば、大使館は大使が住んでいる所であって、働く所ではない。かつて在外公館の規模がもっと小さかった頃、これらは通常同じ建物にあった。現在、多くの外交官はその2つを区別して、明確に「大使公邸」および「大使館事務所」と呼ぶ。(eD)

Chaord　カオード
自己触媒的で自己規制的で適応性があり、非線形で複雑な生物、組織、システム（物理的・生物的、あるいは社会的）。その振る舞いは秩序とカオスの両方の性質を調和的に示す。(Co)

Chaos　カオス
長期的振る舞いが予測不可能なシステム。

初期値の正確さがほんのわずかでも変化すると、可能な状態空間の任意の場所へ急速に発散する。しかし、使用可能な状態が有限数存在することがあるので、統計予測は依然役に立つ可能性がある。(CSG)

Chaos Theory　カオス理論
一見ランダムに現れるプロセスに隠された統計的規則性を明らかにしようとする試み。「カオス的」と表現されるシステムは、初期条件の変化に極端に敏感である。結果として、わずかな不確実性が時を経て増幅され、カオスシステムは原理的には予測可能であるが、実際には予測不可能なものとなる。

Chaotic natural systems
カオス的自然システム
ばらつきを示すシステム。必ずしもランダムであるとは限らないが、その複雑なパターンは、通常の人間の時間軸では認識されない。(McG-H)

***Chapeau*　前文**
声明や宣言の冒頭の段落。議論の内容にすぐさま触れるのではなく、当面の話題の概略を述べたり紹介したりする。

***Chargé d'Affaires, a.i.*　臨時代理大使**
かつて「代理大使」は在外公館長の称号で、大使や公使の下の階級だった。現在は、*a.i.*（*ad interim*〈臨時〉）を付けて、在外公館長のポストが空席の間に任務にあたる高官であることを明示している。

***Charrette*　シャレット**
学際的に協働して行う短期集中型の計画立案。住民参加者に力を与え、それによって最終成果物に対する彼らの支持や所有者意識を促す。

Charter　憲章
国際機関の基本条約のような、特に正式で重大な法律文書。(UNT)

Chemical oxygen demand (COD)
化学的酸素要求量
一定量の水を、化学的酸化剤を使って酸化する際に消費される酸素の量。水柱の中で酸化されうる有機物質の総量で決まる。(USEPA)

Chemtrail Shield
ケムトレイル・シールド
1990年代前半から秘密裏に上層大気で薬剤が散布されてきたという、一部の環境保護活動家の主張。その証拠に、空の様相の変化が挙げられる。交錯する飛行機雲は通常数分で消えていたのに、最近は乳白色の雲の固まりが拡散しながら数時間残るようになったという。まだこの実施を認めた政府はない。ケムトレイルの賛成派は、成層圏のオゾン層が減少する中、地表に達する有害な紫外線の増加を防ぐ盾として正当化できると考えている。一方、反対派は、散布薬剤がバリウムとアルミニウムを含んでおり、何も知らない多数の人々に多大な健康被害を及ぼしているという。**'Contrails'** を参照。

Chief of Mission　在外公館長
大使館における最高官。(MW)

Chilling effect　萎縮的効果
貿易ルールの遵守が、環境被害活動を差し止める貿易条項の行使にとって障壁となるような状況（POPs条約、バイオセーフティ議定書の知的所有権論争がこれに当たる）。

China-Europe Dialogue and Exchange for Sustainable Development (CE-DESD)　持続可能な発展のための中国－欧州間対話・交流
次の３つを目的とした非政府組織。持続可能な経済活動、開発、平和に向けて、中国と欧州の間で国際協力を促すこと。人と自然環境についての意識を高め、その調和を育むこと。価値観や文化を、経済、社会、技術、環境、リーダーシップと結びつけること。この目的を達成するために次のような事業を行う。(1) 文化と文化、人と人、企業と企業の対話の実施。(2) セミナー、会議、研修、提携、交流プログラムの企画。(3) プロジェクト管理、コミュニケーション、ロジスティックサービスを連携団体に提供。

China-US Center for Sustainable Development (CUCSD)
米中持続可能な発展センター

使命は、中国と米国における持続可能な発展を加速させること。政府、産業界、大学、研究機関、非政府組織（NGO）間の協力という新たな枠組みを用いる。次の3つの優先活動に重点を置く。(a) 商取引と地域社会と自然が調和して繁栄・成長できるように、持続可能な企業を創造すること。(b) 米中双方にとって重要な戦略的取り組みにおいて、協力すること。(c) 研修と教育を通じて持続可能な発展の能力を構築すること。本部はオレゴン州ポートランド。

Chlorofluorocarbons (CFCs)
クロロフルオロカーボン

冷却、空調、梱包、断熱材、溶剤、エアゾールスプレーに使われる化学薬品。一定の条件下でオゾンを破壊。(EES)

Choke points　要衝

コフィー・アナン国連事務総長が2006年に初めて使った国連用語。ほんのわずかの衝突が重大な経済的・政治的な衝撃を引き起こし、全世界に影響を与える可能性のある最も緊張の高まった紛争地帯。オマーン湾とペルシャ湾を結ぶホルムズ海峡、サウジアラビアのアブカイクにある石油精製施設、マレーシアとインドネシアの間にありインド洋と太平洋を結ぶマラッカ海峡、紅海と地中海を結ぶスエズ運河、世界最長の石油パイプラインでロシアから欧州の複数地点に延びるドルージュバ・パイプラインなどが最初に挙げられた。(UNW)

Citizen scientists　市民科学者

実社会の問題に対して科学研究者と協力して働く、訓練を受けたボランティア。(ES)

Citizenship　市民としての身分

市民の地位または身分。(MW)

- **Citizen　市民：** ある国家や国の構成員。特に共和政体の国家や国の場合に用いる。国家や国に忠誠の義務があり、出生や帰化によってすべての市民権が与えられる。**'Republic'** を参照。
- **Subject　臣民：** 通常、君主などの支配者が政府の首班である場合に用いる。
- **National　同胞：** 出生国やかつて市民または臣民であった国を離れて暮らす市民に対して使う。**'Expatriate'** を参照。
- **Native　出身者、先住民：** 論点となっている国で生まれた人。特に先住民族に対して使う。

CIVICUS

世界中の市民活動や市民社会を強化するための国際的な同盟。会員は91カ国の500近い非政府組織（NGO）、協会、私立財団、個人。市民社会の潜在力を発揮させる構造の普及、市民社会における市民参加の促進、世界的な市民社会運動の形成に努める。(CIVICUS)
〔訳注：civicusとは本来ラテン語で「市民の」という意味〕

Civil law　民法

ある国において、国民によって制定され、その管轄内で適用される法律。(MW)

Civil society　市民社会

政府の管轄外の組織的または非組織的な個人と集団。社会的・政治的・経済的領域で影響し合い、公式・非公式な規則と法律で統制される。動的で多層的な視点や価値観を提供し、公共の場で表現する機会を探る。(UNDP)　現代社会の政治的・文化的・社会的組織の分類のひとつ。国家から自立した存在ではあるが、国家と社会間で相互に制定権を持つ関係の一部をなす。(Lipschutz, 1999)　社会活動を構成する入り組んだ連携や社会的規範、慣行は、国家や市場機構から切り離されている。市民社会には、宗教団体、財団、同業組合、専門職協会、労働組合、学術機関、メディア、圧力団体、政党が含まれる。

(WB)

Classical statist approach to international law
国際法に対する古典的国家論アプローチ
国際法の見方のひとつ。国家は唯一の認識される合法的な「主体」であり、その他のものは「客体」であるとされる。国家のみが国際法を制定し、使用することができる。その前提となる考えは、「国家の主権平等」、他国の国内問題に対する国家の不干渉義務、国際的な義務に対する国家の同意である。(ECO)

Clean Development Mechanism (CDM)
クリーン開発メカニズム
京都議定書の非附属書I国（開発途上国）の開発努力を支援し、気候系に対して危険な人為的干渉を及ぼすことにならない水準において大気中の温室効果ガスの濃度を安定化させ、先進国と市場経済移行国が排出の抑制に関する数量化された約束を達成するために寄与する方法。(UNFCCC; EEA)

Clean fuels　クリーン燃料
通常のガソリンやディーゼルよりも排出量が少ない燃料。代替燃料や改質ガソリン・ディーゼルを指す。(NRDC) **'Alternative fuels'** を参照。

Cleaner production　クリーナー・プロダクション、よりクリーンな生産
工程、製品、サービスの全体的な効率性を高め、人と環境に対するリスクを削減するように、統合的で予防的な環境戦略を連続的に適用すること。産業で用いられる工程や、製品自体、社会で提供されるさまざまなサービスに適用できる。(UNEP)

Cleanup　浄化
汚染された物質の処理、修復、破壊／破棄。(NRDC)

Clearances　裏書き
外務機関や主要大使館が、政策や指示を伝達する通信文やほかの文書を受け取った際、具体的な内容に対してなんらかの責任を有する職員全員がイニシャル署名して承認を示すこと。国連などの国際機関については、**'Visa (2)'** を参照。(eD)

Clear cutting　皆伐
決められた範囲の森林で、すべての木を伐採する商業的木材管理技術。ただし、（当該国の政策によって）「母樹」や「標本木」や水路に接する緩衝樹は除外されることがある。(USEPA)

Clearing House Mechanism (CHM)
クリアリングハウスメカニズム
通常、条約事務局が運営するメカニズム。技術的かつ科学的な協力を促進し手助けする。あるいは科学技術や法に関する情報の交換を促進して、当該多国間環境協定の実施において開発途上締約国の支援を行う。(UNFCCC)

Climate Action Day
地球温暖化防止行動の日
米国では4月14日、国際的には7月15日。**'World Environment Day' 'International Day for Biological Diversity' 'World Water Day' 'Earth Day'** を参照。

Climate Action Network (CAN)
気候行動ネットワーク
1989年創設。287以上の非政府組織（NGO）の世界的なネットワーク。人類が引き起こした気候変動を生態学的に持続可能な水準に抑えるよう、政府および個人の行動を促している。世界、地域、国内の気候問題に関する情報交換とNGO戦略の調整を通じて、この目標を達成しようと努める。

Climate change　気候変動
地球の大気の組成を変化させる人間活動に直接または間接に起因する気候の変化であって、比較可能な期間において観測される気候の自然な変動に対して追加的に生ずるもの。(UNFCCC; EES)

Climate Change Protocol
気候変動議定書
'Kyoto Protocol' を参照。

Climate corridor　気候回廊
気候変動が特定の局所環境に影響を与えるため、動物が最適な生息地を見つけられるようにする公有地の回廊。公園、森林、野生動物保護区、その他の公有地をつなぐ。

Climate divide　気候問題における格差
先進国が国内で気候変動の緩和活動に費やした額と、開発途上国に投資した額との格差。(UNFCCC)

Climate models　気候モデル
地球の気候をシミュレーションする大規模で複雑なコンピュータープログラム。地球の大気システムを律する物理学から導かれた数学的な方程式に基づく。(IPPC)

Climate system　気候システム
大気圏、水圏、生物圏、岩石圏の総体とそれらの相互作用。(UNFCCC)

Climate variability　気候の変動性
降水パターンなど、気象や気候のパターンの変化を指す。(PEW)

Clinton Global Initiative
クリントン・グローバル・イニシアティブ
ウイリアム・J・クリントン財団の超党派プロジェクト。2005年に開始。世界の最も優秀な人材や最も卓越した問題解決者を集め、世界の最も挑戦的ないくつかの問題に実践的な直接の解決策を見出そうとするもの。取り組んだ問題の一部を挙げると、貧困の軽減、気候変動への対処、ガバナンスの強化など。ほかの世界会議とは異なり、各参加者は検討課題のひとつについて具体的な行動を約束するよう求められる。2005年の会議では正式に12.5億米ドル、2006年の会議では20億米ドルの貢献が約束された。

Cloning　クローニング、クローン作成
ある生物の遺伝的に同一な複製をつくる科学的処置。(MW)

Closure/Cloture　討論終結
立法・統治プロセスにおいて、討論を正式に打ち切ること。多くは投票や合意決定を行って終了する。(MW)

Clubbable　参加適性
欧州連合（EU）の非加盟国が加盟を誘われる可能性を指す用語。2005年、トルコがEUへの参加を求められるだけの支持を得られるかに関して、よく使われるようになった。

Club of Madrid　マドリード・クラブ
過去に国家元首や首相を経験した66人で構成されるグループ。民主主義を広げ、世界に平和と安定をもたらす優先課題に対処することが目的。(WP)

Clustering　クラスタリング
国際的な法律文書間の矛盾や重複を減らすために提案された方法。類似した主題を扱う、あるいは同じ地理的領域を対象とする条約や協定を、同じ行政単位に委ねるなど。

CNN effect　CNN効果
絶え間のない即時的なテレビ報道が、外交政策の形成や遂行、さらに国際組織や非政府組織（NGO）、民間部門の行動に与えるかもしれない影響。

Coal gasification　石炭ガス化
石炭を加熱し不完全燃焼させて、メタン、一酸化炭素、硫黄といった揮発性ガスを除去すること。これらの汚染物質が放出されたあとの残余ガスは、効率的な燃料となる。(McG-H)

Coalition　連立
別々の政党、人、国の一時的な提携。一般に、ある具体的な事項についてさらなる共同行動を進めるために実施する。(MW)

Coastal zone　沿岸域
海に近いために影響を受ける陸域、および陸に近いために影響を受ける海域。(EEA)

Cocoyoc Declaration　ココヨック宣言
1974年にメキシコのココヨックで国連環境計画（UNEP）と国連貿易開発会議（UNCTAD）が開催したシンポジウムの報告書では、資源の不均衡分配が環境悪化の一要因として特定された。同シンポジウムは、バーバラ・ウォードが議長を務め、人間の基本的ニーズの充足を中心とした開発行動を訴えた。(UNT)

***Codex Alimentarius*　コーデックス**
国際食品規格。国連食糧農業機関（FAO）と世界保健機関（WHO）の事務局長に対して責任を持つ委員会を通じて履行される、一連の規格。規格は次の目的で策定されている。消費者の健康を守り、食品貿易が公正に行われるようにすること。食品規格に関して国際機関、政府機関、非政府組織（NGO）が実施するすべての作業の調整を進めること。優先事項を決定し、規格案の準備を導くこと。(FAO)

Coevolution　共進化
複数の種が互いに選択圧を及ぼし、その結果、徐々に新たな特性や行動を進化させるプロセス。(McG-H)

Co-financing　協調融資
国際銀行が、融資の一部を負担してもらうために、二次融資者を募集する仕組み。これらの銀行にリスクを分散させるとともに、そのプロジェクトが貸付可能で興味深いものかどうかに関するセカンドオピニオンが得られる。(DFID)

Co-generation
コジェネレーション、熱電併給
ガスタービンからの排気など発電時の排熱を、工業目的または地域暖房に利用すること。(IPCC)　また、民間電力事業者が公共電力網を利用すること。

Co-incineration　混焼
有害廃棄物をごみや汚泥と一緒に焼却すること。(EEA)

Cold War　冷戦
1945年以後の米国とソ連との間の争い。1989年のベルリンの壁崩壊と1991年のソビエト連邦解体をもって終結。(UN)

Coliform Index　大腸菌指数
大腸菌群の数に基づいた水の純度の評価。(USEPA)

Collaboration　コラボレーション、連携
直接関係のない機関との協力。(MW)

Collective decision-making process
集合的意思決定プロセス
あらゆる当事者が選出、処遇ともに公正な取り扱いを受け、透明性、衡平性、効率性に関する意思決定基準などの手続きが定められている国際協定の交渉。

Comity　礼譲
各法律と機関を承認し尊重するという国家間の合意。いくらか国際法に類似しているが、国際法には拘束力があるのに対して、礼譲はそれがない点で異なる。(MW)

Command and control　コマンド・アンド・コントロール、直接規制
政策やマネジメントに関して、規則と規準を定め、制裁手段を用いて強制的に遵守させる。使われる手段としては、仕組み、法律、対策など。(EEA)

Commercial extinction　商業的絶滅
漁師が経済的に採算がとれない水準にまで、魚類の個体数が減っていること。または、商取引の対象となる野生生物を漁や罠で捕獲し殺害して利益を得ようとしても、もはや商業的に成り立たない水準まで個体数が減少すること。(EEA; NRDC)

Commission for Environmental Cooperation (CEC)　環境協力委員会

北米環境協力協定（NAAEC）の下で、カナダ、メキシコ、米国が創設した国際機関。目的は、北米地域の環境問題に取り組むこと、貿易と環境で起こりうる摩擦の防止を促すこと、環境法の効果的な実施を促進すること。北米自由貿易協定（NAFTA）の環境条項を補完する。**'North American Agreement on Environmental Cooperation' 'North American Free Trade Agreement'** を参照。

Commission on Global Governance (CGG)　グローバルガバナンス委員会

冷戦の終結によって、より協力的で安全かつ公正な世界を築く機会が生まれたと考え、28人の著名人が集まった独立組織。『地球リーダーシップ　新しい世界秩序をめざして』（1995年）および『西暦2000年と改革プロセス』（2000年）を出版。

Commission on Sustainable Development (CSD)　持続可能な発展委員会

'United Nations Commission on Sustainable Development' を参照。

CSD-Water Action and Networking database (CSD-WAND)　持続可能な発展委員会・水行動連携データベース

国連経済社会局（UNDESA）が開発。CSDの決定を実施する手段。水と公衆衛生問題に取り組む人たちに多くの情報を提供する。（UN）

Commitment authority　確約権限

受け取った、あるいは資金提供者が確約した資金量に基づいて、地球環境ファシリティ（GEF）が確約できる権限。この権限の対象となるのは、手形と現金預金の形で受け取った拠出金と、現金預金によって生まれた投資収益であり、実際のプロジェクト支出ならびにGEFの見込み運営費はそれほど大きな対象とならない。

Commitment to Development Index　開発貢献度指標

ワシントンDCを本部とする世界開発センターと外交誌『フォーリン・ポリシー』が発表。世界中の貧困国に暮らす50億の人々にどれだけ役立つ政策をとっているかに基づいて、世界の富裕国21カ国をランクづけする。一般的な対外援助額の比較にとどまらず、次のような点についても評価する。対外援助の質、開発途上国の輸出に対する開放度、投資に影響する政策、移民政策、新技術の創造に対する支援、安全保障政策、環境政策。（CGD）**'Sustainability assessment measures'** を参照。

Committee　委員会

それよりも大きな団体から選ばれた人々の集団。特定の問題について議論や調査、報告を行う。

Committee of the Whole (COW)　全体委員会

文書交渉プロセスを促進するために締約国会議（COP）が創設する委員会。草案文書をCOPに提出し、さらなる作業ののち、全体会合での正式な採択につなげる。（BCHM）

Common but differentiated responsibilities　共通だが差異ある責任

リオ宣言の第7原則「各国は、地球の生態系の健全性及び完全性を、保全、保護および修復するグローバル・パートナーシップの精神に則り、協力しなければならない。地球環境の悪化への異なった寄与という観点から、各国は共通のしかし差異のある責任を有する」。

Common concern of humankind　人類の共通の関心事

数多くの国際会議で支持されている原則。地球の気候を守る国際行動の基盤を提供しようとするもの。気候変動は、ある国がほかの国に課すものではないので、越境汚染を規定する従来の法的原則は適用できない。しかし、もし大気圏が「人類の共通関心事」であれば、

C

すべての国がそれを深刻な危害から守ることに関心と責務を持つ。このようにして、地球の片側のある国は、温室効果ガスを大気中に排出している地球の反対側のある国の「影響」を受けている。(UNFCCC)

Common good　共有財

誰もが自由に利用できる財。利用者間に強い競争が存在する。漁業資源、特定の森林地帯、取り決めのない放牧権など。制約のない資源利用は、その資源の枯渇につながる可能性がある。(UNCLOS)

Common heritage of mankind
人類の共通遺産

1967年にアルヴィッド・プラドが初めて用いた概念。海底や海洋底(そしておそらくほかの地球公共財)は、国家の管轄を超えて、人類の共通遺産である。いかなる方法によっても国家に専有されることはなく、平和目的と人類全体のためだけに利用されるべきである。(UNCLOS)

Common property resource　共有的資源

利用者が利用権を共に分け合い所有する資源。公式または非公式の使用規制が適用される。(BLD)

Commonwealth of Nations　英連邦

53の独立した主権国家の連合。その大半がかつての大英帝国の領土である。通常は単に「連邦(The Commonwealth)」と呼ばれる。旧称は「British Commonwealth of Nations」または「British Commonwealth」。歴史的理由により、あるいはオーストラリア連邦やバハマ連邦など世界のほかの連邦国と区別するため、一部では依然として旧称が使われている。(WP)

***Communiqué*　公式声明、コミュニケ**

重要な二国間または多国間の協議のあとに出される短い公式の要約報告。(eD)

Community　群集、群落

ある領域に生息する種の総合的な集団。(GBS)

Community-based organizations (CBO)
地域住民組織

市民の運営する自発的で非営利の非政府組織。目的や活動対象は、街や地区など、独自のアイデンティティを持つある土地に限られる。

Community-based natural resource management (CBNRM)
地域社会による自然資源管理

住民参加型で行動を研究・開発する方法。多様な利害関係者の重要性を強調し、対処するシステム(森林、流域、村の共有財産など)の要素間における複雑な相互作用を体系的に扱うもの。

Community of Democracies (CD)
民主主義共同体

当時のマデレーン・オルブライト米国務長官が2000年に初めて使った用語。歴史上初めてほとんどの国がなんらかの代議制政体をとったという事実に反応。民主政府を強化する原理を進展させるため、招待を受けた政府による会議を通常2年ごとに開催する。(USDOS)

Community of interest (CoI)
利益共同体

'Community of Practice' を参照。

Community of Practice (CoP)
実践コミュニティ、実践共同体

ある共有された状況において、共同事業のための専門的知識や情熱を共有する人々が非公式に結びついた集団。(Wenger, 1998)

Compact　協定、盟約

この言葉の法的な定義づけを行うために多くの研究が行われてきた。国際的には、ほとんどの事例(国連グローバル・コンパクト、イラク・コンパクト、アフガニスタン・コンパクトなど)において、国際法による拘束力がなく、国家政府ではない関係者が調印者になれる。米国内では、「協定」は州間の合意を意味し、国家政府の統治は受けないが、連邦法には拘束される。

Competent authority (1)
権限のある当局（1）
加盟国によって権限を与えられた政府機関。ある法律や政策を実施することから生じる責務を果たす責任がある。（EEA; WP）

Competent authority (2)
権限のある当局（2）
締約国によって指定された政府当局。有害廃棄物やほかの廃棄物の越境移動の通知や、それに関連するあらゆる情報を受け取り、その通知に対応する責任を有する。（UN; EEA）

Competition　競争
生存をかけて個体同士が互いに競い、そのうちのひとつだけが生き残れるという考え。資源が限られ（双方にとって不十分）、しばしばネガティブ・サム戦略、すなわち「勝ち―負け」または「負け―負け」であることを前提とする。（CSG）

Complementarity, principle of
補完性の原則
国際刑事裁判所（ICC）の基礎原則。ICCが扱うのは、わずかな数の訴追のみで、しかも各国の裁判所が戦争やその他の国際犯罪をあえて起訴しない場合のみとなっている。ICCは、各国の法廷制度がこれらの犯罪を調査する最前線であるべきと考えている。ICCはこうした法廷に代わる存在ではなく、各国の法廷を補強しようとする（つまり、補完する）ものである。補完性の原則は、各国の法廷制度に敬意を払えば加盟国が批准する可能性が高まるだろうという明敏な政治判断の結果でもあった。（UN）

Complex　複合体
全体を構成する個別要素の複雑な結合。（MW）

Complex adaptive system
複雑適応系、複合適応系
システムの一形態。多くの自立的な動作主が存在する。それぞれの価値を最適化するために、共進化により自己組織化を行う。（CSG）

Complex systems　複雑系
環境と非線形な相互作用を持つシステム。構成要素は自己組織化の性質を持っており、ある時間窓（カオスにおける周期性）を超えると予測不能になる。（Pavard and Dugale, 2003）

Complexity theory　複雑性理論
非常に多くの独立した動作主が非常に多くの方法で互いに影響し合うシステムについて探る研究分野。（Waldrop, 1993）

Compliance monitoring, water quality
水質の法令遵守の監視
環境基準や、取水や涵養の許可条件について監視すること。（SFWMD）

Composting　堆肥化
食品廃棄物、紙、庭から出るごみなどの有機性廃棄物が自然に分解して、ミネラルに富み、土壌改良材やマルチ、再被覆材、覆土として園芸や農業に最適な生産物となるプロセス。（NRDC）

Comprehensive Environmental Restoration Plan (CERP)
包括的環境復元計画
ある生態系の復元、保全、長期的管理についての枠組みと指針。（EES）

Concession　利権
公的機関が民間企業に資源管理や開発など、特定の業務を行う権限を与えること。

Concessional financing　譲許的資金
通常、開発銀行が市場金利以下で融資する資金。しばしば金融機関の借り入れコストを下回る金利で融資され、特定の目標の達成を

図る。(WB)

Concessional/Concessionary loan 譲許的融資
最貧国に対して提供される、一般の市場や多国間融資の基準よりも低金利で長期の返済が認められる融資。市場金利よりも低く、支払い猶予期間も長い。(WB)

Conciliation　調停
ある文書において異なった見解の統一化を図り、矛盾を解消させること。

***Concordat*　コンコルダート、政教条約**
ローマ法王や教皇庁が当事者となる条約。飲用水へのアクセスなど、教皇庁が基本的人権にかかわると判断した環境協定／原則に、このような表記が添えられてきた。(eD; UN)

Conditionality (1)　融資条件（1）
国際的な経済特権や開発援助基金において、あるいは国際市場の開設に際して、条件をつける慣行。開発援助の一環として、開発途上国が自国の政策や制度に関連して受け入れる義務。(DFID)

Conditionality (2)　融資条件（2）
国際通貨基金（IMF）の規則。加盟国がクレジット・トランシェおよび信用供与を利用する権利は、国際収支統計の報告義務を満たす組織化と、持続的な経済成長の展開を条件にするというもの。(WB)

Conditions　条件
合意形成や作業開始の前に、一定の必要事項が存在したり設定されたりすること。(MW)

Conference (or Congress)　会議
国際会合。外交的な意味において congress と conference は同意。(eD)

Conference of the Parties (COP) 締約国会議
任意の多国間環境協定（MEA）の最高機関。役割は、MEA とその目的を推進することと、約束、効果、実施を見直すこと。一般に毎年 1 回開催され、実施状況を精査するとともに、実施プロセスの改善方法について決定を行う。(eD)

Conference-room papers (CRP) 会議室文書
会期中の文書の一種。提議や会期中の作業の成果を含む。会議期間中にのみ利用される。(BCHM)

Confined aquifer　被圧帯水層
水域の上部および／または下部が不透水性の岩石や土壌の層で仕切られている帯水層。(USEPA)

Conflict　紛争
複数の当事者が異なる利害や観点を有しており、前向きな成果を得るために、解決を必要とするような状態。(MW)

Conflict diamond　紛争ダイヤモンド
'Blood diamond' を参照。

Congress (1)　代議員会
選出または指名された代表者の会議。(MW)

Congress (2)　議会
国の立法議会。(MW)

Congress (3)　議会
法律の作成を担当する国内の最高立法機関。(MW)

Congressional Record　連邦議会議事録
米国政府印刷局が公表する文書。米連邦議会（立法府）で行われたすべての討論、投票、審議の記録。すべての政府公文書館と一部の主要図書館で自由に閲覧できる。(NRDC)
'Gazette' を参照。

Conjunctive management　統合管理
帯水層や地表水域といった、複数の水資源の利用にかかわる統合的な管理。(WDM)

Consensus　合意、コンセンサス
投票権を持つすべての当事者あるいは参加者の同意を得た会議の決定。どの代議員からも異議が出されない場合は、投票なしで採択される合意を指す。投票の棄権が表明され、議事録として記録される場合もあるが、コンセンサスの決定には影響力はない。(BLD)

Consequential equity　結果の衡平性
現在世代と将来世代間の負担の分担や、国家間および国内における負担の分担という観点から、ある意思決定がもたらす結果が衡平であるという原理。(CSG)

Conservation　保全
現在世代に最大の持続可能な便益をもたらしながら、将来世代の需要と願望に見合う潜在力を維持するように、人間による生物圏の利用を管理すること。(GBS)

Conservation categories of IUCN
IUCNのレッドリストカテゴリー
種の保全に関する分類分け。分類群の存続に対する脅威の程度を示す。カテゴリーは6つ。各用語の一般的な使用法と区別するため、次のような略称を使う。

- **Threatened Categories　絶滅危惧**
  Extinct (Ex)　絶滅種： 模式産地やほかに生息が知られているあるいは可能性のある場所を繰り返し調査したにもかかわらず、もはや野生での生存が確認されていない分類群。
  Endangered (E)　絶滅危惧種： 絶滅の危機にある分類群。原因となる要因がこのまま放置されれば、存続できる可能性は低い。個体数が危機的な水準まで減少しているものや、生育地が劇的に減少したために絶滅の危機が差し迫っていると見られるものが含まれる。
  Vulnerable (V)　危急種： 原因となる要因がこのまま放置されれば、近い将来絶滅危惧種のカテゴリーに移行する可能性が高いと考えられる分類群。次の分類群が含まれる。乱獲や広範な生息地をはじめとする環境の攪乱のために、大半またはすべての個体数が減少している分類群。個体数の減少が深刻であり最終的な安全がいまだに保障されていない分類群。個体数はまだ十分ではあるものの、その生息範囲全体が重大な有害因子の脅威にさらされている分類群。
  Rare (R)　希少種： 世界全体の個体数が少なく、現時点では「絶滅危惧種」でも「危急種」でもないが、その危険にさらされている分類群。通常、限定された地理的領域や生息地内に集まっているか、もっと広い範囲にまばらに生息している。
  Indeterminate (I)　未確定種：「絶滅種」「絶滅危惧種」「危急種」「希少種」のいずれかではあるが、情報不足でこの4つのどれに分類すべきか判断できない分類群。
- **Unknown Categories　未知**
  Status Unknown (?)　状態が未知： カテゴリーを指定するだけの情報が入手できない。
  Insufficiently Known (K)　不明確： 上記分類のいずれかであると考えられ、調査が行われているものの、情報の欠落によって明確に区分できない分類群。
- **Not Threatened Category　非絶滅危惧種**
  Safe (nt)　安全： 希少でも絶滅が危惧されているわけでもない。

Conservation easements　保全地役権
自然資源の利用プロセスで許される活動を制限する規定。たとえば、保護林において、先住民が一定の自給自足や経済生産活動のための利用を認められることや、公有地を2つに分断する私有地の中に、誰もが行き来できる道がつくられること。(AM)

Conservation International (CI)
コンサベーション・インターナショナル
米国に本拠地を置く国際組織。科学、経済学、政策、住民参加に関する画期的な取り組みにより、地球上で最も動植物の多様性が豊かな地域を守ろうとしている。活動対象地域は、生物多様性ホットスポットや、生物多様性の豊かな原生自然地域、世界中の重要海洋区域。本部はワシントンDCで、4大陸40カ国以上で活動。

Constructive ambiguity　建設的曖昧さ
外交で用いられる手法。意見が一致しない締約国がみな最低限受容できる仮の言葉を文書に挿入したうえで、交渉を進め、それ以外の重要な問題で全面的な合意を得ることを期待する。この文言は再検討しなくてはならない。さもないと、のちのち合意の履行が困難になる。(eD)

Consul General　総領事
'Consulate' を参照。

Consulate　領事館
ある国家が他国の重要な都市に設けた事務所。その国で旅行あるいは居住する自国民を支援し保護することが目的。加えて、所在国の国民に対し、その領事館の派遣元の国への旅行を望む場合に査証を発行するといった行政義務も負う。首都に置かれる場合とほかの都市に置かれる場合があるが、領事館はすべて、行政的には大使および大使館の下に置かれる。領事館としての責務に加え、しばしば大使館の支所としても機能する。また、自国の輸出をはじめとする商業活動の推進に関して、特に重要な役割を果たすことが期待される。領事館業務を行う職員は「領事」と呼ばれ、下級職員の場合は「副領事」と呼ばれる。領事館の長は「領事」または「総領事」と呼ばれる。(eD)

Consultative group
協議グループ、諮問グループ
特定のテーマや地域に対応するために設立されたグループ。通常、官民両方で構成される。その支援には、融資が含まれる場合もそうでない場合もある。

Consultative Group on International Agricultural Research (CGIAR)
国際農業研究協議グループ
1971年に官民メンバーの共同体として設立。100カ国以上で活動する研究センター16カ所のシステムを支援する。責務は、最先端の科学を動員することによって飢餓と貧困を緩和することと、人類の栄養と健康を改善すること。環境保護にも力を入れる。(FAO)

Consumptive water use　消費的水利用
地表水および地下水源からの取水と、吸収、蒸散、蒸発、工業製品の含有によるその後の喪失。

Contact group　コンタクトグループ
意見の相違が見られる特定の論点の解決を図るために招集。建前上はすべての締約国が参加できることになっているが、通常は、議長が見解の異なる締約国を個別に招いて構成する。(ENB)

Contaminant　汚染物質
環境中に自然に存在しない物質、または不自然な濃度で存在する物質。一定以上の濃度で存在すると環境を悪化させうる。(MW)

Continental shelf　大陸棚
沿岸国の領海を超える海面下の区域の海底およびその下であってその領土の自然の延長をたどって大陸縁辺部の外縁に至るまでの部分。沿岸国は、たとえ大陸縁辺部の外縁がそれほど沖合まで延びていなくても、領海の幅を測定するための基線から200海里の距離までを大陸棚と主張することができる。ただし、基線から350海里を超えてはならない。(EES)

Contingency plan　危機管理計画、コンティンジェンシー・プラン
事態が計画どおりに進まない場合、あるいは期待された結果が実現できない場合にとる行動の代替案。(MW)

Contingent valuation　仮想評価法
環境の質の改善に対して人々がどれだけの支払い意志を持つかを直接聞く経済評価手法。(EEA) **'Defensive expenditure'** を参照。

***Contra legem*　コントラレーゲム**
「法に反する」を意味するラテン語。法廷や裁定機関による衡平法上の決定が、その紛争に適用される法律に背くこと。(BLD)

Contracting state　締約国
条約が発効しているか否かにかかわらず、条約に拘束されることに同意した国。(VC)

Contrails　飛行機雲
凝結した航跡。「航跡雲」ともいう。高度9～12キロの対流圏で、気温が摂氏－37～－57度という非常に低温高湿な状況の中、航空エンジンの排気ガスまたは翼端渦流が微小な氷晶を凝結させるために発生する。(WP) **'Global dimming' 'Global cooling' 'Haze'** を参照。

Convening power　招集力
国連や国際組織において、特定の問題に取り組むために政府（加盟国）を招集する力。

Convention　条約
署名して批准すると拘束力が発生する複数国家間の協定。相互利益が絡む特定の事項を取り扱い、締約国の義務を定める。記載された、あるいはこれから策定する必要があるかもしれない活動の、政治的・法的枠組みを示す。(VC)

Convention Concerning the Protection of the World Cultural and Natural Heritage　世界の文化遺産および自然遺産の保護に関する条約
1972年に第17回国連教育科学文化機関(UNESCO)総会で採択。締約国から文化財および自然財の目録の提出を受け、世界遺産一覧表を作成し記録する。これらの遺産は、顕著な普遍的価値を有すると考えられるものである。世界遺産基金の下で、世界遺産となっている物件を保護するのに十分な資源を持たない締約国に対し、技術協力を行う。

Convention for the Prevention of Marine Pollution by Dumping from Ships and Aircraft
船舶および航空機からの投棄による海洋汚染の防止のための条約
通称オスロ条約。1974年4月に発効。汚染物質を毒性によって等級づけしており、次の3つのレベルからなる。ブラックリスト（最も有害な物質：有機ハロゲン、有機珪素、発がん性化合物、水銀および水銀化合物、難分解性プラスチックおよびその他の合成物質）。グレーリスト（有害物質：砒素、鉛、銅、亜鉛およびそれらの化合物、コンテナ、くず鉄、タール状の物質、粗大廃棄物、必ずしも毒性があるわけではないが大量だと有害かもしれない物質）。ホワイトリスト（毒性は非常に少ないが、投棄前に地元当局からの認可が必要）。これらの汚染物質の処分に関しても規制している。(AM)

Convention for the Protection of the Ozone Layer
オゾン層の保護のためのウィーン条約
1985年3月22日にウィーンで採択された多国間協定。1988年9月22日発効。締約国は地球のオゾン層を保護するため、科学的研究の実施に向けて協力が求められる。

Convention on Biological Diversity (CBD)　生物の多様性に関する条約
通称「生物多様性条約」。国連環境計画(UNEP)主導の交渉を経て、1992年6月の国連環境開発会議(UNCED)で署名が開始された。1993年12月29日発効。目的は、生物の多様性の保全、その構成要素の持続可能な利用、遺伝資源の利用から生ずる利益の公正かつ衡平な配分。(ENB)

Convention on Early Notification of a Nuclear Accident
原子力事故の早期通報に関する条約
1986年に採択、発効。国境を越えて及ぼされる放射線の影響が最小のものにとどめられるよう、各国が原子力事故についての関連情報を可能な限り早期に提供する。(VC;

UNIAEA）

Convention on Environmental Impact Assessment in a Transboundary Context (Espoo Convention)
越境環境影響評価条約（エスポー条約）

締約国は、特定の活動を行う際に計画の早期段階で環境影響評価を行う義務を負う。また、国境を越えて環境に重大な悪影響を及ぼすかもしれない、検討中の全主要プロジェクトについて、国家間で通知し相談する義務もある。フィンランドのエスポーで署名、1997年に発効。（UNT）

Convention on International Trade in Endangered Species of Wild Fauna and Flora (CITES)
絶滅のおそれのある野生動植物の種の国際取引に関する条約

通称「ワシントン条約」。乱獲に立ち向かうため、絶滅のおそれのある種の国際取引を禁止または規制する。1973年3月3日にワシントンDCで署名が開始され、1975年7月1日に発効。（CITES）

Convention on Nuclear Safety
原子力の安全に関する条約

各締約国の管轄下にある陸上に設置された民生用の原子力発電所の建設、操業、規制に対して、一定の一般的安全原則を適用することや、条約で定められた義務の履行に向けての措置について定期報告書を提出することを、締約国の法的義務とする。1994年9月に署名が開始され、1996年に発効。（VC; UNIAEA）

Convention on Supplementary Compensation for Nuclear Damage
原子力損害の補完的補償に関する条約（CSC）

1997年9月12日採択。1997年9月29日に、ウィーンにおける国際原子力機関（IAEA）の第41回総会で署名が開始された。ある国の排他的経済水域内の損害に対する補償を可能にする。たとえば、観光や漁業に関連する所得の喪失など。（VC; UNIAEA）

Convention on the Conservation of Migratory Species of Wild Animals
移動性野生動物種の保全に関する条約

通称「ボン条約」。1979年に国連環境計画（UNEP）が起草した条約およびその改正条約。国内でまたは国境を越えて移動する種の生息地を保護する。（UNEP）

Convention on the Elimination of All Forms of Discrimination Against Women (CEDAW)　女子に対するあらゆる形態の差別の撤廃に関する条約

1979年に国連総会で採択。しばしば国際的な女性の人権規定と評される。序文と30条の条文で構成。何が女子に対する差別と考えられるのかを定義し、そのような差別を撤廃する国家的行動に向けて課題を述べる。（CEDAW）

Convention on the Law of the Non-Navigational Use of International Watercourses　国際水路の非航行的利用の法に関する条約

「国際水条約」とも呼ばれる。1954年に初めて提案され、1971年に文書草案作成が開始。ようやく1997年の国連総会で採択された。利害が相反する利用の規制を導くための原則、規範、規則を定めることにより、沿岸国家間の協力を促すことが狙い。国連で交渉されてきた条約の中でも最も議論が多く、その最終的な発効期日は、依然として「予測不可能」と記載されている。（UNT）

Convention on the Physical Protection of Nuclear Material
核物質の防護に関する条約

1980年採択。国際輸送中の核物質について一定の水準の防護措置を確保し、窃取された核物質の防護、回収、返還における締約国間の協力について一般的枠組みを定める。（UNIAEA）

Convention on the Protection and Use of Transboundary Watercourses and International Lakes (Helsinki I) 越境水路及び国際湖沼の保護及び利用に関する条約（ヘルシンキ条約）

1996年発効。国境を越える地表水および地下水の保護と生態学的に健全な管理に関して、国家施策を強化することが狙い。点源および非点源汚染源からの水質汚染の防止、制御、軽減を締約国に義務づけている。また、監視、研究開発、協議、警戒・警報システム、相互支援、制度的取り決め、情報の交換と保護、情報の公開に関する条項を含む。（UNT; EU）

Convention on the Rights of the Child (CRC)　児童の権利に関する条約、子どもの権利条約

子どもたちの人権と、すべての政府が目指すべき基準を明言。1989年に発効し、国連児童基金（UNICEF）が管理する。ほぼすべての国によって批准され、歴史上、世界的に最も広く受け入れられた人権に関する法律文書。（UN）

Convertible currency　兌換通貨

自由にほかの通貨と市場為替相場で交換できるか、金と交換できる通貨。（WB）

Cooperation　協力

個体が、競合するよりも相互に助け合うことで、適応度を高めることができるという考え方。資源が、双方の生存に十分あるか、相互作用で創出されることを前提としている。（CSG）

Coordinating Group of Amazon Basin Indigenous Organizations (COICA) アマゾン流域先住民組織の調整グループ

400以上の先住民集団を調整。現在、本部はエクアドルのキトにあるが、1982年にペルーのリマで創設された。先住民が自らの権利を守り、その文化の存続のために闘い、経験を共有し、共通するさまざまな問題の解決策を見出すことが目的。（COICA）

Copenhagen Consensus Project (CCP) コペンハーゲン合意プロジェクト

デンマーク人経済学者のビョルン・ロンボルグが着想。開発分野の著名な専門家たちを集め、開発途上国に住む人々の生活の質を目に見える形で改善するようなさまざまなアイデアの中で、優先順位をつけようと試みる。利用可能な政府開発援助（ODA）、融資、投資資金は限られており、優先順位の最も高いプロジェクトに使われるべきだと議論されている。（CCP）

CORINE　環境情報調整プログラム

1985年に欧州委員会が提案。欧州連合（EU）にとって優先的な環境関連の問題について情報収集を行う。（EEA）

Corporate social responsibility 企業の社会的責任

企業が自発的に社会面および環境面での配慮を事業に組み込むという概念。企業が利害関係者と対話する方法。通常、法的要件を超えて、経済、社会、環境問題を企業の事業計画に組み入れ、事業経営に対して新しいアプローチを採用することを意味する。（EEA; WP）

Corridor　回廊

帯状に分布した植生。比較的古い森であることが多い。景観上、明確に異なる区画を結びつける役割を果たす。（EES）

Corruption　腐敗

贈収賄のような不適切か不法な手段を用いて不正を行うよう促すこと。（MW）

Corruptions Perception Index (CPI) 腐敗認識指数

トランスペアレンシー・インターナショナル®による年次調査と発表。世界のほとんどの国について、「最も腐敗度が低い」から「最も腐敗度が高い」まで、汚職の横行に関する各国の格づけを行う。（van Hulten, 2007）

Cost-benefit analysis　費用便益分析
費用と便益を比較してプロジェクトの評価を行う意思決定ツール。費用と便益は、社会的な費用と便益を含む。(DFID)

Cost-benefit approach
費用便益アプローチ
プロジェクトにおける真の費用と便益の構成要素が、市場価格に適切に反映されていない場合や、まったく取引されていない可能性がある場合に使われる分析方法。便益と費用を最終的に決めるのは、人の好みであることを前提としている。(WB)

Cost-effectiveness
費用対効果、費用―有効性
あるプロジェクトの費用（投資）と成果との関係。費用対効果が最も高いとき、費やしたお金によって生み出された目に見える便益という観点で、最も経済的である。(DFID)

Cost-efficiency　費用効率性
あるプロジェクトの費用（投資）と成果との関係。最も費用効率性が高いのは、同じ目標を達成するためのほかの手段やほかの成果と比較して、可能な限り少ない費用でその成果が得られた場合である。(DFID)

Cotonou Agreement　コトヌー協定
欧州連合（EU）と、アフリカ・カリブ海・太平洋諸国とのパートナーシップ協定。ロメ協定に代わるものとして、2000年6月にベナンのコトヌーで調印。主要目的は貧困の軽減であり、「政治的対話、開発援助、より緊密な経済貿易協力を通じて達成される」ものとする。(AD)

Council (1)　評議会 (1)
権力および権威の点で対等な構成員からなる執行または統治機関。(CONGO)

Council (2)　評議会　(2)
地球環境ファシリティ（GEF）を運営。各選出区を代表する32人で構成され、半年に一度会合を開く。プロジェクトに資金提供するために、運営方針と計画の策定、採択、評価を行う。(GEF)

Council for International and Economic Cooperation (CIFEC)
国際経済協力評議会
創設の主目的は、国際金融制度のための新たな議題を設定する組織を創出すること。なぜなら、G7にはいくつかの重要な国（中国、インド、ブラジル）が含まれておらず、G20では、40人の大臣と中央銀行総裁がテーブルを囲むことになり、規模が大きすぎて効果がないと考えられるからである。そのため、暫定的にCIFECと名づけられた新たな組織の創設が議論されている。この組織は、国際金融制度の機能と発展に戦略的方向を与え、国際経済協力に携わるさまざまな多国間機関やフォーラムに対して非公式な監視を行う。提案では、加盟国を15カ国までに抑え、各々の国の財務大臣が代表を務めることとされる。国連事務総長、国際通貨基金（IMF）専務理事、世界銀行総裁、世界貿易機関（WTO）事務局長がその会合に招かれることになると見られている。(CFR)

Council of Europe　欧州評議会
次の目的で設立された政府間組織。人権、多元的民主国家、法の支配を守ること。欧州の文化的なアイデンティティと多様性の発展について啓発し、それを促進すること。欧州社会が直面する課題の解決策を探ること。政治改革、立法改革、憲法改正を支援することにより、欧州で民主主義に基づく安定性の強化を支援すること。(EU)

Council of European Ministers
EU閣僚理事会
欧州連合（EU）において、25の全加盟国の閣僚と、欧州理事会に指名された議長からなる政治的指導機構。どの部門の閣僚が出席するかは議題により異なる。たとえば、農業問題について意思決定を行う場合は、各国政府から農業大臣が出席する。(EU)

Council on Environmental Quality (CEQ) 環境問題諮問委員会、環境評議会

1969年の国家環境政策法によって設立された米国の政府機関。環境問題に関して、国家政策の立案と勧告を行い、米国の国際協定・条約への参加について分析を行う。(EES) **'Bureau of Oceans and International Environmental and Scientific Affairs'** を参照。

Countries with economies in transition (EIT) 市場経済移行国

市場経済に移行しつつある中東欧諸国および旧ソ連の共和国。(WB)

Country 国

大半の国家で最大の地方行政区分。(MW) **'Nation' 'State' 'Territory'** を参照。

Country desk カントリー・デスク

ある1カ国あるいは複数国を担当する部局を示す米国国務省の用語。(USDOS)

Country of origin of genetic resources 遺伝資源の原産国

生息域内状況において遺伝資源を有する国。(CBD)

Country profile カントリー・プロフィール

ある国の社会経済、政治、環境、人口統計学的な全体像。作成する組織の関心事項に重点が置かれる。

Court (1) 判事

裁判で司法業務を行う1人または複数の裁判官。(MW)

Court (2) 裁判所

法律またはその適用を解釈するために招集された1人または複数の裁判官が構成する公式な機関。(MW)

Cradle to cradle certification (C2C Certified) Cradle to cradle 認証 (C2C 認証)

企業に対して、市場で自社製品を差別化する手段を提供。具体的な成果を定め、信頼性を示すもの。認証プロセスでMBDC社は、製品のライフサイクル全体にわたって人間と環境の健全性に影響を及ぼすような原料・製品の成分・配合一式、そして真のリサイクル・アップサイクル（質の向上をともなう再生）、安全なコンポスト化が行われる可能性などを評価。また、最終製品の認証では、エネルギー使用の量と質（再生可能エネルギーの割合）、水の使用量、廃水の質、製造に関する職場倫理が評価される。評価基準は、以下の5つのカテゴリーに分類される。原料、原料の再利用／環境設計、エネルギー、水、社会的責任。(MBDC) **'Sustainability assessment measures'** を参照。

Cradle to cradle, concept of ゆりかごからゆりかごへの概念

建築家ウィリアム・マクダナーと化学者マイケル・ブラウンガートが考案した、設計における規範。価値の追求、製品と材料の研究開発プロセス、教育と訓練のプロセスといった原理と理解に基づく。(MBDC)

Cradle to grave, concept of ゆりかごから墓場までの概念

ゆりかごから墓場までの評価では、ある製品のライフサイクルの各段階における影響を考慮。天然資源が採取され、その後の製造の各工程を経て加工され、輸送され、製品として使用され、最終的に廃棄されるまでを指す。(EEA)

Credentials 信任状

国が発行する文書。会議に出席するその国の代表または代表団を正式に認める。必要に応じて、条約文書の交渉および採択を目的とする場合を含む。(UNT)

C

Creditor Reporting System (CRS)
債権国報告システム
　経済協力開発機構（OECD）と世界銀行が1967年に共同で確立したデータベース。政府開発援助（ODA）、政府援助（OA）、その他OECD加盟国とブレトンウッズ機関による開発途上国および経済移行国に対する融資を報告するもの。（DFID; WB）

Creeping normalcy, concept of
忍び寄る（潜行的）常態の概念
　騒々しい変動の中に潜んでいるゆっくりとした傾向を示す政治用語。経済または環境がゆっくりと悪化している場合、毎年、平均してみると前年よりもわずかに悪化しているはずだが、そのことを認識するのは難しい。それゆえ、その人が常態と思う状況を基準に考えてしまうこと。（Diamond, 2005）**'Landscape amnesia, concept of, 'Boiled-frog syndrome'**を参照。

Crises management　危機管理
　不測の事態で、計画を立てる時間的余裕のないときに対処する管理手法。（DFID）

Critical load　臨界負荷
　生態学的閾値（いきち）、または生態系における汚染物質の蓄積に対する許容の限界を推測するもの。（EES）

Critical mass (1)　臨界質量（1）
　継続的な連鎖反応を維持するために必要な核分裂性物質の最小量。（NRDC; WM）

Critical mass (2)　臨界質量（2）
　何かが起こるために必要な最小の量または数。（MW）

Cross compliance
クロス・コンプライアンス、交差要件
　農業支援政策に環境要件を付加することを指す場合が多い。EUの会議において、「クロス・コンプライアンス」と「環境要件の付加」は同義的に使われ、農業者の農業補助金の受給資格に環境要件を付けることを示す。（EEA）

Crosscutting issues (also cross-sectoral issues)　横断的課題、分野横断的課題
　いくつかの異なる分野や利害関係者が関係する問題。テーマとしては、教育、金融・予算編成、人事管理および職員のセキュリティ、貿易、技術移転、生産・消費パターン、科学、能力構築、情報など。

Cross-subsidy　内部補助
　ひとつの営為で生み出された収益が、同じ営為のほかの部分でかかった費用を減らすために使われる補助金。（WB）

Crude birth rate　粗出生率
　年央人口当たりの1年間の出生数。

Crude death rate　粗死亡率
　人口1000人当たりの1年間の死亡者数。

Cultivar　栽培変種
　栽培されている作物の品種（遺伝的変種）。（CBS）

Cultural diversity　文化的多様性
　人間の社会構造、思考体系、状況への適応戦略が、世界の地域ごとに多様であること。（GBS）

Cumulative impacts　累積的影響
　ある地区または地域全体でさまざまな活動により生じる（正および負の、直接および間接的な、長期および短期の）影響。個別に見た場合、それぞれの影響度は大きなものではないかもしれない。影響をもたらすのは、交通量の増大や、生産の集約化や化学物質の使用などにつながる多数の農業施策の複合効果など。累積的効果は、必然的に時間軸をともなう。なぜなら、過去、現在、そして合理的に予測可能な将来の活動によってもたらされる変化が環境資源に及ぼす影響によって測定されるからである。（EEA）

Customary international law
慣習国際法

国家間の関係について、明文化はされていないが、予測される慣例の行動規則。（BLD）

Cuzco Declaration　クスコ宣言

'South American Community of Nations' を参照。

Cyclical macro-economic policies
景気依存型マクロ経済政策

好況時には支出を増やし、不況時には支出を大幅に減らすこと。収入と支出のギャップを拡大し、負債水準を引き上げやすい。（WB）**'Tailor-made economies'** を参照。

D d

D8　イスラム途上国8カ国
　イスラム圏で（イスラム人口や経済規模が）最大規模の開発途上国のグループ。参加諸国の市民生活の改善と、経済統合を促進するために設立された。バングラデシュ、エジプト、イラン、インドネシア、マレーシア、ナイジェリア、パキスタン、トルコからなる。

DAC
　'Development Assistance Committee' を参照。

Daily subsistence allowance (DSA)
日当
　職務で出張する者に与えられる宿泊費や食費に充てるための資金。(UN)

Danish International Development Agency (DANIDA)
デンマーク国際開発庁
　技術協力や対外援助を行うデンマークの主要機関。

Darwin Declaration　ダーウィン宣言
　1998年2月にオーストラリアのダーウィンで開かれた、生物分類学の障害除去に関するワークショップにおける宣言。生物多様性の保全や持続可能な利用、あるいは生物多様性による利益の衡平な配分を行うために必要な、分類学に関する十分なインフラ、教育、研究、情報へのアクセスが欠けていることを指摘した。

Darwinism　ダーウィニズム
　種の進化は自然選択により起こるとする考え。

DATA　DATA
　アフリカの債務、エイズ、貿易をテーマとするNGO。スコットランドのグレンイーグルスで開催された2005年のG8サミットでの約束を監視。このサミットでは、世界の最貧国に対する債務救済や貿易政策、エイズ治療について約束された。(UNW)

Davos Dilemma　ダボスのジレンマ
　2007年の世界経済フォーラム（ダボス会議）で盛んに議論された現代社会の特徴。歴史的に見ると、戦争や自然災害によって世界や地域が不安定な状況になると経済は停滞していたが、今日ではそのような状況下にあっても経済が発展していることを指す。

Davos moment　ダボスならではの瞬間
　スイスで開催される、世界経済フォーラム・ダボス会議に関する言葉。「ダボス会議でしか起こりえない出来事」を意味する。参加者が、予期しない形で大富豪や権力者と交流し、影響力を持つ人々が同じ時間を共有し、非常に大きな相乗効果をつくりだす瞬間に立ち会うこと。

Davos (Switzerland) Symposium
ダボス・シンポジウム
　'World Economic Forum (WEF)' を参照。

DCM　DCM
　首席公使を示す米国政府の略語。(USDOS)

DDT　DDT
　ジクロロジフェニルトリクロロエタン。人間を含む生物に非常に有毒な殺虫剤。食物連鎖に毒性が残留する生化学物質。(EEA)

***De facto*　デファクト**
事実上の。対義語は「法律上の（デジュリ）」。(BLD)

***De jure*　デジュリ**
法律上の。対義語は「事実上の（デファクト）」。(BLD)

***De lege ferenda*　デレゲフェレンダ**
あるべき法。対義語は「つくられた法」。(BLD)

Debate Europe　欧州についての議論
欧州の重要課題について、一般市民の意見を聞く仕組み。2001年に設置され2006年に強化された。EUの運営機関のひとつで議論される。市民や市民社会がこれらの議論へ確実に参加することによって、欧州の拡大と統合のプロセス全体に、新しい刺激を与えることができる。この仕組みにより、目的を明確に定義し、権力に限界を設け、掘り下げた政策をつくり、EUの手法や手段を改善することが期待できる。(EU)

Debt buy-back　債務買い戻し
債務者が、債務のすべてもしくは一部を購入すること。通常、最初の額面から割り引きされた額で購入する。(WB; AM)

Debt for nature swap
自然保護債務スワップ
債務国の未払いまたは回収不能な借金を、その国の自然保全活動のための基金に転換すること。国が、外国の投資家に対し、貸方銀行から債務の一部を取得することを認めたときに、スワップが成立する。その後、債務は、通常非営利の非政府組織（NGO）によって寄付されるか、割引価格で購入される。さらに、債務国の自国通貨による国債に変換され、貸方銀行・債務を購入したNGO・政府の間の契約条件に基づいて使われる。(EES)

Debt relief　債務救済
債務救済には、借り換え、債務の再編成、債務繰り延べ、返済や貸付金の利子の帳消しといった方法がある。借り換えとは、債務国がそれ以前の債務の返済を行えるよう、債権国が新たに融資を行うこと。債務繰り延べとは、未払い負債の償却や利子の支払いを、債務国が返済しやすいように再調整すること。(DFID)

Decentralization　分権化
権力やある機能を実行するための責任を、組織、または機関の中枢の最上層部から下層レベル、もしくは私企業に転換することを表す一般的な言葉。(UNDP)

Decentralized energy path (DE)
エネルギー供給源の分散化
電気を使用する場所で発電すること。発電所の規模、燃料や技術を問わない。

Decision　決議
行動を義務化する公式な協定。条約締約国会議や他の統治機関の作業を方向づけるような、同意された決定事項の一部となる。

Decision 21/21　決議21/21
国連環境計画（UNEP）管理理事会の決議。これにより開放型政府間閣僚級グループを設置。既存の国際環境組織の弱点について、政策を重視した包括的な評価を実施し、国際環境ガバナンスを強化するための選択肢を検討することを目指している。(UNEP)

Decision-making　意思決定
合理的あるいは非合理的な方法で物事を考察し、複数の選択肢から行動方針を選ぶ過程。

Declaration　宣言
複数国による共同声明であり、声明に参加した国に対して拘束力を持つ（強制力のある宣言）。強制力のない宣言で、拘束力のない場合もある。また、1国が条約内の特定事項についての理解を明らかにする「解釈宣言」を意味する場合もあるが、「留保」とは異なる。(UNT)

Declaration and Plan of Action of Barbados　バルバドス宣言と行動計画

1994年4月25日から5月6日にバルバドスのブリッジタウンで開催された「小島嶼開発途上国の持続可能な発展のための国連グローバル会議」の参加国による公式声明。宣言では、小島嶼開発途上国（SIDS）の持続可能な発展を達成するため、国・地域・国際レベルで特定の政策や行動、手段をとることを約束した。また、SIDSが小規模であるために、持続可能な発展を達成するうえで、経済的・環境的・社会的に特有の制約があることを確認した。さらに、SIDSの持続可能な発展に向けた行動プログラムを実施するため、政府も非政府組織も含め、地域的また国際的な団体の支援を呼びかけた。(UNEP; UN)

Decomposition (biological) 分解（生物学）

微生物が、有機化合物を単純なものに分解し、その結果エネルギーを放出すること。(SFWMD)

Deep ecology　ディープ・エコロジー

人間は大きな生態系の一部であり、この関係性を理解することは生態系の健全性と完全性を維持する基礎であるという考え。(AM)

Defensive expenditure　防御的支出

潜在的、もしくは実質的な環境の質の低下に対して、人や地域コミュニティが自らを守るために費やしたと見なされるものから算出したコスト。人々は、環境の保護や、自分や地域全体のリスクの低減ができる商品やサービスを購入する。(EEA) **'Contingent valuation'** を参照。

Definitive signature 批准を条件としない署名

署名のみでただちに締約国となるもの。批准、受諾、承認を条件にしない条約に関して、国が拘束されることに同意する方法のひとつ。(UNT)

Deforestation　森林破壊

森林地が10％以下に減少して、非森林地になること。農業や住宅、工場、道路などのための土地の確保、あるいは建材や燃料を確保するために、樹木を伐採、または焼き払って更地にすることで起こる。(IPCC; EES) **'Clear cutting'** 参照。

Delegation　代表団

他者を代表するグループ。外務省など関連省庁の高官レベルの代表団や専門家、近年増加しつつあるNGOの代表団がその一例。承認された目的のために、1人あるいはそれ以上の人々の代理として行動する権限を一個人に与えること。(UN; eD)

Demand management　需要管理

需要の水準に対応するため、最適量の資源を確実に入手できるようにすること。

Demarsch/Demarché　デマーシェ

外交的、もしくは政治的なイニシアティブや策略。外交ルートを通じて表明される請願や抗議。(MW)

Democracy deficit　民主主義の赤字

表面上は民主的である組織や機関（特に政府）が、運営時に民主主義の原理を十分に実践していないと見なされる状態のこと。(WP)

Demographic, Environmental and Security Issues Project (DESIP) 人口、環境、安全保障問題プロジェクト

環境資源の枯渇と政治紛争とのつながりの解明を目的としたプロジェクト。当初は世界の戦争や紛争地区に関する情報を収集していたが、現在は人間やその他地球上の生物に影響を与えるような人口、政治、環境問題に関する情報も集めている。(DESIP)

Department for International Development (DFID)　国際開発省

技術協力や対外援助を行う英国の主要組織。

Dependency　保護領
宗主国とは地理的に離れているが、宗主国に委託されている、もしくは所有されている土地や領土。(MW)

Depletion quotas　減耗割り当て
資源の使用量や抽出量を制限すること。(AM)

Deposit-refund system
預かり金払い戻し制度　デポジット制度
環境を汚染する可能性のある製品の価格に料金を上乗せすること。製品やその残りが返却され、汚染が回避された場合、追加料金分の全額あるいは一部が払い戻される。(EEA)

Deposition　沈着
大気中の物質が、土壌や植物、表層水、室内の物といった表層部へ移動すること。水を媒体にする沈着と、水を媒介にせず大気中から直接物質が降下する沈着がある。(EEA)

Depository　寄託機関
条約を管理する機関。締約国の約束に関する特定の機能が委託されている。たとえば、条約に関する公告や文書の受け付け、すべての公式な要件が満たされているかどうかの調査、関連する全文書の登録と保管、条約に関する全行動を締約国に報告すること、など。(UNT)

Desalination/Desalinization　脱塩
汽水や海水から塩を除去して飲用可能な水にすること。生産力を高めるために、土壌の上層から塩を除去すること。(EES; USEPA)

Desert　砂漠
国連教育科学文化機関（UNESCO）によって、乾燥地域、半乾燥地域および極乾燥地域に分類されている乾燥地。(UNESCO)

Desertification　砂漠化
特に既存の砂漠の周辺の乾燥地域や半乾燥地域で、植物の生育する土地の破壊や劣化が進展すること。(FAO; EES)

Desertification Convention
砂漠化対処条約
'United Nations Convention to Combat Desertification in Countries Experiencing Serious Drought and/or Desertification, Particularly in Africa' を参照。

***Détente*　デタント**
国家間の緊張が緩和すること。(eD)

Detritus　デトリタス
有機堆積物。植物や動物などの有機体が腐敗し粒子となったもの。(MW)

Developed country　先進国
一般的に、高度に工業化が進んだ国、通常いわゆる「北」もしくは「西」の国々を指す。以前は、経済協力開発機構（OECD）加盟国が先進国とされていた。しかし今日では、組織により定義が異なるため混乱が見られる。たとえば、OECDには、メキシコやポーランドなど、ほかの先進国に比べて貧しい国が加盟している一方で、香港、シンガポール、アラブ首長国連邦のような、欧州諸国に匹敵する国内総生産（GDP）を有する豊かな国は排除されている。『エコノミスト』誌は、次のような例を挙げ、国の分類の混乱ぶりを指摘している。「JPモルガン・チェース社や国連は、香港、シンガポール、韓国、台湾を新興経済国と位置づけている。モルガン・スタンレー・キャピタル・インターナショナル社は、韓国と台湾を新興市場指標に、香港とシンガポールを先進国市場指標に分類している。国際通貨基金（IMF）は、国際金融統計では4つの国すべてを『後進国』と位置づける一方で、世界経済見通しでは『先進経済国』に分類し、一貫性を欠いている」。(*The Economist*, 2006)

Developing country　開発途上国
低所得国および中所得国。人口の大半は、高所得国の人たちが享受している商品やサービスを利用できず、低い生活水準にある。現在、人口100万人以上の開発途上国はおよそ125カ国ある。1998年の時点で、その総人口

は50億人を超えている。この言葉は、政府開発援助を得る資格がある国を分類するために使われる。(WB)

Development　開発

地域社会、国、または組織レベルで、通例特定分野においてひとつあるいは一連の明確な目標を達成するよう、能力を拡大させる過程（社会開発、経済開発、組織開発など）。(UNDP)　対象とする人間集団の生活の質を維持・改善することを目的として、自然界や経済面の財とサービスを使用・改善・保全する活動からなる過程。(OAS, 1987)　潜在能力をすべて発揮するように人や社会が成長すること。産業国のモデルは模倣する価値があるという考えを基本前提として、南の国々の「産業化」や「近代化」を意味するために使われることも多い。(R)

Development angel investors
開発事業のエンジェル投資家

開発途上国での、あるいは開発途上国に有益なマイクロファイナンス機関やその他の開発事業に対し、立ち上げ資金を提供する裕福な個人。通常、投資の見返りとして当該企業の株式や利益を受け取る。

Development Assistance Committee (DAC)　開発援助委員会

すべての被援助国において援助の量的拡大と効率化を図るため、大半の援助国と欧州委員会が集まって協議するフォーラム。援助統計の国際的な定義や基準を設定している。(DFID)　加盟国と援助機関は以下のとおり。**'ODA (1); ODA (2)'** を参照。

- オーストラリア
  - **AusAid**　オーストラリア国際開発庁
- オーストリア
  - **BKA**　連邦首相
  - **BMA**　連邦外務省
  - **OeKB**　オーストリア管理銀行
- ベルギー
  - **DGIC**　国際協力庁
  - **MF**　財務省
- カナダ
  - **CG**　カナダ政府
  - **CIDA**　カナダ国際開発庁
  - **IDRC**　国際開発研究センター
- デンマーク
  - **DANCED**　デンマーク環境開発協力
  - **DANIDA**　デンマーク国際開発庁
  - **MFA**　外務省
- EC　欧州委員会
  - **EDF**　欧州開発基金
  - **EIB**　欧州投資銀行
- フィンランド
  - **MFA**　外務省
  - **FINNIDA**　フィンランド国際開発庁
- フランス
  - **AFD**　フランス開発庁
  - **FSP**　優先連帯基金
  - **MAE**　外務省
  - **Natexis**　フランス貿易銀行
- ドイツ
  - **BMZ**　連邦経済協力開発省
  - **FO**　外務省
  - **GTZ**　ドイツ技術協力公社
  - **KFW**　ドイツ復興金融公庫
  - **LG**　連邦州および地方政府
- アイルランド
  - **DFA**　外務省
- イタリア
  - **CA**　中央政府
  - **DGCS**　外務省開発協力総局
  - **LA**　地方政府
  - **MC**　中期信用中央金庫
  - **SACE**　貿易保険機関
- 日本
  - **JBIC**　国際協力銀行
  - **JICA**　国際協力機構
  - **MOFA**　外務省
- オランダ
  - **MFA**　外務省
- ノルウェー
  - **MFA**　外務省
  - **NORAD**　ノルウェー開発協力庁
- ポルトガル
  - **GP**　ポルトガル政府
  - **ICP**　ポルトガル協力機構
- スペイン

ECON　経済財政省
EDUC　教育科学省
ENV　環境省
ICO　金融公庫
MFA　外務省

- **スウェーデン**

SIDA　スウェーデン国際開発協力庁

- **スイス**

DDC　連邦外務省開発協力局
SECO　連邦経済省経済事務局

- **英国**

DFID　国際開発省
CDC　英連邦開発公社

- **米国**

USAID　米国国際開発庁
STATE　米国国務省
TDA　米国貿易開発庁

Development bank　開発銀行

'World Bank' を参照。

Development bank (regional)
開発銀行（地域）

地域の国の開発に必要な資金を供給する多国間機関。アフリカ開発銀行、アジア開発銀行、イスラム開発銀行、カリブ開発銀行、米州開発銀行などがある。

Development cooperation　開発協力

「海外開発」の同義語として使われることが多い。開発プロセスは相互依存によって行われ、貧困国と富裕国が協力して進めるものであることを強調した言葉。

Development opportunity spectrum
開発機会領域

「開発地から原生地までの連続体」ともいう。さまざまな社会的需要に対応するために必要な、資源管理の目的の幅の広さを表す（右上段の表を参照）。

Development round　開発ラウンド

2001年にカタールのドーハで始まった世界貿易機関（WTO）交渉。保護貿易主義を排除する必要性を強調している（主に農業交渉）。

開発機会領域

完全な保護	広範な利用	多目的利用	集約的利用	永久に変化
科学的保存地域	国立公園 流域保護区 野生生物保護区 原生地域 原始河川と景勝河川	国有林 多目的利用地域 狩猟保護区 景勝地	農地 植林地 都市公園	都市 採石場、鉱山 土壌採取地 石油採掘場 ダム－貯水池

（出所：Meganck and Saunier, 1983）

Diaspora　ディアスポラ、離散の民

人災や天災のために、強制的にあるいは誘導されて、母国の外に移住した人々。世界各地へ離散し、さらに分散が進み独自の文化が発展する。(MW; WP) **'Refugee' 'Environmental refugee'** を参照。

Diffuse pollution　拡散型汚染

広範囲で行われる活動による汚染。単一あるいは特定の汚染源が原因とは限らない。たとえば、酸性雨、殺虫剤、都市排水など。(EEA)

Digital divide　情報格差

コンピューターやインターネットにアクセスできる人とできない人との間の社会経済格差に関する社会的・政治的な問題。また、識字能力と技術スキルの差から生じる、情報や通信技術を効果的に使える能力の格差や、良質で有用なデジタル・コンテンツにアクセスできる人とそうでない人との格差も意味する。(WP)

Dioxin　ダイオキシン

化学物質の製造過程や焼却中に副生成物として発生する人工の化学物質。既存の研究や実験によると、ダイオキシンは最も強力な動物発がん性物質であり、深刻な体重減少、肝臓障害、腎臓障害、出生異常、死などの原因であることが明らかになっている。(NRDC)

Diplomacy　外交

国家間や、国と国際機関の間で交渉を行う手法と技術。交渉、調停、審理によって、意見の異なる国や機関を和解させようと試みる国際的な論争解決手段。（MW）

Diplomat (1)　外交官（1）

国を代表し熟練した交渉を行う政府職員。非公式な言葉。（MW）

Diplomat (2)　外交官（2）

国を代表する者に与えられる地位。公的な立場のときや公務を遂行する際に、不逮捕特権や刑事裁判権からの免除などが認められている。（MW）

Diplomat (3)　外交官（3）

国際機関を代表する者に与えられる地位。一般に国の外交官と同様の特権と免除を有する。（MW）

Diplomatese/Diplospeak　外交語

「国連語」と類似した考え方。特殊で必ずしも明瞭ではない外交表現を多用するため、一般人は議論されている真の意味を正確に理解することができない。たとえば、ある会議が「建設的だが率直に意見が交わされた」と報告された場合、通常、参加者の間でかなり意見が食い違ったことを意味する。

Diplomatic bag　外交行嚢（こうのう）

'Diplomatic pouch' を参照。

Diplomatic corps　外交団

ある国の最上位の外交官の集団。通常、最も長くそのポスト（階級／国）に在任した外交官が、外交団の長となる。外交団全体に影響を与える儀式的または行政的な事柄について接受国の当局者と団体交渉をするとき、団長が外交団の代表として行う場合もある。（eD）

Diplomatic immunity　外交免除

外交官とその家族が、接受国において課税や裁判権から免除されること。国際法で保障されている。取り決められた階級以上の外交官が対象で、これは国や国際機関により異なる。特権・免除の目的は、個人を利するためではなく、政府や組織のための職務を効率的かつ効果的に遂行することを保障するためである。特権と免除の大半は絶対的なものではない。法執行機関が、法を犯した外交官を追い詰めることもできる。そのような外交官は通常、本国に強制送還され、そこで接受国の申し立てた犯罪あるいは実際に外交官が犯した犯罪の種類に応じて起訴されることになる。（UN; USDOS）

Diplomatic pouch　外交行嚢（こうのう）

大使館や国際機関と本国との間で文書を運ぶ際に使われる封印された郵袋。その中身の捜査や押収は外交免除の対象となっている。（WP）

Diplomatic privilege　外交特権

'Diplomatic immunity' を参照。

Diplomatic Quartet　中東カルテット

'Middle East Quartet' を参照。

Diplomatic Rank　外交官の階級

（上位より）

- 特命全権大使
- 全権公使
- 公使
- 特別代理大使
- 臨時代理大使
- 公使参事官
- 参事官（参事官不在の場合は上級書記官）
- 海軍・陸軍・空軍武官
- 文官
- 一等書記官
- 二等書記官
- 海軍、陸軍、空軍武官補、文官補
- 三等書記官、アシスタント・アタッシェ

Direct contribution　直接的貢献

通常、プログラムやプロジェクトに対して現金で貢献することを指す。債務の救済や再編成、特定補助金、あるいは「実質的な現

金」をもたらす財政的手段も含む。(UN; WB) **'Debt relief' 'Donor conference' 'In-kind contribution'** を参照。

Direct environmental action
環境問題に関する直接行動
一般に、西洋諸国の公民権運動で使われた手法を、世界各地で環境問題に応用した行動。市民による非暴力の不服従、ゲリラ的街頭演劇、ピケ、抗議の行進、労働者のストライキ、道路封鎖、デモンストレーションなど。(McG-H) **'Monkeywrenching' 'Eco-terrorism (2)'** を参照。

Direct use value　直接利用価値
資源や資源システムを直接利用する、あるいはそれらとかかわることで生じる経済的価値。(GBA)

***Direction de Développement et de la Coopération (DDC)*　開発協力局**
技術協力や対外援助を行うスイスの主要機関。連邦外務省の部局。

Direzione Generale per la Cooperazione allo Sviluppo (DGCS)
開発協力総局
技術協力や対外援助を行うイタリアの主要機関。外務省の部局。

Directorate General for Development Cooperation (DGIS)　国際協力局
技術協力や対外援助を行うオランダの主要機関。外務省の部局。

Directorate General for International Cooperation (DGIC)　国際協力庁
技術協力や対外援助を行うベルギーの主要機関。

Disaster　災害
人命の損失、物的損傷、生計の損失などを引き起こす、時期や場所の観点から異常な出来事。(EES)

Disaster management　防災対策
災害に対する備えや対応のすべての面を網羅した総称。(PAHO)

Disaster mitigation　減災
被災の危険がある社会や地域社会において、災害時の被害の規模や期間を減少させるための長期的取り組み。人や建造物、サービス、経済活動の脆弱性を低減させる。(OAS, 1987)

Disaster prevention　防災
災害が起こる可能性を減らし、災害の影響を未然に防ぐ、あるいは低減することを目的とした取り組み。(DFID)

Discharge (or flow)　流量
ある基準点で水が移動する量。単位時間当たりの体積で表される。通常の単位は、立法フィート／秒、あるいは立法メートル／秒。(SFWMD)

Disincentives　負のインセンティブ
ディスインセンティブ。環境分野では、資源の使用や損害による費用を内部化する仕組みによって、資源の使用量削減や損害軽減を目指す経済的インセンティブが生まれることを指す。たとえば、受益者負担金、課徴金、損害や清浄化のための罰金、賠償責任、契約履行保証など。(AM)

Disinformation　偽情報
人を混乱させ、注意をそらし、あるいは事実の判断を困難にするために、故意に発信される誤った情報。(WP)

Dissolved oxygen　溶存酸素量
水の中に気体として存在する酸素 (O_2) の量。水の「健全性」や質の指標として一般的に使われる。水中の容積（ミリグラム／リットル)、もしくは飽和水における割合 (%) で表される。(EEA; USEPA)

Division for the Advancement of Women (DAW) 女性の地位向上部
国連の社会局人権部女性課として1946年に設立された。1972年に男女平等促進部に昇格したのち、1993年には政策調整・持続可能な発展局（DPCSD）の一部としてニューヨークに移転。さらに1996年に、経済社会局（DESA）内の部となって現在に至る。DAWは1995年に北京で開催された国連史上最大の第4回世界女性会議において、実質的な事務局を務めた。(CEDAW)

D-level staff Dレベル職員
国連や米州機構（OAS）組織において管理職レベルと専門職レベルの職員（および諸手当を含む給与）を分類する際の用語。D1からD2へ昇格していく。旅券として「レセ・パセ」と呼ばれる赤い通行許可証が発行される。(UNDP)

DNA デオキシリボ核酸
ほとんどの生体細胞において、その組織や機能に必要な遺伝情報を持ち、形質の遺伝を支配する分子。

Doha Ministerial Declaration
ドーハ閣僚宣言
2001年11月に開催された世界貿易機関（WTO）の第4回閣僚会議の最終文書。この会議では、WTOの加盟142カ国が、さらなる貿易の自由化や開発途上国の能力拡大を目指して、3年にわたる新たな交渉ラウンド（ドーハ開発アジェンダ）の開始を決定した。また、中国と台湾のWTO加盟を承認した。

Domestic benefits 国内便益
地球環境保全を目的とした地球環境ファシリティ（GEF）の事業によって、国内で得られるプラスの効果。そのための費用は国が負担する。(GEF)

Donor conference 援助国会議
特定の活動や目的や危機に対して援助を行う誓約を受け付け、それを正式なものにするために、関係機関（通常、国や国際機関）が開く会議。援助には、直接的なもの（現金、特定補助金）や、間接的なもの（債務救済、譲許的貸付）、または現物支給（事務所スペース、交通サービス、情報などの現金以外のもの）がある。援助の種類と程度は通常、会議に先立って、援助国の決定か関係機関の交渉によって定められている。会議では、事前に交渉された内容が正式に公表されるのみである。(UN)

Donor country 援助国
無償援助や低利融資により、資金、専門知識、設備を直接的に開発途上国に移転もしくは寄付している国。

Donor fatigue 援助疲れ
援助側が大義に対する貢献をもはや行わなくなった状態。援助国が、特定または一般的な理由で緊急の援助要請を繰り返し受けることに疲弊して起こる。

Doomsday vault
地球最後の日のための種子倉庫
現在確認されているすべての作物の標本を収容する巨大な種子銀行。北極圏内に位置するノルウェーのスバールバル諸島にある砂岩の山深くに建てられている。地球規模の大異変から作物の多様性を守ることが目的。(UNW) **'Frozen Ark' 'Genome projects' 'Global crop diversity trust' 'Germ plasm'** を参照。

Double majority 二重多数決
賛成国数および賛成国の拠出額の双方が過半数を超える場合に可決されるという多数決の方法。(Gupta, 2002) **'Qualified "double" majority voting'** を参照。

Double weighted majority system
二重加重多数決方式
正式な投票手続きで用いられている制度。賛成者数および賛成者の拠出額の双方が60%を超える場合に可決される。(GEF)

Downstream activity/investments/products　下流活動／下流投資／川下製品

主な目的の投資に引き続いて行われる活動や投資。たとえば、石油生産を主目的として投資を行う場合、掘削工程での淡水生産への投資は「下流」の投資や製品と見なされる。また、水の生産が投資の主目的であり、処理施設や配水施設への投資は「下流」投資となるケースもある。何が主目的で何が下流活動かの判断は、事業目的により、またひとつの事業プロセスが進んで必然的に次のプロセスに移るにつれて、異なってくる。

Draft agenda　議題案

提案されたが、まだ正式に会議で承認されていない作業プログラム。

Draft annotated agenda　注釈付きの議題案

'Annotated agenda' を参照。

Drafting group (or committee)　起草グループ（委員会）

交渉を進め、文章を準備するために、議長や委員長によって設立されたグループ。通常、傍聴は受け付けない。

Drainage basin　排水域

地表を流れるすべての水がひとつの流出水路に流れ込む地域（北米における流域）。

Driving Forces, Pressures, States, Impacts and Responses (DPSIR)　推進力・圧力・状況・影響・対策

社会と環境との間の相互作用を示すEUの枠組み。(EEA)

Drought　干ばつ

長期間にわたり、降雨や流水が不足すること。干ばつと判断するための水不足の基準は設定されていない。世界共通の干ばつの定量的な定義はなく、調査員がそれぞれ定義づけを行うのが一般的である。(USGS)

Drought derivative　干ばつデリバティブ

'Aid insurance' を参照。

DSA　日当

'Daily subsistence allowance' を参照。

Dublin Principles/Statement　ダブリン原則／声明

水と持続可能な発展に関するダブリン声明。1992年1月にアイルランドのダブリンで開催された「水と環境に関する国際会議」において採択された。同会議の参加者は、100を超える国々と80の国際政府機関およびNGOから、計500人以上にのぼった。声明に明示された次の4つの原則は、その後のほとんどの水会議において基礎をなしている。(i) 淡水は有限で脆弱な資源であり、生命、開発、環境を持続させるのに不可欠である。(ii) 水開発と管理は、あらゆるレベルの利用者、計画立案者、政策決定者を含む、参加型アプローチを基本とするべきである。(iii) 女性は水の供給、管理、保全において中心的な役割を果たす。(iv) 水はあらゆる競合的用途において経済的価値があり、経済財として認識されるべきである。

Duty Officer　当直官

大使館の業務時間外に業務にあたる者。

Duty Station　勤務地

'Post, Posting' を参照。

Duty to interfere　介入の義務

超国家的権限の要請を受けた場合、すべての国はそれを支援する義務を負うこと。明らかに、この考えは人道介入の本来の概念に最も近い。国連加盟国の中には、この概念は自国の権限を侵害するものであるとして、激しく拒否している国もある。(WP) **'Humanitarian intervention'** **'Right to interfere'** を参照。

Dynamics　ダイナミクス

時間が推移する中でのシステムの挙動。時

間とともに変化していくことが、複雑性の本質である。静的システムは、進化する連続体の中の断片にすぎないが、それ自体興味深い場合もある。(CSG)

Dysergy　負の相乗効果
'Negative sum' を参照。

E e

E3　E3
'EU3' 'EU3+' を参照。

E6　E6
'EU6' を参照。

E9　E9
世界人口の50%以上を占める人口大国9カ国（バングラデシュ、ブラジル、中国、エジプト、インド、インドネシア、メキシコ、ナイジェリア、パキスタン）。国連教育科学文化機関（UNESCO）の「万人のための教育（EFA）」イニシアティブおよび「国連持続可能な発展のための教育の10年」について議論するために、文部大臣が定期的に会合を開催。(UN)

E-waste　電子廃棄物
処分もしくはリサイクルされたコンピューターやその他電子機器・機材。

Earmark(ed)　使途指定（金）
既定の支出項目に充てることが事前に確約された税やほかの公的資金。通常一般会計を通じて支出されるが、特定の基金を通じて直接支出される場合もある。(MW)

Earth Charter　地球憲章
1987年の国連「環境と開発に関する世界委員会（ブルントラント委員会）」の呼びかけを受けた持続可能な発展のための基本原則をまとめた文書を作成する取り組み。1994年にオランダ政府のあと押しを受けて地球評議会と国際緑十字が、提唱した。この事業を監督する地球憲章委員会が1997年に結成され、地球憲章事務局がコスタリカの地球評議会に設置された。(EC)

Earth Council, The　地球評議会
国際NGO。地球サミットでの合意事項の実施を促進し、前進させるため、1992年9月に設立。世界各国の政治、企業、科学、非政府組織等18の会員が中心となって組織する。(EC)

Earth Day　アースデイ
4月22日。米国で1970年に第1回を実施して以来、毎年開催している。ほかの多くの国々もその日を環境保護運動を進める日として採用。アースデイの中核を成す「ティーチイン（討論集会）」の概念は、知識を深めるとともに、急成長中の環境運動の背後にある大義に直接の支援を促している。(WP)
'World Environment Day' 'World Water Day' 'International Day for Biological Diversity' を参照。

Earth Negotiations Bulletin
地球交渉速報
国際持続可能な発展研究所（IISD）が発行。環境と開発の交渉についての報告。(IISD)

Earth Portal　地球ポータル
タイムリーで客観的、かつ科学に基づいた情報を提供する包括的なポータルサイト。世界の科学界が協力し、大幅に拡張可能な専門家主導かつ無料の情報源を初めて創設。環境問題が人間の営みに果たす役割について、市民社会が公開討論に参加することも促す。商業広告は掲載せず、世界中の多数の人々が利用できる。次の3つの要素で構成される。
• 2000以上の項目を解説する「地球百科事

典」。46カ国700人の学者が執筆と見直しに携わる。<http://eoearth.org>
- 学者による解説を掲載するとともに、一般市民との議論の場を提供する「地球フォーラム」。
- 多くの情報源を基に環境に関する新しい話題を示す「地球ニュース」。(EPortal)

Earth Summit　地球サミット
1992年にリオデジャネイロで開催された国連環境開発会議（UNCED）の一般名称。「リオ宣言」「アジェンダ21」「気候変動枠組条約」「生物多様性条約」「森林に関する原則声明」の5つの主要な文書が生まれた。

Earth Summit +5　リオ＋5
'UNGASS' を参照。

Earth system　地球システム
岩石圏（土地）、大気圏（大気）、水圏（水と氷）、生物圏（生命）などが相互に作用し合うひとつの統合システムとして、地球をとらえること。(NASA)

EC-Ecolabel® (ECE)　ECエコラベル
同じようなほかの商品よりも環境への害が少ない製品を識別するため、1992年に設置された制度。認証対象は、フロンガス（CFC）を含まない製品、リサイクルできる製品、欧州共同体（EC）の基準に照らしてエネルギー効率が高い製品など。原料からの抽出から製造、流通、使用、廃棄まで、製品のライフサイクル全般を考慮。**'Sustainability assessment measures' 'Cradle to cradle certification'** を参照。

Eco-centrism　環境中心主義
'Biocentrism' を参照。

Eco-certification　エコ認証
製造者が、自然資源管理の基準をはじめ環境基準に適合していることを示す認証を、独立機関から受けるプロセス。自発的な活動であり、環境にやさしいイメージを与えたい企業が自由にこのプロセスに参加する。消費者にとってエコ認証が目に見えて認識できるのは最終製品に付いた「エコラベル」であり、それによって管理の質が保証されていることがわかる。

Eco-development　環境開発
エコデベロップメント。経済学者ジェフリー・サックスが1976年に発表。基本的ニーズと環境戦略を結びつけた概念。1972年にストックホルムで開催された国連人間環境会議から多くの着想を得ている。農村の貧困者を対象とし、環境面で保守主義の立場をとる。

Eco-efficiency　環境効率
人間のニーズを満たし生活の質を改善する商品やサービスを、競争力のある価格で提供しながら、生態系への影響や資源利用量を徐々に低減すること。(WBCSD, nd)

Eco-fund '92　環境基金 '92
国連環境開発会議（UNCED）の準備を支える非政府組織の活動に対して、民間資金を動員して資金を提供する独立した非営利組織（NPO）。

Eco-hydrology　環境水文学
集水域レベルで水文学的プロセスと生物力学との関係を説明する学問。(UNESCO)

Eco-Management and Audit Scheme (EMAS)　環境管理監査制度
EU加盟国において環境管理のロゴ表示制度を実施し監視する枠組みとして、EU指令に基づき策定。(DFID)

Eco-regions　生態地域
'Ecological regions' を参照。

Eco-terrorism (1)　エコテロリズム (1)
自然を守るという名目で、物的損害、公共物破壊、人身傷害などを生むあらゆる犯罪。(USDOS)

Eco-terrorism (2)　エコテロリズム（2）

自然の多様性や原生自然の破壊に対する抵抗。「モンキーレンチング（破壊活動）」。標的は、人間やその他の生命体ではなく、その支持者が容認できないほど公有・私有の自然資源を「破壊」、もしくは影響を与えるのに使われるような機械、工具、地所（公有、私有を含む）。(GP) **'Monkeywrenching'** を参照。

Ecological corridor　生態的回廊

'Biological corridor' を参照。

Ecological debt (day, month, year)
生態学的な債務超過（日、月、年）

市、地域、国または世界が、その日（月、年）までに環境の持つ資力を使い果たし、残りの期間は資力の範囲を超えて生活していることを示す理論的な概念。地球が（同じ時間軸において）元に戻せる能力を超えて、資源の消費をした時点。その年のある魚種の漁獲高など、特定の指標によってその時点を決定できる場合もあるが、ある政治単位が「生態学的負債」を抱えたタイミングを特定するために測定すべき指標群については、科学者の間で合意に至っていない。(ENN) ***'Gaia* "revenge" hypothesis'** を参照。

Ecological economics
エコロジー経済学、生態経済学

生態学的な原則を考慮に入れ、市場では取引きされない製品やサービスの経済価値を研究する経済学の一分野。(BCHM; AM)

Ecological energetics
生態エネルギー学

'Bioenergetics' を参照。

Ecological envelope　生態学的範囲

特定の期間内に許容できる信頼範囲内で基準や法定の制限を満たすことが科学研究で示された、ひとつあるいは複数の標的に収まる範囲。(EES)

Ecological footprint
エコロジカル・フットプリント

ある人間集団が、一般的な技術を用いて消費する資源を生産し、排出する廃棄物を吸収するのに必要とする、生物生産力のある陸地および水域の面積。(EOE) **'Environmental footprint (individual)' 'Environmental footprint (industry)'** を参照。

Ecological regions　生態地域

気候、地理、地形、土壌、潜在的自然植生、主たる土地利用に一体性がある土地。規模は、数ヘクタールから数千平方キロに至るまで多岐にわたる。(EES)

Ecology　生態学、エコロジー

生命体とその過去、現在、将来の環境との関係を扱う科学的分野。(ESA)

Economic development　経済発展

1人当たりの所得の増加、貧困の軽減、個人の経済・教育機会の拡大、健康と栄養の増進、資源の保全、環境の改善を通じて、人間の生活の質が改善するプロセス。(DFID)

Economic efficiency　経済効率

ある経済において、全体として社会に正味利益を生むような資源の分配。費用便益比で測定。(MW)

Economic growth　経済成長

一国の総生産量が増加すること。その国における実質ベースの国民総生産（GNP）もしくは国内総生産（GDP）の年間成長率により測定可能。(DFID)

Economic threshold　経済的許容限界

投資から得られる純便益を純費用が超える点。またはその逆の点。(MW)

Economic valuation　経済的評価

環境要因や環境問題に経済的な価値を与える手法。なかなか考慮されない環境の対価を重要視するうえで役立つ。

Economies in transition
市場経済移行国

'Countries with economies in transition' を参照。

Economy of scale
規模の経済、スケールメリット

事業規模が大きくなるにつれて生産の限界費用が減少すること。**'Economic efficiency'** を参照。

Ecosystem　生態系

植物、動物および微生物の群集とこれらを取り巻く非生物的な環境とが相互に作用してひとつの機能的な単位をなす動的な複合体。生態系の境界は定まったものではなく、その範囲は検討する科学、管理、政策の観点から決まる。

Ecosystem approach　エコシステム・アプローチ、生態系アプローチ

生物多様性条約において、「エコシステム・アプローチ」とは、生態系の構成要素やプロセスの保全と持続可能な利用を促進する、土地資源、水資源、生物資源の統合管理のための戦略を指す。文化的な多様性を持った人間も、生態系に必要な構成要素として位置づけられる。(CBD)

Ecosystem goods and services
生態系の財とサービス

リチャード・ソーニアが1982年に初めて包括的な一覧を発表。ここで生態系の財の定義は、時間と空間により特定可能な任意の人々が関心のある生態系の形態・機能の特性であり、一般には従来の「自然資源」と同等とされた。生態系のサービスは、人間のニーズを満たす財・サービスを提供する自然のプロセスであり（de Groot, 1992)、生態系のプロセスと機能から得られる（Saunier, 1982)。メガンクとソーニアは、多くの生態系の自然の特性は、安全、健康、有形財、財産、自然の財・サービスの提供を危険にさらす原因になる一方で、重要な好ましい機能も果たすと指摘する。たとえばハリケーンは、熱帯地域で蓄積された太陽エネルギーのはけ口になるとともに、マングローブや沿岸の河口を活性化させるのに役立ち、種やほかの遺伝物質が特に島々へ広がるうえで重要な役割を果たす。干ばつや風は、自然淘汰を引き起こし、生物種の生命力を維持するのに役立つ（Saunier, 1982; Meganck and Saunier, 1983)。生態系のサービスの総価値を経済学者が推計したところ、世界全体の生産量の約2倍に当たる年間33兆ドルであった（Constanza et al., 1997; 1997)。生態系の財・サービスの価値を分類して計算する研究の大半は、陸地のシステムを対象とする。たとえば気候調整、栄養循環、廃棄物処理、生物多様性管理、遺伝物質の供給など、海洋生態系の財・サービスの真の価値をとらえる研究はまだほとんどない。もしこれらの価値についてもきちんと調査が行われれば、地球全体の生態系の財・サービスの総価値は、これまでの推計の2倍に容易に達するだろう。(PLA) **'Development'** を参照。

Ecosystem health　生態系の健全性

第1部「論考」41-42ページを参照。

Ecosystem management　生態系管理

資源管理の概念。人間の活動は、定義された生態系における短期的・長期的な相互作用の中でとらえられる。

Ecosystem restoration　生態系復元

第1部「論考」42ページを参照。

Ecosystem services　生態系サービス

既知のものも未知のものも含め、生態系の構造や機能が居住者に価値をもたらすとき、それは生態系のサービスと判断される。たとえば、光合成は自然の生態系プロセスであり、食物や繊維を供給する。また、湿地は満潮時の貯水機能によって洪水制御サービスを提供する。生態系サービスには経済的・社会的・文化的価値が備わっている可能性があるため、現在の人間活動にとって重要である。また、科学的な価値が備わっている可能性があるので、将来の発展のためにも重要である。さらに、生態系の機能を調整する作用を有する可能性があるので、ほかの財やサービスの流れを維持するうえで重要である。各種文献において「自然のサービス」「自然が提供するサービス」「自然のまたは体系的な機能」などさまざまに表現されている。(OAS, 1987)

Ecotax　エコ税
環境に良い影響を与える可能性がある税を表す総称。たとえば、エネルギー税、輸送税、自然資源に影響を及ぼすまたは汚染する「権利」に対する課税など。「環境税」とも呼ばれる。

Ecotone　移行帯
2つの近接した生態系の間の境界地域もしくは緩衝地帯。草原と森林の間のサバンナ地帯など。(EES)

Ecotourism　エコツーリズム
固有の自然または歴史的特徴を持つ場所や地域を訪ねる旅行や旅行サービス。

Ecotoxicology　環境毒物学
環境中で発生する毒物や有毒物質とその影響を扱う科学。(EEA)

Edge of chaos (EOC)　カオスの縁
カオスと均衡との間にある点で、進化が最もよく起こるところ。動的なシステムが自己組織化し、地球全体で静的状態（変化のない状態）と無秩序な（乱雑な）状態の間のほぼ中間状態に向かう傾向。(CSG)

EDUN project　EDUN、イードゥン
2005年春にU2のボーカルであるボノとその妻アリ・ヒューソンが、ニューヨークの服飾デザイナーであるローガン・グレゴリーとともに興した、社会的意識の高いアパレル会社。使命は、世界の開発途上国、特にアフリカに重点を置いて、貿易を拡大するとともに持続可能な雇用を創出し、ほかでも真似できるようなビジネスモデルを提供すること。

Effective cash　実質的な現金
'Direct contribution' を参照。

Efficiency　効率性
最低限の費用で目的を達成すること。(MW)

Effluent　廃水
水処理施設から排出された処理済みの廃水。

EIONET
欧州環境情報・観測ネットワーク
欧州環境庁とその加盟国が協力するためのネットワーク。EUと加盟国における各国の中心組織、欧州トピックセンター、各国の資料センターをつなぐ。これらの機関が共同で情報提供を行うことで、欧州における環境分野の意思決定のベースにするとともに、効果的なEUの政策を生む。機関をつなぐネットワークおよび電子ネットワーク（e-Eionet）の両方を指す。(EEA)

Elders, the club of　エルダーズ
ネルソン・マンデラ元南アフリカ共和国大統領が2007年に呼びかけ、コフィー・アナン前国連事務総長、ジミー・カーター元米国大統領、デズモンド・ツツ大司教、メアリー・ロビンソン元アイルランド大統領らが参加するグループ。「不安があれば勇気を支援し、紛争があれば協定が結ばれるよう促し、絶望があれば希望を吹き込むために努力する」ことが目的。(UNW)

Electorate　有権者
投票権のある人々。(MW)

***El Niño*　エルニーニョ現象**
不規則だが、一般には3～5年ごとに生じる気象現象。最初、クリスマスの時期に太平洋赤道域東部の海面でこの現象が見られたために、この名がつけられた。原因としては、太平洋上を吹く熱帯風の方向が季節的に変化することと、異常に海面水温が上昇することがある。この現象が最も顕著に見られるのは太平洋地域であるが、この変化によって熱帯全域、さらに高緯度地域においても気象パターンが影響を受けることがある。

Embassy　大使館
大使の公邸および／または事務所。より正式には「大使館事務所」や「大使公邸」と呼ばれる。(MW)

Emerald Network
エメラルドネットワーク
特別保全対象地域（ASCI）のネットワーク。中東欧諸国とEU加盟国を含め、ベルン条約の締約国とオブザーバー国の領域内に設立されている。(EEA)

Emergence　エマージェンス、創発
システムの構成部分からはわからないシステムの特性。より単純な構成要素のレベルに下げることはできない高次の現象。新しい概念の導入を必要とする。(CSG)

Emerging countries/economies
新興国／新興経済国
成長率や経済予測、消費パターン、開発指標に基づく非公式な名称。ブラジル、チリ、中国、インド、メキシコ、ベネズエラなど、先進国と開発途上国の中間にある特定の国々を類別。来る10年のうちに経済発展的閾値に達し、先進国か援助国とみなされるようになる可能性が高い。(UNW)　**'Transition countries'** を参照。

Emission permit　排出許可
政府が個々の企業に対して、ある物質を特定量排出する権利を与えること。この権利は譲渡不可能かつ取引不可能。(EM)

Emissions　排出
ある特定の地域、期間中に温室効果ガスおよび／またはその前駆物質が大気中に排出されること。(UNFCCC)

Emission cap　排出量上限
企業もしくは国が法的に排出可能な温室効果ガスの量。法律もしくは交渉によって設けられた限度。(NRDC)

Emission standards　排出基準
単一の汚染源が特定の汚染物質を合法的に大気中に排出できる最大量。一定期間中の量か濃度で示される。

Emission trading　排出量取引
企業に費用効率の高い解決策を柔軟に選択させたうえで、規定の環境目標を達成しようとする規制的手法。企業は次の3つの方法で、設定された排出目標を達成することができる。(a) 個別の排出単位からの排出量削減、(b) 施設内の別の場所からの排出量削減、(c) 他の施設からの排出量削減の確保。排出量取引により、コンプライアンス担当および財務担当の責任者は、費用効率の高い排出削減戦略を追求することになる。また、しばしば排出削減の安価な手段を排出企業が開発するきっかけにもなる。(CF)

Empowerment
エンパワーメント、権限委譲
人々の能力と選択肢の拡大。飢餓や困窮、貧困から解放されて選択を行使する能力。自らの生活に影響を及ぼす意思決定に参加または承認する機会。(UNEP)　選択と行動の自由の拡大。一般に、便益を受ける人々の手に、意思決定の責任や行動するための資源を委ねるか移行させる参加型プロセス。次のようなものが含まれる。(i) 利害関係機関の能力向上。(ii) 利害関係機関の法的地位の強化。(iii) 資金の管理、労働者の雇用・解雇、業務の監視、物資調達の権限を利害関係者に付与。(iv) プロジェクト完了を納得のうえで認定し、モニタリングと評価の指標を策定する権限を利害関係者に付与。(v) 利害関係者による新たな自発的な取り組みへの支援。(WB)

Enabling activities
条約対応能力構築活動
地球環境ファシリティ（GEF）による資金提供の決定材料となる、プロジェクト前段階の活動。温室効果ガス目録作成、情報収集、政策分析、戦略や行動計画の策定など。(WB)

Enabling environment
潜在力を発揮させる環境

ある活動やシステムの持つ潜在力を引き出す周辺条件。持続可能な人間開発の前提条件に関する政策文書。たとえば、支援する法規制、十分な資源と技能、持続可能な人間開発を考えるうえで国家・民間部門・市民社会が異なる役割を担うことへの幅広い理解と受容、共通の目的と信頼が存在することなど。(UNDP)

Encyclopedia of Environmental Science
環境科学百科事典

1999年発刊の参考図書。多くの関連分野にまたがり、人類の環境に関して多種多様な信頼できる学術的説明を掲載。気圏、水圏、生物圏、地球圏の情報を提供し、これらの領域と地球全体の間のつながりにていねいに焦点を当てる。(EES)

Encyclopedia of Life　生物百科事典

地球上で知られている180万の生物種について、知られていることのすべてをウェブ上で編纂するという2007年に始まった取り組み。誰もがアクセス、参加できる<http://www.eol.org/>。今後、生物種の説明や写真、地図、映像、音声、一般の人の目撃談を掲載し、さらに全ゲノムと科学系学術雑誌へのリンクを張る。プロジェクト完了までに約10年はかかるであろう。(UNW)

End-of-pipe solutions
エンド・オブ・パイプ対策

汚染物質の生成後にその排出量を減らす技術。たとえば、煙突に設置された大気汚染物質除去装置、自動車の排気管に取り付けられた触媒コンバータなど。(EEA)

Endangered (species)　絶滅危惧種

国際自然保護連合（IUCN）のレッドリストカテゴリーのひとつ。絶滅の危機にある動植物の分類群。原因となる要因がこのまま放置されれば、存続できる可能性は低い。個体数が危機的な水準まで減少しているものや、生息地が劇的に減少したために絶滅の危機が差し迫っていると見られるものが含まれる。2006年にIUCNは、絶滅の危機にある種数が1万6000種に達したと推定。地球上の両生類の3分の1、世界の針葉樹の25%、哺乳類も同じく25%、そして鳥類の約8分の1がこれに含まれる。(ICUN)

Endemic　固有の

特定の地域か地方に限定されていること。(GBS)

Energy efficiency　エネルギー効率

自動車や住宅、事務所、産業活動などで同じ動力を得るのに必要な電力や石油の量を減らす技術や手段。(NRDC)

Energy footprint
エネルギー・フットプリント

製造業におけるエネルギーの供給、需要、損失の流れを示したもの。各フットプリントは、次の3点を示す。(1) どのようなエネルギーが公営企業から購入され（電力、化石燃料）、現場で生成され、地域の公営企業の送電線に送られたのか。(2) 中央のボイラーから電動機に至るまで、典型的な工場内のどこでどのようにエネルギーが使われたか。(3) 工場の敷地内外のどこで、非効率な利用法のためにエネルギーが失われたか。エネルギーの損失についてわかれば、最適なエネルギー管理法の実施や、エネルギーシステムの改善、新しい技術の導入を行って、即座に効率性が改善されてエネルギー消費量を減らす機会が生まれる。フットプリントは、各産業における平均的なエネルギーの利用状況を示そうとしている。ある工場の実際のエネルギー利用状況は、業界平均とは異なるであろう。(EPortal)

Energy Future 25x25　25 × 25

農業、エネルギー、環境、ビジネス、労働分野のリーダーが集まり、400団体が連携する2007年からの取り組み。米国で再生可能資源から得るエネルギーを2025年までに25%にすることが目標。行動計画には35の具体的提言が記されている。必要な費用は

2006年に米国が輸入した石油価格のわずか5%にすぎないものの、新規雇用と経済活動の劇的な増大と、石油消費量と温室効果ガス排出量の大幅削減につながる。行動計画は<www.25x25.org>で見ることができる。(UNF)

Enhanced Structural Adjustment Facility (ESAF)
拡大構造調整ファシリティ
国際収支の赤字が長く続いている国に対して、中期的な援助を行う機関。

Enrolled bill　登録法案
米国の用語で、大統領の署名を得るべく送付された最終的な、承認を受けた法案。下院と上院の法案が完全に合致していることを意味する。(NRDC)

***Entente*　アンタント、協約**
国家間でよく理解が得られていることを意味する。口頭もしくは書面で合意がなされるが、概念としては条約よりも拘束力が弱いとされる。(eD)

Entry into force　発効
多国間条約が発効する条件としては、一定数の国家が協定、協約、条約について同意を示し、および/または批准すること、一定の期間が経過したこと、あるいは一定比率の国々が定められた範疇に該当すること、がある。これらの条件が満たされたとき、必要となる承諾を行った国家間で条約が発効する。(VC)

Environment　環境
第1部「論考」36-39ページを参照。

Environment (human)　環境(人間)
ある特定の場所や瞬間に存在する自然、社会、文化的な価値の概略。人間の物的・心理的生活に影響を与える。(PL)

Environment Fund　環境基金
国連環境計画(UNEP)が設けた自発的な基金。UNEP管理理事会の指導の下、環境プログラムに追加的な資金提供を行うことが目的。(UNEP)

Environmental assessment
環境アセスメント
「環境影響評価」「環境評価」「環境分析」といった言葉とほぼ同義。計画の初期段階で、特定の環境問題への配慮が確実になされるように公式に策定された手順。

Environmental auditing　環境監査
既存の開発事業、政策、プロジェクトの影響を評価するプロセス。これに対して環境アセスメントは、新規もしくは大幅に修正された開発事業に適用されるもの。

Environmental awards　環境賞
世界中で文字どおり何百もの地方、国、地域、国際組織によって環境に関する顕彰が行われている。最も有名な賞をいくつか記す。

- **Anti-corruption prize for African leaders　モ・イブラヒム賞(腐敗防止に取り組んだアフリカの指導者に贈る賞)：** 通信業界の実業家でスーダン出身のモ・イブラヒム氏が2006年に創設した賞。毎年、腐敗のない最も良好なガバナンスを実現したアフリカの指導者に500万米ドルが贈られる。イブラヒム氏によれば、現在のアフリカの指導者たちは任期末期に近づくと、相対的貧困、任期延長、腐敗のいずれかの状況に陥っており、彼らに第四の選択肢を考慮させるために、同賞が必要だという。2007年の第1回目の受賞者は、モザンビークのジョアキン・アルベルト・シサノ前大統領。(AU) **'Autocrat'** **'Kleptocracy'** **'Plutocracy'** を参照。
- **Asahi Blue Planet Prize　旭硝子財団ブループラネット賞：** 1992年に旭硝子財団が設立した賞。地球環境問題の解決に向けて、著しい貢献をした個人または組織に贈られる。この名称には、青い地球(ブループラネット)が未来にわたって人類の共有財産として存在し続けるように、との願いが込められている。次の対象分野がある。

E

(1) 地球温暖化、酸性雨、オゾン層の破壊、熱帯林の減少、生態系破壊や種の絶滅、砂漠化の進行、水質汚染、環境面での災害などの環境問題全般。(2) エネルギー・食糧・人口問題、水、環境倫理・政策、環境の変化によって引き起こされる疾病、廃棄物処理・リサイクリングなど、環境保護と関連する諸問題。毎年2件に賞状、トロフィー、副賞賞金5000万円が贈られる。

- **Four Freedoms Award　4つの自由賞：** 1941年1月6日、フランクリン・ルーズベルト米大統領は同国議会に向けた演説の中で、言論と表現の自由、信教の自由、欠乏からの自由、恐怖からの自由という人類に不可欠な4つの自由を宣言した。その後、オランダにあるルーズベルト研究所が、これらの理念の実現に貢献した人々を対象に「4つの自由メダル」を贈るようになった。1945年以来、受賞者は、ハリー・S・トルーマン、ジョン・F・ケネディ、ジョン・ケネス・ガルブレイス、J・ウィリアム・フルブライト、エリ・ウィーゼル、ジミー・カーター、ネルソン・マンデラ、コフィー・アナンなど。
- **King Hassan II Great World Water Prize　モロッコ国王ハッサン2世世界水大賞：** モロッコ国王ハッサン2世を記念し、モロッコ王国と世界水会議が共同で設立した国際的な賞。この賞は水資源の開発や利用を協力して行い、適切な管理を行った個人や組織を表彰。3年ごとに世界水フォーラムの開会式で表彰を行い、10万ドルの賞金とともに記念トロフィーと賞状が授与される。
- **Kyoto World Water Grand Prize　京都市・国際ソロプチミスト京都世界水大賞：** 2003年3月に京都で開催された第3回世界水フォーラムで創設を決定。国際ソロプチミスト京都と京都市、そして世界水会議によるもの。安全な飲料水の維持や水汚染の防止など、地域社会や地域レベルの重大な水需要の問題に、草の根活動で取り組む個人や組織を表彰する。3年ごとに表彰を行い、500万円が授与される。
- **Man-Made River International Prize for Water Resource in Arid and Semi-Arid Areas　乾燥地域における水資源のための国際水賞：** 乾燥・半乾燥地域の水資源の評価、開発、管理、利用の分野で優れた活動を行った個人や団体、研究機関に贈られる賞。大リビア・アラブ社会主義人民ジャマーヒリーヤ国が後援している。表彰は隔年で、受賞者には国連教育科学文化機関（UNESCO）事務局長から賞状とメダル、2万米ドル相当の賞金が贈られる。(UNESCO -WP)
- **Novel Peace Prize　ノーベル平和賞：** 環境の賞ではないが、ノーベル賞選考委員会は2004年、ケニアのワンガリ・マータイ博士による「持続可能な発展と民主主義、平和」への貢献を認め、初めてノーベル平和賞を環境活動家に贈った。2007年には、アル・ゴア元米副大統領と国連の気候変動に関する政府間パネル（IPCC）が、地球温暖化に対して世界の人々の関心を高めた活動により受賞しており、環境問題と世界平和に関連性があることが明らかになった。さらに注目すべきことに、ほかの分野（物理、化学、医学、生理学、文学、経済学）においても、環境の改善・管理と明確に関係する業績が認められたために受賞した人がいる。各賞とも、メダル、賞状、賞金（2006年は1000万クローネ、約130万ドル）が授与される。ノーベル賞は1901年から毎年授賞を行っており、世界で最初の、そして最も重要な賞として認識されている。
- **Prince Sultan Din Abdulaziz International Prize for Water　スルタン・ビン・アブドゥルアジーズ皇太子水賞：** サウジアラビア王国が地球規模の水問題に大きく貢献する国際的な科学賞。世界の革新的な学者や科学者、水資源分野の組織が行った特別な業績を顕彰することが目的。創造性、地表水、地下水、代替的（非在来型）水資源、水資源の管理と保護という5つの分野に着目する。賞金（100万サウジ・リアル、約26万6000ドル）とともに、金メダル、トロフィー、賞状が授与される。

- **Stockholm Water Prize　ストックホルム水大賞：** 援助、啓発、教育、技術、管理、科学の分野において、水に関連した優れた活動を行う個人や組織、機関を毎年表彰する世界的な賞。スウェーデン企業ならびに国際企業がストックホルム市と協力して創設。1991 年に第 1 回の賞が贈られた。賞金 15 万ドルとクリスタルの彫刻が授与される。
- **UNEP Global 500 Environmental Award　UNEP グローバル 500 賞：** 国連環境計画（UNEP）が、自然資源の保護とより良い管理に貢献した不特定数の個人と組織に対して、毎年授与。
- **UN Sasakawa Environment Prize　UNEP 笹川環境賞：** 世界で最も高名な環境賞のひとつ。1972 年にストックホルムで開催された国連人間環境会議で提言された国際的な環境賞。当時は「パーレビ賞」として、1976 年に初めて顕彰が行われた。1982 年に UNEP 管理理事会は日本船舶振興会から、この賞の永続的な基金として 100 万ドルの寄付を受けた。それ以降、顕彰は UNEP が担当している。現在は「UNEP 笹川環境賞」と呼ばれ、毎年先進的な環境保全活動家に授与される。「環境の保護および向上のために著しい貢献のあった個人または団体」を顕彰し、環境に関連するあらゆる分野において偉業達成を促す。毎年 2 件に対して 20 万ドルが授与される。
- **Virgin Earth Challenge　ヴァージン・アース・チャレンジ：** 大気中の二酸化炭素の削減技術を開発した科学者や団体に贈られる賞。英国の起業家でヴァージン・グループ会長のリチャード・ブランソンが創設し、賞金は 2500 万ドル。条件は、少なくとも 10 年にわたり悪影響を及ぼさずに大気中の二酸化炭素を年間 10 億トン以上削減することと、経済的で商業的に実現可能な技術であることが条件となっている。(UNW)
- **Volvo Environment Prize　ボルボ環境賞：** 環境分野の研究開発を促すため、ボルボの株主が 1988 年 5 月に正式に設立。世界または地域レベルで重要な科学的・社会経済的・技術的な革新や発見により、環境の理解と保全に顕著に貢献した人々を顕彰。
- **Zayed International Prize for the Environment　ザーイド国際環境賞：** アラブ首長国連邦の大統領でアブダビ首長であるＨ・Ｈ・シェイク・ザーイド・ビン・スルタン・アル・ナヒヤーンの功績を称え、ドバイの皇太子でアラブ首長国連邦の防衛相を務めるＨ・Ｈ・シェイク・ムハンマド・ビン・ラーシド・アル・マクトゥーム将軍が創設。100 万ドルが授与される。目的は、Ｈ・Ｈ・シェイク・ザーイド・ビン・スルタン・アル・ナヒヤーンの哲学と考え方にのっとり、環境分野でアジェンダ 21 に沿った先駆的な貢献を表彰し促進すること。2 年ごとに授与される。

Environmental determinism
環境決定論

社会的条件ではなく、物理的環境が文化を決定するという考え方。この考え方を信じる人々は、人間は刺激反応（環境行動）によって厳格に規定されており、そこから逸脱することはできないという。(WP)

Environmental diplomacy　環境外交

国境や、ときには大陸にまたがっており、国際協力がなければ解決できないような環境問題に根差した紛争について、改善・解決策をともに見出す交渉術。地球規模の気候変動、オゾン層の破壊、海洋・大気汚染、資源の消費と劣化といった環境問題に取り組む際には、環境（科学）面ならびに外交面での技術が必要だとよくいわれる。このような交渉によって通常、問題を明らかにし、進捗度を測る目安や指標を特定し、進行中の議論を促して進捗度を監視する枠組みを形成するような合意または他のメカニズムが生まれる。(USDOS)

Environmental economics　環境経済学

長期的な経済成長、環境の質、社会的公正がすべて実現されるような持続可能な経済を、市場主義に基づいて実現しようとするアプローチ。革新的な税制、税制優遇、許容量の競売、その他の市場メカニズムを通じて行う。(PPRC)

Environmental equity　環境の衡平性
社会・経済条件や地位にかかわらず、個人、組織、地域社会が環境リスクから平等に保護されること。(USEPA)

Environmental ethics　環境倫理学
人間と自然の再統合を模索する理論的または実践的な研究分野。(EES)

Environmental footprint (individual)
環境フットプリント（個人）
再生可能資源と非再生可能資源を含む数多くの基準を用いて、われわれ個人の行動が地球にどれだけの影響を及ぼしているかを測定しようという主観的な方法。主観的な測定方法だといわれる理由は、測定するにあたって無限の基準がありうるからであり、容認できる影響や生活の質の定義は各個人で違うからである。(WP)

Environmental footprint (industry)
環境フットプリント（産業界）
産業界を対象として、企業による環境への影響を主観的に測定するもの。製造時の減耗する原料と非再生可能資源の使用量を、製造工程で生ずる廃棄物量および排出量と比較して決まる。従来は、企業が成長する過程でフットプリントは大きくならざるをえなかった。しかし今日では、環境フットプリントを小さくする方法を見つけることが大企業にとって優先課題となっている。(WP; UNEP)
'Life-cycle approaches' を参照。

Environmental governance
環境ガバナンス
政策、制度、手順、手段、情報を結びつけ、協調させることで、参加者（公的部門、民間部門、非政府組織〈NGO〉、地域社会）が紛争に対処し、意見の一致点を探り、基本事項を決定し、自らの行動に説明責任を持つようにするプロセス。(IDB)

Environmental Impact assessment (EIA)
環境影響評価
新規開発事業がさまざまな段階でもたらす影響について、その管理と緩和方法を評価し、提案するプロセス。

Environmental indicators　環境指標
複雑な科学情報を数量化しかつ単純化するもの。限られた問題において、環境への負荷、状態、対策を測るひとつあるいは少数のものさしを特定する。たとえば、気候変動に関して国連環境計画（UNEP）と経済協力開発機構（OECD）は、負荷指標として温室効果ガスの排出量を、状態指標として温室効果ガスの濃度を、対策指標として環境対策を用いている。これ以外に指標化が発達した分野には、オゾン層破壊、富栄養化、酸性化、毒物汚染、都市環境の質、生物多様性、廃棄物がある。世界銀行は次のように分類している。排出源指標（農業、森林、海洋資源、水、地下資源）、吸収・汚染指標（気候変動、酸性化、富栄養化、毒性化）、生命維持指標（生物多様性、海洋、湿地などの特別な土地）、人間影響指標（健康、水や大気の質への依存性、職業被曝、食糧安全保障とその質、住宅、廃棄物、自然災害）。(AM)

Environmental Integrity Group (EIG)
環境十全性グループ
メキシコ、韓国、スイスを含む国連気候変動枠組条約（UNFCCC）内の連携。

Environmental justice　環境(的)正義
自然資源の利用方法の不公平さを表現する社会科学用語。環境正義は、環境改革を妨げてきた権力構造を分析し、これを克服するための全体論的な努力を指すと考えられている。(WP)

Environmental justice, concept of
環境(的)正義の概念
清潔で健康的な環境を享受することは、すべての人間の基本的権利であるという考え。

(McG-H) **'Water as a human right, concept of'** を参照。

Environmental law　環境法
人間活動によって影響を受け危機にさらされる可能性がある自然環境の保護を目的とした法。条文、慣習法、条約、協約、規制、政策が複雑に組み合わさった体系。一部の環境法は、容認できる汚染水準を設定するなど、人間活動による影響の量と性質を規制する。それ以外の環境法は本質的に予防的であり、人間活動が始まる前に潜在的な影響を評価しようとする（環境影響評価）。環境を公共の利益のために保護しようとする集団や個人は、環境法を公益のために実践する。しかし多くの場合、汚染を引き起こし環境破壊を行う個人や集団、すなわちその過程で環境法を犯すことを避けようとしている人々が、私的な利害のために利用している。(WP)

Environmental literacy, concept of 環境リテラシーの概念
生態学をはじめとする自然科学の原則や基本原理、基本構成を深く理解し、複雑な環境問題について議論し理解できる能力。(IFEJ)

Environmental management　環境管理
資源と政府を活用し、自然の財・サービスおよび経済的な財・サービスの両方について、その利用、改善、保全を制御すること。それにより、利用、改善、保全によって生ずる軋轢が最小限ですむ。(OAS, 1987)

Environmental Management Group (EMG)　環境管理グループ
国連総会で設立された組織。環境と開発の関係に焦点を当てる。グループ長は、国連環境計画（UNEP）の事務局長。目的は、環境管理と人間居住の分野において、国連内で共同計画を調整・推進すること。(UNEP)

Environmental mitigation　環境緩和
潜在的リスクの影響を軽減するか、または自然災害が発生したのちにそれが再び起こる機会を減らすためにとられる手段。(EES)

Environmental opportunity cost 環境の機会費用
ある自然資源を開発していたら得られたであろうが、そのままの状態に残すために逃した利益のこと。たとえば、世界銀行は、2007年半ばにドイツで行われたG8サミットで2億5000万ドルの投資基金を創設する計画を公表した。インドネシアやブラジル、コンゴなどの開発途上国が自国の森林破壊を回避することで、京都議定書の数値目標に実質的に貢献した場合、この基金からそれらの国に資金が提供される。(Robertson, 2007; UNW) **'Carbon ranching'** を参照。

Environmental policy　環境政策
環境に関する一連の規則や規定。政府の各レベルの関係当局が採用、実施、執行している政策。(EES)

Environmental protection　環境保護
国際・国・地域レベルで、人間環境の劣化を防ぎ、改善させる活動。自然保全、リサイクル、廃棄物の削減と処分、よりクリーンで安全な技術の開発など。

Environmental quality　環境の質
ある環境が、その中の個人や社会のニーズや欲求を満たせる相対的な能力。(OAS, 1987)

Environmental refugee　環境難民
潜在的な環境リスク（自然または人為的に引き起こされたもの）や、人々の生活を支える生態系の破壊によって、一時的もしくは永続的に、強制的に住む家を追われた人々。(UNEP) **'Diaspora' 'Refugee' 'Environmental security'** を参照。

Environmental risk　環境リスク
潜在的な環境有害性にさらされることによる負傷、病気、死の可能性または確率。

Environmental security　環境安全保障
生態系の健全性と生産性を保護し、将来的にわたっても確保し、生態系の供給する財・

サービスの安定性を守るための、社会的な取り組みをともなう複雑な課題。環境の状態が、国家および国際的な戦略事項に及ぼす影響も関連する。通常、次のような広範にわたる8点で定義される。(1) 人口成長率、(2) 死亡率、疾病、飢餓、(3) 国家債務と世界の一次産品価格、(4) 地域環境（越境環境）や資源の破壊、(5) 政策決定と環境、(6) 天然資源をめぐる紛争、(7) 軍事（的）安全保障、(8) 地球公共財の管理と治外法権。(EES)

Environmental stressor
環境のストレス要因

その存在や不在、豊富さが、生物の分布、数、状態を制限する主要因となるすべての環境要因。(EES)

Environmental sustainability
環境の持続可能性

人間が直接・間接に依存する生態系のサービスの持続可能性。(AM)

Environmental Sustainability Index (ESI)
環境（的）持続可能性指数

環境の持続可能性に向かって全体でどれだけ進展したかを測定。世界経済フォーラムが開発。毎年発表されるESIランキングでは、各国を22の中核指標で評価する。各指標は2～6の項目を組み合わせており、全体で67の基本項目を考慮に入れる。(WEF) **'Sustainability assessment measures'** を参照。

Environmental terrorism
環境テロリズム

'Eco-terrorism' を参照。

Environmental tipping point
環境のティッピング・ポイント

その閾値（いきち）を超えると、生物圏の劇的な、あるいは人間の時間枠では元に戻すことのできない変化を避けることが非常に難しくなるポイント。たとえば、複数の科学者の警告によれば、地球の大気中の炭素濃度は400ppmのティッピング・ポイントに近づいており、このレベルを超えると人間は人類の時間枠ではその影響を元に戻すことができないという。(UNEP; UNFCCC)

Environmental toxicology　環境毒物学

環境中の汚染物質にさらされた結果、生物に生じる可能性のある有害な影響を特定し定量化する研究。(EES)

Envoy　公使

上級外交官。(MW)

Epidemic　伝染病

非常に速く広がる疾病。(MW)

Epistemic community　認識共同体

ハース（Haas, 1992）の定義によると、「ある特定の領域で広く認められた専門知識と能力を持ち、その領域や分野で、政策に関する知識について権威ある主張ができる専門家のネットワーク。メンバーは、規範や原則に基づいた信念、因果関係の考え方、正当性の概念、政策活動を共有している」。

Equal per capita concept
1人当たりの平等の概念

国全体の炭素を「排出する権利」は、人口規模と1人当たりの排出量で決まることを示す概念。

Equity (1)　衡平性（1）

公平または公正な扱い。同様の状況の場合は同様に扱わなければならない。

Equity (2)　衡平性（2）

環境分野では、地域のあらゆる社会的・経済的階層を考慮に入れて、毒物処理または廃棄物処理施設の立地を決めること。(NRDC)

Equity principle　衡平原則

負担の分担と費用便益の配分に関する原則。時間（世代間）または空間（国家間・地域社会間）の観点から考えられる。

***Erga omnes*　エルガオムネス、対世的**
万人に対して。ただひとつの集団だけでなく、すべての人々に危害をもたらす不正行為。(BLD)

Estuary　エスチュアリー、汽水域
湾または入り江。河口にあることが多い。大量の淡水と海水が混ざる。(NRDC; MW)

Ethanol　エタノール
現在最も広く使われている再生可能なバイオ燃料。穀物のでんぷんから糖を生成、発酵させてエタノールをつくり、さらに蒸留して精製する。主に自動車の燃料として性能向上のために使われ、またガソリンからの二酸化炭素排出量を減らすために含酸素燃料として用いられる。(UNW)

Ethical trading initiative
倫理的取引イニシアティブ
英国で非政府組織（NGO)、民間企業、労働組合、その他投資家を結びつける取り組み。企業の倫理基準を改善し、開発途上国で生産し英国市場で販売される商品のサプライチェーンにおいて労働条件を保証することが目的。(WP)

Ethical value　倫理的価値
生物資源の私的・社会的評価を表す倫理原則。(GBA)

EU3　EU3
英国、フランス、ドイツで構成される非公式の連合。安全保障、貿易、環境など、ECにとっての重要事項について見解を表明してきた。欧州連合（EU）の三大経済大国として、ECと世界に大きな影響を与えている。(EU) **'G3'** を参照。

EU3+　EU3＋
EU3に米国、ロシア、中国が参加する組織。ECにとっての重要事項が、EC以外の国・地域にとっても重要であるときに、これらの国が参加する。(EU)

EU6　EU6
イタリア、ドイツ、フランス、スペイン、ベルギー、ルクセンブルクからなる非公式な組織。これらの国々は、欧州の共通政策プロセスの維持に最も熱心に取り組んでいると見られる向きがある。

EU-Rio Group　EUリオグループ
1986年に設立。EUと南米諸国の外相が政治的対話を行う重要な集まり。EUと南米の関係を深め、関係の方向性を議論するうえで最も主要な基盤のひとつである。(EU)

Euro (€)　ユーロ（€）
当初のEU加盟国15カ国のうち12カ国が使用する公式通貨。2002年1月に、英国、デンマーク、スウェーデンを除くすべての国々で、各国の通貨に代わって導入された。2004年に加盟を認められた国々は、ユーロを自国の通貨として採用する可能性やプロセスを検討中。スロベニアは2007年1月にユーロを採用し、通貨の流通の開始日を2007年半ばとしている。ブルガリアはユーロへの切り替えを2009年か2010年に予定している。

European Bank for Reconstruction and Development (EBRD)
欧州復興開発銀行
ルクセンブルクにある主要な多国間援助機関。

European Blue Flag®　ヨーロッパ・ブルーフラッグ
海岸とマリーナを対象としたECのエコラベル。水質、環境教育と情報、環境管理、安全性とサービスという4つの観点で選ぶ。海岸の場合は27の具体的な基準、マリーナは16の基準を用いる。独立したNPO（非営利組織）である環境教育財団が実施、運営を行う。(EEA)

European Blue Plan
ヨーロッパ・ブルー計画
次のようなものを指す言葉。地中海地域の

広大さと複雑さを深く考えるプロセス。この熟考プロセスを実現する研究センター。この計画を運営する非営利組織のインフラ。(EEA)

European Commission (EC)
欧州委員会（EC）

欧州連合（EU）の行政執行機関。任命を受けた委員が集まり、日常的にEUの指導体制との対応を行う。加盟国がEU法を遵守することを確認し、法に従わない国があればいつでも直接干渉する。委員長は、EU閣僚理事会に任命された政治家が務める。欧州議会が、欧州委員会を解散させることができる。(EU)

European Commission Presidency
欧州委員会委員長

欧州理事会メンバーの合意によって選出されたのち、ほかの委員とともに欧州議会の承認を得なければならない。委員長は欧州議会に対して説明責任を有する。これに対して欧州議会は、不信任決議を行って欧州委員会を解散させることができる。(EU) **'European Council Presidency'** を参照。

European Constitution　欧州憲法

欧州連合（EU）のための憲法策定を目的とした国際条約草案で、2004年に初めて提案された。主たる目的は、現在はEUを運営する政策が複数の条約で構成されているために重複もあり、これを置き換えることと、意思決定を簡素化すること。憲法草案は2005年にフランスとオランダの国民投票で否決され、2007年には廃案が宣言された。しかしながら、本稿の執筆時には、憲法草案の内容を改訂して憲法を復活させようという取り組みが見られた。（EU） **'European Union Treaty on the Functioning of the Union'** を参照。

European Council (EC)　欧州理事会

加盟各国の政府首脳と、選出された欧州委員会委員長で構成されるEUの中心的な意思決定機関。1950年代の設立条約に基づいて創設。加盟国を代表する組織であり、会合にはEU加盟各国から大臣1人が参加するが、その人選は議題によって変わる。たとえば、環境問題について議論をする場合は、加盟各国の環境大臣が参加し、「環境理事会」と呼ばれる。EUとそれ以外の世界各国との関係は、総務・対外関係理事会で議論されるが、この理事会はより広く一般的な政策にかかわる事柄についても責任を担っているため、この会合には各国政府が選んだ大臣または国務大臣が参加する。全体では次の9つの理事会がある。総務・対外関係理事会、経済・財務相理事会（ECOFIN）、司法・内務理事会（JHA）、雇用・社会政策・保健・消費者理事会、競争力理事会、運輸・通信・エネルギー理事会、農業・漁業理事会、環境理事会、教育・青少年・文化理事会。(EU)

European Council Presidency
欧州理事会議長国

欧州連合（EU）の全加盟国から選挙で選出される役職。任期は2年半で、連続2期を制限とする。(EU) **'European Commission Presidency' 'European Union Treaty on the Functioning of the Union'** を参照。

European Currency Unit (ECU)
欧州通貨単位

欧州連合（EU）の加盟国が域内での計算単位として用いていた人為的な「バスケット」通貨。EUの前身である欧州経済共同体（EEC）において、欧州通貨制度（EMS）と呼ばれる通貨圏の計算単位として、1979年3月13日に導入。1999年1月1日にEUの新しい単一通貨として導入された「ユーロ」の前身でもある。(Antweiler, 2006)

European Development Fund
欧州開発基金

ロメ協定で設置された開発基金。(UNT)

European Environment Information and Observation Network (EIONET)
欧州環境情報・観測ネットワーク

欧州環境庁とその加盟国が協力するための

ネットワーク。EUと加盟国における各国の中心組織、欧州トピックセンター、各国の資料センターをつなぐ。これらの機関が共同で情報提供を行うことで、欧州の環境を改善するような意思決定のベースにするとともに、効果的なEUの政策を生む。(EEA)

European Environmental Agency (EEA)
欧州環境庁

1999年4月に正式に設立。目的は、欧州で均一の環境情報システムを構築することにより、環境を改善し、持続可能性に向け進んでいくための支援をすること。これには、欧州連合（EU）において環境の側面を経済政策に統合する取り組みも含む。(EEA)

European Investment Bank (EIB)
欧州投資銀行

欧州共同体の金融機関。EU加盟国に対して長期の融資を行う。その約半分は民間部門に対するもの。(EU)

European Monetary System (EMS)
欧州通貨制度

1979年に欧州経済共同体（EEC）加盟国が合意し、自国の経済を単一市場共同体に統合することを求められた。1986年に単一欧州議定書に調印。2002年1月に、ユーロが当初のEU加盟国15カ国のうち12カ国（英国、デンマーク、スウェーデンを除く）で公式通貨となった。2004年に加盟を認められた国々は、ユーロを自国通貨として採用する可能性やプロセスを検討中。スロベニアは2007年1月にユーロを採用する13番目の国となった。(EU) **'Euro'** を参照。

European Nature Information System (EUNIS)　欧州自然情報システム

主として2つの目的がある。1つ目は専門用語と定義を統一し、それによりデータ利用を促進すること、2つ目は環境面で重要な事項に関する情報を蓄積することである。生物種、生息地、生息環境のデータモデルを統合する中央ユニット、さまざまな協力者が管理するいくつかの二次データベース、そして増加する人工衛星のデータベースで構成される。(EEA)

European Parliament (EP)　欧州議会

EUの政府組織の中で唯一、加盟国の議会政党の代表者として有権者が直接選挙を行う組織。定員は732人で、国別の内訳は人口比に基づく。欧州議会は通常ブリュッセルで開催されるが、フランスの政治的な要求を受けて毎月1週間はストラスブールで開かれる。(EU)

European Topic Centers (ETC)
欧州トピックセンター

欧州環境庁の委託を受けた機関・組織。複数年度にわたる事業計画の中で特定された事業を実施する。専門知識・能力により競争に基づく選定プロセスを経たあと、管理役員会が指定する。選定にあたっての方針は、加盟国において現存または潜在的な能力を費用効率の高い方法で利用することと、仕事と能力の重複を避けること。(EEA)

European Union (EU)　欧州連合

戦争を回避し、団結を強めたいというフランスとドイツの政治家たちの夢を形にしたもの。1951年にベルギー、フランス、ドイツ、イタリア、ルクセンブルク、オランダがパリ条約に調印。1957年にローマ条約によって協力関係をさらに強化し、欧州経済共同体（EEC）を設立。1973年にデンマーク、アイルランドと英国がEECに加盟し、直後にスペイン、ポルトガル、ギリシャも加盟。オランダのマーストリヒトで調印された「欧州連合条約」（通称「マーストリヒト条約」）により、1993年にEUが正式に発足。スウェーデン、フィンランド、オーストリアが1995年に加わり、加盟国は15カ国となった。2004年5月には、新たにキプロス、チェコ共和国、エストニア、ハンガリー、マルタ、リトアニア、ラトビア、ポーランド、スロバキア、スロベニアの10カ国が加盟。この多くは旧ワルシャワ条約機構加盟国であり、これでEU加盟国は25カ国となった。2007年1月にブルガリアとルーマニアが加わり、現在の加盟国は27カ国。2005年10月にトルコとクロアチアとの交渉が始まり、今後の具体的な予定は認められていないが、これらの国々もEUに加盟する見込み。(EU)

European Union carbon output reduction initiative
欧州連合炭素排出削減イニシアティブ
炭素排出削減のために2007年に欧州連合(EU)で合意された取り組み。EU加盟国27カ国はすべて2020年までに炭素排出量を1990年比で20%削減し、輸送用燃料の最低10%にバイオ燃料を使用し、再生可能エネルギーの割合を20%にすることが求められる。米国や中国、インドなどの炭素排出大国がこの取り組みに同意した場合、EUは2020年までに30%、2050年までに50%もの炭素排出量削減に取り組む意向があることを表明している。(EU; UNW)

European Union Directive(s)
欧州連合指令
欧州連合の用語。相互に拘束力のある加盟国全体としての意思決定。加盟各国の大臣により、EU理事会や欧州議会で決定される。指令はそれが国内法令に置き換えられたときにのみ、加盟国で拘束力を持つ。たとえば、人間が消費する水の水質について1998年11月3日に採択されたEU飲料水指令(98/83/EC)は、健全性と純度を規定することで人間の健康を守ることを目的としており、これをすべての加盟国で飲料水の基準に反映すべきとされる。(EEA)

European Union Environmental Penal Code　欧州連合環境刑法
2007年にEUが制定した有害廃棄物の不法な投棄や輸送といった環境に関する重罪についての共通の法的基準。加盟国は、こうした違反行為を処罰し、最も重い罪に対する量刑のうち最低の刑を科すことが求められる。欧州連合環境犯罪法ともいう。(UNW)

European Union law　EU法
欧州連合(EU)は、加盟各国の法体系において直接的な効力を有する複雑な、そして高度に発達した内部法体系を持ち、その点で国際組織の中でも類のない機関である。主な法源は次の3つ。(1) 条約(第一次的法源)、(2) 既存の条約に沿ってEUの機関が策定する規制、指令、決定、勧告、意見(第二次的法源)、(3) 欧州裁判所による判決。(EEA; WP) **'European Constitution'** を参照。

European Union recommendation
EU勧告
加盟国における立法を目的として間接的な措置を求める拘束力のない法律文書。強制力がない点で「指令」とは異なる。(EEA)

European Union regulations　EU規制
EU法の中でも最も権限の強い法形態。すべての加盟国に直接かつ即座に適用される。(EEA)

European Union, three pillars of
欧州連合の3つの柱
欧州連合(EU)を設立した「マーストリヒト条約」で、EUの政策を分類した3つの分野。第一の柱「欧州共同体」は、経済・社会・環境政策である。第二の柱「共通外交・安全保障政策(CFSP)」は、対外政策と軍事である。第三の柱「警察・刑事司法協力(PJCC)」は、犯罪対策における協力である。(EEA; EU)

European Union Treaty　欧州連合条約
欧州の憲法。第一次的法源となる条約。(EEA; WP)

European Union Treaty on the Functioning of the Union
欧州連合の機能に関する条約
欧州憲法に代わるものとして2007年に提案された条約。主な特徴と修正点は次のとおり。(i) 欧州議会議長を選挙で選出し、任期は2年半、再選は一度のみとする(現在は半年ごとの輪番制)。(ii) 外交上級代表は欧州委員会副委員長を兼務する。(iii) 欧州委員会のメンバーを27人から17人に削減し5年任期の輪番制にする。(iv) 言論や信教の自由、住居、教育、団体交渉、公正な労働条件に関する権利など、さまざまな基本的権利を義務づける。(EU)

Euroscience　ユーロサイエンス、ヨーロッパ科学技術振興協会

1997年に設立された欧州全土にわたる協会。ボトムアップ方式で「科学的な欧州」を構築することに関心のある人々で構成される。あらゆる分野の欧州の科学者たちが参加しており、その目的は、(1) 科学技術について公開議論を行う場を提供すること、(2) 科学と社会の間のつながりを強めること、(3) 欧州で科学技術のための総合的な場の創出に貢献すること、(4) 欧州全土で科学技術政策に影響を与えること、である。(ES)

EU Troika　EUトロイカ

一般に、欧州連合 (EU) システムおよび／または加盟国の3人の高官を指す。その問題への対応において、ECを代表する権限を有する。(EU)

Eutorophic　富栄養の

栄養分の豊富な水環境。通常、植物の生産性が高く、酸素レベルが低い。

Eutrophication　富栄養化

水の栄養分が豊富になって、一連の症状の変化が起きること。藻や大型植物の繁茂や、水質の劣化といった症状の変化が起こされる。これらは望ましい現象ではなく、水利用を妨げる。(UNESCO)　栄養分 (リン酸塩など) が溶解して水中の栄養分が増え、水生植物の成長を刺激し、その結果通常は溶存酸素がなくなっていくという過程。(MW)

Evapotranspiration　蒸発散量

水が、水面からの蒸発や植物の表面からの移動 (蒸散作用) によって、大気中に放出されるプロセス。(SFWMD)

Evolution　進化

遺伝的形質が無作為に変化していく過程のこと。希少資源をめぐる競争により、種がしだいに変化あるいは順応して起こる。(EES; MW)

E-waste　電子廃棄物

廃棄されたコンピューター、プリンター、コピー機、ファックス、携帯電話などの電子機器。(EU)

***Ex proprio motu*　エクスプロプリオモトゥ**

独自に。(BLD)

Exalted rank　高貴

選挙で選ばれたわけではなく、血筋 (相続) もしくは婚姻 (指名) によって称号を得た人物。(MW)

***Ex aequo et bono*　エクスアエクオエトボノー、衡平と善**

公平で公正な原理によって決められることを意味する。大半の訴訟事例は、厳格な法の支配によって判決が下される。たとえば、契約は通常、どれだけ「公正さを欠く」とわかっていたとしても、法体系によって守られ、執行されるものである。しかし、「衡平と善により」判決が下される訴訟は、厳格な法の支配を覆し、代わりにその状況において何が公平かつ公正であるかに基づいて判決が下される。(BLD)

***Ex-ante environmental evaluation*　事前環境評価**

ある環境政策または決定によって将来起こりそうな影響についての事前評価。(eD; EEA)

Excellency　閣下

一般に国家元首もしくは閣僚レベルの大臣に与えられる称号。(MW)

Exclusive economic zone (EEZ)　排他的経済水域

海洋法で規定。沿岸国は、この水域内 (国連海洋法条約第3条では最大200海里) の海洋、海底、底土において、天然資源の探査、開発、管理、保全に関する権利を持ち、規制を行える。船舶や航空機は、経済的排他水域内にある沿岸国の経済権を侵さない限り、公海の航行と上空飛行を自由に行うことができる。

Excursion (in water quality)
逸脱（水質の）
成分濃度が、水質基準を超過し違反する可能性があるとして懸念されること。報告された成分濃度の解釈にある程度不確実性が残るため、背景条件、補助データ、品質保証、過去データをさらに評価する必要があることを意味する。(SFWMD)

Executing agency　執行機関
地球環境ファシリティ（GEF）の中で、実施国のチームとともに現場で実際に事業を実行する組織。(GEF) **'Implementing agency'** を参照。

***Ex gratia*　エクスグラティア**
善意のしるしとして行われ、受諾した法的義務に基づいているわけではないこと。(eD)

Exhaustible resources　枯渇性資源
'Non-renewable natural resources' を参照。

Existence value　存在価値
ある特定の生物種や生息地、生態系が現存し、今後も存在し続けるとわかっていることの価値。現在または将来利用するかどうかにかかわらず、認識された環境資産の価値。

Exotic species　外来種
もともとその地域にいない（在来でない）植物または動物種。(SFWMD)

Expansion fatigue　拡大疲れ
近年欧州連合（EU）は急速に拡大しすぎているため、当面は新規の加盟国を受け入れられないと考える個人や国を指す言葉。(EU)

Expatriate　国外居住者
生まれ育った、あるいは法律上の住居（市民権を有する場所）以外の国や文化の中で、一時的または永続的に暮らしている人。(MW)

Expert group　専門家集団
研究者、科学者、専門分野の省庁・部局からの政府代表、NGO からなる集団。政治的利害とは関係なしに、特別の問題に対処するために集められる。

Exploitable water resources
開発可能な水資源
ある技術的・経済的・環境的条件において、開発のために利用できると考えられる水資源。(FAO)

Ex-post evaluation　事後評価
事業の終了後すぐに行われるか、もしくは事業の効果が完全に明らかになったのちに行われる評価。(WB)

***Ex-situ* collection　生息域外収集物**
自然の生息地以外で保管されている食料農業植物遺伝資源の収集物。(CBD)

***Ex-situ* conservation　生息域外保全**
自然の生息地の外において食料農業植物遺伝資源を保全すること。(CBD)

External forcing　外部強制力
太陽放射などの外的要因や隕石など地球外からの物体によって、地球のシステム（もしくはその構成要素のひとつ）にもたらされる影響。(NASA)

Externality　外部性
外部効果。市場取引を介さない経済的主体間の相互作用。経済的主体が生産・消費活動を行うと、ほかの主体の福利に対して、意図せずして好影響または悪影響をもたらすことがある。これを正の外部性または負の外部性と呼ぶ。川に汚染物を排出する産業が漁業者の福利に悪影響を及ぼすのは、負の外部性である。逆に、農業者が報酬を得なくとも地域の植物多様性の保全を進める行為は、正の外部性をもたらす。個人や企業が他者の活動によって負う費用（または受け取る便益）を指すが、それに対して後者はその補償を支払って（受け取って）いない。(WB)

Extinct　絶滅種

国際自然保護連合（IUCN）のレッドリストカテゴリーのひとつ。略称はEx。模式産地やほかに生息が知られているあるいは可能性のある場所を繰り返し調査したにもかかわらず、もはや野生での生存が確認されていない種。(CBD)

Extractive Industries Review (EIR)　採掘産業レビュー

世界銀行グループが、採掘産業の未来における自らの役割を利害関係者と議論するために開始したプロセス。目的は、石油、ガス、鉱業部門への世界銀行グループの関与の指針となる一連の勧告を作成すること。(WB)

Extractive Reserve　採取保護林

地域社会が森林（湿地、サバンナなど）の収穫物を所有し、管理するという考え方に基づく。理論上では、人々がその地域で生活し続けても、自然林の大半はそのまま残る。森林に囲いを設けて人々を遠ざけるのではなく、地域の人々が森林を破壊しないように管理することを認めるもの。(EES)

Extrabudgetary　予算外の

機関または組織の中核資金、通常予算以外の資金。(IDB)

Extraterritoriality　治外法権

ある国が、正式に締結された協定に基づき、他国の領地で特定の主権機能を行使すること。たとえば、オランダが特定の国際会合においてルクセンブルクの利害を代表する場合など。(eD)

Extreme poverty　極度の貧困

たとえすべての資源を食料に費やしたとしても、人もしくは家計が十分な栄養を得るために必要と判断される一定の食料消費量を欠いている状態。

Extrinsic value　外在的価値

一連の可能性を認める判断形態。有益性または存在の程度。(CSG)

E

F f

Facilitation　促進

すべての関係者による参加、所有、創造を促すことにより、合意された目標に向かって人々を導くプロセス。

Factor 4/Factor 10
ファクター 4 ／ファクター 10

人口規模が倍増し平均生活水準が著しく向上しそうな期間に、持続可能性を達成し維持するためには、産業界が最低でもファクター 4（資源生産性を 4 倍に増やすこと）によって、資源の変換効率を高めるべきであるという概念。つまり、自然資源 1 単位から生み出される富の量は、4 倍になるべきということ。先進国の消費量は通常、開発途上国の 20 ～ 30 倍に当たるため、先進国における効率をファクター 10 で増加させるべきという声もある。（RMI; Wu）

Factor 10　ファクター 10 クラブ

人為的な地球規模での物質フローの役割や、歯止めのきかない成長による生態系への悪影響がますます懸念されるようになったため、1992 年にフランスのカルヌールで第 1 回会合を開催。その際の欧州諸国の数にちなんで名づけられた。会合の目的は、地球規模での物質フローをただちに著しく減少させる必要性について喚起を促すこと。（EEA）

Failed state　破綻国家

中央政府が領土の大部分の実質的なコントロールをほとんど失っている弱体化した国家。市民に対する基本的な財とサービスの供給を、長期にわたり国際社会に依存する。**'Rogue state' 'Rogue development aid'** を参照。

Fair-trade
フェア・トレード、公正な貿易

生産者と消費者の衡平な関係に基づいた国際商取引のシステム。目標は、生産者（貧困地域の農業従事者であることが多い）が、物品に対する消費者の支払いからより多くを受け取るということ。特に、フェア・トレード機関は、生産者に対し市場価格より高く支払ったり、生産者に対しクレジットを与えたり、生産者と長期の関係を構築したり、民主的な協同組合の形成を促進したり、生態学的に持続可能な生産を奨励したり、生産者と消費者の間の中間段階を外したりしている。（WP）**'Certification'** を参照。

FAO　国連食糧農業機関

'United Nations Food and Agriculture Organization' を参照。

FAO Code of Conduct for Responsible Fisheries (1995)　FAO 責任ある漁業のための行動規範（1995 年）

責任ある行動の原則と国際基準を規定。生態系と生物多様性に対して正当な敬意を払いながら、水産資源の効率的な保全、管理、開発を確保することが目的。栄養学的・経済的・社会的・環境的・文化的な漁業の重要性と、漁業部門にかかわるすべての人々の利益を認める。資源とその環境の生物学的特徴と、消費者およびその他利用者の利益を考慮する。（FAO）

Fast track authority
大統領貿易促進権限

米国で、議会が大統領に与える権限。これにより、大統領は議会に完成した国際貿易協

定を送付、「賛成」もしくは「反対」の投票に付すことができる。議会は協定の変更や修正はできない。(USAID)

Fast tracking　ファスト・トラッキング
直列的な関係における数を減らして、通常その代わりに並列的な関係に置き換えるプロセス。通常、全体時間の短縮化を目指すが、より高いリスクをともなうことが多い。

Fauna　動物相
ある領域内で発見されたすべての動物種。(MW)

Feedback　フィードバック
あるシステムのアウトプットを元のインプットに結びつけること。従来、あるシステムを望ましい状態に戻す「負のフィードバック（バランス型フィードバック）」と、その状態から変化させる「正のフィードバック（自己強化型フィードバック）」がある。(CSG)

Feed-in law　固定価格買い取り制度、フィードインタリフ制度
世界のある地域における法的な要件。公益企業に対し、民間から再生可能エネルギー源による電力を購入し、契約者が利用可能な送電網に組み込むように法的に要請する。(USEPA)

Fertility rate　出生率
年齢別の一般的な出生率に従って、各年齢で子どもをもうけると仮定し、1人の女性が一生のうちで出産して、生きて生まれた子どもの平均人数。(UNCHS)

Filibuster　議事進行妨害
長い演説をしたり、終わりのない議論を奨励することにより、投票行動を遅延させたり、停止させたりするために用いられる戦略。(MW)

Final act　最終文書
公式の要約報告。会合の終わりに作成される（参加者によって立ち会いもしくは署名されることもある）。

Final Act of the Uruguay Round for Establishing the World Trade Organization　世界貿易機関（WTO）を設立するウルグアイ・ラウンド最終文書
持続可能な発展を背景に、貿易や、貿易と環境との関係における諸問題を交渉する必要性を強調した「貿易とサービスと環境に関する決定」についてのセクションを含んだ報告書。これらの諸問題は、WTOに情報を提供する手段として、地域レベル・準地域レベルのさまざまな協議の場で議論されている。ウルグアイ・ラウンド協定により、貿易と環境に関する委員会（CTE）も正式に設立された。

Financial mechanism　資金メカニズム
国連気候変動枠組条約（UNFCCC）のメカニズム。締約国会議（COP）の指針の下、無償資金もしくは譲許的な条件で、開発途上国に対し資金供与や技術移転を可能にする。(UNFCCC)

Finnish International Development Agency (FINNIDA)
フィンランド国際開発庁
技術協力や対外援助を行うフィンランドの主要機関。

First World　第一世界
先進国（一般的にはOECD加盟国）。

Fiscal year　会計年度
年間予算が形成され、実施される12カ月の期間。必ずしも、暦年と一致するものではない。(MW)

Fisheries management　漁業管理
魚介類資源の管理。漁業のルール設定や、漁業資源の保全と増大、漁場の開発、利害関係者間の対立の仲介など。(EES)

Fission　核分裂
ある特定の重元素の核が、かなりの量のエ

ネルギーの放出をともなって、軽元素である（一般的に）2つの核に分裂する過程。（NRDC）

Flagship Report　主要報告書

ある機関または機関のグループが、特定のテーマについて、または特定の期間内に達成したことをまとめた報告書。

Flat earth, new concept of
平面地球の新しい概念

インターネットや技術がコミュニケーションの壁と、世界経済の成長と機会を制限する従来の貿易障壁を大きく減らすさまについての概念。（Friedman, 2005）

Flemming principle　フレミング原則

国連システム内で一般職（事務職）に従事する職員を雇用する際に、契約条件（給与、手当、福利厚生）を規定する一連の基準。国際人事委員会や、国連機関や国連システムを利用しているその他の機関のさまざまな職員の委員会によって監視される。一般的には、業務の条件は、最良のひとつでありながら、最良ではないものであるべきという意味。（UN）**'Noblemaire Principle'** を参照。

Flexibility mechanisms
柔軟性メカニズム

京都議定書の下での3つの協力実施メカニズム（共同実施、国際排出量取引、クリーン開発メカニズム）。差異のある約束の概念を含む。（EM）

Floodplain　氾濫原

周期的に洪水の影響を受けやすい、河川や湖沼などの水域に隣接する低地。

Flora　植物相

ある領域内で発見されたすべての植物種。（MW）

Fluorocarbons
フッ化炭素、フルオロカーボン

水素、塩素、臭素といったほかの元素を含むフッ素炭素化合物。一般的なものは、クロロフルオロカーボン（CFC）、ハイドロクロロフルオロカーボン（HCFCs）、ハイドロフルオロカーボン（HFCs）、パーフルオロカーボン（PFCs）。

Focal area (also thematic area)
対象分野

地球環境ファシリティ（GEF）が活動する4つの主要分野。気候変動、生物多様性、国際水域、オゾン層破壊。

Focal point (1)
フォーカル・ポイント（1）

国家機関が国際公益を反映させる制度。

Focal point (2)
フォーカル・ポイント（2）

政府によって指名された公式代表。ある特定の話題について情報を受け取って配布し、それに関する会合に政府のために参加することが目的。

Foggy Bottom　フォギー・ボトム

ワシントンDCのポトマック川付近の湿地を指す口語。今日では、米国国務省を指して用いられることが多い。（USDOS）

Food chain　食物連鎖

主に食糧源として、自らのためにその次の生物を利用する生物のつながり。（USEPA）

Food security　食糧安全保障

国家は基本的な食糧ニーズをできる限り自給しなければならないという原則に基づき、外国の農業生産物に対し、国内市場の開放を促さない概念。（WTO）

***Force majeure*　フォースマジュール、不可抗力**

文字どおりには「より大きな力」を意味する言葉。自然災害や戦争など、当事者が制御できない不可避の事態に起因する契約上の義務の未達成に対して、保護するようつくられた条項。（UN; MW）

Force multiplier (1)
戦力多重増強要員（1）
侵略軍または占領軍が、援助やその他の人道的支援関係者から自らの役割が自動的に支援されていると考える傾向。特にこのような武力軍が、安全保障理事会によって認められた場合、もしくは加盟国によって支持されていると見なされている場合に起こる。（USDOS）

Force multiplier (2)
戦力多重増強要員（2）
援助やその他の人道支援の関係者と関係機関が、侵略軍または占領者の財源から直接的な財政支援を受ける場合、かかる関係者と関係機関が侵略軍または占領軍の目標を支援するという、（侵略軍または占領軍による）想定、または（被侵略者もしくは被占領者による）認識。（USDOS）

Foreign direct investment (FDI)
海外直接投資
外国において直接的に生産能力を構築する行為。他国の所有の企業が、ある特定の国において行う投資。

Forest certification　森林認証
全体的な資源管理の構成要素として、社会、文化、市場取引、加工・流通過程の管理などの側面においてよく管理された森林から収穫された木材を認証し、表示するプロセス。（NRDC）**'Forest Stewardship Council' 'Certified wood'** を参照。

Forest landscape restoration (FLR)
森林景観回復
伐採された、または劣化した森林景観において、特定の林型を回復させ、人類の福祉を向上させるために計画・実施されたプロセス。景観全体での選択肢が必要であり、全体的な景観の利益は、個々の林分または森林地域に関連する選択肢よりも重要である。

Forest management　森林管理
森林の生産性を維持しながら、特定の目標と目的を達成するために、生物学的・物理的・量的・経営的・経済的・社会的・政策的な諸原則を、森林の再生、活用、保全に実践的に応用すること。（IUFRO）

Forest Principles　森林原則
1992 年の国連環境開発会議（UNCED）で、およそ 180 カ国の政府が合意。すべての種類の森林の経営、保全および持続可能な発展に指針を与える。法的拘束力のない権威ある原則声明。（UNCED; UNT）

Forest Stewardship Council (FSC)
森林管理協議会
国際的に森林認証を与える国際的な非営利組織。

Forum　フォーラム
自由な議論もしくは思想の表現の媒体。

Fossil fuel　化石燃料
熱または動力を得るために燃焼することができる、あらゆる炭化水素鉱床。たとえば、石油、石炭、天然ガス（もしくは、それらから抽出される、あらゆる燃料）。（NASA）

Fossil water　化石水
'Non-renewable natural resources' を参照。

Founex Report　フネ報告書
スイスのフネで開催された会合の文書成果物。この会合は、1972 年のストックホルム会議の準備として開催され、第三世界における開発と環境保護の関連性を議論した。（CIPA）

Fourth World　第四世界
電気、水、下水／公衆衛生といった公共サービスの恩恵を受けることなく、無計画、非公式、未許可の居住区に住む都市周辺の貧困生活者を指す。一般に、社会網に含まれず、地下経済で活動し、政府の統計調査または記録に反映されない、もしくは含まれないために、こう称される。このことは、こうした貧困生活者が、第三世界の人々よりも困窮していることを示唆する。

Fragile ecosystem　脆弱な生態系
第1部「論考」41ページを参照。

Fragile states　脆弱国家
世界銀行による政治的もしくは経済的な崩壊の危機に瀕した国の分類。2006年は26カ国。(WB)

Fragmentation　断片化
土地利用が変化したために、広範囲の地形が分離、隔離、半隔離された土地に細分化されること。(BCHM)

Framework　枠組み
詳細を付け加えることができる概観、概要、骨子。(GEF)

Framework convention　枠組条約
より詳細かつ専門化された交渉を必要とする特定の課題に取り組むために、議定書を策定できる協定。(UNFCCC)

Free market-oriented reforms
自由市場志向の改革
'Structural adjustment loans' を参照。

Free trade　自由貿易
関税、割当量、その他の制約による障壁がない状態で、財を輸出入できる貿易。(WTO)

Free-rider problem　ただ乗り問題
気候変動枠組条約（UNFCCC）の議論では、ある締約国が約束を受け入れることなく、または行動をとることなく、他国の温暖化防止活動から利益を得る可能性を指す。

Friends of the chair (president)
議長の友
合意形成を非公式に促進するために、議長によって要請された数人の優れた交渉担当者。(UNFCCC)

Friends of the Earth International (FoEI)　FoE インターナショナル
フランス、スウェーデン、英国、米国の4つの組織により、1971年に創設。今日の66団体からなる連合は、原子力エネルギーや捕鯨といった重要な諸問題での協働に合意した各国の環境活動家たちの年次会合から成長した。1988年のFoEメンバー団体の会員や支援者の合計数は100万人近くに達しており、FoEインターナショナルの傘下で5000の地域活動団体が結束した。FoEメンバー団体を合わせると、年間予算合計は2億米ドル近くになり、常勤職員は700人近い。(FoE)

Friends of the United Nations
国連の友
国連活動に関する意識を向上させるために1985年に創設された無党派の独立した非政府組織（NGO）。教育機関、企業、メディア、政府、その他の機関と協働して、平和、人権、環境、子ども、責任ある経済発展に向けた国連活動について情報提供や教育を行う。経済・社会が多様な世界の人々のコミュニケーションを促し、地球規模の課題に対する解決策を生み出そうと努める。世界中に数多くの国内支部が設立されている。(UN)

Frozen Ark
フローズン・アーク計画、凍結箱船計画
多くの国々の動物園、博物館、飼育下繁殖計画、研究室を巻き込む英国主導の計画。失われる可能性がある遺伝的多様性の源を提供するなどの科学目的のため、絶滅の恐れのある動物種のDNAサンプルを保存する。**'Genome projects' 'Global crop diversity trust' 'Doomsday vault' 'Germ plasm'** を参照。

F.S.O.　外務職員
米国国務省の外交局に所属するキャリア組の外交官。(USDOS)

Fugitive emissions　漏出
土壌浸食からの煤塵、露天採鉱、砕岩、野外での用足し（糞便）、建築、ビルの解体など、工場の煙突を経由せずに、気柱に入った物質。

Fugitive fuels　燃料からの漏出

ほとんどの場合不慮の出来事ではないが、完全な管理下にあるかどうかは不明な燃料の漏出。たとえば、ガスのパイプラインやバルブからの漏出、ガス抜きとガスのフレア、炭層からのメタン排出、石油貯蔵によって発生する蒸気など。(UNFCCC)

Full and Frank Discussions
十分かつ率直な議論

意見の不一致に終わった議論を示す外交用語。

Full powers　全権委任状

国家の所轄官庁が発行する文書。国家を代表する１人または複数の人間を任命。任務は、条約の条文を交渉し、採択し、確定することや、条約によって拘束されることについての国家の同意を表明すること、あるいは条約に関連するその他のあらゆる行動を遂行すること。(VC)

G g

G3　G3

英国、ドイツ、フランスが2005年に結成。目的は、イラン・イスラム共和国における原子力発電の開発や操業に関する諸問題の取り組みにおいて、国際原子力機関（IAEA）を支援すること。

G4　G4

もともとは、国連安全保障理事会の改正案により常任理事国入りを目指す4カ国が設立（日本、ドイツ、インド、ブラジル）。2005年に、拒否権を有する常任理事国5カ国と拒否権を有さない非常任理事国10カ国の計15カ国を、常任理事国9カ国と非常任理事国16カ国の計25カ国に拡大すべきと提案した。常任理事国拡大についての当初の議論では、新たな常任理事国に対して即時に拒否権を与えないこととされていた。2006年前半に、日本は安保理入りに関して米国政府と直接協議を開始するため、G4を抜けた。

G5 ('old')　G5（旧）

拒否権を有する国連安全保障理事会の常任理事国5カ国（英国、中国、フランス、ロシア、米国）。(UN)

G5 ('new')　G5（新）

欧州の経済大国5カ国のグループ（英国、フランス、ドイツ、イタリア、スペイン）。(UN)

G6 ('old')　G6（旧）

主要工業国6カ国によって構成される貿易交渉ブロック（米国、日本、ドイツ、フランス、イタリア、英国）。(UN)

G6 ('new')　G6（新）

原子力産業を開発するという、イランの強い願望または権利の問題を主に扱うために、2005年後半に形成されたグループ。旧G5にドイツを加えた国々で構成される。

G7 (old)　G7、主要7カ国（旧）

国際通貨基金（IMF）や世界銀行の政策を設定するなどの責任を有する7大先進工業国／民主主義国のグループ（米国、日本、ドイツ、フランス、英国、イタリア、カナダ）。

G7 (new)　G7、主要7カ国（新）

「新G7」は、2006年の先進7カ国（G7）会合の準備が議論されている際に最初に用いられた言葉。G7の最初の組織原則のひとつに、世界の経済大国であるという条件があるが、中国経済が既存の構成国（フランス、英国、イタリア、カナダ）より大きくなったため、もはやこの条件は適合しないと考えられた。しかしながら、中国の加入に関する議論は、民主主義国であるという構成国のもうひとつの条件に関して展開していった。(CFR; TWN)

G8　G8、主要8カ国

主要な（国内総生産〈GDP〉が最大である）工業化された民主主義国8カ国（G7＋ロシア）。構成国になるための基準には、以下が含まれる。民主的な体制、大規模な経済、高水準の経済的・制度的発展、兌換通貨、世界貿易機関（WTO）・経済協力開発機構（OECD）・国際エネルギー機関（IEA）の加盟国であること、国際協力の目標と原則に貢献していること。

G8+　G8 +
G8（主要 8 カ国）＋中国。

G8+ (new)　G8 +（新）
「新しい G8 +」は、G8 ＋諸国と、間違いなく経済成長を果たすだろうと思われる国々の中でもインドやブラジルを加える可能性がある。当初の基準に従い、もともとの G8 の構成国が置き換えられる。（TWN; UN）

G10　G10、10 カ国グループ
ベルギー、カナダ、フランス、ドイツ、イタリア、日本、ルクセンブルク、オランダ、スウェーデン、スイス、英国、米国の中央銀行が構成するグループ。目的は、自らの業務の関連で金融機関の自己資本比率の統一基準を維持することと、業務で冒すリスクを規定すること。活動の指針は、1988 年のバーゼル合意。

G13　G13
2005 年の国連サミットで、オランダをはじめとする 13 カ国が、次のような抜本的な国連システム改革を支持する提案を行った。多くの専門機関を廃止して、既存の機能を 3 つの強力な実施機関（開発、人道問題、環境）に統合すること。健康、労働基準や農業といった諸問題について規範や基準を策定し、国際的対話の場を提供するような世界の中核拠点を創設すること。ある国において、ひとつの国連プログラムに対して 1 人の国連チームリーダーが責任を持ち、その下で国レベルの全活動を調整すること。参加国は、オランダ、ベルギー、カナダ、デンマーク、フランス、フィンランド、ドイツ、アイルランド、ルクセンブルク、ノルウェー、スウェーデン、スイス、英国。（UN）**'United Nations Reform Process'** を参照。

G15　G15
開発途上国 15 カ国グループ。1989 年に結成された開発途上国の首脳レベルの集まり。南南協力や南北対話を促進する土台を提供する。現在 19 カ国が参加（アルジェリア、アルゼンチン、ブラジル、チリ、コロンビア、エジプト、インド、インドネシア、イラン、ジャマイカ、ケニア、マレーシア、メキシコ、ナイジェリア、ペルー、セネガル、スリランカ、ベネズエラ、ジンバブエ）。

G20　G20、20 カ国グループ
19 の政府を代表する財務大臣と中央銀行総裁、欧州連合（EU）、ブレトンウッズ機関による国際的なフォーラム。メンバーは、アルゼンチン、オーストラリア、ブラジル、カナダ、中国、フランス、ドイツ、インド、インドネシア、イタリア、日本、韓国、メキシコ、ロシア、サウジアラビア、南アフリカ、トルコ、英国、米国、EU、世界銀行、国際通貨基金（IMF）。

G21　G21、21 カ国グループ
2003 年中頃にメキシコのカンクンでの世界貿易機関（WTO）ラウンドにて結成された開発途上国のグループ。目的は、すべての部門における補助金の撤廃、特に国際市場における開発途上国の競争力に直接影響を与える（農業などの）部門について先進国で供与される補助金の撤廃を交渉すること。（UN）

G22　G22、22 カ国グループ
アジア太平洋経済協力会議（APEC）の 22 カ国のリーダーたちが、1997 年 11 月のバンクーバーでの会議で設立。世界金融システムの構造改革を進展させるため、財務大臣や中央銀行総裁による会議を開催する点で合意が成立した。ウィラード・グループとも呼ばれる。（APEC）

G33　G33、33 カ国グループ
1999 年から G20 に業務を引き継いだ開発途上国 40 カ国のグループ。初期の 33 カ国グループのセミナーは何度か、G7 の財務大臣や中央銀行総裁のイニシアティブにより開催され、国際金融構造に取り組んだ。（WP）**'Non-Aligned Movement'** を参照。

G77 + China　G77 ＋中国
135 カ国が加盟する連合。目的は、グループの経済利益を集団的に明確化して促進することと、国連におけるすべての主要問題について交渉力を強化すること。議長は、国や地域の間で1年ごとの持ち回り制。現在、ローマ支部（国連食糧農業機関〈FAO〉内）、パリ支部（国連教育科学文化機関〈UNESCO〉内）、ナイロビ支部（国連環境計画〈UNEP〉内）、ワシントン支部（国際通貨基金〈IMF〉や世界銀行内）、ウィーン支部（国連工業開発機関〈UNIDO〉内）がある。

G90　G90、90カ国グループ
最も貧しい開発途上国のグループ。世界貿易機関（WTO）の交渉において、貿易原則に基づき非公式の関係を維持しながら活動する。アフリカ・カリブ海・太平洋諸国（ACP）を包括し、すべての重債務貧困国を含む。WTO加盟国の下部組織としては最大のグループ。（TWN）

***Gaia* hypothesis　ガイア仮説**
英国の科学者であるジェームス・ラブロックの提唱する仮説。地球の大気圏と生物圏とその生物はひとつのシステムとして振る舞い、安定性を維持して生命が存在できるようにする、とした。（NASA; EES）

***Gaia* 'revenge' hypothesis**
ガイアの「復讐」仮説
地球の生命維持システムを人類が乱用することは、結果的に、人間に敵対するような安定メカニズムを形成していると予言する説。要するに、特に気候変動が引き金となって地球はあと戻りできなくなっており、地球上の生命も決して同じ状態には戻らない、という主張。（NASA）

Gap analysis　ギャップ分析
どの資源や価値が現在保護されていて、どのようなニーズが保護されるべきか、を決定するための目標や基準の系統的な適用。

Gazette/Gazetted　官報
政府もしくは議会や立法機関などの当局が発行する公式刊行物。米国の連邦議会議事録に似た性質のもの。一般に、法が施行する前に求められる。（MW）

GEF　地球環境ファシリティ
'Global Environment Facility' を参照。

GEFable　GEFの資金供与の対象
GEFによる補助金供与のための諸条件を満たす事業計画を示す言葉。

Gender　ジェンダー
社会的に決定された女性および男性の役割。歴史的・宗教的・経済的・文化的・民族的要因によって決定されうる。（UNDP）

Gender analysis　ジェンダー分析
女性と男性による役割、資源へのアクセス、資源管理における相違を研究すること。男性と女性の間の相違が、開発への参加に関連する機会と問題にどのように影響を与えているかを理解することが目的。

Gender balance　ジェンダー・バランス
ある活動または組織に、同数の女性と男性が参加すること。（WDM）

Gender equality　ジェンダー平等
男女間の生物学的相違を中性化することなく、女性と男性の平等な地位を獲得するために求められる規範、価値観、姿勢、認識のこと。（WDM）

Gender-related Development Index (GDI)　ジェンダー開発指数
人間開発指数（HDI）と同様の側面と変数において達成度を計測するが、女性と男性の間の達成度の不平等をとらえる。基本的な人間開発における男女の格差が大きければ大きいほど、その国のGDIはHDIより低くなる。（AM）

Gene　遺伝子
遺伝の機能単位。単一酵素もしくは構造タンパク質をコードする、DNA分子の一部。（GBS）

General Agreement on Tariffs and Trade (GATT)
関税と貿易に関する一般協定
輸入割当量の撤廃や、関税引き下げ、自由で無差別な国際貿易の促進に取り組む国際機関。1947年に、当初23カ国が署名。ウルグアイ・ラウンド中の1995年に、GATTを管理運営する国際機関として世界貿易機関（WTO）が創設された。（WTO）

General Assembly　総会
政府間機関の最高の主要機関。すべての加盟国の代表によって構成される。

General circulation model (GCM)
大気大循環モデル
地球規模の気候システムの三次元コンピューターモデル。人為的な気候変動のシミュレーションに利用できる。きわめて複雑なモデルであり、大気中の水蒸気の反射特性や吸収特性、温室効果ガス濃度、雲、年間および毎日の太陽放射加熱、海洋温度、氷境界といった要素の影響を解析する。最新のGCMは、大気、海洋、地表の解析を地球規模で行う。（NASA）

General support staff　一般職員
'G-level staff' を参照。

Genetic diversity　遺伝的多様性
個体の遺伝的構成物が、種内または種間で多様であること。（GBS）

Genetic engineering　遺伝子工学
生命体において必要とされる特性を生み出すため、分子生物学技術を活用して実験室で遺伝物質を操作する研究。（McG-H）

Genetic material　遺伝素材
遺伝の機能的な単位を有する植物に由来する素材。（CBD）

Genetic resources　遺伝子資源
現実のまたは潜在的な価値を有する遺伝素材。植物、動物、その他の生命体の遺伝子を含む。（CBD; EES）

Genetically modified organism (GMO)
遺伝子組み換え生物
改変された遺伝子やほかの品種・種の遺伝子を組み込むことによって、遺伝的特徴が変えられた生命体。

Genocide　集団虐殺、ジェノサイド
人種的・政治的・文化的・宗教的集団の計画的かつ組織的な絶滅。（UN）

G

Genome projects　ゲノム・プロジェクト
生物のゲノムもしくは種のゲノム（動物、植物、菌類、細菌、始生代生命体、原生生物、もしくは病原体）をマッピングすることを目的とした科学的取り組み。**'Frozen Ark' 'Global crop diversity trust' 'Doomsday vault'** を参照。

Genuine progress indicator (GPI)
真の進歩指標
環境経済や福祉経済において、経済成長を測る国内総生産（GDP）に代わるものとして提案されている概念。（WP）

Genus　属
動物や植物を、科学的に分類するために用いられる主要な分類群のひとつ。密接に関連する複数の「種」またはひとつの「種」が、属を構成する。そして、複数またはひとつの属が、「科」を構成する。（CBD, MW）
'Species' 'Scientific name' 'Scientific classifica-tion' を参照。

Geoengineering　地球工学
人間のニーズを満たし、居住性を促進するために、大規模に地球環境を再構築すること。たとえば次のような形態がある。地球温暖化の影響を低減するために、太陽光から地球を守ること。主要河川の流れを逆流させたり、方向を変えたりすること。大規模な人工降雨を実施すること。乾燥地帯の生産性に影響を与えうる規模で脱塩を行うこと。地域レベルで湿度を上げること。大量の海水を使って地域もしくは準地域を冷やすこと。**'Planetary engineering'** を参照。

Geographic balance　地理的バランス
'Quota, geographical' を参照。

Geographic information system (GIS) 地理情報システム
空間的情報を保存し、操作し、表示するコンピューターベースのシステム。(EES)

Geoparks　ジオパーク
国連教育科学文化機関（UNESCO）が管理する「人間と生物圏（MAB）」や「世界遺産」に関する取り組みの姉妹計画。地質学的に重要な現象を表す地域を認定し、ユネスコの認定を与える。教育、科学、持続可能な観光のための保全や管理を確保するのに役立たせる。(UNESCO)

Geotagging/Geocoding
ジオタギング／ジオコーディング
写真、住所、地勢などの情報を、地図（一般に緯度、経度、高度の組み合わせ）上の特定の場所に入力し、地図上で、またはマップクエスト、フリッカー、グーグルアースのような三次元視覚化ソフトによって見られるようにするプロセス。(WP)

Geothermal　地熱
文字どおり、地球からの熱。地表下の高温部から得られるエネルギー。(NRDC)

GeoWeb　ジオウェブ
地図の詳細な要約をつくるプロセス。市民が、グーグルアース、マイクロソフト、ヤフー、マップクエストなどで提供される白地図を利用し、ある地域について知っていることに基づいて、きわめて具体的に、これまでに記録されていない、あるいは不正確な情報で、独自の地図をデザインできる。全体的には、この新しい情報によって、地球のより詳細な描写が得られるだろう、という考えに立っている。

'Geritol'® climate-carbon effect
「ジェリトール」気候—炭素効果
「ジェリトール」は、鉄分を含む、人間の健康サプリメントの商品名。この概念は、プランクトス社が展開。海洋に鉄塵を散布することによって、減少しつつあるプランクトンの成長を公海で回復させる鉄補充と呼ばれるプロセスを利用する。鉄分はプランクトンの光合成に必要な大切な微量栄養素なので、海に微量を加えれば、プランクトンの成長の再活性化につながりうる。食物連鎖の底辺に位置するプランクトンの大増殖を促すことは、温暖化の原因となる二酸化炭素を取り込むだけでなく、海洋生態系構造の復元にも役立つ。(PLA)

German Technical Cooperation Agency (GTZ)　ドイツ技術協力公社
技術協力や対外援助を行うドイツの主要機関。

Germ plasm　生殖細胞質
将来の商業的または科学的価値のために保存されうる遺伝物質（植物の種子、動物の精子、胚細胞、卵細胞など）。(McG-H) **'Frozen Ark' 'Genome projects' 'Global crop diversity trust' 'Doomsday vault'** を参照。

Gillnets　刺し網
通常、海底にかけられる立て網。魚のえらが網に絡まって捕獲される。(NRDC)

Gini coefficient of income distribution　ジニ係数、国民所得分配係数
国民所得分配における不平等を計測するもの。(WP)

G-level staff　G レベル職員
国連や米州機構（OAS）組織において一般職もしくは業務補助職（および諸手当を含む給与）を命名し分類する際の用語。G1 から G8 へ昇格していく。通常、現地で採用され、一般的な現地の相場と条件に基づき支払われる。(UN)

Global atlas　グローバル・アトラス
共通関心事項に対応する独特な手段。いくつかのロードマップを組み合わせて、世界地図にする。**'Road map'** を参照。

Global benefits　地球益
地球レベルで生じる環境上の利益。政府の開発努力を通じて得られる国益や地域益とは対極にある。(GEF)

Global Biodiversity Forum (GBF)
世界生物多様性フォーラム
1993年に国際自然保護連合（IUCN）、世界資源研究所（WRI）、国連環境計画（UNEP）が設立。地方・国家・地域・国際レベルの、生物多様性に関連した生態学的・経済的・社会的・制度的な主要問題に関して、分析、対話、パートナーシップを促す。(CBD)

Global civil society　地球市民社会
市民社会が超国家的な領域へと拡大していることを意味する言葉。地方・国家・地球レベルの非政府組織（NGO）で構成される「レジーム」に従うものを構築している。(Lipschutz, 1999)

Global Climate Coalition (GCC)
地球気候連合
国連気候変動枠組条約（UNFCCC）に反対するエネルギー業界の連合。(GCC)

Global Compact (GC)
グローバル・コンパクト
2000年に発足した、5つの国連機関（人権高等弁務官事務所〈HCHR〉、国際労働機関〈ILO〉、国連開発計画〈UNDP〉、国連工業開発機構〈UNIDO〉、国連環境計画〈UNEP〉）と民間セクターの企業や、その他の機関のネットワークであり、人権、労働基準、環境責任や腐敗といった幅広い分野における10原則の受け入れを促進し、責任あるコーポレート・シティズンシップを目標としている。(UN)

Global commons
グローバル・コモンズ
地球・大気圏システムの構成要素。いかなるものにも権利を主張されないが、あらゆる人々によって利用される可能性がある。長い間に、過度に利用され、破壊される可能性がある。(UN)

Global cooling　地球冷却
一般に大気汚染の増大のせいで、地球の表面に届く太陽光の量が減少し、地球の大気と海洋の平均気温が長期的に低下すること。この理論は、地球の全体的な冷却を仮定しており、氷河作用、もしくは氷河期の始まりさえ予測する。一般に、地球は今のところ地球冷却期には向かっていないと考えられている。(UNFCCC; WP) **'Global dimming'** を参照。

Global crop diversity trust
世界作物多様性財団
「地球最後の日のための種子倉庫」を支持するゲイツ財団ならびにノルウェー政府による支援と、国連の後援を受け、2007年から行われる取り組み。開発途上国の遺伝子銀行に保存されている危機に瀕した作物多様性（特に、希少作物）の最低95%の生存率を確保する。開発途上国の遺伝子銀行の多くは、十分に資金供与されておらず、破損している。(ENN, UNW) **'Frozen Ark' 'Doomsday vault' 'Orphan crops' 'Genome projects' 'Germ plasm'** を参照。

Global currency unit (GCU)
地球通貨単位
主要経済のインフレ調整済みの実質国内総生産（GDP）に基づいた提案。この概念を実行することは、新たな紙幣を発行するということではない。むしろ、将来的な活動に関する憶測ではなく、生産コストや財・サービスに対する需要に基づいて、世界経済における既存の通貨の実質市場価値を評価する手段を意味している。各国政府は、GCU建ての債券を発行し、準備金として保有する。そして、自国の通貨で国境を越えた支払いを行う。その支払いはGCUを通貨交換比率基準として用いた国際手形交換所で清算される。(IMF) **'European Currency Unit'** を参照。

Global Development Learning Network (GDLN)　グローバル・ディベロップメント・ラーニング・ネットワーク
遠隔学習センターや、永続的な貧困削減のための開発に関する学習・対話に従事する公共団体、民間団体、非政府組織（NGO）の世界的なパートナーシップ。遠隔学習の技術と方法のユニークな組み合わせを提供することにより、費用対効果が高く、時宜にかなった知識の共有、協議、調整、研修を促進する。(WB; UNESCO-IHE)

Global dimming　地球薄暮化
太陽エネルギーを吸収し、宇宙に太陽光を反射させるエアロゾル微粒子の増加や汚染、水蒸気によって地球の表面に届く太陽光の量が低下すること。冷却効果も生むため、科学者たちが地球温暖化に及ぼす温室効果ガスの影響を過小評価する要因になっているかもしれない。(UNFCCC; WP) **'Global cooling'** を参照。

Global dust budget　地球ダスト収支
地球規模での、ミネラルダストのエアロゾルの排出量、大気荷重、堆積の計算。ミネラルダストのエアロゾルの発生源の位置と強度、輸送経路、大気中分布、堆積などが対象。(EOE)

Global Environment Facility (GEF)　地球環境ファシリティ
無償資金を供与する加盟国によって支援された政府間組織。合意された地球環境益を最大化させるために、ある国独自の持続可能な発展のための事業に対する追加費用をまかなう。対象分野は、生物多様性、気候変動、国際水域、オゾン層破壊、残留性有機汚染物質（POPs）、土地劣化（主に砂漠化と森林減少）。世界銀行内に事務局を有し、主要な実施機関は、世界銀行、国連開発計画（UNDP）、国連環境計画（UNEP）である。執行機関は新たに、国連工業開発機構（UNIDO）、国連食糧農業機関（FAO）、地域開発銀行、国際農業開発基金（IFAD）に拡大。これらの機関は、GEF のプロジェクト形成資金（PDF）を直接利用できる。(GEF) **'GEFable'** を参照。

- GEF 中規模プロジェクト：100 万米ドル以下の 1 回きりの GEF 無償資金援助。
- GEF プロジェクト：無制限の無償資金援助。
- GEF 信託基金（GEFTF）：世界銀行を受託者として設置。GEF 参加国からの拠出金からなり、無償資金供与に利用されている。(GEF)
- GEF ワーキング・ペーパー・シリーズ：GEF の業務についての一般的な情報を提供している一連の文書。方法論的なアプローチ、科学的・技術的諸問題、政策や戦略的事項に関して特定の情報が記されている。
- GEF-PDF「ブロック A」：GEF 無償資金 2 万 5000 米ドルまで。
- GEF-PDF「ブロック B」：GEF 無償資金 75 万米ドルまで。
- GEF-PDF「ブロック C」：GEF 無償資金 100 万米ドルまで。

Global Environment Organization (GEO)　地球環境機関
'World Environment Organization' を参照。

Global environmental benefits　地球環境益
地球共同体の利益。たとえば、温室効果ガスの削減。(GEF)

Global environmental governance scenarios　地球環境ガバナンスシナリオ
持続可能な発展のための世界経済人会議（WBCSD）は、地球環境ガバナンスのためのシナリオを大きく 3 つに定義した。WBCSD は、現在の世界を示す 'GEOPolity' シナリオは失敗しているが、地球環境機関の設立を含め、新たな規範の設定手順と新たな制度を求めれば、成功するように再設計できると主張する。持続可能な未来への第二の経路は、ビジネス界で 'Jazz' シナリオを実践することである。

- FROG（まず成長）シナリオは、経済的な課題の解決を求める。成り行き（BAU）シナリオであり、ビジネス界のリーダーにも膨大な環境費用をもたらす。
- GEOPolity（地球国家）シナリオは、持続可能性が積極的に追求されて成功するシナリオである。人々は政府に対し、市場を環境面・社会面の目標に向かせるように求め、政府間組織や条約に大きく依存する。
- Jazz（ジャズ）シナリオは、台本にない取り組みの世界であり、分権化され、かつ臨機応変な精神を示している。企業行動に関して多くの情報があり、企業の善行は、世論や消費行動によって強化される。善行に対して、政府は促進し、非政府組織（NGO）は大変積極的であり、企業は戦略的な優位性を見出す。

Global Environmental Outlook (GEO) 地球環境概況

地球環境を常に検討するという国連環境計画（UNEP）の責務を履行する事業。1995 年の国連環境計画（UNEP）管理理事会の要請により開始。環境変化、原因、影響、政策対応を分析し、一連の報告を行うとともに、報告書を作成するプロセスを指す。意思決定のための情報を提供し、早期警報を支援し、世界レベル・準世界レベルで能力を構築する。また、環境問題について意識を高め、行動の選択肢を提供しようとするコミュニケーション・プロセスでもある。(UNEP)

Global Fund for the Environment (GFE)　地球環境基金

1992 年の地球サミットの成果のひとつ。地球の生物多様性の保護を進めるために設立。

Global Initiative on Forests and Climate　森林と気候に関するグローバル・イニシアティブ

2007 年にオーストラリアが、東南アジアにおける森林伐採の削減や新規植林を目的として、1 億 6000 万米ドル規模の基金を設立。これは、オーストラリアが京都議定書に署名していないため、自らの面目を保つためであったと批判された。(UNW)

Global Mechanism (GM)　地球機構

砂漠化対処条約の下で設立。無償ベースや譲許的、あるいはその他の条件で、被害に直面している開発途上締約国に対して、技術移転や、実質的な財源の準備と投入といった活動を促進する。(CD)

Global Ministerial Environment Forum　グローバル閣僚級環境フォーラム

1999 年 7 月 28 日の国連総会決議 53/242 によれば、年次の閣僚級の地球環境フォーラムであり、国連環境計画（UNEP）管理理事会と同時に開催され、2 年に 1 回開催される管理理事会がない中間期にも、管理理事会の特別会合の形をとる。参加国は、場合によっては財政的な意味合いも含め、UNEP の管理メカニズムが効果的かつ効率的に機能することを確保する必要性や、持続可能な発展に関するハイレベルな政策討議を行う主要なフォーラムとしての「持続可能な発展委員会」の役割を維持する必要性を十分に考慮しつつ、重要かつ新しい政策課題を検討する。(UN)

Global navigation satellite system (GLONASS)
全地球的航法衛星システム

ロシアの全地球測位システム（GPS）に当たるもの。**'Global positioning system'** を参照。

Global parliament　地球議会

地球経済や生活の質に影響を与える決定について、より広範な市民参加を確保するため、2005 年の中頃から公式な支持を集めている概念。国連事務総長、世界銀行総裁、国際通貨基金（IMF）専務理事、世界貿易機関（WTO）事務局長、その他世界的リーダーによって支持されているが、この考えの実践方法に関する明確な戦略がいまだ見えてこない。公式にはユートピア的な考えであるとされるが、この考えの勢力は増している。なぜなら、貿易、対外直接投資、資本移動といったグローバル化の流れにより、一国あるいは一地域における決定がほかの国や地域の生活に直接影響を与えることを、もはや無視することはできないからである。このようなグローバル化は、国際秩序を通じて政治的権威を分散させる。**'New world order'** を参照。

Global Policy Forum (GPF)
地球政策フォーラム

1993 年に設立された非政府組織（NGO）。国連での政策形成を監視し、地球規模の決定の説明責任を促し、地球の市民参加に向けて教育と人々の結集を行い、国際平和と正義の重大な諸問題について政策提言を行う。

Global positioning system (GPS)
全地球測位システム

米国の管理する衛星ナビゲーションシステム。ある人または物の正確な位置を特定するために、また、地球上や地球軌道におけるほぼすべての場所で高度に正確な時間基準を提供するために用いられる。24 基の人工衛星の中軌道衛星コンステレーションに依存しており、ある人または物の正確な場所を三角法で測定するために、そのうち 3 基以上を用いなければならない。ロシア連邦は GPS に対抗して、「全地球的航法衛星システム（GLONASS）」と呼ばれる同様のシステムを開発し、2007 年後半に作動を開始した。中国も、北斗七星と呼ばれる独自のシステムを準備しているが、運用開始は数年後になる見込み。（NASA）

Global tax　地球税

政府開発援助（ODA）の GDP 比 0.7％という目標は偽装した地球税であり、国連、世界銀行、その他の多国間機関に対する追加的資金の任意的提供を意味する、という一部社会階層の見方を表す言葉。**'Nations, 0.7' 'Millennium Project' 'Official development assistance' 'International Finance Facility'** を参照。

Global village (1)
地球村、グローバル・ヴィレッジ (1)

麻薬取引、テロリズム、軍備管理の共通の取り締まりを求める一方で、貿易もしくは開発を阻害する制約がない世界を意味する、ユートピア的な概念。（WP）

Global village (2)
グローバル・ヴィレッジ (2)

メディア研究者マーシャル・マクルーハンによって新しくつくられた言葉。電子マスメディアが人類のコミュニケーションにおける空間や時間の壁を壊し、人々が地球規模で互いに交流し合い暮らせるようになったさまを説明する。この意味で、電子マスメディアと情報通信技術の急増により、世界はひとつの村になった。（WP）

Global warming　地球温暖化

地球の気温の高まりに関して、増加しつつある科学的研究に基づく理論。人間活動に絡んだ温室効果ガスの排出によって、「温室」効果が生まれることがその一因。

Global warming superfund
地球温暖化スーパーファンド

富める国からの汚染者によって支援され、さまざまな環境技術を研究、促進するために用いられる基金の案。（UNW）

Global Water Challenge
グローバル・ウォーター・チャレンジ

世界銀行による取り組み。社会経済開発の主要な原動力として、水問題を本流に据えることが目的。（WB）

Global Water Initiatives (GWIs)
地球水イニシアティブ

世界の内水とその管理に関する知的基盤を発展させることを基本的な目的とする諸機関。さらに 1980 年代以降、多くの GWI の中核的な目的は、地球上の飲料水や公衆衛生へのアクセスを改善するために、積極的な社会的・政策的要素を含むように拡大した。第二次世界大戦後、一般的な多国家間の問題や特に共有資源を解決するために、集団的アプローチをとる流れを反映している。(Varady and Iles-Shih, 2005)

Global Water Partnership (GWP)
世界水パートナーシップ

1996年創設の、水管理に従事するあらゆる主体間の実用的なパートナーシップ。主体としては、ダブリン原則やリオ原則に取り組む政府機関、公的機関、民間企業、専門組織、多国間開発機関など。目的は次のとおり。持続可能な水資源管理の原則を明確に定めること。利用可能な人的資源と財源の範囲内で重大なニーズを満たすために、格差を識別しパートナーを活性化すること。地方・国家・地域・河川流域レベルで、持続可能な水資源管理の諸原則に従う活動を支援すること。

Global warming potential (GWP)
地球温暖化係数

京都議定書に含まれる6つの温室効果ガス(二酸化炭素、メタン、ハイドロフルオロカーボン〈HFC〉、亜酸化窒素、パーフルオロカーボン〈PFC〉、六フッ化硫黄〈SF6〉)について、大気中でどのくらい長く活性を保つかを考慮し、分子対分子の相対力を計測する。現在使用されている温暖化係数(GWP)は、100年以上で計算されたものである。二酸化炭素が基準となり、その100年間の温室効果を1とする。各種ガスのGWP(概算)は、二酸化炭素が1、メタンが21、亜酸化窒素が310、HFC-134aが1300、HFC-23が1万1700、HFC-152aが140、HCF-125が2800、PFCが7850(2つのPFCであるCF4とC2F6の平均値)、SF6が2万3900。(CT) **'Greenhouse gases'** を参照。

Globalization (1)　グローバル化(1)

財、サービス、資本の市場において、世界的な統合が進むこと。1990年代後半に特に注目を集め始めた。

Globalization (2)　グローバル化(2)

同時に生じるととらえられる多様な変化を包含する言葉。たとえば、世界経済における大企業(多国籍企業)の役割が増大することや、国際通貨基金(IMF)、世界貿易機関(WTO)、世界銀行などの国際機関が国内政策や情勢に介入することが増えることなど。(AD)

Globalization (3)　グローバル化(3)

地球レベルで、財、サービス、資本、技術、情報、アイデア、労働の流れが増大すること。支持者が統合力や包含力ととらえるような自由化政策や技術変化によって引き起こされる。(UN)

Glocal　グローカル

地球規模(グローバル)から地域規模(ローカル)へ。ユネスコ国際水教育研究所(UNESCO-IHE)のジョイータ・グプタ教授の造語とされる。地球規模であると同時に地域規模である問題または解決策を意味する。たとえば、既定のミレニアム開発目標達成に向けた開発措置の提案が受け入れられるためには、市民による関与が必要であり、地球規模の文脈における地域規模の行動を必要としている。気候変動もまた、「グローカル」なガバナンスを必要とする「グローカル」な問題と考えられる。

Goal　目標

一般的な目的と方向性。努力が向けられる究極の達成の最終結果とされるもの。(MW)

Goldilocks economy
ゴルディロックス経済

世界経済フォーラムに関連する言葉。加熱気味ではなく、冷え込みすぎでもなく、ちょうど良い経済のこと。

Good governance　良いガバナンス

「ガバナンス」は、公共業務の実施や公的資源管理において、意思決定を形成し履行するプロセス。良いガバナンスには、汚職がないこと、人権侵害から自由であること、法の支配を断固として尊重することが含まれる。

G

Good neighborliness (principle of)
善隣友好（の原則）

国際法において、幅広い尊重と評価の基準を求める原則。国家、企業、個人に対し、他者が社会開発過程に参加する権利を尊重することを義務づける。(BLD)

Good offices (1)　周旋（1）

第三国が（文字どおり介入によって、もしくは支援を行うことによって）、もしくは個人や国際機関が、意思疎通を促して、ほかの二国間の紛争解決プロセスを進めようとする取り組み。(eD)

Good offices (2)　周旋（2）

ある国が、ほかの国に対して提供するサービス（公式の通信文書の受理や、会合の支援、一時ビザの発行など）を説明する言葉。(MW)

Goodwill Ambassador　親善大使

理想や概念の促進を手伝う個人に対して与えられる名誉称号。国連や国連専門機関がよく活用。世界的に認められた芸術家や上級の政治家が本称号を受けることが多い。その知名度が、ある特定の問題についての理解を進めるのに役立ち、財政的・政治的支援が得られるようになる。(UN)

'GOUTTE' of water　水の'GOUTTE'

水の教育、訓練、倫理のための地球観測部隊。国連教育科学文化機関の国際水文学計画（UNESCO-IHP）の取り組み。水に関連した諸問題に関する協力とネットワークを促進し、構築することが目的。情報やコニュニケーションのための基盤として連携を進め、地理的に制限されたパートナー団体を拡大させ、新たな協力関係を促進する。(UNESCO)

Governance　ガバナンス、統治

国家の経済資源や社会資源の管理において、責任、参加、情報入手可能性、透明性、法の支配を適用することにより、権力が行使されるようすを表す概念。ある権力レベルで行政を執り行う「政府」とは異なる。異なる領域レベル間で行政行為を調整する技術を指すものであり、そのうちのひとつが地球レベルであるかもしれない。「ガバナンスとは、個人、公的機関、民間組織が、共通の問題を扱う多くの方法の総体である」。(CGG, 1995)

Governing Council, UNEP (GC)
国連環境計画管理理事会

58カ国による国連環境計画（UNEP）の管理組織。1975年12月に創設。経済社会理事会を通じて、国連総会に報告を行う。次のような責務と機能を持つ。

- 環境問題に関する国際協力の促進。
- 国連システム内における環境計画の監督や調整のための一般的な政策ガイダンス。
- 国際的に重要な新たな諸問題に、各国政府が適切かつ十分な考慮を払うようにするため、地球環境の状況の見直し。
- 国連システム内の知識・情報の獲得、評価、交換や、環境計画の技術的側面に対して、適切な国際科学団体やその他専門組織の参加の促進。
- 国レベル・国際レベルの環境政策と、その開発途上国への影響についての継続的な見直し。環境計画や事業を履行する際に生じる追加的費用を含む。そのうえで、そのような計画や事業がそれらの国々の開発計画や優先課題と一致するようにする。
- 環境基金の活用の見直しと承認。(UN; UNEP)

Grameen bank/banking　グラミン銀行

バングラデシュで始まったシステム。貧困層の中でも最も貧しい人々に対し、小規模の貸付を行う。グラミンに似た貸付機関やシステムが25以上つくられている。これらの返済率は平均98%。グラミン銀行（およびその創設者であるムハマド・ユヌス博士）は、2006年にノーベル平和賞を受賞。**'Micro-credit'**を参照。

Grassroots　草の根

主な政治活動の中心ではなく、地方レベルの人々と社会。

Gray water/issues
グレー・ウォーター／イシュー
'Water' を参照。

Great green wall, concept of
緑の万里の長城の概念
5年間に120億本の木を植えることによって、国内の砂漠化の流れを食い止めようとする中国の取り組み。このような取り組みにもかかわらず、北西部のバダインジャラン砂漠やトングリ砂漠は拡大している。しかし政府は2006年、北京郊外のゴビ砂漠が史上初めて、2001年以降年平均1283平方キロメートルの速度で縮小している兆しがあると発表した。

Greater Mekong Sub-region (GMSR)
拡大メコン地域
メコン川流域。メコン川委員会の加盟国（カンボジア、ラオス、タイ、ベトナム）と加盟しない国々（中国、ミャンマー）を含む。

Green accounting　環境会計
従来の経済的会計（国内総生産〈GDP〉など）に加えて、環境面で重要なストックとフロー（たとえば、生命を維持する自然資源の貯蓄量や、汚染物質の移動量）のデータを、体系的に提示すること。経済活動が環境に及ぼす影響を包括的に測ることが究極的な目的。（EEA）**'Sustainability assessment measures'** を参照。

Green air miles allowance
緑の航空マイル割り当て
英国政府が2007年に提案。どの個人も、税金を支払うことなく、あらかじめ定められた回数または距離だけ飛行機に乗れるというもの。ただし、その距離を超えると、炭素航空税が課される。「収入ではなく、燃やした燃料に応じて支払う」提案ともいわれる。2020年までに20％の炭素総排出量を削減するという欧州連合（EU）の約束に沿って展開された。フランスも、これに似た別の政策案を推す。これは、個々の航空会社に対して1年間に特定マイル数の飛行を認めるが、これを超えて飛行するにはほかの航空会社（または、炭素の産出量に制限のあるほかの製造業者）から未使用の許可量を購入しなければならない。（UNW）

Green air miles tax　緑の航空マイル税
'Green air miles allowance' を参照。

Greenbelt　緑地帯
市や町と、田園地方との間の土地。都市部の農地への浸食に歯止めをかけるように設計される。都市部と田園地方の間の緩衝地帯として機能する。（AM）

Green chemistry　環境にやさしい化学、グリーン・ケミストリー
工業製品の設計、製造、利用において、有害物質の使用や生成を削減または排除するための諸原則に基づく。技術革新・発明プロセスの早期段階で環境影響を重視することによって、政府、学界、産業界を団結させようとする革新的な科学哲学。あとで処分や処理を行うよりも、そもそも廃棄物を生み出さないほうがいいとする原則が適用される。材料設計において、分野横断的で開かれた視点が必要となる。（CGC）

Green collar jobs　グリーンカラーの仕事
ホワイトカラー（事務所での仕事）とブルーカラー（工場での仕事）という言葉との語呂合わせ。従来の工業経済を、環境問題に取り組み、環境にやさしい財とサービスを生産する経済に改良することに関連した仕事。

Green Cross International®
国際緑十字
ミハイル・ゴルバチョフが1993年に設立。使命は、価値観の転換を促して、人間と自然の関係における共通の責任や地球規模の相互依存という新たな感覚を育むことにより、すべての人々にとって公正で持続可能で安全な未来が確かなものになるように支援すること。持続可能な国際社会を構築するために必要とされる、政府、民間部門、市民社会の価値観、行動、姿勢の根本的な変化を起こすような、法的規範・倫理規範・行動規範を促進する。環境悪化が原因となって生じる紛争を防止または解決する。そして、戦争と紛争によって生じる環境問題の影響を受ける人々を援助する。

Green diplomacy　環境外交

気候変動、生物多様性、砂漠化、再生可能エネルギーなど、世界的に大いに関係している課題に、従来の経済開発問題を関連づける外交。(EU)

Green economics　グリーン経済学

経済はそれ自体が属する生態系の一構成要素である、と経済理論を大まかに定義する。全体論的アプローチが典型的。理論家によって、ほかの多くの主題と経済学的な考えとが混じり合う。(WP)

Greenfield site
グリーンフィールド、未開発地

これまでに都市開発が行われていない土地。通常は既存の市街地の周辺にあると理解される。(EEA)

Greenhouse effect　温室効果

自然変動もしくは人間活動のいずれかによる、長期にわたる気候のあらゆる変化。(IPCC) **'Climate change'** を参照。

Greenhouse gases (GHG)
温室効果ガス

大気を構成する気体の成分（天然のものであるか人為的に排出されるものであるかを問わない）で、赤外線を吸収し、再放射するもの。水蒸気、二酸化炭素、メタン、亜酸化窒素、ハイドロフルオロカーボン、パーフルオロカーボン、六フッ化硫黄。(UNFCCC)

Green infrastructure
グリーン・インフラストラクチャー

公園、保護区、採取保護林を、土地利用規制、炭素クレジット、その他の土地管理政策と組み合わせたシステム。森林や湿地の多様な財とサービスの持続可能な生産や、環境ビジネスを促進することを目指す。野放図な熱帯林の伐採やその他の持続可能でない土地利用の慣行に追い立てる世界経済の力に対して、環境経済学による平衡力を生む。(CI)

Green gold rush
グリーン・ゴールドラッシュ

カーボン・ニュートラルを実現する機会を企業や個人に与える会社の数が急増していること。地球温暖化への寄与を帳消しにする炭素クレジットを購入することで、エネルギーの利用が相殺される。(Harvey and Fidler, 2007) **'Carbon footprint' 'Carbon neutral audit' 'Carbon capital fund' 'Carbon smokescreen'** を参照。

Green Party/green party　緑の党

環境主義を強調する一般的な「緑の党」(小文字の green party) と、特定の組織化された政党である「緑の党」(大文字の Green Party) とは区別される。後者は、4つの柱と呼ばれる諸原則声明を中心に成長し、それらに基づいて合意形成を行う。4つの柱とは、エコロジー（生態学的持続可能性)、正義（社会的責任)、民主主義（適切な意思決定)、平和（非暴力)。(WP)

Greenpeace International®
グリーンピース・インターナショナル

1971年に設立された非営利団体。欧州、南北アメリカ、アジア、太平洋の40カ国にわたる。個人会員はおよそ30万人。本部はオランダ。独立性を維持するために、政府や企業からの寄付は受けず、個人サポーターの寄付や財団法人の助成金に依存する。世界組織として、地球の生物多様性や環境に対する最も深刻で世界的規模の脅威に焦点を当てる。

Green pricing (energy)
グリーン料金（エネルギー）

従来の公益事業の利用者が、再生可能なエネルギーに対する公共事業投資の増額を支援できるような、公共サービスの選択肢。再生可能エネルギー源を利用するために市場価値を上回るコストをまかなうため、利用者は公共料金代金を割り増しして支払う。

Green productivity　緑の生産性
全体的な社会経済発展に向けて、生産性向上と環境保全を同時に実現する戦略。環境保全と両立する財・サービスの生産を行うために、適切な技法、技術、管理システムを活用する。製造業、サービス業、農業、地域社会に応用できる。(APO)

Green products
環境にやさしい製品、グリーン製品
環境ラベルまたはエコラベルのプロセスを経て認証された製品。このようなプロセスは、その製品が、持続的な利用、農薬使用、収穫における基準や、労働者に対する特定の社会経済基準を満たす状況下で、取り扱われ、製造され、収穫されたことを保証する。(CGC)

Green revolution　緑の革命
1950年代に始まった農業部門における運動。肥料、農薬、集約的な灌漑を利用し、品種改良した穀類の生産を行う。この運動の父であるノーマン・ボーローグ博士は、特に開発途上国でこの概念を発展させ応用した功績に対して、1970年にノーベル賞を受賞。

Green sector　グリーン・セクター
森林、土地、生物多様性、保護区に関連する諸問題を扱う「環境」プロジェクトに対する包括的な名称。

Green tax, reverse　環境税
欧州連合（EU）で採択されるべく、2006年にフランスが提案した措置。京都議定書を批准していない諸国からの財とサービスに税を課すというもの。(EU)

Green upgrades
グリーン・アップグレード
人間の生活スタイルにおける自発的な変化を指す言葉。その人が発生させる廃棄物量を相殺することが目的。**'Carbon offsetting'** を参照。

Green water/issues
グリーン・ウォーター／イシュー
'Water' を参照。

Greenway　グリーンウェイ、緑道
通常、都市における未開発の線形の空間。レクリエーションや環境保全のために、確保または利用される。線形の空間。自生植物からなる回廊。伝統的な公園や自然区域などの空間を結合させたネットワークを創出するためにも用いられる。(NRDC)

GRID　地球資源情報データベース
国連環境計画（UNEP）による、情報センターのネットワーク。質の高い環境情報を入手しやすくする。現在、世界で稼働中のGRIDセンターは16カ所。(UNEP)

Gross domestic product (GDP)
国内総生産
一国における生産要素（所有者の種類は問わない）によって生産されたすべての生産量を測定するもの。(IMF) **'Sustainability assessments measures'** を参照。

Gross national income (GNI)
国民総所得
国内経済におけるすべての生産量（GDP）と、海外からの要素所得（賃貸料、利益、労働所得）の純流入量を考慮に入れる。(WB)

Gross national income World Bank Atlas method
国民総所得、世界銀行アトラス法
3年間の移動平均の価格調整済み換算係数によって、為替相場変動を平滑化して算出した国民総所得（GNI）。(WB)

Gross national product (GNP)
国民総生産
一国の市民によって獲得された収入の総額を測定するもの（GDPに海外からの所得を加えたものに等しい）。(IMF) **'Sustainability assessments measures'** を参照。

G

Gross village product (GVP)
村内総生産

明確に区切られた村の区域内で生産されたすべての生産量を計測するもの。村の面積や人口は、国内法または州法において定義される。(UN) **'Barefoot College'** を参照。

Groundwater　地下水

地表の下にある水。

GS-level staff　GS レベル職員

国連や米州機構（OAS）組織において、業務補助職（および諸手当を含む給与）を分類する際の用語。GS1 から GS7 へ昇格していく。(UN)

Guideline　指針

目的を達成するために推奨された、もしくは慣習的な進め方。強制はしないが、一般に守られている。(MW)

Gunboat diplomacy　砲艦外交

国際的な場において、軍事力の明確な誇示により、外交政策の目標を追求すること。力が強いほうにとって諸条件が合意できるものではない場合、軍事的介入または戦争行為を行う直接的な脅威を示唆または与える。

H h

H.E.　**H.E.**
閣下。地位の高い人に対する称号であるHonorable Excellency や His/Her Excellency の略。

Habitat　**生息地**
生物の生息する場所。または、土壌、植物、水、食物を含め、生息できる環境の条件。(EES)

HABITAT　**ハビタット**
国連人間居住センターの略称。国連内での人間居住の問題に取り組む活動を調整する中核組織として、1978年10月に創設された。1996年6月にトルコのイスタンブールで開かれた「第2回国連人間居住会議（ハビタットII)」で採択された「ハビタット・アジェンダ（世界行動計画)」を実施する主要機関。使命は、社会面・環境面で持続可能な人間居住の開発を促進することと、世界のすべての人々に適切な住居を提供すること。(UNCHS)

Habitat Agenda
ハビタット・アジェンダ
第2回国連人間居住会議で採択された世界行動計画。同会議は1996年6月にトルコのイスタンブールで開催され、「都市サミット」とも呼ばれる。(UNCHS)

Half-life　**半減期**
汚染物質が環境に及ぼす影響を半減させるのにかかる時間。たとえば、環境中のDDTの生化学的半減期は約15年、ラジウムの半減期は1580年である。(USEPA)

Hanover Principles　**ハノーバー原則**
設計分野において、持続可能性の視点を取り入れることを目的とした9つの原則。規定や条件を定めたものではなく、設計を行ううえでの考え方を説明する。地球の永続的な要素である、空気、火、水、精神を中核にして、設計の再考や評価に資する枠組みを示している。この原則が目指すのは、設計者の美しさを追求する姿勢と自然の原則とが調和するように創造活動を導くこと、さらに持続可能性の視点が現実的に応用可能であると他分野に対しても示すことである。(MBDC) **'Cradle to cradle, concept of' 'Harmonious world, concept of'** を参照。

Hard law　**ハード・ロー**
拘束力および強制力のある法（厳密で法的拘束力のある義務、適切な第三者への委任)。(UNT; BLD) **'Soft law'** を参照。

Harmonious world, concept of
調和のとれた世界の概念
2005年の国連首脳会合で中国の胡錦濤国家主席が公式に提唱し、政府間会合の場で広がりつつある概念。多国間主義、互恵的協力、包括性の精神が、国際社会が共同の安全保障と繁栄を実現するうえで重要な要素であるとしている。その後、国連をはじめとする国際会議の場において多くの中国政府高官が、この概念と経済発展、平和的なグローバル化、天然資源利用の公平性とを結びつけた発言を行っている。(UN) **'Hanover Principles'** を参照。

Harmonization　**調和化**
特に国際貿易に関して、国ごとに異なる手

続きや措置の共通化を目指す取り組み。関税制度の統一を図るために複数の国が関税を一斉に引き下げることが、その一例。(WTO)

Hashimoto Action Plan (on Water and Sanitation)（水と衛生に関する）橋本アクションプラン、橋本行動計画
国連水と衛生に関する諮問委員会(UNSCAB)の主要な成果。2006年3月に発表。橋本龍太郎元内閣総理大臣が、逝去する2006年7月まで同委員会の初代議長を務めた。(UN) **'United Nations Secretary General's Advisory Board on Water and Sanitation'** を参照。

Hazardous waste　有害廃棄物
廃棄された、あるいはそれ以上使用される見込みのない物質で、人体や環境に悪影響を与える特性を持つもの。通常、可燃性、腐食性、反応性、毒性という4つの特性で定義され、それぞれに異なる基準がある。(EES)

Haze　もや
視界がわずかに悪化してかすんで見える大気の状況。光化学スモッグや、暑い日に地表から放出される熱、薄い霧の発生が原因。(NRDC) **'Contrails'** を参照。

Hearing　公聴会
立法機関において通常宣誓したあとに行われる証言。

Heat island effect
ヒートアイランド現象
都市部が気温の高い「ドーム」に覆われること。建築物や舗装道路が熱を吸収するために起こる。

Heavily Indebted Poor Countries (HIPC) 重債務貧困国
世界で最も貧しい42カ国（アフリカ34カ国、中南米4カ国、アジア3カ国、中東1カ国）を指す。最も債務が多い最貧国の対外債務を削減するための初めての包括的なアプローチとして、世界銀行と国際通貨基金が提唱し、1996年秋に各国政府が合意した。貧困の緩和と持続可能な発展のための総合的な枠組みの中に、債務救済を組み込んだ点で大きな前進となった。(AD; WB) **'HIPC G8 debt relief plan'** を参照。

Helsinki Convention　ヘルシンキ条約
バルト海域の海洋環境保護に関する条約。1992年締結、2000年1月発効。(EEA; UNT)

Helsinki I Convention　ヘルシンキ条約
'Convention on the Protection and Use of Transboundary Watercourses and International Lakes' を参照。

Herbicide　除草剤
植物を枯らす化学薬剤。(USEPA)

HFCs　HFC
「ハイドロフルオロカーボン」の略称。ひとつまたは2つの炭素原子とさまざまな数の水素原子およびフッ素原子からなる化学物質。半導体産業において溶剤や洗浄剤として使用されており、一般に地球温暖化効果が二酸化炭素（CO_2）よりはるかに大きいと考えられている。(NRDC)

High Commissioner　高等弁務官
大使級の階級と責務を有し、他国へ派遣される上級外交官。英連邦では一般に「大使」の同義語として用いられる。(MW)

High-income country　高所得国
1998年の1人当たり国民総生産（GNP）が9361ドル以上の国。そのほとんどが工業国である。現在、人口100万人以上の高所得国は28カ国。その総人口は約9億人で、世界人口の6分の1に満たない。(WB)

High-level (meeting) segment
閣僚級会合
大臣クラスの閣僚による専門的な会合。非常に重要な専門的事柄が、公式に決定あるいは署名される。(UN)

High seas　公海
沿岸国の領海と経済水域以外の海域を指す。すべての国家に平和的な利用が認められている。(USEPA)

HIPC G8 debt relief plan
HIPC に対する G8 債務救済計画
2005 年の G8 で合意。18 の最貧困国（ベナン、ボリビア、ブルキナファソ、エチオピア、ガーナ、ガイアナ、ホンジュラス、マダガスカル、マリ、モーリタニア、モザンビーク、ニカラグア、ニジェール、ルワンダ、セネガル、タンザニア、ウガンダ、ザンビア）に対する国際通貨基金と世界銀行の債務を毎年 15 億ドルずつ削減する計画。これらの国の債務返済額は総額で推計約 400 億ドルにのぼり、この全額が救済される。(WB) **'Heavily Indebted Poor Countries'** を参照。

His/Her Royal Highness　殿下／妃殿下
一般に、国王、女王、王子、王女といった、「高貴」な人に対して用いる称号。(MW)

Holdridge life zone system
ホールドリッジ生態ゾーン分類体系
'Life zone' を参照。

Homeostasis　恒常性、ホメオスタシス
生体内のシステムが、変化に対しそれと拮抗する、あるいはそれを打ち消すような調節機能や力によって、活動的で安定した状態を保とうとする働き。

Homosphere　人間圏
人間によって改変された生物圏。(EES) **'Anthropocene'** を参照。

Host country　ホスト国
大使館や国際機関の事務局、条約事務局が置かれている国。(UN)

Hot air　ホットエアー
その国の実際の排出量が、京都議定書で定められた温室効果ガスの削減目標を下回っている場合、その差がホットエアーとなる。ホットエアーは国家間で取り引きできる。(UNFCCC)

Hotspot (1)　ホットスポット (1)
固有種が特に多く生息する場所でありながら、土地利用の変化によりそれらが絶滅の危機に瀕している地域。(CBD)

Hotspot (2)　ホットスポット (2)
「自然現象」の周期やパターン、頻度、強度などの「地球環境」がマクロレベルで不安定になっている傾向。(UNFCCC)

HQ　本部
たとえば、国連事務局の本部はニューヨーク、国連食糧農業機関（UNFAO）はローマ、国連教育科学文化機関（UNESCO）はパリ、国連環境計画（UNEP）はナイロビにある。(UN)

H.R.H.　殿下／妃殿下
His/Her Royal Highness の略語。(MW)

Human development index (HDI)
人間開発指数
国の人間開発の達成度について、寿命、知識、生活水準の 3 つの基本的な指標を合計して表したもの。平均寿命、教育水準（成人の識字率、初等・中等・高等教育への総就学率)、調整済み所得により算出される。(ACCU; UNDP) **'Sustainability assessment measures'** を参照。

Human development report
人間開発報告書
国連開発計画（UNDP）が毎年発行している報告書で、人間開発指数の指標に沿って人間開発の進捗状況を伝えている。(UN)

Human immunodeficiency virus (HIV)
ヒト免疫不全ウイルス
身体の免疫機能を徐々に低下させるウイルス。HIV に感染した身体は、最終的に肺炎や下痢、腫瘍といった病気を抑制できなくなる。これらはすべて AIDS（後天性免疫不全症候群）の症状となりうる。HIVの主な感染経路には、HIV感染者との避妊具を使用しない性交渉、感染した血液や血液製剤（輸血など）、汚染された注射器の共用、感染した母親から妊娠中、出産時や母乳を介しての胎児への感染などがある。日常生活の身体接触では感染しない。（UN）

Human poverty index　人間貧困指数

発展の分配状況や、根強い剥奪状況を数値化したもの。（UNDP）

Humanitarian Charter　人道憲章

'Sphere concept/project' を参照。

Humanitarian intervention
人道的介入

ある国で人権が侵害されている場合、他国がその国の問題に介入する「権利」。特定の国がその権利を行使しており、国連安全保障理事会が支持する場合と支持しない場合がある。

Human Rights　人権

一般に満足できると思われる最低限の社会的・経済的・政治的な水準。人権の促進は、人間開発や持続可能な発展における必要条件であると考えられる場合が多い。そうした意味で、「世界人権宣言」は、奴隷制、拷問、その他の残虐で屈辱的な扱い、恣意的な逮捕や拘禁や追放といった行為の禁止を求め、「すべて人は、生命、自由及び身体の安全に対する権利を有する」と宣言している。また、すべての差別の撤廃、公平な裁判と道理にかなった処罰、迫害を受けた者が他国で保護される権利、思想・良心・意見・表現・結社・宗教の自由を求めている。

Hydrocarbons　炭化水素

炭素と水素の化合物。さまざまな組み合わせがあり、石油製品や天然ガスの成分である。一部の炭化水素は大気の主要な汚染源であり、発がん性のものや光化学スモッグの原因となるものもある。

Hydrofluorocarbon
ハイドロフルオロカーボン

'HFCs' を参照。

Hydrogeology　水文地質学

地下水や、地下水の地下での動き、地球物質の透水性、地表水と地下水との地質学的関係などを研究する科学。（EES）

Hydroinformatics　水情報科学

数学モデルに基づいて実際の水のダイナミクスに関する情報と知識を生成し、研究する学問。情報・通信技術を用いて、データの取得やモデリング、意思決定支援を行う。さらにこれらの情報を考慮して、水環境や社会、水を基礎としたシステムの管理を研究する。（UNESCO-IHE）

Hydrological cycle　水循環

地表あるいは地表近くで起こる、水分子の循環。地表部の水は、気候や気象の影響を受け、気体となって大気中に蒸発する。その後、雨や雪として降水し、最終的には海や川、氷河へ戻り、循環を完成させている。（EES）

Hydrological poverty　水文学的貧困

アースポリシー研究所のレスター・ブラウンが提唱した言葉。十分な水資源がなく、基本的な生活を送ることができない「世界」に今後生まれてくる何百万もの人々の状態を指す。現在その数は12億人を超える。**'Water stress' 'Water scarcity'** を参照。

Hydrological warfare, context of
水戦争の状況

河川、湖沼、帯水層が国家の安全保障上の重要な資産となり、それをめぐって代理軍や属国による戦争や占領が起こる状況。（UNDP）

Hydrology　水文学

水と雪の性質や分布などを研究する科学。（EES）

Hydropattern　水文パターン
ある地域における淡水の深さ、持続時間、時期、分布のパターン。水文パターンが安定していることは、湿地やその他の生態系において、さまざまな生物の営みを維持するための重要な要素である。（SFWMD）

Hydroperiod　冠水期間
土壌、水域、生息地が湿っている期間。（USEPA）

Hydropower　水力
水を移動させることで生じるエネルギー。（MW）

Hydro-solidarity　水連帯
上流と下流の水の利用者がかかわる互恵政策が打ち出されていること。補償金制度や、金銭的・政策的な対応を含む水利権に関する合意などがある。（EU）

Hyogo Framework for Action
兵庫行動枠組み
2005年1月に兵庫県神戸市で開かれた国連防災世界会議で、168の国連加盟国が採択。世界の自然災害被害を削減するための10カ年計画。この10年間において世界の災害リスクを低減するための指針を示す。2015年までに、「災害によるコミュニティ・国の人命及び社会的・経済的・環境的資産の損失を大幅に軽減する」ことを目標としている。（UN）

Hyper-developed countries　超先進国
OECD諸国を指す少し皮肉を込めた言い回し。重債務貧困国（HIPC）との対比で用いられる。

Hypothesis　仮説
ある現象を説明する考え。あるいは複数の現象間の考えられる相関関係を示唆する理にかなった仮定。（WDM）

Hypoxia　貧酸素化
水中の溶存酸素が枯渇すること。人間活動または自然の働きにより水が富栄養化し、藻の成長が促進される。そうした藻が枯れ、分解されるときに大量の酸素が必要となり、低酸素化が起こる。これにともない、大規模な魚の死亡が世界各地で起こっている。（NRDC）

H

I i

Iberian America　イベリアン・アメリカ
2005年に設立された外交フォーラム。本部は、スペインのマドリード。ラテンアメリカとイベリア半島の友好の促進を目的とする。(IDB)

Iberoamerican group
イベリア・アメリカ・グループ
政策交換のための非公式な政府間ネットワーク。スペインのほか、ラテンアメリカおよびカリブ海地域のスペイン語圏とポルトガル語圏の20カ国が参加している。

Ikea development　イケア式開発
スウェーデンの大手家具店イケアで売られる組み立て式家具にちなんでつくられた言葉。草の根や地域レベルの開発手法で、地域社会が自助努力により問題を解決することを意味する。政府開発援助（ODA）を待つのではなく、一時的な対策であれ根本的な解決策であれ、地域の人々が自力で問題を解決する主体的な手法。(UNW)

ILO Declaration on Fundamental Principles and Rights at Work
労働における基本的原則および権利に関するILO宣言
1998年6月にジュネーブで行われた国際労働機関（ILO）の第80回総会で採択。「すべての加盟国は、問題となっている条約を批准していない場合においても、まさに機関の加盟国であるという事実そのものにより、誠意をもって、憲章に従って、これらの条約の対象となっている基本的権利に関する原則、すなわち、
(a) 結社の自由及び団体交渉権の効果的な承認
(b) あらゆる形態の強制労働の禁止
(c) 児童労働の実効的な廃止
(d) 雇用及び職業における差別の排除
を尊重し、促進し、かつ実現する義務を負うこと」を宣言している。

IMO Conventions in the Field of Marine Safety and Prevention of Marine Pollution
国際海事機関（IMO）の海上安全および海洋汚染防止に関する諸条約
海上の安全、海洋汚染、責任と賠償に関する33の条約を指す。IMOは、さまざまな制度や連携を通してこれらの条約の調整を行っている。

Impermissibility principle
不許容の原則
「条約法に関するウィーン条約」による取り決め。署名国または批准国による留保は、それが条約の趣旨および目的と両立しないときには認められないという原則。

Implementing agency (IA)　実施機関
地球環境ファシリティ（GEF）の活動を担う3機関（国連開発計画〈UNDP〉、国連環境計画〈UNEP〉、世界銀行）を指す。GEFが出資する活動について、GEF評議会で審査や決定を行う。(GEF) **'Executing agency'** を参照。

Incremental costs　増分費用
地球環境ファシリティ（GEF）が出資する費用。当該国が地球環境保全を考慮せずにプロジェクトを実施した場合と、考慮した場合

の費用の差額分。(GEF)

Independent state　独立国
主権を有する国。国際社会において、独立して機能している国家。

Indeterminate　未決定種
国際自然保護連合（IUCN）のレッドリストカテゴリーのひとつ。「絶滅種」「絶滅危惧種」「危急種」「希少種」のいずれかではあるが、情報不足でこの4つのどれに分類すべきか判断できない分類群。(IUCN; CBD)

Index of Sustainable Economic Welfare (ISEW)　持続可能な経済福祉指数
国内総生産（GDP）に代わるものとして考案された経済指標。GDPのように単に消費を合計するのではなく、収入の分配や、環境汚染などの社会的費用を考慮に入れて算出する。(WP) **'Genuine progress indicator'** を参照。

Indicator　指標
プロジェクトの目標が、ある期間中に特定の場所でどの程度達成されたかを示す質的あるいは量的な変数。(UNDP)

Indicator species　指標生物
その状態により、生態系全体およびそこに生息する生物の状態を知ることができる、特定の生物種。指標生物により、環境の質や変化、また生物群集の構成状況も知ることができる。(IUCN)

Indigenous　在来の、土着の
その地域で自然に発生しているが排他的ではないこと。(GBS)

Indigenous knowledge　土着の知恵
ある環境の中で生き延び繁栄するために、その地域の人々が持つ知識や技術。

Indigenous Peoples Development Plan (IPDP)　先住民族開発計画
先住民族に影響するような投資プロジェクトの計画。その民族の文化において適切であるように、その民族の選択を十分考慮したうえで作成する。先住民族とのやりとりを担う政府機関は、提案された開発を実現するために必要な社会的・技術的・法的スキルを持っている必要がある。計画に含むべき項目としては、法的枠組みの評価、基礎データの収集、土地所有権の確認、住民参加の戦略、緩和措置・活動の策定、制度的能力の評価、実施スケジュール、モニタリングと評価のシステムなどがある。(WB)

Industrial Ecology
産業エコロジー、産業生態学
主に異なるシステム間における物質やエネルギーの流れを扱う学問。製品から工場、国、地球レベルに至るまで、さまざまな規模のシステムを対象とする。(Chertow, 2007)

Industrial metabolism　産業物質代謝
生物学用語を、比喩的に使っている。原料が抽出され、（産業的な）変換を経て製品になり、消費され、場合によってはリサイクルされたあとに、ゴミとして廃棄されるまでの物質の流れを研究する。(EES)

Industrial Symbiosis　産業共生
地域内の企業や組織の間で、物質やエネルギーを流通させること。生態学的に持続可能な産業開発を目指す手法として使われる。従来個別に活動していた産業が協力体制をつくり、物質やエネルギー、水、生産過程で生まれる副産物を交換することで、集団として競争力の向上を目指す。(Chertow, 2007)

Industrialized countries　工業国
工業生産を経済基盤とし、主に機械によって原料を製品やサービスに変換する経済形態をとっている国家。多少古い言葉。農業生産、あるいは未加工の農産物や手作業で加工した農業製品の販売を基盤とする経済形態に対する言葉。工業国は主に北半球と西半球にあり、経済協力開発機構（OECD）の加盟国である。(NRDC)

Informal agreement　非公式合意
国家間で協力が行われる一般的な形。公式な条約は結ばずに、双方にとって有益な約束を交わすこと。

Informal consultation　非公式協議
正式な協議日程に含まれていない非公式な会合。議長は、非公式協議を招集し、その内容を全体会合で報告する。

Informal contact group
非公式交渉グループ
会議議長の呼びかけにより、代表団が特定の議案に対して非公式に会合を持ち、異なる意見を集約し、歩み寄って、合意した提案を行うこと。たいていの場合、文書形式で提案される。

Informal economy
インフォーマル経済、非公式経済
'Informal sector' を参照。

Informal employment
インフォーマル雇用率
インフォーマル・セクターで働いている男性および女性労働者の割合。(UNCHS)

Informal group　非公式グループ
1カ国または複数の締約国により招集されたグループ。非公式の協議において、歩み寄りを行ったり合意提案を作成したりすることが目的。(UNFCCC)

Informal sector
インフォーマル・セクター
仕事や収入を得ることを主な目的として、物やサービスの生産に携わる人々を指す。登記されていない営利事業、組織や運営の正式な仕組みを持たないあらゆる非営利事業を含む。(UNCHS)

Informal-informal consultation
非公式な非公式協議
締約国やときにオブザーバー参加者も加わり、特定の要点について協議する非公式会合。協議の結果は締約国が全体会合で発表することもあるが、議長からの正式な要請はない。

Information and communication technologies (ICTs)　情報通信技術
データや情報の自動取得・蓄積・操作・管理・移動・制御・表示・交換・入れ替え・伝達・受理のために使用される、あらゆる設備や相互接続システム・サブシステム。

Information documents/docs
情報文書
会合の作業文書を補足または注釈する文書。(UN)

Inholdings　国立公園内民有地
公園、森林、野生生物保護区などの公有地内にある私有地。(USDA)

Initiative　イニシアティブ
特定の目的のために公式または非公式のグループが行う取り組み。

Initiative 2020 (2020 Initiative; 20:20 Compact)
20／20 イニシアティブ、20：20 協定
1995年の国連社会開発サミットで非公式に合意。少なくとも公的開発援助（ODA）の20%と開発途上国予算の20%を基礎的社会サービスに割り当てるよう求めている。(UN)

Injection well　注入井
廃棄物処理や原油生産の向上、鉱物採取などのために、液体を注入する井戸。(USEPA)

In-kind contribution　現物寄付
一般に、事業に対する資金以外の寄付。事務所や光熱費、労働力、備品、交通手段などを提供すること。

In-material-breach　重大な違反
国連安全保障理事会または国連総会で採択された決議に関して、加盟国の不遵守が明白であること。

Innovative learning (I-Learning)
革新型学習
次の2点を知的に取り入れた学習法。(i) インターネット、ビデオ、遠隔会議などの技術を利用して遠距離でも学習できるようにしたシステムや応用シミュレーション、その他のeラーニング。(ii) 専門家の持つ暗黙の直観的知識と創造力を用いた社会心理学的手法。(Ramsundersingh, 2003)

Insecticide　殺虫剤
害虫を殺す化学薬品。(USEPA)

***In-situ* conservation　生息域内保全**
生態系および自然の生息地を保全し、ならびに存続可能な種の個体群を自然の生息環境において維持しおよび回復することをいい、飼育種または栽培種については、存続可能な種の個体群を当該飼育種または栽培種が特有の性質を得た環境において維持しおよび回復すること。(CBD)

Institute@WSIS E-Strategies
研究所@WSISのe戦略
持続可能な発展を促すため、ヨハネスブルグでの「持続可能な発展に関する世界首脳会議（WSSD）」の場において、スミソニアン研究所と国連開発計画（UNDP）が国連世界情報社会サミット（WSIS）に向けて共同で開始した情報通信技術戦略。ボランティアのネットワークで構成され、ボランティアが短期間の研修コースを開き、参加者に実用的な技能と適正な技術を直接伝えるというもの。(UNDP)

Institution　制度
社会的に認定され維持されている確立された慣習、規範、行動様式、人間関係（貿易規制、土地保有権、職員規則など）。集団にとって価値ある目的を達成するために長年存続する。公式または非公式の規則や施行メカニズムにより、社会における個人や組織の行動様式を規定している。(WDM)

Institutional development　組織開発
機構の活性化のプロセスで、ある機関が目的を達成するための力量と能力を発展、向上させること。(UNDP)

Instrument　道具
ある特定の作業のために用いられるツール。調査に使う物理的な道具や、法の策定のために使う概念的な道具がある。(UNT)

Intangible Cultural Heritage Convention (ICH)　無形文化遺産保護条約
国連教育科学文化機関（UNESCO）によって制定された条約。世界的な無形遺産の保護を目的とする。口承による伝統や表現や描写、伝統的な音楽や舞踊や演劇、社会的な慣習や儀式や祭礼行事、自然および万物に関する知識や慣習、伝統工芸技術などが保護の対象。2006年4月発効。(UNESCO)

Integrated area management (IAM)
統合的地域管理
ある地域で線引きを行って利用目的を規定する土地管理手法。利用目的としては、研究、種の保存、観光、農耕、材木伐採、狩猟、漁業などがあり、かつ地域の管理目的と両立するもの。(BCHM)

Integrated conservation development project (ICDP)
保護地域・開発統合プロジェクト
生物多様性の保全を目的としたアプローチで、保護地域の管理と地元住民の社会的・経済的ニーズの両立を目指している。通常、保護地域の管理に住民が参加し、経済活動の展開を通じて地元住民の社会的・経済的ニーズが確保されるよう配慮した手法がとられる。(GEF)

Integrated development planning
統合開発総合開発計画
社会経済変革を有益に促進するための3段階からなる方法。(1) 主要な問題と潜在能力の診断、(2) 開発戦略の準備、(3) 戦略実施のための行動計画の中で、インフラ、生

産、サービス（保全を含む）の調整。（OAS, 1987）

Integrated pest management (IPM)
統合的病害虫管理

あらゆる適切な技術と方法を、なるべく相互に矛盾しない形で使用し、経済的被害を与えないレベルに害虫の数を抑える管理手法。（USEPA）

Integrated Taxonomic Information System − Species 2000 Catalogue of Life (ITIS)　統合分類学情報システム―生物種の目録 2000

すべての生物種の目録を作成することを目的に 2000 年に始められた取り組み。2011 年までに、動植物から菌類、さらにバクテリアや原生動物やウイルスなどの微生物まで、およそ 175 万種の生物を分類する予定。（UNW; CBD）**'Scientific classification' 'Encyclopedia of Life'** を参照。

Integrated water resource management (IWRM)　統合的水資源管理

水、土壌、その他の関連する資源について、協調的な開発と管理を進めるプロセス。重要な生態系の持続可能性を損なうことなく資源を利用し、衡平な方法で経済的・社会的利益を最大化することを目指す。（Global Water Partnership, 2003）

Integration　統合

小規模の異なる単体を集めて規模の大きい単体を形成し、満足度を高め、全体として機能させること。

Intellectual property　知的財産

一般に、特許、著作権、科学的発見や新しい理論、商標、企業機密などを指す言葉。商業的な価値が認められ、その財産権が法的に保護されるような独自のアイデアや表現（オリジナルの芸術、著書、音楽など）も含む。（BCHM）

Intellectual property rights
知的財産権

発明者や発見者に認められる権利。一定の期間、市場でのオリジナル品の模造や複写が禁じられる。一般的に、国内あるいは国際的な特許法にかかわるもの。知的財産権、特許、商標により、権利の所有者は、誰がオリジナル品を利用できるかを決定でき、一方で、許可のない者の使用を防ぐことができる。（BCHM）

***Inter alia*　インターアリア、とりわけ**

Inter-American Biodiversity Information Network (IABIN)
米州生物多様性情報ネットワーク

米州首脳会議が主導する取り組み。西半球の生物多様性に関する情報をより充実させ利用しやすくすることを目的としている。（OAS, 1998）

Inter-American Development Bank (IDB)　米州開発銀行

ラテンアメリカとカリブ海諸国で経済社会開発を推し進めることを目的とする。1959 年 12 月設立。主な役割は、次の 3 つである。独自の資本や金融市場から調達した資金、またはその他の利用可能な資源を使い、借入国の開発に融資すること。民間資本が妥当な条件で提供されていない場合には、民間投資を補完すること。開発計画やプロジェクトにおいて、その準備、融資、実施の各段階に対する技術支援を行うこと。現在、貧困軽減、社会的公正、近代化と地域統合、環境にかかわる各案件に対して優先的に融資を行っている。（IDB）

Inter-American Dialogue on Water Management　水管理に関する米州対話

米州水資源ネットワーク（IWRN）の公式会議。3 年ごとに開かれ、米州から世界のさまざまな機関へ水に関する情報を提供する拠点となっている。情報の提供先には、世界水フォーラム、国連持続可能な発展委員会、国連水と衛生に関する諮問委員会（UNSGAB）、

さらに米州開発銀行や米州機構など水問題を取り扱う国家機関や米州地域機関がある。(OAS)

Inter-American Water Resource Network (IWRN)　米州水資源ネットワーク
政府機関、政府間機関、非政府組織(NGO)、民間部門をメンバーとするネットワーク。1993年設立。国家や組織、さらに市民社会のあらゆる部門で米州の水資源管理問題について活動する個人が、水資源問題に協力して取り組むことを目的とする。(OAS)

Inter-disciplinarity　学際的研究
2つ以上の異なる学問領域の研究者が協力し、各分野の見識や理解を用いて共同の目的を達成すること。

Interest section　利益代表部
当該国とある国との間に国交がない、あるいはその国に大使館がない場合、第三国の大使館に設置された当該国の代表機関。(USDOS)

Intergenerational equity　世代間衡平
持続可能な発展の定義における中核的な概念。将来世代の人間も、現在の人間と同程度の福利を得られるような環境や資源(資本遺産)を相続する権利があるという考え方。(GBA)

Intergovernmental Forum on Forest (IFF)　森林に関する政府間フォーラム
1997年7月に国連経済社会理事会(UN-ECOSOC)が設立。1997年から2000年まで年1回開催し、その内容をUN-ECOSOCに報告していた。2000年に国連森林フォーラムに引き継がれた。(UN)

Intergovernmental Negotiation Committee (INC)　政府間交渉委員会
条約や協定の草案を協議するため、当該政府の代表者が公式に集まる会合。

Intergovernmental Oceanographic Commission (IOC)　政府間海洋学委員会
1961年10月の国連教育科学文化機関(UNESCO)総会で設立された委員会。加盟国の協力を通して、海洋の自然現象と資源に関する科学的調査を促進することを目的とする。現在136カ国が参加。(WP)

Intergovernmental Panel on Climate Change (IPCC)
気候変動に関する政府間パネル
気候変動に関する知見の評価を行う約2000人の科学者からなる機構。1988年、世界気象機関と国連環境計画(UNEP)が共同で設立した。地球規模の気候変動とその影響について、科学的知見に基づく評価報告書を定期的に発表している。現在3つの作業部会と2つのタスクフォースが設置されている。第1作業部会は、気候システムと気候変動の科学的知見をとりまとめる。第2作業部会は、気候変動に対する社会経済と生態系の脆弱性、および気候変動がもたらす好影響・悪影響とそれに対する適応策について検討する。第3作業部会は、温室効果ガス排出量の抑制をはじめとする気候変動の緩和策を対象としている。また、国別温室効果ガス目録に関するタスクフォースと、影響評価のための気候シナリオに関するタスクグループがある。IPCCは、国連気候変動枠組条約の締約国会議(COP/UNFCCC)に対して助言を行うが、条約の機関ではない。(IPCC)

Internalizing costs
内部化費用、内部化コスト
資源の生産や管理にかかる外部費用を織り込んだ費用。その資源を利用して利益を得る人が、すべての外部費用を負担する。

Internal rate of return (IRR)
内部収益率
プロジェクトによる利益がいつどれだけ得られるかを査定する意思決定基準。プロジェクトの純現在価値がゼロになる割引率を求めて判定する。IRRが割引率を上回っている場合には、その事業は経済的に妥当であると判

I

断される。開発銀行が、提案された事業に融資する価値があるかを判断する際に、この指標を用いることが多い。

Internally displaced person
国内避難民

自然または人為的に引き起こされた災害や状況によって、強制的に住む家を追われ、国内の別の場所に避難しとどまっている人々。(UN) **'Refugee' 'Environmental refugee'** を参照。

International Center for Sustainable Development (ICSD)
持続可能な発展のための国際センター

米国メリーランド州に本部を置く非営利団体。世界各地の開発事業に持続可能な手法を取り入れることが使命。地域社会に的を絞った、環境にやさしい、財政的に健全な、あるいはほかの地域にも応用できる事業など、地域のニーズに合った実質的な事業を通して開発に影響を与えることを目指す。**'International Sustainable Development Foundation (ISDF)'** を参照。

International Centre for Settlement of Investment Dispute (ICSID)
投資紛争解決国際センター

世界銀行の組織の一部として 1966 年に設立。140 カ国が加盟。加盟国と外国投資家間の紛争の調停や仲裁を行う。(WB)

International Centre for Water Hazard and Risk Management (ICHARM)
水災害・リスクマネジメント国際センター

河川流域の持続可能な発展のため、日本政府と国連教育科学文化機関（UNESCO）の水科学部が共同で立ち上げた機関。2005 年の UNESCO 総会で承認された。リスクマネジメントに関連して、国際水文学計画（IHP）の定める特定の水問題に対処する国際拠点と位置づけられている。所在地は茨城県つくば市。

International Civil Service Commission (ICSC)　国際人事委員会

国連総会の下部組織として、1974 年に設立。国連共通制度におけるすべての職員の勤務条件の調整と規制を行う。(UN)

International Commission of Red Cross, Red Crescent (and Red Crystal) Societies (ICRC)
赤十字国際委員会

'International Federation of the Red Cross, Red Crescent (and Red Crystal) Societies (IFRC)' を参照。

International community　国際社会

国連加盟国や、一部国連加盟国がなす組織、国際機関や地域機関、あるいは国連に承認された、または国際的なガバナンスや開発に取り組んでいる市民社会組織（政府や非政府、民間）など、幅広い組織を指す総称。(UN)

International Conference on Financing for Development (ICFD)
国際開発資金会議

2002 年 3 月にメキシコのモンテレーで行われた会議で「モンテレー会議」とも呼ばれる。50 名以上の政府首脳や高官が出席。2002 年 9 月の「持続可能な発展に関する世界首脳会議（WSSD）」の準備会合とも位置づけられた。モンテレー会議ではモンテレー合意が採択され、加盟先進国の政府開発援助（ODA）を国内総生産（GDP）の 0.7% に引き上げることが約束された。**'Monterrey Consensus' 'Global tax'** を参照。

International Conference on Population and Development
国際人口開発会議

世界の人口増加や人口変動の問題を話し合うため、国連が主催して 1994 年 9 月にエジプトのカイロで開催。女性が望まないにもかかわらず多くの子どもを産んでいる状況を根本的に解決することが、人口増加を抑制し、生活の質を向上させる効果的な手段であるとの新たな合意が形成された。

International Court of Justice (ICJ)
国際司法裁判所

国連の司法機関で、国連の6主要機関のひとつ。次の2種類のケースを取り扱う権限を有する。(1) 国家間の訴訟、(2) 国連の専門機関から要請された問題。国際司法裁判所の役割は、国家が付託した法的紛争を国際法に従って解決することと、正当な権限を与えられた国際機関や専門機関から法的助言の要請を受けたときに勧告的意見を与えること。現行の国際司法裁判所は、1945年に常設国際司法裁判所の機能を引き継いで設置されたもので、ほぼ同様の規程に基づき運営されている。オランダのハーグにあり、15人の裁判官（任期9年）で構成されている。(UN)

International Covenant on Economic, Social and Cultural Rights
経済的・社会的および文化的権利に関する国際規約

1976年1月に発効。国連人権高等弁務官（UNHCHR）が監督する。高等弁務官は、国連憲章や人権に関する国際法あるいは国際条約が保障しているすべての権利について、すべての人々が享受し完全に実現されるよう促進し守る責務を負う。具体的には、人権侵害を防止すること、すべての人権の尊重を保障すること、人権を守るための国際的連携を促進すること、国連全体の関連活動を調整すること、人権分野における国連システムを強化し効率化することなど。これらの責務に加え、高等弁務官事務所は、国連機関のすべての仕事に人権の視点を取り入れることにも取り組んでいる。高等弁務官の優先事項は、1969年のウィーン条約、1993年の世界人権会議、国連憲章の条項に従っている。2002年、国際規約の締約国145カ国は、「公平に差別されることなく清潔な水を利用できる権利」は基本的人権であることで合意した。(ENS) **'Water as human right, concept of'** を参照。

International Criminal Court (ICC)
国際刑事裁判所

2002年創設。司法上も制度上も国連とは別の組織である。条約に基づく常設の国際刑事裁判所として、史上初めて設立された。目的は、法の遵守を促し、国際社会における最も重大な犯罪を処罰すること。各国の刑事裁判権を補完するもので、「ローマ規程」に基づいている。(WP) **'Rome Statute' 'Complementarity, principle of'** を参照。

International Day for Biological Diversity　国際生物多様性の日

地球が直面している生物多様性に関する問題について、人々の意識を高め理解を促すために2000年に国連総会が定めた日。毎年5月22日。(UNESCO-WP) **'World Environment Day' 'World Water Day' 'Earth Day' 'Climate Action Day'** を参照。

International Development Association (IDA)　国際開発協会

世界銀行グループのひとつで、譲許的融資を行う機関。1960年に設立され、加盟国は165カ国。最貧国に対し長期無利子貸付を行う。対象となる最貧国の定義は、国民1人当たりの収入が875米ドル（2002年ドル価値）を下回る国で、かつ国際復興開発銀行（IBRD）からの貸付を受ける資金的能力のない国。2004年には90億米ドルの貸付を行った。(WB)

International Energy Agency (IEA)
国際エネルギー機関

1974年に設立された独立機関。パリに本部があり、経済協力開発機構（OECD）の下でエネルギーに関する諸問題を取り扱っている。加盟国は、石油供給における緊急事態への対処、エネルギーに関する情報交換、エネルギー政策の調整、合理的なエネルギー計画の促進などを協力して行っている。(IEA)

International environmental law
国際環境法

地球環境を保護するための法。法的拘束力を持つ国際的な環境保護協定も数多くあるものの、「ソフト・ロー」である国際環境法のほうが一般的である。国際環境法に共通する基本的な概念には、予防原則、汚染者負担原則、持続可能な発展の原則、および環境手続き上の権利などがある。(WP) **'Soft law'** を参照。

International Federation of the Red Cross, Red Crescent (and Red Crystal) Societies (IFRC)
国際赤十字・赤新月(および赤菱)社連盟

IFRCと183の赤十字社および赤新月社は、世界最大規模の非政府人道組織である。国籍、人種、宗教、階級、政治的信条の区別なく、また災害の原因や種類にかかわらず、すべての人々の救援活動を行う。シンボルマークの十字と新月が宗教的な意味を持つと指摘される場合があるため、2005年にスイス政府が総会を招集し、新たに赤菱(白地に赤い菱形のマーク)をシンボルとして承認した。新しい標章は、赤十字や赤新月と同様の意味を持ち、人道的活動をさらに促進することになろう。既成の標章は宗教的・政治的・文化的意味を持つとみなされ、紛争地域で医療活動を行う軍隊や赤十字・赤新月社のスタッフを完全に保護することができない場合があるが、新たな標章は活動従事者の保護を強化するものと期待される。

International Finance Corporation (IFC) 国際金融公社

世界銀行グループの一機関として、1956年に創設。176カ国が加盟。途上国において民間部門の発展を促すことにより経済成長を支援している。(WB)

International Finance Facility (IFF)
国際金融ファシリティ

英国が提唱した開発援助資金調達のメカニズム。被援助国が将来の援助分を前倒しして借り入れることができる。航空券税などの国際連帯税を導入して援助資金を調達し、その資金を特定の開発関連目的に限定して投入する仕組み。2005年のG8サミットで初めて提唱された。**'Global tax'** を参照。

International Flood Initiative (IFI)
国際洪水イニシアティブ

洪水による人命の損失と被害を最小限にとどめることを目的として、2005年に国連教育科学文化機関(UNESCO)が組織した枠組み。UNESCOのほか、世界気象機関(WMO)、国連大学、国連国際防災戦略(UNISDR)、国連国際防災戦略・早期警報促進プラットフォーム、国際水文科学協会(IAHS)といった複数の国際機関が協力して活動している。茨城県つくば市の土木研究所内の水災害・リスクマネジメント国際センター(ICHARM)に事務局がある。(UNESCO)

International Fund for Agricultural Development (IFAD)
国際農業開発基金

国連の専門機関。1970年代初頭の食糧危機を受けて1974年に開催された「世界食糧会議」の決議により、1977年に国際的な金融機関として設立された。農村地域の貧困の緩和と栄養状態の向上を図るため、緩和的な条件で資金供与を行っている。(IFAD)

International law 国際法

国家間の関係を規定する法。そのひとつに国際条約がある。国際法の法源(国際司法裁判所規程第38条による)には、一般または特別の国際条約、法として認められた一般慣行の証拠としての国際慣習、文明国が認めた法の一般原則などがある。

International Monetary Fund (IMF)
国際通貨基金

182の加盟国からなる国際機関。通貨に関する各国の協力促進、為替相場の安定、為替制度の秩序の維持、経済成長と雇用の促進を目的としている。また、加盟国が国際収支を調整できるよう、一時的な融資を行っている。(IMF)

International Office of Epizootics
国際獣疫事務局

動物の健康に関する国際基準を扱う組織。(WTO)

International organization (IO)
国際機関

国際的な任務を遂行する組織。通常、各国政府が資金援助している。赤十字国際委員会、国際移住機関、米州機構、国連機関などがその一例。（UN）

International Pollinators Initiative (IPI)　国際花粉媒介者イニシアティブ

「花粉媒介者の保全と持続可能な利用に関する国際イニシアティブ」ともいう。分野横断的な取り組みで、農業の生物多様性に関する作業プログラムの一部として位置づけられている。（CBD）

International public good　国際公共財

国際市場経済において、社会的効率性の観点から見て供給量が非常に少ない財。誰もが平等に利用でき、かつ、利用を希望する人を排除することが難しいという特徴がある。たとえば、附属書I国だけが温室効果ガスの国際規則を実行した場合、非附属書I国はなんのコストも支払わずに恩恵を受けることになる。これに対して、附属書I国は、非附属書I国が温室効果ガス規制で利益を受けることを阻止できず、規制にかかった費用の分担の要求もできない。この場合、「国際的な取り組み」という財が大幅に不足する状況が起こりうる。（DFID）

International Seabed Authority
国際海底機構

国連海洋法条約に基づき設立された機構。同条約は、すべての海洋とその利用や資源を管理するための包括的な法的枠組みを制定している。その中核となるのは、領海、接続水域、大陸棚、排他的経済水域、公海に関する条項である。また、海洋環境の保護と保全、海洋の科学的調査、海洋技術の開発と技術移転についても言及している。条約の主要部分のひとつに、いずれの国の管轄権も及ばない海底と海洋底、さらにその下の部分（これらを総称して深海底と呼ぶ）の資源の探査と開発に関する規定がある。同条約は深海底とその資源は「人類の共同の財産」であると宣言しており、同条約を受けて設立された国際海底機構が、この深海底の管理を行っている。（UN）

International Sediment Initiative (ISI)
国際沈殿物イニシアティブ

国連教育科学文化機関の国際水文学計画（UNESCO-IHP）の第6期（2002～2006年）の中心的事業として2002年に始まり、第7期（2008～2013年）でも更新されている。沈殿物管理についての研究を通じて、持続的な水資源開発を地球規模で促進することが目的。使命は、「ミレニアム開発目標」「持続可能な発展に関するリオ宣言」「世界水アセスメント計画」「世界水開発報告書」といった主要な文書に基づく国際社会の取り組みと直接関係している。（UNESCO）

International Standards Organization (International Organization for Standardization としても知られている) (ISO)
国際標準化機構

ISOは146カ国それぞれの規格機関からなる非政府組織で、各国1機関の加盟が認められている。本部はスイスのジュネーブ。技術的基準の開発と調整を行う。国連などとは異なり、加盟者は各国政府の代表ではない。（ISO）

International Sustainable Development Foundation (ISDF)
国際持続可能な発展基金

1997年に設立され米国オレゴン州に本部を置く非営利団体。任務は、持続可能な発展のための基準の設置と、それを実行するための能力の構築により、持続可能性の理解と実践を国内外で促進すること。主に「ゼロ・ウェイスト同盟」（www.zerowaste.org）、「グリーン・エレクトロニクス評議会」（www.greenelectronicscouncil.org）、「中国・米国持続可能な発展センター米国事務局」（www.chinauscenter.org）の3つの事業に取り組む。商業活動と地域社会と自然が調和を保ちながら繁栄できる持続可能な社会を実現するためには、設計がきわめて重要であると

I

いうことが、これらの事業の中核的な考えとなっている。(ISDF) **'International Center for Sustainable Development (ICSD)' 'China-US Center for Sustainable Development'** を参照。

International Tribunal for Law of the Sea　国際海洋法裁判所

国連海洋法条約に基づき設立された独立司法機関。条約の規定の解釈と適用をめぐる紛争を解決する。独立した21名の裁判官で構成され、裁判官には、公正かつ誠実で、海洋法に対する深い知識があると高く評価された者が選ばれる。(UN)

International Tropical Timber Organization (ITTO)　国際熱帯木材機関

1987年に設立された木材生産国の機関。熱帯雨林の保全と持続可能な発展の促進を目指している。(ITTO)

International Union for Conservation of Nature (IUCN)　国際自然保護連盟

'World Conservation Union' を参照。

International Water Association (IWA)　国際水協会

水の専門家が集まる世界最大の組織。水管理に関する研究や実践、管理者や非管理者、また、国境を越えて、さらに飲料水・汚水・雨水の分野にまたがり、幅広く最先端の専門知識をとりまとめている。1999年9月に国際水環境協会（IAWQ）と国際水道協会（IWSA）が統合し、IWAとして設立された。本部はオランダのハーグ。

International Water Convention　国際水条約

'Convention on the Law of the Non-Navigational Use of International Watercourses' を参照。

International Water Management Institute (IWMI)　国際水管理研究所

国際農業研究協議グループ（CGIAR）傘下の16の研究センターのひとつ。本部はスリランカのコロンボ。使命は、食糧、暮らし、自然を守るために、水資源と土地資源の管理を改善すること。

International waters　国際水域

地球環境ファシリティ（GEF）の7つの重点領域のひとつ。海洋や、複数の国の共有する河川や湖沼とその周辺、河口や湿地、地下水帯水層を指す。複数の国がアクセス、あるいは利用する水資源であることが特徴。(GEF)

International Whaling Commission (IWC)　国際捕鯨委員会

1946年12月2日にワシントンDCで署名された国際捕鯨取締条約に基づき、設立された。鯨の頭数の適切な保全と捕鯨産業の秩序ある発展を促進する。また、条約の付表で定められている世界各地の捕鯨の規制方法について、適宜、見直しや修正を行う。付表では、特定の鯨種の完全な保護、鯨類サンクチュアリー（禁漁区）の保護区域の指定、捕獲できる鯨の頭数と大きさの設定、捕鯨の解禁期と禁漁期や捕鯨区域の指定、授乳期の幼鯨や幼鯨を連れた雌鯨の捕獲の禁止などが規定されている。

Inter-Parliamentary Union (IPU)　列国議会同盟

1889年に設立された世界で最も古い国際政治組織。主権国家の議会議員がメンバー。主に各国の議会間の対話、人類の平和と協力の促進、代表制民主主義の確立などに取り組む。2006年のIPU会議で初めて、持続可能な発展に不可欠であるとして環境管理の問題を取り上げた。

Interpretation　通訳

文書にされた、あるいは話された言葉をほかの言語に訳すこと。(MW)

Interpretation, active　通訳、能動的

国際会議や政府間会議において、公式に承認されている作業言語で発言し、発言内容が

ほぼ同時にその他のすべての作業言語に訳されること。(UN)

Interpretation, full　通訳、完全
その機構で承認されている公用語で質疑を行うこと。公用語とは、たとえば国連では英語、スペイン語、フランス語、中国語（北京語)、ロシア語、アラビア語を指し、これら6言語への同時通訳が行われる。カナダ政府では英語とフランス語、米州機構（OAS）では英語、フランス語、スペイン語、ポルトガル語、さらにEUではすべての加盟国の言語が公用語に指定され、同時通訳が行われる。(UN; OAS; EU; WP)

Interpretation, passive　通訳、受動的
国際機関や政府間組織において、公式に承認されている言語で発言するが、その内容は当該組織の主要な作業言語のみに訳されること。たとえば、パリで行われる国連教育科学文化機関（UNESCO）の会議では、参加者はどの国連の公用語でも質疑を行うことができるが、その質疑応答の通訳はUNESCO本部の主要な作業言語である英語とフランス語のみで行われる。(UNESCO)

Interpretation, simultaneous 通訳、同時
発言された内容を、ほぼ同時に別の言語に訳すこと。(UN)

Inter-sessional meeting　会期間会合
定期会合の間に行われる公式の会合。

Inter-Tropical Convergence Zone (ITCZ) 熱帯収束帯
赤道上を取り巻く低気圧地帯。赤道の南北から暖かく湿った大気が収束して形成される。「熱帯前線」「赤道収束帯」とも呼ばれる。(WP)

Intervention scenario　介入シナリオ
環境分野の研究において、介入シナリオあるいはインフォームド予測は、政策的介入が将来に及ぼす影響を示す。つまり、ある目的を持つ環境政策を用いた場合に、その影響下にある社会や環境が将来どのような状況になるか示唆するものである。汚染防止シナリオ、緩和シナリオ、政策シナリオなどとも呼ばれる。(EEA)

***Intra fauces terra*　イントラ・ファウケス・テラ**
法学のラテン語用語で、文字どおりの意味は「陸地の顎の中」。領海を決める際の概念。(BLD)

Intrinsic value　固有価値
システム内に存在するあらゆる価値を考慮に入れて決断を下すこと。全体的な価値評価、または全体の健全性の測定。(CSG)

Introduced species　移入種
故意、または偶然の人間の活動により分散し、本来の生息地以外の場所に発生している種。

Invasive alien species　侵略的外来種
次の2点を満たす植物、動物、またはその他の生物。(1) その生態系において在来でない（あるいは外来である）こと。(2) その種の導入が、経済や環境、人間の健康に悪影響を及ぼす、あるいは及ぼす可能性があること。(CBD)

***Ipso facto*　イプソファクト**
ラテン語で「まさにその事実（行為）によって」の意。(BLD)

Irreversibility of environmental damage　環境破壊の不可逆性
環境資産や環境の質が永久に失われる状態。このような場合は、復元や浄化などの対策より、予防や代替措置が必要となる。環境に不可逆的な変化を与える例として、しばしば採石が挙げられるが、これは、石を切り出すと人間の時間枠内で元の地層状態に戻すことが不可能だからである。(EEA)

Islamic Development Bank (IDB) イスラム開発銀行

イスラム諸国への経済援助を目的とする国際金融機関。1973年12月（イスラム暦では第11月）にサウジアラビアのジェッダで開催されたイスラム諸国財務大臣会議による意思宣言を実現するために設立された。公式開業は1975年10月。イスラム法であるシャリアの原則に従いながら、加盟国およびイスラム社会が、個々にまた全体として経済発展し社会的に進歩することを目指す。

Island biogeography　島嶼生物地理学

島面積と生物種数の関係について、また、多くの種にとって事実上島嶼と同じである孤立した大陸地域の間の関係について研究する学問。（EES）

ISO generic management systems ISO統合マネジメントシステム

ISO 9000シリーズと14000シリーズは、ISOシリーズの中でも非常に認知度が高く、世界中でおよそ80万の組織が導入している。ISO 9000は企業間の取り引きにおいて、品質管理を保証するための国際基準となっている。ISO 14000は組織が環境に配慮した経営を行うための基準である。「統合」とは、組織の規模の大小、産業分野や商品（サービスも含む）の種類、企業・公共機関・政府機関の別にかかわらず、あらゆる組織に同じ基準を適用できることを意味する。「マネジメントシステム」とは、組織がその目的のために、資源を製品やサービスに変える工程を管理する仕組みを指す。規制を遵守し、あるいは環境上の目的を達成しながら、顧客の求める質を確保した製品を製造する仕組みは、マネジメントシステムの一例といえる。（ISO）

ISO 9000 standards　ISO 9000規格

ISO 9000シリーズは、主に品質管理に関する規格。企業などが、顧客の満足度と事業パフォーマンスの向上を維持しながら、製品の質を管理し、関連する規制を遵守するために行うべきことを規定する。（ISO）

ISO 14000 standards　ISO 14000規格

ISO 14000シリーズは、主に環境管理に関する規格。組織の活動による環境への負荷を最低限に軽減し、環境対策を継続的に改善するために取り組むべきことを規定する。（ISO）

Isolationism　孤立主義

外交上または政治上の主義として、他国との協力関係を避ける政策。多くの国で過去に孤立主義が支持された時期があるものの、強硬な孤立主義を長期にわたり掲げている国はほとんどない。（WP）

Iteration　反復

システム・ダイナミクスを制御している方程式に現在価値を投入し、将来価値を導き出す処理を繰り返すループ。（CSG）

It takes a village, concept of 「村中みんなで」の概念

子どもの幸福に対し、肉親以外の人や集団が良くも悪くも持つ影響に注目した考え。同時に、子どものニーズすべてを満たすことができる社会を提唱する。（UNW）

IUCN　国際自然保護連合

'World Conservation Union' を参照。

J j

Jakarta Mandate
ジャカルタ・マンデート

海洋および沿岸の生物多様性に関するジャカルタ・マンデート。海洋および沿岸の生物多様性の重要性に関し、世界的な合意に至った。1995年11月、インドネシアのジャカルタで開催された「生物多様性条約締約国会議」での「生物多様性条約の施行に関する閣僚声明」の一部。本条約は、1998年に採択された作業計画を通じて、海洋・沿岸域の統合的な管理、生物資源の持続的な利用、保護区、海中養殖、外来種に重点的に取り組む。(BCHM)

Japan International Cooperation Agency (JICA)　国際協力機構

技術協力や対外援助を行う日本の主要機関。独立行政法人。

Johannesburg Declaration
ヨハネスブルグ宣言

2002年の「持続可能な発展に関する世界首脳会議（WSSD）」において採択された2つの文書のうちのひとつ。現在の世界が直面する課題、および1992年から2002年までに見られた持続可能な発展の進展について、その概略を述べている。また、署名国が持続可能な発展を約束すること、多国間主義による協力が重要であること、およびWSSDの「実施計画」に記されている作業をすべて実施する必要があることを強調している。

Johannesburg Declaration on Sustainable Development　持続可能な発展に関するヨハネスブルグ宣言

'World Summit on Sustainable Development' を参照。

Johannesburg Plan of Implementation (JPOI)　ヨハネスブルグ実施計画

'World Summit on Sustainable Development' を参照。

Johannesburg setting
ヨハネスブルグ方式

閣僚級の協議・交渉を区別するために使用された言葉。

Joint contact group
合同コンタクトグループ

別々につくられた2つのコンタクトグループが、双方の間の相違を解消するために結成されたもの。(Gupta, 2002)

Joint Convention on the Safety of Spent Fuel Management and on the Safety of Radioactive Waste Management (2001)　使用済燃料管理及び放射性廃棄物管理の安全に関する条約

法的拘束力を持たない条約。次の3点を目的とする。国内措置および国際協力の拡充を通じ、使用済み燃料および放射性廃棄物管理の高い水準の安全を世界的に達成し、および維持すること。現在および将来において電離放射線による有害な影響から個人、社会および環境を保護するため、使用済み燃料および放射性廃棄物管理のすべての段階において潜在的な危険に対する効果的な防護を確保すること。使用済み燃料管理および放射性廃棄物管理のすべての段階において、放射線の影響をともなう事故を防止し、および事故が発生した場合にはその影響を緩和すること。

Joint implementation (JI)　共同実施
ある国が、実際に排出量を削減している他国のプロジェクトに対して資金提供を行うと、排出削減クレジットを受け取ることができるというプロジェクト・ベースの活動。(UNFCCC)

Joint working group　共同作業部会
異なる団体によってそれぞれ招集された2つの作業部会が、分野横断的な問題に取り組むために結成されたもの。(Gupta, 1997)

***Jus civile*　市民法**
各国内で制定された法律。(BLD)

***Jus cogens*　ユスコーゲンス、強行規範**
強制的な法。諸国間の特定条約が覆すことのできない、国際法の決定的な諸原則。すべての国家に対し、常に拘束力を持つ規範。(BLD)

***Jus inter gentes*　国民間法**
人民や国家間の法律。(BLD)

JUSSCANNZ　ジュスカンズ(JUSSCANNZ)
情報共有と議論の場としての機能を果たす、EU以外の先進国とその他の招待国による連合。日本(Japan)、米国(US)、スイス(Switzerland)、カナダ(Canada)、オーストラリア(Australia)、ノルウェー(Norway)、ニュージーランド(New Zealand)の頭文字を取っている。

K k

Kareze　カレーズ

'Qanat' を参照。

Key　鍵

通常、ある決定に達するうえで決定的要因となる事項、考え、概念のこと。重大、有益、または中心となる事柄を意味する。

Keystone species　キーストーン種

ある生物群集において、全体の構造や動的関係を決めるうえで重要な役割を果たす種。キーストーン種の存在は、特定の生態系の完全性および安定性に不可欠である。

Kimberly Process Certification Scheme　キンバリー・プロセス証明制度

2000年5月、「ブラッド・ダイヤモンド」に対する草の根運動の高まりを受けて、各国政府とダイヤモンド業界が南アフリカのキンバリーに集まり、紛争地域からのダイヤモンド取引を防ぐために制定した制度。国際的に認められたダイヤモンド原石の証明制度であり、各国内の輸出入における基準を設定する。キンバリー・プロセスは、2002年11月に52の政府によって批准および採択され、2003年8月に発効した。

Kleptocracy
泥棒国家、クレプトクラシー

腐敗が著しく誠実さのかけらも残されていない政府。その政府機構は、支配者と少数の協力者（「泥棒政治家」と総称される）が巨額の私腹を肥やすため、もしくは支配者が権力を維持するために、民衆全体から税金を徴収することにほぼ全力を投入している。(WP)
'Autocrat' を参照。

Knock-on impacts　波及効果

主に英国で使用される言葉で、二次的影響を意味する。

Knowledge　知識

具体的な経験や他者との相互作用や交流などの学習過程を経て、頭脳に蓄積および保管されたデータと情報。決定を行い、行動し、環境からの刺激に対して反応するために利用する。

Kyoto certifying entity/validating and verifying companies　京都議定書の認証機関／有効化および検証を行う企業

クリーン開発メカニズム（CDM）またはほかの権能を有する機関により設立され、正式認定を受け、または公認された、官庁、外部機関、部局などの組織。カーボンオフセットを認証する法的権限を持つ。(UNFCCC; CT)

Kyoto forest　京都フォレスト

京都議定書およびマラケシュ合意では、先進国が土地利用の変化や、再植林などの林業活動の実行および投資を行ったときに、温室効果ガス排出量を差し引くことが許されている。このような林業活動を行った場所を「京都フォレスト」と呼ぶことがある。「京都フォレスト」と認められるには、区画規模、種の組成、林冠と下層の高さと密度、貯蔵レベル、予測成長率などの厳格な基準を満たさなければならない。(EEA; IPCC)

Kyoto mechanisms　京都メカニズム

以前は「柔軟性措置」と呼ばれていた市場原理に基づく仕組み。京都議定書の締約国が、

K

温室効果ガス排出量削減の約束を守ることによって経済に及ぼされうる影響を低減するために、利用することができる。共同実施（第6条）、クリーン開発メカニズム（第12条）、排出量取引（第17条）がある。（IPCC）

Kyoto Protocol (KP)　京都議定書

1997年に京都で開催された国連気候変動枠組条約第3回締約国会議で採択され、2005年2月に発効。先進国および市場経済移行国（附属書I国）に、2008～2012年の間に少なくとも1990年比（場合によっては1995年比）で5%の温室効果ガスの削減を求めている。（IPCC）**'Asia Pacific Partnership on Clean Development and Climate' 'United Nations Framework Convention on Climate Change'** を参照。

Kyoto Protocol, new/post-II
新京都議定書、ポスト京都議定書

2007年初めにつくられたこの言葉には、2つの異なる意味がある。1つ目は、2007年6月のG8サミットの準備会合とドイツのアンゲラ・メルケル首相が呼びかけた内容を指す。これは2012年に第一約束期間が終了する前の2009年に、中国やインドなどの主な開発途上国を含み、米国の支持も得るような世界的合意により、もともとの京都議定書を置き換えようとするもの。2つ目の解釈は、2012年に当初の京都議定書に代わる新しい協定が続かなければならないという認識だが、具体的な日付には言及しない。いずれのシナリオも国連気候変動枠組条約（UNFCCC）の制度的状況の範囲内で新しい合意を得るべきという概念を支持しており、ゆえに最終的には、なんらかの拘束力のある上限／目標または検証可能な目標を持つことを暗示している。それでもなお、ほかの国々は、UNFCCCのメカニズムの枠外で管理されるならという条件下でいずれかのシナリオを支持し、代わりに、包括的な世界計画に貢献する国家計画や政策を策定して自主的な基準のみを設定することを望んでいる。（UNW; Dempsey, 2007）**'Baltic Climate Pact'** を参照。

Kyoto Protocol, old　旧京都議定書

2007年半ばにG8サミットの準備会合で初めて使われた言葉。1997年に採択されたもともとの京都議定書を指す。同議定書は、次の理由から「古く」、時代遅れで役立たずとみなされた。(i) いくつかの国々が、拘束力のある上限／目標や関連した達成期限について、その概念や実現に同意できないこと。(ii) いくつかの重要な国々が、当初の議定書を絶対に批准しないだろうという事実。(iii) 中国、インド、インドネシアといった排出量が多い開発途上国が、議定書の条件を遵守しなくていいこと。（UNW; UNFCCC）

L 1

L. docs　L 書類
締約国会議または補助機関で採択するための報告書の草案および草案文面が含まれた開会中の書類。(UNFCCC)

***Lacunae*　欠缺(けんけつ)**
法律上の欠陥。文書の穴または空白箇所。(BLD)

Laissez-Passer
通行許可証、レセ・パセ
国際連合の渡航文書で、一般に'LP' もしくは「国連パスポート」と呼ばれる。発行形態は2種類。D レベル以上向けの赤いものと、その他渡航責務をともなう全職員（一般職のG レベル、専門職のP レベル）向けの青いものである。(UN)

***Laissez faire*　レセフェール、自由競争主義**
自由企業体制のこと。経済的自由の維持に必要な介入以外、経済に対する政府の不干渉を主義とする政策または制度。

Land-based Sources Protocol (LBS)
陸上起因汚染防止議定書
広域カリブ海の陸上起因による海洋汚染源および汚染活動に関する議定書。1999 年 10 月6日にアルバのオラニエスタッドで、カルタヘナ条約の枠組み計画の一部として採択。(UNEP)

Landfill　埋め立て処分場
廃棄物が積み重ねられ、最終的に泥と表土で覆われる投棄区域のこと。**'Sanitary landfill'** を参照。

Land mapping unit (LMU)
土地図化単位
ある縮尺の地図上で表現できる最小の土地区画。

Land reclamation　土地改良
土地の一般的な性質を変化させる（排水する、乾燥地・半乾燥地で灌漑を行う、海や湖や河川によって水没した土地を埋め立てる）ことで、土地をより集約的に利用できるようにするプロセス。

Landsat
ランドサット、地球資源探査衛星
その名は「土地を写す衛星（land satellite）」に由来。1972 年に運用を開始し、地球の画像を宇宙から取得する事業のうちで最も長期にわたる。何百万にものぼるランドサット衛星画像は、米国をはじめ世界中のランドサット受信局に記録される。これらの画像を合わせると、地球規模で起こっている変化の研究や、農業、地質学、林業、地域計画、教育、国家安全保障に応用できる、またとない情報資源となる。本プログラムは 1966 年に開始された当初は「地球観測衛星計画」と呼ばれていたが、1975 年に「ランドサット」に改称された。(EEA)

Landscape amnesia, concept of
景観健忘症の概念
周囲の景観が毎年非常にゆっくりと変化したために、かつてはいかに異なっていたかを忘れてしまうこと。(Diamond, 2005) **'Creeping normalcy, Concept of' 'Boiled-frog syndrome'** を参照。

L

Land subsidence　地盤沈下
人間の行為や自然現象に直接的または間接的に由来する、地形表面の沈没。(EES)

Land tenure　土地保有権
土地１区画の占有または所有に関する数々の権利と責任を指す言葉。このような権利としては、土地へのアクセス権、土地（地表・地下）の生成物を管理する権利、相続権、移転権と土地利用変更の決定権、および河川の表層水の使用権を含みうる。また、土地保有は、所有者または賃借人が、既存の区画法と土地利用法に沿って土地を保全する義務を有することも示唆する。(EES)

Land use　土地利用
特に農業、環境保全、都市計画などの過程における土地の利用方法。(NRDC)

Language(s), official　公用語
諸国、諸州、およびその他の地域において独自の地位を与えられた言語。通常、国の立法機関で使用される言語を指す。ただし多くの国際機関および国家では、その他の言語でも文書を作成することが法律によって義務づけられている。公用語の例：
国連事務局および専門機関： 英語、スペイン語、仏語、中国語（北京語）、ロシア語、アラビア語。
カナダ政府： 英語、仏語。
米州機構（OAS）： 英語、仏語、ポルトガル語、スペイン語。
欧州連合（EU）： チェコ語、デンマーク語、オランダ語、英語、エストニア語、フィンランド語、仏語、独語、ギリシャ語、ハンガリー語、アイルランド語、イタリア語、ラトビア語、リトアニア語、マルタ語、ポーランド語、ポルトガル語、スロバキア語、スロベニア語、スペイン語、スウェーデン語。
東南アジア諸国連合（ASEAN）およびアジア太平洋経済協力（APEC）： 英語。
(EU; OAS; UN; WP)

Language(s), post　任地の言語
その国連事務所、または国際機関の事務所において、通常のコミュニケーションで一般的に使用される言語（現地語とは限らない）。通常、その事務所に配属されるすべての職員に要求される。(UN)

Language(s), working　作業言語
「手続き言語」とも呼ばれる。国家または国際機関において、主要なコミュニケーション言語として独自の法的地位を与えられたもの。このような機関の構成員は通常異なる言語背景を持つため、日常の通信や会話で使われる主な言語となる。作業言語と公用語は定義が異なるため、違う言語を指すが、国連のようにこれらを同じと定める機関もある。作業言語の例：
国連事務局： 英語、スペイン語、仏語、中国語（北京語）、ロシア語、アラビア語。
国連教育科学文化機関（UNESCO）： 英語、仏語。
米州機構（OAS）： 英語、スペイン語。
カナダ政府： 英語、仏語。
欧州連合（EU）： 英語、仏語、独語。
東南アジア諸国連合（ASEAN）およびアジア太平洋経済協力（APEC）： 英語。
(EU; OAS; UN; WPWP)

***La Niña*　ラニーニャ現象**
太平洋赤道域の中部から東部で、通常より強い貿易風と異常な海面水温の低下が起こる時期のこと。「エルニーニョ現象」の対語。

Large country　大国
その国の国際取引が外国の経済変数に影響を及ぼすほど大きい国のこと。通常、その国の貿易が、世界の価格に大きく影響する。

Law　法律
立法府で可決されて法典の一部となった法令または法案。必要に応じて、選挙で選ばれた国家元首により署名または承認される。

LDC Fund　後発開発途上国基金
後発開発途上国のための作業計画を支援す

ることが目的。その作業計画は「とりわけ、国別適応行動計画を含むものとする」。(UNFCCC)

Leachate　浸出水

埋め立て地、農場、飼育場の固形廃棄物から染み出て、その過程で可溶性の溶解物や浮遊物（通常は汚染物質）を分離させた液体。(USEPA)

LEAD
環境と開発のためのリーダーシップ

持続可能な開発に熱心に取り組む専門家の国際ネットワーク。1991年にロックフェラー財団が設立。「さまざまな国における環境と開発の課題に取り組むことに前向きで、また取り組む意思のある、活動的な若手リーダーの世界ネットワークをつくり、維持することを目的とする」。(LEAD)

Lead reviewer　主査

報告書やその他の文書の正確さと包括性を評価するため、専門家リストから指名された個人。このリストは、取り上げられる議題に関する知識や経験を持つとして、通常関係者の推薦で作成される。

League of Arab States　アラブ連盟

中東地域のアラブ諸国21カ国とパレスチナ自治政府が加盟する組織。1945年設立。主に政治的目的を掲げる点で、米州機構や欧州評議会やアフリカ連合と似ている。これらの機関はすべて、国連の地域版とみなすことができる。(WP)

League of Nations　国際連盟

1920年に設立された、国際協力と平和を推進するための世界機構。1918年にウッドロー・ウィルソン米大統領によって提案されたが、米国が連盟に加盟することはなかった。1946年に公式に解散し、国際連合システムがあとを引き継いだ。(UN)

Leapfrog economics　カエル跳びの経済学

開発経済学のアプローチのひとつ。市場インセンティブまたは開発政策によって、開発途上国が古い技術を経験せずに新しい技術を採用できること。たとえば、固定電話システムを設置せずに、携帯電話技術を採用することや、炭素依存度が高い経済が環境や健康に及ぼす悪影響をまず経験することもなく、低炭素技術を利用するインセンティブなど。(Milibrand, 2007)

Leapfrogging
リープフロッギング、カエル跳び

開発途上国が技術移転を受け、先進工業国で設計・試験済みの技術を採用すること。研究開発費の負担や、先進国でこのような技術が導入される場合に特徴的な、比較的緩慢な開発段階を経験せずにすむ。

Least developed countries (LDC)
後発開発途上国

国連の定義によると、1人当たりの年間所得が1日1米ドルに満たない貧しく脆弱な国々。40～50カ国存在する。近年、国際会議の場で自らの利益を守るため、連合を組んで協力し合っている。

Least-cost alternative　最小費用代替案

費用便益分析において、プロジェクトや活動の便益が等しい場合に適用される経済的基準。さまざまなプロジェクトにかかる費用の純現在価値を比較する。費用の現在価値が小さい代替案のほうが好ましい。

Legitimacy　正統性

政府の法律制定および施行過程を、その国の人々が容認できること。(UNDP)

Leipzig Declaration (1)
ライプチヒ宣言（1）

食糧農業植物遺伝資源の保全と持続可能な利用に関するライプチヒ宣言。1996年にFAO主催の会議で採択。会議には150カ国の代表が出席し、減少する世界の食糧と農業のための植物遺伝資源を保護しようと、必要な緊急対策、資金拠出、農民の権利の問題について話し合い、合意に至った。(FAO)

Leipzig Declaration (2)
ライプチヒ宣言（2）

当時開催が迫っていた1997年の地球温暖化防止京都会議を憂慮した宣言。大気問題および気候問題にかかわる研究者個人が集まって発表。憂慮の理由を、京都会議は「エネルギー燃料に対する重税や割当などの地球規模の環境規制を、先進工業国の国民だけに課し、他の諸国には課さないだろう」と述べている。(UNFCCC)

Less developed country (LDC)
低開発国

1人当たりの年間所得が300～700米ドルの国。(UN)

Lessons learned　教訓

活動の業績や失策を記録し分析したもの。物質面や時間面などでの成功と失敗を含む。将来、同じような活動を改善できるように使われる。

Lex posterior derogat priori
後法は前法を廃す

最近の法律が優先され、つじつまの合わなくなった以前の法律をしのぐ、無効にする、または覆すこと。(BLD)

Liability and redress　責任と救済

次の3つの条件が満たされたときに損害賠償義務があることを指す言葉。(1) 法律上の義務違反であること、(2) 違反した行為者が特定されること、(3) 因果関係を証明できること。少なくとも2つの形態、すなわち「責務」および「責任」が存在する。(1) の条件において、賠償義務は不法行為が行われたとき、および不法性が明確に定められた場合のみ存在する。(2) では、不法性がなくとも、その行動から恩恵を受けるか、あるいはその行動を管理する組織または個人に責任がある。賠償金は、強制保険を通じて法的に責任がある行為者か、諸企業が共同で設立した基金、あるいは輸出国によって支払われる。

Life-cycle approaches
ライフサイクルアプローチ

環境問題や機会を全体として評価し取り組めるようにする戦略。全ライフサイクルにわたって及ぼしうる環境への影響を低減し、製品サービスシステムを設計することが目的。(UNEP)

- ライフサイクルアセスメント（LCA）：ある製品やプロセスや活動が使用したエネルギーや原料、さらに環境に放出した廃棄物を明らかにすることで、製品・プロセス・活動に付随する環境負荷を客観的に評価する手法。環境を改善する機会を評価し、実施するための手法でもある。(SETAC)
- ライフサイクルマネジメント（LCM）：ライフサイクルの観点から環境改善を継続して行うことを目的として、製品や組織の環境・経済・技術・社会面に取り組む概念、技術、手法を統合する枠組み。(SETAC)
- 環境適合設計（DFE）：製品設計および工程設計に環境への配慮や社会的配慮を体系的に統合すること。(NRCC)
- 製品サービスシステム（PSS）：環境への影響を小さく抑えながら同時に顧客のニーズを満たすような製品およびサービスを、市場性の高い形で組み合わせること。
- 包括的製品政策（IPP）：天然資源からの物質の抽出から、設計、製造、組み立て、マーケティング、流通、販売、使用、資源回収（一部または完全）、廃棄に至るまで、製品またはサービスのライフサイクルの各段階で環境パフォーマンスを向上させようとする実践的な活動のこと。(EU)

Life zone　生態ゾーン

現在使われている生態ゾーンの分類体系は主に2つあり、次のように定義される。(a) メリアムの分類体系では、生物分布が変わるような気温の地点を結ぶ線による地表区分。(b) ホールドリッジの分類体系では、気温、降水量、大気中水蒸気量を用いた3つの重みづけした気候指数による気候分類。(EES)

Limiting factor　制限要因

種の成長を支配する非生物的条件。ほとん

どの陸上植物にとって、この条件とは土壌中の栄養物である窒素の供給を指す。（EEA）

Lisbon Agenda　リスボン戦略

2000年3月、ポルトガルのリスボンで開催されたEU閣僚理事会で採択したアジェンダ。2010年までに、環境を損なうことなくEUのグローバルな競争力をいっそう高めるため、一連の社会経済面の改革および財政改革を行うことを決定。（EU）

Lithosphere　岩石圏、リソスフェア

地球を構成する無機物の固体。岩石、鉱物、元素を含む。固体地球の外表面とみなすことができる。（EES）

Little Ice Age　小氷期

欧州、北米、アジアで西暦1550年頃から1850年頃まで続いた寒候期。

Littoral zone　沿岸帯

満潮時に水中に沈み、干潮時に出現する海岸線。（EES; USEPA）

Living modified organisms (LMOs)
遺伝子組み換え生物

組み換えDNA技術を用いてつくられたあらゆる生物。遺伝子組み換え酵母や原核生物も考慮すると、関連する組み換え技術は広範囲にわたる。（CBD）

Loading (water)　負荷量（水）

ある地域に水で運ばれる物質量。単位時間当たりの量で表す。

Lobbying　ロビー活動、ロビーイング

個人的なコネ、公的圧力、政治活動により、公職にある人が特定の投票行動をとるように影響を与えること。（WP）

Local knowledge　地元の知識

'Indigenous knowledge' を参照。

***Locum tenens*　臨時代理人**

上司が欠席の場合の代理人と解釈できる外交用語。（WP）

Logic of collective action, concept of
集合行為論の概念

共同で保有され使用される資源に対し、共有の利害を持つこと。資源基盤の崩壊を避けるため、すべての利用者が自制を働かせる。（Diamond, 2005）***'Tragedy of the Commons'*** **'Sunk-cost effect, concept of'** を参照。

Lomé Convention　ロメ協定

1975年調印。EUが、アフリカ・カリブ海・太平洋諸国に対する援助プログラムや優遇措置を約束。2000年6月に、コトヌー協定がそのあとを引き継いでいる。

London Club　ロンドン・クラブ

民間金融機関が保有する債務の繰り延べ交渉をともに行う臨時フォーラム。債務国主導で開催され、繰り延べ合意に署名がなされると解散する。ロンドン・クラブの「諮問委員会」は、主要な民間金融機関が議長を務め、損失の危険があるほかの金融機関からの代表が委員として横断的に選ばれる。

Lose-lose options
双方が不利益を被る選択肢

'Negative sum' を参照。

Low-income country　低所得国

1998年の1人当たり年間国民総生産（GNP）が760ドル以下の国。ほかの国々に比べて生活水準が低く、財・サービスが寡少で、国民の多くが生きるために最低限必要な基本的ニーズを満たすことができない。現在、人口100万人以上の低所得国は58カ国。その総人口は約35億人にのぼる。（WB）

LULUs　LULUs

地元が望まない土地利用。**'Not in my backyard, principle of (NIMBY)', 'Please in my backyard, principle of'** を参照。

L

M m

Maastricht Treaty　マーストリヒト条約
'European Union' を参照。

Make Poverty History®
貧困を過去のものに
英国から世界に広がった運動。北米では、ONE®がパートナーとして同様の活動を行う。開発分野の非政府組織（NGO）の調整を行い、地球規模の貧困について一般市民の啓発を行う。最貧国への二国間・多国間債務を免除するよう、主要8カ国に圧力をかける。（TWN）**'Heavily Indebted Poor Countries'** を参照。

Mainstreaming　主流化
もともとは、障害児教育に関して1970年代につくりだされた言葉。現在、地球環境ガバナンスの文脈では、「内在化」を意味する（「環境の主流化」は、環境保護対策や環境管理の配慮を、経済的配慮や社会的配慮とほぼ同じように、組織の政策やプログラムに含めることを意味する）。

Major (interest) Groups
主たるグループ（利益集団）
女性、子どもおよび青年、先住民、非政府組織（NGO）、地方自治体、労働者と労働組合、産業界、科学技術界、農民。（UN）

Majority　多数
全体の過半数。

Majority Vote (MV-EU)　多数決
'Qualified "double" majority voting' を参照。

Malmö Declaration　マルメ宣言
2000年5月の閣僚級宣言。主な焦点は、21世紀の環境分野の主要問題、民間部門、市民社会、国連環境開発会議の10年後の点検。

Malthusian　マルサス主義者
英国の経済学者であるトーマス・ロバート・マルサス（1766～1834年）の理論に基づく。マルサスは、もし倫理的な抑制（禁欲）、あるいは戦争、飢餓、災害によって人口増加が抑制されなければ、人口は食糧供給より速く成長する傾向にあり、最終的には破滅をもたらすと主張した。（NRDC）

Man and the Biosphere Programme (MAB)　人間と生物圏計画
国連教育科学文化機関（UNESCO）が主導する学際的なプログラム。生物圏資源の合理的な利用と保全のための基礎を発展させるため、調査と研修を行う。

Mandates　委任統治領
国際連盟規約で規定された領土に関係する法的用語。第一次世界大戦後、国際的な保護と管理が必要とされた。国際連合（UN）が設立されると、「国連信託統治地域」となった。（UN）**'United Nations Trusteeship Council'** を参照。

Mangroves　マングローブ
堆積海岸の平均海面付近から最高高潮位の間で育つ耐塩性の樹木または灌木。独特の群落を形成する。（EES; USEPA）

Manifest destiny
明白な運命、マニフェスト・デスティニー
19 世紀に、特に北米の開拓前線を越えて太平洋に至る米国の領土拡大は、神から啓示された使命だとした考え。(WP)

Manila Declaration　マニラ宣言
正式名称は「アジアの生物資源の倫理的利用に関するマニラ宣言」。1992 年 2 月にフィリピンのマニラで開催されたアジア薬用植物・香料等天然物会議（ASOMPS）で発表。(BCHM)

Mar del Plata water conference
マルデルプラタ国連水会議
'United Nations Water Conference, Mar del Plata, Argentina' を参照。

***Mare clausum*　領海**
閉じた海域。「公海（海洋の自由）」の対義語。(BLD)

***Mare liberum*　公海**
海洋の自由。「領海（閉じた海域）」の対義語。(BLD)

Marginal cost　限界費用
生産量を 1 単位変化させることにともなう総生産費の増加または減少。

Mariculture　海面養殖
「自然環境」において、またはいけすや水路の中の海水で、食料となる海洋生物を増養殖すること。(WP)

Market-based environmental instruments　市場ベースの環境手段
「環境の外部性」という市場の失敗に、次のどちらかの方法で対処しようとする手法。工程や製品に税金や料金を課して、生産活動または消費活動の外部費用を内部化させる。または、財産権を創設し、環境サービス利用のための代理市場の設立を促す。(EEA)

MARPOL Convention　マルポール条約
「船舶による汚染の防止のための国際条約」。操作や事故が原因の、船舶による海洋環境の汚染防止を扱う主要な国際条約。

Marsh　沼地
湿地、湿原、泥沼。恒常的にまたは繰り返し水に浸り、草本植生が優占する。淡水または塩水。干満がある場合もない場合もある。(NRDC)

Matrix　マトリックス
協議を経ていない参考・情報ツール。経済的・技術的な解決策からなる。関連の環境・社会活動について、最優良事例や教訓をまとめる。(EEA)

Maximum sustainable yield
最大持続生産量
現存の環境条件下で、資源から継続的に得られる最大の生産量。(USEPA)

MDIAR agreement　MDIAR 合意
監視―データ―情報―評価―報告の流れを規定する欧州連合（EU）の合意。国家による監視から欧州の報告制度に至るまで、データと情報の流れの主要なフィルターとして機能する。**'Chain of custody'** を参照。

Mediation　調停
公平な第三者の善意の介入を通じて、紛争当事者間に平和的な解決または妥協をもたらすこと。

Mediterranean Action Plan (MAP)
地中海行動計画
正式名称は「汚染に対する地中海の保護に関する条約（バルセロナ条約）」。地中海沿岸で、環境の保護と持続可能な開発の促進に努める。国連環境計画（UNEP）の仲介の下、1975 年に地中海沿岸の 16 カ国と欧州共同体（EC）がスペインのバルセロナで採択。法的な枠組みは、1976 年に採択され 1995 年に改正されたバルセロナ条約と、特定の環境保護の側面を扱う 6 つの議定書からなる。地中海地域のすべての利害関係者の参加を促進するため、1995年には、MAPによって「持続可能な開発のための地中海委員会」も設立された。(EEA)

Mediterranean Investment Bank (MIB)
地中海投資銀行

'Mediterranean Union' を参照。

Mediterranean Union (MU)
地中海連合

2007年にフランスのサルコジ大統領が提唱した概念。地中海沿いの欧州、中東、北アフリカの国々を、欧州連合（EU）にならってひとつの経済共同体に包み込み、潜在的にはエネルギー、安全保障、反テロリズム、移民、環境などの分野の地域協力を行い、地中海投資銀行を創設するというもの。議長を持ち回り制として、定期的な首脳会合の開催が考えられている。(Burnett, 2007)

Medium-sized projects
中規模プロジェクト

地球環境ファシリティ（GEF）から100万米ドル未満の貸付を受け、準備と実施ができる。GEFプロジェクトは、平均規模が550万米ドルで、ほとんどが実施に数年を要する。GEFはプロジェクト実施の経験を積む中、より小規模なプロジェクトは迅速な手続きによる恩恵を受け、より迅速かつ効率的に立案・実施されるようになるととらえられている。(GEF)

Meeting of the Parties (MOP)
締約国会合

締約国会議（COP）が「同盟」や「加盟国」の意味を帯び、条約だけに使われるのに対し、「締約国会合（MOP）」は「出会い」の意味を有しており、議定書の場合に限定される。

Mekong River Commission (MRC)
メコン川委員会

全長4880キロのメコン川の管理を支援するために、カンボジア、ラオス、タイ、ベトナムの各国政府が1995年に設立した委員会。ミャンマーと中国の両政府は、その領域内にメコン川が流れているが、加盟国ではない。

Member states (1)　加盟国（1）

政府間組織に公式に参加している政府。条約の締約国。

Member states (2)　加盟国（2）

国連総会や国連の補助機関および専門機関、国際機関、政府間組織の参加国。(UN)

Memorandum of Understanding (MOU)
了解覚書

（しばしば国際機関間で策定される）相互の利益にかかわる事項について、すべての当事者がほかの当事者に対して有する責任と役割を規定した合意書。(UNT)

MERCOSUR　メルコスール

南米南部共同市場。1991年にパラグアイのアスンシオンで設立条約を締結。メルコスールの原加盟国はアルゼンチン、ブラジル、パラグアイ、ウルグアイ。1996年にはチリが、1997年にはボリビアがそれぞれ準加盟国となった。ベネズエラは2006年半ばに加盟国となった。**'South American Community of Nations'** を参照。

Meteorology　気象学

地球の大気を扱う科学。大気が発生し、発達し、最終的には散っていくという個々の状態の変遷を理解することを目指す。(EES)

Methane　メタン

1個の炭素原子に4個の水素原子が結合した炭化水素（CH_4）。

Microclimate　微気候

近接の大気や地層も含め、植生や作物の高さまでの気候条件。高度にして、作物の場合は約1メートル、森林の場合は10～30メートル。(EES)

Microcredit
マイクロクレジット、小規模融資

多くの場合担保なしで、銀行などの機関が個人または団体に対して行う小額融資。初期の実験的実施は、バングラデシュ、ブラジル、その他数カ国で30年前から行われていたが、1980年代に顕著になった。小規模融資の重要な特徴は、従前の目標型開発融資が陥った落とし穴を避けていること。そのためにとった手段は、きちんと返済を求めること、融資にかかる費用をまかなえる利息を課すこと、インフォーマル・セクターからしか融資を受けられない顧客集団に注目すること。重点は、対象部門を支えるような補助金付き融資を迅速に支払うことから、貧しい人々に役立つような持続可能な地元組織を設立することへと移った。主に民間（非営利）セクター主導で行われ、露骨な政治化・官僚化は起きていない。返済率の高さで、ほかのあらゆる開発融資形態に勝るといえる。近年、開発銀行も類似のプログラムを開始している。（UN）**'Microfinance' 'Grameen banking'** を参照。

Microfauna　微小動物相

原生動物や線虫を含め、顕微鏡を使わないとはっきり判別できないほど小さな動物の個体群。（USEPA）

Microfinance
マイクロファイナンス、小規模金融

低所得層を対象とする貸付、貯蓄、保険、送金サービス、その他の金融商品。生産活動や小規模ビジネスを支援するため、最貧困層の家庭にきわめて小額の融資（マイクロクレジット）を行う。従来の公的金融機関を利用できない貧困層や最貧困層の人々が多様な金融商品を必要としていることが認識されるようになり、小規模金融はしだいに、広範なサービス（貸付、貯蓄、保険など）を含むようになった。（UN）**'Microcredit'** を参照。

Micro finance institution(s) (MFIs)
小規模金融機関

世界中で文字どおり何百もの小規模金融機関が営業しており、それぞれ独自の融資方針を持つが、一般に「マイクロクレジット、小規模融資」や「マイクロファイナンス、小規模金融」の項にまとめた考えに同意している。**'Grameen banking' 'Rural Development Institute' 'Micro-land ownership' 'Microcredit'** を参照。提供されるサービスの幅を示すため、長く続いている小規模金融機関を2例挙げる。ひとつは実際の貸付方法の事例、もうひとつは寄付保証の方法の事例である。

- **キバ：**「調和」や「団結」を意味するスワヒリ語。地元の貸付機関と組むことにより、概して小額貸付を必要としている世界中の貧困地域の企業家へ直に接触する。銀行が小額貸付を管理するとその諸経費がキバにとっても借り手にとっても高くつくため、キバの業務は銀行を介さない。パートナー機関は適度な利子を課すことが認められているが、貸付される資金を実際に提供する貸し手には、利息は支払われない。貸付を行い、融資原則を再確認する際、4段階の貸付サイクルを踏む。(1) 貸し手は事業を選び出し、クレジットカードの送金で寄付を行う。(2) キバは資金を地元のパートナー機関へ送金し、その機関が地元の企業家へ資金を支払う。(3) 企業家は地元のパートナー機関へ分割で返済する。(4) 貸付額全額が地元のパートナー機関に支払われたのち、資金は貸し手へ返済される。<Kiva.org>
- **グローバル・ギビング®：** 世界銀行で働いていた2人が設立。インターネットを使って、非常に効率的な市場を創設。より多くの資金を世界中の事業に届けるとともに、貸し手に対して透明性が高く魅力ある方法を提供する。貸し手は、ほとんどの事業について、資金を受け取って目標を達成するようすを刻々と見ることができる。グローバル・ギビングを通じて寄付を行うと、次のような理由で、ほとんどの小規模金融機関よりも大きな影響を与えられると考えられる。(1) 一般的な経常支出への支援ではなく、明確に示された事業に直接資金が届けられる。(2) 事業の情報が何千もの貸し手に公開されるため、各事業は複数の資金源から資金を受け取れる。(3) 多く

M

の事業は開発途上国で行われており、小額の資金が長く役立つ。<www.globalgiving.com>

Microflora　微小植物相

放射菌、バクテリア、藻類、菌類を含め、顕微鏡を使わないとはっきり判別できないほど小さな植物の個体群。(USEPA)

Micro-land ownership　小規模土地所有

農村開発研究所（RDI）が推進する概念。土地所有は収入、安全、地位の源となりうるため、主に農村に住む34億人の貧しい人々（1日2米ドル以下で生活する人々）を貧困から救い出すのに、唯一の最も重要な財産になると考える。(RDI) **'Grameen banking' 'Rural Development Institute' 'Microfinance institutions' 'Microcredit'** を参照。

Micronationalism　小国家主義

民族、言語、文化、宗教による区分に沿って、より大きな国家や地域を分割。現代社会では、社会不安、民族・言語・文化・宗教の違いによる緊張、テロリズム、派閥主義、分離主義が組み合わさって、新しい特質の政治的境界と摩擦が生み出された。(CW) **'Balkanization'** を参照。

Microvending　小規模販売

世界各地で、街角の行商人が行うように、少量の生産品を販売すること。**'Grameen banking' 'Microfinance' 'Microcredit'** を参照。

Middle East Quartet　中東カルテット

国連、欧州連合（EU）、ロシア連邦、米国からなる非公式グループ。2004年に創設。パレスチナおよびイスラエルとともに、土地、水、安全保障、アクセスなどの諸問題の解決に取り組む。(UN)

Middle-income country　中所得国

1998年の1人当たり国民総生産（GNP）が760米ドルより多く9360米ドル以下の国。低所得国よりも生活標準は高く、国民はより多くの財やサービスを享受しているが、多くの人はまだ基本的なニーズを満たしていない。現在、人口100万人以上の中所得国は65カ国。その総人口は15億人を超える。(WB)

Millennium +5 Summit (MDG +5)
国連首脳会合

2005年9月に国連が開催した首脳級の総会。「ミレニアム＋5サミット」「2005年世界サミット」とも呼ばれる。2000年のミレニアム宣言の実施状況を見直し、経済社会分野の主要な国連会合やサミットの統合的フォローアップを行うことが目的。参加国は、国連事務総長が2005年3月に作成したミレニアム開発目標の実施状況に関する報告書や、平和と安全保障の問題、さらに国連改革案について議論した。(UN)

Millennium Challenge Account (MCA)
ミレニアム挑戦会計

2002年に米国政府が創設した年間50億米ドルに及ぶ無償資金プログラム。援助資金が最も効率的に使用されるのは、良い統治が行われている国々だとする世界銀行の研究事業を基にしている。資金援助を、客観的に測定できる16の社会経済基準と結びつける。たとえば、民主主義を促すような改革の取り組み、政府の透明性、市民の自由、予防接種率、貿易政策など。(UNAID)

Millennium Challenge Corporation (MCC)　ミレニアム挑戦公社

ミレニアム挑戦会計の管理を担う米国政府の公社。革新的な戦略を支援し、測定できる成果について説明責任を確保する。(USAID)

Millennium Declaration
ミレニアム宣言

2000年9月の国連ミレニアム・サミットで、147カ国の政府首脳、および当時の国連加盟国191カ国が採択。平和、開発（2015年までに、世界の貧困を半減させ、初等教育の完全普及を実現する）、環境、人権、弱者の保護、アフリカの特別なニーズ、国連の強化といった優先分野に関する価値観、原則、目標

を詳細に述べる。(UNMD)

Millennium Development Goals (MDGs)
ミレニアム開発目標

2000年に国連加盟国が採択した「ミレニアム宣言」で制定。2015年までに達成されるべき8つの目標。

- 極度の貧困と飢餓の撲滅
- 初等教育の完全普及の達成
- ジェンダー平等の推進と女性の地位向上
- 幼児死亡率の削減
- 妊産婦の健康の改善
- HIV/エイズ、マラリア、その他の疾病の蔓延の防止
- 環境の持続可能性確保
- 開発のためのグローバルなパートナーシップの推進

これらの目標の下に、18の具体的な開発ターゲットを掲げる。各ターゲットには、達成度をモニタリングできるように時間枠と指標が設けられている。これらの目標を達成するための費用は、追加的な開発援助として毎年400億～600億米ドル。付録2を参照。(UN)

Millennium Ecosystem Assessment (MA)
ミレニアム生態系評価

湿地に関するラムサール条約、生物多様性条約、砂漠化対処条約などの科学的ニーズを満たすため、生物多様性の多様かつ学際的な評価を行うプログラム。気候変動に関する政府間パネル(IPCC)をモデルにした。持続可能な開発プロセスにおける重要なステップとして、いかにして生態系の劣化を遅らせ逆転できるかを示す、科学に基づいたロードマップ。世界の生態系の状態について4年をかけてまとめ上げた最終報告書を、2006年1月に発表。国連の委託を受けて、95カ国の1300人の科学者がかかわる。(UN)

Millennium gap　ミレニアム・ギャップ

政府開発援助(ODA)の約束額と実際の支出額との間で年々広がっている格差。

Millennium Project
ミレニアム・プロジェクト

ミレニアム開発目標(MDGs)の達成に向けて最善策を提案するため、国連事務総長と国連開発計画(UNDP)総裁が2000年に開始。MDGs達成に必要な、運営上の優先順位、組織的な実現手段、資金供給メカニズムの研究に焦点を当てた。研究を実施する10のテーマ別タスクフォースは、コロンビア大学ジェフリー・サックス教授の指揮の下で、学界、公共部門、民間部門、市民社会団体、国連機関の代表者で組織された。2005年1月に『開発への投資　ミレニアム開発目標達成のための具体的計画』と題する報告書を、国連事務総長と国連開発計画総裁に提出。数ある提案の中でも特筆すべきは、MDGsを支援するため、先進国に対し、国内総生産(GDP)の0.7%を政府開発援助(ODA)に充てるよう求めたこと。2005年9月には、MDGs達成に向けた進捗を見直すため、首脳会議が開催された。2007年末までに、GDPの0.7%をODAに充てたのはわずか5カ国(デンマーク、ルクセンブルク、オランダ、ノルウェー、スウェーデン)だけであることを国連は確認した。(UN; UNDP) **'Millennium +5 Summit'** を参照。

Millennium Promise
ミレニアム・プロミス

2015年までにアフリカでミレニアム開発目標(MDGs)が達成されるよう支援する非政府組織(NGO)。代表者は経済学者のジェフリー・サックス。貧困地域、中央政府、地方政府、出資団体とともに、影響力の高い事業を実施して、アフリカの人々の生活を大きく変え、資金を供与する国、企業、一般市民をこの動きに巻き込むことを目指す。「私たちの世代は、史上初めて、極度の貧困、飢餓、疾病に終止符を打つ機会を手にしている」という信念を基に活動する。(UNDP) **'Millennium Villages'** を参照。

Millennium Villages
ミレニアム・ビレッジ

ミレニアム・プロミスの最重要事業。現在、

サハラ砂漠以南アフリカの10カ国の78カ村で実施。極度の貧困を解消するため、包括的なアプローチをとり、最善の科学的知見と地元の知見を統合する。あらゆる主要問題（飢餓、疾病、不十分な教育、安全な飲料水の不足、基礎的インフラの欠如など）に同時に取り組み、地域社会が自立的な持続可能な開発に向かうのを支援する。(UNDP) **'Millennium Promise'** を参照。

Minister (1)　大臣
政府活動の一部門の管理を委ねられた政府高官。(MW)

Minister (2)　公使
大使の下の階級にある外交使節。(MW)

Ministerial (meeting) segment
閣僚級会合
'High-level (meeting) segment' を参照。

Misc. docs　種々雑多な文書
発行人欄なしで、普通紙に刷られた種々雑多な文書。通常、公式な編集はされずに、代表団から提出されたままの見解やコメントを掲載。

Mission (1)　派遣団
行政、議会、技術の目的での公務出張。(UN)

Mission (2)　政府代表部
「大使館」と同義。国家へ派遣される大使の事務所が大使館と呼ばれるのに対し、政府代表（通常、大使の階級と称号を与えられる）が国際機関へ派遣される場合に用いられる。(UN)

Mission (3)　使命
あるプログラムが構想を実現する方法を記述したもの。

Mitigation　緩和策
作業や事業によってほかの利益に生じうる悪影響を軽減するため、計画、設計、建設、運営の段階で講じる行動。(USEPA)

Modality　モダリティ、様式
公式の合意や交渉を取り巻く正式な方法、手順、状態。

Model United Nations (MUN)
模擬国連
市政学、情報伝達、グローバル化、多国間外交に焦点を当てて国連を模する教育活動。中学・高校・大学レベルの生徒・学生が外交団の役割で、政府間組織の模擬セッションに参加。参加者は担当の国または国連認可NGOを研究のうえ、外交官としての役割を演じ、国際問題を調査し、世界の課題について討論、熟考、協議したのち、解決策を編み出す。(WP) **'C8 for Kids'** を参照。

***Modus vivendi*　暫定協定**
一時的または臨時の国際合意を記した法律文書。より恒常的で詳細な協定で置き換えられる。通常、非公式に策定され、批准は必要としない。(UNT)

Monitoring　モニタリング、監視
事業の期待される結果に向けての進捗を測るため、情報を収集・分析する継続的なプロセス。管理者や参加者は、当該事業が計画どおり進んでいるかの判断に使えるような定期的なフィードバックが得られる。(UNDP)

Monitoring and evaluation (M&E)
モニタリング・評価
目的がどのくらい達成され、管理方法をどう調整すべきかを判断するため、管理活動を定期的に評価すること。

Monkeywrenching　モンキーレンチング
（しばしば違法な手段での）破壊活動による「経済的闘争」を表す造語。特に森林や公園などの自然地区または保護区において、政府の認可を受けた好ましくない活動を抑制または中止させることが目的。米国では、政治的主張から環境テロリズム（エコタージュ）まで、環境保護の両極端の意味合いで非常によく用いられる。ブルドーザー、伐採の道具、道路建設機材などの資機材を破壊し、道路の測量標識、広告掲示板、橋梁、電線、電柱、送電塔、道路の撤去も行う。「モンキーレンチング」という言葉は、1975年に出版されたエドワード・アビーの小説『爆破　モンキーレンチギャング』から。(WP)

Monterrey Consensus　モンテレー合意
開発資金国際会議（ICFD）で生まれた主要文書。貧困を撲滅し、持続的な経済成長を達成し、持続可能な開発を促進することを目標とし、十分に包括的で衡平な世界経済システムを目指す。次の6分野の問題に対応する行動をとる。(1) 開発のための国内資金の動員、(2) 開発のための国際資金の動員、海外直接投資およびほかの民間資金フロー、(3) 開発の動力としての国際貿易、(4) 開発のための国際的な資金・技術協力の増大、(5) 対外債務、(6) 経済問題、開発を支援する国際通貨・金融・貿易システムの統一性・一貫性。

Montevideo Programme
モンテビデオ・プログラム
環境法の発展の礎を与えた国連環境計画（UNEP）の長期戦略計画。その功績としては、オゾン層、有害廃棄物の越境移動、生物多様性、有害化学物質の情報交換などに関する国際条約の策定など。

Montreal Process
モントリオール・プロセス
温帯林と北方林の持続可能な管理を行うために、基準と指標を見出し、定義するために設けられた国際的な作業部会。(UNT)

Montreal Protocol (on Substances that Deplete the Ozone Layer)
オゾン層を破壊する物質に関するモントリオール議定書
オゾン層破壊物質を規制する主要な国際協定。1987年採択、1989年1月1日発効。その後、調整・改正が行われている。(UNT)

Moratorium　モラトリアム
法律や政策が施行されるのを防ぐ立法（議会の）措置。(MW; NRDC)

Morbidity　疾病率
ある集団において、病気やけがをしている人の割合。(MW)

Mortality　死亡率
ある集団において、死亡した人の割合。(MW)

MOSAICC　微生物の持続可能な利用とアクセス規制の国際的行動規範
生物多様性条約の枠組みにおいて、科学の便益と世界各地での持続可能な開発のため、微生物の遺伝子資源の容易な利用と国際的な流通の促進のために作成された自主的な行動規範。(BCHM)

Most favored nation clause
最恵国条項
関税・貿易に関する一般協定（GATT）や世界貿易機関（WTO）において、貿易の自由化に向けて進展させるための原則。署名国がある国に与えた特恵は、ほかのすべての署名国にも適用されなければならない。(AD)

Multidimensional (problem solving)
多次元の（問題解決法）
2005年にスイスのダボスで開催された世界経済フォーラムで国際的に有名になった言葉。地理的境界のみならず、職業上の境界をも超えて調和して対応すべき複雑な問題を解決するため、国際的かつ学際的なネットワークという密度の濃い網目を通じて、国家や、国家に基づく多国間機関が企業や市民社会と協力するシステムを指す。挙げられた事例としては、テロリズム、大量破壊兵器の拡散、多国籍企業を巻き込んだ企業不正、伝染病の大流行、環境災害、貧困、技術の普及、知的財産権管理、市場の相互依存性など。(WEF)

Multifunctionality　多機能性
農業には、食糧や繊維の生産に加えて、環

境保護、景観維持、農村地域の雇用、食糧安全保障など、さまざまな機能があるとする考え。(WTO)

Multilateral　多国間の

３者以上の当事者、国家、その他の市民社会団体間で行われる交渉、協定、条約。(MW)

Multilateral Agreement on Investments (MAI)　多国間投資協定

経済協力開発機構（OECD）における交渉の産物。国際貿易法を自由化し対外投資を保護することによって、国際的な貿易障壁をほぼすべて除去しようとするもの。基本条項は、経済・天然資源に関するほとんどの部門を外国所有に開放すること、外国資本の企業を公平かつ平等に扱うこと、資本の移動に関する制限を撤廃すること、個人企業が国際的な仲裁パネルに外国政府を訴えることを認めること、収用に対する十分かつ適切な補償を与えることなど。採択されることはなかった。(TWN)

Multilateral aid　多国間援助

被援助国で、または被援助国のために使われるように、多国間機関経由でなされる援助。

Multilateral institutions　多国間機関

複数地域の政府が参加する国際機関。世界銀行や国際通貨基金（IMF）のような金融機関、国連機関、地域団体など。

Multilateral Investment Guarantee Agency (MIGA)　多数国間投資保証機関

1988年に設立された世界銀行グループのひとつ。外国投資家に債務保証を付けることにより、経済開発を支援する。加盟国は164カ国。(WB)

Multilateralism　多国間主義

国際的な条約、機関、会議を利用して外交目標を達成すること。(Dombey, 2007; WP)

Multilateralism, *á la carte*
アラカルト多国間主義

国連と二国間協定の両方を選択的に利用して目標を達成する国を指す。同じ協定の中でも、特定の条項は受諾し別の条項は拒絶する。(Dombey, 2007)

Multipolar world　多極世界

国際的または政府間の専門用語。数多くの要因（特に、国連安全保障理事会の拒否権、一票の重みの平等、武力、経済影響力、道徳的権限など）に基づき、いくつかの強国が並立している世界。**'Unipolar world'** を参照。

Multistakeholder (MS)
マルチステークホルダー

ある決定の結果に関心を寄せる当事者が多数いることを表す。アジェンダ21では、環境・開発分野の議論に含むべき主たる利害関係者として、女性、子どもおよび青年、先住民、NGO、産業界、労働組合、科学技術界、農民、地方自治体を挙げている。(UNED)

Multistakeholder dialogue
マルチステークホルダー対話

特定のテーマに関して、政府と主たるグループが直接やりとりできる会合。二義的なものではなく、公式の政府間プロセスの一部として行われる。主要グループは、特定分野における自分たちの関心事項、経験、提案について、政府と詳細にわたって協議できる。(WSSD)

Mutatis mutandis
変更について準用する

必要な変更を加える。新しい文言に置き換える。各々の相違点を考慮に入れる。

Mutually coherent policies
相互に整合性のある政策

相互に関連しているゆえ、矛盾がなく、まとまりのある、理解しやすい政策。

My wonderful world campaign
わがすばらしき世界キャンペーン

2006年半ばに、ナショナル・ジオグラフィック協会、国連財団、実業界・非営利団体・教育界のリーダーたちが開始。広く参加を呼びかけ、生徒たちにより知識を備えた地球市民になるための手段を与える。子どもたちが受け継ぐこの世界に関する地理・環境面での教養を向上させることを目指す。(UNW)

N n

Nation　国家

共通の領土、経済生活、特有の文化、言語を有する人々の、安定して歴史的に発達してきた共同体。（MW）**'Country' 'State' 'Territory'** を参照。

National delegation　政府代表団

政府の代表として交渉する権限を与えられた１人または複数の当局者。（BCHM）

National Environment Action Plan (NEAP)　国家環境行動計画

鍵となる環境問題を特定し、対処の優先順位をつけ、国の包括的な環境政策およびその政策を実施するプログラムに導くための計画。（GEF）

National income accounts
国民所得勘定

国家経済を測るのに用いられる勘定の制度。その結果は、国民総生産（GNP）や国内総生産（GDP）として出されることが多い。

National interest, concept of
国益の概念

他の国家のそれとは区別され、ときには相反することさえある一国の利益を明らかにする概念。

National Park　国立公園

通常、中央政府が所有する保留地。ほとんどの開発行為から保護される。国立公園内では、産業活動に加え、狩猟、伐採、採鉱、商業漁業、農業、家畜放牧がすべて規制される。（IUCN; UNEP）**'Protected Area Management Categories'** を参照。

National Strategies for Sustainable Development (NSSD)
持続可能な開発（発展）のための国家戦略

国連環境開発特別総会（リオ＋5）で生まれた合意によれば、持続可能な開発（発展）目標を達成するために作成された国家行動計画を指す。

Nations, 0.7　0.7％国家

国内総生産（GDP）比 0.7％以上を政府開発援助（ODA）に充当させるという基準を満たしている国々。**'Millennium Project' 'Global tax'** を参照。

Native species　在来種

ある地方または地域で自然に発生する植物、動物、菌類、微生物。

Natura 2000　ナチュラ 2000

欧州連合（EU）において、鳥類指令と生息地指令の下で加盟国が指定した生息地のネットワーク。（EEA）

Natural capital　自然資本

酸素、水の濾過サービス、土壌の安定化など、自然の財やサービスを生み出す手段として見たときの、地球生物圏の鉱物・植物・動物の構成。生態系評価の一手法。生態系の健全さや、人間以外の生命はすべて受動的な自然資源であるという伝統的な見方に代わるもの。（WP）

Natural goods and services
自然の財・サービス

'Ecosystem goods and services' を参照。

Natural hazards　自然災害
　自然に発生し、生命や財産を脅かす地球物理学的な状態。大気圏、水圏、岩石圏、生物圏の現象が平均値から大きく乖離する極端な出来事のリスクをともなうのが通例。たとえば、過度な降雨は洪水を引き起こしかねない一方、降雨量が少なすぎると干ばつにつながる恐れがある。しかし、自然災害が破壊力を有しているとはいえ、これらの現象を生じさせるのと同じ特性の多くは、重要な肯定的な機能としても作用していることを思い出す必要がある。(Meganck and Saunier, 1983; EES)
'Ecosystem goods and services' を参照。

Natural hazards measurement scales　自然災害測定スケール
　自然や自然災害の強度、特に人命や物質的財産への影響を測定する際に用いられる基準。最も頻繁に用いられる測定法として、リヒターが定義した地震の規模を表すマグニチュード（地震）、ビューフォート風力階級（暴風）、サファ・シンプソン・ハリケーン・スケール（ハリケーン）、竜巻の被害を表す藤田スケール（竜巻）、洪水予測のスケール（洪水）など。気象関連の専門用語、測定スケール、技術的定義をすべてまとめたものが、米国気象庁のホームページで提供されている。<http://www.weca.org/nws-terms.html>（USNWS）

Natural law　自然法
　「自明」であり、人間による成文化や法執行とは無関係な規範的な原則が存在するという前提に基づく理論。(ECO)

Natural persons　自然人
　会社や組織のような法人と区別して、人々を指す。(WTO)

Natural resource　天然資源、自然資源
　鉱物、埋蔵物、森林、水、野生生物など、自然から与えられるあらゆるもの。「自然のサービス」「生態系のサービス」という言葉で置き換えられるようになっている。

Natural Step, concept of　ナチュラル・ステップの概念
　スウェーデンの優れた腫瘍学者カール・ヘンリク・ロベール博士が、持続可能な未来について合意に達する手法として、ナチュラル・ステップのプログラムを開発。ナチュラル・ステップのモデルは、シンプルで科学的知見に基づいた、持続可能な開発アプローチである。企業、政府、学術機関内で、環境のシステム思考を促す。人類はとどまることのない環境劣化を許容できないという、科学に基づく基本原則にのっとっている。(NS)

Navigable waters　可航水域
　伝統的に、すべてのまたは特定の船舶が航行するのに十分な深さと幅のある水域。(USEPA)

Needs assessment　ニーズ調査
　計画や資源配分のための意思決定を支える手段。組織の業務環境、能力、ニーズ、問題点、とりうる解決法などに関する情報の収集・分析を含む。

Negative sum　ネガティブ・サム
　双方とも損をする、あるいは総変化によって全体の適切さが損なわれるような形で、動作主が相互に関係するというゲーム理論から生まれた考え。提案された解決方法がどの当事者の利益にもならずに不調に終わる状況は、「負の相乗効果」や「ルーズ・ルーズ」と呼ばれることもある。

Negotiated science　交渉した科学
　御用学者の出す結論。純粋な科学的所見ではなく、妥協の産物にほかならないとして、在野の科学者からは非難される。

Negotiating state　交渉国
　条約の文言の起草や採択に参加する国家。(VC)

Negotiation　交渉
　相反する立場にある複数の人が、自分の当初の立場を変えたり、双方の利益に折り合いがつくような新しい提案を行ったりして、合意に達しようと試みるプロセス。予備的な協議が合意に達する下準備となる。

Neoclassical economics
新古典派経済学

市場競争を通じて資源の最適配分を求める経済学の学説。ある個人の福祉は、ほかの人のそれが減少しない限り増加しないと考える。

Neoliberalism　新自由主義

個人が最も重要だと考え、政府は最小限の役割のみを果たすという企業と政府の関係を示す哲学。新自由主義政策は、資源配分する市場の力を信頼して、財、サービス、資本の自由な取り引きに基づく解決策を推奨する。

Net present value (NPV)
正味現在価値

ある事業が経済的に成り立つかどうかを判断するのに用いられる経済的な基準。ある投資の期待費用の割引価値を、同じ投資の期待便益の割引価値から差し引く。通常、正味現在価値が正ならば、その事業や行動は価値があると理解される。また、複数の事業の正味現在価値を比較することにより、理論的に好ましいほうの事業を特定できる。

Never Again, Principle of
再発防止の原則

'Responsibility to Protect, the Doctrine of' を参照。

New Europe　新欧州

東欧の旧共産圏を表す修辞的な言葉。ブルガリア、チェコ共和国、エストニア、ハンガリー、ラトビア、リトアニア、ポーランド、ルーマニア、スロバキア、スロベニアを含む。(WP)

New Partnership for Africa (NPfA)
アフリカのための新パートナーシップ

自発的で独立性のある不正防止メカニズム。国家が正当かつ説明可能なやり方で機能しようとしているかを評価できる視察団を組織する。他国の専門家を含めた視察団は、文書の調査や、当該国で活動する政府首脳、野党指導者、市民社会団体、宗教団体、非政府組織（NGO）への詳細な面接を行い、40の基準において政府の主張を検証する。

New world order　新世界秩序

ソ連崩壊後、世界の政治思想と権力均衡が劇的に変化したことを表す言葉。冷戦後の、西側主導の世界大国構造の考えに基づく。(WP) **'Global parliament'** を参照。

Niche　生態的地位

生態系においてある種が占める場所と、その種の役割。どこにすみ、何を常食にし、いつ活動を行うのかなど。(EES)

NIMBY, principle of　NIMBYの原則

'Not in my backyard, principle of' を参照。

Nitrogen oxides　窒素酸化物

化石燃料燃焼の副産物として排出され、酸性雨や地球温暖化をもたらす気体。(NRDC)

Nobel Prize　ノーベル賞

'Environmental awards' を参照。

Noblemaire Principle
ノーブルメイヤー原則

もともと国際連盟時代の1921年に始まり、国際連合の創設時にも採択された原則。国連組織においてPレベル以上の職員の給与は、国家公務員の最高支給額を参考に規定されるというもの。比較対象として、米国の連邦政府職員が用いられている。ニューヨークの国連職員の給与と米国連邦政府職員との給与格差の平均割合が、手当として支払われる。国連組織のほか、13の国際機関・地域機関がこの原則を適用する。しかし、開発銀行など多くの国際機関・地域機関の職員給与は、実際のところ、本原則で求められる金額を大幅に超過している。(UN) **'Base floor salary scale' 'Post adjustment index' 'P-level staff' 'D-level staff'** を参照。

No net loss　ノー・ネット・ロス原則
各事業において、生息地の消失が避けられない場合は、同等の代替地を確保するよう努力するという作業原則。

No-regrets measures
ノーリグレット対策、後悔しない対策
純粋に財政的観点で見ても実施するに値するような、温室効果ガス排出量を削減できる決定や行動。

Non-Aligned Movement (NAM)
非同盟運動
地球規模の問題について重要なロビー活動を行う開発途上国114カ国のグループ。1961年に誕生して以来、開発途上国の利益を主張するうえで、きわめて目に見える役割を果たしてきた。利益としてとりわけ挙げられるのは、植民地主義の根絶、解放と民族自決を求める闘争の支持、世界平和の追求、地域や地球全体の関心事である環境問題への対応を含め公平・公正な世界秩序の希求など。(UNW)

Non-consumptive value　非消費的価値
資源に付随しており、その資源を利用しても減ることのない価値。

Nongovernmental actor　非政府主体
国連環境開発会議（UNCED）で明示された主たるグループを含め、あらゆる非政府組織（NGO）や市民社会。

Nongovernmental organization (NGO)
非政府組織
特定の社会目的の実現や特定の支持者に奉仕するため、制度化された政治機構の枠外で組織された非営利の団体・連合体。(GBS)

Nongovernmental organization consultative status (with ECOSOC)　NGOの(国連経済社会理事会との) 協議資格
非政府組織（NGO）に付与される権能。国連の会合や会議への参加が公式に認められ、公式な「発言権」を有する（投票権はない）。現在この資格を持つNGOは2600以上。国連憲章の第71条に、非政府組織との公式な協議が規定される。現在、国連経済社会理事会（以下、経社理）との協議関係を管理するのは、経社理決議1996/31。同決議は、協議資格の適格性要件、協議資格を有するNGOの権利と義務、協議資格の取り消しや停止に関する手続き、経社理のNGO委員会の役割と機能、協議関係を支える際の国連事務局の責任などを略述する。協議資格は、19の理事国で構成された経社理のNGO委員会の推薦を受けて、経社理によって付与される。(UN)

Non-group　ノングループ
協議に入ることに極度の抵抗がある状況下で、交渉の圧力なしに意思疎通を促すことを目的に、議長がノングループを形成することがある。(Gupta, 1997)

Non-linear　非線形性
システムが予期しない動き方をし、システムの変化がインプットの変化と比例しないこと。増加が見込まれるときに減少したり、インプットがほんのわずかに変化したときに一切変化しなかったり、あるいは劇的に変化したりする。(CSG)

Non-methane volatile organic compounds (NMVOC)
非メタン揮発性有機化合物
一般に燃焼源から発生し、ほかの汚染物質と結合して光化学スモッグを発生させる混合物。

Non-paper　ノンペーパー
国連で、経緯の説明や公式協議の開始を意図した協議用文書。議事録や会議文書の公式文書とは見なされない。(UN)

Non-party　非締約国
条約を批准していないが、オブザーバーとして、条約の締約国会議（COP）、議定書の締約国会合（MOP）、関連の補助機関会合などに参加できる国家。

Non-point source pollution (NPSP)
非点源汚染

面源から広がり、降雨や融雪によって地表にもたらされる汚染。(USEPA)

Non-reimbursable grant
返済不要な補助金

たとえ事業の内部収益率が貸付を是としないくらいのものだと判明した場合でも、借入国または受益国による返済を必要としないような投資前調査（予備的実現可能性調査または実現可能性調査）や一括融資。(WB)

Non-renewable natural resources
再生不可能な自然資源

地中や海中で見つかる天然資源で、地質学上の時間枠でしか置き換えられたり増やされたりすることのない有限の貯蔵量のもの。具体例として、石油、石炭、天然ガス、鉱物、場合によっては再び蓄えられない帯水層から取り出した淡水（化石水）など。(EES)

Non-state Actor　非国家主体

政府間機関で下される決定に対して十分な影響力を持つ個人、企業、非政府組織(NGO)。(Suskind, 2006)

Noosphere　精神圏

この地球上で最も進化した生物であるホモサピエンスの示威行動とコミュニケーションを通じて、互いにつながり合って作用し合う人間の精神の領域。人間をほかのあらゆる生物と区別した、人間の可能性の領域。(EES)

North American Agreement on Environmental Cooperation (NAAEC)
北米環境協力協定

カナダ、メキシコ、米国の各国政府によって設立された。目的は次のとおり。(1) 現在および将来世代の福利のため、締約国の領土内の環境の保護と改善を促進すること。(2) 協力と相互支援型の環境・経済政策に基づき、持続可能な開発を推進すること。(3) 野生の動植物相を含め、環境をさらに保全、保護、改善するため、締約国間の協力を増やすこと。(4) 北米自由貿易協定(NAFTA) の環境目標と環境目的を支援すること。(5) 貿易不均衡や新しい貿易障壁を生み出すことを回避すること。(6) 環境の法令、規則、手続き、政策、慣行の策定と改善に関する協力を強化すること。(7) 環境の法令、規則の遵守と執行を促進すること。(8) 環境の法令、規則、政策の策定において、透明性と市民参加を促進すること。(9) 経済的に効率的で効果的な環境対策を促進すること。(10) 汚染防止の政策と慣行を促進すること。(NAFTA) **'Commission for Environmental Cooperation'** を参照。

North American Biodiversity Information Network (NABIN)
北米生物多様性情報ネットワーク

生物多様性情報の入手機会を増大させるための、メキシコ、米国、カナダによる取り組み。

North American Commission for Environmental Cooperation (NACEC)
北米環境協力委員会

カナダの環境大臣、メキシコの環境大臣、米国の環境保護庁（EPA）の長官で構成される3国間の委員会。3カ国が地域の環境問題に取り組み、起こりうる貿易と環境の紛争防止を支援し、効果的な環境法の執行を推進することが目的。北米環境協力協定（NAAEC）で定められた条件と目的の下に設けられ、北米自由貿易協定（NAFTA）の環境条項を補完する。**'North American Agreement on Environmental Cooperation (NAAEC)'** を参照。

North American Free Trade Agreement (NAFTA)　北米自由貿易協定

1994年に発効。カナダ、米国、メキシコに対し、2009年までに3国間のあらゆる関税、割当量、その他の貿易障壁を除去する義務を課す。**'North American Agreement on Environmental Cooperation' 'Commission for Environmental Cooperation'** を参照。

Northern countries　北側諸国
高所得国、先進国。

North-South (1)　南北（1）
「北側」諸国と「南側」諸国との間の協調や技術協力を表す。

North-South (2)　南北（2）
「北」は先進国を、「南」は開発途上国を指す。

Norwegian Agency for Development Cooperation (NORAD)
ノルウェー開発協力庁
技術協力や対外援助を行うノルウェーの主要機関。

Not in my backyard, principle of (NIMBY)「私の裏庭ではやらないで」の原則、NIMBY の原則
いわゆる「NIMBY の原則」。提案されている開発や投資に反対する組織的な運動を含む、広範な概念。提案されている開発が重要であろうとなかろうと、提案された場所には建設すべきでないことを意味する。**'Please in my backyard, principle of'** を参照。

Notification　通告
国家や国際機関が、法的に重要な事実や出来事を通報する正式な手続き。国家は、文書の交換や寄託ではなく、ほかの締約国または寄託者に対する通告によって同意を示すことができる。(VC)

Nuclear club　核クラブ
核エネルギーであれ、兵器生産であれ、ウランの転換能力を有する国家を指して広く使われる言葉。現在、核拡散防止条約（NPT）の査察プロセスを通じて国際的に認知された核兵器保有国は、次の7カ国。(核兵器を得た順に）米国、ロシア、英国、フランス、中国、インド、パキスタン。ほかにもイスラエルや北朝鮮など数カ国が、ウラン転換能力や核兵器の保有を公言しており、すでに保有していると疑われるが、その真偽はまだ確認されていない。(NIAEA)

Nuclear energy　原子力（核）エネルギー
核反応によって生み出されるエネルギーや電力。核融合（2個の原子核が結合して大きな原子核を形成し、エネルギーを放出あるいは吸収するプロセス）と、核分裂（原子核が複数の小さな原子核に分裂して、相当量のエネルギーを放出する）がある。(NRDC; WP)

Nuclear fission　核分裂
同位元素が分裂してほぼ同じ大きさの小さな原子核2個が生まれ、その結果エネルギーが放出される放射性崩壊の過程。原子爆弾の原理。(MW)

Nuclear fusion　核融合
2個の小さな原子核が融合して、1個の大きく重い原子核になり、エネルギーを放出する過程。水素爆弾の原理。(MW)

Nuclear Threat Initiative
核脅威イニシアティブ
ウラン貯蔵庫をつくるために、国連財団のテッド・ターナー、元米国上院議員のサム・ナン、企業家のウォーレン・バフェットが共同で、国際原子力機関（IAEA）に5000万米ドルの拠出を約束したイニシアティブ。目的は、世界中の原子力発電所に低濃縮ウラン燃料を供給し、各国が自前の核プログラムを開発することを阻止すること。(UN)

Nuclear winter　核の冬
大規模な核戦争後の仮定シナリオ。大気が非常に濃い煙や粉塵に覆われて、日光が地表に届かなくなり、極寒の気温、世界の大部分に放射性微粒子を運ぶ強風、農業や食物連鎖の破壊などが生じる。(MW)

Nutrients　栄養分
生物の生存に不可欠な有機化合物や無機化合物。水中環境で植物の成長率に影響する重要な栄養物は、チッ素とリン。(SFWMD)

O o

Objection　異議
　調印国や締約国が、特にある留保が条約の目的と矛盾していると考える場合、その留保に反対できること。(VC)

Objective　目的
　プログラムが計画どおりに成功裏に完結した場合に、どのような効果を上げることが期待されるかを表す。(WDM)

Observer　オブザーバー
　締約国会議（COP）／締約国会合（MOP）や補助機関の会合に参加することが認められた国、国連の専門機関をはじめとする国際機関、参加資格がある政府・非政府組織などの機関。会議議長の裁量により発言することができるが、直接的な投票権を持つことはない。(UN)

Ocean desert　海洋砂漠
　目に見える生物のいない海底。

OECD　経済協力開発機構
　'Organisation for Economic Co-operation and Development' を参照。

Official assistance (OA)　政府援助
　政府開発援助（ODA）と類似しているが、OECDのDACリスト・パートIIに含まれる市場経済移行国を対象としたもの。(OECD)

Official development assistance (ODA) (1)　政府開発援助（1）
　贈与やその他の開発援助プログラムを通して国が支出する額。国民総生産（GNP）に対する比率で表す。ODAを先進国のGNP比0.7%とすることが、1990年国連総会で目標に設定され、1992年の国連環境開発会議（UNCED）などのさまざまな首脳会議で確認されている。また、後発開発途上国（HIPCやLLDC）に対してGNP比0.15%という目標が、1981年の後発開発途上国（LLDC）国連会議で合意された。世界銀行は、2006年のODA総額は1065億米ドルと推計している。(UN; WB) **'Remittances' 'Millennium Project'** を参照。

Official development assistance (ODA) (2)　政府開発援助（2）
　OECDのDACリスト・パートIにある援助受け入れ国への贈与の流れ。開発途上国の経済発展と福祉の促進が主な目的。援助は譲許的で贈与エレメントが25%以上である（10%の割引率で計算）。(OECD) **'Organization for Economic Co-operation and Development – Development Assistance Committee Part I List'** を参照。

Official development assistance, bilateral　二国間政府開発援助
　供与国から受け入れ国に対して供与および送金されたODA。供与国の管理下で非政府組織（NGO）を通して行われるものもある。(OECD)

Official development assistance, multilateral　多国間政府開発援助
　欧州連合（EU）などの地域組織を通してOECD諸国から供与されるODA。または、開発分野で活動する国際機関に対して開発銀行から贈与されるお金。(OECD)

Official UN languages　国際連合公用語
'Language(s), official' を参照。

Offset allowances　相殺枠
汚染業者が、規制当局の同意の下に、大気汚染で「受け入れられる基準値」（通常はその政策が存在する前に同意されたレベル）を示し、ある汚染源で汚染削減を「相殺」することにより、別の汚染源で公害防止装置を設置せずにすませること。多くの大気規制に含まれるが、やや賛否両論がある。この概念は欧米の法廷で審理され、さまざまな結果が出ている。水質汚染に適用されているケースもある。（USEPA）

Offsetting effect　相殺効果
効率を上げて消費コストを削減することにより、消費量が増加すること。たとえば、家の断熱材利用プログラムに参加して熱損失が50％減った場合、居住者は支出額を増やさずに以前より暖房を効かせられるようになるため、エネルギー消費量の50％削減にはつながらない。（VTPI）

Offshore　沖合い
海岸線より向こう側。一般に、海岸線より海洋側で海面下に大陸棚が広がる海域を指すが、大陸棚の端に近いほうを指すこともある。また、3海里の領海より向こう側の海域を指す場合もある。（EEA）

Oil Spills Protocol　重油流出議定書
広域カリブ海における重油流出対策の協力に関する議定書。カルタヘナ条約と同時に採択、発効。（UNEP-CAR/RCU）

Old Europe　古い欧州
従来は西欧諸国と北大西洋条約機構（NATO）加盟国を指す言葉。2003年1月に米国政府高官が通常の文脈を逸脱し、イラク侵攻を支持しない欧州諸国を指して使った。（WP）

Omnibus spending bill　包括予算案
複数の米国連邦政府機関の予算の包括法案を指す立法用語。（NRDC）

ONE　ONE
'Make Poverty History' を参照。

One UN　ひとつの国連
'UN One' を参照。

Open-ended Intergovernmental Group of Ministers or their Representatives (IGM)　開放型政府間閣僚級グループ
2001年2月に開催された国連環境計画（UNEP）管理理事会の決議21/21により設置。既存の組織の弱点や今後のニーズについて、政策を重視した包括的評価を実施するとともに、UNEPの財政強化を含め国際環境ガバナンスを強化するための選択肢を検討する。（UNEP）

Operational focal point
運営フォーカル・ポイント
国内における地球環境ファシリティ（GEF）の運営事項を調整するフォーカル・ポイント。**'Political focal point'** を参照。

Operation and maintenance (O&M)
運転・保守
システムとその構成要素の正常な機能と修理を確保するための一連の手順。

Opportunity cost (1)　機会費用（1）
生態系の財とサービスを含め、放棄された財やサービスの価値。

Opportunity cost (2)　機会費用（2）
何か別のものを達成するためにあきらめなければならないものの価値。（MW）

Organization　組織
共同の目標を達成するために構築された社会集団。

Organisation for Economic Co-operation and Development (OECD)
経済協力開発機構
世界中の工業化された市場経済国がほぼすべて加盟する政府間組織。加盟国は、オーストラリア、オーストリア、ベルギー、カナダ、チェコ共和国、デンマーク、フィンランド、フランス、ドイツ、ギリシャ、ハンガリー、アイスランド、アイルランド、イタリア、日本、韓国、ルクセンブルク、メキシコ、オランダ、ニュージーランド、ノルウェー、ポーランド、ポルトガル、スロバキア共和国、スペイン、スウェーデン、スイス、トルコ、英国、米国。

Organisation for Economic Co-operation and Development Convention on Combating Bribery of Foreign Public Officials in International Business Transactions　経済協力開発機構国際商取引における外国公務員に対する贈賄の防止に関する条約

1997年にOECD加盟国が採択、1999年発効。外国公務員への贈賄に対する刑事制裁や、多数国間の監視と評価を規定。この補足として、OECDは『ガバナンスの弱い地域で操業する多国籍企業のためのリスク認識ツール』を出版し、制度が整っていない国で企業が直面しそうなリスクと倫理ジレンマへの対応をまとめている。

Organisation for Economic Co-operation and Development – Development Assistance Committee Part I List (OECD-DAC Part I list)
経済協力開発機構開発援助委員会(DAC)リスト・パートI

世界の途上国を、後発開発途上国、低所得国、低中所得国、高中所得国に分類するリスト。(OECD)

Organisation for Economic Co-operation and Development – Development Assistance Committee Part II List (OECD-DAC Part II list)
経済協力開発機構開発援助委員会(DAC)リスト・パートII

市場経済と先進国の地位へ「移行」している国。OECDのDACが分類。(OECD)

Organization of African Unity (OAU)
アフリカ統一機構

アフリカ大陸全体で、自治や、領土の尊重、社会発展を促すため、1963年に創設。アフリカの独立国すべてが加盟対象となる。2001年にOAUに代わるアフリカ連合が発足。

Organization of American States (OAS)
米州機構

1890年に創設された西半球の組織(旧称は汎米連合)。政治・経済・社会・文化面での協力を行う。35カ国と54のオブザーバー国が参加。米州機構憲章は、1948年に署名のため公開され、1950年に発効した。(OAS)

Organization of Eastern Caribbean States (OECS)　東カリブ諸国機構

1981年6月に創設。東カリブの7カ国が互いに協力し、一致団結することが目的。設立条約は、調印が行われたセントクリストファーネービスの首都にちなんで「バステール条約」とも呼ばれる。現在参加しているのは、アンティグア・バーブーダ、ドミニカ国、グレナダ、モントセラト、セントクリストファーネービス、セントルシア、セントビンセントおよびグレナディーン諸島、そして準メンバーとしてアンギラと英領バージン諸島の計9カ国・地域。

Orphan crops　希少作物

貧しい国々で主に栽培されていて、西洋社会で広く知られていない、または使用されていない作物を指す。結果として現代の育種家にほとんど無視されていて、特に環境の脅威に脆弱、またはほかの入手しやすい遺伝子材料に取って代わられている。ヤムイモなどは種子から栽培できず、挿し木や根や細胞培養によって育てる必要があるため、将来的な利用のために保管することは難しい。その他の例はキビ、キャッサバ、タロイモ、テフ、ササゲがあり、途上世界では広く使用されている地域もあるが、西洋社会ではほとんど知られていない。(ENN; UNW) **'Global crop diversity trust'** を参照。

Oslo Convention　オスロ条約
'Convention for the Prevention of Marine Pollution by Dumping from Ships and Aircraft' を参照。

OSPAR Convention
オスパール条約、オスロ・パリ条約
北東大西洋の海洋環境保護のための条約。1992年9月22日にパリで開催されたオスロ・パリ委員会の閣僚会議で署名のために公開された。1998年3月25日発効。(EEA)

Our Common Future
(邦訳『地球の未来を守るために』)
国連「環境と開発に関する世界委員会（ブルントラント委員会)」の最終報告書。1987年出版。**'Sustainable development'** を参照。

Outcome mapping　結果解析
達成された成果について、開発プロジェクト、プログラム、組織が行った貢献を評価し、特徴を分析すること。

Outcomes　結果
プログラムと論理的に関連づけられるような、振る舞い、関係性、活動、行動における変化。

Outfall　排出口
廃水が排出される場所。

Overarching role　最重要任務
公式・非公式に高度の影響を及ぼす可能性がある制度において、「優勢な」「戦略的な」「最優先の」目的やテーマを指して多様に使われる言葉。

Overhead costs　間接費
事業の運営で発生する費用。生産される個々の製品やサービスと直接的に関連しない。

Ownership　所有（権）
ある活動のために、経営責任の正式または実際の権限と条件を受け入れること。

Oxfam　オックスファム
1942年に創設された英国のNGO。開発と救援の分野で活動し、世界中の貧困と苦難の永続的な解決策を探る。(Ox)

Ozone　オゾン
科学的には、3つの原子で構成される酸素の同素体。化学式はO_3。人間にとって重要なのは、オゾンは最も化学的活性が高い酸素の形態で、数カ月間は準安定状態にすぎないことである。陸域環境では、2つの発生源と2つの集中地域がある。(a) 成層圏では、太陽放射を受けて通常自然に発生するが、人間が特定の塩素と窒素の混合物を大気中に放出すると破壊が加速する。(b) 都市部の地表では、都市大気汚染による光化学スモッグとして発生する。(EES)

Ozone depleting substances
オゾン層破壊物質
成層圏のオゾンを破壊する混合物。(EES)

Ozone hole　オゾンホール
春の南極で起こる、成層圏のオゾン濃度の季節的な急減少。1970年代後半に初めて確認された。大気中でクロロフルオロカーボン（CFC）が絡んだ複雑な化学反応が起こることにより、その後も現れ続けている。(EEA)

Ozone layer　オゾン層
地表から10～50キロ上空で、オゾンが集まった非常に薄い層。(EEA)

P p

P staff　P レベル職員
'P-level staff' を参照。

P 5 (1)　P5 レベル職員
国連職員の分類システムにおいて、専門／技術職の中で最も高いグレード。**'P-level staff'** を参照。

P 5 (2)　5 常任理事国
国連安全保障理事会の常任理事国であり、拒否権を有する 5 カ国（中国、フランス、ロシア、英国、米国）。(UN)

***Pacta sunt servanda*　パクタスントセルウァンダ、合意は守られなければならない**
合意は守られるべき（つまり、合意を尊重し、従うべきである）とする原則。(BLD)

**Pan African Infrastructure Development Fund (PAIDF)
汎アフリカインフラ開発基金（PAIDF）**
2007 年にアフリカ連合（AU）がアフリカ大陸全体に向けて開始した取り組み。高速道路や水力発電ダムなどのインフラに出資するための、アフリカの公的部門および民間部門からの投資を含む。

**Pan African Parliament (PAP)
汎アフリカ議会（PAP）**
2004 年 3 月にアフリカ連合が設立。1991 年にナイジェリアのアブジャで調印された「アフリカ経済共同体（AEC）を設立するアブジャ条約」で設けられた 9 機関のひとつ。目的は、アフリカの人々とアフリカの草の根団体が、アフリカ大陸が直面している問題や課題に関する議論や意思決定への関与を深めるように、共通の場を提供すること。

Pan American Development Foundation (PADF)　汎米開発財団（PADF）
米州機構（OAS）と民間部門との間で結ばれた類のない合意に基づいて、1962 年に設立された独立非営利団体。米州の最も恵まれない人々の開発ニーズを満たすために、官民パートナーシップを構築する。(OAS)

Pan American Health Organization (PAHO)　汎米保健機構
米州機構（OAS）の専門機関であるとともに、世界保健機関（WHO）の地域組織。1902 年設立。ラテンアメリカおよびカリブ海地域に対し、給水、排水、大気・水質・土壌汚染や有害廃棄物の管理など、環境・保健衛生に関する技術支援を行う。(PAHO)

Pan American Union　汎米連合
OAS の前身で、世界で最も古い地域組織。1889 年 10 月から 1890 年 4 月にかけてワシントン DC で開催された第 1 回汎米会議に始まる。(WP)

Panda diplomacy　パンダ外交
中国がジャイアントパンダを他国への外交的な贈り物や貸し出しに利用すること。古くは唐（618 ～ 907 年）の時代から行われていた慣例で、則天武后が日本の天皇につがいのパンダを贈ったとされている。(WP)

Pandemic　パンデミック、感染爆発
地域、国、世界中に流行病が広がること。(MW)

Paradigm　パラダイム
観察結果を解釈するための枠組みを提供するモデル。複雑なプロセスを研究するうえで容認できる方法として、大部分の科学者に受け入れられている。（MW）

Parent material　土壌母材
土壌を生成する鉱物。

Paris Club　パリクラブ、主要債権国会議
直接に、もしくは政府機関を通して、他国政府の債権を保有する19カ国で構成。債務繰り延べについての二国間債権者との交渉に際し、厳しい基準を維持するために設立された。常時参加国は、オーストリア、オーストラリア、ベルギー、カナダ、デンマーク、フィンランド、フランス、ドイツ、アイルランド、イタリア、日本、オランダ、ノルウェー、ロシア、スペイン、スウェーデン、スイス、英国、米国。

Paris Conference for Global Ecological Governance　グローバルなエコロジカル・ガバナンスのためのパリ会議
気候変動に関する政府間パネル（IPCC）が地球温暖化に関する報告書を発表するのに合わせ、2007年2月にパリで開催。「地球市民会議」とも呼ばれる。会議の議長を務めたフランスのジャック・シラク大統領は、気候変動のような地球環境問題を扱う国連環境機関の設立を提唱。45カ国がこの考えを支持する署名を行った。

Parliament　議会
人々から代表者として任された個人の集まり。社会統治の法的枠組みを構築し、こうした法的条件が行政官によって責任を持って実施されるように法の制定を通じて取り計らう。（IPU）

Participation　参加
利害関係者が、開発イニシアティブや自分たちに影響を与える決定・資源に影響力を持ち、また、これらを制御する過程。事業の質、効果、持続性が向上するとともに、政府および利害関係者の主体性や参加意欲が高まる。（WB）

Participatory rural appraisal (PRA)　参加型農村調査手法
地域の課題の記録と分析において、地域社会を関与させるための一連の手法。

Participatory urban governance　参加型都市ガバナンス
地域の政策策定、都市計画、事業計画、予算編成、サービス配分、監視などに市民が関与する相対的な程度。（UNCHS）

Particulate matter　微粒子
液体または固体の小さい粒子。気体または液体媒体の中に浮遊する。

Partnership (1)　パートナーシップ (1)
法的なパートナーシップのような関係。通常、特定された共同の権利と責任を持つ当事者間で、密接な協力関係がある。（MW）

Partnership (2)　パートナーシップ (2)
複数の当事者が、共通の目標を達成するために知識、技術、手段を結集すること。（UNESCO）

Parts per million/billion　百万分率／十億分率
ある物質の重量が、大気や水の100万分のいくつか、もしくは10億分のいくつかを示す値。通常、汚染濃度を記録する際に使われる。

Party　締約国
条約が発効したときにその条約に拘束されることに同意した国家。（VC）

Patent　特許
法で保護された無形の財産権。発明者は一定期間、特許を取った製品、手法、過程の使用や販売の独占権を得る。（MW）

Payments for progress, concept of
進歩のための支払いの概念

ミレニアム開発目標（MDG）の達成に向けた進捗状況の測定について、説明責任を課すという提案。ミレニアム開発目標を達成させるために援助額を増やすことの利点については、意見が大きく分かれる。論点はたとえば、脆弱な国家に対して援助をどう提供するか、よく管理された経済であっても巨額の追加援助を効果的に活用できるのかどうか、特に援助への依存度が高い国々で援助システムが地元の機関を弱体化させないか、など。この手法では、援助国はひとつの集団として、ひとつあるいは複数の同意された目標についての進歩を明確に示す証拠を受け取った場合に、特定の額を支払うことを約束する。開発途上国政府は、独立機関の監査を受けた書面を提出してその進捗状況を報告し、援助供与国は同意した額を支払う。支払いは、ある特定の政策を実施したかや、その他中間的な成果を上げたかによって左右されることはなく、特定の供給業者や企業から調達を行わせるひも付き援助になることもない。コストを削減して効率的なサービス提供方法を見つけた政府は、大幅な剰余金を得る。（CGD）
'Millen-nium Project' 'Millennium Devel-opment Goals' を参照。

PDF A, PDF B　PDF A、PDF B
'Project Preparation and Development Facility' を参照。

Peacekeeping　**平和維持**
すべての関連当事国の同意を得て、国連平和維持軍を戦場に配置すること。通常、国連軍や警察官、さらに民間人も参加することも多い。紛争予防と平和構築の双方の可能性を広げる手法。軍の配置前に安全保障理事会の決議が必要と考えられることが多い。（UN）

Peacemaking　**平和構築**
敵対する当事国の間で合意を成立させること。特に、国連憲章の第6章にあるような平和的手段によるもの。（UN）

Peak level　**ピーク・レベル**
急激な放出や異常気象の発生により、空気中の汚染物質が短期間に上昇した、あるいは平均よりもはるかに高くなったレベル。

Pelagic species　**浮き魚**
水面または水面近くに住む魚。（NRDC）

People-planet-profit　**人・地球・利益**
'Triple bottom-line' を参照。

People's Summit　**市民サミット**
1992年、国連環境開発会議（UNCED）と同時期にリオデジャネイロで開催された一連の会議。世界中から多くの市民や、NGO、先住民、企業、科学者、宗教団体などの代表が参加。

Per diem　**1日当たりの**
'Daily subsistence allowance' を参照。

Perm-5　**5常任理事国**
国連安全保障理事会の常任理事国5カ国。中国、フランス、ロシア、英国、米国。（UNW）

Perm-5 'convention'
5常任理事国「条約」
成文化していない慣習として、安全保障理事会の5常任理事国が希望した場合、あらゆる国連機関に職員を送り込めること。ただし、機関のトップの地位に就くことはほとんどない。どの国連機関にも5常任理事国が存在することで、国連機関はより厳粛になり、長期的な成功をもたらしそうである一方、同時にその他の加盟国には高圧的に感じるという議論がある。（UNW）

Permafrost　**永久凍土**
0℃以下で継続的に2年以上の間、凍ったままの土地。（EES）

Persistent organic pollutants (POPs)
残留性有機汚染物質
食物連鎖を通じて生物に蓄積され、長期に

人間と環境の健康リスクを引き起こす化学物質。

Persona non grata **ペルソナ・ノン・グラータ、好ましからざる人物**

政府から許容されない、あるいは歓迎されない個人。

Perverse environmental subsidies, concept of　ゆがんだ環境補助金の概念

補助金がなければ成り立たないが、それが地域社会や国の厚生にとって重要だと考えられている業界を支援するために政府が支払う巨額の資金。たとえば、北大西洋漁業や米国の砂糖産業やオーストラリアの綿花産業などへの支援。(Diamond, 2005)

Pesticides　殺虫剤

害虫を殺すために使用される化学薬剤。(NRDC)

Philanthropreneurs　慈善企業家

新世代の慈善家。選んだ慈善事業に自分の富の一部を寄付することによって、開発プロセスに良い影響を与えられると信じている人々。**'Billanthrophy'** を参照。

Photosynthesis　光合成

緑の植物と一部の細菌が光エネルギーを吸収し、それによって化学結合を行う生化学反応。二酸化炭素と水を使って、糖類と酸素を生成する。

pH scale　pH 値

物質の酸性度。0 から 14 の値で示される。pH 値が 14 の物質はきわめてアルカリ性が強く、0 の場合は純酸性である。

PIC Convention　PIC 条約

国際貿易の対象となる特定の有害な化学物質および駆除剤についての事前の、かつ情報に基づく同意の手続きに関するロッテルダム条約。1998 年に署名のために公開され、50 カ国が批准した段階で発効する。健康に害を及ぼす恐れのある多様な化学物質の国際貿易を監視および管理できるようにする。輸入国は、どの化学物質を受け入れるかを決定し、安全に管理できないものは排除する。(PIC)

PIMBY, principle of　PIMBY の原則

'Please in my backyard, principle of' を参照。

Pinochet principle/concept
ピノチェト原則／概念

ピノチェト前チリ大統領が在任期間中にチリ国民に対して犯した罪の適正な処罰を、多数の国が求めた国際的な動き。国連、国々、同じ法典を持つ地域組織（欧州連合〈EU〉など）の原則と慣行で定義される国際犯罪に、個人が責任を有することを指す概念。通常は人権侵害を指すが、越境環境汚染や国境侵害といったその他の「犯罪」の責任を追及する概念として使われることもある。(IPS; UN) **'Universal jurisdiction cases' 'International Criminal Court'** を参照。

Plan of action　行動計画

イニシアティブや事業やプログラムについて、目標、目的、責務、パートナーシップ、調整・管理プロセス、時間枠、資金メカニズムを明確にした公式文書。

Plan of Implementation　実施計画

2002 年の「持続可能な開発に関する世界首脳会議(WSSD)」で署名された2つの文書のうちのひとつ。国連環境開発会議（UNCED）での約束を実施するための行動枠組み。導入に続き、貧困撲滅、生産消費、天然資源、保健、小島嶼開発途上国（SIDS）、政府開発援助（ODA）投資の優先地域としてのアフリカ、その他の地域的イニシアティブ、実施の手段、そして制度的枠組みについての各章からなる。

Planetary engineering　惑星工学

惑星の全球的な性質に影響を及ぼすことを目的とした技術利用。理論上の作業。目標は、生物がよりすみやすい、または生息可能な世界にすること。(WP) **'Geoengineering'** を参照。

P

Plant Genetic Resources for Food and Agriculture (PGRFA)
食料農業植物遺伝資源
食料および農業のための現在価値または潜在的な価値を有する、遺伝的部分もしくは構成要素、生殖および成長繁殖性の材料等、遺伝的機能単位を持つ植物由来のすべての材料。(FAO)

Please in my backyard, principle of
「どうぞ私の裏庭に」の原則
通称 PIMBY の原則。「NIMBY（ニンビー：私の裏庭ではやらないで）の原則」の対語。提案されている開発や投資について、パートナーや利害関係者である市民団体が支持すること。**'Not in my backyard, principle of'** を参照。

Pledging conference　誓約会議
'Donor conference' を参照。

Plenary　全体会合
条約もしくは補助機関の締約国会議全体の公開会合。すべての公式決定が採択されるところ。(BCHM)

Plenipotentiary　全権
何かをする一切の権限を持った人。全権委任状により、特定の条約にかかわる行為を行う全権を与えられた人。(UNT) 国際法では、上級外交官は政府として行動する。全権公使は、慣習的に大使のすぐ下の階級、特命公使と同じ階級にある。

P-level staff　P レベル職員
国連や米州機構（OAS）組織において専門職レベルの職員（および諸手当を含む給与）を分類する際の用語。P1 から P5 へ昇格していく。大半の公務員の等級法と同様である。

Plutocracy　金権政治
富裕階級の市民を中心としてあらゆる国の決定が行われる政府の形態。社会的流動性が低く、経済格差が大きい。(WP) **'Kleptocracy' 'Autocrat'** を参照。

PM10, 20, 30, etc.　PM10、20、30 など
直径 10 ミクロン以下の粒子状物質。(NRDC)

Poaching　密猟
野生生物保護区、国立公園、禁猟区、動物園などの法的に保護されている区域で、動物を違法に狩猟、殺生、捕獲すること。ほとんどの国が野生動物の狩猟に対してさまざまな罰則を設けている。既定の管理政策の一環として個体数管理のために監視下で間引きを行うことや、禁止、制限といった国際的な管理はすべて、密猟の管理が目的である。(EOE)

Point of order　議事進行上の問題
発言権を持つ参加者が議長への申し立てにより、とられている手続き、あるいは会議で提案されている修正や介入の妥当性を問題にすること。(eD)

Point-source pollution (PSP)
点源汚染
自治体の下水処理施設もしくは工場の放流管など特定の場所から放出された、直接的な汚染。(USEPA)

Policy　政策
なんらかの社会的な利益の実現を意図した社会の計画や声明。(MW; McG-H)

Policy cycle　政策サイクル
公の場で、問題が特定され、討論され、行動に移されるプロセス。その結果、通常は政策や法律が定められる。(MW)

Policy engagement　政策関与
政策や政府の取り組みの重点項目について、具体的な変更を奨励するプロセス。

Political focal point　政治的焦点
地球環境ファシリティ（GEF）のガバナンスに関連する調整事項の原因となる焦点。**'Operational focal point'** を参照。

Political will　政治的意思
論争事項に関して決断しようとする態度や決意、さらにその決定が政治にもたらす影響や結果を受け入れる意志があること。紛争を最低限に抑える手法をとること。第1部「論考」45ページを参照。

Politically correct　政治的に正しい
表現や議論の対象である人種や文化などの集団がなるべく気分を害さないように考慮されていると見受けられる言語。(WP)

Polity　政体
政治組織の特定の型。(MW) 国、州または組織の政府の形態。または国家など、政治組織そのもの。

Polluter pays　汚染者負担
汚染物質の排出に責任がある人や企業に罰金が科せられる手法。

Polluter pays principle (PPP)
汚染者負担原則
商品やサービスの生産（あるいは消費）によって汚染された環境を許容レベルまで改善させる費用は、その商品やサービスの費用に反映されるべきとする概念。(EES)

Pollution offsets　汚染相殺
提案された新しい、あるいは変更された固定発生源からの排出量が増える一方で、既存の発生源において削減することにより、総排出量の釣り合いをとるという概念。(USEPA)

Pollution prevention　汚染防止
汚染物質と廃棄物の発生を回避または最小限にして、人間の健康や環境に及ぼす全般的なリスクを削減するように、プロセス、慣行、材料、製品、エネルギーを用いること。汚染防止とよりクリーンな生産はいずれも、継続的に汚染を軽減する戦略に取り組むものである。(EC)

Population　個体群
共通の祖先を持つ個体の集団。ほかの集団の個体よりも同じ集団内の個体同士がつがいになる傾向が強い。(GBS)

Population at risk　リスク集団
天災・人災の被害や、病気、けが、発作の発生リスクが高いと見込まれる集団。要因としては、年齢、人種、遺伝的感受性、言語、識字能力、文化、歴史的な対立関係、居住環境、低所得など、生物学的・社会的・経済的な特徴が挙げられる。(UN)

Portfolio　ポートフォリオ
個人、事務所、組織の職務上の責任もしくは義務が及ぶ範囲。所定のテーマに関するプログラムと事業を集めたもの。

Portuguese Cooperation Institute (ICP)
ポルトガル協力機構
技術協力や対外援助を行うポルトガルの主要機関。

Positive deviance/deviants　正の逸脱
タフツ大学のマリアン・ザイトリン教授が普及を進める開発の概念。そもそもは開発途上国の栄養問題で適用され、ある地域社会において、今ある資源を使ってどうにか問題に対処するために、積極的に新しい方法を取り入れリスクを負える人々を指す。これらの人々は、近所の人たちが見つけられなかった、地域の問題の解決策を特有な行動によって見つけたために、「正の逸脱」と呼ばれた。このような行為が成果を上げることがわかると、その地域社会の残りの人々がこの新しいモデルをまねして学べるように、実演や介入が計画される。この概念は環境問題にも応用されている。たとえば、村で初めて煙突、衛生トイレ、太陽光パネルを設置する人は、正の逸脱と呼べるかもしれない。(UNW)

Positive sum
ポジティブ・サム
全体として、個々の単なる足し算よりも大きな成果が生まれるという概念。互いに影響し合って双方が利益を得るというゲーム理論に基づく。相乗効果、あるいは「ウィン・

ウィン」とも呼ばれる。(CSG)

Post/Posting　ポスト
公定の職務上の任務（地位）または任地。(UN)

Post adjustment index　地域調整乗数
特定日のニューヨークの商品・サービスの費用に対して、ある地域の国連職員の生活水準を示す値。純基本給に乗数をかけた地域調整給を、基本給を補完するものとして支払う。(UN)

Potable water　飲料水
人間の消費に適した水。飲用に適した安全な水。「飲用に適した」水とは、不快な異臭、味、色がなく、妥当な温度内にあるもの。「安全な」水とは、有毒物質、発がん性物質、病原菌など、健康に害を及ぼすものが含まれない水。(EES)

Poverty Environment Partnership
貧困・環境パートナーシップ
ミレニアム開発目標の達成を目指す国際努力の枠組み内で、貧困と環境に関する重要課題に対処しようとする、開発機関、多国間開発銀行、国連機関、国際非政府組織の情報ネットワーク。(IISD)

Poverty, relative　相対的貧困
社会（国や地域）の標準に照らし合わせて許容範囲にある生活様式を維持するために最低限必要な所得として、国もしくは地域レベルにおいて通常法律で定義されている用語。住まい、生計手段、医療サービスの利用、教育、交通などを考慮。

Poverty, subjective　主観的貧困
許容範囲にある生活水準を維持するためにどれだけの所得が必要かについて個々人の考えに基づいて定義された貧困。

Precautionary Principle　予防原則
1992年の国連環境開発会議で採択された原則（リオ宣言の第15原則）で、以下の2点が明記されている。(1) 深刻な、あるいは不可逆的な被害の恐れがある場合には、完全な科学的確実性が欠如していても、環境を保護する対策を講じなくてはならない。(2) 完全な科学的確実性の欠如が、環境悪化を防止するための費用対効果の大きい対策を延期する理由として使われてはならない。最初に使われたのは、1990年のベルゲン会議であり、「深刻な、あるいは不可逆的な環境の脅威に直面した場合には、絶対的な科学的確実性の欠如が、環境悪化を防止する対策の実施を遅らせる口実となるべきではない」と明記された。「予防的アプローチ」とも呼ばれる。(UNFCCC)

Precedent, legal　法的先例
のちに類似の課題に対応する際に前例として使用できる法令や決定。(MW)

Precision　精度
測定の再現性の程度。精度が低いと、データのばらつきが増す。(SFWMD) **'Accuracy'** を参照。

Preemptive intervention, concept of
先制的介入の概念
既得権益（戦略的・政治的・経済的等）や人道的あるいは利他的な目標のために、国家（や複数の国家）が他国（や複数の国家）の問題に介入することを一方的に決定するという概念。まだ国際社会で認められていない。(The Aspen Institute, 1996) **'Humanitarian intervention'** を参照。

Preparatory committee (PrepCom)
準備委員会
国際会議の開催過程でひとつの運営手段として設置される委員会。世界の指導者が承認する予定の事前交渉文書や課題に関して、合意を形成することが目的。

President (1)　議長
会議や総会の司会役として選出された個人。たとえば締約国会議（COP）では通常、会議を開催する国や地域の政府高官または大臣が

選出されて、会議の議長を務める。(MW)

President (2)　大統領

大統領制の共和国において、政治的な最高責任者の地位にある、選挙で選出された国家元首。(MW) または、議会制の共和国において、最低限あるいは儀礼的な政治権力しかもたない、選挙で選出された国家元首。(MW)

Presidium　幹部会

立法機関あるいは行政機関の執行委員会。大きな機関の休会中に機能する。(WP)

Preventive diplomacy　予防外交

当事者間で不和が起こるのを予防する活動。起こった不和が紛争に発展するのを防止する活動。起こった紛争が拡大しないように制御する活動。(UN)

Primary forest　原生林

人為活動による攪乱をほとんど受けていない森林。

Primary productivity　一次生産量

一定期間に光合成により新たに形成される植物バイオマスの量。「総一次生産量」は、一定期間に光合成で生産されるバイオマスの総量。「純一次生産量」は、総一次生産量から呼吸量を引いたもの。(NASA)　化学エネルギーや太陽エネルギーからバイオマスへの変換。ほとんどの一次生産は光合成によって行われる。(GBS)

Primary sewage treatment
一次下水処理

下水からの浮遊・懸濁固形物の除去。微細なものも粗いものも含む。(USEPA)

Primary treatment　一次処理

懸濁固形物を沈殿させる物理的・化学的な都市廃水の処理。もしくは、その他の手法により、流入する廃水の生物化学的酸素要求量(BOD) と懸濁固形物総量を、所定の水準に下げてから廃水するような都市廃水の処理。(EEA)

Prime Minister　首相

議会制の共和国における政治的な最高責任者。

Principle of subsidiarity　補完性の原則

EU 環境指令における基本原則。決定は「可能な限り下位レベル」あるいは直接的影響を最も受ける人々によって行われるべきであるとするもの。これによって、より実際的な決定が行われるという考えに基づく。(EU)

Principles for responsible investment (PRI)　責任投資原則

2006年に国連が公式に表明した6つの原則。地球を守り、社会的責任を果たすように、世界中の機関投資家に促すもの。完全に自主的なものであり、持続可能な開発を促進する。自然生息地を破壊したり、貧困を増大させたりすることなく、世界が経済的に発展できるようにするもの。(UNW)

Prior informed consent, principle of (PIC)
事前のかつ情報に基づく同意の原則

参加国に輸送されるかもしれない有害な可能性のある化学物質の性質を事前に通知することを支援する原則。輸出国と輸入国の間で責任を共有し、国際的に取り引きされる特定の有害化学物質の有害な影響から人の健康を守ることが目標。(PIC)

Private sector　民間セクター

私企業と国営企業の混合経済で、政府の管理下になく、市場の中で機能する経済の一部分。民間企業。(UNDP)

Privatization　民営化

企業、業界、活動、制度の管理や所有を官から民に変える政策。(AD)

Procedural equity, principle of
手続き的衡平性の原則

どのように決定がなされるかについての原

P

則。(a) その決定から影響を受ける人々が意思決定の場で発言できるような衡平性。(b) 法の下での平等な扱いを確保する衡平性。

Procedural language　手続き言語
'Language(s), working' を参照。

Process indicators　プロセス指標
どこに介入が必要かの情報を提供できる監視ツール。(UNFPA)

Product Red　プロダクトRED（レッド）
ロックバンドU2のボノが発起人のプロジェクト。慈善事業というよりも、資金集めの仕組みをつくる冒険的事業。企業は、「RED」と称するブランド商品の収益の一部を世界エイズ・結核・マラリア対策基金に寄付する。これにより、顧客基盤を拡大するとともに、社会貢献企業と評価される「ハロー効果」を得ることができる。(UNW)

Program (1)　プログラム (1)
一連の提案やプロジェクトで、一貫性があり、相互に作用し合い、計画・実施スキームにおいて同調しているもの。

Program (2)　プログラム (2)
組織の戦略目標を達成するためのプロジェクトポートフォリオ。計画・管理において整合性がとれている。

Programme of Action of the International Conference on Population and Development (IPCD)
国際人口開発会議の行動計画
国際人口開発会議（ICPD）は、1994年9月5～13日にエジプトのカイロで開催。会議代表団は、人口、貧困、ジェンダー、生産消費パターン、環境の間に関連があると論じた。同会議で採択された行動計画は、人口と開発に関する重要な目標をまとめた。具体的には、持続可能な発展に資する持続的な経済成長、(特に女子の）教育、男女間の公平性と平等、乳幼児および妊産婦死亡率の低減、家族計画とセクシャル・ヘルスを含めリプロダクティブ・ヘルス・サービスへの普遍的アクセスの確保など。

Programme of Action of the Special Session of the General Assembly to Review and Appraise the Implementation of Agenda 21 (UNGASS)
「アジェンダ21」実施のレビューと評価を行う国連環境開発特別総会(UNGASS)の行動計画
第19回国連特別総会（リオ＋5）は1997年6月に開催。財政、気候変動、淡水管理、森林管理など、国連環境開発会議（UNCED）で十分には解決できなかった主要事項のレビューを行うことが目的。「アジェンダ21の一層の実施のための計画（A/RES/S-19/2)」を採択。UNCED以降の進展を評価し、実施状況を検証し、持続可能な発展に関する世界首脳会議（WSSD）に向けて1998～2002年の持続可能な発展委員会（CSD）の作業計画を立てた。

Project　プロジェクト、事業
一定期間において、資金投資や人々の参加を必要とする、明確な目的の下に計画された社会経済的開発活動。

Project cycle　プロジェクト・サイクル、事業サイクル
計画、承認、実行、モニタリング、評価など、順を追った活動の流れ。

Project Preparation and Development Facility (PDF)　プロジェクト形成資金
プロジェクト・コンセプトを形成するために、実施機関に助成金を与える基金。ブロックA（2万5000ドル以下)、ブロックB（75万ドル以下)、中規模プロジェクトまたはブロックC（100万ドル以下）の3つに分類。ブロックAは、国内レベルにおけるプロジェクトの早期段階での活動に対する助成金。ブロックBは、プロジェクトの概要書を作成するための情報収集に対する助成金。ブロックCは、他機関の資金で実施予定の大規模なプロジェクトで技術的設計や実施可能性調査などを完了させるために地球環境ファシリティ（GEF）が1回だけ与える助成金。ブロックBの資金は、4地域開発銀行（アフリカ開発銀行〈AfDB〉、アジア開発銀行〈ADB〉、欧州復興開発銀行〈EBRD〉、米州開発銀行〈IDB〉）のほか、国連食糧農業機関（FAO）、国連工業開発機関（UNIDO）、国際農業開発基金（IFAD）が、執行機関の機会拡大によって利用できるようになった。（GEF）

Project screening
プロジェクト・スクリーニング

世界銀行のプロジェクトの分類方法。プロジェクトチームが作成。起こりうる環境影響に基づいており、求められる環境評価のレベルを示す。カテゴリーA：重大な環境影響が起こりかねないプロジェクトであるため、通常、環境評価が必要なもの。カテゴリーB：特定の環境影響が起こりうるプロジェクトであるため、より限られた環境評価が適用されるもの。カテゴリーC：重大な環境影響を引き起こしそうにないプロジェクトであるため、通常、環境評価は必要ではないもの。（USEPA; WB）

Protected area　保護区

保全のための特定の目的を達成するために指定され、または規制され、および管理されている地理的に特定された地域（陸域または海域）。（CBD）　一部の定義では、法的な指定の必要性が示唆される。（WRI）

Protected Area Management Categories (IUCN – World Conservation Union)　保護地域管理カテゴリー（国際自然保護連合〈IUCN〉）

保護地域を10に分類して管理目的を明確化。

- **カテゴリー1：科学的保存地域／厳正保護地域**　生態学的に代表的な自然環境の例として、学術研究、環境モニタリング、教育、さらに動的かつ進化的状況にある遺伝子資源の維持が行えるように、自然を保護し、攪乱されていない自然プロセスを維持すること。
- **カテゴリー2：国立公園**　科学上・教育上・レクリエーション上の利用を目的とした、国内または国際的に重要な自然と景観を保護すること。
- **カテゴリー3：天然記念物／自然ランドマーク**　特に興味深く独特な性質を有する、国内で重要な自然の特徴を保護、保存すること。
- **カテゴリー4：自然管理地域／野生生物保護区**　永続するために特定の人為的介入を必要とする国内で重要な種、種のグループ、生物群集、または環境の物理的特徴を保護するうえで必要な自然条件を確保すること。
- **カテゴリー5：景観保護地域**　当該地域における通常の生活様式や経済活動において、レクリエーションや観光を通じて人々に楽しみの機会を提供する一方で、人間と土地の調和のとれた相互作用を示す国内の優れた自然景観を保護すること。
- **カテゴリー6：資源保護地域**　将来的な利用のために地域の資源を保護すること、および適切な知識や計画に基づいた目的が設定されるまで、資源に影響を与える可能性がある開発活動を防止または抑制すること。
- **カテゴリー7：自然生物圏地域／人類学的保存地域**　環境と調和のとれた暮らしを近代技術によって攪乱され邪魔されずに社会生活を継続できること。
- **カテゴリー8：多目的利用管理地域／資源管理地域**　主に経済活動の支援を重視した自然保護により、水、木材、野生生物、牧草地、アウトドアレクリエーションの持続的な生産をもたらすこと（当該地域内に、特定の保全目的を達成するための特定の地域を設けることも可能）。
- **カテゴリー9：生物圏保存地域**　国連教育科学文化機関（UNESCO）の「人間と生物圏（MAB）計画」という国際科学プログラムの一部。研究、モニタリング、研修、実証、保護といった多様な目的を満たすために、世界の生態系を代表する保存地域ネットワークを構築することが目的。
- **カテゴリー10：世界遺産地域（自然遺産）**　世界の文化遺産および自然遺産の保護に関する条約（1972年パリで採択、1975年12

月発効）は、「顕著な普遍的価値」を有する地域を世界遺産として指定するもの。重要な地域を保護するために国際協力を促進することが主要目的。（IUCN）

Protectionism　保護貿易主義
国際貿易における考え方。国内産業を海外との競争から守るために、物品の輸入に対して障壁の設置を支持すること。（WP）

***Pro tempore*　プロテンポレ、臨時**
英語では「さしあたり」という言葉が最も近い意味。政治や国際外交でよく使われ、上司の不在時にその臨時代理人を務める人を指す。（WP）***'Ad interim'*** を参照。

Protocol (1)　議定書
条約を補完する国際合意。議定書を採択する国のみに対して、条約の規定の追加や変更を行う。（VC）

Protocol (2)　プロトコル
科学において、実験を行うため、あるいはサンプルやデータ収集の完全性を守るために定められた一連の手順。（USEPA）

Prototype Carbon Fund (PCF)
プロトタイプ炭素基金
ウガンダ、チリ、ラトビアなどの途上国において、気候変動への適応策や排出量削減技術を開発するための世界銀行による1億4500万ドルの基金。この基金で、世界銀行は今後15～20年の間に、最大390万ドル分の二酸化炭素の排出削減量を購入する予定。

Provenance　起源
サンプル生物が由来し、その遺伝子構成が自然に発達した地理的地域と環境。

Provinciality effect　隔離効果
地理的な隔離によって、種の多様性が増すこと。（IUCN）

Public　公衆
1人もしくは複数の自然人または法人、および各国の法令もしくは慣行に基づく団体、組織またはグループ。（UNECE）

Public authority　公的機関
(a) 国、地域、その他のレベルの政府、(b) 国内法の下で、特定の義務、活動またはサービスを含む公行政機能を遂行する自然人もしくは法人、(c) 公的な責務もしくは機能を有する、または公的サービスを提供している、その他の自然人もしくは法人、(d) 地域経済統合組織の機関。（UNECE）

Public concerned　関係市民
環境についての意思決定により影響を受け、もしくは受ける恐れのある、または意思決定に利害関係を有する公衆。環境保護を促進し、かつ国内法の下で要件を満たす非政府組織は、利害関係を有するものとみなされねばならない。（UNECE）

Public consultation
パブリック・コンサルテーション
影響を受ける人々などの利害関係者がオープンな対話に参加するプロセス。幅広い意見や懸念事項が表明され、意思決定への情報提供と合意形成を目指す。（WB）

Public good　公共財
誰も利用を妨げられることのない財。ある人がその財を消費しても、ほかの人が利用可能な財の量は減らない。

Public land　公有地
すべての人が共有し、政府（村、町、地方、州、国家など）が管轄する土地。（NRDC）

Public participation　公衆参加
公衆の意見や懸念事項を確認し、公的機関の意思決定に組み込むプロセス。参加とは、利害関係者が、影響を受ける開発イニシアティブと決定と資源に対して影響力を及ぼし、共に管理するプロセス。情報、プロセス、正義へのアクセスを含む。**'Aårhus Convention'** を参照

Public-private partnerships (PPP)
官民パートナーシップ

民間部門が政府サービスの提供に参加できるさまざまな方法を表す一般的な言葉。(WDM)

Public sector　公共部門

国、州、省の政府や地方自治体、およびそれらが所有または管理する金融機関と企業体。

Public trust lands　公共信託地

市民が政府に対し、公園や野生生物保護区などの公有地を公益の番人として自然の状態で維持し、そこに含まれる自然的価値を保護するように、委託することを表す概念。(USDA)

Punta del Este Declaration
プンタ・デル・エステ宣言

関税および貿易に関する一般協定（GATT）締約国による1986年の宣言。多角的貿易交渉のウルグアイ・ラウンドを開始。(AD)

Purchasing power parity (PPP)
購買力平価

ある国の通貨において、他国の財やサービスを同量分だけ購買するために必要な額。購買力平価国民総所得（PPP GNI）は、その時の「国際ドル」で表す。国際ドルは原則的に、米国経済のGNIで使われる1ドルと同じ購買力を持つ。その経済の生活水準がより良く示されるPPPは、1日1～2米ドルを基準とする世界銀行の貧困率の計算でも用いられる。PPPで換算された開発途上国のGNIは通常、市場の為替レートで換算されたGNIより大きな値を示す。(WB)

P

Q q

Qanat　カナート、地下水路
地下水を利用する地下水道システム。帯水層に沿って、山岳地帯の崖や急斜面、麓にトンネルを掘ってつくる。水は地表に汲み上げられるのではなく、ほぼ水平だが水が流れるように傾斜をつけて掘られたトンネルを通って、地表に導かれる。（UNESCO）

Qualified 'double' majority voting (QMV-EU)　二重の特定多数決
EU閣僚理事会が「多数決」方式に代えて採用する投票方式（その国の人口によって重みづけされる方式。したがって、ポーランドの賛成票は小国ルクセンブルクの反対票よりも重視される）。新方式の定義は「少なくとも理事会構成国の55%で、少なくとも15カ国、その加盟国人口は少なくともEU人口の65%」。つまり、ある提案が可決されるのは、閣僚理事会の各国政府代表団の55%以上（15カ国以上）が賛成票を投じた場合である。さらに、その15カ国（または票）の人口は、全EU人口の65%に相当しなくてはならない。（EU）**'Double majority'** を参照。

Qualified majority　特定多数決
少数派の権利を守るために、「過半数」という多数決の単純な要件をより高度にしたもの。加重投票方式。たとえば、EUのある決議で、加盟国の票が人口によって重みづけされ、人口の多い国にとって好意的に補正されることを指す。

Quality assurance/quality control (QA/QC)　品質保証／品質管理
科学的調査の計画および実施に、厳しく体系的なアプローチを適用することで、研究成果を向上させる過程。（USEPA）

Quality of life　生活の質
主に個人の選択や意識の問題であり、社会的福祉の概念と重なり合う。一般に、公共財の量やその配分に重点が置かれる。たとえば、医療福祉サービス、犯罪からの保護、公害規制、ある地域の景観や歴史的・文化的側面の保護など。（MW）

Quartet (Quartet on the Middle East, Diplomatic Quartet)
カルテット（中東カルテット）
米国、ロシア、欧州連合（EU）、国際連合の4者。イスラエル・パレスチナ紛争に関連して、経済発展における優先事項を含め、和平プロセスの仲介に関与する。

Quick win　クイック・ウィン
国際開発において、ある問題を解決するにあたり、政府開発援助（ODA）の投入やごく特定目的のための補助金の導入によって、かなりの効果が即座に見られること。マラリア対策で殺虫剤処理した蚊帳や、赤痢対策で家庭用浄水キットを大量配布するなど。（UN）

***Quod hoc*　クオドホック**
「これに関して」を意味するラテン語。

Quorum　定足数
公式に会議を開催するにあたり必要な最小限の人、政府、機関の数。

Quota, financial　割当額
'Assessed contribution' を参照。

Quota, geographical　割当制

多くの国際機関で各国からの雇用者数のバランスをとろうとする方針を表す言葉。計算基準はさまざまにあるが、特に人口、1人当たり国内総生産（GDP）、分担金などを用いる。一般に、専門職の人材を広く各国から雇用する際に適用され、現地で一般職または業務補助職の職員を採用する際には用いられない。（UN）

R r

R2P
'Responsibility to Protect, the Doctrine of' を参照。

Radiative forcing　放射強制力
気候変動に関する政府間パネル（IPCC）の定義によると、「気候に影響を及ぼす要因が変化したときに、地球―大気システムのエネルギーバランスがどのように影響を受けるかを測る尺度」。「放射」という語が入るのは、これらの要因が、入射する太陽放射と地球の大気内の外向き赤外放射のバランスに影響を与えるからである。正の放射強制力は地表の温暖化、負の放射強制力は地表の寒冷化を起こす傾向がある。放射強制力の単位は、ワット毎平方メートル（W/m^2）。（IPCC; EOE）

Radioactive waste　放射性廃棄物
（通常は有害な）放射線を放出する核反応の副産物。（NRDC）

Radioactivity　放射能
不安定な原子核から物質やエネルギーが自然放出されること。（NRDC）

Rainforest　熱帯雨林
年間降雨量が2540mm以上の熱帯または温帯の森林。連続した林冠を形成する常緑広葉高木林が特徴。（EES; MW）

Ramsar Convention　ラムサール条約
特に水鳥の生息地として国際的に重要な湿地に関する条約。1971年2月2日にインドのラムサールで調印。1975年12月21日に発効。（RC）

Rapid assessment procedures (RAP)
迅速評価法
ある状況を迅速に評価できる方法を示す言葉（一般的に保健、環境、人権の分野で適用される）。

***Rapporteur*　報告者**
会議ごとの議事録記録と最終報告書草案作成の担当官。会議参加者から最終コメントを受けたのち、最終報告書をまとめて編集する。

Rare　希少種
国際自然保護連合（IUCN）のレッドリストカテゴリーのひとつ。略称はR。世界全体の個体数が少なく、現時点では「絶滅危惧種」でも「危急種」でもないが、その危険にさらされている分類群。通常、限定された地理的領域や生息地内に集まっているか、もっと広い範囲にまばらに生息している。（IUCN）

Ratification　批准
国家が、国会や議会の承認を得て、条約に拘束されることへの同意を表明することを意図する国際的行為。（VC）

REACH
リーチ、リーチ法、化学物質の登録・評価・認可および制限に関する規則
年間の製造・輸入量が1トンを超えている物質を欧州化学物質庁に登録する欧州連合（EU）のプログラム。米国の規制とは異なり、通常および予測可能な使用中に含有物や構成材料が放出される可能性がある成形品（アーティクル：特定の形状、表面、デザインを有する物質や調剤で構成されるもの）にも適用される。本提案は、「非常に懸念のある」

化学物質の使用について、市場導入前の認可も考慮しており、こうした化学物質を新しく活用しようとする企業に対して証明責任（リスク分析）を課している。（EU）**'Rotterdam Convention'** を参照。

Rebound effect　リバウンド効果

'Offsetting effect' を参照。

Recharge　涵養

通常は土壌の表面からの浸透により、飽和帯または集積帯まで水が追加される工程。（USEPA）

Recipient　受益者

'Beneficiary' を参照。

Reclaimed materials　再生材料

使用可能な製品や「新たな」原料となる、再加工または再生された材料（使用済み電池の鉛、再生油、再生紙、再生プラスチック）。（EES）

Recommendation　勧告

決定や決議よりも弱い判定であり、当事者に対しては拘束力はない。

Recoverable resources　可採資源量

現在の技術で利用は可能なものの、現在の状況下では経済的に見合わない天然資源。（McG-H）

Recyclable materials　再生可能材質

人間が使用するための二次原料へと再加工できる材質。（EES）

Red Book/List species
レッドリスト（レッドデータブック）種

国際自然保護連合（IUCN）が、ある地理的区域（地域、国、世界など）におけるさまざまな分類群の保全状況を一覧にした一連の出版物。希少な動植物種の脅威に関する目録。現状、地理的分布、個体数、生息地、繁殖率などの情報を提供する。その種を保護するために対策が講じられた場合、その保全対策もレッドデータブックに記載される。どのくらい希少であるかにより、次の5つのカテゴリーに分けられる。「絶滅危惧種」「危急種（主な環境影響に適応しそうもないと考えられるもの）」「希少種（山頂や島にのみ生育する植物など、世界でわずかしかないため危険にさらされているもの）」「危機脱出種（かつて上述のカテゴリーに分類されていたが、保全活動により脅威が取り除かれたもの）」「未確定種（情報が足りず現状を評価できないが、おそらく危険にさらされていると思われるもの）」。（IUCN）

Red Cross and Red Crescent Societies
国際赤十字・赤新月社連盟

'International Federation of the Red Cross, Red Crescent (and Red Crystal) Societies (IFRC)' を参照。

Referendum (1)　国民投票、住民投票

立法機関や市民運動によって提案された質問や対策に対し、意思決定のため、有権者の投票を求めるもの。（MW）

Referendum (2)　請訓書

外交官が特定の問題について政府に指示を求める文書。（MW）

Reforestation　再植林

かつて森林だった土地に種や苗を植えることによって、森林被覆面積を追加または改善するための活動。

Refugee　難民

人種、民族、宗教、国籍、もしくは特定の社会的集団の構成員であること、または政治的意見を理由に迫害を受ける恐れがあるという十分に理由のある恐怖を有するために、国籍国の保護を受けることができない者、または、そのような恐怖を有するためにその国籍国の保護を受けることを望まない者、およびこれらの事件の結果として常居所を有していた国の外にいる無国籍者であって、当該常居所を有していた国に帰ることができない者、または、そのような恐怖を有するために当該常居所を有していた国に帰ることを望まない者。(UNDP) **'Internally displaced person' 'Diaspora' 'Environmental refugee'** を参照。

Refugee fatigue　難民疲れ

'Asylum fatigue' を参照。

Regime　レジーム、体制

共有財産である領域（大気、海洋、生物多様性、南極、宇宙など）の研究と支援を行うために、公式または非公式に設置された制度的取り決め。

Region　地域

空間分析と計画の目的において独特かつ一貫性のある領域を区切ったもの。地域計画を立てる際には、国内の管轄区域の境界線に従って行政的に行うこともできるし、たとえば河川の集水域や通勤圏など、計画プロセスを進めるテーマの境界線に従い機能的に行うこともできる。

Regional Economic Integration Organization
地域的な経済統合のための機関

ある地域の主権国家によって構成される機関であって、「生物多様性条約」が規律する事項に関しその加盟国から権限の委譲を受け、かつ、その内部手続きに従いこの議定書の署名、批准、受諾もしくは承認またはこれへの加入について正当な委任を受けたもの。(CBD)

Regional group　地域グループ

国連システム内の5つの地域団体を指す。会合を開いて、問題に関する議論と運営委員会メンバーなどの役員の任命を行う（アフリカ、アジア、中東欧〈CEE〉、中南米とカリブ海〈GRULAC〉、西欧とその他の地域〈WEOG〉）。

Regional Seas Conventions and Action Plans　地域海条約と行動計画

国連環境計画（UNEP）（6プログラム）とその他の独立した提携機関（13プログラム）が運営する19の地域条約と行動計画。UNEPが直接管理するものには以下のようなものがある。

- 汚染に対する地中海の保護に関する条約（バルセロナ条約、1976年）
- 西・中央アフリカ地域の海洋・沿岸環境の保護と開発における協力に関する条約（アビジャン条約、1981年）
- 東アジア地域海条約と計画（1981年）
- 広域カリブ海の海洋環境の保護と開発に関する条約（カルタヘナ条約、1983年）
- 東アフリカ地域の海洋・沿岸環境の保護、管理、開発に関する条約（ナイロビ条約、1985年）

ほかの機関が管理するものには以下のようなものがある。

- バルト海域の海洋環境保護に関する条約（ヘルシンキ条約、1992年）
- 北東大西洋の海洋環境保護のための条約（OSPAR条約、1974年に採択され、1992年に改訂および統合されたオスロ・パリ条約）
- 北極海洋環境保護のための北極協議会（1992年）
- 南極条約体制：南極の海洋生物資源の保存に関する条約（1982年）と環境保護に関する南極条約議定書（1991年）
- 汚染からの海洋環境の保護に関する協力のための条約（クウェート条約、1978年）
- 南東太平洋の海洋環境と沿岸地域の保護に関する条約（リマ条約、1981年）
- 紅海とアデン湾の環境保護に関する地域条約（ジェッダ条約、1982年）
- 南太平洋地域天然資源・環境保護条約（ヌメア条約、1986年）
- カスピ海に関する条約と行動計画と黒海の汚染からの保護に関する条約（ブカレスト条約、1992年）
- 北西太平洋地域海行動計画（1994年）
- 北東太平洋地域海行動計画（1995年）
- 南アジア地域海行動計画（1995年）

Regional Seas Programme
地域海プログラム

各地域部門によって実施される世界的な計

画として、1974年に発足。現在、13の地域で実施され、140以上の沿岸国・地域がかかわる。(UNEP)

Regular funds/budget　通常資金（制限なしのコアファンド）、通常予算

国際機関の加盟国による通常予算分担金。(UNDP)

Regulations　規制

政府の行政機関や規制機関によって公布された規定や指令で、法的拘束力を持つ。

Reimbursable grant　償還補助金

提案された事業の内部収益率が貸付（の返済）を正当化することが判明した場合、借入国または受益国が返済しなければならない投資前調査（予備的実現可能性調査または実現可能性調査）や一括融資。(WB)

Relative poverty　相対的貧困

絶対的貧困（生活費が1日1米ドル）とは違って、相対的貧困線は、その国における生活水準と社会規範に照らして設定される。

Remittances　送金

通常は兌換（交換可能）通貨を得る者が開発途上国の家族に個人的に送金すること。世界銀行の推定では、2006年の送金総額は2300億米ドルで、同年の米国の政府開発援助（ODA）総額1065億米ドルの2倍以上。(UNW)

Renewable energy　再生可能エネルギー

太陽、風、潮、波、地熱、バイオマス（利用する速度以上で植林する場合）など、さまざまな自然資源から得られるエネルギー。(EES)

Renewable natural resources　再生可能自然資源

大気、水、土壌の資源のほか、林業、漁業、野生生物資源など、人間の時間枠内で置換または補充される自然資源。ただし、これらの資源が経済学的または人類学的な意味で再生可能であるのは、置換速度が利用速度と等しいか、それを超える場合のみである。「再生可能」という言葉は、「無尽蔵」を意味するわけではない。(EES)

Renewables　再生可能エネルギー源

地球の自然のサイクルに比べて短い時間枠内において持続可能なエネルギー源。バイオマスなどのカーボンニュートラルな技術のほか、太陽エネルギー、水力、地熱、波力、風力などの無炭素技術など。(IPCC)

Replenishment　増資

開発銀行の管理する資金や援助機関への第三者による拠出。通常は合意または交渉された計画に基づく。(GEF) **'Tranche' 'Donor conference'** を参照。

Report of the World Food Summit (2002)　世界食糧サミット5年後会合(2002年）に関する報告書

「世界食糧安全保障に関するローマ宣言」と「世界食糧サミットの行動計画」の目標達成に向けた進捗状況をまとめた報告書。あらゆる面で、国連主催で開催された会合の中で最も批判された会合のひとつ。

Report of the World Summit for Social Development (WSSD)　社会開発サミットに関する報告書

1995年3月にコペンハーゲンで開催された社会開発サミットで、各国政府は開発の中心に人間を置く必要があるということで新しく合意に達した。各国政府は最終報告書で、貧困を克服し、完全雇用と社会的統合の促進という目標を開発の最優先課題とすることを公約した。

Republic/Republican form of government　共和国／共和制

最高権力は投票権を有するすべての国民にあり、選挙で選出された代表がこれを行使する国家。(MW) **'Citizenship'** を参照。

R

Request for proposal (RFP)
提案依頼書
組織が別の組織に対して発行する書類。発行者が受け手に依頼する請け負い作業について説明し、受け手に提案に対する回答を要請する。

Res. Rep.　常駐代表
'United Nations Resident Representative' を参照。

Reservation　留保
国が、条約の特定の規定の自国への適用上その法的効果を排除し、または変更することを意図して条約への署名、条約の批准、受諾もしくは承認または条約への加入の際に単独に行う声明（用いられる文言および名称のいかんを問わない）。(VC)

Reservoir (1)　貯蔵庫
温室効果ガスまたはその前駆物質を貯蔵する気候システムの構成要素。(UNFCCC)

Reservoir (2)　貯水池
流れる河川をせき止めるダムを建設することによって人工的につくられた水域。

Residence time, water　水の滞留時間
水（分子あるいは水域）が、ある作用や循環を経て流れて行く前に、特定の場所で滞留する時間の長さ。湾や封鎖海域において水柱全体が変化するのにどれだけの時間がかかるのかを表現するときに、一般的に「排水時間」あるいは「交換時間」と呼ばれるものを指すこともある。

Resolution　決議
勧告（通常、条約の締約国会議〈COP〉の作業を導くような決定の本文とはならない）などの公式な議決。恒久的・法的措置というよりは、導きとなる指令。総会の公式な決議は拘束力を有する。

Resolution 47/191　決議 47/191
1992 年に国連総会で採択された、国連の持続可能な発展委員会（CSD）の設立に関する決議。CSD の付託権限、構成、非政府組織（NGO）の参加のための指針、作業の組織化、ほかの国連機関との関係、事務局の取り決めを示す。

Resolution 55/199　決議 55/199
2000 年 12 月の国連総会で採択された決議。2002 年 9 月に国連環境開発会議（UNCED）からの 10 年間を首脳レベルで見直し、持続可能な発展に向けた世界の取り組みを再活性化することを求めた。この見直しは、達成できた事項に着目し、アジェンダ 21 などの UNCED の成果を実施するためにさらなる取り組みが必要な分野を特定し、行動志向型の決定につなげ、持続可能な発展を実現するための新たな政治的関与を促すもの。

Resource recovery　資源回収
廃棄物から物質やエネルギーを得るプロセス。(USEPA)

Responsibility to Protect, the Doctrine of　保護する責任の原則
国家主権の合法性に異議を唱えるのではなく、国家主権に対して、主権の有するより深い社会的責任の概念を受け入れるように求める。国連の「介入と国家主権に関する国際委員会（ICISS)」は、加盟国に対して、国家主権の最も重要な義務として、その最終的な主権者（人民）を保護する責任を受け入れるように訴えている。国家がこの責任を果たすことができず、「人類の良心に深い衝撃を与える」ならば、6 つの「限界点の基準（正当な理由、正当な意図、最後の手段、手段の均衡、合理的見通し、正当な権限)」に基づいて、ほかの主権国家がその責任を代わって果たさなければならない。(UN)

Restoration　復元
生態系の管理において、生物種や機能の主な構成部分の観点からその生態系を以前の望ましい状態またはかつての連続的な状態に戻すこと。(EES)

Results　結果

事業の効果を表す広義語。「産物」「成果」「影響」はそれぞれ異なる種類の結果を指す。(GEF)

- 「産物」：事業の目的を達成するために必要な有形製品（サービスを含む）。
- 「成果」：当面の目標に関連した事業の結果で、事業の生産物によってもたらされる。
- 「影響」：事業の開発目標や長期的目標との絡みで評価される事業の結果。事業によってもたらされる、計画済みまたは計画外のプラスまたはマイナスの状況の変化。

Retroactivity, the concept of
遡及の概念

'Preemptive intervention, concept of' を参照。

Retrospective terms adjustment
遡及的な条件調整

融資条件の改訂を表す世界銀行の用語。(WB) **'Debt relief'** を参照。

Reversible effect　可逆性影響

永続的ではない影響。特に毒素への暴露が減少または停止したときに弱まる悪影響。(USEPA)

Rich man's club　金持ちクラブ

経済協力開発機構（OECD）諸国をやや侮蔑した言葉。

Rider　付帯条項

米国の議会・立法用語。既存の議会法案に加えられた関係のない条項。法案は全体として可決または否決されるものなので、評判の良い法案に、ここに含まれているのでなければ不評を買うような文言を含む付帯条項が追加されることは多い。(NRDC)

Right to development　発展の権利

1986年の国連総会で採択された「発展の権利に関する宣言」によると、「それによりあらゆる人々が、人権および基本的自由が完全に実現される経済的、社会的、文化的、政治的発展に参加・貢献し、その利益を受ける不可譲の人権」。すべての国家が「権利」としての発展を認めているわけではない。

Right to environment　環境の権利

一般に、リオ宣言およびその原則を指す言葉。ここでは、きれいで安全な環境に向けた人間の権利と責任が明確にされた。リオ宣言に含まれる27の原則は、権利に含まれるものとそれが示唆する責任についてかなりの詳細を述べている。(UNCED) 付録3参照。

Right to interfere　干渉する権利

超国家的権限の指令があるとき、1つまたは多くの国が別の国の国家主権を侵犯する権利。(WP) **'Duty to interfere' 'Humanitarian intervention'** を参照。

Right to participation　参加する権利

一般に、1948年12月に採択された「世界人権宣言」の第19、20、21条を指す。すべての人は、意見および表現の自由や集会の自由に対する権利、代表者の選出など自国の将来に影響を及ぼす決定を行う権利を有する。(UN)

Right to water　水の権利

2002年に国連の「経済的、社会的及び文化的権利に関する委員会」は、人権の実現の前提条件として、すべての人々に、きれいで「十分な量」で「安全で許容でき」「物理的にアクセスが可能」で「手頃な価格」の淡水を得る権利があると認めた。(OECD; UN)

Rio Declaration on Environment and Development
環境と開発に関するリオ宣言

1992年にリオデジャネイロで開かれた国連環境開発会議（UNCED）の公式な成果。持続可能な発展の原則に関する合意をまとめたもの。

Rio Group　リオ・グループ

中南米諸国の国際組織。冷戦中に米国によって支配されているという意見もあった米

R

州機構（OAS）の代替機関として1986年に結成。事務局や常任機関を持たず、毎年首脳会合を開催している 。(WP)

Rio Principles　リオ原則

1992年にリオデジャネイロでの国連環境開発会議（UNCED）で作成された27原則からなる声明。人類の発展と福祉を向上させるうえでの各国の権利と責任を明確にする。(UNCED) 付録3参照。

Riparian rights　河岸所有者権、沿岸権

土地所有者に対して、所有地にある、または所有地に隣接している水の特定の利用を認めること。通常は上流における水の分水や乱用を防ぐ権利を含むが、下流の利用者に対しても同じ責任を負う。(USEPA)

Riparian zone　河畔域、水辺域

水路の水の直接的な影響を受ける、水路に隣接する区域。陸上生態系と水界生態系の間の移行帯を形成する。(EES)

Risk　リスク

好ましくない結果をもたらす可能性。(MW)

Risk analysis/assessment
リスク分析／リスク評価

人間の生活、健康、所有物、環境に対してもたらされる好ましくない悪影響の性質について理解し、望ましくない出来事についての情報を提供し、識別されたリスクについての可能性と予想される結果を定量化するために、詳細な調査を行うこと。

River basin　河川流域

同じ終点へと流れる地表水と地下水など、水系の分水界の境界によって通常定められる地理的領域（集水域）。

RNA　RNA、リボ核酸

DNA分子上にある遺伝情報の運搬や転写に活用される核酸。(EES; McG-H)

Road map　ロードマップ

予定や中間目標を含んだ戦略あるいは戦略的作業計画。2003年頃から一般に使用されるようになった。**'Global atlas'** を参照。

Robert's Rules of Order
ロバート議事法

総括的な議会規則の一部として、審議会によって議会の権限として使用されることが多い会議運営に関する手引書。(WP)

Rogue development aid
ならず者開発援助

開発援助において従来行われている抑制と均衡の制度が無視され、極端に私利的な政府開発援助（ODA）あるいは民間部門の贈与。一般に援助の由来は非民主的、実務面では不透明とみなされ、意図されていようがいまいがその影響で従来の融資や援助の仕組みが損なわれることになる。一般市民に被害が及ぶとともに、真の進展を抑制してしまう可能性がある。(Naím, 2007) **'Failed state' 'Rogue state'** を参照。

Rogue state　ならず者国家

自国の国民や近隣諸国や国際社会への影響がどうであろうと、国際関係において受け入れられている規範や合意事項を守らずに、自国の国益に沿って行動する国家。**'Failed state' 'Rogue development aid'** を参照。

Rolling document　暫定文書

国連において、暫定的に承認を受け、実施段階での変更が認められている文書。

Rome Declaration on World Food Security and the World Food Summit POA (1996)
世界食糧安全保障に関するローマ宣言と世界食糧サミット行動計画（1996年）

世界食糧サミットは、国連食糧農業機関（UNFAO）が1996年11月にローマで開催。187カ国の首脳および代表が署名したローマ宣言は、すべての人は、飢餓から解放される基本的権利とともに、安全で栄養のある食糧を入手する権利を有することを再確認している。そして、2015年までの飢餓の撲滅と栄養不足人口の半減を目指す政治的意思を宣誓している。行動計画は、7つの主なコミットメントと目的を挙げ、この目標達成のために先進国と開発途上国がとるべき行動をまとめている。

Rome Statute　ローマ規程

国際刑事裁判所を設立する条約。1998年7月に「国際刑事裁判所の設立に関する国連全権外交使節会議（ローマ会議）」に参加していた120カ国が採択。2002年7月1日発効。発効日以降に加盟国の国民で規程に定められる犯罪を行った者は、いかなる加盟国においても逮捕され、国際刑事裁判所による裁きを受ける。（UN）

Rooftop diplomacy　屋上外交

ほかと距離を置く、あるいはいくぶん排除されたグループ（公式に参加していない、あるいはときとしてその事項に精通しているわけでもないのに意見を述べることもある）が、国際的に重要な事項に対して、求められてもいない意見を表明することを指す。

Rotterdam Convention
ロッテルダム条約

「事前のかつ情報に基づく同意（PIC）」に法的拘束力を持たせ、PICの手続きを強化するもの。1998年採択。輸入国に対して、潜在的な危険性を識別し、安全に管理できない化学物質を排除するために必要なツールと情報を与えることで、防御の第一線を形成する。ある国が化学物質の輸入に同意した場合、同条約はラベルの基準や技術援助などの支援を行うことで安全な使用を推進する。輸出国も要件を満たすように定められている。2004年2月24日に発効。（EU）**'REACH'** を参照。

Round　ラウンド

国際関係において、ある一連の会合を指す（世界貿易機関〈WTO〉の交渉が行われるウルグアイ・ラウンドやドーハ・ラウンドなど）。（MW）

Rovaniemi Process (AEPS)
北極域環境保護戦略

1991年に北極圏の8カ国（ロシア、米国、カナダ、グリーンランド／デンマーク、アイスランド、ノルウェー、スウェーデン、フィンランド）が採択した、北極の大規模な国際共同計画（北極域環境保護戦略）。諸外国や国際機関はオブザーバーの地位を与えられている。計画の目的は、北極圏の生態系の保護、自然資源の保護と改善と修復の実施、先住民族の伝統的および文化的なニーズや価値観や慣習の認識、北極の環境の状態に関する定期調査、汚染の識別や削減や排除。

Rule of law　法の支配

法律の下では（人間と所有物およびそのほかの経済的な権利が）保護されると同時に刑罰の対象になる。法の支配は政府を支配し、市民を任意状態の行動や通常は社会から守り、個人的利益の間の関係に影響力を及ぼす。すべての市民が平等に扱われ、権力者の気まぐれではなく、法の対象となるようにする。法の支配は公共および民間部門の両方の説明責任と予測可能性で重要な前提条件。法の支配の設立と持続は、法の明確な伝達、無差別の適用、効果的な施行、法の内容を変更するための予測可能で法的に実施可能な方法、一連の法律を合法的であるだけでなく、公正だと見なし、それに従う意思がある市民に依存する。（UNDP）

Rules of procedure　手続き規則

意思決定、投票、参加の手順など、組織や締約国会議（COP）などの補助機関の手続きを管理する規則。各種機関と会合によって異なることがある（異なることが多い）。

Rural Development Institute (RDI)
農村開発研究所

国際的な非政府組織（NGO）。世界の最貧困層の人々、すなわち1日の生活費が2ドル未満の主として農村部に暮らす34億人の人々に対して、土地の権利を保障することを目指す。（RDI）**'Microfinance institutions'** を参照。

Rwanda syndrome　ルワンダ症候群

ルワンダでフツ族の過激派民兵によって、何十万人ものツチ族、そしてフツ族の中でも穏健派支持者が大量虐殺され、それが1994年に公になった際に、国際社会（国連およびアフリカ統一機構）が数カ月もの間、決定的な行動をとることができなかった無能ぶりを指す。また、この言葉は、スーダンのダルフール地方において、人道面・環境面双方の視点から何も行動が起こされなかった状況に対しても使われるようになってきた。(WP)

'Talk shop' 'Boiled-frog syndrome' を参照。

S s

Safeguard policies　セーフガード政策

世界銀行の掲げる方針。投資プロジェクトを実施する際には、環境面や特定の社会面での潜在的な悪影響を明らかにし、可能な場合には回避するか最小限にとどめ、緩和や経過観察を行う。プログラムやプロジェクトの特定、準備、実施において、環境・社会面で持続可能な開発が行われるように、世界銀行と融資先の職員に対して指針を与えるもの。環境アセスメント、自然生息地、害虫管理、非自発的移転、先住民族、森林、ダムの安全性、文化財、国際水路、紛争地域の10項目それぞれにおいて、保護方針が策定されている。(WB)

Safety-net aid, concept of
セーフティーネット支援の概念

政府または非政府組織（NGO）のドナーが、政府機関を通さずに、現地の実施主体に直接財政援助を行うこと。援助先の政府があまりにも混乱し腐敗していると考えるドナーが、援助を必要とする人の手に確実に届けようと、広く行うようになった。(UNW)

Sahel　サヘル

サハラ砂漠の南縁部に沿った、熱帯の半乾燥地域。アフリカの6カ国（モーリタニア、マリ、ニジェール、チャド、ソマリア、スーダン）の大部分と、ほかの3カ国（セネガル、ブルキナファソ、エチオピア）の一部を占める。(EES)

Salinity　塩分濃度

水中の塩分の濃さ。千分率で示されることが多い。(USEPA)

Salinization/salination　塩類化

干ばつ期に蒸発散の影響を受け、毛細管現象によって鉛直方向に染み出した地下水から析出した各種塩類が土壌を含浸すること。不浸透性の土壌の上に滞留した地下水の蒸発は、これに関係しない。塩類化によって、飲料水が半塩水または塩水となり、飲料用に適さなくなる。(EES)

Saltwater intrusion　塩水化

淡水の地表水または地下水に塩水が浸入すること。

Salvage harvesting　救済的伐採

損傷した立木（病気、火事などによる）や倒木（嵐、洪水などによる）を、市場価値を失ったり、残っている健康な立木にさらに被害を及ぼしたりする前に、伐採する森林管理技術。(USEPA)

Sanctions (in the UN context)
制裁（国連の）

ある国に対して国際法に基づいた行動をとるように求める、国連安全保障理事会によって承認された強制的手段。通常、懲罰的な経済的制裁や外交手段を通じて実施される。(UN)

Sanitary landfill　衛生的な埋め立て

公衆衛生や安全性を侵害しない陸上での廃棄物処理法。工学原理を用いて、廃棄物を可能な限り最小の範囲に封じ込め、最小の容量に減らし、廃棄処理を行った日の最後に、または必要であればより頻繁に、土砂の層で覆う。副生成物は回収され安全に処理されるか（浸出液）、発熱や発電のようなほかの目的に

活用される（ガス）。(EES)

Sasia　サシア

南アジア財団が、欧州におけるユーロのような、南アジア共通通貨となりうるものを表した名前。同財団は、サシアが経済的安定と地域協力の頼みの綱となりうるのではないかと考えている。

Scenario　シナリオ

将来、どのような展開になるかについての説得力のある描写。鍵となる関係や影響要因に関して整合性があり、その内部で一貫性のある一連の仮定に基づく。(IPCC)

Scientific and Technical Advisory Panel (STAP)　科学技術諮問委員会

地球環境ファシリティ（GEF）の独立した諮問機関。国連環境計画（UNEP）が国連開発計画（UNDP）と世界銀行と協議のうえで設立。次の業務を行う。地球環境管理の問題についてGEFに助言すること。専門家名簿を作成管理すること。選定されたプロジェクトの精査を行うこと。種々の多国間環境協定（MEA）の科学技術団体と協力・協調すること。GEFとより広い科学技術界との連携を取り持つこと。(UNEP)

Scientific classification/Scientific taxonomy　科学的分類／科学的分類法

科学者が生物種をグループに分け、分類する方法。現代の分類法は、1700年代に共通の形質上の特性に沿って種を分類したスウェーデンの科学者であり、カルロス・リンネウスとして知られるカール・フォン・リンネの業績を基にしている。8つの「階層」とは、ドメイン、界、門、綱、目、科、属、種。**'Genus' 'Species'** を参照。

Scientific philanthropy　科学的フィランソロピー

100年ほど前にアンドリュー・カーネギー、ジョン・D・ロックフェラー・シニアといった米国の有力者が、教育と医療に用途を決めた巨額の寄付を行ったことが大きなきっかけとなり広まった言葉。それ以来、テッド・ターナー、ビル・ゲイツとメリンダ・ゲイツ、ウォーレン・バフェットといった有力者たちも、この風潮に従った。一般的には賞賛されているが、この種の使い道が決められた私的な慈善事業は、世界的な議題に影響を与え、国家の開発／投資の優先順位を変えてしまうとして批判されてきた。(UNW)

Scientific method　科学的方法

ある問題に対する系統的な研究。一般に文献のレビュー、観察、仮説、実験（対照実験を含む）、データ収集、分析、解釈を含む。

Scientific name　学名

属と種の分類／名前を含んだもの。「属」をイタリック体で大文字で始め、そのうしろに同じくイタリック体だが小文字で「種」を続けて書く。記載例：*Homo sapiens*　新人（ホモ・サピエンス）。(CBD; MW)

Scoping　スコーピング

環境アセスメントが、関係のない要素は省いて、プロジェクトにかかわる重要な環境問題に確実に着目しようとする手続き。(EEA)

Sea level rise　海面上昇

平均海水面の上昇。(USEPA)

Sea level rise, eustatic　地域規模の海面上昇

世界の海洋の容積変化によりもたらされる地球の平均海面の変化。(UNFCCC)

Sea level rise, relative　相対的な海面上昇

周辺の陸地移動や平均満潮位に対して相対的な海面の純上昇値。(UNFCCC)

Second Assessment Report (SAR)　第二次評価報告書

『気候変動1995』の題でも知られる、気候変動に関する政府間パネル（IPCC）の第二次報告書。およそ2000人の科学者が執筆・検討。「証拠を比較検討した結果、識別可能な人為的影響が地球全体の気候に現れていることが示唆される」と結論づけた。「後悔しない」選択肢や、その他気候変動に対する費用対効果の高い戦略が存在することを確認した。(UNFCCC)

Second super power
第二のスーパーパワー
国際世論（マスコミ、大規模デモ、政治的圧力などを通じて表現される）の力を表現した言葉。しばしば世界唯一の「スーパーパワー（超大国)」といわれる米国の決定と行動に、影響を与えることができる。(IPS)

Secondary forest　二次林
なんらかの重大な障害（伐採、大規模火災、虫害など）が起こったあとに成長した自然林。

Secondary sewage treatment
下水の二次処理
下水の一次処理に加え、汚水中の生分解性物質について生化学的な酸化処理を行うこと。

Secretariat　事務局
多国間環境協定（MEA）の組織。協定の実施を調整する日々の活動や、年次締約国会議や補助機関の定期会合の準備を行う。

Secretary General　事務局長
組織の最高運営責任者。(MW)

Sector　部門、セクター
社会学的・経済学的・政治学的な社会区分。経済学的には第一次産業、第二次産業、第三次産業がある。社会学的・政治学的には、利益の保護と普及を行う人間活動（あるいは利益集団）のあらゆる区分を指す。

Sector loan
セクター融資、セクターローン
世界銀行、国際通貨基金（IMF)、地域開発銀行が、特定の生産活動に対して実施する融資。ときとして、その分野における調整や政策が必要な場合もある。対象となるのは農業、漁業、林業、医療、教育といった部門。(WB) **'Structural adjustment loans'** を参照。

Sectoral　部門別の、セクター別の
部門（セクター）に関係する、の意。

Secular pope　俗世の法王
国連事務総長を指す。通常カトリック枢機卿会の意思には従わねばならないローマ・カトリック法王のように、国連事務総長も国際社会への働きかけを行うことはできるものの加盟国の意思に従わねばならない。また、加盟国には経済力や軍事力というハードパワーがあるのに対し、国連事務総長が有しているのは主として議論や説得というソフトパワーである。

Security Council　安全保障理事会
'United Nations Security Council' を参照。

Sedimentation　堆積
堆積物の浮遊、移動、沈殿を意味する一般的な言葉。(EES)

Selected harvesting/thinning　択伐
特定の選ばれた樹木（樹種、樹齢、健康状態、市場の需要等）を林分から取り除く森林管理技術。(USEPA)

Self-contained convention
自己完結型条約
附属文書や附属書を用いて機能する協定。附属文書や附属書は締約国会議で定期的に改定されることもあるが、別の議定書は必要としない。(CITES)

Senior Statesman　長老政治家
通常、政府や国際機関で定期的に特定の任務を担当する、引退した高官を指す非公式な「称号」。(WP)

Seoul Millennium Declaration
ソウル・ミレニアム宣言
1999年にソウルで開催された、「ミレニアム」NGO国際会議での宣言。同会議には少なくとも107カ国からおよそ1400のNGOを代表する1万人以上が参加。宣言は、環境、

S

男女平等、社会・経済開発、万人のための教育、人権などの重要課題について述べている。(CONGO)

Sequestration　炭素隔離
大気中の二酸化炭素を除去すること。生物学的方法（植物や樹木など）と、二酸化炭素を地下貯留する地質学的方法がある。(PEW)

Seventh floor　7階
米国の用語で、米国国務省の最上階と最上級職員（国務長官と上級補佐官）のオフィスがある階。(USDOS)

Sewage treatment　下水処理
下水を、水域に再び流入する前に浄化するよう設計された、多段階プロセス。(EES)

Shadow pricing　影の価格
市場の失敗（外部性）や市場のゆがみのために、市場価格がつけられていない（あるいは、市場価格がその真の経済的価値を反映していない）商品やサービスに価値をつけるために、ときに用いられる技術。

Shallow ecology　シャローエコロジー
「表面的な環境活動家」や「机上の空論を振りかざす科学者」に対する批判的な言葉。「環境にやさしく」知識が豊富だと主張はするものの、科学的基盤が弱く、問題取り組みへの責任感が欠如しているために容易に妥協し、結局のところ根本的な変化をもたらすことがほとんどない。(McG-H) **'Deep ecology'** **'Social ecology'** を参照。

Sherpas　シェルパ
G8の裏方として働く公務員につけられた、いくぶん不適切な名称。首脳が集まる公式会議に必要な、無数ともいえる背景資料や最終文書の準備や修正といういわゆる「重労働」に携わる人たちを指す。

Shifting cultivation　移動耕作
周期的に一次林、二次林の森林被覆を伐採し、開墾された土地で穀物を栽培し、その後再び森林を被覆させるプロセス。焼き畑農業や自給自足農業などさまざまな名称で呼ばれる。(EES; FAO)

Shuttle diplomacy　シャトル外交
直接の対話はないものの、それでも交渉を行いたい2当事者間で、仲介者あるいは調停者として第三者を活用すること。その第三者は、両主要当事者間を頻繁に行き来する（それが「シャトル〈往復〉」の由来）。(WP)

Sick building syndrome
シックハウス症候群
感染症が長引くような、人間の健康状態。換気不足のため、建物内で汚染物質にさらされることで生じる。(NRDC)

Side event　サイドイベント
国連では通常、昼食時間もしくは通常の会合時間のあとに開催される、誰でも参加できる発表を指す。内容は、政府間会合で交渉中の問題に関連したもの。

Signatory　調印者
通常、ある協定や条約に調印した国家を指す。(UNT)

Signature　調印
通常は、国家がある条約、特に二国間条約によって拘束されることに合意することを意味する。しかし多国間条約の場合は通例、発効する前に批准か受諾か承認を行う必要があるため、調印は最終的なものではない。(VC)

Signature *ad referendum*　暫定署名
国家の代表者によって調印された合意であるかもしれないが、その合意に拘束力が生じるのは、責任ある組織によって承認されたときのみであるということ。(VC)

Silviculture　造林
木材生産のための森林管理。

Simple majority　単純過半数
出席中の代表者および公式代理人の50%

に１票を足した数。

Simultaneous translation/interpretation　同時通訳
話し言葉に関するもの。(MW)

***Sine qua non*　シネクアノン、必須条件**
なくてはならないもの。不可欠の条件。前提条件。(BLD)

Sink　吸収源
大気中の温室効果ガス、エアロゾル、温室効果ガスの前駆物質を取り除くあらゆるプロセス、活動、メカニズム。(UNFCCC)

Six, The　6カ国
'G6 (new)' を参照。

Sixth floor　6階
米国国務省の建物の中で、地域担当国務次官補のオフィスがある階。(USDOS)

Slash-burn agriculture　焼き畑農業
'Shifting cultivation' を参照。

Small Grants Programme (SGP)
小規模グラント・プログラム
国連開発計画（UNDP）の運営するプログラム。草の根組織と非政府組織（NGO）に最高5万ドルの助成金を交付し、地球環境問題に対処する地域に根差した戦略と技術を実践するもの。(GEF)

Smog　スモッグ
すすや灰、さらに硫黄酸化物や二酸化炭素などの気体状の汚染物質を大量に含む、退色した濃い放射霧。(NRDC)

Social analysis/appraisal
社会分析／評価
貧困、集団の脆弱性、土地保有、社会的疎外に関するデータや情報を得るために行う社会構造や関係性（親族関係、年齢、性、世帯、民族、権力）の調査。

Social and gender analysis
社会・ジェンダー分析
次のようなことを把握するための分析手法。地域社会が均一ではないこと。世帯や集団がサービスに対して支払いを行ったり権利を要求したりする能力には差異があること。利害関係者による資源の入手や利用の仕方は異なること。発言力が弱いためにある集団や個人がサービスを受けられないことが頻繁に起こること。女性と男性のニーズは異なること。最も影響を受けることが多い貧困層の思春期の少女たちは、意見を求められることがほとんどないこと。(WDM)

Social business　社会的事業
グラミン銀行の原則に沿った新しい企業形態。利益最大化を求めるのでもなければ、非営利でもない。援助の形態をとらずに、貧しい人々が保健医療、情報技術、教育、エネルギーを手にできるようにする。

Social capital
社会関係資本、ソーシャル・キャピタル
互いにとって益となるよう調整や協力を促す社会組織の諸特徴。たとえばネットワークやさまざまな価値（寛容性、包括性、互恵性、参加、信頼など）のこと。主体間の関係の中に内在する。(UNDP)

Social cost　社会的費用
任意の経済活動の社会にとっての費用。(MW)

Social ecology　社会生態学
ロシアの地理学者、ピョートル・クロポトキンの共産主義的無政府主義を基にした社会主義的／人間主義的哲学。ディープエコロジーと多くの共通点があるが、それより人間主義の色が濃い。(McG-H) **'Deep ecology' 'Shallow ecology' 'Social justice' 'Agrarian social justice'** を参照。

Social entrepreneurship
社会起業家精神
社会変革を起こすベンチャー事業を運営、

S

管理するための起業家理念の側面を含む、複雑で議論が多い言葉。ビジネス起業家は通常、業績を収益率／損失率で測ることが多いが、社会起業家は、社会にもたらした転換の便益に関連したそれ以外の成功の指標を用い、さまざまな開発マトリックスによって測定する。(Martin and Osberg, 2007; WP) **'Social justice' 'Agrarian social justice' 'Social ecology'** を参照。

Social issues　社会問題
次のような状況が原因となって起こるさまざまな問題。たとえば、土地やその他の資源の利用における格差、ある資源の需要面での対立（保全するか、従来の利用者の経済発展に利用するか）、女性の社会的疎外、宗教的・民族的な緊張関係、民営化や改革プログラムによる勝者と敗者、ある社会集団の構造的排除、貧弱なガバナンスと社会への悪影響など。(WB)

Social justice　社会正義
資源の平等な利用とそれがもたらす便益を支持する哲学。不可分の権利を認識し、公正で誠実、高潔であることにこだわるシステム。(McG-H) **'Social ecology' 'Environmental justice' 'Social entrepreneurship'** を参照。

Soft law　ソフト・ロー
法的拘束力を持たない合意。政府が調印したとしても、ハード・ローの法律文書に比べて、厳密ではなく、拘束力も委任力も弱い。また、ハード・ローよりも達成しやすく、不確実性に対処する戦略を与える。さらに、国家主権の侵害が少なく、異なる主体間の歩み寄りを促す。(Abbott and Snidal, 2000) **'International environmental law'** を参照

Solar energy　太陽エネルギー
太陽光を有効なエネルギーに転換して生まれるエネルギー。通常、建物改修時のアクティブシステムおよびパッシブシステムの採用、太陽集熱器、太陽光発電という3つのカテゴリーに分類される。(EES)

Solar water disinfection system (SODIS)　太陽光水殺菌システム
標準的な透明のペットボトルを使って簡単に水を浄化する方法。中に水を満たし、6時間自然光に当てる。

Solid waste　固形廃棄物
工業、商業、鉱業、農業の工程や家庭から廃棄される、固形または半固形の物質。生ごみ、建築廃材、商業廃棄物、浄水場・下水処理場・大気汚染防止施設から出る汚泥、その他の廃棄物など。(MW)

Source　発生源、排出源
温室効果ガス、エアロゾル、温室効果ガスの前駆体を大気中に放出させる過程あるいは活動。(UNFCCC)

Source Principle　発生源での対応原則
環境破壊の防止は、「エンド・オブ・パイプ技術」によるのではなく、なるべく発生源で行うべきであるという原則。また、特に水と大気の汚染に関しては、環境基準よりも排出基準を優先させることを意味する。

South　南
中低所得国グループの別名。

South American Community of Nations (SACN)　南米共同体
南米大陸全体の自由貿易圏。メルコスール（南米南部共同市場）とアンデス共同体（CAN）という2つの自由貿易組織を結合。影響のそれほど大きくない製品については2015年までに、影響の大きい製品については2020年までに関税を撤廃する。南米12カ国の代表が2004年12月にペルーのクスコに集まり、クスコ宣言に署名して、正式にSACNが設立された。同宣言は、EUモデル、つまり共通の憲法、通貨、議会、パスポートを有する組織を目指すことを示唆する。2006年半ばに、ベネズエラがCANを脱退すると表明した。その理由は、CAN加盟国のうち2カ国が米国と貿易協定を締結し、SACNの根源を脅かしたからというものだっ

た。(SACN) **'Andean Community of Nations'** を参照。

South American consensus on biofuels 南米バイオ燃料協定

2007年にベネズエラ主導で南米の11カ国が締結した協定。石油や食糧生産を維持しながら、ハイブリッド燃料の開発に向け統一的な政策を推進することを目指す。合意に至った理由は、石油を減産しながらエタノールを大幅に増産するというモデルに依存すれば、農耕地が減少し、大陸全土で飢餓が深刻化するという考えが背景にあったため。さらに、ハイブリッド燃料の支持者は、エタノールへの依存度があまりに大きいと、広大な土地で森林伐採が進み、それに関連して数多くの環境問題が引き起こされると主張する。(UNW) **'Biofuel (social and environmental) backlash'** を参照。

South Centre　サウス・センター

開発途上国の政府間組織。1995年7月31日に設立され、現在46カ国が加盟。南側諸国の諸組織や個人と協力して、定められた任務を実行できるようなネットワークを形成していることが強み。任務は、南側諸国とその人々の間の団結、自覚、相互理解を推進すること、南南協力・行動を推進し、南南ネットワーキングと情報交換を進めること、南南問題や南北問題、世界的な問題を扱う国際フォーラムに途上国を参加させること。世界の経済、政治、戦略問題に関して南側諸国間で意見と取り組みを一致させるとともに、万人の公平と公正に基づいて南北間の相互理解と協力を深めている。

South-North　南北

「南」側の国から「北」側の国への技術共有・移転あるいは協力を指す用語。

South Pacific Regional Environment Programme (SPREP) 南太平洋地域環境計画

太平洋地域の主要な環境組織。米国、オーストラリア、ニュージーランド、フランスを含む26カ国が参加し、本部はサモアのアピアにある。責務は、南太平洋地域の協力を推進することと、環境を保全・改善し、現在世代と将来世代のための持続可能な発展を確実にするための支援を行うこと。

South-South　南南

中低所得の開発途上国間での協力と技術共有を指す用語。(UNT)

Sovereignty　主権

この難しい概念は、感情、理性両方の要素を有しており、受け止め方の問題であることが多い。主権は、国家が武力使用を独占し、領域内の諸問題に対して最終的な権威として存在することと関係がある。国際企業や多国籍組織、さらに宗教や民族や文化などの国境を超えた勢力の台頭にともない、国家主権は縮小している。

Special account　特別会計

国際機関において、さまざまな加盟国あるいはそれ以外の筋から任意で拠出される特別予算（通常予算／分担金／割当額以外）。協定や法に従い、具体的な目的やプログラムの実施に使用するために、その機関が使途指定金として保管する。一般に、本部がこれらの基金を運営するのに必要な間接管理費を少額計上する。多くの場合、支出されなかった基金はそれ以降の会計年度に繰り越され、資金供与側に返還されることはない。(UN) **'Trust funds'** を参照。

Species　種

自然な状態で存在する類似の生物集団。その集団内でのみ交配が行える。それ以外の動植物と区別するため、独自の学名が与えられている。(MW; McG-H) **'Genus' 'Scientific name' 'Scientific classification'** を参照。

Species recovery plan　種回復計画

絶滅の恐れがある、あるいは絶滅が危惧される動植物種を、保護、生息地管理、飼育下繁殖（動物）、病害対策といった集団の健康状態や生命力を高める手法を使って再生する計画。**'Restoration'** を参照。

Specific funds　特別基金

特定の目的のために寄付された資金。ただし、その組織の全体的な責務の範囲内にあり、普通は通常予算に追加するもの。

Sphere concept/project
スフィア概念／プロジェクト

1997年に人道援助活動を行う複数の非政府組織（NGO）と赤十字社、赤新月社が協力して開始したプロジェクト。「人道憲章」の適用と、憲章の核となる次の2つの信念に基づく。第一の信念は、災難と紛争から生じる人間の苦しみを軽減するために、可能なすべての措置がとられるべきであること。第二に、災害に遭った人々も、尊厳ある生活を送る権利を持っており、それゆえ支援を受ける権利があること。

Spoils　残土

もともとあった場所から取り除かれた土や岩。露天採鉱や浚渫など、その土地の土壌の構造や組成を変えることになる。(USEPA)

Square brackets [ ]　角括弧

条約の交渉中に使われる記号。その条文が、まだ議論中であり、合意に至っていないことを示す。たとえば、「それは、しばらく角括弧に入れておいて、またあとで見直そう」というようにいう。フィオナ・マッコーネルは、1996年に出版した『生物多様性条約　交渉の歴史』の中で、角括弧の使用には6つの理論的解釈があると述べる。

- 「代替案括弧」は、同じ問題について別の文章を記載するもので、実質的な意見の不一致が見られる箇所を中心に議論が展開する可能性はあるが、同じ問題には同じ文言が使われがちである。
- 「論争括弧」は、特定の条文に根本的な不一致があるときに用いられる。
- 「疑問括弧」は、ある条項や文言について、ひとつのグループが、ほかのグループが何か下心を持っていると思った場合、それが解消されるまで用いられる。
- 「戦略的・取引括弧」は、ある国が、他の条項や他の部分にある括弧と取り引きできるように、括弧に入れたもの。
- 「不明括弧」は、条文案が何を意味するのか、またはそもそもなぜそこに括弧が付けられているのかについて、誰も確信が持てない場合に使われる。
- 「待機括弧」は、どうすべきかについて、政府代表団が首都からの指示を待っている間、使われる括弧。
- 「疲労括弧」は通常、交渉が早朝まで続いたときや、疲れすぎて交渉が効果的にはかどらないときに使われる。

SRES scenarios　SRESシナリオ

21世紀中に見られうるさまざまな温室効果ガス排出経路と、それによって地球の気候変動にどのような影響があるかを調べるために、気候変動に関する政府間パネル（IPCC）が「排出シナリオに関する特別報告書(SRES)」の中で開発した一連の温室効果ガス排出シナリオ。(PEW)

Stability　安定性

時間がたっても変わらないこと。静的状態（変化がない）の場合と、定常状態（資源の流れは生じる）の場合がありうる。(CSG)

Stage (water)　水位

設けられた基準点から上の水面の高さ。

Stakeholder
ステークホルダー、利害関係者

あるセクターやシステム、あるいはプロジェクト、プログラム、政策イニシアティブの結果に、なんらかの利害関係を持つ組織、機関、集団。(EEA)

Stakeholder analysis
ステークホルダー分析、利害関係者分析

ある取り組みに関心を持つがほかの集団や個人が寄せる関心とはある意味異なる場合がある集団や個人を特定するための系統的な取り組み。大局観、役割、見解、ニーズ、関係性、権力や情報へのアクセスなどを分析する。

Standards of Conduct for International Civil Service
国際公務員の行動規範

国連とその専門機関は従来、世界の人々の最も高潔な願いを体現するものである。これらの組織は、将来の世代を戦争の惨禍から守り、あらゆる男性、女性、子どもが尊厳と自由を持って生活できるようにすることをその目的としている。国連国際人事委員会は、整合性、公平性、独立裁量、平和の理念への邁進、基本的権利の尊重、経済的・社会的進展、国際協力などを支援・推進する方針を策定することにより、このような理想を実現する責任を有している。(UN; UNESCO, 2007b)

State (1) 国家(1)

決められた領域内で、共通利益の名の下に、社会的・政治的な組織と管理に明確な関心を持つ政治組織群。(UNDP)

State (2) 国家(2)

決められた境界を有し、市民政府の基盤となる領域内で、独立した政府の下、政治的に組織化された人々が代表する権力あるいは権威。(MW) **'Country' 'Nation' 'Territory'** を参照。

State of the World Forum (SWF)
世界フォーラム

1995年に結成された非営利組織。「ますます地球規模で相互依存を深める文明が形成されていく中、人類を賢明に導くために必要な原則、価値観、行動を認識し、実践することに尽力しようというリーダー、市民、組織の世界ネットワークを作る」ことが狙い。(SWF)

Statement of Forest Principles (United Nations Conference on Environment and Development <UNCED>)
森林原則声明(国連環境開発会議)

「すべての種類の森林の経営、保全および持続可能な開発に関する世界的合意のための法的拘束力のない権威ある原則声明」。1992年の国連環境開発会議で合意。持続可能な森林経営に関する問題に対処するもの。森林に関する初めての世界的な合意。木材やその他の森の生物を頼りに経済発展を進めたい人々とともに、環境面・文化面での理由から森林を保護したい人々に対応しようと試みている。この原則を基礎として、法的拘束力のある合意に向け、さらなる交渉の展開が望まれる。

Stewardship スチュワードシップ

人間は自然を管理し、改善するという独特な責任を有しているという考え方。(MW)

Stockholm Convention
ストックホルム条約

残留性有機汚染物質に関するストックホルム条約(POPs条約)。法的拘束力のある国際文書(2001年に署名期間を開始)。次の3区分に分類される12種類の残留性有機汚染物質(POPs)について国際行動を実施するもの。(1)殺虫剤：アルドリン、クロルデン、DDT、ディルドリン、エンドリン、ヘプタクロル、マイレックス、トキサフェン、(2)工業用化学物質：ヘキサクロロベンゼン(HCB)、ポリ塩化ビフェニル(PCB)、(3)非意図的生成物：ダイオキシンとフラン。50カ国の締結により発効。

Stockholm Declaration on the Human Environment
人間環境宣言、ストックホルム宣言

1972年6月5～16日にストックホルムで開催された、第1回国連人間環境会議で採択された宣言。人間環境の保全と向上に関して世界の人々を励まし、導くため共通の見解と原則を定める。付録2を参照。

Stormwater treatment area 遊水池

暴風雨によって流出した雨水から汚染物質、特に栄養分を自然のプロセスによって取り除くよう設計された広大な人工湿地。

Straddling stock
ストラドリング・ストック

2カ国以上の排他的経済水域間で、またはそれらと接続する公海まで含めて回遊する生物個体群。(BCHM)

Strange attractors
ストレンジ・アトラクタ
振る舞いや相互作用が起こりやすい領域。

Strategic Ambiguity, concept of
戦略的曖昧性の概念
ある国が、特定のインフラや政策の存在について、承認も否定もしないと決定したことを指す言葉。2004年に、核施設、核兵器の保有・非保有、核兵器製造能力、核兵器原料あるいは製造技術の所有に関連して、特定の国々が使い始めた。(UNIAEA)

Strategic environmental assessment (SEA)　戦略的環境アセスメント
環境影響評価（EIA）に似た手法だが、通常は政策、計画、プログラム、プロジェクト群に対して適用される。2タイプあり、「部門環境アセスメント」は一部門において多くの新しいプロジェクトが実施される場合、「地域環境アセスメント」は一地域内での開発の場合に適用される。(EEA)

Strategic lawsuit against public participation (SLAPP)
戦略的対市民活動訴訟
公益のために活動する一般市民、非政府組織（NGO）、官庁、その他の団体を、実益はほとんどなくてもただ単におじけづかせ、困らせるためだけに、既存の法律や政策に基づいて起こす訴訟。(McG-H)。

Strategic metals and minerals, stockpiles of　戦略的金属・鉱物の備蓄
ある国では元来保有されていないか、あるいは製造できないものの、科学や工業の発展、または国の開発や防衛目的のために不可欠な物質の備蓄。

Strategy　戦略
目標を達成するための性質と方向性を決める選択を導く枠組み。

Stratosphere　成層圏
大気の上層部。地表からおよそ11～50キロメートル上空。(NRDC)

Straw vote　非公式世論調査
選挙がどのような結果になるかを予測するための非公式投票。

Strip mining　露天採鉱
目的の鉱物を覆っている土地と植生を巨大機械によってはぎ取る採鉱技術。通常、その土地は永久的に改変され、その後の使用は限定される。(NRDC)

Structural adjustment loans
構造調整融資
世界銀行、国際通貨基金（IMF）、地域開発銀行から途上国に対して行われる大規模融資。非援助国に対して、財政・予算面で厳しい義務を課したり、民間投資の受け入れや世界経済での競争力強化に必要な政治改革を求める場合がある。改革が通常目指すのは、貿易ルールの自由化、国有資産の民営化、政府支出の削減である。(WB)

Sub-Saharan　サハラ以南の、サブサハラ
サハラ砂漠の南側の地域の。サハラ砂漠の南側の地域に関する。サハラ砂漠の南側の地域に位置する。(UN)

Subsidiarity, principle of
補完性原則
国民に最も対応しやすいレベルの当局が意思決定を行うという政府の階層的形態。(UNCHS)　問題の性質によっては、実際の行動が異なる階層で起こるであろうことを認識する原則。その実効性に合致した最も下位レベルの管轄当局に優先順位を置く。(IISD)

Subsidiary Body for Implementation (SBI)　実施に関する補助機関
条約の効果的な実施の評価や振り返りに際して、締約国会議（COP）を補助する機関。(UNFCCC)

Subsidiary Body on Scientific, Technical and Technological Advice (SBSTTA) 科学上および技術上の助言に関する補助機関

条約の対象となる状況の評価や、条約の規定に従って締約国がとった手段について、定期的に締約国会議（COP）に報告する機関。締約国からの質問にも答える。(CBD; UNFCCC)

Subsidy　補助金

財の生産や流通（輸出を含む）のために政府によって与えられる直接・間接の給付金。

Subsistence agriculture　自給自足農業

'Shifting cultivation' を参照。

Succession　遷移

ある場所で時間の経過とともに起こる種構成の変化。おおよそ予測可能。(EES)

***Sui generis*　スイゲネリス、独自の**

「独特の」「特有の」「特別な」を意味するラテン語。

Summit of the Americas Process 米州首脳会議プロセス

一連の公式な米州首脳会議（米国・マイアミ〈1994年12月〉、チリ・サンチアゴ〈1998年4月〉、カナダ・ケベックシティー〈2002年4月〉、アルゼンチン・マルデルプラタ〈2005年11月〉）と、3回の米州特別首脳会議（各回のテーマは、第1回が「持続可能な開発」〈ボリビア・サンタクルス、1996年12月〉、第2回が「半球の協力」〈メキシコ・モンテレー、2004年1月〉、第3回が「地球サミットとミレニアム開発目標〈MDG〉のフォローアップを行う"ボリビア＋10"」〈ボリビア・サンタクルス、2006年12月〉）。次回は、2008年後半か2009年前半にトリニダードトバゴ共和国で開催予定。米州首脳会議（米州サミット）は、貿易、教育、環境保全など幅広い問題において、アメリカ大陸間の協力に向けて政策、宣言、行動計画を策定する第一歩となっている。(OAS, 2001; UNCED)

Sunk-cost effect, concept of　サンク・コスト効果の概念、埋没費用効果の概念

すでに多額を投資してきた政策や行動方針を放棄したくないことを示唆する心理学用語。(Diamond, 2005) ***'Tragedy of the Commons'*** **'Logic of collective action, concept of'** を参照。

Sunset clause　日没条項

議案、協定、特別委員会の創設・指定、法律などの最後に付加される記述。特定日を過ぎればそれらは「日没」状態、つまり無効、廃止になる。

Superfund　スーパーファンド

正式名称は「包括的環境対処・補償・責任法（CERCIA)」。1980年12月11日に米国議会で制定。資金源は化学原料や原油の特別税。責任当事者が必要な対策にかかる資金を支払えない場合、米国環境保護庁（USEPA）がスーパーファンド（信託基金）の資金を利用して、米国内で野放し状態で放置された有害・有毒廃棄物処理場（スーパーファンド用地）を特定、調査、浄化する。(NRDC; USEPA)

Supplementarity, principle of 補完性の原則

京都議定書の締約国かどうかにかかわらず、各国は温室効果ガスの緩和費用を抑えるために排出量取引のような柔軟性メカニズムを活用する一方で、長期的な温室効果ガス削減目標を達成するために、エネルギー関連など十分な国内政策の立案も行うことを指す。

Sustainability　持続可能性

経済的・社会的・環境的概念。社会とその構成員がニーズを満たし、現在の自らの潜在力を最大限発揮できるような、文明と人間活動を生み出す手段となるもの。と同時に、生物多様性と自然生態系を保全し、そうした理想を永遠に維持する能力を求めて計画・行動する。持続可能性は、近隣地域から地球全体に至るまで、あらゆる階層の組織に影響を与える。第1部「論考」を参照。

Sustainability assessment measures
持続可能性評価手法

国内総生産（GDP）など成長を測る従来のものさしは、所得を示す一方で所得分配は示さず、持続可能な活動とそうでない活動を区別しないことから、人間の福祉および生態系の繁栄を測る手法としては不適切だと批判されてきた。たとえば、犯罪、森林火災、病気、自然災害などは、対応に際して金銭の取り引きが行われるので、GDPを増加させる。それゆえ、人間と生態系の健康における「進歩」とは何から構成されるのか、という視点を示しながら、持続可能な発展の文脈の中でたくさんの評価手法が開発されている。たとえば、寿命、教育、1人当たりGDPなどを測る「人間開発指数」<www.undp.org.hdr>、環境システム、環境ストレスの低減、人間の脆弱性の改善、地球の管理などを測る「環境持続可能性指数」<www.ciesin.org/indicators/ESI>、さまざまな生態系の動物種の健全性を測る「生きている地球指数」<www.panda.org/livingplanet>、生産力に対するさまざまな影響を報告する「エコロジカル・フットプリント」<www.panda.org/livingplanet>、自然、経済、社会のいくつかの指標に基づいて人間の福利を検証する「持続可能性羅針盤」<www. iisd.org>、環境、経済、社会の分野で活動している組織を評価する「サステナビリティ・ダッシュボード」<www.iisd.ca/ cgsdi/dashboard>、生態系と人間についてさまざまな指標を見る「福利評価／持続可能性バロメーター」<www.iucn.org/info_and_news/press/wonbank.doc>など。**'Commitment to Development Index'** を参照。

Sustainability Indicator
持続可能性指標

複雑な現象における変数、指針、指標。指標の変動は、生態系、資源、部門の諸要素の変化を浮き彫りにする。基準に対して指標がどのような値と傾向をとるかを見ると、システムの現状とダイナミクスがわかる。理想としては、複数指標の組み合わせが必要であり、これらの指標の値と経路がわかれば、関連する諸基準を示すシステム内で、持続可能性を簡潔に全体論的な観点から評価できる。システムの状態指標、システムへの負荷（またはストレス、牽引力）指標、対策指標（負荷の緩和、減少、除去あるいは補償）に分類できる。（EEA）**'Sustainability assessment measures'** を参照。

Sustainability, principle of
持続可能性の原則

自然資源利用の速さ・種類と、確立された生活様式を維持する能力との間の関係を示唆する原則。（RFF）

Sustainable community
持続可能なコミュニティ

健康な人と健全な生物多様性を育み、それらのつながりを促す。自然資本、社会関係資本、経済資本を保護、回復、増加させるような能力、制度、パートナーシップに対して、継続的に投資する。積極的に知識とノウハウを観察して普及させる。状況の変化に対応して、包括的で協働的な、利害関係者主導の計画と適応策を促進する。トリプル・ボトムライン（社会、経済、環境）の利益に結びつく地元の商品とサービスを選ぶ。一般市民が、自らの決定や行動が地方、地域、地球、次世代に及ぼす影響を内部化することを選ぶため、選択肢と機会が増える。（SNW）

Sustainable consumption
持続可能な消費

基本ニーズを満たし、より良い生活の質をもたらすサービスや製品を消費しながら、将来世代のニーズを脅かさないように、自然資源や有毒物質の使用量と、製品やサービスのライフサイクル全体で廃棄物や汚染物質の排出量を最小限に抑える。（CSD）

Sustainable development
持続可能な発展

持続可能な発展には、文字どおり何百もの定義がある。おそらく、最も有名な定義は、ブルントラント委員会報告書『地球の未来を守るために』に書かれたものだろう。ここでは、将来世代のニーズを満たす能力を損なうことなく、現在世代のニーズを満たす開発だと述べられている。この定義には、2つの重要な概念が含まれている。ひとつは「ニーズ」の概念、特に最優先すべき世界の貧困層の絶対不可欠なニーズである。もうひとつは、現在世代と将来世代のニーズを満たす環境の能力に対して、社会組織と技術の状態が課す「限界」の概念である。しかし、忘れてはならないのは、ブルントラント委員会が持続可能な発展という言葉を発明したのではないということである。そのずっと前から、国際自然保護連合（IUCN）などほかの組織がこの言葉を使っていたのである。ブルントラント委員会がこの表現を使用したのは、明らかに時間的概念としてであり、また最終報告書の作成に関して開かれた会合での理解に基づいてのことである。（UNCED）『地球の未来を守るために（原題：*Our Common Future*）』（World Commission on Environment and Development, 1987）の本文を参照。

Sustainable enterprise
持続可能な企業

財・サービスの生産と販売において、社会と自然の果たす役割やそれらに及ぼす影響を織り込まなければならないという考え方。持続可能な企業は、経済、社会、環境のトリプル・ボトムラインの利益を追求する。環境効率を高め、環境面での効果（すなわち、生産時の副産物がほかの生産過程に投入される「廃棄物ゼロ」）が出るように努力する。消費者が消費量を減らす手助けをしたり、消費者の真のニーズに対応したりすることにより、しっかりとした顧客基盤を確立し、市場シェアを拡大する。その企業に対して利害関係者や従業員の忠誠心を生む。（SNW）

Sustainable forest management
持続可能な森林管理

現在の人々と資源基盤にとって益となりながらも、将来世代の資源を危険にさらさない森林管理活動。（USFS）　森林の生物多様性、生産性、再生能力、生命活力を維持し、現在および将来において地方・国・地球レベルで森林が生態的・経済的・社会的機能を果たす能力を維持し、ほかの生態系を損なわないような方法および速度で、森林や森林地を保護し、利用すること。（UNFF）

Sustainable human development (SHD)
持続可能な人間開発

人間と、その現在のニーズ・希望を中心に考える開発のパラダイム。経済成長だけでなく利益の平等な分配を行う。環境を再生し、人々の権利を拡大する。また、なかなか機会を得られない貧困層に優先して対応し、選択肢と機会を拡大するとともに、生活に影響を及ぼすような意思決定に参加できるようにする。国連開発計画（UNDP）はその中心的な使命として、貧困根絶に向けた人間・組織の能力を構築し、生計の保護と雇用の創出、女性の社会進出と環境保護に力を入れている。時間の要素を重視する点で、人間開発の概念とは異なる。（UNDP）

Sustainable livelihood　持続可能な生計

能力と資産を維持向上させながら、負荷や衝撃に対応し、そのような状況から回復できること。

Sustainable use (of biodiversity)
（生物多様性の）持続可能な利用

生物の多様性の長期的な減少をもたらさない方法および速度で生物の多様性の構成要素を利用し、もって、現在および将来の世代の必要および願望を満たすように生物の多様性の可能性を維持すること。（CBD）

Sustained yield　持続的産出量

ある再生可能資源が、ある管理レベルで継続的に生産できるような産出量。

Swedish International Development Agency (SIDA)
スウェーデン国際開発庁

技術協力や対外援助を行うスウェーデンの主要機関。

Swidden agriculture　焼き畑農業

'Shifting cultivation' を参照。

Symbiosis　共生

互恵的な関係にある2つの生物の連携。(USEPA)

Symbols　記号

国連文書の中で一般的に使われる記号。**'Units of measurement'** を参照。

- ¢　セント
- €　ユーロ
- F　フランス・フラン（2002年にユーロへ移行）
- £　英国ポンド
- ESP　スペイン・ペセタ（2002年までにユーロに移行）
- US＄　米国ドル
- ¥　日本円
- b　10億
- g　ギガ（10億）
- ha　ヘクタール（2.47エーカー、1万平方メートル）
- ac　エーカー（4万3560平方フィート、0.4ヘクタール）
- k　キロ
- l　リットル
- m　メートル
- m^2　平方メートル
- m^3　立方メートル
- Mm^3　100万立方メートル
- Mm^3a^{-1}　100万立方メートル／年
- masl　海抜（メートル）
- M　メガ
- M　100万
- ppb　10億分の1
- ppm　100万分の1
- s　秒
- T　テラ
- t　トン
- <　小なり記号（～未満）
- >　大なり記号（～を超える）
- @　アットマーク（電子メールアドレスで）
- %　百分率（パーセント）
- ‰　千分率
- ±　プラスマイナス
- λ　経度
- β　緯度
- ≈　ほぼ同等
- ≥　以上
- ≤　以下
- ¶　段落
- [ ]　角括弧、議論中の文章
- ®　登録商標
- ™　商標
- ©　コピーライト（著作権）
- fte　常勤職員への換算

Synergy　相乗効果

2つ以上の関係者、システム、部分が結合して行動あるいは作動した結果。その際に生み出される結果は、それぞれが別個に行動した場合よりも大きい。

Synthesis Report　統合報告書

国連で、行動計画の枠組みにおいて共通のテーマに基づき開催されたさまざまな作業部会の報告書を統合したもの。たとえば、2007年に気候変動に関する政府間パネル（IPCC）は、気候変動問題の会合に関連して「第4次評価報告書・統合報告書」を発表したが、これはそれ以前に発表されていた「科学的根拠」「影響・適応・脆弱性」「緩和策」に関する3つの「作業部会報告書」の内容をまとめたものである。たとえばポスト京都議定書に関する交渉では、2007年9月に国連本部で開催された気候変動に関する特別会合や、2007年12月にバリで開催された気候変動交渉の現ラウンドでの山場となる会合でも、「第4次評価報告書・統合報告書」が主要な情報源として役立った。(IPCC)

Synthetic Biology　合成生物学

新たなゲノムや生体摸倣系を開発するために、多様な研究分野（酵素、遺伝回路、細胞生物学など）を統合しようとする生物学へのアプローチ。(WP; Nature)

Systemic　全身性

（動植物の）身体全体に影響を与える状態や作用。

Systemic insecticide/pesticide
浸透性殺虫剤／農薬
施薬された植物の樹液や根系に浸透し、その植物を食べる害虫を殺す殺虫剤あるいは農薬。（USEPA）

S

Tt

Table　上程する、棚上げする
この言葉を使う人によって、ある議題に関する議論を「始めさせる」ことを指す場合と、「やめさせる」ことを指す場合がある。議題に乗せること、あるいは（議会の動議として）無期限に審議から外すこと。

Tacit knowledge　暗黙知
人生において、人々が認識を通じて蓄積した経験や技能。（Nonaka and Takeuchi, 1995）

Taiga　タイガ
北方林の最北端。生物種が少ない森林と泥炭層を含む。北極ツンドラに徐々に移行する。（EES）

Tailings　鉱滓（こうさい）
'Spoils' を参照。

Tailor-made economies
オーダーメード経済
2006年の中頃に広く使われるようになった言葉。開発銀行が提唱する構造改革や部門改革政策パッケージなど「ビッグバン」といわれる制度変化とは違って、その地方に特化した小規模な経済改革戦略。重債務貧困国（HIPC）をはじめとする低所得国向けに、次の4項目の課題を提案。(1) 経済多様化のために積極的な貿易および生産部門政策を育むこと、(2) 貿易環境を改善すること、(3) 景気安定化のためのマクロ経済政策を実施する余地を大きく確保すること、(4) 公共支出の水準を維持すること。（UNW）**'Cyclical macro-economic policies' 'Ikea development'** を参照。

Take-back effect　取り戻し効果
'Offsetting effect' を参照。

Talk shop　おしゃべりの場
問題に対して決定的な行動を起こすよりも、むだに議論ばかりに時間を費やす組織。国連は、議論中の問題の緊急性が高まりいずれ行動を起こさなければならなくなることを国際社会が理解しているにもかかわらず、無限に見える議論と細かい点への介入を許しているために、しばしばこう揶揄される。**'Boiled-frog syndrome' 'Rwanda syndrome'** を参照。

Tallberg Forum　テルベリフォーラム
1980年に始まった世界的なリーダーが参加する国際フォーラム。変革のためのリーダーシップ、価値、制度改革に関する理解を高めることが目的。（WP）

Target groups
対象集団、ターゲットグループ
あるプロジェクトにおいて、利益を得られると思われる主要な利害関係者。性別の配慮や社会経済的特徴に基づいてニーズに対応するために、あるプロジェクトが影響を与えようとしている人々。

Tariff　料金
あるサービスに課される手数料。

Taxonomy　分類法
'Scientific classification' を参照。

Technocentrism　技術至上主義
新しい技術を生み出し続ければ人類の問題

を解決できるという考え。

Technological colonialism
技術植民地主義

途上国で利用されるソフトウェアやハードウェアの開発およびマーケティングにおいて、情報通信技術分野の大手企業が果たす役割とその戦略に由来する言葉。途上国は、(価格や利用しやすさ、特許保護、インターネットアクセスに関する技術仕様などの面から) 少数の大手多国籍企業が開発した情報通信技術の受け入れを強いられるとともに、先進国の設定する価格により社会的・経済的な負担を負わせられているといわれる。結局のところ、途上国は情報通信技術市場の実質的な競争から閉め出され、他国の企業に支配される。**'Digital divide'** を参照。

Technological optimists
技術楽観主義者

環境分野で、技術の必然的な進歩がわれわれの環境問題の多くを解決するというように、技術をかなり信じている人々。(McG-H)

Technology transfer (1)　技術移転 (1)

製品の製造、プロセスの適用、サービスの提供を可能にする知識や設備の移転。(BCHM)

Technology transfer (2)　技術移転 (2)

科学研究結果の実用化を進展させるプロセス。(WP)

Territorial sea　領海

国家の管轄下にあると見なされる沿岸水域。通常、主権国家の沿岸から測定され、その国の法律が適用される。国連海洋法条約によれば、通例沿岸から 12 海里 (22 キロ) に及ぶ。(WP)

Territory　領土

国、民族国家、国家の支配する領地と領海。

Terrorism　テロリズム

政治目的を実現するために、一般市民または民間施設を標的として、意図的に暴力をふるうこと、または脅威を与えること。(USDOS)
'Eco-terrorism' 'Monkeywrench-ing' を参照。

Tertiary sewage treatment
下水の三次処理

一次処理と二次処理に加え、さまざまな最終処理を行うこと。自然環境 (海洋、河川、湖沼、地下など) に排出する前に、基準を満たすように廃水の水質を向上させることが目的。

The Nature Conservancy (TNC)
ザ・ネイチャー・コンサーバンシー

世界最大級の自然保護団体 (非政府組織)。1951 年に米国で設立。使命は、土地や水域を保護することによって、地球上の生命の多様性を表す動植物や自然群集の保護を支援すること。本部は米国バージニア州アーリントン。

Third state　第三国

条約の非締約国。

Third World　第三世界

世界の中で最も開発が進んでいない地域。中南米、アフリカ、東アジアから南アジアの大部分。

Third World Academy of Sciences (TWAS)　第三世界科学アカデミー

主に南側諸国の著名な科学者 600 人以上で組織する団体。南側諸国の持続可能な開発に寄与するような、科学的な能力と才能を高めることが主目的。90 カ国以上において、有望な科学者に対して研究の進展に必要な設備を供与し、科学研究を支援する。(TWAS)

Third World Network of Scientific Organizations (TWNSO)
第三世界科学団体ネットワーク

南側諸国の科学・技術・高等教育省の閣僚、科学アカデミー、研究評議会など、154 の科学機関で構成される非政府連合組織。南側諸国が科学に基づいて経済発展を進めるために政治的・科学的リーダーシップの構築を支援

T

することと、科学技術分野における南南パートナーシップおよび南北間パートナーシップを通じて持続可能な開発を促すことが主目的。(TWNSO)

Third World Organization for Women in Science (TWOWS)
第三世界女性科学者組織

第三世界科学アカデミーの支援で1993年に設立された独立非政府組織。初めて開発途上国の優秀な女性科学者を団結させるために設けられた国際フォーラム。目的は持続可能な発展における女性科学者の役割を強化することと、科学技術分野での女性の存在およびリーダーシップを奨励すること。(TWOWS)

Thirty percent club　30%クラブ

1979年締結の長距離越境大気汚染条約の議定書に調印した国々。硫黄排出または越境移流の最低30%削減が求められる。(AM)

Threatened species (1)
絶滅の恐れのある種 (1)

遺伝子の多様性が少なく、繁殖力が低く、むらがあり予測不可能な資源に依存し、個体群密度が大きく変動し、人間の多く住む地域で厳しい生息環境にあるか絶滅の傾向にある生物種。(GBA)

Threatened species (2)
絶滅の恐れのある種 (2)

生物種の分類。近い将来、分布域のすべてまたは大部分において絶滅が危惧されるようになるもの。(IUCN)

Three pillars of sustainable development　持続可能な発展の3つの柱

持続可能な発展は、経済の持続可能性、社会の持続可能性、「生態学的な」もしくは「環境の」持続可能性という3つの構成要素に基づくという、広く認められている考え方。

Threshold issue　閾値(いきち)問題

政府間のプロセスや議論において、重要性が高く、ほかの問題を考慮する前に対応すべきとされる問題。この問題を解決すれば、そうでない場合に比べてより大きな進展が可能になる。たとえば2007年にパリで開催された気候変動に関する政府パネル(IPCC)の会合では、「どのような方法が最も低炭素投資を促すか」が、京都議定書の実施に関する議論の閾値問題として検討された。同様に、2007年半ばにドイツで開催されたG8サミットでは、拘束力のある二酸化炭素削減目標の問題が、京都議定書後の条約策定を進めるうえでの主要アジェンダの閾値問題として考慮された。(Milibrand, 2007)

Tied aid　ひも付き援助

供与または貸与される資金を、供与国またはほかの特定国からの財・サービスの購入に使用することが条件とされる援助。OECD-DACの供与国は、後発開発途上国に対してひもなし援助を供与すると約束している。(OECD)

Titanic climate syndrome
タイタニック気候症候群

貧しい国々が受ける、不釣り合いに大きな気候変動の悪影響を指す。沈没したタイタニック号が比喩的に使われるのは、下等席(この例では貧しい国々を指す)ほど海で命を落とした乗客の割合が大きく、より高価な席(先進国)ほど多くの乗客は助かったため。

Top-up funds　追加基金

事業を前進させるため、求められた基金に追加されたもの。

Top-up projects　追加事業

特定の目的を果たすために企画された事業とは異なるが必要な事業。

Tort law　不法行為法

被害補償を求める裁判。(MW)

Total allowable catch　漁獲可能量

1年間に各魚種資源を捕獲できる量。

Total dissolved solids (TDS)
総溶解固形分
一連の較正された標準フィルターを「通過」した、水中または汚水中の全物質の乾燥重量。(USEPA; WP)

Total maximum daily loads (TMDL)
1日当たり総合最大負荷量
ある水域が、水質基準を遵守しながら、点源および非点源の汚染源から受け入れられる特定の汚染物質の量。(UNEP; SFWMD)

Total suspended solids (TSS)
全浮遊物質
一連の較正された標準フィルターで「捕捉」された、汚水、排水、水中の浮遊物質の乾燥重量。(USEPA; WP)

Tour　在任期間
'Post/Posting' を参照。

***Tour D'Horizon*　トゥールドリゾン、一般概観会合**
関係者間に共通する最新の懸念について、その大半を扱う外交上の議論。(eD)

Toxic waste　有害廃棄物
適切に扱わなければ人間またはほかの生物の健康に深刻な被害を及ぼすような、ごみや不要な物。(WP)

Track 1 diplomacy　トラック1外交
政府対政府の会談または交渉。(eD)

Track 2 diplomacy　トラック2外交
市民社会から政府へ、あるいは政府から市民社会へ働きかけた会談または交渉。(eD)

Tradable emissions　取引可能な排出量
地球規模の温室効果ガスの排出を抑制するアプローチ。汚染者が関連部門での積極的な保全の取り組みと、排出による費用とを「取引」できるようにする。たとえば、発電所が炭素の排出と、森林の炭素吸収への支援とを「取引」するなど。(UNFCCC)

Tradable permits
取引可能な排出許可証
市場価値を持つ汚染排出割当量または特例許可量。(EES; UNEP) **'Carbon offset'** を参照。

Traditional resource rights (TRR)
伝統的資源権
知的財産権に似ているが、人権、土地所有権、信仰上の権利、文化財を含む、より広い「権利の束」を指す言葉。(BCHM)

TRAFFIC　トラフィック
野生生物の取り引きをモニターする団体。国際自然保護連合(IUCN)と世界自然保護基金(WWF)の自然保護事業。

Tragedy of the Commons
「共有地の悲劇」
ギャレット・ハーディン博士が1968年に記した論文。自然資源の収容力について探る。多くの状況において、各個人が自己利益を最大化すると、究極的には資源が破壊され、誰もが損をするようになることを、主に論じている。ある人にとって、物をもうひとつ手に入れることの効用は、(共有の)資源にさらに負荷がかかるという不利益を上回る。このことは、公園利用や汚染などで起こる。良心への働きかけでは解決しないだろう。資源を保持するためには、ある意味では自由を制約する必要がある。

Tranche (1)　トランシェ(1)
計画表、事業の構成要素、資金レベルを含む作業計画。(GEF)

Tranche (2)　トランシェ(2)
合意した計画表に基づき、事業の作業計画での中間目標や成果に結びつけて行われる資金の支出または支払い。(GEF)

Transboundary　越境の
地方間・地域間・国家間などあらゆるレベルにおいて、ひとつの管轄区、地域、国家を超えて広がる協力活動、システム、外部性を表す。国境を越えて行われる協力を指す一般的な言葉。

Transboundary diagnostic analysis (TDA)　越境診断分析

国際水域の悪化をもたらした主要な環境問題と、その根源になっている社会的・経済的原因を特定し評価する研究。さらに、地球環境ファシリティ（GEF）と国または参加者との間の優先行動や協調的な取り組みを定義づける仕組みでもある。研究を行うのは、自然科学者、社会科学者、経済学者、地域の利害関係者など。（GEF）

Transboundary Freshwater Dispute Database (TFDD)
越境淡水紛争データベース

淡水をめぐる紛争の予防と解決について、検索可能な世界最大のデータベース。オレゴン州立大学地球科学部が作成。交渉者にとって重要な情報源になりつつある。国際淡水協定アトラス、淡水に関する国際条約データベース、越境淡水空間データベース、国際淡水イベントデータベース、国際河川流域登録という5つの要素を含む。（TFDD）

Transboundary governance
越境ガバナンス

複数の管轄区の間で共有された自然資源を管理し、環境問題に対応するための、公式または非公式の枠組みを示す言葉。（OAS, 2001）

Transboundary pollution　越境汚染

ひとつの管轄区で生成されほかの管轄区に送られた、汚染された大気や水、その他の汚染廃棄物。（EEA）

Transboundary water　越境水

国境をまたいで、または国境に沿って共有される水域および水路。ある国から他国に流れる河川流域や、複数の国が共有する地下水資源、複数国に囲まれている海洋生態系など。（WDM）

Transformational displomacy
変革をともなう外交

米国国務省が2006年に「それぞれの国の国民のニーズに対応し、国際的な制度の中で責任ある行動をとることのできる、民主的な優れた統治国家を築き維持するために、世界中の多数の国々と協力すること」と定義。父権主義ではなくパートナーシップを基盤としている。人々のためにではなく、人々とともに行動することによって、外国の国民が自らの生活を改善し、自らの国家を築き、自らの将来を変革することを援助する。（USDOS）

Transition countries　市場経済移行国

旧ソビエト連邦の構成国（独立国家共同体）と旧ワルシャワ条約機構加盟国を合わせた24カ国。**'Emerging countries/economies'**を参照。

Transitional waters　移行域

河口付近の表流水で、沿岸水に近接しているため部分的に塩辛いが、主に淡水流に影響を受けている部分。（EES）

Translation　翻訳

書き言葉や話し言葉をほかの言語に置き換えること。

Trans-national Actor　超国家主体

'Non-state Actor' を参照。

Transparency　透明性

情報を共有し、利害関係者が不正を暴いたり自分たちの利益を守ったりするうえで重要そうな情報を収集できるようにする方針。透明性のあるシステムとは、公的な意思決定の手続きが明確で、利害関係者と当局者との間にコミュニケーション経路が開かれており、情報が広く入手できるようになっているもの。（UNDP）

Transparency International (TI)
トランスペアレンシー・インターナショナル

政府の汚職に対する闘いを率いる世界組織。

<ti@transparency.org> <http://www.transparency.org> **'Corruption Perception Index'** を参照。

Treaty　条約

国の間において文書の形式により締結され、国際法によって規律される国際的な合意（単一の文書によるものであるか関連する２つ以上の文書によるものであるかを問わず、また名称のいかんを問わない）。(VC)

Treaty of Basseterre　バステール条約

東カリブ諸国機構の設立条約。**'Organization of Eastern Caribbean States'** を参照。

Treaty of Nice　ニース条約

欧州連合（EU）の基盤となる２つの条約を修正するために、欧州理事会がフランスのニースで採択。欧州連合条約（通称「マーストリヒト条約」）はユーロとEUの制度構造を導入、ローマ条約は欧州経済共同体と欧州原子力共同体を設立したもの。ニース条約は2003年２月１日に発効。

Treaty on European Union
欧州連合条約

'European Union' を参照。

Tripartite Agreement　三者合意

地球環境ファシリティ（GEF）の設立と運営に関して、1991年10月28日に世界銀行・国連開発計画（UNDP）・国連環境計画（UNEP）の代表が正式に調印した合意。

Triple bottom-line (1)
トリプルボトムライン（1）

財務に限定した従来型の企業の報告書システムを、社会・環境・経済の要因を含めたものに拡大すること。(WP)

Triple bottom-line (2)
トリプルボトムライン（2）

自社活動の結果として生ずる危害を最小化し、経済・社会・環境の価値を創造するために、企業が取り組まなければならない価値・事項・プロセスのすべて。トリプルボトムラインとは、社会・経済・環境を表す。社会は経済に依存し、経済は地球の生態系に依存するため、最終的には地球生態系の健全性が要となる。(UNEP)

Trophic level(s)　栄養段階

食物連鎖の階層。一次生産者から捕食・被食の関係がひとつ生じるごとに、栄養段階が１段階上がる。捕食種は、消費される種よりも１段階かそれ以上高い栄養段階にある。(EES)

Tropical forest　熱帯雨林

自然および半自然の熱帯または亜熱帯森林生態系。北緯30度から南緯30度の範囲の熱帯および亜熱帯に見られ、乾燥地域と湿潤地域のどちらにも存在する。一次林および二次林、閉鎖林および開放林のいずれも含む。(EEA)

Trust funds　信託基金

国際機関において、通常単独の国から拠出を受け、協定または法に沿って特定の目的やプログラムを実施するように用途を指定され、信託されている（通常の分担金以外の）予算外勘定。国連機関では、信託基金の８～13%が管理間接費として使われ、支出されなかった基金は合意期間の終了後に拠出国に返還される。(UN) **'Special account'** を参照。

Trust Fund for the Convention on Biological Diversity
生物多様性条約信託基金

生物多様性条約締約国会議で設立された機関。事務局機能など条約運用のための資金を管理。規定の分担率に基づく締約国の拠出金のほか、締約国の追加的な拠出や、締約国以外の国家、政府機関、政府間組織、非政府組織（NGO）からの拠出によって調達される。

Tsunami　津波

近海または遠洋で、大規模な海底移動により発生する波。沖合での大地震、大規模な海底地滑り、海底火山島の噴火にともなう。(UNDP)

Tundra　ツンドラ
北極圏の万年雪氷と森林限界（北方タイガ）との間の地帯。地下に永久凍土が広がり、地衣類、コケ類、小低木、矮小木など、背の低い植生が生える。(EES)

Turbidity　濁度
水の透明度。(USEPA)

Turner Foundation　ターナー基金
'United Nations Foundation' を参照。

Turtle excluder device (TED)
カメ脱出装置
偶然捕まったアオウミガメが逃げられるように、エビ捕獲漁船の網を改良したもの。(NRDC)

Twinning arrangements　姉妹提携協定
異なる国で類似の責務を持つ組織の間で、知識の共有や技術移転を促す協定。

Type 1 Outcome　タイプ1の成果
会議の具体的な成果で、一般に条約を指す。

Type 2 Outcome　タイプ2の成果
会議の具体的な成果で、一般にパートナーシップを指す。

U u

U4 Resource Center　U4 資源センター
U4 ウトシュタイン汚職防止資源センター（The U4 Utstein Anti-Corruption Resource Centre）。ウトシュタイン・グループが設立したインターネット上の資料センター。国際開発を支援して汚職と闘うため、協力関係の強化を目指す。**'Utstein Group Partnership'** を参照。

***Ultra vires*　ウルトラ・ヴィーレス**
法を超えた行為。

Umbrella convention
傘条約、アンブレラ条約
目的を達成するためにほかの条約（主に地域条約）を傘下に擁することのできる独立した条約。（CMS）

Umbrella group　アンブレラグループ
気候変動枠組条約での投票行為のために形成された、類似の方針を持つ政府の集まり（日本、米国、アイスランド、カナダ、オーストラリア、ノルウェー、ニュージーランド、ロシア、ウクライナ）。

Unanimity　全会一致
全参加者の同意と合意が得られた決定。

Uncertainty　不確実性
確率論的な議論を形成するに足る科学的根拠がないという事実によって、「リスク」と区別される。

UN Dispatch　国連速報
国連に関連した解説を日々まとめたブログ（コメントを投稿できるウェブサイト）。<www.undispatch.com/>

UNESCO Category I Water Institute
UNESCO カテゴリーⅠの水機関
国連教育科学文化機関（UNESCO）の不可欠な一部であり、組織の特定のテーマまたは優先事項に対応する。**'UNESCO-IHE Institute for Water Education'** を参照。

UNESCO Category II Water Institutes
UNESCO カテゴリーⅡの水機関
国連教育科学文化機関（UNESCO）の水プログラムの4本柱のひとつ。UNESCOの下で運営され、UNESCOの国際水文学計画（IHP）の優先事項に沿った計画を有する、テーマ別の国立水センターを指す。水教育研究所（UNESCO-IHE、カテゴリーⅠ機関）、世界水アセスメント計画（WWAP）、UNESCOの地域水文学者、水分野のUNESCO講座とともに、「UNESCO水ファミリー」と呼ばれるテーマ別の地域ネットワークを形成。国連水関連機関調整委員会からの刺激や資金提供を受けたさまざまな計画に、情報を提供する。現在UNESCOカテゴリーⅡに含まれるセンターは次のとおり。

- International Research and Training Centre on Erosion and Sedimentation　国際浸食堆砂研究・研修センター（IRTCES、中国）
- Regional Humid Tropics Hydrology and Water Resources Centre for Southeast Asia and the Pacific　東南アジア・太平洋地域湿潤熱帯水文センター（HTC、マレーシア）
- Regional Center on Urban Water Management　都市水管理地域センター（RCUWM、

イラン）
- Regional Center for Training and Water Studies of Arid and Semi-Arid Zones　乾燥・半乾燥地域水研修・研究センター（RCTWS、エジプト）
- International Research and Training Center on Urban Drainage　国際都市排水研究・研修センター（IRTCUD、セルビア・モンテネグロ）
- International Center on Qanats and Historic Hydraulic Structures　カナートおよび歴史的水理構造物国際センター（ICQHHS、イラン）
- International Centre for Water Hazard and Risk Management　水災害・リスクマネジメント国際センター（ICHARM、日本）
- Water Centre for Arid and Semi-Arid Regions of Latin America and the Caribbean　ラテンアメリカ・カリブ海地域の乾燥・半乾燥地帯のための水センター（CAZALAC、チリ）
- IHP-HELP Centre for Water Law, Policy and Science　IHP-HELP水に関する法律・政策・科学センター（英国）
- European Regional Centre for Ecohydrology　ヨーロッパ地域生態水文センター（ポーランド）
- Regional Centre on Urban Water Management for Latin America and the Caribbean　ラテンアメリカ・カリブ海地域の都市水管理地域センター（CINARA、コロンビア）
- International Groundwater Resources Assessment Center　国際地下水資源評価センター（IGRAC、オランダ）
- Regional Center for Shared Aquifer Resources Management　帯水層資源の共有管理地域センター（リビア）
- Regional Center on Drought for Sub-Saharan Africa　サハラ以南アフリカ諸国干ばつ地域センター（ナミビア）
- Regional Center on Ecohydrology for S. E. Asia and the Pacific　東南アジア・太平洋地域生態水文センター（インドネシア）
- Regional Center for Water Management Research in Arid Zones　乾燥地帯の水管理研究地域センター（パキスタン）
- International Water Center for Food Security　食糧安全保障のための国際水センター（オーストラリア）
- International Hydroinformatics Center　国際水情報科学センター（ブラジルとパラグアイ）
- International Center for South-South Cooperation in Science, Technology and Innovation　科学・技術・イノベーションの国際南南協力センター（マレーシア）
- Sustainable Energy Development Center　持続可能エネルギー開発センター（ロシア連邦）
- International Research Center for Research on Karst　国際カルスト研究センター（中国）
- Institute on a Partnership for Environmental Development　環境開発パートナーシップ研究機関（IPED、イタリア）

UNESCO Centre University of Ulster
アルスター大学UNESCOセンター

大学内に設置された研究センター。地域・国家・国際レベルでの多元主義、人権、民主主義の教育に全力を注ぐ。

UNESCO-IHE Institute for Water Education　水教育研究所（UNESCO-IHE）

UNESCOの水プログラムの4本柱のひとつ。オランダのデルフトにあるカテゴリーI機関（UNESCOの不可欠の一部）。水科学、工学、政策に関する大学院教育を行う。目的は、専門家の教育訓練に寄与することと、開発途上国と市場経済移行国において水、環境、インフラの分野で活動する水部門の機関、知識センター、その他の機関の能力構築を行うこと。（UNESCO）

UNESCO-IHE Partnership for Water Education and Research (PoWER)
UNESCO-IHE水教育研究パートナーシップ

開発途上国のすべての地域に位置する独立した協力センター18カ所のネットワーク。統合的水資源管理と能力構築のあらゆる側面

において研究を遂行し、普及させることが目的。(UNESCO)

UNESCO-IHP International Hydrological Programme
国際水文学計画（UNESCO-IHP）

UNESCOの水プログラムの4本柱のひとつ。水資源に関して政府間で科学的な協力を行うプログラム。加盟国の水循環に関する知識を高め、水資源の管理と開発を向上させる能力を増す。環境保全を含む、水資源の合理的な管理手法の開発のため、科学技術的基盤を拡充することが目的。(UNESCO)

UNESCO 'Water Family'
UNESCO「水ファミリー」

UNESCO本部の水科学部、UNESCO-IHP(講座、ネットワーク、センター)、世界水アセスメント計画(WWAP)、UNESCO-IHEの非公式な連合。水関連問題で協力し、「『命のための水』国際行動の10年」の目標や国連ミレニアム開発目標の達成を目指す。(UNESCO)

UNESCO World Water Assessment Programme (WWAP)
UNESCO世界水アセスメント計画

UNESCOの水プログラムの4本柱のひとつ(ほかの3つは、IHP、UNESCOカテゴリーIIセンター、UNESCO-IHE)。世界の淡水に関する状況変化の評価に焦点をあわせている。主要成果物は、定期的に刊行される『世界水開発報告』(WWDR)。(UNESCO)

UNese　国連語

国連内部者が使う一連の業界用語や略語を指す俗語。部外者が完全に理解するのは非常に困難。

UN firewall, concept of
国連ファイアウォールの概念

'UN redline, concept of' を参照。

UNGASS (Earth Summit +5)
国連環境開発特別総会（リオ＋5）

1997年6月に開催された第19回国連特別総会。財政、気候変動、淡水管理、森林管理など、国連環境開発会議（UNCED）で十分には解決できなかった主要事項のレビューを行うことが目的。「アジェンダ21の一層の実施のための計画（A/RES/S-19/2）」を採択。UNCED以降の進展を評価し、実施状況を検証し、持続可能な発展に関する世界首脳会議（WSSD）に向けて1998～2002年の持続可能な発展委員会（CSD）の作業計画を立てた。

Unilateral/unilateralism
一方的、一国主義

「多国間主義」の対語。ひとつの当事者のみ（only one party）に好意または関心を持つ。

UN houses　UNハウス

ある国／地域のすべての常駐職員（および非常駐専門機関の代表者）を収容する共同の国連事務所。国連改革プロセスで打ち出された。**'United Nations Non-Resident Agency Status'** を参照。

UN One　ひとつの国連

2007年に試験的に始まった取り組み。国連改革プロセスの一環で、国連システム（事務局、専門機関、経済委員会など）が国・地域レベルにおいて、より効率的・効果的な形でミレニアム開発目標の責務を果たせるかどうかを試す。そのひとつが、各地で国連事務所を統合すること。つまり、国連常駐調整官（ひとりの指導者）の役割を強化して、ひとつの計画、ひとつの事務所、ひとつの予算枠組みの下、国連ファミリーの各構成員の異なる強みや比較優位を基盤に業務を行う。この新しい構造を試行する最初の8カ国（2007年）は、アルバニア、カーボベルデ、モザンビーク、パキスタン、ルワンダ、タンザニア、ウルグアイ、ベトナム。国の大きさ、所得レベル、国連活動の程度といった点で多岐にわたる国々が選ばれた。2010年までに「ひとつの国連」国を40カ国に増やし、2012年にはすべての国がこの改正された代表・業務遂行方式を採用することが目標。(UN; UNDP)

UN redline, concept of
国連レッドラインの概念
「ひとつの国連」および「国連改革プロセス」において、ある専門機関が、自らの主要な責務であり国連システム全体に対して指導力を発揮すべきと判断したテーマのまわりに線を引くこと。たとえば国連教育科学文化機関（UNESCO）は、教育および文化というテーマのまわりにレッドラインを描き、科学についてはそれよりも若干低めの指導能力を有する分野と考えている。（UNESCO; UN）**'UN Reform Process'** を参照。

UNspeak　ユーエヌスピーク
'UNese' を参照。

UN Watch　国連ウォッチ
国連憲章、その他の協定、国連総会決議などに基づく国連活動を監視するジュネーブの非政府組織（NGO）。（UN）

UN Water (Family)
国連水関連機関調整委員会
水に関するすべての側面についての活動を行う国連システム内の機関間構造。24 機関で構成。世界水アセスメント計画とその主たる成果物である『世界水アセスメント報告書』の舵取りを行う。また、世界水実施計画を通して、国連外部の団体と連携するマルチ・ステークホルダー・メカニズムを提供し、行動の場としての役割を果たす。国連機関運営理事会（CEB）は 2003 年、ハイレベル計画委員会（HLCP）の勧告を受け、2002 年の「持続可能な開発に関する世界首脳会議（WSSD）」における水関連の決定とミレニアム開発目標のフォローアップを行うため、国連システム全体にわたる新たな機関間メカニズムとして国連水関連機関調整委員会を承認した。

UNWire　国連ワイヤー
世界の主要なニュースや、それらが専門機関を含む国連システムにどのように影響し、影響されているかの概要を、毎日送信する。<un.wire@smartbrief.com>（UNW）

Unipolar world　一極世界
国際・政府間関係の用語。拒否権、軍事力、経済力、倫理的権威など多くの要因によって決まるひとつの大国が支配すること。**'Multipolar world'** を参照。

United Nations　国際連合、国連
1945 年 4 月 25 日から米国カリフォルニア州のサンフランシスコで「国際機構に関する連合国会議」が開催され、50 カ国の代表がダンバートン・オークス提案を議論し、修正。6 月 26 日に国連憲章が完成し、署名された。同年 10 月 24 日には憲章の批准国が必要数に達し、国際連合が正式に誕生した。初代事務総長に選出されたのはノルウェーの外相トリグブ・リー。現在の加盟国は 192 カ国。唯一の常駐オブザーバー国である聖座（バチカン市国）を除いて、国際的に認められたすべての独立国が加盟する。ほかの政治的団体、特に台湾、サハラ・アラブ民主共和国（西サハラ）、パレスチナは、事実上の独立を有するか、いくらかの外交的承認を特定の国から受けているが、国連の正式な加盟国ではない。

United Nations Agency for Women's Rights and Well-Being
国連女性の権利・福祉機関
国連婦人開発基金、国連女性の地位向上部、国連ジェンダー問題特別顧問事務所を統合して設立することを、2007 年に潘基文事務総長が提案。（UNW）

United Nations Association(s)
国連協会
国連協会世界連盟の使命は、国連システムの原則と計画を支援し、そのアジェンダ形成を助けるため、世界ネットワークに情報を発信し、維持し、活性化させること。国連協会は 100 カ国以上に存在する。**'Friends of the United Nations'** を参照。

United Nations Capital Development Fund (UNCDF)　国連資本開発基金
国連開発計画（UNDP）内の半独立の部署

として、1966年に国連総会で設立を決定。後発開発途上国の貧困削減のため、新たな解決策を生み出す。

United Nations Central Emergency Response Fund　国連中央緊急対応基金

国連総会で2005年後半に設立された5億ドルの基金。自然災害が起きたときに、国連が最も緊急な救助・救済の要求に即時対応できるよう、現金口座を準備。(UN) **'Web Relief'** を参照。

United Nations Centre for Human Settlements (UNCHS)
国連人間居住センター

通称「ハビタット」。本部はケニアのナイロビ。カナダのバンクーバーで国連人間居住会議が開催されてから2年後の1978年に創設された。国連の人間居住開発活動や、人間居住、条件、傾向に関する国際的な情報交換において、主導的な役割を果たす。

United Nations Charter　国連憲章

国連の設立文書。1945年6月に署名のために開放され、1945年10月に発効。

United Nations Commission on Human Rights (UNCHR)　国連人権委員会

53カ国で構成され、毎年3月から4月の6週間、ジュネーブで定例会合を開いていたが、2006年半ばに解散した。後身は、国連人権理事会。定例年次会合では、あらゆる地域・状況下における個人に関する事項の決議、決定、議長声明を検討した。(UN) **'United Nations Human Rights Council'** を参照。

United Nations Commission on Sustainable Development (UNCSD)
国連持続可能な発展委員会

「地球サミット」とも呼ばれる国連環境開発会議（UNCED）のフォローアップを効果的に行うため、1992年12月に国連総会で設立が決定された。責務は、アジェンダ21および「環境と開発に関するリオ宣言」の実施状況をレビューすることと、ヨハネスブルグ実施計画を地方・国家・地域・国際レベルでさらに推進するための政策方針を示すこと。ヨハネスブルグ実施計画では、CSDが国連システム内の持続可能な発展に関するハイレベル委員会であることが再確認された。CSDの会合は毎年ニューヨークで開催され、2年を1サイクルとする。各サイクルで、多年度作業計画（2003～2017年）に定められた具体的なテーマごとの領域横断的な問題に取り組む。(UNCSD)

United Nations Conference on Environment and Development (UNCED)
環境と開発に関する国連会議、国連環境開発会議

1992年6月3日から14日にかけてブラジルのリオデジャネイロで開催。地球環境問題に関する5つの大きな協定が署名された。そのうちの2つ、「気候変動枠組条約」と「生物の多様性に関する条約」は、のちに締約国を拘束する可能性のある正式な条約。ほかの3つの合意は、持続可能な環境の保護と、社会発展や社会・経済発展の追求との関係性に関する、拘束力のない声明である。「アジェンダ21」は、社会・経済部門の広範にわたる評価であり、それぞれの部門が環境と開発に及ぼす影響を改善することが目的。「リオ宣言」は、持続可能な発展に関する合意された原則をまとめたもの。「森林に関する原則声明」は、森林資源の持続可能な利用を締約国に約束させた。

United Nations Convention Against Corruption (UNCAC)
国連腐敗防止条約

腐敗の防止に関する国際連合条約。腐敗行為の防止と犯罪化の基準を定め、国際協力の増進や犯罪収益の回収に関する条項を定める。2005年12月発効。(UN)

United Nations Convention on Biological Diversity (CBD)
国連生物多様性条約

生物の多様性に関する条約。持続可能な発展を促すため、1992年にリオデジャネイロで開催された地球サミットで、150カ国の政府指導者が署名。アジェンダ21の原則を具体化するための実際的なツールとしてつくられた。生物多様性を、動植物、微生物、生態系のみならず、人々、さらに人々の生活のために必要な食料の安全、薬、清浄な大気と水、住まい、きれいで健全な環境に関するものととらえる。(UNEP)

United Nations Convention on the Control of Transboundary Movements of Hazardous Wastes and their Disposal (UNT)
有害廃棄物の国境を越える移動およびその処分の規制に関するバーゼル条約

'Basel Convention' を参照。

United Nations Convention on the Law of the Sea (UNCLOS)
国連海洋法条約

海洋法に関する国際連合条約。海洋環境の保護と管理、ならびにその生物資源および非生物資源の保全と管理のための地球規模の枠組み。1994年11月発効。**'International Seabed Authority'** を参照。

United Nations Convention to Combat Desertification (UNCCD)
国連砂漠化対処条約

国連環境開発会議（UNCED）の開催時には砂漠化への取り組みが依然大きな問題であったことから、アジェンダ21は、この問題への新しい統合的なアプローチを支持し、地域社会レベルで持続可能な発展を促進する行動を強調した。また、アジェンダ21は国連総会に対し、政府間交渉委員会を設立して1994年6月までに砂漠化対処条約を準備するよう求めた。国連総会は1992年12月に合意に至り、決議47/188を採択した。委員会は5回の会合をもって交渉を完了。条約は1994年6月17日にパリで採択され、1996年12月26日に発効した。

United Nations Decade 'Education for Sustainable Development (2005-2014)' 国連持続可能な発展のための教育の10年（2005～2014年）

2005年3月1日にニューヨークの国連本部で、国連教育科学文化機関（UNESCO）事務局長・松浦晃一郎が正式に開始。持続可能な発展の原則を数多くの多様な教育の場に取り入れて、何千もの地方の現場で持続可能な発展のための教育を実施することを目指す。

United Nations Decade for Action: Water for Life (2005-2014)「命のための水」国際行動の10年（2005～2014年）

2005年の世界水の日（3月22日）に開始。すべての人に水と衛生へのアクセスを拡大するため、国際社会に対して取り組みの強化を呼びかける。第58回国連総会で決議を採択（A/RES/58/217）。国連が水に関連して国際的な10年を設定するのは、1981年から1990年の「国連飲料水供給と衛生の10年」に続いて2回目。

United Nations Development Group (UNDG) 国連開発グループ

国連改革プロセスの一環で、国連における開発計画・事業の有効性を国レベルで改善するため、1997年に事務総長が創設。開発に関する実施機関を融合。事務総長に代わって、国連開発計画（UNDP）総裁が議長を務める。参加機関がともに国内問題の分析、援助戦略の計画、援助計画の実施、結果の監視、変革の支持を行えるように、政策や手続きを策定する。(UN) **'UN One' 'United Nations Resi-dent Coordinator'** を参照。

United Nations Development Programme (UNDP) 国連開発計画

1965年設立。資金提供と技術協力を行う世界最大の多国間機関のひとつ。本部は米国ニューヨーク市。自発的拠出金を基金とし、開発途上国に専門的助言、訓練、わずかな設備を提供する。ガバナンス、貧困削減、危機の予防と回復、エネルギーと環境、HIV／エイズといった優先分野において、後発開発途

上国に対する援助を重視するようになった。(UN)

United Nations Development Programme-Spain MDG Achievement Fund
UNDP・スペイン MDG 達成基金

2007 年に国連開発計画 (UNDP) とスペインが 5 億 2800 万ユーロの基金を設置する協定に署名。ミレニアム開発目標 (MDG) の達成に向けた取り組みを加速し、国連改革プロセスを国レベルで支援する。(UNESCO)

'UN One', 'United Nations Reform Process' を参照。

United Nations Economic and Social Council (ECOSOC)
国連経済社会理事会

国連システムの 6 つの主要機関のひとつ。国連憲章第 10 章によって設立。3 年任期の 54 (1965 年までは 18) の理事国は、毎年国連総会で選出される。国際的な経済・社会問題についての調査を行い、調査結果と意見を国連総会をはじめとする国連機関に報告し、行動を促す。また、次のような国連の機能委員会、地域委員会、専門機関／組織の活動を調整し、国際非政府組織 (NGO) との協議を手配する。(UN)

- **機能委員会**
  - 社会開発委員会 (UNCSD)
  - 人権委員会 (UNHCR) (2006 年に国連人権理事会に改組)
  - 麻薬委員会 (UNCND)
  - 犯罪防止刑事司法委員会 (UNCCPCJ)
  - 開発のための科学技術委員会 (UNCSTD)
  - 持続可能発展委員会 (UNCSD)
  - 婦人の地位委員会 (UNCSW)
  - 人口開発委員会 (UNCPD)
  - 統計委員会 (UNSC)
- **地域委員会**
  - 欧州経済委員会 (UNECE)
  - アフリカ経済委員会 (UNECA)
  - ラテンアメリカ・カリブ経済委員会 (UNECLAC)
  - アジア太平洋経済社会委員会 (UNESCAP)
  - 西アジア経済社会委員会 (UNESCWA)
- **専門機関：** 経済社会理事会の調整機能を通じて、国連と互いに協力する独立した組織。
  - 国際労働機関 (ILO)
  - 国際原子力機関 (IAEA)
  - 国連食糧農業機関 (FAO)
  - 国連教育科学文化機関 (UNESCO)
  - 世界保健機関 (WHO)
  - 国際通貨基金 (IMF)
  - 国際民間航空機関 (ICAO)
  - 国際海事機関 (IMO)
  - 国際電気通信連合 (ITU)
  - 万国郵便連合 (UPU)
  - 世界気象機関 (WMO)
  - 国連開発計画 (UNDP)
  - 国連環境計画 (UNEP)
  - 世界知的所有権機関 (WIPO)
  - 国際農業開発基金 (IFAD)
  - 国連工業開発機関 (UNIDO)
  - 国際難民機関 (1952 年廃止)
  - 国際麻薬統制委員会 (INCB)
  - 世界銀行グループ
    - 国際復興開発銀行 (IBRD)
    - 国際開発協会 (IDA)
    - 国際金融公社 (IFC)
    - 多数国間投資保証機関 (MIGA)
    - 国際投資紛争解決センター (ICSID)
- **その他の団体**
  - 国連森林フォーラム
  - 会期委員会および常設委員会の専門家、アドホック組織および関連組織

United Nations Economic Commission for Europe (UNECE)
国連欧州経済委員会

北米、中東欧、中央アジアの国々がまとまって、経済協力を強化するフォーラム。1947 年設立。経済分析、環境および人間居住、統計、持続可能なエネルギー、貿易、産業および企業開発、木材および輸送に焦点を当てる。

United Nations Economic Commission for Latin America and the Caribbean (ECLAC)
国連ラテンアメリカ・カリブ経済委員会

国連がラテンアメリカ諸国政府と経済・社会開発において協力するための地域委員会として、1948年2月に設立。その後、活動範囲はカリブ海諸国へと拡大された。ラテンアメリカ・カリブ地域の政府と協力して、統合、外国貿易、農業生産、産業開発、運輸・通信、統計、自然資源、環境、科学技術、多国籍企業に関する検討および計画を行う。(ECLAC)

United Nations Educational, Scientific, and Cultural Organization (UNESCO)
国連教育科学文化機関、ユネスコ

1945年11月16日設立。現在の加盟国は193カ国。本部はフランスのパリにあり、世界各地に73の地域事務所とユニットがある。目的は、正義、法の支配、人権および基本的自由に対する普遍的な尊重を助長するために教育、科学および文化を通じて諸国民の間の協力を促進することによって、平和および安全に貢献すること。(UNESCO)

United Nations Environment Programme (UNEP)　国連環境計画

1972年に開催されたストックホルム人間環境会議を受けて創設。使命は、最先端の科学技術力に基づき、国連システムの中で環境に関する主導機関となって、世界的な環境アジェンダを設定することと、環境面で持続可能な開発の一貫した実施を促すこと、地球環境の権威ある擁護者としての役割を果たすこと、国際協力と行動を奨励すること。歴代事務局長は次の5人。モーリス・ストロング(1973～1974年、カナダ)、ムスタファ・トルバ(1975～1992年、エジプト)、エリザベス・ダウズウェル(1992～1997年、カナダ)、クラウス・テプファー(1998～2005年、ドイツ)、アヒム・シュタイナー(2006～、ドイツ)。(UN)

United Nations Environment Programme Blue Plan　UNEPブループラン

1996年に設立された国連環境計画(UNEP)のシンクタンク。地中海沿岸で持続可能な開発を促すために、環境政策問題を検討する。(UNEP)

United Nations Environmental Management Group (UNEMG)
国連環境管理グループ

国連システム全体にわたるメカニズムとして1999年に創設。UNEP事務局長の下で、28の国連機関、条約事務局、ブレトンウッズ機関を招集する。目標は、相互連携を促すことと、具体的な問題に関する情報や、共通の問題を解決するさまざまなアプローチの整合性に関するデータを、タイムリーかつ適切に交換することを奨励すること、環境や人間居住の分野における参加機関の活動で相乗効果と補完性が生まれるよう貢献すること。参加機関は次のとおり。国連経済社会局(UNDESA)、国連パレスチナ難民救済事業機関(UNRWA)、国連工業開発機関(UNIDO)、国連人間居住計画(UNCHS)、国連難民高等弁務官事務所(UNHCR)、世界保健機関(WHO)、国連教育科学文化機関(UNESCO)、世界食糧計画(WFP)、国際労働機関(ILO)、世界貿易機関(WTO)、国際復興開発銀行(IBRD)、国際民間航空機関(ICAO)、国際海事機関(IMO)、万国郵便連合(UPU)、国連気候変動枠組条約(UNFCCC)、国連人口基金(UNFPA)、国連児童基金(UNICEF)、国連貿易開発会議(UNCTAD)、国連開発計画(UNDP)、国連薬物統制計画(UNDCP)、国連訓練調査研修所(UNITAR)、世界気象機関(WMO)、人道問題調整部(OCHA)、国際食糧農業機関(FAO)、国際農業開発基金(IFAD)、国際電気通信連合(ITU)、世界知的所有権機関(WIPO)、国際原子力機関(IAEA)。(UNEP)

United Nations Environmental Organization (UNEO)　国連環境機関

地球温暖化、水不足、生物種の絶滅といった脅威と闘うために、国連環境計画

（UNEP）に代わる新しい国連機関を創設すべきというフランス主導の提案が2007年に行われ、46カ国が支持した。UNEPよりも大きな影響力を持つ世界保健機関（WHO）がモデル。資金獲得と研究を促進し、政府活動の調整に寄与できる。（UNW）**'World Environment Organization'** を参照。

United Nations Food and Agriculture Organization (FAO)　国連食糧農業機関

1945年設立。責務は、栄養レベルと生活水準を向上することと、農業生産を改善すること、農村人口の置かれた状況を改善すること。国連システムの中で最大級の専門機関のひとつであり、農業、森林、漁業、地域開発の主導機関。政府間機関であるFAOは、183の加盟国および1組織（EC）で構成される。（FAO）

United Nations Forum on Forests (UNFF)　国連森林フォーラム

国連経済社会理事会（ECOSOC）の補助機関。あらゆる種類の森林の管理、保全、持続可能な開発を促進するため設立。目的は、国家・地域・世界レベルで、森林に関して国際的に合意された行動の実施を促すことと、政策の実施、調整、立案のための一貫した透明性ある参加型の国際的な枠組みを提供すること、リオ宣言、森林原則、アジェンダ21第11章、森林に関する政府間パネル（IPF）と森林に関する政府間フォーラム（IFF）の成果に基づいて、主要な機能を果たすこと。

United Nations Foundation　国連財団

慈善活動に熱心な実業家テッド・ターナーが1997年、国連の国際問題への取り組みを支援するため、歴史に残る10億米ドルの寄付をした。国連を通じて国際貢献を行うことにした理由は、国連が、すべての国に認められた主要な国際協力の場という重要な役割を担っているからである。財団の使命は、国連および国連憲章の目標と目的を支援し、それによって平和で繁栄した公正な世界を促進すること。特に、21世紀の差し迫った健康、人道、社会経済、環境の課題に対する国連の取り組みに重点を置く。（UN）

United Nations Foundation/Club of Madrid Task Force on Climate Change　国連財団／マドリード・クラブ　気候変動に関するタスクフォース

2006年に設置されたタスクフォース。京都議定書が2012年に効力を失ったあとの国際的な地球温暖化対処計画を立案する。国連気候変動枠組条約の一環で創設された「気候変動、クリーンエネルギーおよび持続可能な開発に関する対話」に対して勧告を行う。（UNW）

United Nations Framework Convention on Climate Change (UNFCCC)　国連気候変動枠組条約

1992年にリオデジャネイロで開催された地球サミットで、150を超える国々が署名。前文、26条の本文、2つの附属書からなる。目的は、気候系に対して危険な人為的干渉を及ぼすことにならない水準において、大気中の温暖化ガス濃度を安定化させること。そのような水準は、生態系が気候変動に自然に適応し、食糧の生産が脅かされず、かつ経済開発が持続可能な態様で進行することができるような期間内に達成されるべきである。50カ国を超える国の批准により、1994年3月に発効。現在は186カ国が批准。（UNFCCC）

United Nations General Assembly　国連総会

国連システムの6つの主要機関のひとつ。すべての国連加盟国で構成。加盟国によって選ばれた議長の下で、毎年開催される。（UN）

United Nations Global Alliance for Information and Communications Technologies and Development (UNG@ID)　国連世界情報通信技術開発同盟

国連が2006年に開始。ミレニアム開発目標の下で、貧困との闘いに技術の進歩を生かそうとする国際的な取り組みが幅広く行われる中、関心を持つ多様な参加者を呼び集める取り組み。健康、教育、ジェンダー、青年、障害者に焦点をあて、経済開発と貧困撲滅に情報通信技術が果たす役割にかかわる中核的課題について、テーマ別の国際フォーラムを組織する。(UN) **'Technological colonialism' 'Digital divide'** を参照。

United Nations Global Compact 国連グローバル・コンパクト

'Global Compact' を参照。

United Nations Global Initiative to Fight Human Trafficking and Modern Slavery 人身取引対策に関する国連グローバル・イニシアティブ

市民社会やその他の国際組織の支援を受けて、国連が2007年に開始した取り組み。2000年に採択され2003年に発効した「人(特に女性および児童)の取引を防止し、抑止しおよび処罰するための議定書」の規定を強化する。組織犯罪集団が国内法のギャップを利用しにくくするような手法を用いる。(UNW)

United Nations Global Youth Leadership Summit 国連世界青年リーダーシップ・サミット

若きリーダーたちが集い、ミレニアム開発目標達成のための取り組みを加速させることを目指した国連の取り組み。第1回サミットは、2006年10月に米国ニューヨークの国連本部で開催された。(UN)

United Nations, hard ハードな国連

国連の政治的調停および平和維持の役割を指す言葉。**'United Nations, soft'** を参照。

United Nations High Commissioner for Refugees (UNHCR) 国連難民高等弁務官

1951年に活動開始。世界の難民の保護と難民問題の解決へ向けた国際的な活動を先導、調整することが責務。主要な目的は、難民の権利と尊厳を守り、すべての人が庇護を求める権利を行使し、安全に庇護を受け、自主的に帰還できるようにすること。

United Nations Human Rights Council (UNHRC) 国連人権理事会

国連人権委員会の後身として2005年に提案され、2006年3月に国連総会で承認を受けた。2006年6月に正式に発足。47の理事国は、国連総会の絶対過半数(96加盟国)で3年任期で選出される(地域配分は、アフリカ13、アジア13、東欧6、ラテンアメリカおよびカリブ海諸国8、欧州・米国・カナダなど主に西側諸国7)。理事国になる資格はすべての国連加盟国にあるが、「人権の促進と保護に関する最高基準を保持」しなければならず、理事会と全面的に協力し、任期中にはその人権に関する記録の審査を受けなければならない。「重大かつ組織的な人権侵害」を犯した理事国については、総会で投票する国の3分の2以上の賛成があれば、理事国の特権と権利を停止できる。どの理事国も、人権に関する緊急事態に対して迅速な解決策を得るため、理事国全体の3分の1以上から支持を得たうえで、特別会期を開催できる。活動は、いわゆる「第3委員会」によって監督される。(UN; UNW) **'United Nations Commission on Human Rights'** を参照。

United Nations Office of the High Commissioner for Human Rights (UNOHCHR) 国連人権高等弁務官事務所

'International Covenant on Economic, Social and Cultural Rights' を参照。

United Nations Non-Resident Agency Status 国連非常駐機関地位

ある国に物理的な事務所を維持しておらず、その国の政府との継続的なやりとりまたは機関の職員不在時に利害を代表する際には、国連常駐代表または常駐調整官の存在を当てにする国連専門機関を指す。(UN)

United Nations Parliamentary Assembly (UNPA) 国連議会会議

国連システムへの追加が提案されている組織。実現すれば、世界中の市民による国連「議員」の直接選挙が可能になる。条約をはじめとする協定の規定、特に全世界レベルで対応すべき事柄（たとえば、気候変動、テロリズム、貿易、資本の流れ、人口圧力、重要な自然資源の共有／枯渇など）について、政府や国際機関に説明責任を負わせることを目指す。この提案が初めて行われたのは1945年の国連の設立時にさかのぼるが、真剣に検討されるようになったのは、国際化の流れの中で多くの問題が議論されるようになった1990年代後半のこと。それでもなお、特定の問題に国際レベルで関与するという現在のシステムから、選出された世界議会が立法権と執行権を持つという形に移行する可能性は、非常に小さいと考えられる。(Monbiot, 2007; WP; UNW) **'World Parliament'** を参照。

United Nations Peace-building Commission　国連平和構築委員会

国連改革プロセスの一環で2005年12月に設立。責務は、戦争から抜け出した国々が、再び混沌に陥るのを防ぐこと。活動はすべて合意により行う。安定化、経済回復、開発のための統合戦略を提案し、そのような取り組みにおいて国連システムの調整を改善するために勧告を行う。構成国31カ国の内訳は次のとおり。安全保障理事会で選ばれた7カ国(5常任理事国を含む)。各地域グループで選ばれた経済社会理事会（ECOSOC）の7カ国。国連の通常予算、基金、計画、機関への貢献上位5カ国。国連ミッションへの軍事要員および文民警察の派遣上位5カ国。紛争後の回復を経験したことのある国に特別の配慮をし、国連総会で選ばれた7カ国。(UN)

United Nations People's Assembly (UNPA)　国連人民議会

'United Nations Parliamentary Assembly' を参照。

United Nations Reform Process
国連改革プロセス

21世紀に多国間主義を維持し改善するという課題に対応するため、国連組織を大幅に改変。コフィー・アナン事務総長は1997年に事務総長となってから半年もたたないうちに、国連組織体制を統合整理して、重複する機能を減らし、調整力と説明責任能力を改善するとともに、内閣の機能を果たす上級管理職のグループを設置した。その後、平和維持活動の徹底的な点検を行い、人権擁護を国連のあらゆる主要活動領域に組み込んだ。また、開発と世界の問題に、市民社会と民間部門を巻き込む新たな方法も導入。2002年には、二度目の主要な改革案を打ち出した。その主な目的は、国連のすべての活動を、ミレニアム宣言で定められた優先順位に即して行うこと。2005年9月の国連首脳会合（2005年世界サミットとも呼ばれる）では、いくつかの部署や専門機関の構造改革が提案された。2006年初頭、改革プロセスにおける次の重要な2点について議論が始まった。(1) 信用を失った国連人権委員会を改変して、新たに国連人権理事会を発足させること、(2) 戦争から抜け出した国々の復興プロセスを支援するために、国連平和構築委員会を設立すること。国連平和構築委員会に関する協定は2005年12月に、人権委員会については2006年3月に合意に至った。(UN) **'Millennium +5 Summit' 'G13'** を参照。

United Nations Resident Coordinator (UNRC)　国連常駐調整官

ある国または地域のすべての国連活動を包括的に調整。国連専門機関の各国事務所長はすべて、常駐調整官に「関係」(最小限連絡をとり、必要な場合は対応）しなければならない。国連改革プロセスの鍵となる概念。「国連常駐代表」とは必ずしも同一人物ではない。(UN) **'United Nations Resident Representative' 'UN Delivering as One' 'United Nations Reform Process'** を参照。

United Nations Resident Representative/Coordinator (UNRR/UNRC)
国連常駐代表／調整官

通常その国における国連開発計画（UNDP）の常駐代表。職位が最も高い国連職員。(UN)

U

United Nations Resolution 'Towards the Sustainable Development of the Caribbean Sea for Present and Future Generations' (A/C.2/61/L.30)
国連決議「現在および将来世代のためのカリブ海の持続可能な発展に向けて」(A/C.2/61/L.30)

2006年12月に国連総会で採択。それまでの国連総会決議と異なり、その目的において、持続可能な発展においてカリブ海が特別な地域であると国際社会が認めることを明白にうたう。(WC)

United Nations Revised Reform Plan 2007　国連の修正改革計画 2007

潘基文パン・ギムン事務総長の下で、コフィー・アナン前事務総長が始めた改革プロセスを修正。以前に予定されていた、政治と軍縮にかかわる国連機関の統合は、開発途上国118カ国の屈強な集団「非同盟運動」からの反対を受け、説明責任を重視して中止された。また、国連平和維持活動が合理化されることとなった。(UNW)

United Nations Secretariat
国連事務局

国連システムの6つの主要機関のひとつ。長である国連事務総長を、世界中から集まった国際公務員が補佐する。国連機関の会合に必要な調査、情報、施設を提供。また、国連安全保障理事会、国連総会、国連経済社会理事会などの国連機関に指示された作業を行う。国連憲章は、職員を雇用する際に「最高水準の能率、能力および誠実を確保」すべきであり、広い地理的基礎に基づいて採用することの重要性について妥当な考慮を払うべきと規定する。(UN; UNW)

United Nations Secretaries General
国連事務総長

最上級の国際公務員。国連システムの最高行政官。正式には国連総会で選出されるが、まず安全保障理事会で指名され、5常任理事国すべての同意を得なければならない。任期は5年で、再任は1回のみ可能。安全保障理事会はどの国出身の候補者も指名できるが、伝統的に地理的に巡回し、2期ごとに新しい地域から選ばれるようになっている。総会は1997年、事務局の運営を補佐するため、新たに副事務総長（事務総長に任命される）の地位を創設した。事務総長はこれまで世界のさまざまな地域から選ばれたが、最も強力な国々から選ばれてはならないという暗黙のルールがある。理由は、そのような国から選ばれた事務総長はほかの国から客観的あるいは中立とはみなされないのではないかという危惧に対処するため、およびそのような選出は世界の最も影響力のある国々にさらに大きな力を付与する恐れがあるため。歴代の事務総長は、ノルウェーのトリグブ・リー（1946～1952年）、スウェーデンのダグ・ハマーショルド（1953～1961年）、ビルマのウ・タント（1962～1971年）、オーストリアのクルト・ヴァルトハイム（1972～1981年）、ペルーのハビエル・ペレス＝デクエヤル（1982～1991年）、エジプトのブトロス・ブトロス＝ガーリ（1992～1996年）、ガーナのコフィー・アナン（1997～2006年）、そして韓国の潘基文パン・ギムン（2007～）。(UN)

United Nations Secretary General's Advisory Board on Water and Sanitation (UNSGAB)
国連水と衛生に関する諮問委員会

2003年に当時のコフィー・アナン国連事務総長によって指名された、高レベルの専門家集団。水と衛生に関するミレニアム開発目標およびターゲットが世界で順調に達成されるように、政治的支援と資金を集める方法を検討する。議長は、日本の橋本龍太郎元総理大臣が2006年7月に亡くなるまで務め、その後2006年12月にオランダのウィレム・アレキサンダー皇太子（オレンジ公）が就任。(UN) **'Hashimoto Action Plan (on Water and Sanitation)'** を参照。

United Nations Secretary General's Expert Panel on Water and Sanitation 国連事務総長の水と衛生に関する専門家パネル

2004年に事務総長によって任命された7人のパネル。水と衛生に関するあらゆる側面、特にミレニアム開発目標に掲げられた問題について、専門的助言を与える。

United Nations Security Council (UNSC) 国連安全保障理事会

15理事国で構成。内訳は、5常任理事国（中国、フランス、ロシア、英国、米国。すべて拒否権を有する）と、国連総会で選出される2年任期の非常任理事国10カ国。世界の平和と安全保障を維持することだけに責任を負う。2007年に史上初めて、将来の国際平和と安全保障に対する脅威として、環境問題を議題に盛り込み、地球の気候変動と気象パターンの変化について議論した。同理事会がこの議題を扱うことに決めた根拠となったのは、アフリカでは2020年までに、約2億5000万人が水不足に直面し、天水農業の収穫が50%減少し、地球温暖化による変化への適応費用がアフリカ大陸の経済生産の10%にものぼる可能性があるという予測。また、国連事務局と気候変動に関する政府間パネル（IPCC）は、気候変動と国境紛争、人口移動、エネルギー供給、資源不足、社会的ストレス、人道的危機との間には直接の関係があり、国際平和と安全が脅威にさらされると言及した。さらに2007年半ばには、紛争ダイヤモンドと紛争の関係について初めて意見を述べた。しかし、ある国の保有する天然資源遺産の管理方法について判断を述べるのは、その権限を逸脱する危険を冒しているのではないかと感じる国もあった。(UN; UNW, 2007a, b; New York Times, 2007) **'Water as a human right, concept of'** を参照。

United Nations Security Council Reform Process working group 国連安全保障理事会改革プロセス作業部会

2007年に国連総会のハヤ・ラシード・アル・ハリーファ議長が、チュニジア、キプロス、クロアチア、チリ、オランダの大使をメンバーとして任命。国連安全保障理事会の将来を左右する5つの重要な問題（理事国、拒否権、地域の代表、拡大安全保障理事会の規模、理事会の作業方法）を議論するプロセスを確立する。このプロセスの目的は、安全保障理事会をより代表権的で効率的で透明性ある組織にすることと、その決定の実効性と合法性をさらに高めること。(UNW)

United Nations, soft　ソフトな国連

国連の社会開発、人道的開発、経済開発の機能を指す言葉。**'United Nations, hard'** を参照。

United Nations Specialized Agencies/Organizations 国連専門機関／組織

国連憲章57条によって設置。特定の能力分野で、国連にとって重要な計画を実施。国連総会および経済社会理事会の全般的な審査の下にありながらも、参加国、計画、人員、財政の面ではかなりの独立性を有する。(UN) **'United Nations Economic and Social Council'** を参照。

United Nations System　国連システム

次の6つの主要機関からなる。国連総会、国連安全保障理事会、国連経済社会理事会、国連信託統治理事会、国連事務局、国際司法裁判所。(UN)

United Nations Trusteeship Council 国連信託統治理事会

国連システムの6つの主要機関のひとつ。非自治領域の行政が、居住者および国際平和と安全保障に最も利益ある形で行われるように支援。信託統治地域のほとんどが、国際連盟の委任統治領だった地域か、第二次世界大戦の敗戦国から引き継いだ地域。すべての信託統治地域が、自治政府を樹立するか、隣国の独立国家に加わる形で、自立または独立を果たした。その最後はパラオであり、1994年に国連加盟国となった。信託統治理事会は使命を全うし、1994年11月1日に活動を停

止。国連憲章の下で紙の上では存在するが、今後の役割、さらに存在さえもが未定。(UN)

United Nations University (UNU)
国連大学

1973年設立。本部は東京。知識を生み出し伝えることと、国連憲章の目的と原則を推進するために個人および制度的な能力を強化することに専念する。使命は、国連とその加盟国および国民が関心を寄せる、緊急かつ地球規模の問題解決の努力に、学術研究と能力育成をもって寄与すること。(UNU)

United Nations University Institute for Environment and Human Security (UNU-EHS)
国連大学環境・人間安全保障研究所

(緊急の、および潜在的な)複雑な環境有害性がもたらすリスクや脆弱性に対処するため、国連大学が創設。目的は、因果関係の理解をさらに深く掘り下げ、リスクや脆弱性を低減できる方法を発見すること。信頼できる研究や情報によって、政策や意思決定者を支援する。所在地はドイツのボン。(UNU)

United Nations Water Conference, Mar del Plata, Argentina　国連水会議

1977年にアルゼンチンのマルデルプラタで開催。国連が特に水問題を議論するために開催した初めての政府間会議。

United Nations World Intellectual Property Organization (UNWIPO)
国連世界知的所有権機関

1967に創設された国連システムの専門機関のひとつ。本拠地はジュネーブ。知的財産保護のさまざまな側面に対応する23の国際条約を運用。WIPOの管理下にある条約に含まれ、地球環境ガバナンスの議論、特に生物多様性条約および世界貿易機関(WTO)に関する議論で使われる専門用語および法律としては、次が挙げられる。

- **Copyright　著作権：** ほかの者が複製することを排除するため、政府によって一定期間、作品の創作者または新しい動植物種の発見者に与えられる排他的な権利。
- **Degital Millennium Copyright Act (DMCA) デジタルミレニアム著作権法：** 1998年に成立した米国法。著作権保護の抜け道を見つけるような技術の使用を犯罪化するもの。
- **Discovery　発見：** 何か新しいものを見つける、または見出すこと。
- **European copyright directive　欧州著作権指令：** DMCAと同様の規定。
- **Fair use or fair dealing　公正使用(フェアユース)：** 批判、コメント、パロディ、風刺、ニュース報道、教育、研究のため、許諾なしで著作物の制限付き使用を認めるという複雑な法原理。'fair use'は米国が、'fair dealing'はEUなどが使用。
- **First to file　先願主義：** ある発明または発見について、いちばん初めに出願をした発明者または発見者がその特許の権利を有するという特許システム。ほとんどの国において、いちばん初めに出願した人が、同じ発明または発見について権利を主張するほかの人より優先される。
- **Intellectual property　知的財産：** **'Intellectual property'** を参照。
- **Invention　発明：** 技術的なアイデアや、それを達成または具体化するための物理的な手段を創造すること。発明を特許化するには、新規性と有用性があり、熟練した利用者にとって自明でないものでなければならない。
- **License　ライセンス供与：** 特定の期間、状況、市場、国もしくは領域において、知的財産権の使用を許諾すること。
- **Naming　命名：** 物(たとえば種名)、人、場所、製品(たとえばブランド名)、さらにアイデアや概念など、通常それをほかから区別するために、名前をつけること。
- **Patent　特許：** ある発明を他者がつくったり、使ったり、売ったりすることを排除するため、政府によって与えられる権利。アイデアを保護することはなく、そのアイデアを適用する構造および方法を保護する。
- **Patent pool　特許プール、パテントプール：** ある製品またはプロセスのために必要な複数の特許の権利者たちが、その権利を単一の価格でライセンスできるようにする取り決め。

- **Open source　オープンソース：** プログラムの命令を誰もが無料で入手できるようにしようとする、コンピュータプログラマーや科学界の動き。
- **Piracy　海賊行為：** 知的財産法で保護される物の無許可の複製。
- **Public domain　パブリックドメイン：** ある発明または創作的表現が、知的財産権で保護されず、誰もが複製、使用できる状態。
- **Royalty　著作権使用料：** 著作権または特許の権利者に対し、それを使用するために支払う代金。
- **Trademark　商標：** 物を特定し、区別するために使われる名前またはシンボル。

United Nations Year/Decade 国連の年／10年

特定のテーマが優先的に資金（通常予算および任意拠出金／特別予算）を得られる1年または10年のこと。たとえば「国連持続可能な開発のための教育の10年」（2005～2015年）、「『命のための水』国際行動の10年」（2005～2015年）、「国際衛生年」（2008年）、「国際惑星地球年」（2008年）など。（UN）

United States Agency for International Development (USAID) 米国国際開発庁

技術協力や対外援助を行う米国の主要機関。

Units of measurement (commonly used in UN and scientific reports) 単位系（国連および科学レポートで通常使用されるもの）

'Symbols' を参照。

- **メートル法の単位　米国単位への換算**
  - メートル m ≡ ヤード 1.094yd
  - キロメートル km ≡ マイル 0.6214mi
  - ヘクトメートル hm ≡ なし 328ft
  - 立法メートル m^3 ≡ 立法ヤード 1.308yd^3
  - 平方キロメートル km^2 ≡ マイル四方 0.386sq mi
  - ヘクタール ha ≡ エーカー 2.477ac
  - 立法ヘクトメートル hm^3 ≡ エーカー・フィート 810.68ac-ft.
  - グラム g ≡ オンス 0.035oz
  - キログラム kg ≡ ポンド 2.205lb
  - メートルトン（1000kg）≡ メートルトン 2205lb
  - ミリリットル ml ≡ 液量オンス 0.0338oz
  - リットル L ≡ クォート 1.057qt
  - ミリグラム／リットル mg/L ≡ パーツ・パー・ミリオン 1ppm = 1mg/L
  - マイクログラム／リットル μg/L ≡ パーツ・パー・ビリオン 1ppb = 1 μg/L
  - ナノグラム／リットル ng/L ≡ パーツ・パー・トリリオン 1ppt = 1ng/L
- **その他よく使われる単位**
  - cfs　立法フィート毎秒
  - mgd　100万ガロン毎日
  - ppm　パーツ・パー・ミリオン
  - ppb　パーツ・パー・ビリオン
  - μmhos/cm　マイクロモー毎センチ
  - NTU　比濁計濁度単位
- **メートル法単位のラテン語接頭辞（メートル）、メートル法単位のギリシャ語接頭辞（メートル）**
  - デシ（d）0.1　10^{-1}（10分の1）、デカ（da）10　10^1（10倍）
  - センチ（c）0.01　10^{-2}（100分の1）、ヘクト（h）100　10^2（100倍）
  - ミリ（m）0.001　10^{-3}（1000分の1）、キロ（k）1,000　10^3（1000倍）
  - マイクロ（μ）0.000001　10^{-6}（100万分の1）、メガ（M）1,000,000　10^6（100万倍）
  - ナノ（n）0.000000001　10^{-9}（10億分の1）、ギガ（G）1,000,000,000　10^9（10億倍）
  - ピコ（p）0.000000000001　10^{-12}（1兆分の1）、テラ（T）1,000,000,000,000　10^{12}（1兆倍）

（McG-H; Cunningham et al., 2003）

Universal Declaration of Human Rights 世界人権宣言

1948年に国連総会で採択。人権および自

U

由に関して、すべての人民とすべての国とが達成すべき共通の基準。（付録3を参照）

Universal jurisdiction cases
普遍的管轄権の行使
ある国、または共通の法体系を持つ地域組織が、裁判手続きによって、国連やその他共有の法や政策を侵害した個人を追及する原則または慣行。（UN; IPS）**'Pinochet principle/concept' 'Universal justice'** を参照。

Universal justice (UJ)　普遍的正義
一国が他国の市民を、国際協定の侵害を理由に訴えることを可能とする概念。このテーマについての文章のほとんどが人権侵害に関するものであるが、法律の専門家は、国際環境条約や、他国の資源または地球公共財に影響を与えるような悪意ある行為にもこの原則を適用することを模索し始めている。国際司法裁判所（ICJ）も国際刑事裁判所（ICC）もまだこの概念を承認していないが、一部の国家政府はこの考え方に沿って個人を訴追した。（EU）**'International Criminal Court' 'Pinochet principle/concept'** を参照。

Upcycling　アップサイクリング
廃棄物を高い付加価値の付いた商品としてリサイクルすること。たとえば、古タイヤを路盤材に、古い木材を家具にするなど。

Urban heat island/effect
都市ヒートアイランド／効果
周辺地域よりも、都市部のほうが気温と湿度が高いという現象。日中に都市部にある建物やその他の固い表面に吸収された太陽熱が、夜に放出され、熱として検知される。

Uruguay Round
ウルグアイ・ラウンド
1986年に開始した関税および貿易に関する一般協定（GATT）の多国間貿易交渉ラウンド。1994年に合意に至り、世界貿易機関（WTO）を創出した。（DC）

User pays approach
利用者負担アプローチ
ある活動の費用が完全に利用者によって支払われるという戦略。

User-pays principle　利用者負担原則
「汚染者負担原則」の変形。自然資源の利用者に、自然資本を減少させた費用を負担するよう求める原則。

Usufructory right　用益権
自然資源を所有するのでなく、使用する権利を与える仕組み。（AM）

Utstein Group Partnership
ウトシュタイン・グループ
英国、ノルウェー、スウェーデン、オランダ、ドイツ、カナダの国際開発大臣が、開発援助政策を調整する。1999年にノルウェーのウトシュタイン修道院で、4人の女性大臣（英国、ノルウェー、オランダ、ドイツ）が設立。2004年にはスウェーデンとカナダも加入。ネットワークを強化して、ミレニアム開発目標の達成に寄与する。**'U4 Resource Center'** を参照。

V v

Valuation　価値評価
　ある資産の時価を決定するプロセス、あるいはある物・過程の概算価値。これに対して、「価格」は必ずしも真の価値の尺度となるとは限らない。(LLL)

Variety　品種
　知られている最も下位の単一の植物分類群に属し、その固有の形質およびその他の稔性を含む遺伝的性質の表現型によって定義される植物分類。(CBD)

Verbal note　口上書
　外交における非署名のメモあるいは覚書。ある事柄の通知または備忘録として送付されるが、通常は差し迫った重要性はない。

Verification　検証
　導かれた結論を異なる観点から確認するため、データを必要な回数だけ見直すこと。(WDM)

Veto　拒否権
　権限を与えられた個人や組織（国家元首、あるいは国連安全保障理事会の常任理事国など）が、ある議案を拒絶すること。その議案は、拒否権が発動されていなければ立法機関や理事会の承認を得ていた。(UN)

Victim pays principle　被害者負担原則
　汚染によって影響を受ける被害者が、汚染を止めてもらうために、汚染者に対して費用を払うべきだと示唆する原則。環境資源の財産権が被害者ではなく、汚染者に与えられていることを暗示している。(AM)

Vienna Convention of 1963
1963 年ウィーン条約
　原子力損害の民事責任に関するウィーン条約。1963 年採択。その後、1997 年に「1963 年原子力損害の民事責任に関するウィーン条約改正議定書」と「原子力損害の補完的補償に関する条約」が採択された。

Vienna Convention of 1969
1969 年ウィーン条約
　条約法に関するウィーン条約。1969 年 5 月 23 日にウィーンで署名、1980 年 1 月 27 日に発効。国際条約の定義と原則を定める。それまで条約のルールは、国際慣習法に基づくか、法律の一般原則の一部であった。これらのルールを成文化した本条約は、発効後すべての国際条約に適用されている。発効前に締結された条約については、本条約は適用されないことになっているが、発効前に適用されていた慣習的なルールを包含しているため事実上適用されている。

Vienna Convention of 1985
1985 年ウィーン条約
　オゾン層の保護のためのウィーン条約。オゾン層に害を与えうる物質や活動に関して、研究、国際協力、情報交換を行うことを重視。

Vienna Convention of 1986
1986 年ウィーン条約
　国と国際機関との間または国際機関相互の間の条約についての法に関するウィーン条約。1986 年採択。国際慣習法を反映しているが、まだ発効していない。

Vienna Convention on Civil Liability for Nuclear Damage　原子力損害の民事責任に関するウィーン条約
パリ条約同様、原子力損害の責任と補償について定めた国連条約。1997年議定書によって改正された。さらなる補償のため、新たに「補完的補償に関する条約」が合意されたものの、これはまだ発効していない。ウィーン条約とパリ条約は、「ウィーン条約およびパリ条約の適用に関する共同議定書」で結びついている。

Vienna Convention on Diplomatic and Consular Relations　外交関係と領事関係に関するウィーン条約
大使館と領事館、およびその職員の安全保障を、接受国の手に委ねる協定。

Vienna setting　ウィーン方式
「バイオセーフティに関するカルタヘナ議定書」の最終交渉をモデルとした交渉形態。主要な交渉グループから代表者が1人ずつ参加する。

Virtual Water Credit/Debt Relief　仮想水クレジット／債務救済
世界水取引と水貧困指標の分析データを基に水の健全性の指標を示す未検証の概念。水資源が健全な国あるいは不健全な国が順位づけされ（水と健康）、その順位に基づいて仮想水クレジットを（世界銀行や地域開発銀行などの援助機関から、あるいは特定の国からの「獲得補助金」として政府開発援助〈ODA〉で）受け取る。受け取った仮想水クレジットは、果物や野菜の輸入のために使用し、それらの食品の不足から起こる水関連の健康問題の解決に資することもできる。**'World Water Exchange' 'Water Poverty Index' 'Debt relief' 'Debt for nature swap'** を参照。

Virtual water/issues　バーチャル・ウォーター／イシュー
'Water' を参照。

Visa (1)　ビザ（1）
一時的あるいは永続的な居住を目的として入国することを書面により認めたもの。居住が一時的か永続的かは、ビザの記載に従う。（eD）

Visa (2)　ビザ（2）
国連システムでよく使われる用語。手紙、メモ、報告書の最終署名を得る前に、必要な承認を受けるプロセス。たとえば、「この手紙に事務総長の署名をもらう前に、『ビザ』しなくてはいけませんよ」、あるいは「この文書はもう『ビザ』しましたか？」などと使われる。

Voice, right of　発言の権利
会議の議長によって存在が認められ、その場にいる聴衆に対して発言することが許されること。（UN）

Voice vote　発声投票
参加者が大きな声で同時に「賛成」または「反対」と叫ぶことによって投票し、そのあとで議長がどちらの票が多かったかを推測する方式。個々人の投票は記録されない。（MW）

Voluntary agreement　自主協定
産業公害を防ぐためにいくつかの国で導入された政策手段。政府と産業界との間で契約を結び、汚染を削減する。規制や課税も含みうる。（UN）

Voluntary contribution　任意拠出金
ある国が割り当てられた分担金を超えて拠出した資金。別個の支援要請に対応する場合や、指定された目的のために拠出される場合がある。（UN）

Voluntary fund　自発的基金
特定の目的のために設立された基金。各国に対し拠出の呼びかけが行われる。（UN）

Vote (right of)　投票（の権利）
賛成票や反対票を投じる権利を持った存在として議長に認められていること。（UN）

Vulnerability　脆弱性
突然の衝撃や長期の動向（洪水、干ばつ、気候変動の影響、汚染、土壌劣化など）を含む災害によって受ける脅威の程度。

Vulnerable　絶滅危惧II類
国際自然保護連合（IUCN）のレッドリストカテゴリーのひとつ。原因となる要因がこのまま放置されれば、近い将来、絶滅危惧種に移行することが確実と考えられる。過剰搾取や生息地またはその他の環境の大規模な撹乱によって大部分あるいはすべての個体群で個体数が減少している分類群や、個体数の減少が深刻であり根本的な安全性が確保されていない分類群、現時点では個体数は豊富だが生息域全域が深刻な有害因子による脅威を受けている分類群がこれに含まれる。（IUCN）

Vulnerable taxa　絶滅危惧分類群
生息域の全域あるいは大部分において、近い将来に絶滅の危機にさらされる可能性が高い種の分類。（IUCN）

Vulture development funds　ハゲタカ・ファンドと開発途上国債務問題
第三世界諸国の債務について、債権国政府が支払いを免除したり、融資銀行が回収不可能として債務の帳消しを行ったりする直前に、倫理観の欠如した企業が大幅に割り引かれた価格で購入することを指す。これらの企業はその後、額面どおりの金額、あるいは債務証書に対して支払われた以上の金額を回収しようとし、あるいは訴訟を起こそうとする。通常、裁判所の判決を受けて、債務国の凍結された銀行口座から資金を得る。不正な口座の場合、負債を購入した企業は、債務国に未払いの負債の一部を支払わせるためのほかの方法を見つけ出すこともある。

W w

Wadi Hydrology　ワジ水文学

国連教育科学文化機関（UNESCO）が、国際水文学プログラムで開始した事業。間欠河川の持続可能な管理に焦点を当てる。「ワジ」とはアラビア語で、世界の乾燥地域における季節的な水源を指す。ワジは、優れた淡水源であるとともに、唯一の淡水源となる場合もある。（UNESCO）

Washington Consensus
ワシントン・コンセンサス

米国ワシントンDCに位置する公的金融機関のほとんどが、中南米に適しているだろうと考えた一連の政策改革を指す。財政規律、一次医療・初等教育・インフラを重視した財政支出、税制改革、金利の自由化、競争力のある為替相場、貿易の自由化、民営化、規制緩和、所有権の確立など。しかし現在、これとは相容れない定義も存在するため、この言葉の使用には注意を要する。

Waste　廃棄物

製造過程において残存する不要な物質、あるいは人間や動物の住まいから生じる廃物。（USEPA）

Waste stream　ごみの流れ

ある人口が出す廃棄物や廃棄物処分／処理サイクル全体を指す。

Water

- **Black water/issues　ブラック・ウォーター／イシュー：** 排泄物を含む、または排泄物で汚染された水（衛生工学）。化石地下水（水文学、地質学）。沼地やその他の湿地の水（湿地生態学）。（UN）
- **Blue water/issues　ブルー・ウォーター／イシュー：** 地表および地下の淡水資源。（UN）
- **Brown water/issues　ブラウン・ウォーター／イシュー：** 流量が少ない、あるいはほとんど流れのない沼地や湿地や湿潤環境で通常生成される強酸性水（湿地生態学）。未処理の廃水（衛生工学）。（UNESCO-IHE）
- **Gray water/issues　グレー・ウォーター／イシュー：**（家庭および産業における）シャワー、洗濯、その他の洗浄行為からの、排泄物を含まない廃水（衛生工学）。再利用のために処理された廃水（水文学）。（FAO）
- **Green water/issues　グリーン・ウォーター／イシュー：** 生物圏（土壌）の水、または灌漑されていないあらゆる植生（森林、林地、草原、天水農地など）を支える水、または根域で利用できる水（FAO）。「自然のための水」に関するあらゆる問題。（UN）
- **Virtual Water (1)　仮想水、バーチャル・ウォーター（1）：** 食料生産や工業製品の製造に使われる水。また、利用できる水が増えた場合、または水資源管理を改善する新規投資が行われた場合の、新たな生産ポテンシャルも示す。（UN）
- **Virtual Water (2)　仮想水、バーチャル・ウォーター（2）：** 商品やサービスを生産するのに必要な水の量。ある場所からほかの場所に製品やサービスが移動するとき、水が物理的に直接移動することはほとんどない（製品の水分含有量は通常きわめて微量である）が、仮想水は大量に移動する。水貧困国は、仮想水を輸入することで、国

内の水資源への負荷を緩和できる。(WFp; UNESCO-IHE)

- **White water/issues　ホワイト・ウォーター／イシュー：** 蒸発や遮断によって失われる水、または土壌から直接失われる水。(FAO)　海や急流(レジャー産業)。(USGS)

Water as a human right, concept of
人権としての水の概念

長年、水は持続可能な発展と安全保障の両方における戦略的な資源として考えられてきた。しかし国連の「経済的、社会的および文化的権利に関する委員会」は2002年、安全で安心な飲み水の利用が基本的人権であることを初めて公式に宣言した。この決議は、「経済的、社会的および文化的権利に関する国際規約」の締約国145カ国に対して、水の利用を「人権」として扱い、「単なる経済物資ではない社会財・文化財」として扱うことを義務づける（Environmental New Service, 2002, 2003; UNCESER, 2002）。2007年には国連安全保障理事会が史上初めて、将来の国際平和と安全保障に対する脅威として、環境問題を議題に盛り込み、地球の気候変動と気象パターンの変化について議論した（New York Times, 2007; United Nations Wire, 2007）。**'United Nations Security Council' 'Environmental justice, concept of' 'International Covenant on Economic, Social and Cultural Rights' 'World Charter for Nature'** を参照。

Water balance/budget　水収支

単位面積、単位体積、単位時間当たりの流入水量対流出水量。貯水量の純変化量を考慮に入れる。(FAO)

Water Cooperation Facility (WCF)
水協調促進機構

国連教育科学文化機関（UNESCO）と世界水会議（WWC）が、ほかの主要組織である常設仲裁裁判所と、越境水資源に関する大学連合（UPTW）とともに始めた取り組み。目的は、国際的な水紛争を解決することと、紛争解決技術や事例研究に関する教育と専門技術の中核組織となること。(UNESCO)

Water cycle　水循環

'Hydrological cycle' を参照。

Water dependency ratio　水依存度

ある国の再生可能な水資源全体のうち、国外に水源がある割合。(FAO)

Water footprint　水フットプリント

個人、企業、国家の水フットプリントは、個人、企業、国家が消費する財・サービスの生産に使われる淡水の総量として定義され、一般に年間使用水量で表される。(WFp; UNESCO-IHE)

Water footprint, individual
個人の水フットプリント

個人が生存のため、および消費する財・サービスの生産のために使う水の総量。消費される財・サービスにそれぞれの仮想水量をかけて推計できる。(WFp)

Water footprint, national
国家の水フットプリント

その国に暮らす国民によって消費される財・サービスの生産に使われる水の総量。次の2通りの方法で計算できる。ボトムアップ方式は、消費されたすべての財・サービスに、それぞれの仮想水量をかけ合わせたものの合計。トップダウン方式は、国内水資源の総使用量と仮想水の純輸入量の合計。ただし、ある特定の消費財の仮想水量は、生産の場所と条件によって変化しうることに注意すべき。(WFp)

Water governance
水統治、水ガバナンス

世界水パートナーシップ（GWP）によれば、社会のさまざまなレベルで、水資源の開発・管理や給水のために整備されている一連の政治的・社会的・経済的・行政的な（公式および非公式の）システムを指す。(GWP; Rogers and Hall, 2003)

Water, hard　硬水

大量の塩分やマグネシウムを含むあらゆる水。(USEPA)

Water Integrity Network (WIN)
水統合ネットワーク

トランスペアレンシー・インターナショナル（TI）主導で2006年に始まった取り組み。説明責任、透明性、整合性、誠実さ、メンバー間の相互支援と情報交換に基づき、世界中の水部門における汚職防止活動を奨励。会員は社会のあらゆる部門からなる。ほかの設立パートナーは、国際水衛生センター（IRC）、ストックホルム国際水協会（SIWI）、スウェーデン水議会など。(TI; UNW)

Water loading　水負荷

水科学において、特定の地域に水が運び込む物質量のこと。単位時間当たりの量で示す。(SFWMD)

Water nanotechnology
水ナノテクノロジー

ナノテクノロジーを使って、さらなる環境汚染を引き起こさずに水を人間の利用に適合させる技術。(AIT)

Water neutral
ウォーター・ニュートラル

大きな水フットプリントを持つ個人や企業が、その水フットプリントの大きさと関連費用に応じて持続可能な水利用を促進する事業に投資することを奨励する概念。(WFp)

Water Poverty Index　水貧困指標

世帯の豊かさと利用できる水とを結びつけた学際的な指標。水希少性が人々にどれだけ大きな影響を与えているかを示す。この指標を使えば、水希少性に関連する物理的・社会経済的要因を考慮に入れて、国や地域の順位づけができる。住民の数や水利用パターンに対して、ある国が有する水資源量を相対的に示す。絶対的な順位づけではないものの、ある国が実質的に水潤沢国なのか水貧困国なのかを判断する際に、非常に優れた洞察を与える。5分野（資源、利用、消費、環境、能力）のそれぞれに対して0～20点の点数が付けられ、これらを合わせると、国民の水ニーズを満たすための水供給能力を明示できる。各基準を以下の表にまとめる。(Lawrence et al., 2002) **'Water rich/Water poor countries'** を参照。

表3　水貧困指標

水貧困指標の構成要素	使用されるデータ
資源（利用できる水）	内部の淡水フロー（1人当たり） 外部からのフロー（1人当たり） 人口（上記のとおり）
利　用	清浄な水を利用できる人口の割合(%) 衛生設備を利用できる人口の割合(%) 灌漑水を利用できる人口の割合（%）（1人当たり水資源量で調整する）
能　力	1人当たり所得のGDP購買力平価（PPP）（米ドル） 5歳以下の死亡率（生児出生1000人当たり） 学校入学率（人間開発指標） 所得分配のジニ係数
消　費	国内1人1日当たり消費量（リットル、50リットルを目標とする） 水利用における工業と農業の占有率（GDPに占める両部門の割合で調整する）
環　境	水質（さまざまな基準） 水ストレス（汚染、さまざまな基準） 環境規制と管理 情報能力 生物多様性（絶滅危惧種を基に計算）

出所：Lawrence, 2002

Water quality　水質

ある利用目的に見合うかや、規定水準を満たすかにかかわる化学的・物理的・生物学的な性質。(FAO; USEPA)

Water quality criteria/standards
水質基準

特定の科学的基準に基づいて、法的に義務づけられた水質の基準。

Water rich/Water poor countries
水潤沢国／水貧困国

水貧困国／水潤沢国を定義する方法はいくつかあるが、最もわかりやすいのは、単純にある国の水資源賦存量に基づいた定義である。

水貧困指標は、住民の数や水利用パターンに対して、ある国が有する水資源量を相対的に示す。5分野（資源、利用、消費、環境、能力）のそれぞれに対して点数を付け、これらを合わせると、国民の水ニーズを満たすための水供給能力を明示できる。さらに、水質や水利用といった基準は考慮に入れず、国民各人が物理的に利用できる水の量（1人当たり水量）のみを用いた基準もある（水賦存量を住民人口で割った値）。年間1人当たり水量が1000立方メートル未満の場合は水希少性、年間1人当たり水量が1700立方メートル未満の場合は水ストレスとされる。（FAO; **'Water Poverty Index' 'Water stress' 'Water scarcity'** を参照。

Water scarcity (1)　水希少性（1）

スウェーデンの水文学者マリン・ファルケンマルクが開発した概念。利用できる供給量に対して、現在と将来の水需要を評価。具体的な基準は今なお議論されているとはいえ、国際的に広く受け入れられている。水供給量が年間1人当たり1000立方メートルを下回った場合、その国は年間を通じて、あるいは1年のある期間、水希少性に直面する。（FAO）

Water scarcity (2)　水希少性（2）

ある国や地域の水フットプリント総量を、再生可能な水資源の総量で割った割合。ある国が国内で利用できる量以上の水を消費する場合、100%を超える。（WFp）

Water self-sufficiency　水自給率

財・サービスの国内需要を満たすための生産活動に必要な水を、国内で供給する能力。必要とされる水がすべて自国領域内に存在し、供給される場合、100%となる。ある国における財・サービスの需要の大部分が仮想水の輸入や輸入した水の利用でまかなわれていれば、水自給率はゼロに近づく。（WFp）

Watershed　分水界、流域

ある排水域とほかの排水域とを分ける分水嶺。だが年月を経て、排水域あるいは集水域を示す「流域」の意味で主に用いられるようになってきた（ただし、「排水域〈drainage basin〉」という表現のほうが望ましい）。ある河川流域とほかの流域の境界を示す「分水界」としては、Drainage divide あるいは単に divide が使われる。'watershed' を単独で用いると意味が曖昧になるため、意図された意味が明確ではない限り、この言葉は用いないほうがよい。（USGS）

Water, soft　軟水

カルシウム塩やマグネシウム塩などのミネラルが大量に溶解していないあらゆる水。（USEPA）

Water stress　水ストレス

スウェーデンの水文学者マリン・ファルケンマルクが開発した概念。利用できる供給量に対して、現在と将来の水需要を評価。具体的な基準は今なお議論されているとはいえ、国際的に広く受け入れられている。水供給量が年間1人当たり1700立方メートルを下回った場合、その国は水ストレスに直面するといわれる。（FAO）

Water table　地下水面

地下物質が水分飽和状態になっている地表下の水面。地下水面の深さは、水を採取するために掘らねばならない井戸の深さの最低水準を表す。（USEPA; EES）

Water trading　水取引

無期限あるいは一定期間中に水を利用・消費する権利を売買すること。単位は通常、立方メートル、立方メートル／秒、エーカーフット、その他の広く受け入れられている測定基準。**'World Water Exchange'** を参照。

Water trading/credits in virtual water
仮想水の水取引／クレジット

国際社会でまだ十分に議論が尽くされていない概念。仮想水の移転において、援助供与国／機関と受益国の双方に便益が存在することを示している。たとえば、援助を供与する水潤沢国は、受益国で生産されるよりも低い価格で果物や野菜を生産し販売することに対して、政府開発援助（ODA）のクレジットを得ることが考えられる。また、水貧困国が果物や野菜を市場価格または補助を受けた価格で購入する際に、開発銀行が低利融資を行うことも考えられる。**'Water-' 'World Water Ex-change' 'Water trading'** を参照。

Water year　水年

雨期と乾期を明確化した 12 カ月の期間。

Web Relief　リリーフウェブ

国連人道問題調整事務所（UNOCHA）が 1996 年に設立したインターネット情報サービス。緊急事態に対する国際社会の対応力を向上させることが目的。具体的な目標は次のとおり。国際的な人道支援のためのタイムリーかつ信頼できる主要な情報源として機能すること。救済、ロジスティックス、資金、緊急事態対応計画の意思決定を支援するために、進行中の緊急事態や自然災害に関する最新情報を提供すること。人道問題に関する情報を入手するための確実な主要アクセスポイントを提供すること。人道支援団体の情報パートナー間の情報共有、協調、標準化を、本部と現場の両方のレベルで奨励すること。リリーフウェブは、各国が約束したすべての拠出金の情報を提供するとともに、援助供与国／組織が拠出金の支払いを遵守しているかを追跡調査する。また、供与側と受領側の間で合意された条件、あるいは国連によって定められ全関係者の間で合意された条件に従い、受領国または受益国に対して、現金支給および現物支給双方の支払いが行われているかを追跡調査する。(UNOCHA) **'United Nations Central Emergency Response Fund'** を参照。

WEHAB (Water, Energy, Health, Agri-culture and Biodiversity)
WEHAB（水、エネルギー、健康、農業、生物多様性）（ウィーハブ）

「持続可能な発展に関する世界首脳会議（WSSD）」で明確化された主要分野。次のものを含む。(1) 水供給と衛生、(2) クリーンな生産とリサイクル、(3) エネルギー効率と省エネ、再生可能エネルギーとクリーンな石炭技術、(4) 緊急事態や災害に対する備えと対応（都市安全保障を含む）、(5) 衝撃・紛争後の復旧、復興、再建、(6) 意思決定、政策決定、計画への技術者の参加。

Weighted majority　加重多数決

拠出額などさまざまな特定の理由により、一部の国に重みづけして行う多数決。

Well　井戸

水が採取できる地点まで掘った穴。

Westphalia Settlement of 1648
ウェストファリア条約

1648 年締結。30 年戦争を終結させるための条件を詳細に述べた条約。一般に近代国家秩序の起源と考えられる。国家の絶対的主権と法的平等を、国際秩序の基礎として認識している。

W-E-T

水に関する教育と訓練。国連教育科学文化機関の国際水文学計画（UNESCO-IHP）の第 6 期プログラム。水関連の能力開発のパートナーシップにおいて、一貫したアプローチを提供する。具体的には、次の 4 つの優先分野に取り組む。(1) 高等教育における教育や研究の統合、(2) 緊密なネットワークの構築促進、(3) 質の保証と評価、(4) 水の専門家や教育者の責務としての市民啓発。

Wetlands　湿地

沼地、沼沢地、泥炭地、浸水域。自然に形成されたものか、人工的につくられたものか、一時的なものか恒久的なものか、水の流れの有無、淡水、汽水、塩水を問わない。干潮時の水深が 6 メートルを超えない海水域も含む。**'Ramsar Convention'** を参照。

Whistleblower　内部告発者

是正措置を講ずる権力を持つ人や組織に対して、不正行為を報告する従業員または元従業員。一般に「不法行為」とは、法律、規則、規制の違反や、公益に対する直接的な脅威を指す。詐欺、健康と安全の侵害、汚職がその一例。(WP) **'Water Integrity Network'** を参照。

White Helmets　ホワイト・ヘルメット

1993年10月に、アルゼンチン大統領が「ホワイト・ヘルメット」と呼ばれる国家ボランティア集団を創設する世界的取り組みを開始。国連が善意の人々を活用できるようにすることが目的。開発途上国で、緊急人道支援分野や救済から復興・再建・発展への段階的移行の分野において、国連の活動を支えるような余力の強化を目指す。(UN)

White revolution　白の革命

「緑の革命」に相対する言葉。世界で最も開発が遅れている地域で生活の質を向上させる基本要素として、牛乳や乳製品を提供すること。

White water/issues
ホワイト・ウォーター／イシュー

'Water' を参照。

White water to blue water
ホワイト・ウォーター・トゥ・ブルー・ウォーター

ヨハネスブルグで開催された「持続可能な発展に関する世界首脳会議（WSSD）」で米国政府が開始した取り組み。カリブ海沿岸の流域総合管理を促進することが目的。

WHO Health Policy for All in the 21st Century　WHO政策「21世紀にすべての人に健康を」

今後数十年間で主要な健康問題に対処することを目指す世界的な健康政策。1979年に合意された「すべての人に健康を」という目標が進化したもの。世界保健機関（WHO）のパートナーであるあらゆる国家・国際組織との協議を経て作成された。

Wicked problems　厄介な問題

複雑な相互依存によって生まれたカオス状態にあり、ほとんど手に負えないように見える問題。

Wilderness　原生地域

原生地域、荒野、自然地域、原生林保護地域についての国家や法定の定義は、世界に数多く存在する。1987年の第4回世界原生地域会議のあと、国際自然保護連合（IUCN）は原生自然を次のように定義した。「法律で保護され、精神的または物理的な福利に資する原始の自然要素を保護するのに十分な大きさの、恒久的な自然地域。人間の侵入を示す持続的な痕跡はほとんど、あるいはまったく認められず、自然プロセスが進化し始める可能性のある地域を指す」。この定義は、多くの国が採用し、さまざまな国連文書で引用されているため、ここに掲載した。(IUCN)

Willingness to accept　受取意思額

個人が損失を被る補償として、受け入れることを厭わない貨幣額。(AM)

Willingness to pay　支払意思額

個人がある財・サービスを獲得することに対して、進んで支払おうとする貨幣額。表明選好法や顕示選好法で導き出す。(EEA)

Wind farm
風力発電地帯、ウィンドファーム

複数の風力タービンが建設されて、電力供給網に接続されたひとつの発電所として稼働する場所。一般に、3基以上の風力タービンが想定される。現代的な風力発電地帯は数百メガワット級の発電容量を有することもあり、陸地と同じように沖合にも設置される。(EOE)

Win-win options
「ウィン・ウィン」の選択肢

多基準分析において、選択された2つの基準の双方で最高の点数を得ている選択肢。より広義には、当事者双方の福利につながる可能性がある選択肢を指す。

Withdrawal　脱退

条約の締約国であることを終了すること。多国間条約では、通常12カ月前に通告する。一部の二国間条約では、一定期間後自動的に、あるいは取り組んでいた事業が完了したときに脱退となる。条約締約国は、その条約の脱退や廃棄に関する規定にのっとって（1969年ウィーン条約第54条〈a〉）、あるいは条約のすべての当事国の同意を得て（1969年ウィーン条約第54条〈b〉）、脱退や廃棄を行うことができる。脱退や廃棄に関する規定を含まない条約については、当事国が廃棄または脱退の可能性を許容する意図を有していたと認められる場合、あるいは条約の性質上廃棄または脱退の権利があると考えられる場合、12カ月前までに通告することにより脱退できる。（VC）

Without borders, concept of
国境なきの概念

すべての人は医療を受ける権利を持ち、その必要性は国境よりも重要であるという信念に基づいて、1971年に非営利民間組織「国境なき医師団」を設立したフランス人医師たちに端を発する概念。同組織は、1999年にノーベル平和賞を受賞。非営利組織を通じて、人種、国籍、政治的・宗教的信条にかかわらず、すべての人にサービスを提供する。同組織の設立以来、この「国境なき」という概念は、工学者、建築学者、報道記者、水専門家、教師、看護師など、莫大な数の技術者集団や専門家集団の手本となってきた。（WP）

Working documents/docs　作業文書

情報文書によって裏づけられる会議の公的文書。（UN）

Working group
作業部会、ワーキング・グループ

大規模な問題に取り組むため、締約国会議（COP）や補助機関が招集した集団。作業部会の議長は、それを創設した組織の議長によって任命される。補助機関や多国間環境協定（MEA）の締約国なら誰でも参加できる。（Gupta, 1997）

World Alliance for Citizen Participation　市民参加のための世界連盟

'CIVICUS' を参照。

World Bank (WB)　世界銀行

第二次世界大戦の荒廃から欧州の回復を支援することを目的に1945年に設立。国際復興開発銀行（IBRD）とも呼ばれる。国連の専門機関であり、IBRDと国際開発協会（IDA）からなる。100を超える被援助国に開発援助を行う世界最大の融資機関（2004年度の貸付金額は200億ドルを超える）。IBRDは184カ国の加盟国により所有されている。（WB）

World Bank Anticorruption Strategy
世界銀行の汚職防止戦略

2006年にシンガポールで開かれた世界銀行（WB）／国際通貨基金（IMF）の年次総会で採択。プロジェクト・レベル、国家レベル、グローバル・レベルで不正利得や腐敗に立ち向かうことが目的。

- **プロジェクト・レベル：** リスクの高いプロジェクトを特定し、初期段階からリスクを緩和する。プロジェクト計画、リスク評価、汚職防止行動計画を吟味する汚職防止チームを設置する。計画方法と監視方法を改善し、融資対象プロジェクトの監督とモニタリングを強化する。
- **国家レベル：** ガバナンスが比較的良好な国では、柔軟性を高める。国の指導者がガバナンスと汚職防止の大改革を行っている場合、その決意に見合うように技術・資金援助を増大させる。ガバナンスと汚職が重大な問題となっている国のプロジェクトでは、汚職防止チームと汚職防止行動計画を活用する。民間部門や市民社会と連携して汚職に取り組み、参加型イニシアティブや透明性イニシアティブも支持する。
- **グローバル・レベル：** IMFや多国間開発銀行、ほかの援助機関とともに、汚職防止イニシアティブを促進する。ほかの多国間開発銀行との共同制裁を強化し、調査のルールや手順で一貫性を持たせる。民間部門や市民社会と緊密に協力し、変化に向けた連携を進める。汚職防止に関する主要な国際条約の履行を支援する。

World Bank Group　世界銀行グループ

緊密に提携した次の5つの機関で構成される。国際復興開発銀行（IBRD）（世界銀行）、国際開発協会（IDA）、国際金融公社（IFC）、多数国間投資保証機関（MIGA）、国際投資紛争解決センター（ICSID）。6つ目の地球環境ファシリティ（GEF）も、同グループにおいて半独立構成機関のひとつとして認識されている。

World Bank Safegurard Policies 世界銀行セーフガード政策

'Safegurd policies' を参照。

World Bank Voluntary Disclosure Program　世界銀行の自発的開示プログラム

世界銀行の汚職防止キャンペーンの中核的要素。2006年開始。世界銀行が出資しているプロジェクトにおいて、不正取引を自発的に認めた企業に対し、条件付き恩赦を与える。その代わり、その企業は過去の世界銀行との取り引きを徹底的に調査すること、その情報を世界銀行と共有すること、その後3年間、企業内の遵守状況を追跡調査するために世界銀行公認の独立の監視者を指名することが求められる。企業が罰金の支払いを求められることはないが、調査と遵守の費用は負担しなければならない。自発的に不正を正すことができず、世界銀行の調査によって不正が発覚した場合、その企業はそれ以降プロジェクトへの参加を禁止される。（WB）

World Business Council for Sustainable Development (WBCSD) 持続可能な発展のための世界経済人会議

1991年創設。経済成長、環境保全、社会的公平という3本の柱による持続可能な発展に対して共有の決意を持つ150の国際的な企業の連合体（2002年現在）。メンバーは、30以上の国と20の主要な産業分野を代表して参加している。使命は、次の2つ。持続可能な発展に向けた変革のきっかけをもたらすべく産業界のリーダーシップをとること。環境効率、革新（イノベーション）、企業の社会的責任の向上に寄与すること。（WBCSD）

World Charter for Nature 世界自然憲章

人間と人間以外の自然との関係性のための倫理指針。1982年に国連総会で採択され（国連総会決議37/7）、国際社会で広く受け入れられている。

World Commission on the Social Dimension of Globalization　グローバル化の社会的側面に関する世界委員会

2001年11月に創設された国際労働機関（ILO）の委員会。責務は、グローバル化の社会的側面を分析し、あらゆる不均衡を是正するための提案を行うこと。国際的に著名な人物26人で構成。その知見や勧告に関する報告書は、www.ilo.org/public/english/wcsdg/commission.htm で閲覧可能。

World Conservation Monitoring Centre (WCMC) 世界自然保護モニタリングセンター

世界の生物資源の保護と持続可能な利用に関する情報サービスを提供し、各国の情報システムの開発を支援する。2000年に国連環境計画（UNEP）内に設置された世界の生物多様性の情報と評価を行う中心組織。その起源は、国際自然保護連合（IUCN）が絶滅危惧種のモニタリングを行うためにケンブリッジ事務所を設立した1979年にさかのぼる。その後1988年には、IUCN、世界自然保護基金（WWF）、UNEPが、独立した非営利組織として世界自然保護モニタリングセンターを共同設立した。（WCMC）

World Conservation Strategy (WCS) 世界自然資源保全戦略

国際自然保護連合（IUCN）、国連環境計画（UNEP）、世界自然保護基金（WWF）が資金を出した報告書であり、世界規模の長期保全計画。1980年出版。持続可能な発展を訴える出版物としては初期のものであり、広く読まれている。

World Conservation Union (IUCN)
国際自然保護連合

1948年設立。78の国々から、112の政府機関、735の非政府組織（NGO）、35の団体が会員。181カ国からの約1万人の科学者と専門家が、独特の世界規模での協力関係を築いている。「自然が持つ本来の姿とその多様性を保護しつつ、自然資源の公平かつ持続可能な利用を確保するため、世界中のあらゆる社会に影響を及ぼし、勇気づけ、支援していくこと」が使命。

World Court　国際司法裁判所

'International Court of Justice' を参照。

World Declaration on Nutrition and the Plan of Action for Nutrition (1992)　世界栄養宣言と栄養に関する行動計画（1992年）

世界食糧サミットに向けた準備のために1992年にローマで開催された国連食糧農業機関（UNFAO）主催の会議の成果。

World Economic Forum ('Davos Symposium')
世界経済フォーラム（ダボス会議）

世界の状態の改善に取り組む独立組織。本部はスイス。世界の一流企業1000社から資金提供を受ける。企業家精神にのっとり、世界の公益にかなうように、経済成長と社会進歩を進めるべく行動する。財界リーダー、政治的指導者、知的リーダー、その他の社会リーダーの間でパートナーシップを築くことによって、メンバーや社会がグローバル・アジェンダの重要な問題を明確化し、議論し、提示するのを助ける。特定の政治組織・政党・国の利益には結びつかない公平な非営利の財団として、1971年に設立。1995年に国連経済社会理事会のNGO協議資格を取得。（WEF）

World Environment Day　世界環境デー

1972年に国連総会で創設。毎年異なる都市で記念式典が開催され、6月5日を含む1週間、記念イベントが行われる。これにより、国連は環境意識や政治的関心を高め、市民の行動を促す。

World Environment Organization (WEO)
世界環境機関

国連の下で、環境問題、条約、協定などの現行の管理を強化・中央集権化することを中核テーマとする多面的な構想。この中核テーマを達成する方法は多数あるが、そのほとんどは国連環境計画（UNEP）の再編成をともなう。つまりUNEPの管理権限を強化するか、またはUNEPを吸収するWEOを新たに設立することが求められる。（UN）**'United Nations Environmental Organization'** を参照。

World Health Organization (WHO)
世界保健機関

人間の健康改善を目標として1948年に設立された国際組織。国家の医療サービス強化の支援や、緊急医療の技術援助の提供、病気の予防と抑制の促進、食の安全性や医療に関する国際基準の発表といった活動を行う。加盟国は現在192カ国。（WHO）

World Heritage Alliance　世界遺産同盟

オンライン旅行会社エクスペディア、国連教育科学文化機関（UNESCO）、国連財団の間のパートナーシップ。将来世代が享受できるように、世界遺産登録地の保護に旅行産業や観光産業を巻き込む。（UNW）

World Heritage Convention (WHC)
世界遺産条約

世界の文化遺産および自然遺産の保護に関する条約。1972年の国連教育科学文化機関（UNESCO）主導でパリにおいて採択され、1975年12月に発効。顕著な普遍的価値を有する文化遺産および自然遺産を指定する。（UNESCO）

World Heritage Fund (WHF)
世界遺産基金

危機にさらされている世界遺産に資金提供

を行うという重大なニーズを満たすため、2006年に世界遺産条約の下で設立された特別基金。まず、UNESCOに登録されたアフリカの世界遺産に対して特別の注意を向けることになっている。世界遺産リスト登録件数（2006年時点）812件のうち、アフリカのものはわずか66件しかなく、資金の欠如や、気候変動・戦争・無規制の観光業などの自然災害や人災のため、そのうち14件が「危機にさらされている世界遺産リスト（危機遺産リスト）」に掲載されている。（UNESCO）

World Heritage Sites　世界遺産登録地

顕著な普遍的価値を有すると考えられる文化遺産および自然遺産。世界の文化遺産および自然遺産の保護に関する条約（世界遺産条約）の締約国が提出し、UNESCO総会が承認する。（UNESCO）

World Heritage Trust　世界遺産基金

世界遺産条約は、一部の開発途上国では登録地の多くが適切に維持・財政支援されえないことを認識している。そのため、UNESCOは登録地の優先リストを整備し、世界遺産基金（公的資金および民間資金）を通じてそうした登録地に資金提供を行う。（UNESCO）

World Humanitarian Forum (WHF)
グローバル人道フォーラム

コフィー・アナン前国連事務総長が陣頭指揮をとって2007年に創設。人道支援活動の振興、平和の推進、貧困削減を目的とした年次会議を開催。世界経済フォーラム（ダボス会議）と似た組織づくりがなされている。（UNW）

World Parliament　人類の議会

英国の詩人アルフレッド・テニスン（1809〜1892年）が1842年に初めて提案した概念。全体的な目的は、民主的・非軍事的・連邦制の世界政府を樹立すること。世界の問題を平和的に解決し、国境を越える事柄を全人類の利益のために処理することを目指す。（Monbiot, 2007）**'United Nations Parliamentary Assembly'** を参照。

World Resources Institute (WRI)
世界資源研究所

1982年に設立された政策研究センター。人間の基本的ニーズを満たす方法や、生命や経済活力や国際安全保障が依存する自然資源や環境保全を損なうことなく、経済成長を実現する方法について、政府や国際機関や民間企業の理解を助けることが目的。現在の政策研究分野は、森林、生物多様性、持続可能な農業、エネルギー、気候変動、大気汚染、持続可能な開発に向けた経済的インセンティブ、環境・資源に関する情報など。（WRI）

World Social Forum (WSF)
世界社会フォーラム

新自由主義やあらゆる形態の帝国主義や資本による世界の支配に反対する市民社会の組織や運動が集まる開かれた場。熟考し、アイデアを民主的に議論し、提案をまとめ、経験を自由に共有し、効果的な行動に向けて連携する。人間を中心に据えた地球社会の構築を望む。もともとは世界経済フォーラムに対抗するフォーラムとして組織されたが、開発の社会的・倫理的側面を議論する独立した集会という重要な役割を果たすようになった。2001年から年次会議を開催。（WSF）

World Summit 2005
2005年世界サミット

'Millennium +5 Summit' を参照。

World Summit on Sustainable Development (WSSD)
持続可能な発展に関する世界首脳会議

2002年8月26日から9月4日まで、南アフリカ共和国のヨハネスブルグにあるサントン会議場で開催。国連総会決議55/199によれば、この会議の目的は、1992年の国連環境開発会議（UNCED）からの10年間を首脳レベルで見直し、持続可能な発展に向けた世界の取り組みを再活性化すること。政府間組織や非政府組織（NGO）、民間部門、市民社会、学界、科学界の代表者を含め、191カ国から2万1000人以上が参加。「持続可能な開発に関するヨハネスブルグ宣言」および「実

施計画」という2つの主要文書を採択した。(WSSD)

World Trade Organization (WTO)
世界貿易機関

ウルグアイ・ラウンド合意を実施・施行するため、1995年に設立。本部はジュネーブ。「関税および貿易に関する一般協定(GATT)」の後身。国際貿易システムの法的・制度的な基盤を構築。貿易関連の法規制における政府の義務を定めるとともに、貿易摩擦の解決メカニズムを示す。現在142カ国が加盟。(WTO)

World Water Council (WWC)
世界水会議

1996年に設立された世界最初の水政策に関する非政府系国際シンクタンク。世界の水資源や水サービスの管理を改善するため、世界の水分野における運動を強化する。使命は、「地球上のすべての生物の利益のために環境面で持続可能な形で、あらゆる側面において水の効率的な保全・保護・開発・計画・管理・利用を促進するため、最高意思決定レベルを含むあらゆるレベルで重大な水問題についての意識を高め、政治的責任を確立し、行動を促すこと」。3年に一度、世界水フォーラムを準備し、招集する。本部はフランスのマルセイユ。

World Water Day　世界水の日

国連水の日。国連総会決議で毎年3月22日に決定。1992年にブラジルのリオデジャネイロで開催された国連環境開発会議(UNCED)の「アジェンダ21」で、初めて公式に提案された。1993年から始まった関連行事は、どんどん規模が拡大している。

World Water Exchange®　世界水取引

民間企業であるネクスト・レベル・バンキングとレイン・トラスト・クライメート・エクスチェンジによる取り組み。目的は次の4つ。(1) ブルー・ウォーターとグリーン・ウォーターの水指数リストを作成することによって、世界的に受け入れられる価格を付けた国際的な水取引を運営する。(2) 利益をもたらす環境金融商品の潜在的価値を示す指標として、水指数を普及させる。(3) 畜産物や穀物の水フットプリントに基づいて、輸出入される仮想水の金銭価値を判断する。(4) 技術(特許)、生産者、流通業者を最も効率的な方法で結びつけ、取引メカニズム(グリーン・イーベイ®)を運営する。(van Woerden et al., 2006)

World Water Forum　世界水フォーラム

世界水会議(WWC)の公式会議。1997年にモロッコのマラケシュで第1回フォーラムが開催された。第2回フォーラムは2000年にオランダのハーグで、第3回フォーラムは2003年に日本の京都と大阪で、第4回フォーラムは2006年にメキシコのメキシコシティーで開催された。第5回フォーラムは2009年にトルコのイスタンブールで開催予定。

Worldwide Fund for Nature (WWF)
世界自然保護基金

旧称「世界野生生物基金」。5大陸に500万人近くのサポーターを持つ独立した自然保護団体。28の各国事務所、24のプログラム事務所、4つの提携団体がある。1985年以降、130カ国1万1000以上のプロジェクトに投資し、その額は11億6500万米ドルにのぼる。(WWF)

WSSD Plan of Implementation
WSSD実施計画

国連環境開発会議(UNCED)で合意された約束を実施するための行動枠組み。次の11章からなる。導入、貧困撲滅、生産消費、天然資源、グローバル化、保健、小島嶼開発途上国(SIDS)、アフリカ、その他の地域的イニシアティブ、実施の手段、制度的枠組み。**'World Summit on Sustainable Development'** を参照。

X x

X files　エックス・ファイル
　国連システム内で、国連加盟国や一部職員との機密交渉によって事務総長が極秘ファイルを保管しているという長年のうわさを表す言葉。

Xenophile　外国好き
　外国のものに引かれる人。（MW）

Xenophobe　外国嫌い
　外国のものに対して過度に恐れを抱く人。（MW）

Xeric　乾燥性
　ほんの少量の水分しか必要としない生息地。（MW）

Xerophytic　耐乾性植物
　乾燥地での生活に適応し、乾燥に耐えられる植物。（USEPA）

Y y

Yellow Pages　イエロー・ページ
　多くの国連事務所で発行されている内部向けの会報を指す総称。

Yellow rain　黄色い雨
　東南アジアで、霧あるいは岩・植生上の斑点として発生することが報告されている黄色い物質。ベトナム戦争で使われた化学兵器、あるいは花粉や蜂の糞のような自然発生物など、さまざまに推測される。(WB)

Z z

Zero sum　ゼロ・サム

選択された一連の戦略において利益と損失を合わせると常にゼロになるというゲーム理論から生まれた言葉。ガバナンスでは、ある当事者が勝てば、ほかの当事者が負けることを意味する。

Zero Waste Alliance (ZWA)
ゼロ・ウェイスト同盟

米国オレゴン州のポートランドに本部を置く国際持続可能な発展財団（ISDF）の取り組み。ライフサイクルでの責任やグリーン・ケミストリーの原則を製造プロセスに導入することを目指す。

Zonal discharge permit
区域排出許可量

区域（とその区域内――区域間ではない――における売買権）に基づいて市場取引できる許可量。汚染物質が過度に局所的に集中するのを避ける。(AM)

Zoning　ゾーニング、区分け

自然地域や管理下の保護区、市町村などの行政区において、さまざまな利用形態と利用の度合いによって、陸地を配置または区分けすること。

【頭字語・略語一覧】

A

A	Assembly (GEF)　総会（地球環境ファシリティ）
AAAID	Arab Authority for Agricultural Investment and Development　アラブ農業投資開発局
AACCLA	Latin American Association of American Chambers of Commerce　米商工会議所ラテンアメリカ協会
AALCC	Asian-African Legal Consultative Committee　アジア・アフリカ法律諮問委員会
AAPA	American Association of Port Authorities　米国港湾管理者協会
AARINENA	Association of Agricultural Research Institutions in the Near East and North Africa　近東・北アフリカ農業研究機関協会
AARS	Automatic Aircraft Reporting System　自動航空機報告システム
AAS	African Academy of Sciences　アフリカ科学アカデミー
AAU	Assigned Amount Unit (UNFCCC)　割当量単位（国連気候変動枠組条約）
ABC	Brazilian Cooperation Agency　ブラジル協力機構
ABODE	Annual Bank Conference on Development Economics (World Bank)　開発経済学に関する世界銀行年次会合（世界銀行）
ABM	Australian Bureau of Meteorology　オーストラリア気象局
ABS	Access to Genetic Resources and Benefit Sharing (CBD)　遺伝資源の取得の機会および利益の配分（生物多様性条約）
AC (1)	Accession Countries　加盟候補国
AC (2)	Animal Committee (CITES)　動物委員会（ワシントン条約）
AC (3)	Aårhus Convention　オーフス条約
AC (4)	armed conflict　武力紛争
AC (5)	African Conservancy　アフリカン・コンサーバンシー
AC (6)	Ad Hoc Committee　特別委員会
ACABQ	UN Advisory Committee on Administrative and Budgetary Questions　国連行財政問題諮問委員会
ACAL	Latin American Academy of Sciences (Venezuela)　ラテンアメリカ科学アカデミー（ベネズエラ）
ACAP	Agreement on the Conservation of Albatrosses and Petrels　アホウドリ類とウミツバメ類の保全に関する協定
ACC (1)	Administrative Committee on Coordination　国連調整管理委員会／国連行政調整委員会
ACC (2)	Cuban Academy of Sciences　キューバ科学アカデミー
ACCOBAMS	Agreement on the Conservation of Cetaceans of the Black Sea, the Mediterranean Sea and Contiguous Atlantic Area　黒海、地中海および近接する大西洋地域の鯨類の保全に関する協定
ACCSWR	Administrative Committee on Coordination, Sub-Committee on Water Resources　国連調整管理委員会／国連行政調整委員会、水資源小委員会
ACCU	Asia/Pacific Cultural Centre for UNESCO　ユネスコ・アジア文化センター
ACDA	Arms Control and Disarmament Agency　軍備管理軍縮局
ACDI	American Cooperatives Development International (Brazil)　農業協同開発（ブラジル）
ACI	International Cooperative Alliance　国際協同組合同盟
ACIA	Arctic Climate Impact Assessment　北極圏気候影響評価
ACMED	African Centre of Meteorological Applications for Development　アフリカ開発気象利用センター
ACP	Africa, Caribbean, and Pacific　アフリカ、カリブ、太平洋

ACP-EUWF	Africa, Caribbean, Pacific – European Union Water Facility　アフリカ、カリブ、太平洋－欧州連合水ファシリティ
ACS	Association of Caribbean States　カリブ諸国連合
ACSAD	Arab Centre for the Studies of Arid Zones and Drylands　アラブ砂漠・乾燥地研究センター
ACTS	African Centre for Technology Studies　アフリカ技術研究センター
ACTT	African Centre for Technology Transfer (GEF)　アフリカ技術移転センター（地域環境ファシリティ）
ACWP	African Conservancy for Wildlife Protection　野生動物保護のためのアフリカン・コンサーバンシー
ADA (1)	Austrian Development Agency　オーストリア開発庁
ADA (2)	Australian Development Agency　オーストラリア開発庁
ADB (1)	African Development Bank (sometimes AfDB)　アフリカ開発銀行
ADB (2)	Asian Development Bank (sometimes AsDB)　アジア開発銀行
ADC (1)	Andean Development Corporation　アンデス開発公社
ADC (2)	African Development Council　アフリカ開発会議
AdE	Water Academy of France　フランス水アカデミー
ADELA	Atlantic Community Development Group for Latin America　大西洋共同体中南米開発グループ
ADF	African Development Fund　アフリカ開発基金
ADI	acceptable daily intake　1日許容摂取量／許容1日摂取量
ADPC	Asian Disaster Preparedness Center　アジア災害防止センター
ADR	alternative dispute resolution　裁判外紛争解決手続き
ADRC	Asian Disaster Reduction Center　アジア防災センター
AEC	African Economic Council　アフリカ経済共同体
AECI	Spanish Agency for International Cooperation　スペイン国際協力庁
AEGDM	ASEAN Experts Group on Disaster Management　災害管理に関するASEAN専門家グループ
AEPS	Arctic Environmental Protection Strategy　北極圏環境保護戦略
AERYD	*Asociación Española de Riegos y Drenajes*　スペイン灌漑排水協会
AESN	*Agence de l'Eau Seine-Normandie* (France)　セーヌ・ノルマンディー水公社（フランス）
AETF	Australian Emissions Trading Forum Review　オーストラリア排出量取引フォーラムレビュー
AEWA	Agreement on the Conservation of African-Eurasian Migratory Waterbirds　アフリカ・ユーラシアの渡り性水鳥の保全に関する協定
AEWS	accident emergency warning system　事故緊急時警告システム
AFD	*Agence Française de Développement*　フランス開発庁
AfDB	African Development Bank (sometimes ADB)　アフリカ開発銀行
AFESD	Arab Fund for Economic and Social Development　アラブ経済社会開発基金
AFLEG	African Forest Law Enforcement and Governance　アフリカにおける森林法の施行とガバナンス
AFOLU	Agriculture, Forests, and other Land Use (UNFCCC)　農業、森林およびその他の土地利用（国連気候変動枠組条約）
AFPPD	Asian Forum of Parliamentarians on Population and Development　人口と開発に関するアジア議員フォーラム
AFSED	Arab Fund for Social and Economic Development　アラブ社会経済開発基金
AFTA (1)	ASEAN Free Trade Area　ASEAN自由貿易地域
AFTA (2)	Andean Free Trade Association　アンデス自由貿易連合
AFWC	African Forestry and Wildlife Commission　アフリカ林業・野生生物委員会
AG (1)	Assembly of Governors (IDB)　総務会（米州開発銀行）

AG (2) Australia Group　オーストラリア・グループ
AG13 Ad hoc Group on Article 13 (UNFCCC)　13条に関するアドホックグループ（国連気候変動枠組条約）
AGBM Ad hoc Group on the Berlin Mandate (UNFCCC)　ベルリン・マンデートに関するアドホックグループ（国連気候変動枠組条約）
AGCM atmospheric general circulation model (WMO)　大気大循環モデル（世界気象機関）
AGDP agricultural gross domestic product　農業の国内総生産
AGFUND Arab Gulf Programme for the United Nations Development Organization　国連開発機関アラブ湾岸プログラム
AGHCL Advisory Group on Harmonization of Classification and Labeling (OECD)　分類およびラベル表示の調和に関する諮問グループ（経済協力開発機構）
AGIRS Agriculture Investment Research Service (IBRD)　農業投資研究局（国際復興開発銀行）
AGO Australian Greenhouse Office　オーストラリア温暖化対策事務所
AGORA Access to Global Online Research in Agriculture　農業分野の地球オンライン研究へのアクセス
AGR Agriculture Department (WB)　農業部門（世界銀行）
AGR_{EMP} percentage of labor force in agricultural sector　農業部門における労働力比
AHEG Ad Hoc Expert Group (UNFCCC)　アドホック専門家グループ（国連気候変動枠組条約）
AHEG PARAM UN Ad-hoc Group on Consideration with a view to Recommending the Parameters of a Mandate for Developing a Legal Framework on all Types of Forests　あらゆる種類の森林に関する法的枠組みを策定する作業の指標を勧告するための検討に関する国連アドホックグループ
AHTEG Ad Hoc Technical Working Group　アドホック技術作業グループ
AIA (1) Advance Informed Agreement (Cartagena Protocol on Bio-safety)　事前の情報に基づく合意（バイオセーフティに関するカルタヘナ議定書）
AIA (2) American International Association for Economic and Social Development　米国際経済社会発展協会
AIACC agricultural impact assessment of climate change　気候変動の農業影響評価
AIC African Investment Association　アフリカ投資協会
AID Agency for International Development (USA)　国際開発庁（米国）
AIDA International Association for Water Law　国際水法学会
AIDIS Pan-American Engineering Association for the Public Health and Environment　汎米州公衆衛生・環境工学会
AIDS acquired immune deficiency syndrome (UN)　後天性免疫不全症候群（国際連合）
AIH American Institute of Hydrology　アメリカ水文学会
AIJ Activities Implemented Jointly (UNFCCC)　共同実施活動（国連気候変動枠組条約）
AIMS Atlantic, Indian Ocean, Mediterranean, and the South China Seas (SIDS grouping)　大西洋、インド洋、地中海および南シナ海（小島嶼開発途上国）
AIRC Asia International Rivers Center (China)　アジア国際河川センター（中国）
AIRVIEW Air Quality Visualization Instrument for Europe on the Web　ウェブ上での欧州大気質視覚化／可視化手法
AIT Asian Institute of Technology (Thailand)　アジア工科大学院（タイ）
AJXG Annex I Expert Group (UNFCCC)　附属書I国専門家グループ（国連気候変動枠組条約）
ALA EU's Assistance Programme in Asia and Latin America　EUアジア・ラテンアメリカ援助計画

ALADI	Latin American Institute for Integration and Development　統合と開発のためのラテンアメリカ研究所
ALALC	Latin American Association of Free Commerce　ラテンアメリカ自由貿易連合
ALCORDES	Latin American Association of Regional Development Associations　ラテンアメリカ地域開発学会連合
ALESCO	Arab Centre for the Study of Arid Zones and Dry Lands (LAS)　アラブ砂漠・乾燥地研究センター（アラブ諸国連盟）
ALIDE	Latin American Association of Development Finance Institutions　ラテンアメリカ開発資金供与機関連合
ALIDES	Central American Alliance for Sustainable Development　中米持続可能な開発同盟
ALMAE	Alliance Maghreb Machrek pour l'Eau (Morocco)　マグレブ・マシュレク水同盟（モロッコ）
ALTERRA	International Land Research Institute (Wageningen University, The Netherlands)　国際土壌研究研究所（オランダ・ワーヘニンゲン大学）
AMAP	Arctic Monitoring and Assessment Programme　北極圏モニタリング・評価計画
AMGEN	African Ministerial Conference on the Environment　アフリカ環境大臣会議
AMCOW	African Ministers' Council on Water　アフリカ水担当大臣会議
AMF	Arab Monetary Fund　アラブ通貨基金
AMH	Mexican Association of Hydraulics　メキシコ水力学学会
AMNCA	*Alianza Mexicana par la Nueva Cultura del Aguas*　新たな水文化のためのメキシコ連盟
AMU	Arab Maghreb Union　アラブ・マグレブ連合
ANA	National Water Agency (Brazil)　国家水資源局（ブラジル）
ANBO	African Network for Basin Organization　アフリカ流域機構ネットワーク
ANCEFN	National Academy of Exact, Physical and Natural Sciences (Argentina)　精密科学、物理学、自然科学国家アカデミー（アルゼンチン）
ANCYT	National Academy of Science and Technology (Peru)　国家科学技術アカデミー（ペルー）
ANEW	Africa Network of Civil Society Organizations　市民社会組織アフリカ・ネットワーク
ANGO	Advocacy NGO　アドボカシー推進 NGO
ANPED	Northern Alliance for Sustainability　持続可能性のための「北」同盟
AoA	Agreement on Agriculture (WTO)　農業協定（世界貿易機関）
AOAD	Arab Organization for Agricultural Development　農業開発アラブ機構
AOML	Atlantic Oceanographic and Meteorological Laboratory　大西洋海洋気象研究所
AONB	Areas of Outstanding Natural Beauty　特別自然景観地域
AOSIS	Alliance of Small Island States　小島嶼国連合
AP (1)	Alliance for Progress　進歩のための同盟
AP (2)	associated program　連携プログラム
APD	approved project document (IDB)　承認事業文書（米州開発銀行）
APE	assimilative potential of the environment　環境の同化能力
APEC	Asia-Pacific Economic Cooperation　アジア太平洋経済協力会議
APELL	alert and preparedness for emergencies at local level　地域レベルでの緊急事態に対する警戒と準備
APEP	Alliance for Progress　進歩のための同盟
APFC	Asia-Pacific Forestry Commission　アジア太平洋林業委員会
APFED	Asia-Pacific Forum for Environment and Development　アジア太平洋環境開発フォーラム
APFM	Associated Programme on Flood Management　洪水管理に関する連携プログラ

ム
APL　adaptable program lending　適合プログラム融資
APO　Asian Productivity Organization　アジア生産性機構
APPCDC　Asia-Pacific Partnership on Clean Development and Climate　クリーン開発と気候に関するアジア太平洋パートナーシップ
APPP　annual participatory programming process　年次参加プログラミングプロセス
APR　Annual Programme/Project Report (GEF)　プログラム／事業年次報告（地球環境ファシリティ）
APS　ambient permit system　環境許可システム
APWF　Asia Pacific Water Forum アジア太平洋水フォーラム
AQUASTAT　Country Information on Water and Agriculture　水および農業に関する国別情報
AR　agricultural research　農業研究
A/R　afforestation/reforestation　植林／再植林
AR4　IPCC Fourth Assessment Report　気候変動に関する政府間パネル第4次評価報告書
ARC (1)　Agricultural Research Centre　農業研究センター
ARC (2)　Agricultural Research Council　農業研究会議
ARC (3)　Alliance to Rescue Civilization　文明を救う連盟
ARD　afforestation, reforestation and deforestation　植林、再植林および森林減少
ARES　African Regional Environmental Strategy　アフリカ地域環境戦略
ARF　ASEAN Regional Forum　ASEAN 地域フォーラム
ArgCapNet　Argentine Water Education and Capacity Building Network　アルゼンチン水教育・能力構築ネットワーク
ARI　Agricultural Research Institute　農業研究研究所
ARIDE　Assessment of the Regional Impact of Droughts in Europe　ヨーロッパにおける干ばつの地域規模の影響評価
ASA　Association for Social Advancement　社会開発協会
ASAL lands　arid or semi-arid lands (UN)　乾燥・半乾燥地域（国際連合）
ASARECA　Association for Strengthening Agricultural Research in Eastern and Central Africa　東部・中部アフリカ農業研究強化協会
ASCE　American Society of Civil Engineers　米国土木学会
ASCOBANS　Agreement on the Conservation of Small Cetaceans of the Baltic and North Seas　バルト海および北海の小型鯨類の保全に関する協定
ASD　Asian Development Bank　アジア開発銀行
AsDB　Asian Development Bank　アジア開発銀行
ASE　Alliance to Save Energy　省エネルギー同盟
ASEAN　Association of South-East Asian Nations　東南アジア諸国連合
ASG　Assistant Director General　事務次長補
ASIL　American Society of International Law　アメリカ国際法学会
ASIP　Inter American Press Association　米州新聞協会
ASOEN　ASEAN Senior Officials on Environment　東南アジア諸国連合 環境高級事務レベル会議
ASR　artificial storage and recovery　人工的な貯留・回収
ASRWG-ICID　International Commission on Irrigation and Drainage, Asian Regional Working Group　国際灌漑排水委員会アジア地域作業部会
ASSMAE　Associacao Nacional de Servicios Municipais de Saneamiento (Brazil)　全国自治体衛生サービス協会（ブラジル）
ASTHyDA　analysis, synthesis and transfer of knowledge and tools on hydrological droughts assessment through a European network　欧州ネットワークによる渇水評価に関する知識とツールの分析、統合、移転
ASWAF　Africa Safe Water Foundation (Nigeria)　アフリカ安全な水基金（ナイジェリ

ア）

ATL　technical cooperation loan (IDE)　技術協力ローン（ジェトロ・アジア経済研究所）

ATO (1)　African Timber Organization　アフリカ木材機関

ATO (2)　Arab Towns Organization　アラブ・タウン連合

ATS　Antarctic Treaty System　南極条約システム

ATT　advanced treatment technology　高度処理技術

ATTP　Advanced Technical Training Programme (UNESCO) 高度な技術研修プログラム（国連教育科学文化機関）

AU (1)　African Union　アフリカ連合

AU (2)　anti-bribery undertaking　贈賄防止保障

AUDMP　Asian Urban Disaster Mitigation Program　アジア都市災害緩和プログラム

AusAid　Australian Agency for International Development　オーストラリア国際開発庁

AVHRR　advanced very high-resolution radiometer　改良型超高分解能放射計

AVU　African Virtual University　アフリカ・バーチャル大学

AWA　Australian Water Association　オーストラリア水協会

AWARENET　Arab Integrated Water Resources Management Network　アラブ統合水資源管理

AWB　Association of Water Boards (Germany)　水管理委員会（ドイツ）

AWC　Arab Water Council　アラブ水会議

AWEC　Annual Water Experts Conference　水専門家年次会議

AWF　African Water Facility (AfDB)　アフリカ水機関（アフリカ開発銀行）

AWG　Advisory Working Group (CHy of WMO)　諮問作業部会（世界気象機関 水文委員会）

AWGB　Ad Hoc Working Group on Biodiversity (GEF/STAP)　生物多様性に関するアドホック作業部会（地球環境ファシリティ・科学技術諮問パネル）

AWGGWE　Ad Hoc Working Group on Global Warming and Energy (GEF)　地球温暖化とエネルギーに関するアドホック作業部会（地球環境ファシリティ）

AWMC　Advanced Wastewater Management Centre (Australia)　高度排水管理センター（オーストラリア）

AWP　Area Water Partnership (GWP)　地域水パートナーシップ（世界水パートナーシップ）

AWRA　American Water Resources Association　アメリカ水資源協会

AWTF　African Water Task Force　アフリカ水特別委員会

B

BA　beneficiary assessment　受益者アセスメント

BAA (*ALBA*)　Bolivarian Alternative for the Americas (*Alianza Bolivariana para los Pueblos de Nuestra América*)　米州ボリバル代替統合構想

BACT　best available control technology　利用可能な最良の制御技術

BADEA　Arab Bank for Economic Development in Africa　アフリカ経済開発アラブ銀行

BAHC　biospheric aspects of the hydrological cycle　水循環の生物的側面研究計画

BAPA　Buenos Aires Plan of Action (UNFCCC)　ブエノスアイレス行動計画（国連気候変動枠組条約）

BAS　Academy of Sciences (Bangladesh, Brazil)　科学アカデミー（バングラデシュ、ブラジル）

BASD　Business Action for Sustainable Development　持続可能な発展のためのビジネスアクション

Basel　Basel Convention on the Control of Transboundary Movements of Hazardous Wastes and their Disposal　有害廃棄物の国境を越える移動およびその処分の

	規制に関するバーゼル条約
BAT	best available technology　利用可能な最良の技術
BATNEEC	best available techniques not entailing excessive costy　過大なコスト負担なく利用可能な最良の技術
BAU	business as usual　現状のまま
BBC	British Broadcasting Corporation　英国放送協会
BCA	benefit-cost analysis　便益費用分析
BCH	Biosafety Clearing House (CBD)　バイオセーフティ・クリアリング・ハウス（生物多様性条約）
BCHM	Belgium Clearing House Mechanism　ベルギー・クリアリング・ハウス・メカニズム
BCIS	Biodiversity Conservation information System　生物多様性保全情報システム
BCR	benefit-cost ratio　利益コスト率
BCSD	Business Council for Sustainable Development　持続可能な発展のための世界経済人会議
BCSR	Bahrain Centre for Studies and Research　バーレーン調査・研究センター
BDC	biological data collection　生物学データ収集
BDDC	British Development Division – Caribbean　英国開発部・カリブ
BDO	Buccament Development Organization　ブカメント開発組織
BE	Special Voluntary Trust Fund of the CBD　生物多様性条約 特別信託基金
BEGIN	Basic Education for Growth Initiative (Japan)　成長のための基礎教育イニシアティブ（日本）
BEP	best environmental practice　環境のための最良の慣行
BGR	Federal Institute for Geosciences and Natural Resources (Germany)　連邦地球科学・天然資源研究所（ドイツ）
BICC	Bonn International Centre for Conversion (Germany)　ボン国際軍民転換センター（ドイツ）
BINGO	Business and Industry NGO　企業・産業 NGO（非政府組織）
BIONET	Biodiversity Action Network　生物多様性アクションネットワーク
BIT	Bilateral Investment Treaties　二国間投資協定
BKA	Federal Chancellery (Austria)　オーストリア首相府
BLICC	Business Leaders Initiative on Climate Change　気候変動に関するビジネスリーダーズ・イニシアティブ
BLKALET	Block A Agreement Letter (GEF)　ブロック A 契約書（地域環境ファシリティ）
BMA	Federal Ministry of Foreign Affairs (Austria)　オーストリア外務省
BMENA	Broader Middle East and North Africa　拡大中東・北アフリカ
BMP	best management practice　最良管理実践
BMU	German Federal Ministry of Environment　ドイツ連邦環境省
BMZ	German Federal Ministry for Economic Cooperation and Development　ドイツ経済協力開発省
BNGO	Business NGO　企業 NGO（非政府組織）
BNSC	British National Space Centre　イギリス国立宇宙センター
BOD	biological oxygen demand　生物化学的酸素要求量
BOG	Board of Governors　理事会
BOO	build, own, operate　建設・所有・運営
BOT	build, operate, transfer　建設・運営・譲渡（ビルド・オペレート・トランスファー）
BP	bank procedures (WB)　業務手続き（世界銀行）
BPA	Barbados Plan of Action (SIDS)　バルバドス行動計画（小島嶼開発途上国）
BPDWS	Building Partnerships for Development in Water and Sanitation　水と衛生における開発のためのパートナーシップ構築

BPEO	best practicable environmental option　最善な実用的選択肢
BPM	best practicable means　実行可能な範囲での最良の手段
BPOA	Barbados Plan of Action (SIDS)　バルバドス行動プログラム（小島嶼開発途上国）
BPP	Blue Planet Project　ブルー・プラネット事業
BPPE	Bureau for Programme Policy and Evaluation (GEF)　計画政策評価局（地球環境ファシリティ）
BRG	Genetic Resources Board (France)　遺伝資源理事会（フランス）
BRGM	French Geological Survey and Bureau of Mines　フランス地質学・鉱山研究所
BRIC countries	Brazil, Russia, India and China　ブラジル、ロシア、インド、中国
BSE	bovine spongiform encephalopathy 'mad cow disease'　牛海綿状脳症（狂牛病）
BSEC	Black Sea Economic Cooperation　黒海経済協力機構
BSH	basic systems in hydrology　水文学の基本的なシステム
BSWG	Open-ended Ad Hoc Working Group on Biosafety (CBD) バイオセーフティに関するアドホック・オープンエンド作業部会（生物多様性条約）
BTC	Belgian Technical Cooperation　ベルギー技術協力
BTWC/BWC	Biological and Toxin Weapons Convention　生物兵器禁止条約
BUWAL	Swiss Agency for Environment, Forests and Landscape　スイス環境・森林・保護庁
BVI	British Virgin Islands　英領バージン諸島
BWO	Basin Water Organization　流域水機構
BWP (1)	Bretton Woods Project　ブレトンウッズ・プロジェクト
BWP (2)	Bangladesh Water Partnership　バングラデシュ水パートナーシップ
BY	Trust Fund for the Convention (CBD)　条約信託基金（生物多様性条約）
BZ	Special Voluntary Trust Fund to Facilitate Participation by the Parties to the Convention (CBD)　条約締約国からの参加を促進するための特別ボランタリー基金（生物多様性条約）

C

C&C	contraction and convergence　収縮と収束
C&I	criteria and indicators　基準と指標
C2D	Contract for Debt Relief and Development　債務救済と開発契約
CA (1)	cooperating agency　開発協力庁
CA (2)	cooperative agreement　共同契約
CA (3)	Central Administration (Italy)　中央政府（イタリア）
CA (4)	comprehensive assessment of water management in agriculture　農業における水管理に関する包括的評価
CA (5)	Chamber of Accounts　会計課
CAA	Clean Air Act　大気浄化法
CAADP	Comprehensive Africa Agriculture Development Programme　アフリカ農業総合開発プログラム
CABEI	Central American Bank for Economic Integration　中米経済統合銀行
CAC (1)	Central American Agricultural Advisory Board　中米農業委員会
CAC (2)	Codex Alimentarius Commission　コーデックス委員会
CAC (3)	command and control　指令・統制
CAC&M	Central Asia, Caucasus and Moldova　中央アジア、コーカサス、モルドバ
CACAM	Central Asia, Caucasus, Albania and Moldova　中央アジア、コーカサス、アルバニア、モルドバ
CACILM	Central Asia Countries Institutions for Land Management　土地管理のための中央アジア・イニシアティブ

CACM　Central American Common Market　中央アメリカ共同市場／中米共同市場
CAD　Administrative Commission of the Executive Directorate (IDB)　執行理事会の行政委員会（米州開発銀行）
CAETS　International Council of Academies of Engineering and Technological Sciences　国際工学アカデミー連合
CAEU　Council of Arab Economic Unity　アラブ経済統合理事会
CAF (1)　Andean Development Corporation〔Corporacion Andian de Fomento〕　アンデス開発公社
CAF (2)　Conflict Analysis Framework (WB)　紛争分析フレームワーク（世界銀行）
CAF (3)　Conserve Africa Foundation　アフリカ保護基金
CAFE　Clean Air for Europe Programme　欧州大気清浄計画
CAFF　Conservation Council of Arctic Flora and Fauna　北極圏植物相・動物相保存作業部会
CAFTA　Central American Free Trade Agreement　中米自由貿易協定
CAI　Clean Air Initiative　清浄な空気へのイニシアティブ
CAMLR　Commission or the Conservation of Antarctic Marine Living Resources　南極の海洋生物資源の保存に関する委員会
CAMRE　Council of Arab Ministers Responsible for the Environment　アラブ環境担当閣僚会議
CAN (1)　Andean Community of Nations (*Comunidad de las Naciones Andinas*)　アンデス共同体
CAN (2)　Climate Action Network　気候行動ネットワーク
CAN (3)　Country Assistance Note　国別支援記録
CANSA　Climate Action Network Southeast Asia　東南アジア気候行動ネットワーク
CANUS　Climate Action Network United States　米国気候行動ネットワーク
CAP　Common Agricultural Policy　共通農業政策
CAPAM　Commonwealth Association for Public Management　行政管理の連邦協会
CAPNET　International Network for Capacity Building for Integrated Water Resources Management (GWP)　水資源管理のための能力強化ネットワーク（世界水パートナーシップ）
CAR　Central Asian Republics　中央アジア共和国諸国
CARA　Central American Water Resource Management Network　中米の水資源管理ネットワーク
CARAPHIN　Caribbean Animal and Plant Health Information Network　カリブ動植物健康情報ネットワーク
CARDI　Caribbean Agricultural Research and Development Institute　カリブ農業開発研究所
CAREC　Regional Development Centre for Central Asia　中央アジア地域経済協力
CARIBANK　Caribbean Development Bank　カリブ海開発銀行
CARICOM　Caribbean Community and Common Market　カリブ共同体
CARICOMP　Caribbean Coastal Marine Productivity Program　カリブ海沿岸海域生産性プログラム
CARIFTA　Caribbean Free Trade Association　カリブ自由貿易連合
CARIRI　Caribbean Industrial Research Institute　カリブ工業研究所
CARIS　Chemical Accident Response Information System　化学物質事故対応情報システム
CAS (1)　Academy of Sciences (Cameroon, Chile, China, Costa Rica)　科学アカデミー（カメルーン、チリ、中国、コスタリカ）
CAS (2)　Country Assistance Strategy (WB)　国別戦略援助（世界銀行）
CAS (3)　Commission for Atmospheric Sciences (WMO)　大気科学委員会（世界気象機関）

CAS (4)	complex adaptive systems　複雑適応系
CASIN	Centre for Applied Studies in International Negotiations　国際交渉応用研究センター
CAT	Convention against Torture and other Cruel, Inhuman or Degrading Treatment or Punishment　拷問等禁止条約
CATAC	Central American Technical Committee (GWP)　中米技術委員会（世界水パートナーシップ）
CATEP	Certified Action on Tradable Emissions Permits　取引可能な排出量に関する認証行動
CATHALAC	Water Center for the Humid Tropics of Latin America and the Caribbean, Panama (UNESCO)　ラテンアメリカ・カリブ・パナマ湿潤熱帯水センター（国連教育科学文化機関）
CATIE	Tropical Agriculture Training and Research Center　熱帯農業研究教育センター
CATNIP	cheapest available technology not involving prosecution　訴訟が関与しない最も安価で利用可能な技術
CAWST	Centre for Affordable Water and Sanitation Technology　入手可能な水・衛生技術センター
CAZALAC	Water Centre for Arid and Semi-Arid Regions of Latin America and the Caribbean, La Serena, Chile (UNESCO)　ラテンアメリカ・カリブ・ラセレナ、チリ乾燥・半乾燥地域水センター（国連教育科学文化機関）
CAZRI	Central Arid Zone Research Institute (India)　中央乾燥地研究所（インド）
CB	capacity building (UNDP)　能力強化（国連開発計画）
CBD	Convention on Biological Diversity　生物多様性条約
CBDR	common but differentiated responsibilities　共通だが差異ある責任
CBE	Centre for Built Environment　構築環境センター
CBF	Chesapeake Bay Foundation　チェサピーク湾財団
CBH	capacity-building in hydrology and water resources management　水文学・水資源管理に関する能力開発
CBI (1)	confidential business information　営業秘密情報
CBI (2)	Caribbean Basin Initiative　カリブ海援助構想
CBI (3)	cross-border initiative　越境協力
CBNRM	Community Based Natural Resource Management　コミュニティに根ざした自然資源管理
CBO	community-based organization　地域社会組織
CBRST	Centre for Scientific and Technical Research (Benin)　科学技術研究センター（ベニン）
CBS	Commission for Basic Systems (WMO)　基礎システム委員会（世界気象機関）
CBW	chemical and biological weapons/warfare　生物化学兵器／生物化学戦
CCs	collaborating centers　共同センター
CCA (1)	Common Country Assessment　共同国別評価
CCA (2)	Caribbean Conservation Association　カリブ保全協会
CCA (3)	Coalition for Clean Air　大気汚染改善連盟
CCA (4)	*Consejo Consultivo del Agua* (Mexico)　水諮問機関（メキシコ）
CCAD	Central American Commission for Environment and Development　環境と開発に関する中米委員会
CCAMLR	Convention on the Conservation of Antarctic Marine Living Resources　南極の海洋生物資源の保存に関する条約
CCAP	Climate Change Action Plan　気候変動行動計画
CCC	Caribbean Conservation Corporation　カリブ保全団体
CCCC	Caribbean Climate Change Centre　カリブ気象変動センター
CCCDF	Canada Climate Change Development Fund　カナダ気候変動開発基金

CCCO	Committee for Climate Changes and the Ocean　気候変動と海洋に関する委員会
CCD	Convention to Combat Desertification　砂漠化対処条約
CCF	Country Cooperation Framework　国別協力枠組み
CCHRI	Centre for Community Health Research (India)　地域健康促進研究センター（インド）
CCI (1)	Commission for Climatology (WMO)　気候に関する委員会（世界気象機関）
CCI (2)	crosscutting issues　分野横断的な問題
CCJ	Caribbean Court of Justice　カリブ司法裁判所
CCL	Climate Change Levy　気候変動税
CCLM	Committee on Constitutional and Legal Matters (IU)　憲章法律事項委員会（植物遺伝資源条約）
CCOHS	Canadian Centre for Occupational Health and Safety　カナダ職業保健安全局
CCOL	Coordinating Committee on the Ozone Layer (UNEP)　オゾン層調整委員会（国連環境計画）
CCP	Copenhagen Consensus Project (Denmark)　コペンハーゲン・コンセンサス・プロジェクト（デンマーク）
CCPR	International Covenant on Civil and Political Rights　市民的および政治的権利に関する国際規約
CCPR-OP1	Optional Protocol to the CCPR　市民的および政治的権利に関する国際規約選択議定書
CCRH	Central American Commission for Water Resources　水資源中米委員会
CCS	capture, compression, and sequestration of CO_2　二酸化炭素の回収・貯蔵・隔離
CCSM	Community Climate Systems Model (IPCC)　コミュニティ気候システムモデル（気候変動に関する政府間パネル）
CCX	Chicago Climate Exchange (Market for GHG)　シカゴ気候取引所（温室効果ガスのマーケット）
CD (1)	Conference on Disarmament　軍縮会議
CD (2)	Convention to Combat Desertification　砂漠化対処条約
CD (3)	capacity development　能力開発
CD (4)	Community of Democracies　民主主義委員会
CD4CDM	Capacity Development for Clean Development Mechanism　クリーン開発メカニズムに関する能力開発
CDB	Caribbean Development Bank　カリブ開発銀行
CDC (1)	Conservation Data Center　保全に関するデータセンター
CDC (2)	Center for Disease Control and Prevention (USA)　疾病対策予防センター（米国）
CDEF	Community Development Carbon Fund (WB)　コミュニティ開発炭素基金（世界銀行）
CDERA	Caribbean Disaster Emergency Response Agency　カリブ災害緊急対策機関
CDF (1)	Comprehensive Development Framework (WB)　包括的な開発のフレームワーク（世界銀行）
CDF (2)	Clean Development Fund (UNFCCC)　クリーン開発基金（国連気候変動枠組条約）
CDI	Capacity Development Initiative　能力開発イニシアティブ
CDIAC	Carbon Dioxide Information Analysis Center　二酸化炭素情報・分析センター
CDM	Clean Development Mechanism (UNFCCC)　クリーン開発メカニズム（国連気候変動枠組条約）
CDMS	Comprehensive Disaster Management Strategy　包括的な災害管理戦略
CDP	Carbon Disclosure Project　カーボン・ディスクロージャー・プロジェクト

CDQs	community development quotas　地域開発枠
CDRM	Comprehensive Disaster Risk Management　包括的な災害リスク管理
CE	Central Europe　中央ヨーロッパ
CEA (1)	Cumulative Effects Assessment　累積的影響の評価
CEA (2)	cost-effectiveness analysis　費用効果分析
CEAC	Commission on Education and Communication (IUCN)　教育コミュニケーション委員会（国際自然保護連合）
CEB	Chief Executive Board (UN)　主要執行理事会（国際連合）
CEC (1)	Commission of the European Communities　欧州共同体委員会
CEC (2)	Commission for Environmental Cooperation (NAFTA)　環境協力委員会（北米自由貿易協定）
CEC (3)	Council on Environmental Quality (USA)　環境問題諮問委員会（米国）
CECAL	European Committee for Cooperation with Latin America　中南米との協力欧州委員会
CECLA	Special Coordination Committee for Latin America (UN)　中南米特別調整委員会（国際連合）
CECODHAS	European Liaison Committee for Social Housing　欧州住宅供給連絡委員会
CECON	Special Commission for Consultation and Negotiation　相談・協議特別委員会
CEDARE	Centre for Environment and Development in the Arab Region and Europe　アラブ地域・ヨーロッパ環境開発センター
CEDAW	Convention on the Elimination of all Forms of Discrimination against Women　女子差別撤廃条約
CE-DESD	China-Europe Dialogue and Exchange for Sustainable Development　持続可能な発展のための中国・ヨーロッパ対話と交流
CEE	Central and Eastern Europe　中東欧
CEESP	Commission on Environmental, Economic, and Social Policy (IUCN)　環境経済社会政策委員会（国際自然保護連合）
CEETAC	Central and Eastern Europe Technical Advisory Committee (GWP)　中東欧技術諮問委員会（世界水パートナーシップ）
CEFIC	European Chemical Industry Council　欧州化学工業連盟
CEFTA	Central European Free Trade Agreement　中欧自由貿易協定
CEH	Centre for Ecology and Hydrology (UK)　生態水文研究センター（英国）
CEHI	Caribbean Environmental Health Institute　カリブ環境衛生研究所
CEIP	Carnegie Endowment for International Peace (US)　カーネギー国際平和基金（米国）
CEITs	Countries with Economies in Transition　市場経済移行過程諸国
CEL (1)	Commission on Environmental Law (IUCN)　環境法委員会（国際自然保護連合）
CEL (2)	Latin American Economic Community　中南米経済共同体
CEM (1)	Country Economic Memorandum　国別経済メモランダム
CEM (2)	Commission on Ecosystem Management (IUCN)　生態系マネジメント委員会（国際自然保護連合）
CEM (3)	Committee on Economic Information and Market Intelligence (ITTA)　経済情報と市場情報に関する委員会（国際熱帯木材協定）
CEMDA	Mexican Center for Environmental Law　メキシコ環境法センター
CENAREST	National Centre for Scientific and Technological Research (Gabon)　国立科学技術研究センター（ガボン）
CENTO	Central Asian Treaty Organization　中央アジア条約機構
CEO (1)	Centre for Earth Observation　地球観測センター
CEO (2)	Chief Executive Officer (GEF)　最高経営責任者（地球環境ファシリティ）
CEOP	Coordinated Enhanced Observing Period　協調観測強化期間

CEOS	Committee for Earth Observation Satellites　地球観測衛星委員会
CEP	Caribbean Environment Programme (UNEP)　カリブ海環境計画（国連環境計画）
CEPAT	Continuing Education Programme in Agricultural Technology　農業技術継続教育
CEPES	European Centre for Higher Education (Bucharest, Romania) (UNESCO)　ヨーロッパ高等教育センター（ブカレスト、ルーマニア）（国連教育科学文化機関）
CEPREDENAC	Coordination Center for the Prevention of Natural Disasters in Central America　中米防災センター
CEPS	Centre for European Policy Studies　欧州政策研究センター
CEQ (1)	Commission for Environmental Quality (NAAEC)　環境諮問委員会（北米環境協力協定）
CEQ (2)	Council on Environmental Quality (USA)　環境問題諮問委員会（米国）
CER (1)	Certified Emissions Reduction　認証排出削減量
CER (2)	Comprehensive Evaluation Report　包括的な評価報告書
CER (3)	Closer Economic Relations　経済関係強化協定
CERD	International Convention on the Elimination of all Forms of Racial Discrimination　人種差別撤廃条約
CERES	Coalition for Environmentally Responsible Economies　環境に責任を持つ経済のための連合
CERMES	Centre for Resource Management and Environmental Studies (UWI, Barbados)　資源管理・環境問題研究センター（西インド諸島大学、バルバドス）
CERN	Chinese Ecosystem Research Network　中国生態システム研究ネット
CERP	Comprehensive Environmental Restoration Plan　包括的環境復元プラン
CERT	Committee on Energy Research and Technology and Working Parties (IEA)　エネルギー研究技術委員会（国際エネルギー機関）
CES	Compensation for Ecosystem Services　生態系サービス補償
CESCR	International Covenant on Economic, Social and Cultural Rights　経済的・社会的および文化的権利に関する国際規約
CESI	Committee for Environmental and Social Impacts (IDB)　社会環境影響委員会（米州開発銀行）
CETA	Conventional Energy Technical Assistance　従来型エネルギー技術援助
CF	*Caisse Française*, French Development Assistance Agency　フランス開発援助機関
CFA (1)	concessional finance arrangement　譲許的融資制度
CFA (2)	Committee on Finance and Administration (ITTA)　行財政委員会（国際熱帯木材協定）
CFAA	Country Financial Accountability Assessment (WB)　国別財務透明性アセスメント（世界銀行）
CFAW	Canadian Fund for Africa on Water　水に関するアフリカのためのカナダ基金
CFC	chlorofluorocarbon　クロロフルオロカーボン
CFDT	Committee on Forest Development in the Tropics (FAO)　熱帯林開発委員会（国連食糧農業機関）
CFI	Committee on Forest Industry (ITTA)　森林産業委員会（国際熱帯木材協定）
CFL	compact fluorescent lamp　電球型蛍光ランプ
CFP	Common Fisheries Policy (EEA)　共通漁業政策（欧州経済領域）
CFR (1)	case fatality rate　致死率
CFR (2)	Council on Foreign Relations (USA)　外交問題評議会（米国）
CFS	Committee on World Food Security　食糧安全保障委員会
CFT	Conservation Rainforest Trust　熱帯雨林保全基金
CFTC	Commonwealth Fund for Technical Cooperation　英連邦技術協力基金

CFZA	Common Fisheries Zone Agreement　共通漁業領域に関する協定
CG (1)	Canadian Government　カナダ政府
CG (2)	Consultative Group (WB)　諮問委員会（世界銀行）
CG/HCCS	Coordinating Group for the Harmonization of Chemical Classification Systems (OECD)　化学品分類システム調和の調整グループ（経済協力開発機構）
CG-11	Central Group-11　セントラルグループ 11
CGC	Center for Green Chemistry (US)　グリーン化学センター（米国）
CGD	Center for Global Development (US)　世界開発センター（米国）
CGD/FP	Center for Global Development/Foreign Policy (Commitment to Development Index)　世界開発・外交政策センター（開発貢献度指標）
CGE (1)	Consultative Group of Experts (UNFCCC)　専門家諮問グループ（国連気候変動枠組条約）
CGE (2)	Computable General Equilibrium　応用一般均衡
CGG	Commission on Global Governance　グローバル・ガバナンス委員会
CGIAR	Consultative Group on International Agriculture Research (IBRD)　国際農業研究協議グループ
CGIAR-CA	CGIAR Comprehensive Assessment of Water Management in Agriculture　農業における水管理の包括的評価（国際農業研究協議グループ）
CGIAR-GPWF	CGIAR Challenge Program on Water and Food　水と食糧チャレンジプログラム（国際農業研究協議グループ）
CGLU	United Cities and Local Governance (UN)　都市自治体連合（国際連合）
CGMW	Commission for the Geological Map of the World　世界地質図委員会
CGP	Consultative Group to Assist the Poorest (IBRD)　最貧困層を支援するための協議グループ（国際復興開発銀行）
CGRFA	Commission on Genetic Resources for Food and Agriculture　食糧農業遺伝資源委員会
CH_4	methane　メタン
CHARM	see ICHARM　ICHARM を参照
CHINATAG	China Technical Advisory Committee (GWP)　中国技術諮問委員会（世界水パートナーシップ）
CHM	Clearing House Mechanism（CBD）　クリアリング・ハウス・メカニズム（生物多様性条約）
CHOGM	Commonwealth Heads of Government Meeting　英連邦諸国首脳会議
CHP	combined heat and power　熱電気複合利用、熱電併給
CHR	Commission on Human Rights　人権委員会
CHS	Commission on Human Security　人間の安全保障委員会
CHy	Commission for Hydrology of WMO　世界気象機関の水文委員会
CI (1)	Conservation International　コンサベーション・インターナショナル
CI (2)	Consumers International　国際消費者機構
CIAB	The Coal Industry Advisory Board (IEA)　石炭産業諮問委員会（国際エネルギー機関）
CIAT	International Centre for Tropical Agriculture　国際熱帯農業センター
CIC/Plata	Intergovernmental Coordination Committee of the Plata Basin Countries (OAS)　プラタ川流域国政府間調整委員会（米州機構）
CICERO	Centre for International Climate and Energy Research, Oslo　国際気候・エネルギー研究センター（オスロ）
CICI	International Conference on the Contribution of Criteria and Indicators for Sustainable Forest Management　維持可能な森林管理に関する基準と指標の提案国際会議
CICR	Center for International Conflict Resolution　国際紛争解決センター
CIDA	Canadian International Development Agency　カナダ国際開発庁

CIDH Inter-American Human Rights Commission 米州人権委員会
CIDI Inter-American Commission for Integral Development (OAS) 米州統合開発委員会（米州機構）
CIDIE Committee of International Development Institutions on the Environment 環境に関する国際開発機関委員会
CIDS Inter-American Committee for Sustainable Development (OAS) 米州持続可能な発展委員会（米州機構）
CIESIN Consortium/Center for International Earth Science Information Network 国際地球科学情報ネットワーク協会／センター
CIFIC Council for International and Economic Cooperation (CFR) 国際経済協力会議（外交問題評議会）
CIFOR Center for International Forestry Research 国際林業研究センター
CIGR International Commission of Agricultural Engineering 国際農業工学会
CIHEAM International Centre for Advanced Mediterranean Agronomic Studies 地中海農学高等研究国際センター
CILSS Convention Establishing a Permanent Inter-States Committee for Drought Control in the Sahel サハラ干ばつ調整常設国家間委員会
CI-K contribution in-kind 現物出資
CIMMYT International Center for the Improvement of Maize and Wheat 国際トウモロコシ・小麦改良センター
CINARA Regional Centre on Urban Water Management for Latin America and the Caribbean (Colombia) 中南米・カリブ諸島都市水管理地域センター（コロンビア）
CIP International Potato Center 国際ジャガイモセンター
CIPAC Collaborative International Pesticide Analytical Council 国際農薬分析法協議会
CIRA *Centro Interamericano para Investigaciones de Recursos de Agua* (Mexico) 中南米水資源調査研究センター（メキシコ）
CIRAD French Agricultural Research Centre for International Development フランス国際農業開発センター
CIS Commonwealth of Independent States 独立国家共同体
CITES Convention on International Trade in Endangered Species of Wild Fauna and Flora 絶滅のおそれのある野生動植物の種の国際取引に関する条約
CITMA Ministry of Science, Technology and Environment (Cuba) 科学技術環境省（キューバ）
CITO Center for International Training and Outreach (University of Idaho, US) 国際研修とアウトリーチセンター（アイダホ大学、米国）
CIVICUS World Alliance for Citizen Participation 市民参加世界同盟
CK-Net Collaborative Knowledge Network (Indonesia) 共同知識ネットワーク（インドネシア）
CLAEH Latin American Center for Water Studies 中南米水研究所センター
CLAES *Centro Latino Americano de Ecologia Social* 中南米社会生態学センター
CLAPN Latin American Committee for National Parks 中南米国立公園委員会
CLC Convention on Civil Liability for Oil Pollution 油濁民事責任条約
CLCS Commission on the Limits of the Continental Shelf 大陸棚限界委員会
CLEQM Central Laboratory for Environmental Monitoring (Egypt) 環境監視中央研究所（エジプト）
CLI Country-led Initiative 国家主導イニシアティブ
CLIVAR Climate Variability Research Programme 気候変動性・予測可能性研究プログラム
CMA(1) Chocolate Monufactures Association チョコレート製造業協会
CMA(2) critical marine area 重要海洋地域

CMAP	Climate Prediction Center Merged Analysis of Precipitation　気候予測センターの降水量の結合解析
CMC	Center for Marine Conservation　海洋保全センター
CMP (1)	Carbon Market Programme (UNFCCC)　炭素市場プログラム（国連気候変動枠組条約）
CMP (2)	Conference of the Parties to the UNFCCC serving as the Meeting of the Parties to the Kyoto Protocol (UNFCCC)　京都議定書締約国会合（国連気候変動枠組条約）
CMS	Convention on the Conservation of Migratory Species of Wild Animals　移動性野生動物の種の保全に関する条約
CN (1)	conference notes　会議の議事録
CN (2)	committee notes　委員会の議事録
CNA (1)	Climate Network Africa　アフリカ気候ネットワーク
CNA (2)	National Water Commission (Mexico)　国家水委員会（メキシコ）
CNE	Climate Network Europe　ヨーロッパ気候ネットワーク
CNF	Canadian Nature Federation　カナダ自然連盟
CNMC	Committee on Non-Member Countries (IEA)　非加盟国委員会（国際エネルギー機関）
CNPPA	Commission on National Parks and Protected Areas (IUCN)　国立公園・保護地域委員会（国際自然保護連合）
CNPq	Brazilian National Research Council　ブラジルの国立研究評議会
CNRS	National Centre for Scientific Research (France)　フランス国立科学研究センター
CNS	Center for Nonproliferation Studies　不拡散研究センター
CO (1)	Country Office　各国支部
CO (2)	carbon monoxide　一酸化炭素
CO_2	carbon dioxide　二酸化炭素
COA	*Comité Operativo de las Américas*　米州運営委員会
COAG	Committee on Agriculture (FAO)　農業委員会（国連食糧農業機関）
COBSEA	Coordination Body on the Seas of East Asia　東アジア海域協力体
COCEF	Ecological Transboundary Cooperation Commission　生態学越境協力委員会
COD	chemical oxygen demand　化学的酸素要求量
CoE	Center of Excellence　卓越した研究拠点
COFO	Committee on Forestry (FAO)　林業委員会（国連食糧農業機関）
COHG	Conference of Heads of Governments of the Caribbean Community　カリブ共同体参加国首脳会議
COLCIENCIAS	Colombian Institute for Development of Science and Technology　コロンビア科学技術開発研究所
COMESA	Common Market for Eastern and Southern Africa　東部南部アフリカ共同市場
COMEST	World Commission on the Ethics of Scientific Knowledge and Technology (UNESCO)　科学的知識と技術の倫理に関する世界委員会（国連教育科学文化機関）
CONACyT	National Council for Science and Technology (Latin America)　国立科学技術審議会（中南米）
CONAFOR	*Comisión Nacional Forestal* (Mexico)　国家森林委員会（メキシコ）
CONAGUA	*Comisión Nacional de Agua* (Mexico)　国家水委員会（メキシコ）
CONCAUSA	Central America/United States Joint Accord　中央アメリカ・米国共同協定
CONDESAN	Consortium for Sustainable Development in the Andean Region　アンデス地域の持続可能な発展のためのコンソーシアム
CONF	conference (document identification)　会議（書類識別）
CONGO	Conference of Non-Governmental Organizations in Consultative Relationships

	with the United Nations　国連協力関係 NGO 会議
CONICET	National Council of Scientific and Technical Research (Latin America)　国家科学技術研究会議（中南米）
CoP (1)	Community of Practice (WB)　実践コミュニティ（世界銀行）
COP (2)	Conference of the Parties to a Convention　条約の締約国会議
COP (3)	Country Operational Programme (EU)　国別運営プログラム（欧州連合）
COPUOS	Committee on the Peaceful Uses of Outer Space (UN)　宇宙空間平和利用委員会（国際連合）
CORECA	Regional Council for Agricultural Cooperation in Central America, Mexico and the Dominican Republic　中央アメリカ・メキシコ・ドミニカ共和国農業協同組合地方審議会
COREPER	Committee of Permanent Representatives (EU)　欧州連合常駐代表委員会
CORINE	Coordination of Information on the Environment in Europe (CEC)　欧州環境に関する情報の調整（欧州共同体委員会）
CO/RSAT	Operations Committee/Technical Assistance Request Summary (IDB)　運営委員会／技術援助要請概要（米州開発銀行）
CO/RSP	Operations Committee/Loan Request Summary (IDB)　業務局／融資依頼要旨（米州開発銀行）
COW	Committee of the Whole　全体委員会
COWAR	Committee on Water Research (of the ICSU)　水資源研究科学委員会（国際科学会議）
CP (1)	Conference of Parties (document identification)　締約国会議
CP (2)	press release (IDB)　プレスリリース（米州開発銀行）
CP (3)	Consulting Partners (GWP)　コンサルティングパートナー（世界水パートナーシップ）
CPA (1)	Country Performance Assessment　国別パフォーマンス評価
CPA (2)	Loan Committee (IDB)　融資委員会（米州開発銀行）
CPA (3)	Consolidated Plan or Action　行動計画
CPACC	Caribbean Planning for Adaptation to Climate Change　気候変動への適応のためのカリブ計画
CPAN	Circumpolar Protected Area Network　周極保護地域ネットワーク
CPC	Climate Prediction Center　気候予報センター
CPD	Commission on Population and Development　人口開発委員会
CPF	Collaborative Partnership on Forests　森林に関する協調パートナーシップ
CPGR/CGR	Commission for Plant Genetic Resources/Genetic Resources (FAO)　植物遺伝資源委員会／遺伝資源（国連食糧農業機関）
CPI (1)	Corruption Perceptions Index　腐敗認識指数
CPI (2)	Consumer Price Index　消費者物価指数
CPIA	Country Policy and Institutional Assessment (ADB)　国別政策・制度評価（アジア開発銀行）
CPLP	Community of Portuguese Speaking Nations　ポルトガル語諸国共同体
CPPF	Canadian Project Preparation Trust Fund (IDB)　カナダ事業準備信託資金（米州開発銀行）
CPR (1)	Committee of Permanent Representatives　常駐代表委員会
CPR (2)	common pool resources　共同利用資源
CPR (3)	Personnel Committee (IDB)　人事委員会　（米州開発銀行）
CPR (4)	Conflict Prevention and Reconstruction Unit (WB)　紛争予防復興ユニット（世界銀行）
CPS	Cleaner Production Assessment　クリーナープロダクション評価
CPWC	Cooperative Programme on Water and Climate　水と気候の共同計画
CR	Country Report (GEF)　国別報告（地球環境ファシリティ）

CRAMLR	Convention on the Regulation of Antarctic Mineral Resources　南極鉱物資源活動規制条約
CRC (1)	Convention on the Rights of the Child　子どもの権利条約
CRC (2)	Chemical Review Committee (Rotterdam Convention)　化学物質審査委員会（ロッテルダム条約）
CRED	Centre for Research on the Epidemiology of Disasters　災害疫学研究センター
CREHO	RAMSAR Regional Centre for Training and Research on Wetlands in the Western Hemisphere　西半球における湿地の研修および研究のためのラムサール地域センター
CRF (1)	common reporting format　共通報告様式
CRF (2)	Committee on Reforestation and Forest Management (ITTA)　植林および森林管理委員会（国際熱帯木材協定）
CRIC	Committee for the Review of the Implementation of the Convention to Combat Desertification　砂漠化防止条約実施レビュー委員会
CRMI	Coastal Resources Management Initiative　沿岸資源管理イニシアティブ
CROP	Council of Regional Organizations in the Pacific　太平洋地域機構協議会
CRP	conference-room paper　討議用の文書
CRRH	Regional Commission for Water Resources　水資源地域委員会
CRS	Creditor Reporting System (OECD)　債権国報告システム（経済協力開発機構）
CRUESI	Research Centre for the Utilization of Brackish Water in Irrigation (Tunisia)　汽水灌漑活用研究所（チュニジア）
CSA (1)	cost sharing agreement　コストシェアリング契約
CSA (2)	Central Statistics Authority　中央統計局
CSAG	Civil Society Advisory Group　市民社会諮問グループ
CSC	Commonwealth Council (UK)　英国連邦評議会
CSCO	Caspian Sea Cooperation Organization　カスピ海協力機構
CSD	Commission on Sustainable Development　持続可能な発展委員会
CSDS	Countries in Special Development Situations (UN)　特別開発情勢の国々（国際連合）
CSD-WAND	Commission on Sustainable Development – Water Action and Networking Database　持続可能な発展委員会・水行動連携データベース
CSE	Centre for Science and Environment (India)　科学環境センター（インド）
CSI	Environment and Development in Coastal Regions and Small Islands (UNESCO)　沿岸地域および小島における環境と開発（国連教育科学文化機関）
CSIR	Council of Scientific and Industrial Research (South Africa, India)　科学産業研究協議会（南アフリカ、インド）
CSIRO	Commonwealth Scientific and Industrial Research Organization (Australia)　オーストラリア連邦科学産業研究機構
CSM	climate system model　気候システムモデル
CSME	CARICOM Single Market and Economy　カリコム単一市場経済
CSMP	Center for the Study of Marine Policy (University of Delaware)　海洋政策研究（デラウェア大学）
CSN	*Comunidad Sudamericana de Naciones*　南米共同体
CSO	Civil Society Organization　市民社会組織
CSocD	Commission for Social Development (UN)　社会開発委員会（国際連合）
CSR	Civil Service Reform　公務員制度改革
CST	Committee on Science and Technology (CCD)　科学技術委員会（砂漠化防止条約）
CSW	Commission on the Status of Women　婦人の地位委員会
CTBT	Comprehensive Test Ban Treaty (IAEA)　包括的核実験禁止条約
CTE	Committee on Trade and Environment (WTO)　貿易と環境に関する委員会（世

界貿易機関）

CTI (1) Climate Technology Initiative (UNFCCC) 気候技術イニシアティブ（国連気候変動枠組条約）

CTI (2) Climate Technology Institute 気候技術研究所

CTIP Climate Technology Implementation Plan (UNFCCC) 気候技術実施計画（国連気候変動枠組条約）

CTM Center for Transdisciplinary Environmental Research (Sweden) 学際的環境研究センター（スウェーデン）

CTO (1) Certified Tradable Offsets (UNFCCC) 認証された取引可能なオフセット（国連気候変動枠組条約）

CTO (2) Caribbean Tourist Organization カリブ観光機関

CU (1) conservation unit 保護すべき地域個体群

CU (2) country unit (IBRD) カントリー・ユニット（国際復興開発銀行）

CUCSD China-US Center for Sustainable Development (US and Beijing) 中国・米国持続可能な発展センター

CV curriculum vitae 履歴書

CVD countervailing duties 相殺関税

CVI Climate Vulnerability Index 気候脆弱性指数

CVM contingent valuation method 仮想評価法

CVPU country valuation project unit (GEF but outdated) 国評価事業ユニット（地球環境ファシリティ旧プロジェクト）

CWC Chemical Weapons Convention 化学兵器禁止条約

CWIS Center for World Indigenous Studies 先住民族研究センター

CWP Country Water Partnership (GWP) 国水パートナーシップ（世界水パートナーシップ）

CWRA Canadian Water Resources Association カナダ水資源協会

CWS Cities without Slums スラムのない都市を目指して

CY calendar year 暦年

CZM coastal zone management 沿岸域管理

D

D&FD deforestation and forest degradation 森林減少・劣化

DA development assistance 開発援助

DAC Development Assistance Committee (OECD) 開発援助委員会（経済協力開発機構）

DADG Deputy Assistant Director General 部長

DALY disability adjusted life year 障害調整生存年

DANCED Danish Cooperation for Environment and Development デンマーク環境開発機構

DANIDA Danish International Development Agency デンマーク国際開発機関

DATA Debt, AIDS, Trade, Africa (UK) 債務・エイズ・貿易・アフリカ（英国）

DAW Division for the Advancement of Women (UN) 女性の地位向上部（国際連合）

DB development business (WB) 事業展開（世界銀行）

Db decibels デシベル

DC developed country 先進国

DCA Development Control Authority 開発管理局

DCI Development Cooperation Ireland 開発協力アイルランド

DCS data collection system データ収集システム

DDC (1) *Direction de Développement et de la Cooperation* (Switzerland) スイス開発協力庁

DDC (2)	Data Distribution Center　データ配布センター
DDC (3)	Department of Development Cooperation (Austria)　オーストリア開発協力局
DDG	Deputy Director General　事務局次長
DDT	dichlorodiphenyltrichloroethane　ジクロロジフェニルトリクロロエタン
DE	decentralized energy path　分散型エネルギー経路
DEC	Division of Environmental Conventions (UNEP)　環境条約部（国連環境計画）
Dec	decision (document identification)　判決、裁決決定（書類識別）
DEFRA	Department for Environment, Food and Rural Affairs (UK)　英国環境・食糧・農村地域省
DENR	Department of Environment and Natural Resources　環境天然資源省
DEPHA	Data Exchange Platform for the Horn of Africa　アフリカの角（最東北端地域）のためのデータ交換プラットフォーム
DES	dietary energy supply　熱量必要量
DESA	United Nations Department of Economic and Social Affairs　国連経済社会局
DESD	UN Decade of Education for Sustainable Development　国連持続可能な発展のための教育の 10 年
DESIP	Demographic, Environmental, and Security Issues Project (UN)　人口、環境、安全保障問題プロジェクト（国際連合）
DEWA	Division of Early Warning and Assessment (UNEP)　早期警戒評価部（国連環境計画）
DFA	Department of Foreign Affairs　外務省
DFID	Department for International Development (UK)　国際開発省（英国）
DG	Director General　事務局長
DGCS	Directorate General for Development Cooperation (Italy)　外務省開発協力総局（イタリア）
DGD	decision guidance document　決定指針書
DGIG	Directorate General for International Cooperation (Belgium)　国際協力庁（ベルギー）
DGIS	Directorate General for Development Cooperation (The Netherlands)　オランダ開発協力総局
DHF	dengue hemorrhagic fever　デング出血熱
DHI	Danish Hydrological Institute of Water and Environment　デンマーク水理環境研究所
DHS	Demographic Health Surveys　人口保健調査
DIMP	Data and Information Management Panel (GTOS)　データ情報管理パネル（全球陸域観測システム）
DINGO	Australian NGO　オーストラリアの NGO
Distr.	distribution (document identification)　配布（書類識別）
DIVERSITAS	International Programme of Biodiversity Science　生物多様性科学国際共同研究計画
DKKV	German Committee for Disaster Reduction　災害軽減に関する委員会
DL	distance learning　通信教育
d-learning	distance learning　通信教育
DM	Department of Management (UN)　管理局（国際連合）
DMC	Drought Monitoring Centre　干ばつモニタリングセンター
DMF	Disaster Management Facility (WB)　世界銀行防災室
DMFC	Disaster Mitigation Facility for the Caribbean　カリブ海諸国防災機関
DMS	double majority voting system　二重多数決投票システム
DMT	Disaster Management Team　防災チーム
DMZ	demilitarized zone　非武装地帯
DNA (1)	deoxyribonucleic acid　デオキシリボ核酸

DNA (2) Designated National Authority　指定国家機関
DNH National Water Directorate (France)　全国水担当庁（フランス）
DNS Debt for nature swap　債務自然保護スワップ
DO (1) Development Objective (GEF)　開発目標（地球環境ファシリティ）
DO (2) dissolved oxygen　溶存酸素
DOD Department of Defense (US)　米国国防総省
DOE (1) Department of Energy (US)　米国エネルギー省
DOE (2) Designated Operational Entity　指定運営組織
DOEM Designated Officials for Environmental Matters (UNEP)　環境問題指定担当官（国連環境計画）
DONGO donor-organized NGO　援助者が結成した非政府組織
DOS Department of State (US)　米国国務省
DPA Department of Political Affairs (UN)　政治局（国際連合）
DPCSD United Nations Department for Policy Coordination and Sustainable Development　国連政策調整・持続可能な発展局
DPI UN Department of Public Information　国連広報局
DPKO Department of Peacekeeping Operations (UN)　平和維持活動局（国際連合）
DPM (1) disaster preparedness and mitigation　災害への予防、備え、軽減
DPM (2) Deputy Prime Minister　副首相、副総理
DPPC Disaster Prevention and Preparedness Commission (UN)　災害防止準備委員会（国際連合）
DPSIR Driving Forces, Pressures, States, Impacts, Responses　要因・負荷・状態・影響・対策
DR/dr discount rate　割引率
DRA demand responsive approaches　需要応答アプローチ
DRB Danube River Basin　ドナウ川流域
DRI disaster risk index　災害リスク指数
DRPC Danube River Protection Convention　ドナウ川保全協定
DSA daily subsistence allowance (UN)　日当（国際連合）
DSB Dispute Settlement Body (WTO)　紛争解決機関（世界貿易機関）
DSD Division for Sustainable Development (ECOSOC)　持続可能な発展部（国連経済社会理事会）
DSDS Delhi Sustainable Development Summit　デリー持続可能な発展サミット
DSM demand-side management　需要側管理
DSPD Division for Social Policy and Development (UNECOSOC)　社会政策・開発部局（国連経済社会理事会）
DSS data synthesis system　データ合成システム
DSU Dispute Settlement Understanding　紛争解決了解
DTIE Division of Technology, Industry and Economics (UNEP)　技術・産業・経済局（国連環境計画）
DWC/CPWP Dialogue on Water and Climate/Cooperative Programme on Water and Climate　水と気候に関する対話／水と気候の共同計画
DWD Directorate of Water Development (EU)　水資源開発局（欧州連合）
DWF Danish Water Forum　デンマーク水フォーラム
DWFE Dialogue on Water, Food and the Environment　水・食糧・環境に関する対話
DWFNs Distant-water Fishing Nations　遠洋漁業国
DWSSD (International) Drinking Water Supply and Sanitation Decade (1981-1990)　国際水道と衛生の 10 カ年（1981-1990）

E

E (1)	English　英語
E (2)	edited　編集済み
E (3)	Executive　幹部、高官、行政機関
E7	Nine of the leading electric utilities from the G7 countries　G7 国の電力会社の集まり
E9	Nine high-population countries: Bangladesh, Brazil, China, Egypt, India, Indonesia, Mexico, Nigeria and Pakistan　人口密集国 9 カ国：バングラデシュ、ブラジル、中国、エジプト、インド、インドネシア、メキシコ、ナイジェリア、パキスタン
E&D	expansion and divergence　拡張と分岐
E/D	environment/development　環境／開発
EA (1)	environmental assessment　環境影響評価
EA (2)	Executing Agency (GEF)　執行機関（地球環境ファシリティ）
EA-5	East Asia 5 (Indonesia, Korea, Malaysia, Philippines, Thailand)　東アジア 5（インドネシア、韓国、マレーシア、フィリピン、タイ）
EAC (1)	European Advisory Committee　欧州諮問委員会
EAC (2)	East Africa Community　東アフリカ共同体
EACC	East African Cooperation Community　東アフリカ協力共同体
EAEC	East Asian Economic Caucus　東アジア経済協議体
EAGs	Environmental Assessment Guidelines　環境影響評価指針
EAP	Environmental Action Program　環境活動プログラム
EARCSA	Rainwater Catchment System Association　雨水資源化システム学会
Earth3000	Earth3000 (Germany)　地球 3000（ドイツ）
EA-RWP	Eastern Africa Regional Water Partnership　アフリカ東部地域水パートナーシップ
EAS (1)	Economic Assessment of Natural Resources　天然資源の経済評価
EAS (2)	East Asia Seas　東アジア海域
EASAC	European Academies' Science Advisory Council　欧州科学アカデミー諮問委員会
EAS-RCU	East Asian Seas Regional Coordinating Unit (UNEP)　東アジア海洋地域調整ユニット（国連環境計画）
EATRR	European Agreement on the Transfer of Responsibility for Refugees　難民の権限の委譲に関する欧州協定
EAWAG	Swiss Federal Institute for Environmental Science and Technology　スイス連邦環境科学技術協会
EB	Executive Board　理事会・役員会
EBRD	European Bank for Reconstruction and Development　欧州復興開発銀行
EC (1)	European Community　欧州共同体
EC (2)	European Commission　欧州委員会
EC (3)	Commission of the European Communities　欧州共同体委員会
EC (4)	European Council　欧州理事会
EC (5)	Earth Council　地球評議会
ECA (1)	United Nations Economic Commission for Africa　国連アフリカ経済委員会
ECA (2)	Export Credit Agency　輸出信用機関
ECA (3)	Environment Canada　カナダ環境省
ECBA	economic cost-benefit analysis　経済的費用便益分析
ECBI	European Capacity Building Initiative　欧州能力構築イニシアティブ
ECCAS	Economic Community of Central African States　中部アフリカ諸国経済共同体

ECE (1)	United Nations Economic Commission for Europe　国連欧州経済委員会
ECE (2)	Evaluation Committee of Experts　専門家評価委員会
ECECEP	United Nations Economic Commission for Europe Committee on Environmental Policy　国連欧州経済委員会環境政策委員会
ECEH	European Centre for Environment and Health　欧州環境衛生センター
ECG	Ecosystem Conservation Group (UNEP, FAO, UNESCO, IUCN, UNDP, WWF)　生態系保全グループ（国連環境計画、国連食糧農業機関、国連教育科学文化機関、国際自然保護連合、国連開発計画）
ECHO	European Community Humanitarian Office　欧州委員会人道援助局
ECI	Earth Charter Initiative　地球憲章イニシアティブ
ECLAC	United Nations Economic Commission for Latin America and the Caribbean　国連ラテンアメリカ・カリブ経済委員会
ECN (1)	Energy Research Centre of The Netherlands　オランダ・エネルギー研究センター
ECN (2)	Environmental Change Network　環境変動ネットワーク
ECO (1)	Earth Council Ombudsman (Earth Council)　地球評議会のオンブズマン
ECO (2)	Pan American Center for Human Ecology and Health (PAHO)　汎米保健機構
ECO (3)	Ecological Citizens Organization　エコロジカルな市民団体
ECO (4)	Environmental Community Organization　環境地域団体
ECO (5)	The Ombudsman Centre for Environment and Development　環境開発オンブズマンセンター
ECO (6)	Economic Cooperation Organization　経済協力機構
ECOA	Ecoa and Pantanal Network　エコロジーと行動のパンタナル・ネットワーク
ECOLEX	Environmental Law Information System (UNEP, IUCN, FAO)　環境法情報システム（国連環境計画、国際自然保護連合、国連食糧農業機関
ECON	Ministry of Economy and Finance (Spain)　スペイン経済財務省
ECOSOC	United Nations Economic and Social Council　国連経済社会理事会
ECOWAS	Economic Commission of West African States　西アフリカ諸国経済共同体
ECPF	Expert Consultation on the Role of Planted Forests (FAO)　人工林の役割に関する専門家協議（国連食糧農業機関）
ECPFO	Environmental and Consumer Protection Foundation (India)　環境および消費者保護基金（インド）
ECU	European Currency Unit, replaced by euro (€)　欧州通貨単位（のちにユーロに替わる）
ECX	European Climate Exchange　欧州気候取引所
ED	Executive Director　事務局長、常任理事
EDF (1)	European Development Fund　欧州開発基金
EDF (2)	Environmental Defense Fund (US)　環境保護基金（米国）
EDF (3)	Ecologic Development Fund　生態学的開発基金
EDGI	Expert Group on Development Issues　開発問題専門家グループ
EDI	Economic Development Institute (Now WBI)　経済開発研究所（現在は世界銀行研究所）
EDSS	Educational Decision Support Systems　教育意思決定支援システム
EDUC	Ministry of Education and Science (Spain)　スペイン教育科学省
EE&C	Environmental Education and Communication　環境教育・コミュニケーション
EEA (1)	European Environment Agency　欧州環境庁
EEA (2)	European Economic Area　欧州経済領域
EEAD	Environmental Effects Assessment Panel　環境影響評価パネル
EEAS	Energy Efficiency Accreditation Scheme　エネルギー効率認可制度
EEB	European Environmental Bureau　ヨーロッパ環境連盟
EEOS	European Earth Observing System　欧州地球観測システム

EES	Encyclopedia of Environmental Science　環境科学百科事典
EEWP	Energy Efficiency Working Party (TEA)　エネルギー効率作業部会（技術・経済評価）
EEZ (1)	exclusive economic zone　排他的経済水域
EEZ (2)	economic exclusion zone　排他的経済水域
EF	Environment Fund (UNEP)　環境基金（国連環境計画）
EF!	Earth First!　アースファースト！
EFA	Education for All (UNESCO)　万人のための教育（国連教育科学文化機関）
EFC	European Forestry Commission　欧州森林委員会
EfE	Environment for Europe　欧州環境
EFF	Environment Forever Foundation (Bulgaria)　環境永続基金（ブルガリア）
EFI	European Forest Institute　ヨーロッパ森林研究所
EFSD	Environmental Foundation for Sustainable Development (OAS)　持続可能な発展環境財団（米州機構）
EFTA	European Free Trade Association　欧州自由貿易連合
EGM	Expert Group Meeting　専門家会議
EGTT	Expert Group on Technology Transfer　技術移転に関する専門家グループ
EHC	Environmental Health Criteria (IPCS)　環境保健クライテリア（国際化学物質安全性計画）
EIA (1)	environmental impact assessment　環境影響評価
EIA (2)	Environmental Investigation Agency　環境調査機関
EIB	European Investment Bank　欧州投資銀行
EIG	Environmental Integrity Group　環境十全性グループ
EIIL	European Institute for Industrial Leadership　欧州産業リーダーシップ研究所
EINECS	European Inventory of Existing Commercial Chemical Substances　欧州既存商業化学物質リスト
EIONET	European Environment Information and Observation Network　欧州環境情報および監視ネットワーク
EIR	Extractive Industries Review　採掘産業の再検討
EIS	environmental impact statement　環境影響評価書
EIT	economies in transition　移行経済
EJCW	Environmental Justice Coalition for Water　水のための環境正義連合
EKC	environmental Kuznets curve　環境クズネッツ曲線
ELANEM	Euro-Latin American Network for Environmental Assessment and Monitoring　環境アセスメントとモニタリングのための欧州・中南米ネットワーク
ELC	Environmental Law Centre (IUCN)　環境法センター（国際自然保護連合）
ELCI	Environmental Liaison Centre International　国際環境連絡センター
e-learning	electronic learning　e ラーニング
ELINCS	European List of Notified Chemical Substances　欧州新規届出化学物質リスト
ELIIW	Environmental Law Institute and IW-LEARN　環境法研究所と国際海域：学習交換および資源ネットワーク
ELOSS	Encyclopedia of Life Support Systems　生命維持装置百科事典
ELS	ecolabelling schemes　エコラベル制度
EMA	Emissions Marketing Association　排出権マーケット協会
EMAN	Ecological Monitoring and Assessment Network　生態学的監視と評価ネットワーク
EMAP	Environmental Monitoring and Assessment Programme (USA)　環境モニタリング・評価プログラム（米国）
EMAS	Eco-Management and Audit Scheme (EU)　環境管理・監査制度（欧州連合）
EMB	Environmental Management Bureau　環境管理局
EMDG	Emissions Market Development Group　排出権市場開発グループ

EMEP Co-operative Programme for Monitoring and Evaluation of the Long-Range Transmission of Air Pollutants in Europe　欧州長距離大気汚染物質監視・評価計画欧州共同プログラム
EMF Environmental Management Foundation (The Netherlands)　環境マネジメント基金（オランダ）
EMG Environmental Management Group　環境マネジメントグループ
EMP Euro-Mediterranean Partnership　欧州・地中海パートナーシップ
EMS (1) Environmental Management System　環境マネジメントシステム
EMS (2) European Monetary System　欧州通貨制度
EMU European Monetary Union　欧州通貨統合
EMWIS Euro-Mediterranean Information System　欧州・地中海諸国情報システム
ENA Europe and North Asia　欧州および北アジア
ENB Earth Negotiations Bulletin　地球交渉速報
ENCs electronic navigational charts　電子航行海図
ENCID International Commission on Irrigation and Drainage　国際灌漑排水委員会
ENCORE Eastern Caribbean Environment and Coastal Resources Management Project　東カリブ環境・天然資源管理プロジェクト
ENDA-TM Environment and. Development Action in the Third World　第三世界環境開発行動
ENGO environmental non-governmental organization　環境 NGO
ENN Environmental Network News　環境ニュースネットワーク
ENRG Environment and Natural Resources Group (UNDP)　環境・天然資源グループ（国連開発計画）
ENRICH European Network for Research in Global Change　地球変動研究のためのヨーロッパネットワーク
ENSD Earth Network for Sustainable Development　持続可能な発展のためのアースネットワーク
ENSO *El Niño* Southern Oscillation　エルニーニョ・南方振動
ENTRI Environmental Treaties and Resource Indicators　環境問題関連条約リソース
ENV (1) Environment Department (WB)　環境局（世界銀行）
ENV (2) Ministry of Environment (Spain)　スペイン環境省
ENVGC Global Environment Coordination Division (WB)　地球環境調整局（世界銀行）
EO Earth Observation　地球観測
EOS Earth Observatory Satellite　地球観測衛星
EOSG Executive Office of the Secretary General (UN)　国連事務総長室
EOU Evaluation and Oversight Unit (UNEP)　評価監督局（国連環境計画）
EP (1) environmental programme　環境プログラム
EP (2) European Parliament　欧州議会
EPA (1) Environmental Protection Agency (many countries)　環境保護局
EPA (2) Environmental Protection Act (UK)　環境保護法（英国）
EPC European Patent Convention　欧州特許条約
EPD Environmental Product Declaration　環境製品宣言
EPE (1) European Partners for the Environment　欧州環境連携
EPE (2) Environmental Programme for Europe　欧州環境計画
EPER European Pollutant Emission Register　欧州環境汚染物質排出登録
EPOCH European Programme on Climatology and Natural Hazards　欧州気候自然災害プログラム
EPRC Environment and Population Research Center　環境・人口問題研究所
EPRG Environmental Policy Review Group (EU)　環境政策検討グループ（欧州連合）
EPS emission permit system　排出許可証制度
EQS Environmental Quality Standards　環境基準

ERA	European Research Area　欧州研究領域
ERICAM	environmental risk internalization through capital markets　資本市場による環境リスクの国際化
ERO	Expert Advisory Panel on Emergency Relief Operations (WHO)　緊急救援活動専門家諮問パネル（世界保健機関）
EROS	US Geological Survey Earth Resources　米国地質調査所地球資源観測システム
EROSUS	Geological Survey Earth Resources Observation Systems　地質調査地球資源観測システム
ERP	Every River has its People Project　すべての河川と人々プロジェクト
ERPA	Emissions Reduction Purchase Agreement　排出削減購入契約
ERR	economic rate of return　経済的内部収益率
ERSDAG	Earth Remote Sensing Data Analysis Center　財団法人資源・環境観測解析センター
ERT	expert review team　専門家審査チーム
ERU	Emissions Reduction Unit (UNFCCC)　排出削減ユニット（国連気候変動枠組条約）
ES (1)	environmental statement　環境報告書
ES (2)	Euroscience　ユーロサイエンス、ヨーロッパ科学技術振興協会
ESA (1)	European Space Agency　欧州宇宙機関
ESA (2)	Ecological Society of America　米国生態学会
ESA (3)	environmental and social assessment　環境社会評価
ESA (4)	Environmentally Sensitive Area　環境保護区域
ESA (5)	economic stakeholder analysis　経済的ステークホルダー分析
ESA (6)	ecosystem approach　生態系アプローチ
ESAF	Enhanced Structural Adjustment Facility　拡大構造調整ファシリティ
ESAP	Environmental and Social Assessment Procedure　環境・社会評価手順
ESCAP	Economic and Social Commission for Asia and the Pacific (UN)　アジア太平洋経済社会委員会（国際連合）
ESCWA	Economic and Social Commission for Western Asia (UN)　西アジア経済社会委員会（国際連合）
ESD (1)	Environmentally and Socially Sustainable Development Network (WB)　環境的社会的に持続可能な発展ネットワーク（世界銀行）
ESD (2)	Education for Sustainable Development　持続可能な発展のための教育
ESDG	Environmental Sustainable Development Group　環境の持続可能な発展グループ
ESE	environmental, social and ethical　環境、社会、倫理
ESI	Environmental Sustainability Index　環境持続可能性指数
ESIA	environmental and social impact assessment　環境社会影響評価
ESM	Environmentally Sound Management　環境上適正な管理
ESMP	Environmental and Social Management Plan (ADB)　環境社会管理計画（アジア開発銀行）
ESP	environmental and social policy papers　環境社会政策文書
ESPAR	Agricultural Research Group (WB)　農業研究グループ（世界銀行）
EST&P	Environmentally Sound Technology and Products　環境上適正な技術と製品（世界銀行）
ESTs	environmentally Sustainable technologies　環境的に持続可能な技術
ESW	economic and sector work (WB)　経済・セクター分析（世界銀行）
E-TOOLS	electronic tools　電子ツール
ET	emissions trading (UNFCCC)　排出量取引（国連気候変動枠組条約）
ETAP	Environmental Technology Action Programme (EU)　環境技術行動計画（欧州連合）

ETC　European Topic Center　欧州トピックセンター
ETC-ACC　ETC on Air and Climate Change　大気と気候変動に関する欧州トピックセンター
ETC-NPB　ETC on Nature Protection and Biodiversity　自然保護と生物多様性に関する欧州トピックセンター
ETC-TE　ETC on Terrestrial Environment　陸域環境に関する欧州トピックセンター
ETC-WMF　ETC on Waste and Material Flows　廃棄物と物質フローに関する欧州トピックセンター
ETFRN　European Tropical Forest Research Network　欧州熱帯林研究ネットワーク
ETIC　Euphrates-Tigris Initiative for Cooperation　ユーフラテス・チグリス協力イニシアティブ
ETPA　education, training and public awareness (UNFCCC)　教育、訓練および啓発（国連気候変動枠組条約）
ETS (1)　emissions trading scheme　排出権取引制度
ETS (2)　effective temperature sum　有効温度和
ETUC　European Trade Union Confederation　欧州労働組合連合
EU (1)　European Union　欧州連合
EU (2)　European Community and its member states　欧州共同体加盟国
EUFORGEN　European Forest Genetic Resources Programme　欧州森林遺伝資源プログラム
EUNIS　European Nature Information System　欧州自然情報システム
EUROBATS　Agreement on the Conservation of Bats in Europe　欧州コウモリの保全に関する協定
EUROPARL　European Parliament　欧州議会
EUROSTAT　Statistical Office of the European Communities　EU 統計局
EUWF　European Union Water Facility　EU 水道施設
EUWI　European Union Water Initiative　EU 水イニシアティブ
EV　expected value　期待値
EVI　Environment Vulnerability Index (UNDP)　環境脆弱性指標（国連開発計画）
EWA　European Water Association (EU)　欧州水協会（欧州連合）
EWB　Engineers without Borders　国境なき技師団
EWI　Ecosystem Well-being Index　生態系健全性指数
EWRI　Environmental and Water Resources Institute　環境と水資源学会
EXC (1)　Executive Council (GEF)　評議会（地球環境ファシリティ）
EXC (2)　Office of the President (WB)　総裁室（世界銀行）
EXCOM　Executive Committee (Multilateral Fund for the Montreal Protocol)　執行委員会（モントリオール議定書の実施のための多国間基金）
EXCOP　Extraordinary Meeting of the Conference of the Parties　特別締約国会議
EXIM　Export-Import Bank of the United States　米国輸出入銀行

F

F2F　Face-to-face meeting, learning, etc. (WB)　フェイス・ツー・フェイス会合、学習など（世界銀行）
FAJ　Forest Agency of Japan　林野庁
FAN　Freshwater Action Network　淡水行動ネットワーク
FANCA　Freshwater Action Network – Central America　中央アメリカ淡水行動ネットワーク
FANMEX　Freshwater Action Network of Mexico　メキシコ淡水行動ネットワーク
FAO　Food and Agriculture Organization (UN)　国連食糧農業機関
FASRC　Federation of Arab Scientific Research Councils (Iraq)　アラブ科学研究会議連合（イラク）

FBA	Freshwater Biological Association (UK)　淡水生物協会（英国）
FBD	forest biodiversity　森の生物多様性
FBW	free basic water　基本的な水供給
FC	Facilitation Committee　促進委員会
FCB	fuel cell buses　燃料電池バス
FCCC	Framework Convention on Climate Change (also UNFCCC)　気候変動枠組条約（UNFCCC とも）
FCM	Forest Concession Management　森林伐採権管理
FCZ	fishery conservation zone　漁業保存水域
FDA	Food and Drug Administration (USA)　米国食品医薬品局
FDI	foreign direct investment　海外直接投資
FEMIP	Facility for Euro-Mediterranean Investment and Partnership　欧州・地中海投資パートナーシップ
FEPS	Final Executive Project Summary (GEF)　最終プロジェクト要旨（地球環境ファシリティ）
FEWS	Famine Early Warning Systems Network　飢饉早期警報システム
FFA (1)	Forum Fisheries Agency　南太平洋漁業機構
FFA (2)	Framework for Action (GWP)　行動の枠組み（世界水パートナーシップ）
FFC	Forum Fisheries Committee　フォーラム漁業委員会
FfD	Financing for Development (also FFD)　開発金融国際会議（FFD とも略す）
FFEM	French Fund for the Global Environment〔Fonds Français pour l'Environement Mondial〕フランス地球環境基金
FGRA	*Fundación Río Arronte* (Mexico)　リオ・アロンテ基金（メキシコ）
FHI	Family Health International　ファミリー・ヘルス・インターナショナル（米国系国際 NGO のひとつ）
FI	financial initiative (UNEP)　金融イニシアティブ（国連環境計画）
FIDA	Inter-American Forum on Environmental Law　米州環境法フォーラム
FIDIC	International Federation of Consulting Engineers　国際コンサルティング・エンジニア連盟
FIELD	Foundation for International Environmental Law and Development　国際環境法・開発財団
FINNIDA	Finnish International Development Agency　フィンランド国際開発庁
FION	Federation for International Education in The Netherlands　オランダ国際教育財団
FIS	International Seed Trade Federation　国際種子貿易連合
FishNet	Fisheries Information Network　漁業情報ネットワーク
FLACSO	Latin American Faculty of Social Sciences〔La Facultad Latinoamericana de Ciencias Sociales〕ラテンアメリカ社会科学
FLEG	Forest Law Enforcement and Governance　森林法の施行とガバナンス
FLEGT	Forest Law Enforcement, Governance and Trade　森林法の施行、ガバナンスと貿易
FLR	forest landscape restoration　森林景観修復
FMA	*Fundación Miguel Alemán* (Mexico)　ミゲル・アレマン基金（メキシコ）
FMCN	*Fundación para la Conservación de la Naturaleza* (Mexico)　自然保護基金（メキシコ）
FMESD	Ministry of Ecology and Sustainable Development (France)　エコロジー・持続可能開発省（フランス）
FMSP	First Meeting of the States Parties　第 1 回締約国会議
FMU	forest management unit　森林区画単位
FN (1)	*Fundación Natura* (many Latin American Countries)　自然基金（中南米の多数の国々）

FN (2)	First Nations (Canada)　ファーストネーションズ（先住民）（カナダ）
FO	Foreign Office　外務省
FOC (1)	Friends of the Chair　議長の友
FOC (2)	Flag of Convenience　便宜国旗
FoEI	Friends of the Earth International　地球の友インターナショナル
FOEN	Federal Office for the Environment (Switzerland)　スイス連邦環境局
FOREM	Foundation of River and Watershed Environment Management (Japan)　河川環境管理財団（日本）
FORNESSA	Forestry Research Network for Sub-Saharan Africa　アフリカ・サハラ以南の森林研究ネットワーク
FOSA	Forestry Outlook Study for Africa　アフリカ森林展望研究
FP	family planning　家族計画
FPG	Finance Partners Group (GWP)　財政提携グループ（世界水パートナーシップ）
FRA	forest resource assessment　森林資源評価
FRICS	Foundation of River and Basin Integrated Communication (Japan)　財団法人河川情報センター（日本）
FRIEND	Flow Regimes from International Experimental and Network Data (UNESCO)　国際観測実験流域データネットワーク流況評価研究事業（国連教育科学文化機関）
FROG	first raise our growth　経済成長優先
FRW	Friends of the Right to Water　水の権利の友
FSC	Forest Stewardship Council　森林管理協議会
FSO	Fund for Special Operations (IDB)　特別業務基金（米国開発銀行）
FSP	*Fonds de solidarité prioritaire* (France)　優先連帯基金（フランス）
FSU	Former Soviet Union　旧ソ連
FT	fuzzy thinking　ファジー思考
FTA (1)	Free Trade Area of the Americas　米州自由貿易地域
FTA (2)	Free Trade Area　自由貿易地域
FTAA	Free Trade Area of the Americas　米州自由貿易地域
FTE	full-time equivalent　フルタイム換算
FTI	fast track initiative　ファスト・トラック・イニシアティブ
FWCW	Fourth World Conference on Women　第４回世界女性会議
FY	fiscal year　会計年度

G

G (1)	general distribution (document identification)　一般的な配布（文書の識別）
G (2)	Group of ... 3, 4, 5, ...　3、4、5カ国、（人、組……）
G3	UK, Germany and France　英国、ドイツ、フランス
G4	Japan, Germany, India, Brazil　日本、ドイツ、インド、ブラジル
G5 (old)	UK, China, France, Russia and US　英国、中国、フランス、ロシア、米国
G5 (new)	UK, France, Germany, Italy and Spain　英国、フランス、ドイツ、イタリア、スペイン
G6 (old)	US, Japan, Germany, France, Italy and UK　米国、日本、ドイツ、フランス、イタリア、英国
G6 (new)	UK, China, France, Russia, US and Germany　英国、中国、フランス、ロシア、米国、ドイツ
G7	US, Japan, Germany, France, UK, Italy and Canada　主要先進７カ国
G8	G7 and Russia　G7にロシアを加えた８カ国
G8+	G8 and China　G8と中国

G8+ (new)	G8+, plus India and Brazil　G8+とインド、ブラジル
G10	A group of central bankers from 10 countries united under the 1988 Basle Agreement　主要10カ国中央銀行総裁会議での1988年バーゼル合意
G13	The Netherlands and 12 other nations supporting radical UN reform　オランダと他12カ国が支持する抜本的国連改革
G15	Summit level group of developing countries　開発途上国15カ国グループ
G20	Finance ministers and central bank governors representing 19 governments, the EU and the Bretton Woods Institutions (WB, IMF)　欧州連合、ブレトンウッズ機関、そして19カ国を代表する財務大臣・中央銀行総裁（世界銀行、国際通貨基金）
G21	A group of developing countries that coalesced at the WTO　世界貿易機関下で合体した発展途上国の集まり
G77 + China	Group of 77 developing countries plus China (now includes nearly 150 governments)　中国と他77発展途上国の集まり（現在およそ150カ国を含む）
G90	ACP and HIPC countries　90カ国グループ
GA	UN General Assembly　国連総会
GAAS	Ghana Academy of Arts and Sciences　ガーナの芸術と科学アカデミー
GAIM	Global Analysis and Modeling　地球変動の解析・統合・モデリング
GAS	Guarani Aquifer System　グアラニ帯水層システム
GATS	General Agreement on Trade in Services　サービス貿易に関する一般協定
GATT	General Agreement on Tariffs and Trade　関税および貿易に関する一般協定
GAW	Global Atmospheric Watch　全球大気監視
GBA	Global Biodiversity Assessment　世界生物多様性アセスメント
GBF	Global Biodiversity Forum　世界生物多様性フォーラム
GBIF	Global Biodiversity Information Facility　地球規模生物多様性情報機構
GBS	Global Biodiversity Strategy　世界生物多様性保全戦略
GC	Governing Council　管理理事会
GC/GMEF	Governing Council/Global Ministerial Environment Forum　管理理事会兼グローバル閣僚級環境フォーラム
GCA	Global Coalition for Africa　アフリカのためのグローバル連合
GCC (1)	global climate change　地球気候変動
GCC (2)	Global Climate Coalition　地球気候連合
GCC (3)	Gulf Cooperation Council　湾岸協力理事会
GCI	Green Cross International　国際緑十字
GCM	general circulation model　大気大循環モデル
GCOS	Global Climate Observing System　全球気候観測システム
GCP	Government Cooperative Programme (FAO)　政府協力計画（国連食糧農業機関）
GCRIO	US Global Change Research Information Office　アメリカ地球変動研究情報局
GCRMN	Global Coral Reef Monitoring Network　地球規模サンゴ礁モニタリングネットワーク
GCTE	Global Change and Terrestrial Ecosystems　地球変化と陸域生態系
GCU	global currency unit　地球通貨単位
GD	global deal　国際的な取り決め
GDI	Gender-related Development Index　ジェンダー関連開発指数
GDIN	Global Disaster Information Network (USDS)　世界災害情報ネットワーク（米国国務省）
GDLN	Global Development Learning Network (WB)　グローバル・デベロップメント・ラーニング・ネットワーク（世界銀行）
GDP	gross domestic product　国内総生産
GDP_{AGR}	percentage of GDP produced by agricultural sector　農業部門による国内総生産

	の割合
GDP_{CAP}	gross domestic product per capita　1 人当たり国内総生産
GEA	Global Environmental Action　地球環境行動会議
GECHS	Global Environmental Change and Human Security　地球環境変化と人間安全保障
GEF	Global Environment Facility　地球環境ファシリティ
GEFIA	Global Environment Facility Interim Approval　地球環境ファシリティ暫定承認
GEF-IN	Global Environment Facility International Notes　地球環境ファシリティ国際注釈
GEF-IW	Global Environment Facility International Waters　地球環境ファシリティ国際水域
GEFOP	Global Environment Facility Operations Committee　地球環境ファシリティ運営委員会
GEFPID	Project Information Document (GEFWB)　プロジェクト情報文書（地球環境ファシリティ世界銀行）
GEFRC	Global Environment Facility Regional Coordinator　地球環境ファシリティ地域コーディネーター
GEFSEC	Global Environment Facility Secretariat　地球環境ファシリティ事務局
GEFTF	Global Environment Facility Trust Fund　地球環境ファシリティ信託基金
GEG	Global Environmental Governance　地球環境ガバナンス
GEM	Global Environmental Mechanism　地球環境メカニズム
GEMI	Global Environmental Management Initiative　グローバル環境管理イニシアティブ
GEMS	Global Environment Monitoring System (UNEP)　地球環境モニタリングシステム（国連環境計画）
GEO (1)	Global Environment Outlook report (UNEP)　地球環境概況報告書（国連環境計画）
GEO (2)	Global Environmental Organization　地球環境機関
GEOHAB	Global Ecology and Oceanography of Harmful Algal Blooms (UNESCO)　世界有害赤潮生態学・海洋学研究（国連教育科学文化機関）
GEOS	Global Environmental and Oceans Sciences　世界環境海洋科学
GEOSS	Global Earth Observing System of Systems　全球地球観測システム
GESAMP	Group of Experts on the Scientific Aspects of Marine Pollution　海洋汚染科学的分野専門家グループ
GESI	Global Environmental Sanitation Initiative　世界環境衛生イニシアティブ
GEST	Global Evaluation of Sediment Transport　世界流砂評価
GET	Global Environment Trust Fund　地球環境信託基金
GETF	Global Environment & Technology Foundation　地球環境・技術財団
GEWEX	Global Energy and Water Cycle Experiment　全球エネルギー・水循環実験計画
GFAR	Global Forum on Agricultural Research　世界農業研究フォーラム
GFE	Global Fund for the Environment　地球環境基金
GFMC	Global Fire Monitoring Center　世界火災モニタリングセンター
GFO	Global Forum on Oceans, Coasts and Islands　海洋・沿岸・島嶼の世界フォーラム
GFRA	Global Forest Resources Assessment　世界森林資源評価
GFSE	Global Forum on Sustainable Energy　持続可能なエネルギーに関するグローバルフォーラム
Gg	gigagram　ギガグラム
GHG	greenhouse gas　温室効果ガス
GHP	GEWEX Hydrometeorology Panel　GEWEX 水文気象パネル
GIBIP	Green Industry Biotechnology Platform　緑の産業用生物工学綱領

GIDP	Gender in Development Programme (UNDP) 開発におけるジェンダープログラム（国連開発計画）
GIFAR	Global Forum on Agricultural Research 国際農業研究フォーラム
GIPME	Global Investigation on Pollution in the Marine Environment 海洋環境汚染全世界的調査
GIS	geographic information system 地理情報システム
GISD	Geographic Information for Sustainable Development 持続可能な発展のための地理情報
GISP	Global Invasive Species Programme 世界侵入種計画
GIWA	Global International Waters Assessment (GEF) 地球国際水アセスメント（地球環境ファシリティ）
GLASOD	Human Induced Soil Degradation 人為的土壌劣化
GLIDE	global identifier number (UN) 世界災害共通番号（国際連合）
GLIMS	global land ice measurements from space 宇宙からの世界陸氷観測
GLOBE	Global Legislators Organization for a Balanced Environment 地球環境議員会議
GM (1)	genetically modified 遺伝子組み換え
GM (2)	global mechanism 地球機構
GMA	global assessment on the marine environment 世界海洋環境評価
GMEF	Global Ministerial Environment Forum グローバル閣僚級環境フォーラム
GMES	Global Monitoring for Environment and Security 全地球的環境・安全モニタリング
GMET	General Multilingual Environmental Thesaurus 一般多言語環境類語辞典
GMFS	Global Monitoring for Food Security 食糧安全保障のための地球モニタリング
GMO	genetically modified organism 遺伝子組み換え生物
GMSR	Greater Mekong (River) Sub-region 拡大メコン流域圏
GNF	Global Nature Fund 地球自然基金
GNI	gross national income 国民総所得
GNIP	Global Network for Isotopes in Precipitation 全球降水同位体ネットワーク
GNP	gross national product 国民総生産
GO	Global Environmental Objective (GEF) 地球環境目標（地球環境ファシリティ）
GOE	Group of Experts 専門家グループ
GOFC	global observation of forest cover 全球森林被覆観測
GONGO	government-organized NGO 政府により設立されたNGO（非政府組織）
GOOS	Global Ocean Observing System 世界海洋観測システム
GOS	Global Observing System (WMO) 全球監視システム（世界気象機関）
GOs	governmental organizations 政府機関
GOSIC	Global Observation Systems Information Center 全球観測システム情報センター
GOUTTE	Global Observatory of Units for Teaching, Training and Ethics (UNESCO) （水の）教育、訓練、倫理のための地球観測部隊（国連教育科学文化機関）
GP (1)	Government of Portugal ポルトガル政府
GP (2)	good practice 優れた取り組み
GP (3)	Greenpeace International グリーンピース・インターナショナル
GPA	Global Programme of Action 世界行動計画
GPCC	Global Precipitation and Climatology Centre 世界降水気候センター
GPF	Global Policy Forum 地球政策フォーラム
GPG (1)	global public goods 地球公共財
GPG (2)	good practice guide 実践規範ガイド
gpgNet	Global Public Goods Network 世界公共財ネットワーク
GPI	gender parity index ジェンダーパリティ指数
GPS	global positioning system 全世界的衛星測位システム

GRACE	gravity recovery and climate experiment　重力回復と気候実験
GRAIN	Genetic Resources Action International　国際遺伝資源アクション
GRAPHIC	Groundwater Resources Assessment under Pressures of Humanity and Climate Change　気候変動と人間活動の影響下での地下水資源管理
GRASP	Great Ape Survival Project　類人猿生存プロジェクト
GRAVITY	global risk and vulnerability index trend per year　年間のグローバルなリスクと脆弱性の指数の傾向
GRC	Governance-related European Forestry Commission Conditionalities　ガバナンス関連の欧州森林委員会の条件
GRDC	Global Runoff Data Center　全球流出データセンター
GRI	global reporting initiative　グローバル・リポーティング・イニシアティブ
GRID	Global Resource Information Database (UN)　地球資源情報データベース（国際連合）
GRINGO	government-run NGO　国営 NGO
GRIWAC	Gansu Research Institute on Water Conservation (China)　甘粛省水保全研究所（中国）
GRO	grassroots organization　草の根組織
GROMS	Global Register of Migratory Species　移動性動物種の国際登録
GroWI	Global Review of Wetland Resources and Priorities for Wetland Inventory　地球全体の湿地資源と湿地目録優先事項に関する評価
GRSO	grassroots support organization　草の根支援組織
GRULAC	Latin American and Caribbean Group　中南米カリブ海諸国グループ
GRWHC	Global Rainwater Harvesting Collective (India, The Netherlands)　世界雨水利用団体（インド、オランダ）
GS (1)	gold standard　金本位制
GS (2)	General Secretariat　事務総局
GSCO	Global Social Change Organization　世界社会変革団体
GSFG	Goddard Space Flight Center　ゴダード宇宙飛行センター
GSP	Generalized System of Preferences　一般特恵関税制度
GSPC	Global Strategy for Plant Conservation (CBD)　世界植物保全戦略（生物多様性条約）
GSTP	Global System of Trade Preferences (UNCTAD)　世界的貿易特恵関税制度（国連貿易開発会議）
GTI	Global Taxonomy Initiative　世界分類学イニシアティブ
GTN-H	Global Terrestrial Network for Hydrology　地球の地上水ネットワーク
GTOS	Global Terrestrial Observing System　全球陸上観測システム
GTRZ	German Association for Technical Cooperation　ドイツ技術協力協会
GTSC	GTOS Steering Committee　全球陸上観測システム運営委員会
GTZ	German Technical Cooperation Agency　ドイツ技術協力公社
GURTs	genetic use restriction technologies　遺伝子利用制限技術
GVP	gross village product　村内総生産
G-WADI	Global Network – Water and Development Information for Arid Lands　乾燥地域の水と開発に関する情報のグローバルネットワーク
GW	global warming　地球温暖化
GWA	Gender and Water Alliance　ジェンダーと水連合
GwES	groundwater in emergency situations　緊急事態の地下水
GWI (1)	Global Water Initiative　世界水イニシアティブ
GWI (2)	global water intelligence　世界水インテリジェンス
GWI (3)	Ground Water Institute　地下水研究所
GWP (1)	Global Warming Potential (UNFCCC)　地球温暖化係数（国連気候変動枠組条約）

GWP (2)	Global Water Partnership　世界水パートナーシップ
GWP-CA	Central American Programme of the GWP　世界水パートナーシップ中米プログラム
GWP-CACENA	Central Asia and the Caucasus Programme of the GWP　世界水パートナーシップ中央アジア・コーカサス・プログラム
GWP-CEE	Central and Eastern Europe Programme of the GWP　世界水パートナーシップ中東欧プログラム
GWP-China	China Programme of the GWP　世界水パートナーシップ中国プログラム
GWP-EA	Eastern Africa Programme of the GWP　世界水パートナーシップ東アフリカプログラム
GWP-MED	Mediterranean Programme of the GWP　世界水パートナーシップ地中海プログラム
GWP-PAC	Australia and the Pacific Programme of the GWP　世界水パートナーシップオーストラリア・太平洋プログラム
GWP-SA	Southern Africa Programme of the GWP　世界水パートナーシップ南アフリカプログラム
GWP-SAM	South American Programme of the GWP　世界水パートナーシップ南米プログラム
GWP-SAS	South Asia Programme of the GWP　世界水パートナーシップ南アジアプログラム
GWP-SEA	Southeast Asia Programme of the GWP　世界水パートナーシップ東南アジアプログラム
GWP-TACs	Global Water Partnership – Technical Advisory Committees 2000　世界水パートナーシップ技術アドバイザリー委員会
GWP-WA	Western Africa Programme of the GWP　世界水パートナーシップ西アフリカプログラム
GWPO	Global Water Partnership Organization　世界水パートナーシップ機関
GWS (1)	George Wright Society　ジョージ・ライト協会
GWS (2)	Global Water Systems　世界水システム
GWSATC	Global Water Science, Assessment and Training Center　世界水科学評価研修センター
GWSP	Global Water System Project　全球水システムプロジェクト
GYF	Global Youth Forum (UNEP)　世界ユースフォーラム（国連環境計画）

H

H2020	IAHS Working Group on Hydrology　国際水文科学協会（IAHS）の水文学に関する作業部
HABITAT	United Nations Centre for Human Settlement　国連人間居住センター
HAS	Hungarian Academy of Sciences　ハンガリー科学アカデミー
HCFC	halogenated CFCs　ハロゲン化フロン
HCFCs	hydrochlorofluorocarbons　ハイドロクロロフルオロカーボン
HD	Human Development Network　人間開発ネットワーク
HDI	Human Development Index (UNDP)　人間開発指数（国連開発計画）
HDP	Human Dimensions of Global Environmental Change Programme　地球環境変化の人間的次元研究計画
HDR	Human Development Report (UNDP)　人間開発報告書（国連開発計画）
HELCOM	Baltic Marine Environment Protection Commission (Helsinki Commission)　バルト海洋環境保護委員会（ヘルシンキ委員会）
HELP	Hydrology for the Environment, Life and Policy (UNESCO-IHP)　環境・生命・政策のための水文学（国連教育科学文化機関・国際水文学プログラム）

HEM	harmonization of environmental measurement unit　環境測定ユニットの統一
HFCs	hydrofluorocarbons　ハイドロフルオロカーボン
HG	Head of Government　政府首脳
HGWP	high global warming potential　高地球温暖化係数
HI/HYVs	high-input and high yield hybrid crop varieties　高投入・高収量ハイブリッド品種
HIA	Health Impact Assessment　健康影響評価
HIPC	Heavily Indebted Poor Countries　重債務貧困国
HIV/AIDS	human immunodeficiency virus (UN)　ヒト免疫不全ウイルス（国際連合）
HLCOMO	high-level committee of ministers and officials (UNEP)　大臣および政府高官のハイレベル委員会（国連環境計画）
HLM	High Level Meeting　ハイレベル会合
HNP	health, nutrition and population　保健、栄養、人口
HNS (1)	International Convention on Liability and Compensation for Damage in Connection with the Carriage of Hazardous and Noxious Substances (IMO)　危険物質および有害物質の海上輸送に伴う損害についての責任ならびに賠償および補償に関する国際条約（国際海事機関）
HNS (2)	hazard and noxious substances (IMO)　危険物質および有害物質（国際海事機関）
HOMS	Hydrological Operational Multipurpose System human poverty index　水文学的運用多目的システム
HPI	Human Poverty Index　人間貧困指数
HQ	headquarters　本部
HRG	Human Rights Commission　人権委員会
HRD	human resources development　人材育成
HRH	His/Her Royal Highness　殿下
HRI	Hydraulic Research Institute (Egypt)　水理研究所（エジプト）
HS	Head of State　国家元首、国家主席
HSI	health status index　健康状態指数
HSRC	Human Sciences Research Council　人間科学研究委員会
HST	Hubble Space Telescope　ハッブル宇宙望遠鏡
HTPI	handling, transport, packaging and identification　取り扱い、輸送、包装および表示
HTS	harmonized tariff schedule　統一関税率表
HURPEC	Human Rights and Peace Campaign　人権平和キャンペーン
HWI	human wellbeing index　人間福祉指数
HWP	harvested wood products (UNFCCC)　伐採木材製品（国連気候変動枠組条約）
HWRP	Hydrology Water Resources Programme　水文学・水資源計画

I

I-CMAP	First Mesoamerican Congress on Protected Areas　保護地域に関する第1回メソアメリカ会議
IA (1)	implementing agency (GEF)　実施機関（地球環境ファシリティ）
IA (2)	implementing arrangements (IEA)　実施協定（国際エネルギー機関）
IA (3)	institutional analysis (WB)　制度分析（世界銀行）
IA (4)	Irrigation Association (USA)　灌漑協会（米国）
IAB	Industry Advisory Board (IEA)　産業諮問委員会（国際エネルギー機関）
IABIN	Inter-American Biodiversity Information Network　米州生物多様性情報ネットワーク

IAC	Informal Advisory Committee　非公式諮問委員会
IACD	Inter-American Agency for Cooperation and Development (OAS)　米州協力開発事業団（米州機構）
IACNDR	Inter-American Committee for Natural Disaster Reduction　米州自然災害軽減委員会
IACSD	Interagency Committee on Sustainable Development (UN)　持続可能な発展に関する機関間委員会（国際連合）
IADB (1)	Inter-American Development Bank (IDB)　米州開発銀行（米州開発銀行）
IADB (2)	Inter-American Defense Board　米州防衛委員会
IADRIP	Inter-American Declaration on the Rights of Indigenous Peoples　米州先住民族権利宣言
IADWM	Inter-American Dialogue on Water Management　水管理に関する米州対話
IAEA	International Atomic Energy Agency (UN)　国際原子力機関（国際連合）
IAEC	Inter-American Economic Council　米州経済理事会
IAEE	International Association for Energy Economics　国際エネルギー経済学会
IAF(1)	Inter-American Foundation　米州基金
IAF(2)	Inter-American Fund　全米基金
IAF(3)	International Arrangement on Forests　森林に関する国際的枠組み
IAH(1)	International Association of Hydrologists　国際水文地質学会
IAH(2)	International Association of Hydrogeologists　国際水理地質協会
IAHR	International Association of Hydraulic Engineering and Research　国際水理学会
IAHS	International Association of Hydrological Sciences　国際水文科学協会
IAI	Inter-American Institute for Global Change Research　米州地球変動研究機関
IAIA	International Association for Impact Assessment　国際影響評価学会
IAM	integrated area management　統合的地域管理
IANAS	Inter-American Network of Academies of Science　米州科学アカデミーネットワーク
IAP	Inter-Academy Panel on International Issues (TWAS)　国際問題に関するインターアカデミーパネル（第三世界科学アカデミー）
IAP-WASAD	International Action Programme on Water and Sustainable Agricultural Development (FAO)　水と持続可能な農業開発に関する国際行動計画（国連食糧農業機関）
IARC	International Agriculture Research Center　国際農業研究センター
IAS (1)	Academy of Sciences (Indonesia, Iran, Iraq)　科学アカデミー（インドネシア、イラン、イラク）
IAS (2)	Islamic Academy of Science (Jordan)　イスラム科学アカデミー（ヨルダン）
IASI	Inter-Americas Sea Initiative　米州海洋イニシアティブ
IASP	Inter-American Strategic Plan for Policy and Vulnerability Reduction　米州の脆弱性緩和、リスク管理、災害対策に関する政策のための戦略的計画
IAST	Institute of Applied Science and Technology (Guyana)　応用科学技術研究所（ガイアナ）
IASWS	International Association for Sediment and Water Science　土砂と水の総合作用に関する国際学会
IATF	Interagency Task Force on Sustainable Development (OAS)　持続可能な発展に関する省庁間作業部会（米州機構）
IATFDR	Inter-Agency Task Force on Disaster Reduction (UNISDR)　省庁間防災特別委員会（国連国際防災戦略事務局）
IATTC	Inter-American Tropical Tuna Commission　全米熱帯マグロ類委員会
IBA	International Bird Area　国際野鳥生息地
IBAMA	Institute of Environment and Renewable Resources (Brazil)　ブラジル環境・再生可能資源研究所

IBC	International Bioethics Committee　国際生命倫理委員会
IBE	International Bureau of Education (Geneva, Switzerland) (UNESCO)　国際教育局（スイス・ジュネーブ）（国連教育科学文化機関）
IBNET	Water and Sanitation International Benchmarking Network　水と衛生の公共事業の国際ベンチマーキングネットワーク
IBP	International Biological Programme　国際生物学事業計画
IBPGR	International Board for Plant Genetic Resources (CGIAR)　国際植物遺伝資源委員会（国際農業研究協議グループ）
IBRD	International Bank for Reconstruction and Development (WB)　国際復興開発銀行（世界銀行）
IBSP	International Basic Science Programme　国際基礎科学プログラム
IBTA	institution-building/technical assistance　制度構築／技術援助
IC (1)	Implementation Committee (GEF/STAP)　実施委員会（地球環境ファシリティ科学技術諮問委員会）
IC (2)	initial communication　最初のコミュニケーション
IC (3)	Inter-Sessional Committee　会期間委員会
ICAD	Integrated Conservation and Development Project (GEF)　保全・開発統合プロジェクト（地球環境ファシリティ）
ICALPE	International Centre for Alpine Environments　国際高山環境センター
ICAO	International Civil Aviation Organization　国際民間航空機関
ICARDA	International Center for Agricultural Research in the Dry Areas　国際乾燥地農業研究センター
ICARM	Integrated Coastal and River Basin Management　沿岸域・流域統合管理
ICASE	International Council of Associations for Science/Education　国際科学教育学会
ICBA	International Center for Biosaline Agriculture　国際塩水農業センター
ICC (1)	International Chamber of Commerce　国際商業会議所
ICC (2)	International Criminal Court　国際刑事裁判所
ICC (3)	Inuit Circumpolar Conference　イヌイット周極会議
ICCAT	International Convention for the Conservation of the Atlantic Tuna　大西洋マグロ類保存国際条約
ICCBD	Intergovernmental Committee on the Convention on Biological Diversity　生物多様性条約政府間委員会
ICCD (1)	Intergovernmental Committee on the Convention to Combat Desertification　砂漠化対処条約政府間委員会
ICCD (2)	Intergovernmental Climate Change Directorate　気候変動政府間理事会
ICCE	IAHS International Commission on Continental Erosion　国際浸食委員会
ICCEB	International Center for Genetic Engineering and Biotechnology (UNIDO)　国際遺伝技術・バイオテクノロジーセンター（国連産業開発機構）
ICCP	Intergovernmental Committee for the Cartagena Protocol on Biosafety (CBD)　カルタヘナ議定書政府間委員会（生物多様性条約）
ICCPR	International Covenant on Civil and Political Rights　市民的および政治的権利に関する国際規約
ICCROM	International Centre for the Study of the Preservation and Restoration of Cultural Property　文化財保存修復研究国際センター
ICDA	International Coalition of Development Action　国際開発活動連合
ICDDR	International Centre for Diarrheal Diseases Research (Bangladesh)　国際下痢性疾患研究センター（バングラデシュ）
ICDI	Independent Commission on International Development Issues (The Brandt Commission)　国際開発問題に関する独立委員会（ブラント委員会）
ICDP	Integrated Conservation Development Project (GEF)　保全開発総合プロジェクト（地球環境ファシリティ）

ICES	International Council for the Exploration of the Sea　国際海洋探査委員会
ICESA	International Commission for Earth Sciences in Africa (Botswana)　アフリカ地球科学国際委員会（ボツワナ）
ICESCR	International Covenant on Economic, Social and Cultural Rights　経済的・社会的・文化的権利に関する国際規約
ICFD	International Conference on Financing for Development　開発資金国際会議
ICFPA	International Council of Forest and Paper Associations　森林・紙協会国際委員会
ICFTU	International Confederation of Free Trade Unions　国際自由労働組合連合
ICG	International Crises Group　国際危機グループ
ICHC	Intangible Cultural Heritage Convention　無形文化遺産保護条約
ICHARM	International Centre for Water Hazard and Risk Management (Japan)　水災害・リスクマネジメント国際センター（日本）
ICID	International Commission on Irrigation and Drainage　国際灌漑排水委員会
ICIMOD	International Centre for Integrated Mountain Development　国際総合山岳開発センター
ICJ	International Court of Justice (UN)　国際司法裁判所
ICLARM	International Centre for Living Aquatic Resources Management　国際水産資源管理センター
ICLEI	International Council for Local Environmental Initiatives　国際環境自治体協議会
ICLR	Institute for Catastrophic Loss Reduction　壊滅的被害軽減研究所
ICM (1)	Integrated Coastal Management　統合沿岸管理
ICM (2)	International Conflict Management　国際紛争管理
ICM (3)	Information and Communication Management　情報通信マネジメント
ICO	*Institute de Crédito Oficial* (Spain)　スペイン金融公庫
ICOH	International Commission on Occupational Health　国際産業保健学会
ICOLD	International Commission on Large Dams　国際大ダム会議
ICOMOS	International Council of Monuments and Sites　国際記念物遺跡会議
ICP	Informal Consultative Process on Oceans and the Law of the Sea　海洋法非公式協議
ICPD	International Conference on Population and Development　国際人口・開発会議
ICPDR	International Commission for the Protection of the Danube River　ドナウ川保全国際委員会
ICPs	International Cooperative Programmes　国際協力計画プロジェクト
ICRAF	International Centre for Research in Agroforestry　国際アグロフォレストリー研究センター
ICRAN	International Coral Reef Action Network　国際サンゴ礁行動ネットワーク
ICRC (1)	Interim Chemical Review Committee　化学物質審査小委員会
ICRC (2)	International Committee of the Red Cross, Red Crescent and Red Crystal Societies　赤十字国際委員会
ICRG	International Consulting Resources Group　国際コンサルティング資源グループ
ICRI	International Coral Reef Initiative　国際サンゴ礁イニシアティブ
ICRISAT	International Crops Research Institute for the Semi-Arid Tropics　国際半乾燥熱帯作物研究所
ICS (1)	International School for Science (UNIDO)　国際科学高度技術センター（国連産業開発機構）
ICS (2)	International Coordinating Secretariat　国際調整事務局
ICSID	International Centre for Settlement of Investment Disputes (WB)　投資紛争解決国際センター（世界銀行）

ICSU　International Council of Science Unions　国際学術連合会議
ICT (1)　information and communications technology　情報通信技術
ICT (2)　internet communication technology　情報通信技術
ICT (3)　international communication technology　国際通信技術
ICTP　International Centre for Theoretical Physics (Trieste, Italy) (UNESCO)　国際理論物理学センター（イタリア・トリエステ）（国連教育科学文化機関）
ICUC　International Centre for Underutilized Crops　活用されていない作物に関する国際センター
ICUS　International Center for Urban Safety Engineering (Japan)　都市基盤安全工学国際研究センター（日本）
ICWC　Interstate Commission for Water Coordination (Central Asian States)　国際水調整委員会（中央アジア）
ICWE　International Conference on Water and the Environment (Dublin)　水と環境に関する国際会議（ダブリン）
ICZM　International Coastal Zone Management　国際的沿岸域管理
ID　Institutional Development　組織制度的開発
IDA (1)　International Development Association (WB)　国際開発協会（世界銀行）
IDA (2)　International Decade(s) for Action　国際的活動のための（数）10年
IDA (3)　International Desalination Association　国際脱塩協会
IDAC　International Disaster Advisory Committee　国際災害諮問委員会
IDB (1)　Inter-American Development Bank　米州開発銀行
IDB (2)　Inter-American Defense Board　米州防衛委員会
IDB (3)　Islamic Development Bank　イスラム開発銀行
IDDRI　Institute of International Relations and Sustainable Development (France)　持続可能な発展および国際関係研究所（フランス）
IDE　International Development Enterprises　国際開発事業
IDEA　International Institute for Democracy and Electoral Assistance　国際民主化選挙支援機構
IDF　Institutional Development Facility　組織的開発設備
IDGEC　Institutional Dimensions of Global Environmental Change　地球環境変動の制度的側面
IDGs　International Development Goals　国際開発目標
IDNDR　International Decade for Natural Disaster Reduction　国際防災の10年
IDP (1)　Integrated Development Plan　統合開発計画
IDP (2)　internal discussion paper (WB)　内部協議文書（世界銀行）
IDP (3)　internally displaced person (UN)　国内避難民（国際連合）
IDR　in-depth review (UNFCCC)　徹底調査（国連気候変動枠組条約）
IDRC　International Development Research Centre (Canada)　国際開発研究センター（カナダ）
IDS　Institute of Development Studies　開発研究所
IDT　International Development Target　国際開発目標
IDU　internal document unit (WB)　内部文書部（世界銀行）
IEA (1)　International Energy Agency　国際エネルギー機関
IEA (2)　International Environmental Agreement　国際環境協定
IEEP　Institute for European Environment Policy　欧州環境政策研究所
IEG　International Environmental Governance　国際環境ガバナンス
IEHS　Institute for Environment and Human Security (UNU)　環境と人間の安全保障研究所
IEN　Indigenous Environment Network (US)　先住民環境ネットワーク（米国）
IEO　Industry and Environment Office (UNEP)　産業環境局（国連環境計画）
IEP　intergenerational equity principle　世代間公平の原則

IEPS	Initial Executive Project Summary (GEF)　第１次管理プロジェクト概要（地球環境ファシリティ）
IESALC	International Institute for Higher Education in Latin America and the Caribbean (UNESCO/Venezuela)　ラテンアメリカ・カリブ高等教育センター（国連教育科学文化機関・ベネズエラ）
IET	International Emissions Trading (UNFCCC)　国際排出量取引（国連気候変動枠組条約）
IETA	International Emissions Trading Association　国際排出量取引協会
IETC	International Environmental Technology Centre　国際環境技術センター
IFAD	International Fund for Agricultural Development　国際農業開発基金
IFAP	International Federation of Agricultural Producers　国際農業生産者連盟
IFAS	International Fund for (Saving) the Aral Sea　アラル海救済国際基金
IFAW	International Fund for Animal Welfare　国際動物福祉基金
IFC	International Finance Corporation (WB)　国際金融公社（世界銀行）
IFCS	International Forum on Chemical Safety　国際化学物質安全性フォーラム
IFEJ	International Federation of Environmental Journalists　国際環境ジャーナリスト連盟
IFF (1)	Intergovernmental Forum on Forests　森林に関する政府間フォーラム
IFF (2)	International Finance Facility　国際金融ファシリティ
IFI (1)	International Financing Institution　国際金融機関
IFI (2)	International Flood Initiative (UNESCO, WMO, UNU, UNISDR, IAHS)　国際洪水イニシアティブ（国連教育科学文化機関・世界気象機関・国連大学・国連国際防災戦略・国際水文科学協会）
IFIP	International Funders for Indigenous Peoples　先住民国際基金
IFM	integrated flood management　統合的洪水管理
IFNet	International Flood Network and Flood Alert System　国際洪水ネットワーク
IFPRI	International Food Policy Research Institute　国際食糧政策研究所
IFRC	International Federation of Red Gross, Red Crescent and Red Crystal Societies　国際赤十字・赤新月・赤菱連盟
IFREMER	French Research Institute for the Exploitation of the Sea　フランス国立海洋開発研究所
IG	inter-governmental　政府間
IGAD	International Authority on Development　国際開発機構
IGBC	Intergovernmental Bioethics Committee　政府間生命倫理委員会
IGBP	International Geosphere-Biosphere Programme　地球圏・生物圏国際共同研究計画
IGC (1)	International Green Cross　国際緑十字
IGC (2)	intergovernmental consultation　政府間協議
IGCP	International Geoscience Programme　国際地質対比計画
IGES	Institute for Global Environmental Strategies (Japan Environment Ministry)　地球環境戦略機関（日本環境省）
IGFA	International Group of Funding Agencies for Global Change　地球変動研究のための資金供与機関国際グループ
IGLU	International Union of Local Authorities　国際地方自治体連合
IGM	Open-ended Intergovernmental Group of Ministers or their Representatives　開放型政府間閣僚級グループ
IGO	Inter-Governmental Organization　政府間機構
IGOS	Integrated Global Observing Strategy　統合地球観測戦略
IGR	intergovernmental review　政府間レビュー
IGRAC	International Groundwater Resources Assessment Centre, Utrecht, The Netherlands (UNESCO, WHO)　国際地下水資源評価センター（オランダ・ユ

トレヒト）（国連教育科学文化機関、世界保健機関）

IGU International Geographical Union 国際地理学連合

IGWAC International Ground Water Assessment Committee (UNESCO) 国際地下水評価委員会（国連教育科学文化機関）

IGWCO Integrated Global Water Cycle Obsevations 統合水循環観測

IGY International Geophysical Year 国際地球観測年

IHA International Hydropower Association 国際水力発電協会

IHD International Hydrological Decade (1965-1974) 国際水文学10年計画（1965-1974）

IHDP International Human Dimensions Programme on Global Change 地球環境変化の人間次元国際共同研究計画

IHE-Delft International Institute for Infrastructural, Hydraulic and Environmental Engineering (1957-2002, replaced by UNESCO-IHE in 2003, The Netherlands) 社会基盤、水文学および環境工学国際研究所（1957 ～ 2002、2003年にオランダ国際水理社会基盤環境工学研究院となる）

IHO International Hydrographic Organization 国際水路機関

IHP International Hydrological Programme (UNESCO) 国際水文学プログラム（国連教育科学文化機関）

IHP-V fifth phase of IHP (1996-2001) 第5期（1996-2001）国際水文学プログラム

IHP-VI sixth phase of IHP (2002-2007) 第6期（2002-2007）国際水文学プログラム

IHP-VII seventh phase of IHP (2008-2013) 第7期（2008-2013）国際水文学プログラム

IHS International Institute for Housing and Urban Development (The Netherlands) 国際住宅都市開発研究所（オランダ）

IIASA (1) International Institute for Applied Systems Analysis 国際応用システム研究所

IIASA (2) Institute of Islamic and Arabic Sciences in America 米国イスラム・アラブ科学研究所

IICA Inter-American Institute for Cooperation on Agriculture 米州農業協力機関

IICBA International Institute for Capacity-Building in Africa (UNESCO/Ethiopia) アフリカ能力開発国際研究所（国連教育科学文化機関・エチオピア）

IICD International Institute for Communication and Development 国際コミュニケーションと開発研究所

IICG International Initiative on Corruption in Governance 腐敗とガバナンスに関する国際イニシアティブ

IIDEA International Institute for Democracy and Electoral Assistance 国際民主化選挙支援機構

IIE Institute for International Economics 国際経済研究所

IIED International Institute for Environment and Development 国際環境開発研究所

IIEP International Institute for Educational Planning (UNESCO/Argentina) 国際教育計画研究所（国連教育科学文化機関・アルゼンチン）

IIFB International Indigenous Forum on Biodiversity 国際先住民生物多様性フォーラム

IIMI International Irrigation Management Institute 国際灌漑管理研究所

IIMS Integrated Information Management System 統合情報管理システム

IIP International Implementation Priorities 国際的な実施優先

IIRR International Institute for Rural Reconstruction 国際農村再建研究所

IISD International Institute for Sustainable Development (Canada) 国際持続可能な発展研究所（カナダ）

IIT Indian Institute of Technology インド工科大学

IITA International Institute of Tropical Agriculture 国際熱帯農業研究所

IITE Institute for Information Technologies in Education (UNESCO/Russian Federation) 教育情報通信機関（国連教育科学文化機関・ロシア連邦）

IJC　International Joint Commission　国際合同委員会
i-learning (1)　innovative learning　革新型学習
i-learning (2)　internet learning　インターネット学習
ILA　International Law Association　国際法協会
ILAC　Latin American and Caribbean Initiative for Sustainable Societies　ラテンアメリカ・カリブ諸国による持続可能な社会づくりのイニシアティブ
ILC　International Law Commission　国際法委員会
ILEC　International Lake Environment Committee (Japan)　国際湖沼環境委員会（日本）
ILO (1)　International Labor Organization (UN)　国際労働機関（国際連合）
ILO (2)　International Landslide Organization　国際斜面災害機関
ILRAD　International Laboratory for Research on Animal Disease　国際動物病研究所
ILRI　International Livestock Research Institute　国際畜産研究所
ILSI　International Life Sciences Institute　国際生命科学研究機構
ILTER　International Long-Term Ecological Research　国際長期生態学研究
IMCAM　Integrated Marine and Coastal Area Management　統合的海洋沿岸地域管理
IMCO　Intergovernmental Maritime Consultative Organization　政府間海事協議機構
IME　*Institut Méditerranéen de l'Eau* (France)　地中海水研究所（フランス）
IMF　International Monetary Fund　国際通貨基金
IMO　International Maritime Organization　国際海事機関
IMP　Information Management Plan　情報管理計画
IMS　information management specialist　情報管理スペシャリスト
IMT　irrigation management transfer　灌漑管理移管
IMTA　*Instituto Mexicano de Tecnologia del Agua*　メキシコ水技術研究所
INBAR　International Network for Bamboo and Rattan　国際竹籐ネットワーク
INBO　International Network of Basin Organizations　国際流域組織ネットワーク
INC　International Negotiation Committee　国際交渉委員会
INCB　International Narcotics Control Board　国際麻薬統制委員会
INC/FCCC　Intergovernmental Negotiation Committee for a Framework Convention on Climate Change　気候変動枠組条約の政府間交渉委員会
INCD　International Negotiation Committee on Desertification　砂漠化対処条約政府間交渉委員会
INDOEX　Indian Ocean Experiment　インド洋実験
INEAM　Institute for Advanced Studies for the Americas (OAS)　米国先端研究所（米州機構）
INENCO　Centre for International Environmental Cooperation　国際環境協力センター
Inf　information (documents identification)　情報（文書分類）
INFN　National Institute for Nuclear Physics (Italy)　イタリア国立核物理学研究所
INFOCAP　Information Exchange Network on Capacity Building for the Sound Management of Chemicals　化学物質適正管理のための能力向上に関する情報交換ネットワーク
INFOTERRA　International Environmental Information System　国際環境情報源照会システム
INGO (1)　individual-based NGO　個人ベース非政府組織
INGO (2)　international NGO　国際非政府組織
INPE　National Institute for Space Research (Brazil)　国立宇宙研究所（ブラジル）
INPIM　International Network on Participatory Irrigation Management　参加型灌漑管理国際ネットワーク
INRA　National Institute for Agricultural Research (France)　国立農業研究所（フランス）
INSA　Indian National Science Academy　インド国立科学アカデミー
INSERM　French National Institute for Health and Medical Research　フランス国立衛生

	医学研究所
INSTRAW	International Research and Training Institute for the Advancement of Women (UN)　国際婦人調査訓練研修所（国際連合）
INSULA	International Scientific Council for Sustainable Development　持続可能な発展のための国際科学評議会
INTAL	Institute for the Integration of Latin America and the Caribbean　ラテンアメリカ・カリブ統合研究所
INTECOL	International Association of Ecology　国際生態学会
INV00	Inventory Submission for the Year 2000　2000年のインベントリ提出
INWEB	International Network of Water Environment Centres for the Balkans　バルカン諸国水環境センターの国際ネットワーク
INWEH	International Network on Water, Environment and Health (UNU)　水・環境・保健に関する国際ネットワーク（国際連合大学）
INWENT	Capacity Building International (Germany)　国際向上教育・開発協会（ドイツ）
INWEPF	International Network for Water and Ecosystem in Paddy Fields　国際水田・水環境ネットワーク
INWRDAM	Inter-Islamic Network on Water Resources Development and Management (Iran)　イスラム間水資源開発管理ネットワーク（イラン）
IO (1)	international organization　国際機構
IO (2)	input-output　入力 - 出力
IOC (1)	Intergovernmental Oceanographic Commission (UNESCO)　政府間海洋学委員会（国連教育科学文化機関）
IOC (2)	Indian Ocean Commission　インド洋委員会
IOCARIBE	Intergovernmental Oceanographic Commission – Caribbean (UNESCO)　政府間海洋学委員会－カリブ海地域小委員会（国連教育科学文化機関）
IOCC	Inter-Organization Coordinating Committee　機関間調整委員会
IOCU	International Organization of Consumers Unions　国際消費者機構
IODE	International Oceanographic Data and Information Exchange　国際海洋データ情報交換システム
IOI	International Oceans Institute　国際海洋研究所
IOS	Internal Oversight Service (UN)　内部監査（国際連合）
IOSEA	Indian Ocean-South East Asia　インド洋・東南アジア地域ウミガメ協定
IP (1)	implementation progress (GEF)　実施進捗状況（地球環境ファシリティ）
IP (2)	intellectual property　知的財産
IPAD	Portuguese Institute for Development Assistance　ポルトガル開発支援協会
IPC (1)	integrated pest control　統合的有害生物規制
IPC (2)	integrated pollution control　統合的汚染規制
IPCC	Intergovernmental Panel on Climate Change (UNEP/WMO)　気候変動に関する政府間パネル（国連環境計画／世界気象機関）
IPDP	Indigenous Peoples Development Plan (WB)　先住民族開発計画（世界銀行）
IPE	independent panel of experts　独立専門家パネル
IPED	International Panel of Experts on Desertification　砂漠化に関する国際専門家パネル
IPF (1)	Intergovernmental Panel on Forests　森林に関する政府間パネル
IPF (2)	Indicative Planning Figure (UNDP)　指示的計画値（国連開発計画）
IPGR	International Plant Genetic Resources Institute　国際植物遺伝資源研究所
IPGRI	International Plant Genetic Resources Institute　国際植物遺伝資源研究所
IPIECA	International Petroleum Industry Environmental Conservation Association　国際石油産業環境保全連盟
IPM (1)	integrated pest management　統合的有害生物管理
IPM (2)	International Preparatory Meeting　国際準備会合

IPO (1)	Indigenous Peoples Organization　先住民族組織
IPO (2)	Initial Public Offering　新規株式公開
IPPC (1)	International Plant Protection Convention　国際植物防疫条約
IPPC (2)	integrated pollution prevention and control　統合的汚染防止管理
IPPF	International Planned Parenthood Federation　国際家族計画連盟
IPR	intellectual property rights　知的財産権
IPS	Institute for Policy Studies　政策研究所
IPTRID	International Programme for Technology and Research in Irrigation and Drainage　国際灌漑排水技術研究促進プログラム
IPU	Inter-Parliamentary Union　列国議会同盟
IQC	indefinite quantity contract (USAID)　不定量契約（米国国際開発庁）
IR	International River Foundation (Australia)　国際河川基金（オーストラリア）
IRBM	Integrated River Basin Management　統合的流域管理
IRC	International Water and Sanitation Centre (The Netherlands)　国際水衛生センター（オランダ）
IRCSA	International Rainwater Catchment Systems Association　国際雨水資源化学会
IRD	Scientific Research Institute for Cooperative Development (France)　開発協力科学研究所（フランス）
IREA	International Renewable Energy Alliance　国際再生可能エネルギー同盟
IRFD	International Research Foundation for Development　国際開発研究財団
IRHA	International Rainwater Harvesting Alliance　世界雨水活用連合
IRI (1)	International Resource Institute　国際資源研究所
IRI (2)	International Research Institute for Climate Prediction　国際気候予測研究所
IRI (3)	International Research Institute for Climate and Society　国際気候社会研究所
IRIS	Institute for Research and Innovation in Sustainability (Canada)　持続可能性の革新研究所（カナダ）
IRN	International Rivers Network　国際河川ネットワーク
IRPTC	International Register of Potentially Toxic Chemicals　国際有害化学物質登録制度
IRR	internal rate of return　内部収益率
IRRI	International Rice Research Institute　国際稲作研究所
IRTCES	International Research and Training Centre on Erosion and Sedimentation (UNESCO/China)　国際浸食田堆砂研究・研修センター（国連教育科学文化機関・中国）
IRTCUD	International Research and Training Center on Urban Drainage (UNESCO/Malaysia)　国際都市排水研究・研修センター（国連教育科学文化機関・マレーシア）
IRWR	internal renewable water resource　国内再生可能水資源
ISA	International Seabed Authority　国際海底機構
ISARM	International Shared Aquifer Resource Management　国際的地下水資源共有管理
ISBN	International Standard Book Numbers　国際標準図書番号
IsDB	Islamic Development Bank　イスラム開発銀行
ISDF	International Sustainable Development Foundation　持続可能な発展のための国際基金
ISDN	Integrated Services Digital Network　統合的デジタル通信網サービス
ISDR (1)	International Strategy for Disaster Reduction (UN)　国際防災戦略（国際連合）
ISDR (2)	Institute for Sustainable Development and Research (India)　持続可能な発展研究所（インド）
ISESCO	Islamic Educational, Scientific and Cultural Organization　イスラム教育科学文化機関

ISET　Institute for Social and Environmental Transition　社会環境移行研究所
ISEW　Index of Sustainable Economic Welfare　持続可能な経済福祉指数
ISGWAS　International Symposium on Groundwater Sustainability　地下水持続性に関する国際シンポジウム
ISI　International Sediment Initiative (UNESCO)　国際沈殿物イニシアティブ（国連教育科学文化機関）
ISIC　International Standard Industrial Classification　国際標準産業分類
ISM　Integrated Island Management　統合的島嶼管理
ISNAR　International Service for National Agricultural Research　各国農業研究国際サービス
ISO　International Organization for Standardization　国際標準化機構
ISOC　Inter-Sessional Meeting on the Operations of the Convention　条約の運用に関する会期間会合
ISP (1)　Inter-American Strategy for the Promotion of Public Participation in Decision-making for Sustainable Development　持続可能な開発に向けた意思決定において市民参加を促進するための米州戦略
ISP (2)　integral Sustainable production units　統合的持続可能な生産ユニット
ISRIC　International Soil and Reference Information Center　国際土壌照合情報センター
ISS　Institute of Social Studies (The Netherlands)　社会研究所（オランダ）
ISSC　International Social Science Council　国際社会科学協議会
ISSN　International Standard Series Numbers　国際標準逐次刊行物番号
ISW　International Secretariat for Water (Canada)　国際水事務局（カナダ）
IT (1)　information technology　情報通信技術
IT (2)　industrial transformation　産業転換
ITAIPU　*Central Hidroélectrica Itaipu Binacional* (Brazil, Paraguay)　イタイプ二国間水力発電所本社（ブラジル、パラグアイ）
ITC (1)　International Institute for Gee-Information Science and Earth Observation (The Netherlands)　国際地球情報科学・地球観測研究所（オランダ）
ITC (2)　International Trade Centre　国際貿易センター
ITCSD　International Centre for Trade and Sustainable Development　貿易と持続可能な発展のための国際センター
ITDG　Intermediate Technology Development Group　中間技術開発グループ
ITE　Institute for Terrestrial Ecology　陸上生態学研究所
ITESM　*Instituto Tecnológico de Estudios Superiores de Monterrey* (México)　モンテレー工科大学（メキシコ）
ITFF　Interagency Task Force on Forests　森林に関する国際機関間タスクフォース
ITLOS　International Tribunal for the Law of the Sea　国際海洋法裁判所
ITNs　insecticide-treated nets　殺虫剤処理済蚊帳
ITO　International Telecommunication Union　国際電気通信連合
ITOPF　International Tanker Owners Pollution Federation　国際タンカー船主汚染防止連盟
ITPGR(FA)　International Treaty on Plant Genetic Resources for Food and Agriculture (formerly the International Undertaking)　食糧農業植物遺伝資源国際条約
ITQs　individual transferable quotas　譲渡可能な個別割当
ITR　independent technical review (GEF)　独立技術報告書（地球環境ファシリティ）
ITTA　International Tropical Timber Agreement　国際熱帯木材協定
ITTC　International Tropical Timber Council　国際熱帯木材理事会
ITTO　International Tropical Timber Organization　国際熱帯木材機関
ITU　International Telecommunications Union　国際電気通信連合

IU	international undertaking (CGRFA)　国際的取り組み（食糧農業遺伝資源委員会）
IUBS	International Union of Biological Sciences　国際生物科学連合
IUCN	World Conservation Union (formerly the International Union for the Conservation of Nature and Natural Resources)　国際自然保護連合
IUFRO	International Union of Forest Research Organizations　国際林業研究機関連合
IUGG	International Union of Geodesy and Geophysics　国際測地学および地球物理学連合
IUPGR	International Undertaking on Plant Genetic Resources　植物遺伝資源に関する国際的申し合わせ
IUTAM	International Union of Theoretical and Applied Mechanics　国際理論応用力学連合
IUU	illegal, unregulated, unreported fishing　違法、無規制、無報告の漁業
IU-WG	International Undertaking Working Group　国際的取り組み作業部会
IVA	industrial value added　工業付加価値額
IVM	Institute for Environmental Studies　環境研究所
IW	International Waters Focal Area of the GEF　地球環境ファシリティの国際水域焦点地域
IW-LEARN	International Water Learning Exchange and Resource Network (UNDP)　国際海域・学習交換および資源ネットワーク（国連開発計画）
IWA	International Water Association　国際水協会
IWALC	International Water Associations Liaison Committee　国際水関連学会連絡委員会
IWC (1)	International Whaling Commission　国際捕鯨委員会
IWC (2)	International Water Centre (Australia)　国際水センター（オーストラリア）
IWCF	International Water Cooperation Facility (UNESCO, WWC)　国際水協力機構（国連教育科学文化機関、世界水会議）
IWGENV	Inter-secretariat Working Group on Environment Studies　環境研究に関する国際機関の事務局間作業部会
IWGMP	Intergovernmental Working Group on Marine Pollution　海洋汚染に関する政府間作業部会
IWHA	International Water History Association　国際水の歴史協会
IWI	indigenous water initiative　先住民の水に関するイニシアティブ
IWM	Institute of Water Modeling (Bangladesh)　水モデリング研究所（バングラデシュ）
IWMI	International Water Management Institute (Sri Lanka)　国際水管理研究所（スリランカ）
IWP	International Waters Protection　国際水域保護
IWR	Institute for Water Resources (USACE)　水資源研究所（米国陸軍工兵隊）
IWRA	International Water Resources Association　国際水資源学会
IWRB	International Waterfowl Research Bureau　国際水禽湿地調査局
IWRM	Integrated Water Resource Management　統合的水資源管理
IWRN	Inter-American Water Resources Network (OAS)　米州水資源ネットワーク（米州機構）
IWSD	Institute of Water and Sanitation Development　水・衛生開発研究所
IWT	inland water transport　内水輸送
IYDD	International Year of Deserts and Desertification　砂漠と砂漠化に関する国際年
IYF	International Year of Freshwater (2003)　国際淡水年（2003）
IYFW	International Year of Freshwater (2003)　国際淡水年（2003）
IYM	International Year of Mountains　国際山岳年

J

JAC	Joint Advisory Committee　共同諮問委員会
JAROS	Japan Resources Observation System Organization　日本資源探査用観測システム研究開発機構
JBIC	Japan Bank for International Cooperation　国際協力銀行（日本）
JCEDAR	Joint Committee on Environment and Development in the Arab Region　アラブ地域環境開発共同委員会
JCF	Japan Carbon Finance　日本カーボンファイナンス株式会社
JCOMM	Joint WMO/IOC Techniical Commission for Oceanography and Marine Meteorology　海洋および海上気象委員会
JDEC	Japan Dam Engineering Center　財団法人ダム技術センター（日本）
JGRF	Japan GHG Reduction Fund　日本温室効果ガス削減基金
JI	joint implementation (UNFCCC)　共同実施（国連気候変動枠組条約）
JICA	Japan International Cooperation Agency　独立行政法人国際協力機構（日本）
JIID	Japanese Institute of Irrigation and Drainage　日本水土総合研究所
JIN	Joint Implementation Network　共同実施ネットワーク
JIQ	Joint Implementation Quarterly　共同実施季刊誌
JIU	joint inspection unit　国際合同監視団
JIWET	Japan Institute of Wastewater Engineering Technology　財団法人日本下水道新技術推進機構
JMP	Joint Monitoring Programme (for water supply and sanitation; UNICEF, WHO)　ユニセフと WHO による水と衛生共同モニタリングプログラム
JMPR	Joint Meeting on Pesticide Residues (FAO/WHO)　合同残留農薬専門家会議（国連食糧農業機関／世界保健機関）
JPAC	Joint Public Advisory Committee (CEC)　共同諮問委員会（欧州共同体委員会）
JPO	junior professional officer　ジュニア・プロフェッショナル・オフィサー
JPOI	Johannesburg Plan of Implementation　ヨハネスブルグ実施計画
JRA	Japan River Association　社団法人日本河川協会
JRC (1)	Joint Research Council　共同研究評議会
JRC (2)	Joint River Commission　合同河川委員会
JSTC	Joint Scientific and Technical Committee (GCOS)　合同科学技術委員会（地球気候観測システム）
JUSSCANNZ	Japan, US, Switzerland, Canada, Australia, Norway and New Zealand (the non-EU industrialized countries)　日本、米国、スイス、カナダ、オーストラリア、ノルウェー、ニュージーランド（非 EU 工業先進国）
JUWFI	Joint UNESCO/WMO Flood Initiative　ユネスコと世界気象機関による共同洪水イニシアティブ
JWA	Japan Water Agency　独立行政法人日本水資源機構
JWF	Japan Water Forum　日本水フォーラム
JWG	Joint Working Group on Compliance (UNFCCC)　遵守に関する共同作業部会（国連気候変動枠組条約）
JWRA	Japan Water Resources Association　財団法人水資源協会（日本）
JWRC	Japan Water Reclamation Committee　日本水再利用委員会

K

KARI	Kenya Agricultural Research Institute　ケニア農業研究所
KFAS	Kuwait Foundation for the Advancement of Science　クウェート科学振興財団
KFW	*Kreditanstalt für Wiederaufbau* (Germany)　ドイツ復興金融公庫

KI	knowledge index　知識指数
KIT	Royal Tropical Institute (The Netherlands)　王立熱帯研究所（オランダ）
KM	knowledge management　知識管理
KMOE	Korean Ministry of Environment　韓国政府環境部
KMS	Knowledge Management System　知識管理システム
KNAW	Royal Netherlands Academy of Arts and Sciences　オランダ王立アカデミー研究所
KNMI	Royal Netherlands Meteorological Institute　オランダ王立気象研究所
KOICA	Korea International Cooperation Agency　韓国国際協力団
KOWACO	Korean Water Resources Corporation (see Kwater)　韓国水資源公社（Kwaterを参照）
KP	Kyoto Protocol　京都議定書
KWAHO	Kenya Water for Health Organization　ケニア健康のための水機関
Kwater	Korean Water Resources Corporation　韓国水道水供給公社

L

L	limited distribution (document identification)　配給制限（書類識別）
LA (1)	Local Administration (Italy)　地方政府（イタリア）
LA (2)	Latin America　ラテンアメリカ
LA21s	Local Agendas 21　ローカルアジェンダ21
LA-RED	Network for Social Studies on Disaster Prevention in Latin America　中南米防災ネットワーク
LAC	Latin America and the Caribbean　ラテンアメリカ・カリブ
LACFC	Latin American and Caribbean Forestry Commission　中南米カリブ森林委員会
LAIA	Latin American Integration Association　ラテンアメリカ統合連合
LAN	local area network　構内情報通信網（ローカル・エリア・ネットワーク）
LANBO	Latin American Network of Basin Organizations　ラテンアメリカ流域機構ネットワーク
LAS (1)	League of Arab States　アラブ諸国連盟
LAS (2)	Lithuanian Academy of Sciences　リトアニア科学アカデミー
LAWETnet	Latin American Water Education and Training Network　中南米水教育研修ネットワーク
LBA (1)	land-based activities　陸上活動
LBA (2)	Large Scale Biosphere-Atmosphere Experiment in Amazonia　アマゾン地方における大規模な生物圏・大気圏実験
LBI	legally binding instrument　法的拘束力のある文書
LBS	land-based sources protocol　陸上起因汚染防止議定書
LC (1)	Latin America and the Caribbean (document identification)　中南米とカリブ海諸島（文書の識別表示）
LC (2)	life cycle　ライフサイクル
LCA	life-cycle assessments　ライフサイクルアセスメント
LCCP	life-cycle climate performance　ライフサイクル気候性能
LCIA	life-cycle impact assessments　ライフサイクル影響評価
LCSES	Latin American and Caribbean Environmentally and Socially Sustainable Development Unit (WB)　中南米とカリブ海諸島・環境と社会的に持続可能な発展部門（世界銀行）
LDC	least developed country　後発開発途上国
LEAD	leadership for environment and development　環境と開発のためのリーダーシップ
LEG	legal department (GEF-WB)　法律部（地球環境ファシリティ／世界銀行）

LEGEN	Environment Negotiations Unit of the Legal Department (WB)　法務部環境交渉部門（世界銀行）
LFCC	low forest cover countries (UNFF)　低森林被覆国（国連森林フォーラム）
LFG	landfill gas　埋立地ガス
LG	liaison group　連絡会
LIL	learning and innovation loan　人材・組織制度開発融資
LINKS	Local and Indigenous Knowledge Systems　地域固有・在来知識システム
LISA	low-impact sustainable agriculture　環境への負荷の少ない保全型農法
LLDC	land-locked developed countries　内陸開発途上国
LME (1)	large marine ecosystems　大規模海洋生態系
LME (2)	learning management environments (WB)　学習管理環境（世界銀行）
LMMC	like-minded megadiverse countries　メガ多様性同士国家
LMO	living modified organism (CBD)　遺伝子組み換え生物（生物多様性条約）
LOA	letter of agreement (GEF)　合意書（地球環境ファシリティ）
LogFrame	logical framework　論理的枠組み
LOI	letter of inquiry　照会状
LOICZ	land-ocean interaction in the coastal zone　沿岸域陸海相互作用
LOS	Law of the Sea Convention　海洋法会議
LP (1)	loan proposal (IDB)　融資提案書（米州開発銀行）
LP (2)	*Laissez-Passer*, UN travel document　通行証（国際連合旅券）
LPI	Living Planet Index　生きている地球指数
LR	liability and redress　賠償責任
LRRD	linking relief, rehabilitation and development　救済、復興、開発のリンク
LRS	large river system　大河川系
LRT	long-range transportation　長距離移動
LRTAP	Convention on Long-Range Transboundary Air Pollution (EU)　長距離越境大気汚染条約（欧州連合）
LTAs	Long-term Agreements (IEA)　長期協定（国際環境協定）
LTER	long-term ecological research　長期生態学研究
LUCC	land-use and land-cover change (IGBP/HDP)　土地利用・土地被覆変化（地球圏・生物圏国際共同研究計画／地球環境変化の人間的特性）
LUCF	land use change and forestry (UNFCCC)　土地利用の変化や再植林（国連気候変動枠組条約）
LULUCF	land use, land use change and forestry (UNFCCC)　土地利用、土地利用変化および林業分野（国連気候変動枠組条約）
LUP	land use planning　土地利用計画

M

M&E	monitoring and evaluation　監視と評価
MA	Millennium Ecosystem Assessment (UN)　ミレニアム生態系評価（国際連合）
MAB	Man and the Biosphere Programme (UNESCO)　人間と生態圏計画（国連教育科学文化機関）
MAC (1)	maximum allowable concentration　最大許容濃度
MAC (2)	marginal abatement costs　温暖化ガスの限界削減費用
MAC (3)	Marine Aquarium Council　海洋水族館協議会
MAD	marginal avoided damage costs　限界回避損害費用
MAE	*Ministère des Affaires Étrangères* (France)　外務省（フランス）
MAI	Multilateral Agreement on Investment　多数国間投資協定
MAP (1)	Mediterranean Action Plan　地中海行動計画
MAP (2)	Millennium African Programme　ミレニアム・アフリカ計画

MAR (1)	monitoring, assessment and reporting　モニタリング・評価・報告
MAR (2)	managed aquifer recharge　管理された帯水層涵養
MAR (3)	mean annual runoff　年間平均流出量
MARPOL	International Convention for the Prevention of Pollution from Ships　海洋汚染防止条約、マルポール条約
MAS	Mexican Academy of Sciences　メキシコ科学アカデミー
MAT	mutually agreed terms　相互合意条件
MB (1)	methyl bromide　臭化メチル
MB (2)	marginal benefit　限界便益
MBD	maritime boundary delimitation　海洋境界画定
MBI	market-based instrument　市場活用型手段
MC	*Mediocrecito Centrale* (Italy)　中期信用中央金庫（イタリア）
MCA	Millennium Challenge Account (US)　ミレニアム・チャレンジ・アカウント（米国）
MCC	Millennium Challenge Corporation (US)　ミレニアム・チャレンジ・コーポレーション（米国）
MCED	Ministerial Conference on Environment and Development　環境と開発に関する閣僚会議
MCPFE	Ministerial Conference on the Protection of Forests in Europe　欧州森林保護閣僚会議
MCS	monitoring, control and surveillance　観測・統制・監視
MCSD	Mediterranean Commission for Sustainable Development (EU)　持続可能な発展のための地中海委員会（欧州連合）
MDB	Multilateral Development Bank　多国籍開発銀行
MDF	Mediterranean Development Forum　地中海開発フォーラム
MDGs	Millennium Development Goals　ミレニアム開発目標
MDG +5	Millennium +5 Summit; World Summit 2005　ミレニアム +5 サミット、2005 年世界サミット
MDI	Multilateral Development Institution　多国籍開発機関
MDIs	material-dose inhalers　定量噴霧式吸入器
MDIAR	monitoring-data-information-assessment-reporting (EU)　観測・データ・情報・評価・報告（欧州連合）
ME-Japan	Ministry of Environment　環境省（日本）
MEA	Multilateral Environmental Agreement　多国間環境協定
MEDA	Mediterranean Economic Development Assistance　地中海経済開発支援
MEDD	*Ministère de l'Ecologie et du Développement Durable* (France)　エコロジー・持続可能な開発省（フランス）
MEDECOS	Mediterranean Ecosystems　地中海性生態系
MEDIES	Mediterranean Education Initiative for Environment and Sustainability　環境と持続可能性のための地中海教育イニシアティブ
MEDPOL	Programme for the Assessment and Control of Pollution in the Mediterranean Region　地中海地域の汚染評価管理プログラム
MEDTAC	Mediterranean Technical Committee (GWP)　地中海技術委員会（世界水パートナーシップ）
MEP (1)	Member European Parliament　欧州議会議員
MEP (2)	Mediterranean Environmental Plan　地中海環境計画
MEP (3)	Memorandum of Economic Policies　経済政策覚書
MEPC	Marine Environment Protection Committee　海洋環境保護委員会
MER (1)	market exchange rates　市場の為替レート
MER (2)	monitoring, evaluation, reporting (WB)　モニタリング・評価・報告（世界銀行）

MERCOSUR　Southern Common Market (Argentina, Brazil, Chile, Paraguay, Uruguay, Venezuela)　南米共同市場（メルコスール）
MERRAC　Marine Environment Emergency Preparedness Response – Regional Activity Centre　海洋環境緊急準備対応・地域活動センター
MES (1)　markets for environmental services　環境サービス市場
MES (2)　Ministry of Environment and Science　環境・科学省
MESCT　Ministry of Higher Education, Science and Technology　高等教育・科学技術省
MESRS　Ministry of Higher Education and Scientific Research (D. R. Congo)　高等教育・科学研究省（コンゴ民主共和国）
METI　Ministry of Economy, Trade and Industry of Japan　経済産業省（日本）
MEW　measure of economic welfare　経済的福祉尺度
MF (1)　multilateral fund　多数国間基金
MF (2)　Ministry of Finance (Belgium)　財務省（ベルギー）
MFA　Ministry of Foreign Affairs　外務省
MFIS　micro finance institutions　マイクロファイナンス機関
MFMP　Multilateral Fund for the Montreal Protocol　モントリオール議定書多国間基金
MFN　most favored nation (Status)　最恵国待遇（地位）
Mg　megagram　メガグラム
MHLC　Multilateral High-Level Conference　多国間ハイレベル会合
MICIT　Ministry of Science and Technology (Latin America)　科学技術省（中南米）
MICS　Multiple Indicator Cluster Surveys　子どもと女性の倍数指標に関する調査
MIF　multinational investment fund (IDB)　多数国間投資基金（米州開発銀行）
MIGA　Multilateral Investment Guarantee Agency (WB)　多数国間投資保証機関（世界銀行）
MIND　Munasinghe Institute for Development (Sri Lanka)　ムナシンハ開発研究所（スリランカ）
MinLNV　Ministry of Agriculture, Nature and Food Quality (The Netherlands)　オランダ農業・自然・食品安全省
MINREST　Ministry of Scientific and Technological Research (Cameroon)　科学技術省（カメルーン）
MIS (1)　management information system　経営情報システム
MIS (2)　methods, inventories and science programme　手法インベントリ科学プログラム
MLF　multilateral fund　多国間基金
MLIT　Ministry of Land, Infrastructure and Transport (Japan)　国土交通省（日本）
MMA　Ministry of Environment (Brazil)　環境省（ブラジル）
MMSD　mining, minerals and sustainable development　鉱山、鉱物および持続可能な開発
MMTCDE　million metric tons of carbon dioxide equivalents　百万二酸化炭素換算メートルトン
MNC　multinational corporation　多国籍企業
MNP　Netherlands Environment Assessment Agency　環境評価機関（オランダ）
MOC　memorandum of cooperation　相互協力のための協力覚書
MoD　Ministry of Defense　防衛省
MODIS　moderate resolution imaging spectroradiometer　中分解能撮像分光放射計
MOE (1)　Ministry of Environment　環境省
MOE (2)　Ministry of Energy　エネルギー省
MOEA　Ministry of External Affairs　対外関係省
MOER　Ministry of External Relations　対外関係省
MOEST　Ministry of Education, Science and Technology　文部科学技術省
MOET　Ministry of Environment and Territory (Italy)　環境国土省（イタリア）

M_F	Swedish Association for Environmental Journalists　スウェーデン環境ジャーナリスト協会
MOFA	Ministry of Foreign Affairs　外務省
MOI	Memorandum of Intent　趣意書
MOJ	Ministry of Justice　法務省
MOP (1)	Meeting of the Parties (for a Protocol)　（議定書の）締約国会合
MOP (2)	Memorandum and Recommendation of the President (WB)　総裁の書と勧告（世界銀行）
MOPH	Ministry of Public Health　保健省
MOPW	Ministry of Public Works　公共事業省
MOST (1)	Management of Social Transformations　社会変容のマネジメント事業
MOST (2)	Ministry of Science and Technology　科学技術省
MOSTEC	Ministry of Science, Technology, Education and Culture　科学技術教育文化省
MOU	Memorandum of Understanding　了解覚書
MOWE	Ministry of Water and Electricity　水電力省
MOWR	Ministry of Water Resource　水資源省
MP (1)	Montreal Protocol　モントリオール議定書
MP (2)	Member of Parliament　国会議員、下院議員
MPA	marine protected area　海洋保護区
MPANET	Marine Parks and Protected Areas Management Network　海中公園・海洋保護区管理ネットワーク
MPD	maximum permissible doses　最大許容線量
MRA	mutual recognition agreement　相互認証協定
MRC	Mekong River Commission　メコン川委員会
MRET	mandatory renewable energy targets (Australia)　再生可能エネルギー義務目標（オーストラリア）
MRI	Mitsubishi Research Institute　三菱総合研究所
MS (1)	multilateral system (CGRFA)　多国間体制（食糧農業遺伝資源委員会）
MS (2)	multistakeholder　複数の利害関係者
MSC	Marine Stewardship Council　海洋管理協議会
MSD	multi-stakeholder dialogue　マルチステークホルダー対話
MSF	Doctors Without Borders (*Médecins Sans Frontières*)　国境なき医師団
MSP	medium sized project　中規模プロジェクト
MSRT	Ministry of Science, Research and Technology (Iran)　科学研究技術省（イラン）
MSSD	Mediterranean Strategy for Sustainable Development　地中海持続可能な開発戦略
MSTCDE	million short tons of carbon dioxide equivalents　百万二酸化炭素換算ショートトン
MSY	maximum Sustainable yield　最大持続生産量
MTA	material transfer agreement　物質移動合意書
MTCR	Missile Technology Control Regime　ミサイル関連技術輸出規制
MTNs	multilateral trade negotiations　多角的貿易交渉
MTP	medium term plan　中期計画
MtPA	mountain protected area　山岳保護地域
MTPW	medium-term programme of work　中期的作業計画
MTPWWM	Ministry of Transport, Public Works and Water Management (The Netherlands)　交通・公共事業・水管理省（オランダ）
MTS	multilateral trading system　多国間貿易システム
MUN	Model United Nations　模擬国連
MUSE	multilateral system for exchange　多国籍交換システム
MV-EU	Majority vote – European Union　多数決 - 欧州連合

MVP minimum viable population 最小存続可能個体数
MWC International Convention on the Protection of the Right of all Migrant Workers and Members of their Families 移住労働者等権利保護条約
MWR Ministry of Water Resources 水利部
MWRI Ministry of Water Resources and Irrigation 水資源灌漑省
MXCID International Commission on Irrigation and Drainage (Mexican National Committee) 灌漑・排水国際委員会（メキシコ国内委員会）
MyCapNet Malaysia Capacity Building Network マレーシア能力構築小部会
MYPOW multi-year programme of work 多年度作業計画

N

N_20 nitrous oxide 亜酸化窒素
NA North America 北米
NAAEC North American Agreement on Environmental Cooperation (NAFTA) 環境協力に関する北米協定（北米自由貿易協定）
NAAS National Academy of Agricultural Sciences (India) 国立農業科学アカデミー（インド）
NABIN North American Biodiversity Information System 北米生物多様性情報システム
NAC New Agenda Coalition ニューアジェンダ連合
NACEC North American Commission for Environmental Cooperation 北米環境問題協力委員会
NADBANK North American Development Bank 北米開発銀行
NAFEC North American Fund for Environmental Cooperation (CEC) 北米環境協力基金（環境協力委員会）
NAFO North Atlantic Fisheries Organization 北大西洋漁業機関
NAFTA North American Free Trade Agreement (Canada, US, Mexico) 北米自由貿易協定（カナダ、米国、メキシコ）
NAFTA-CEC North American Free Trade Agreement Commission on Environmental Cooperation 北米自由貿易協定環境協力委員会
NAM Non-Aligned Movement 非同盟運動
NAMEA national accounting matrix including environmental accounts (The Netherlands) 環境勘定を含む国民会計行列（オランダ）
NAO National Administrative Office 国家行政局
NAP (1) National Action Programme 国家行動計画
NAP (2) National Allocation Plan 国家割当計画
NAPA National Adaptation Programme of Action (UNFCCC) 国家適応行動計画（国連気候変動枠組条約）
NAPE National Associations of Professional Environmentalists (Africa) 全国環境学者協会（アフリカ）
NAPRI North American Pollutant Release Inventory 北米汚染物質排出目録
NARBO Network of Asian River Basin Organization アジア河川流域機関ネットワーク
NARS National Agricultural Research System 国立農業研究システム
NAS National Academy of Sciences (US, India, Nigeria) 科学アカデミー（米国、インド、ナイジェリア）
NASA National Aeronautics and Space Administration (US) 航空宇宙局（米国）
NASAC Network of African Science Academies アフリカ科学アカデミーネットワーク
NASCO North Atlantic Salmon Conservation Organization 北大西洋鮭保存機構
NASDA National Space Development Agency (Japan) 宇宙開発事業団（日本）
NASPD National Association of State Park Directors 全国州立公園所長協会

NAST	National Academy of Science and Technology (the Philippines)　科学技術アカデミー（フィリピン）
NATO	North Atlantic Treaty Organization　北大西洋条約機構
NAWMP	North American Waterfowl Management Plan　北米水鳥管理計画
NBCBN-RE	Nile Basin Capacity Building Network for River Engineering　ナイル川流域河川工学能力構築小部会
NBI	Nile Basin Initiative (Egypt, Ethiopia, Eritrea, Kenya, D. R. Congo, Tanzania, Rwanda, Burundi, Uganda, Sudan)　ナイル川流域イニシアティブ（エジプト、エチオピア、エリトリア、ケニア、コンゴ民主共和国、タンザニア、ルワンダ、ブルンジ、ウガンダ、スーダン共和国）
NBSAP	National Biodiversity Strategies and Action Plans　生物多様性国家戦略および行動計画
NC	National Committee (WB)　国内委員会（世界銀行）
NC1	First National Communication　第1回国別通報
NCAR	National Center for Atmospheric Research (US)　国立大気研究センター（米国）
NCB	National Coordinating Body　国内調整委員会
NCC (1)	National Coordinating Committee　国家調整委員会
NCC (2)	net contributor country　純貢献国
NCEA	National Center for Environmental Assessment　国家環境評価センター
NCESD	National Council for Environment and Sustainable Development　環境・持続可能な発展に関する国別評議会
NCSE	National Council for Science and Environment (US)　全米科学環境委員会（米国）
NCSP (1)	National Communications Support Programme (GEF)　国別情報支援プログラム（地球環境ファシリティ）
NCSP (2)	National Country Studies Programme (UNFCCC)　国別各国研究プログラム（国連気候変動枠組条約）
NCST	National Council for Science and Technology (English speaking Caribbean/Africa)　国家科学技術会議（英語を話すカリブ・アフリカ）
NDF	Nordic Development Fund　北欧開発基金
NDMC	National Drought Mitigation Center (US)　全国干ばつ緩和センター（米国）
NDP	net domestic product　国内純生産
NEA	Nuclear Energy Agency (OECD)　原子力機関（経済協力開発機構）
NEAFF	Northeast Asian Forest Forum　北東アジア森林フォーラム
NEAP	National Environmental Action Plan　国家環境行動計画
NEC	National Environment Committee　国家環境委員会
NEDA	Netherlands Development Assistance, Ministry of Foreign Affairs　オランダ開発援助、外務省
NEPA	National Environmental Policy Act (US)　国家環境政策法（米国）
NEPAD	New Partnership for Africa's Development　アフリカ開発のための新パートナーシップ
NERC	Natural Environment Research Council (UK)　自然環境調査局（英国）
NETWA	Global Network of Water Anthropology for Water Action　水人類学の地球規模ネットワーク
NEX	National Execution (GEF)　現地政府による事業実施（地球環境ファシリティ）
NFF	National Forest Foundation (US)　全米森林財団（米国）
NFI	National Forest Initiative　国有林イニシアティブ
NFP (1)	National Forest Programme　国家森林プログラム
NFP (2)	National Focal Point　ナショナル・フォーカル・ポイント
NFP (3)	Netherlands Fellowship Programme　オランダ・フェローシップ事業

NFPF	National Forest Programme Facility　国家森林プログラム・ファシリティ
NGA	nongovernmental actor　非政府主体
NGIP	Non-Government Investment Program (IBRD)　非政府投資プログラム（国際復興開発銀行）
NGLS	Non-Governmental Liaison Services (UN)　国連非政府組織連絡サービス（国際連合）
NGO	nongovernmental organization　非政府組織
NGOSC	NGO Steering Committee　非政府組織運営委員会
NGS	National Greenhouse Strategy of Australia　国家温室効果戦略（オーストラリア）
NGWA	National Ground Water Association (US)　米国地下水協会（米国）
NH_3	ammonia　アンモニア
NHI	National Heritage Institute　全国遺産研究所
NHP	National Historic Park　国立歴史公園
NHRI	Nanjing Hydraulic Research Institute (China)　南京水利科学研究院（中国）
NIB	Nordic Investment Bank　北欧投資銀行
NIE	National Institute for the Environment　国立環境研究所
NIEO	new international economic order　新国際経済秩序
NIH (1)	National Institute of Health　アメリカ国立衛生研究所
NIH (2)	National Institute for the Humanities　人間文化研究機構
NileIWRnet	IWRM Capacity Building Network for the Nile Basin　ナイル川流域の総合的水資源管理能力構築小部会
NIMBY	not in my backyard　私の裏庭ではやらないで
NIPH	National Institute for Public Health　国立保健医療科学院
NIR	national inventory reporting　国家温室効果ガスインベントリ報告書
NIS	newly independent states　旧ソ連新独立国家
NLBI	Non-legally Binding Instrument　すべてのタイプの森林に関する法的拘束力を有さない文書
NMFS	National Marine Fisheries Service (NOAA-US)　国家海洋漁業局（国立海洋大気圏局・米国）
NMHS	National Meteorological and Hydrological Service (WMO)　国家水文気象機関（世界気象機関）
NMSS	National Marine Sanctuary System (NOAA-US)　国立海洋保護区制度（国立海洋大気圏局・米国）
NMVOC	non-methane volatile organic compounds　非メタン系揮発性有機化合物
NNGO	national NGO　全国 NGO
NNP	net national product　国民純生産
NNWS	non-nuclear-weapon state　非核兵器国
NOAA	National Oceanic and Atmospheric Administration (US)　国立海洋大気圏局（米国）
NORAD	Norwegian Agency for Development Cooperation　ノルウェー開発協力庁
NoWNET	Northern Water Network　ノーザン水ネットワーク
NOWPAP	North-West Pacific Action Plan　北西太平洋地域海行動計画
NOx	nitrogen oxide　窒素酸化物
NPO	non-profit organization　非営利組織
NPP	net primary production　純一次生産
NPR	National Park Reserve　国立公園保護区
NPSP	non-point source pollution　非特定汚染源
NPT (1)	Treaty on the Non-Proliferation of Nuclear Weapons　核兵器不拡散条約
NPT (2)	Netherlands Programme for Institutional Strengthening of Post-secondary Education and Training Capacity　中等後教育を強化するためのオランダ・プ

ログラム
NPV　net present value　純現在価値
NRC (1)　National Research Centre (Egypt)　国立研究センター（エジプト）
NRC (2)　National Research Council (US)　全米研究評議会（米国）
NRCAN　National Resources Canada　カナダ天然資源省
NRCC　National Research Council of Canada　カナダ国立研究機構
NRDC　Natural Resources Defense Council　天然資源保護協議会
NRG4SD　Network of Regional Governments for Sustainable Development　持続可能な発展のための地方政府ネットワーク
NRSE　new and renewable sources of energy　新再生可能エネルギー
NRTEE　National Round Table on the Environment and the Economy (Canada)　環境経済会議（カナダ）
NS　natural step　ナチュラル・ステップ
NSC　National Selection Committee　全国選考委員会
NSDC　National Sustainable Development Councils　持続可能な発展のための国家委員会
NSDWDC　Network on Safe Drinking Water in Developing Countries (TWNSO/UNDP/WMO/UNESCO)　開発途上国の安全な飲み水に関するネットワーク（第三世界科学組織ネットワーク・国連開発計画・世界気象機関・国連教育科学文化機関）
NSF　National Science Foundation (US)　アメリカ国立科学財団
NSFC　National Natural Science Foundation of China　中国国家自然科学基金委員会
NSSD　National Strategies for Sustainable Development　持続可能な発展のための国家戦略
NSTC　National Science and Technology Council (English speaking Caribbean)　国家科学技術会議（英語圏カリブ海諸国）
NTFP　non-timber forest products　非木材生産物
NUFFIC　Netherlands Organization for International Cooperation in Higher Education　オランダ高等教育国際協力機構
NVE　Norwegian Water Resources and Energy Directorate　ノルウェー水資源・エネルギー庁
NWA　national wildlife area　国立野生生物保護区
NWCF　Nepal Water Conservation Foundation　ネパール水保全財団
NWFP　non-wood forest products　非木材生産物
NWO-WOTRO　Netherlands Organization for Scientific Research-Foundation for the Advancement of Tropical Research　オランダ科学研究機構・熱帯研究推進財団
NWP (1)　Nepal Water Partnership　ネパール水パートナーシップ
NWP (2)　Netherlands Water Partnership　オランダ水パートナーシップ
NWRC　National Water Research Center　国立水研究センター
NWRI　National Water Research Institute (Canada, Nigeria)　国立水研究所（カナダ、ナイジェリア）
NWS (1)　nuclear-weapon state　核兵器国
NWS (2)　National Weather Service　国立気象局
NZAID　New Zealand Agency for International Development　ニュージーランド国際開発庁
NZODA　New Zealand Official Development Assistance　ニュージーランド政府開発援助

O

O_3　ozone　オゾン
O&M　operations and maintenance　維持管理・運用および整備／保守
OA　official assistance/aid　政府援助

OAS	Organization of American States　米州機構
OAS/USDE	OAS Unit for Sustainable Development and Environment　OAS 持続可能な発展と環境ユニット
OAU	Organization of African Unity　アフリカ統一機構
OBA	output based aid　出来高払い補助
OCA/PAC	Oceans and Coastal Areas Programme Activity Center (UNEP)　海洋・沿岸地域プログラム活動センター（国連環境計画）
OCC	operational and capital costs　運営費および資本金
OCHA	Office for the Coordination of Humanitarian Affairs (USDOS)　国連人道問題調整事務所（米国国務省）
OCM	Ocean and Coastal Management　海洋・沿岸管理
OD	operational directive (WB)　業務指令書（世界銀行）
ODA (1)	official development assistance　政府開発援助
ODA (2)	Overseas Development Administration (UK)　海外開発局（英国）
ODAE	ODA equity　ODA の公平性
ODAG	ODA grant　ODA の助成
ODAL	ODA loan　ODA の融資
ODF	Official Development Finance (ODA + OA + other ODF)　公的開発資金（政府開発援助＋政府援助＋その他公的開発資金）
ODI	Overseas Development Institute (UK)　海外開発研究所（英国）
ODP	ozone depleting potential (also ozone destroying potential)　オゾン破壊係数
ODPt	ozone depleting potential in tons　オゾン層破壊物質の生産量
ODS (1)	ozone depleting substance　オゾン層破壊物質
ODS (2)	official document system (UN)　国連公文書システム
OECD	Organisation for Economic Co-operation and Development　経済協力開発機構
OECD-DAC	OECD Development Assistance Committee　経済協力開発機構開発援助委員会
OECS	Organization of Eastern Caribbean States　東カリブ海諸国機構
OED	Operations Evaluation Department (IBRD)　業務評価局（国際復興開発銀行）
OeKB	*Oesterreichische Kontrollbank AG* (Austria)　オーストリア輸出銀行
OEWG	open-ended working group　安保理改革作業部会
OFAC	Office of Foreign Assets Control (US)　米国財務省外国資産管理室
OFDA	Office of Foreign Disaster Assistance (US)　米国海外災害支援事務所
OHP	Operational Hydrology Programme (WMO)　運用水文学プログラム（世界気象機関）
OIC (1)	Organization of Islamic Countries　イスラム諸国機構
OIC (2)	Organization of the Islamic Conference　イスラム諸国会議機構
OIEAU	*Office International de l'Eau* (France)　国際水事務局（フランス）
OILPOL	International Convention for the Prevention of Pollution of the Sea by Oil　石油による海洋汚染防止のための国際条約
OLADE	Latin American Energy Development Organization　ラテンアメリカ・エネルギー機構
OM	operations manual　操作説明書
OMVS	Organization for the Development of the Senegal River　セネガル川開発機構
ONGO	operational NGO　開発援助型非政府組織
OOFL	other official flows of non-concessional lending by multilateral banks (OECD)　多国籍銀行の非譲許的融資のその他公的資金の流れ（経済協力開発機構）
OP (1)	operational policy　運用政策
OP (2)	optional protocol　選択議定書
OPCW	Organization for the Prohibition of Chemical Weapons　化学兵器禁止機関
Op. Obj.	operational objective　実施目標
OP/BP	operation plan/business plan (GEF-WB)　運用計画・事業計画（地球環境ファ

シリティ・世界銀行）

OPEC	Organization of Petroleum Exporting Countries　石油輸出国機構
OPG	operational policy guidelines　運用政策ガイドライン
OPIC	Overseas Private Investment Corporation (US)　海外民間投資会社（米国）
OPPRC	Oil Pollution Preparedness, Response and Co-operation Convention　油による汚染に係る準備、対応および協力に関する国際条約
OPRF	Ocean Policy Research Foundation (Japan)　海洋政策研究財団（日本）
OPS (1)	Overall Performance Study (GEF)　全事業評価調査（地球環境ファシリティ）
OPS (2)	Office of Project Services (UNDP)　プロジェクトサービス機関（国連開発計画）
OPS (3)	Pan-American Health Organization〔Organizasión Panamericana de Salud〕(WHO)　汎アメリカ保健機構（世界保健機関）
ORSTOM	Office of Overseas Scientific and Technical Research (France)　フランス海外科学技術研究局
ORV	off-road vehicles　オフロード車
OSCE	Organization for Security and Cooperation in Europe　欧州安全保障協力機構
OSPAR	Convention for the Protection of the Marine Environment of the North-East Atlantic　北東大西洋海洋環境保護条約
OSS	Sahara and Sahel Observatory　サハラ・サヘル観測所
OTCA	Amazonian Cooperation Treaty Organization　アマゾン協力条約機構
OTF	ozone trust fund　オゾン信託基金
OTS	Organization for Tropical Studies　熱帯研究機構
OV	On-line Volunteering　オンライン・ボランティアサービス
Ox	Oxfam　オックスファム

P

P	Preamble　前文
P5	Permanent Five (Members of the UN Security Council)　国際連合安全保障理事会の常任理事国（アメリカ、イギリス、フランス、ロシア、中国）
P&Ms	policies and measures　政策措置
PA	Participants Assembly (GEF)　総会（地球環境ファシリティ）
PAC (1)	Inter-Bureau Project Appraisal Committee　事務局間審査委員会
PAC (2)	Project Advisory Committee　事業諮問委員会
PAGADIRH	Central American Water Resources Action Plan　中米水資源行動計画
PACD	Plan of Action to Combat Desertification　砂漠化防止行動計画
PACSICOM	Pan-African Conference on Sustainable Integrated Coastal Management　持続可能な統合沿岸管理に関する汎アフリカ会議
PACTIV	political leadership, accountability, capacity, transparency, implementation, voice　政治的指導力、説明責任、能力、透明性、実施、発言
PAD	project appraisal document (WB)　プロジェクト審査報告書（世界銀行）
PADF	Pan American Development Foundation　全米開発財団
PADU	protected area data unit (WCMC)　保護区データベース（世界自然保全モニタリングセンター）
PAG	Project Approval Group (UNEP)　事業承認グループ（国連環境計画）
PAGE	Pilot Analysis of Global Ecosystems (MA)　生態系に関する試験的な分析（ミレニアム生態系評価）
PAHO	Pan American Health Organization (WHO)　汎アメリカ保健機関（世界保健機関）
PALOP	official Portuguese-speaking African countries　ポルトガル語圏アフリカ諸国
PAM (orP&Ms)	policies and measures　政策と措置

PAME	Programme for the Protection of the Arctic Marine Environment　北極圏海洋環境保護作業部会
PAP	Priority Actions Programme　優先行動計画
PAP-RAC	Regional Activity Centre for Priority Actions Programme (UNEP)　優先行動プログラム地域活動センター（国連環境計画）
PARC	Performance Assessment Resource Centre　性能評価資源センター
PAS	Protected area strategy　保護地域戦略
PAVE	Pan African Vision for the Environment　汎アフリカ環境ビジョン
PAWG	Protected Areas Working Group　保護地域作業部会
PBI	programme budget implications　計画予算インプリケーション
PBRs	plant breeders rights　植物育成者権
PC (1)	Plant Committee (CITES)　植物委員会（絶滅のおそれのある野生動植物の種の国際取引に関する条約）
PC (2)	Permanent Council (OAS)　常任理事会（米州機構）
PC-CP	From Potential (water) Conflicts to Cooperation Potential (UNESCO)　水紛争解決プログラムの推進（国連教育科学文化機関）
PC&I	principles, criteria and indicators　原則、基準、および指標
PCA	Permanent Court of Arbitration (UN)　常設仲裁裁判所（国際連合）
PCBs	polychlorinated biphenyls　ポリ塩化ビフェニル
PCBAP	Plan for the Conservation of the Upper Paraguay River Basin　パラグアイ川上流域保全計画
PCF (1)	Prototype Carbon Fund (WB)　プロトタイプ炭素基金（世界銀行）
PCF (2)	Portuguese Carbon Fund　ポルトガル炭素基金
PCM	project cycle management　プロジェクト・サイクル・マネジメント
PCV	Peace Corps Volunteer (US)　平和部隊ボランティア（米国）
PD/GG	participatory development/good governance (OECD)　参加型開発とグッドガバナンス（経済協力開発機構）
PDD	Project Design Document (UNFCCC)　プロジェクト設計書（国連気候変動枠組条約）
PDF (1)	Project Preparation Facilities　プロジェクト準備ファシリティ（地球環境ファシリティ）
PDF (2)	Project Development Funds (GEF)　プロジェクト形成資金（地球環境ファシリティ）
PDO	project development objective　プロジェクト開発目標
PDT	project delivery team　プロジェクト実行チーム
PEAP	Poverty Eradication Action Plan　貧困撲滅行動計画
PEBLDS	Pan-European Biological and Landscape Diversity Strategy　汎ヨーロッパ生物的・景観的多様性戦略
PEDAS	potentially environmentally detrimental activities in space　環境を害する可能性のある宇宙活動
PEEM	Panel of Experts on Environmental Management for Vector Control (WHO)　媒介昆虫制御のための環境管理に関する専門家パネル（世界保健機関）
PEMSA	Partnerships in Environmental Management for the Seas of East Asia　東アジア海域環境管理パートナーシップ
PEP	Poverty-Environment Partnership (UNDP-UNEP)　貧困・環境パートナーシップ（国連開発計画・国連環境計画）
PERRL	Pilot Emission Removals, Reductions and Learnings Initiatives　排出除去・削減・学習パイロットイニシアティブ
PERSGA	Regional Organization for the Conservation of the Environment of the Red Sea and Gulf of Aden　紅海・アデン湾海域環境保護機構
PES	payment for environmental services　環境サービスへの支払い

PET	polyethylene terephthalate　ポリエチレンテレフタラート
PETE	polyethylene terephthalate　ポリエチレンテレフタラート
PETS	Public Expenditure Tracking Survey (WB)　公共支出追跡調査（世界銀行）
PFA	proposal for action　行動提案
PFCs	perfluorocarbons　ペルフルオロカーボン
PFII	United Nations Permanent Forum on Indigenous Issues　国連先住民に関する常設フォーラム
PG	planning group　計画グループ
PFP	Policy Framework Papers　政策枠組文書
PGRFA	Plant Genetic Resources for Food and Agriculture (CGRFA)　食料農業植物遺伝資源
PHARE	EU's Assistance Programme in CE　EU 中東欧諸国資金援助プログラム
PhExp	physical exposure for drought　干ばつの物理的被災
PHVA	population and habitat viability assessment　個体群と生息地の存続可能性評価
PIANC	international navigation association　港湾空港技術研究所
PIC	prior informed consent　事前通報同意
PIC-INC	Intergovernmental Negotiating Committee for the Preparation of the Conference of Parties of the Rotterdam Convention for the Application of the Prior Informed Consent Procedure for Certain Hazardous Chemicals and Pesticides in International Trade　国際貿易の対象となる特定の有害な化学物質および駆除剤についての事前のかつ情報に基づく同意の手続に関するロッテルダム条約の締約国会議準備のための政府間交渉委員会
PID	project information document (WB)　プロジェクト情報文書（世界銀行）
PIDP	Pacific Island Development Program　太平洋諸島開発プログラム
PIDS	Inter-American Program for Sustainable Development (OAS)　米州持続可能な発展プログラム（米州機構）
PIF	Pacific Island Forum　太平洋諸島フォーラム（旧南太平洋フォーラム）
PIMBY	please in my backyard　どうぞ私の裏庭に
PINGO	public interest NGO　公益 NGO
PIPR	Project Implementation Performance Report (GEF)　プロジェクト実施パフォーマンス報告書（地球環境ファシリティ）
PIR	Project Implementation Review (GEF)　プロジェクト実施レビュー報告書（地球環境ファシリティ）
PJTC	Permanent Joint Technical Commission for Nile Waters (Egypt)　ナイル川流域常設合同専門委員会（エジプト）
PM (1)	Prime Minister　首相
PM (2)	particulate matter　粒子状物質
PM (3)	permanent member　常任理事国
PMA	Plan for the Modernization of Agriculture (DFID)　農業近代化計画（英国国際開発省）
PMS	Project Monitoring System (IDB)　プロジェクト・モニタリング・システム（米州開発銀行）
PNA	Parties to the Nauru Agreement　ナウル協定加盟国
PNG	Papua New Guinea　パプアニューギニア
PO (1)	Private Organization　民間団体
PO (2)	Peoples' Organization　市民組織
PON	Program on Negotiations　交渉プログラム
POPs	Persistent Organic Pollutants (Stockholm Convention)　残留性有機汚染物質（ストックホルム条約）
POR	period of record　記録期間
PoWER	Partnership for Water Education and Research (UNESCOIHE)　水教育研究パー

	トナーシップ（オランダ国際水理社会基盤環境工学研究院）
PP (1)	project purpose　プロジェクト目標
PP (2)	project preparation (IDB)　プロジェクト準備（米州開発銀行）
PP (3)	precautionary principle (EU)　予防原則（欧州連合）
PPA (1)	Project Preparation Advance (GEF)　プロジェクト準備用前払い金（地球環境ファシリティ）
PPA (2)	Project Preparation Assistance (GEF)　プロジェクト準備用補助（地球環境ファシリティ）
PPA (3)	Programme on Protected Areas (IUCN)　保護地域プログラム（国際自然保護連合）
PPA (4)	participatory poverty assessment　参加型貧困アセスメント
PPD	proposed project document (IDB)　プロジェクト提案書（米州開発銀行）
PPDOP	participatory process for the definition of options and priorities　選択肢および優先事項を明確にするための参画プロセス
PPM	production and processing methods　生産および加工方法
ppmv	parts per million by volume　100 万分の 1 体積分率
PPP (1)	public-private partnership　公共サービスの民間開放
PPP (2)	purchasing power parity (WB)　購買力平価（世界銀行）
PPP (3)	polluter pays principle　汚染者負担の原則
PPPUE	public private partnership for the urban environment　都市環境のための官民連携プログラム
PPR	Project Performance Review (GEF)　プロジェクト・パフォーマンス・レビュー（地球環境ファシリティ）
PPRC	Pacific Northwest Pollution Prevention Resource Center, Practical Solutions for Environmental and Economic Vitality (US)　太平洋岸北西部汚染防止資源センター（米国）
PRA (1)	participatory rural appraisal　参加型農村調査
PRA (2)	participatory rapid appraisal　参加型迅速調査
PRC	People's Republic of China　中華人民共和国
PREC	Project Review and Evaluation Committee　プロジェクト評価委員会
PREM	Poverty Reduction and Economic Management Network (WB)　貧困削減・経済管理ネットワーク（世界銀行）
PRI	principles for responsible investment　責任投資原則
PRIF (1)	pre-investment financing　投資前の資金供給
PRIF (2)	pre-investment facility　投資前施設
PRINCE	Program for Measuring Incremental Costs for the Environment (GEF)　環境を考慮した場合の増加費用評価プログラム（地球環境ファシリティ）
PROBASE	Procedures for Accounting and Baselines for Projects under Joint Implementation and the Clean Development Mechanism　共同実施／クリーン開発メカニズムプロジェクトのための会計・ベースライン設定手続き
ProDoc	project document　プロジェクト資料
PROFOR	Programme on Forests (UNDP/WB)　森林政策プログラム（国連開発計画・世界銀行）
PRS	poverty reduction strategy (WB)　貧困削減戦略（世界銀行）
PRSP	poverty reduction strategy paper (WB)　貧困削減戦略ペーパー（世界銀行）
PRTR	pollutant release and transfer register　環境汚染物質排出移動登録
PSIA	poverty and social impact analysis (WB)　貧困と社会インパクト分析（世界銀行）
PSM	public sector management　公共部門管理
PSP (1)	point-source pollution　点源汚染
PSP (2)	private sector participation　民間セクターからの参加

PTC	Program of Technical Cooperation (IDB)　技術協力プログラム（米州開発銀行）
PUB	prediction in ungauged basins　未観測域での水文予測
PV	photovoltaic　太陽光発電
PVO	private voluntary organization　民間ボランティア団体
PVP	plant variety protection　植物新種保護
PWA	Portfolio of Water Actions (UNESCO)　水行動集（国連教育科学文化機関）
PWP (1)	Pakistan Water Partnership　パキスタン水パートナーシップ
PWP (2)	Philippines Water Partnership フィリピン水パートナーシップ
PWRI	Public Works Research Institute (Japan)　国立研究開発法人土木研究所（日本）
PWWA	Philippines Water Works Association　フィリピン上水道協会

Q

QA/QC	quality assurance/quality control　品質保証／品質管理
QALY	quality adjusted life year　質調整生存年
QAPP	quality assurance project plan　品質保証プロジェクト計画
QELRC	quantified emission limitation and reduction commitment　数量化された排出抑制削減義務
QMS	qualified majority voting system　特定多数決方式
QMV-EU	qualified 'double' majority voting – European Union　二重の特定多数決 - 欧州連合
QSP	quick start programme　クイックスタートプログラム
QUELROs	quantified emission limitation and reduction objectives　数量的排出制限および削減目標
QuNGO	quasi-governmental NGO　準政府 NGO

R

R&D	research and development　研究開発
R2P	responsibility to protect　保護する責任
RAC	Regional Activity Center　地域活動センター
RAFI	Rural Advancement Fund International　国際農村発展基金
RAI	Regional Activity Institute　地域活動機関
RAIS	Regional Agricultural Information System　農業農村情報システム
RAM	research and monitoring　調査・監視
RAMSAR	Convention on Wetlands of International Importance Especially as Waterfowl Habitat　ラムサール条約（特に水鳥の生息地として国際的に重要な湿地に関する条約）
RAN	Rainforest Action Network　熱帯林行動ネットワーク
RANDP	resource-adjusted net domestic product　資源調整後の国内純生産
RAP (1)	remedial action plan　再生行動計画
RAP (2)	regional action plan　地域行動計画
RAP (3)	resettlement action plan　移住移転行動計画
RAP (4)	rapid assessment project　迅速評価プロジェクト
RAP (5)	rapid assessment procedures　迅速評価法
RAS (1)	Regulatory Action Strategy　規制措置戦略
RAS (2)	Royal Academy of Sciences　王立科学アカデミー
RBC	River Basin Commission　流域管理委員会
RBD	River Basin District　河川流域地区
RBI	River Basin Initiative　河川流域イニシアティブ
RBM	results based management　結果重視マネジメント

RBO	River Basin Organization　河川流域機関
RCs	resource centers　リソースセンター
RCMRD	Regional Centre for Mapping of Resources for Development　資源地図作成地域センター
RCSA	Rainwater Catchment Systems Association (Brazil)　雨水資源化システム協会（ブラジル）
RCTWS	Regional Center for Training and Water Studies in Arid and Semi-Arid Zones (Egypt)　乾燥・半乾燥地域水研修・研究センター
RCU	Regional Coordinating Unit　地域調整部
RCUWM	Regional Centre on Urban Water Management (UNESCO/Iran)　都市水管理地域センター（国連教育科学文化機関・イラン）
RDB	Regional Development Bank　地域開発銀行
RDP (1)	reconstruction development plan　復興開発計画
RDP (2)	regional development plan　地域開発計画
REACH	Registration Evaluation, and Authorization of Chemicals (EU)　化学物質の登録、評価、認可 および制限に関する規則（欧州連合）
Rec	recommendation (document identification)　勧告（書類識別）
REC	Regional Environmental Centre for Central and Eastern Europe　中東欧地域環境センター
RECOFTC	Regional Community Forestry Training Centre for Asia and the Pacific　アジア太平洋地域コミュニティ・森林研修センター
REDICA	*Red Centroamericana de Instituciones de Ingenieria*　中米技術者協会ネットワーク
REEEP	Renewable Energy and Energy Efficiency Partnership　再生可能エネルギーおよびエネルギー効率パートナーシップ
REEF	Renewable Energy and Energy Efficiency Fund (GEF)　エネルギー効率・再生可能エネルギー基金（地球環境ファシリティ）
REIA	Renewable Energy in the Americas Initiative (OAS)　米州における再生可能エネルギーイニシアティブ（米州機構）
REN21	Renewable Energy Policy Network for the 21st Century　21世紀のための再生可能エネルギー政策ネットワーク
RERеP	Regional Environmental Reconstruction Programme (GEF)　地域環境復興計画（地球環境ファシリティ）
Res	resolution (document identification)　決議（文書識別）
Res. Rep.	UNDP Resident Representative/Coordinator　UNDP 常駐代表／調整官
Rev	revision (document identification)　改定（文書識別）
RFA	recommendations for action　行動の勧告
RFC	Regional Forestry Commission (FAO)　地域森林委託（国連食糧農業機関）
RFP	request for proposal　提案依頼書
RH	reproductive health　性と生殖に関する健康
RI	Rotary International　国際ロータリー
RIIA	Royal Institute of International Affairs (UK)　王立国際問題研究所（英国）
RIM	Regional Implementation Meetings　地域実施会合
RING (1)	Alliance of Policy Research Organizations　政策研究機関連合
RING (2)	Regional arid International Networking Group　地域・国際ネットワーキンググループ
RINGO	research and independent NGOs　研究機関による非政府組織
RIO+10	The World Summit on Sustainable Development (Johannesburg 2002)　持続可能な発展に関する世界首脳会議（ヨハネスブルグ 2002）
RIOs	Regional Indigenous Organizations　地域先住民団体
RIPANAP	Ibero-American Network of National Park Institutions and other Protected Areas

	イベロアメリカ国立公園施設およびその他保護地域のネットワーク
RIRH	*Red Inter-Americam para Recursos Hidricos* (OAS) 米州水資源ネットワーク（米州機構）
RIS	Ramsar Information Sheet ラムサール条約湿地情報票
RIVM	Netherlands National Institute for Public Health and Environment オランダ国立公衆衛生・環境研究所
RIZA	Netherlands Institute for Inland Water Management and Waste Water Treatment (EWA) オランダ陸水管理・廃水処理研究所（欧州水協会）
RLB	Latin American Plant Sciences Network 中南米植物科学ネットワーク
RM	risk management リスクマネジメント
RMUs	removal units (UNFCCC) 除去単位（国連気候変動枠組条約）
RO	renewable obligation 再生可能エネルギー義務
ROAP	Regional Office for Asia and the Pacific (UNEP) アジア太平洋地域事務所（国連環境計画）
ROC	Renewable Obligation Certificate 再生可能エネルギー証書
ROE	Regional Office for Europe (UNEP) ヨーロッパ地域事務所（国連環境計画）
ROLAC	Regional Office for Latin America and the Caribbean (UNEP) ラテンアメリカ・カリブ地域事務所（国連環境計画）
RONA	Regional Office for North America (UNEP) 北アメリカ地域事務所（国連環境計画）
RONAST	Royal Nepal Academy of Science and Technology ネパール王立科学技術アカデミー
ROPME	Regional Organization for the Protection of the Marine Environment 海洋環境保護地域機構
RPA	research priority area 研究優先分野
RPC	Regional Programming Committee 地域計画委員会
RPT95	Report Submitted in 1995 1995年提出の報告書
RR	rules and regulations (IMF) 規則・規定（国際通貨基金）
RRA	rapid rural appraisal 迅速農村調査法
RRC-AP	Regional Resource Centre for Asia and Pacific アジア太平洋地域資源センター
RSO	Research and Systematic Observation (UNFCCC) 研究と組織的観測（国連気候変動枠組条約）
RSPGA	Royal Society for the Prevention of Cruelty to Animals 王立動物虐待防止協会
RSS	Royal Scientific Society (Jordan) 王立科学協会（ヨルダン）
RT	Rain Trust (US, Holland, Brazil) レイントラスト（米国、オランダ、ブラジル）
RTAC	Regional Technical Advisory Committee (GWP) 地域技術指導委員会（世界水パートナーシップ）
RU (1)	Removal Unit (LULUCF) 除去単位（土地利用、土地利用変化および林業分野）
RU (2)	Regional Unit of IBRD (AFR, Africa; EAP, East Asia and Pacific; ECA, Europe and Central Asia; LCR, Latin America and the Caribbean; MNA, Middle East and North Africa; SAR, South Asia) IBRD地域部門（AFR：アフリカ、EAP：東アジア・大洋州、ECA：ヨーロッパ・中央アジア、LCR：ラテンアメリカ・カリブ海、MNA：中東・北アフリカ、SAR：南アジア）
RVP	Regional Vice President (WB) 地域副総裁（世界銀行）
RWP	Regional Water Partnership (GWP) 地域水パートナーシップ（世界水パートナーシップ）
RWS	*Rijkswaterstraat* (Water Management Agency, The Netherlands) オランダ水管理機構

S

SAARC	South Asian Association for Regional Cooperation　南アジア地域協力連合
SAC	Scientific Advisory Committee (UNEP)　科学諮問委員会（国連環境計画）
SACE	*Sezione Speciale per l'Assicurazione del Credito all'Esportazione* (Italy)　イタリア輸出信用保険特別部
SACEP	South Asian Cooperative Environment Programme　南アジア環境協力プログラム
SACN	South American Community of Nations　南米共同体
SADC	Southern African Development Community　南部アフリカ開発共同体
SADCC	Southern African Development Coordination Conference　南部アフリカ開発調整会議
SAEFL	Swiss Agency for Environment, Forests and Landscape (BUWAL)　スイス環境森林景観庁
SAF (1)	Society of American Foresters　全米林業技術者協会
SAP (2)	South Asia Foundation　南アジア基金
SAFTA	South American Free Trade Area　南米自由貿易地域
SAICM	Strategic Approach on International Chemicals Management　国際的化学物質管理に関する戦略的アプローチ
SAIL	Cooperation on International Post-Graduate Institutes (The Netherlands)　国際的な大学院間の協力（オランダ）
SAL	structural adjustment loan　構造調整融資
SAMTAC	South American Technical Advisory Committee (GWP)　南アメリカ技術指導委員会（世界水パートナーシップ）
SANDEC	Swiss Department of Water and Sanitation in Developing Countries　スイスの途上国における水質・衛生部
SANIGMI	Central Asia Hydro-Meteorological Research Institute (Uzbekistan)　中央アジア水文気象研究所（ウズベキスタン）
SAOPID	Secretariat for Water, Public Works and Infrastructure for Development (Mexico)　開発のための水道・公共事業・インフラ事務局（メキシコ）
SAP (1)	Strategic Action Plan (GEF)　戦略行動計画（地球環境ファシリティ）
SAP (2)	Scientific Assessment Panel　科学諮問委員会
SAPTA	South Asian Preferential Trade Agreement　南アジア特恵貿易協定
SAR (1)	Second Assessment Report (IPCG)　第２次評価報告書
SAR (2)	Staff Appraisal Report (WB)　スタッフ評価報告（世界銀行）
SAR-TA	Staff Appraisal Report-Technical Annex (WB)　スタッフ評価報告 - 技術的付属文書（世界銀行）
SARD	Sustainable Agriculture and Rural Development　持続可能な農業と農村開発
SARDC	Southern African Research and Documentation Center　南部アフリカ研究・資料センター
SAREC	Department of Research Cooperation (Sweden)　開発庁調査協力（スウェーデン）
SARPN	Southern African Regional Poverty Network　南部アフリカ地域貧困ネットワーク
SAS	South Asian Seas Programme　南アジア地域海計画
SASTAC	South Asian Seas Technical Advisory Committee (GWP)　南アジア地域海技術指導委員会（世界水パートナーシップ）
SATAC	Southern Africa Technical Advisory Committee (GWP)　南部アフリカ技術指導委員会（世界水パートナーシップ）
SB	subsidiary body　補助機関

SBA	Sustainable business advisory　持続可能なビジネスに関する助言
SBC	Secretariat of the Basel Convention　バーゼル条約事務局
SBD	Secretariat for Biological Diversity (UNEP)　生物多様性条約事務局（国連環境計画）
SBI	Subsidiary Body for Implementation (UNFCCC)　助言に関する補助機関（国連気候変動枠組条約）
SBSTA	Subsidiary Body for Scientific and Technological Advice (UNFCCC)　科学上および技術上の助言に関する補助機関（国連気候変動枠組条約）
SBSTTA	Subsidiary Body on Scientific, Technical and Technological Advice (CBD)　生物多様性条約の科学技術助言補助機関 (生物多様性条約)
SC (1)	Standing Committee　常任委員会
SC (2)	Steering Committee (GWP)　運営委員会（地球温暖化係数）
SC (3)	sale of children　児童売買
SCAR	Scientific Committee on Antarctic Research　国際学術連合南極科学委員会
SCBD	Secretariat of the Convention on Biological Diversity　生物多様性条約事務局
SCCF	Special Climate Change Fund (UNFCCC)　特別気候変動基金（国連気候変動枠組条約）
SCI	Site of Community Importance (EU)　重要な場（欧州連合）
SCM	Sectoral Crediting Mechanisms　セクター別クレジットメカニズム
SCOPE	Scientific Committee on Problems of the Environment (ICSU)　環境問題科学委員会（国際科学会議）
SCOR	Scientific Committee on Oceanic Research (ICSU)　海洋研究科学委員会（国際科学会議）
SCP (1)	socio-cultural profile　社会文化的統計データ
SCP (2)	Sustainable consumption-production　持続可能消費 - 生産
SD	Sustainable development　持続可能な発展
SDC (1)	Swiss Agency for Development and Cooperation　スイス開発協力庁
SDC (2)	solar development capital (GEF)　ソーラー開発資本（地球環境ファシリティ）
SDG	Sustainable Development Governance　持続可能な発展のガバナンス
SDIN	Sustainable Development Issues Network　持続可能な発展問題ネットワーク
SDR	special drawing rights　特別引出権
SDV	Social Development Department (WB)　社会開発省（世界銀行）
SEA (1)	strategic environmental assessment　戦略的環境アセスメント
SEA (2)	Sustainable Enterprise Academy (Canada)　持続可能な企業アカデミー（カナダ）
SeaCapNet	South East Asia Capacity Building Network　東南アジア能力構築小部会
SEAGA	socio-economic and gender analysis　社会経済ジェンダー分析手法
SEATAC	South East Asia Technical Advisory Committee (GWP)　東南アジア技術アドバイザー委員会（世界水パートナーシップ）
SEAWUN	South East Asia Water Utilities Network　東南アジア水道事業体ネットワーク
SECO	*Secrétariat d'État á l'Économie* (Switzerland)　経済省経済管理局（スイス）
SeCyT	Secretariat of Science and Technology (Argentina)　科学技術・生産革新省（アルゼンチン）
SEDAC	Socioeconomic Data and Applications Center (CIESIN)　社会経済学データおよび応用センター（国際地球科学情報ネットワーク協会／センター）
SEED	Sustainable Energy and Environment Division (UNDP)　環境・エネルギー部（国連開発計画）
SEEDS	Sustainable Environment and Ecological Development Society　環境エコロジーに配慮した持続可能な発展協会
SEFI	Sustainable Energy Finance Initiative　持続可能なエネルギーファイナンス・イニシアティブ

SEGA	socio-economic and gender analysis　社会経済ジェンダー分析手法
SEI	Stockholm Environment Institute　ストックホルム環境研究所
SEM	*Société des Eaux de Marseille* (France)　マルセイユ水供給グループ（フランス）
SEMARNAT	*Secretaria de Medio Ambiente y Recursos Naturales*　環境天然資源省
SENACYT	National Secretariat of Science and Technology (Ecuador)　科学技術省（エクアドル）
SEP	*Secretaria de Educación Pública*　文部省（メキシコ）
SEQ	Standing Group on Emergency Questions (IEA)　緊急時問題常設作業部会（国際エネルギー機関）
SER (1)	Series (OAS documents)　シリーズ（OAS 文書）
SER (2)	Society for Ecological Restoration International　国際生態学的復元協会
SESEC	Swiss Environmental Solutions for Emerging Countries　新興国向け環境ソリューションスイス方式
SETAC	Society of Environmental Toxicology and Chemistry　環境毒物化学学会
SETPC	Sino-Europe Technology Promotion Center　中国・ヨーロッパ技術開発センター
SEWA	Self-Employed Women's Association (India)　自営女性労働者協会（インド）
SF	Sumitra Foundation (India)　スミトラ財団（インド）
SFI	Sustainable Forestry Initiative　持続可能な林業イニシアティブ
SFM	Sustainable forest management (UNFF)　持続可能な森林経営（国連森林フォーラム）
SFWMD	South Florida Water Management District　南フロリダ水管理地区
SG	Secretary General　事務総長
SGP	small grants programme　小規模融資プログラム
SHD	Sustainable human development　持続可能な人間社会開発
SHF	*Société Hydrotechnique de France*　フランス水文技術協会
SHO	self-help organization　自助組織
SHP	small hydropower　小水力発電
SHPO	self-help support organization　自助支援団体
SI	international system of units　国際単位系
SIC	Scientific Information Center　科学情報センター
SICA	Central American Integration System　中央アメリカ諸国の政府間組織
SICAP	Central American System of Protected Areas　中米自然保護区システム
SICICWG	Scientific-Information Center of the Interstate Coordination Water Commission of the Central Asia　中央アジア国際水調整委員会科学情報センター
SID	Society for International Development　国際開発学会
SIDA (Sida)	Swedish International Development Agency　スウェーデン国際開発協力庁
SIDB	Small Industries Development Bank　小企業開発銀行
SIDS	Small Island Developing States　小島嶼開発途上国
SIL (1)	International Association of Theoretical and Applied Limnology　国際理論応用陸水学会
SIL (2)	*Societas Internationalis Limnologiae* (France)　国際理論応用陸水学会（フランス語）
SIMDAS	Sustainable Integrated Management and Development of Arid and Semi-Arid Regions of Southern Africa (UNESCO)　南アフリカ乾燥・半乾燥地帯の持続可能な統合的管理および開発（国連教育科学文化機関）
SINAP	National System of Protected Areas (Mexico)　国家自然保護区システム（メキシコ）
SINGER	System-Wide Information Network for Genetic Resources　遺伝子資源のためのシステム内情報ネットワーク

SIRG	Summit Implementation Review Group (OAS)　米州首脳会議実施評価グループ（米州機構）
SISSA	International School for Advanced Studies (Italy)　イタリア国際先端研究所（イタリア）
SIWI	Stockholm International Water Institute　ストックホルム国際水協会
SLR	side-looking radar　側方監視用レーダー
SLT	Standing Group on Long-Term Cooperation (IEA)　長期協力問題常設作業部会（国際エネルギー機関）
SMART	specific, measurable, agreed, realistic, time bound　SMART 原則（具体的、測定可能、合意による、現実的、期限付き）
SME	small and medium-sized enterprises　中小企業
SME/SMI	small and medium-scale enterprise/industry　中小企業／中小産業
SMME	small, micro and medium-sized enterprises　小、零細、中規模企業（中小零細企業）
SMO	social movement organization　社会運動団体
SMPR	Secretariat Managed Project Review (GEF)　事務局管理プロジェクト評価（地球環境ファシリティ）
SMR	Sustainability Management and Reporting　サステナビリティ経営・報告
SMS	safe minimum standards　安全最小基準
SNA	System of National Accounts　国民経済計算
SNV	Swedish Environment Protection Agency　スウェーデン環境保護庁
SNW	Sustainable Northwest (US)　サスティナブル・ノースウエスト（米国）
SO	strategic objective　戦略的目的
SO_2	sulfur dioxide　二酸化硫黄
SOA (1)	Summit of the Americas　米州首脳会議
SOA (2)	State Oceanic Administration (China)　国家海洋局（中国）
SOD	Summary, Overview and Development Report (ICDA)　要約・概観・開発レポート（国際開発活動連合）
SODIS	solar water disinfection system　太陽光水殺菌システム
SOER	State of the Environment Report (EU)　環境状況報告書（欧州連合）
SOFO	State of the World's Forests Report　世界森林白書
SOG	Sustainable Ocean Governance　持続可能な海洋統治
SOGE	Seminar of Governmental Experts　政府専門家セミナー
SOM	Standing Group on Oil Market (IEA)　石油市場問題常設作業部会（国際エネルギー機関）
SOPAC	South Pacific Applied Geoscience Commission　南太平洋応用地球科学委員会
SPA (1)	specially protected areas (EU, CAP)　特別保護地域（欧州連合、共通農業政策）
SPA (2)	Strategic Partnership for UNCCD Implementation, in Central Asian Countries　中央アジア諸国における国連砂漠化対処条約実施のための戦略的パートナーシップ
SPA-SANIRI	Scientific Production Association Central Asian Research Institute of Irrigation　科学製造協会中央アジア灌漑研究所
SPAW	Protocol on Specially Protected Areas and Wildlife of the Cartagena Convention　カルタヘナ条約の特別保護地域・特別保護動物（SPAW）にかかわるプロトコル
SPC (1)	South Pacific Commission　南太平洋委員会
SPC (2)	Secretariat for the Pacific Community　太平洋共同体
SPF	South Pacific Forum　南太平洋フォーラム
SPFS	Special Programme for Food Security　食糧安全保障特別事業
SPM	Summary for Policy Makers (IPPC/Reviews)　政策決定者向け要約（気候変動に

	関する政府間パネル）
SPMs	sanitary and phytosanitary measures　衛生植物検疫措置
SPOT	*Système Probatoire d'Observation de la Terre*　スポット（フランスの地球観測衛星）
SPREP (1)	Secretariat of the Pacific Regional Environment Programme　太平洋地域環境計画事務局
SPREP (2)	South Pacific Regional Environmental Programme (UNEP)　南太平洋環境計画（国連環境計画）
SPS	Sanitary and Phytosanitary Agreement (WTO)　衛生植物検疫措置の適用に関する協定（世界貿易機関）
SRAP	Sub-Regional Action Plan　小地域行動計画
SRC	Scientific Research Council (Jamaica, Iraq)　科学研究委員会（ジャマイカ、イラク）
SRCGS	Special Report on Carbon Dioxide Capture and Storage　二酸化炭素の回収と貯留（CCS）に関する特別報告書
SRES	Special Report on Emissions Scenarios　排出シナリオに関する特別報告
SRFG	Sub-Regional Fisheries Commission　準地域漁業委員会
SRH	Secretariat for Water Resources (Brazil)　水資源庁（ブラジル）
SRI	socially responsible investment　社会的責任投資
SRLFC	Special Report on Land Use, Land Use Change and Forestry and Carbon Sinks (IPCC)　特別報告書「土地利用、土地利用変化、林業、炭素排出量」（気候変動に関する政府間パネル）
SS	special session　特別総会、特別会合、特別会期
SSC	Species Survival Commission (IUCN)　種の保存委員会（国際自然保護連合）
SSNC	Swedish Society for Nature Conservation　スウェーデン自然保護協会
SPP	Social Policy Programme (IUCN)　社会政策プログラム（国際自然保護連合）
SSWP	small scale water provider (ADB)　小規模水供給者（アジア開発銀行）
ST	Scheduled Tribe　指定部族
STAF	short term assistance facility (CDB)　短期援助ファシリティ（カリブ開発銀行）
STAP	Scientific and Technical Advisory Panel (GEF)　科学技術諮問パネル（地球環境ファシリティ）
START (1)	Global Change Systems for Analysis, Research and Training (IHDP, IGBP, WCRP) (Secretariat in the US)　地球変動に関する分析・研究・研修システム（地球環境変化の人間次元国際共同研究計画、地球圏・生物圏国際共同研究計画、気候変動国際共同研究計画）（米国に事務局）
START (2)	Strategic Arms Reduction Treaty　戦略兵器削減条約
STATE	US State Department　米国国務省
STC	short-term consultant (WB)　短期コンサルタント（世界銀行）
STI	sexually transmitted infection　性行為感染症
STREAMS	Streams of Knowledge Coalition of Water and Sanitation Resource Centres　水・衛生資源知識連合センター
STRP	Scientific and Technical Review Panel (Ramsar)　科学技術検討委員会（ラムサール条約）
SUI	Sustainable Use Team (IUCN)　持続可能な利用チーム（国際自然保護連合）
SWAP	sector wide approach to planning　計画への部門別アプローチ
SWCC	Second World Climate Conference　第2回世界気候会議
SWF(1)	State of the World Forum　世界フォーラム連合
SWF(2)	Stockholm Water Foundation　ストックホルム水財団
SWG	sub working group　分科会
SWH	Swedish Water House　スウェーデン・ウォーター・ハウス
SWITCH	Sustainable Water Management Improves Tomorrow's Cities'Health　持続可能な

	水管理は未来の都市の保健衛生を改善する
SWOT	strengths, weaknesses, opportunities and threats　SWOT分析（強み〈S〉、弱み〈W〉、機会〈O〉、脅威〈T〉）
SWR	Sub-Committee on Water Resources (ACC)　水資源小委員会（国連行政調整委員会）
SWRRC	Sustainable Water Resources Research Center (Korea)　持続可能な水資源研究センター（韓国）
SWS (1)	safe water systems　安全な水システム
SWS (2)	Stockholm Water Symposium　ストックホルム水シンポジウム
SYKE	Environment Institute of Finland　フィンランド環境機構

T

TA	technical assistance　技術支援
TAC (1)	total allowable catch　漁獲可能量
TAC (2)	Technical Advisory Committee　技術諮問委員会
TACIS	Technical Assistance for the Commonwealth of Independent States (EU)　欧州委員会による独立国家共同体技術支援（欧州連合）
TAG	Technical Advisory Group　専門諮問グループ
TAR	Third Assessment Report (IPPC)　第３次評価報告書（気候変動に関する政府間パネル）
TBD	tropical biodiversity (CHM)　熱帯における生物多様性（クリアリング・ハウス・メカニズム）
TBT	technical barrier to trade　貿易の技術的障害
TCAs	transboundary conservation areas　国境をまたぐ自然保護区
TCBO	training, capacity building and outreach　訓練、能力構築、働きかけ
tCe	tons of carbon equivalent　炭素換算トン
TCP	Technical Cooperation Programme (FAO)　技術協力プログラム（国連食糧農業機関）
TDA (1)	transboundary diagnostic analysis (GEF)　越境診断分析（地球環境ファシリティ）
TDA (2)	US Trade and Development Agency　米国貿易開発機関
TE	total expenditures　総支出
TEAP	Technology and Economic Assessment Panel　技術・経済評価パネル
TEC	Technical Committee (GWP)　技術委員会（地球水パートナーシップ）
TED	turtle excluder device　ウミガメ排除装置
TEK	traditional ecological knowledge　伝統的・生態学的知識
TEMS	Terrestrial Ecosystem Monitoring Sites (EU Database)　陸域生態系モニタリング・サイト・データベース（欧州連合データベース）
TERI (1)	Terrestrial Ecosystem Resource Inventory (CI)　陸域生態系資源リスト（コンサベーション・インターナショナル）
TERI (2)	The Energy and Resources Institute　エネルギー資源研究所
TERI (3)	Tata Energy and Resources Institute　エネルギー資源研究所
TERM	Transport and Environment Reporting Mechanism　交通環境報告メカニズム
TERRIS	Terrestrial Environment Information System (EU)　陸域環境情報システム（欧州連合）
TEST	transfer of environmentally sound technology　環境適正技術移転
TFAP	Tropical Forestry Action Plan　熱帯林行動計画
TFCA	Tropical Forest Conservation Act (USA)　熱帯雨林保護法（米国）
TFCP	Tropical Forest Canopy Programme　熱帯雨林林冠プログラム
TFDD	Transboundary Freshwater Dispute Database (US)　越境淡水紛争データベース

	（米国）
TFDT	Task Force on Destruction Technologies　破壊技術に関するタスクフォース
TFF	Tropical Forestry Foundation　熱帯林基金
TFI	Task Force for National Greenhouse Inventories　各国の温暖化インベントリーのタスクフォース
TFRK	traditional forest-related knowledge (CBD)　森林に関する伝統的知識（生物多様性条約）
TGCIA	Task Group on Scenarios for Climate and Impact Assessment (IPCC)　気候および影響評価のためのシナリオに関するタスクグループ（気候変動に関する政府間パネル）
TGF	testing ground facility　試験グラウンド・ファシリティ
TI	Transparency International　トランスペアレンシー・インターナショナル
TICLEAR	Technology Information Clearing House　技術情報クリアリングハウス
TIIWE	Taiwan (of China) International Institute for Water Education　台湾（中国）国際水教育研究所
TKBD	traditional knowledge and biological diversity　伝統的知識と生物多様性
TM	task manager　タスクマネージャー
TMB	Trust Management Board　信託管理委員会
TNC (1)	The Nature Conservancy　自然保護団体
TNC (2)	transnational corporation　多国籍企業
TNO	Netherlands Organization for Applied Scientific Research　オランダ応用科学研究機構
TOC	Technological Options Committee　科学技術オプション委員会
TOE	tons of oil equivalent　石油換算トン
TOPS	The Ocean Policy Strategy　海洋政策戦略
TOR	terms of reference　実施要綱（案件自体の説明）
ToT	training of trainers　講師のための研修
TPR	Tripartite-Review (GEF)　三者審査（地球環境ファシリティ）
TRAFFIC	Trade Record Analysis of Flora and Fauna in Commerce　野生動植物国際取引調査記録特別委員会
TREES	Tropical Ecosystem Environment Observations by Satellite (EEC)　人工衛星による熱帯生態系環境観測（欧州経済共同体）
TRI	toxic release inventory　有害化学物質排出目録
TRIMs	trade-related investment measures　貿易関連投資措置
TRIPS	Agreement on Trade-related Aspects of Intellectual Property Rights (IU)　知的所有権の貿易関連の側面に関する協定
TRN	Taiga Rescue Network　タイガ・レスキュー・ネットワーク
TRP	Technical Review Panel (GEF)　テクニカル・レビュー・パネル（地球環境ファシリティ）
TRR	traditional resource rights　伝統的資源権
TS (1)	technical summary　技術概要
TS (2)	Technical Secretariat　技術事務局
TSF	Tropical Synergy Foundation　トロピカル・シナジー基金
TSP	total suspended particulates　全浮遊粒子
TSS	total suspended solids　全浮遊固形分
TSU	Technical Support Unit (IPCC)　テクニカル・サポート・ユニット（気候変動に関する政府間パネル）
TT	technology transfer　技術移転
TTF	Thematic Trust Fund　テーマ別信託基金
TUAC	Trade Union Advisory Committee (OCED)　労働組合諮問委員会（経済協力開発機構）

TWAS	Third World Academy of Sciences (Italy)　第三世界科学アカデミー（イタリア）
TWG	Technical Working Group　技術ワーキンググループ
TWNSO	Third World Network of Scientific Organizations (Italy)　第三世界科学組織ネットワーク（イタリア）
TWOWS	Third World Organization for Women in Science (Italy)　第三世界女性科学者組織（イタリア）
TWUWS	Transportation, Water and Urban Development Department (UNDP-WB)　交通・水・都市開発局（国連開発計画・世界銀行）
TWWF	Third World Water Forum　第３回世界水フォーラム

U

U5MORT	under five years old mortality rate　５歳未満児死亡率
UATI	International Union of Technical Associations and Organizations　国際技術団体連盟
UAWS	Union of African Water Suppliers　アフリカ給水事業者連合
UGLG	United Cities and Local Governments　都市・自治体連合
UDHR	Universal Declaration of Human Rights　世界人権宣言
UESNET	Urban Environmental Sanitation Network (GWP)　都市環境公衆衛生ネットワーク（世界水パートナーシップ）
UIE	UNESCO Institute for Education (UNESCO/Germany)　ユネスコ教育研究所（国連教育科学文化機関・ドイツ）
UIS	UNESCO Institute for statistics (UNESCO/Canada)　ユネスコ統計研究所（国連教育科学文化機関・カナダ）
UN	United Nations　国際連合
UN-Habitat	United Nations Programme for Human Settlements　国連人間居住計画
UN-NGO-IRENE	United Nations NGO Informal Regional Network　国連 NGO 非公式地域ネットワーク
UNACABQ	UN Advisory Committee on Administrative and Budgetary Questions　国連行財政問題諮問委員会
UNACC	Administrative Committee on Coordinating of the United Nations　国連行政調整委員会
UNACC/SCWR	United Nations Administrative Committee on Coordination Subcommittee on Water Resources　国連調整管理委員会水資源小委員会
UNAIDS	United Nations Fund for HIV/AIDS　国連エイズ基金
UNCAC	United Nations Convention against Corruption　国連腐敗防止条約
UNCBD	United Nations Secretariat of the Convention on Biological Diversity　国連生物多様性条約事務局
UNCCD	United Nations Convention to Combat Desertification　国連砂漠化対処条約
UNCCPCJ	United Nations Commission on Crime Prevention and Criminal Justice　国連犯罪防止刑事司法委員会
UNCDF	United Nations Capital Development Fund　国連資本開発基金
UNCEB	United Nations Chief Executives Board　国連主要執行理事会
UNCED	United Nations Conference on Environment and Development　国連環境開発会議
UNCFB	United Nations System Chief Executive Board for Coordination　国連主要執行理事会
UNCHE	United Nations Conference on Human Environment　国連人間環境会議
UNCHR	United Nations Commission on Human Rights　国連人権委員会
UNCHS	United Nations Centre for Human Settlements　国連人間居住センター

UNCLOS　United Nations Convention on the Law of the Sea　国連海洋法条約
UNCND　United Nations Commission on Narcotic Drugs　国連麻薬委員会
UNCPD　United Nations Commission on Population and Development　国連人口開発委員会
UNCRC　United Nations Convention on the Rights of the Child　国連子どもの権利条約
UNCRD　United Nations Centre for Regional Development　国連地域開発センター
UNCSD (1)　United Nations Commission on Sustainable Development　国連持続可能な発展委員会
UNCSD (2)　United Nations Commission for Social Development　国連社会開発委員会
UNCSTD　United Nations Commission on Science and Technology for Development　開発のための科学技術国連会議
UNCSW　United Nations Commission on the Status of Women　国連女性の地位委員会
UNCTAD　United Nations Conference on Trade and Development　国連貿易開発会議
UNCUEA　United Nations Centre for Urgent Environmental Assistance　国連緊急環境援助センター
UNDAC　United Nations Disaster Assessment and Coordination Team　国連災害評価調整
UNDAF　United Nations Development Assistance Framework　国連開発援助枠組み
UNDCP　United Nations Drug Control Program　国連薬物統制計画
UNDESA　United Nations Department of Economic and Social Affairs　国連経済社会局
UNDESD　United Nations Decade – Education for Sustainable Development　国連持続可能な発展のための教育の10年
UNDHR　United Nations Declaration on Human Rights　国連世界人権宣言
UNDOALOS　United Nations Division on Ocean Affairs and Law of the Sea　国連海事海洋法課
UNDP　United Nations Development Programme　国連開発計画
UNDP-IW-LEARN　International Waters Learning Exchange and Resource Network　国際水域に関する学習交流・資料ネットワーク
UNDPI　United Nations Department of Public Information　国連広報局
UNDPRF　United Nations Development Programme Revolving Fund　国連開発計画回転基金
UNDP/SU/TCDC　UNDP Special Unit for Technical Cooperation among Developing Countries　開発途上国間技術協力のための特別ユニット
UNDRO　United Nations Office of Disaster Relief　国連災害救済調整官事務所
UNECA　United Nations Economic Commission for Africa　国連アフリカ経済委員会
UNECE　United Nations Economic Commission for Europe　国連欧州経済委員会
UNECLAC　United Nations Economic Commission for Latin America and the Caribbean　国連ラテンアメリカ・カリブ経済委員会
UNECWA　United Nations Economic Commission for Western Asia　国連西アジア経済社会委員会
UNEMG　United Nations Environmental Management Group　国連環境管理グループ
UNEO　United Nations Environment Organization　国連環境機関
UNEP　United Nations Environment Programme　国連環境計画
UNEP-CAR-RCU　United Nations Environment Programme-Cartagena Convention-Regional Coordinating Unit (UNEP)　国連環境計画カルタヘナ条約カリブ地域調整部（国連環境計画）
UNEP-CEP　United Nations Environment Programme Caribbean Environment Programme　国連環境計画のカリブ海環境計画
UNEP-DELC　United Nations Environment Programme Division of Environmental Law and Conventions　国連環境計画法・条約局
UNEP-DTIE　United Nations Environment Programme Division of Technology, Industry, and Economics　国連環境計画技術・産業・経済局
UNEP-EAS/RCU　United Nations Environment Programme East Asia Seas Regional Coordinating

Unit　国連環境計画東アジア海域地域調整部

UNEP-ENRIN　United Nations Environment Programme Environment and Natural Resource Information Group　国連環境計画環境天然資源情報グループ

UNEP-GC　United Nations Environment Programme Governing Council　国連環境計画運営委員会

UNEP-GPA　United Nations Environment Programme Global Programme of Action on the Protection of the Marine Environment from Land-based Activities　国連環境計画陸上活動からの海洋環境の保護に関する世界行動計画

UNEP-GRID　United Nations Environment Programme Global Resources Information Database　国連環境計画地球資源情報データベース

UNEP-HEM　United Nations Environment Programme Harmonization of Environmental Measurement　国連環境計画環境測定の調和化

UNEP-IETC　United Nations Environment Programme International Environment Technology Centre　国連環境計画国際環境技術センター

UNEP-MEDU　United Nations Environment Programme Coordinating Unit of the Mediterranean Action Plan　国連環境計画地中海行動計画調整部

UNEP-OS　United Nations Environment Programme Ozone Secretariat　国連環境計画オゾン事務局

UNEP-RCUs　United Nations Environment Programme Regional Coordinating Units of the Regional Seas Programme　国連環境計画地域海計画地域調整部

UNEP-ROA　United Nations Environment Programme Regional Office for Africa　国連環境計画アフリカ地域事務所

UNEP-ROAP　United Nations Environment Programme Regional Office for Asia and the Pacific　国連環境計画アジア・太平洋地域事務所

UNEP-ROE　United Nations Environment Programme Regional Office for Europe　国連環境計画ヨーロッパ地域事務所

UNEP-ROLAC　United Nations Environment Programme Regional Office for Latin America and the Caribbean　国連環境計画ラテンアメリカ・カリブ地域事務所

UNEP-RONA　United Nations Environment Programme Regional Office for North America　国連環境計画北米地域事務所

UNEP-ROWA　United Nations Environment Programme Regional Office for West Asia　国連環境計画西アジア地域事務所

UNEP-SPAW　Specially Protected Areas and Wildlife Protocol of the Cartagena Convention　カルタヘナ条約の特別保護地域・特別保護動物（SPAW）にかかわるプロトコル

UNEP-WCMC　UNEP World Conservation Monitoring Center　国連環境計画世界自然保全モニタリングセンター

UNESCAP　United Nations Economic and Social Commission for Asia and the Pacific　国連アジア太平洋経済社会委員会

UNESCO　United Nations Educational, Scientific, and Cultural Organization　国連教育科学文化機関

UNESCO-CATHALAC　Water Center for the Humid Tropics of Latin America and the Caribbean (Panama)　ラテンアメリカ・カリブ海地域湿潤熱帯水センター（パナマ）

UNESCO-CAZALAC　Water Centre for Arid and Semi-Arid Zones in Latin America and the Caribbean (Chile)　ラテンアメリカ・カリブ海地域の乾燥・半乾燥地帯のための水センター（チリ）

UNESCO-CIH/HIC　International Hydroinformatics Centre for Integrated Water Resources Management (Brazil - proposed)　水資源統合管理のための国際水情報科学センター（ブラジル提案）

UNESCO-CINARA　Regional Centre on Urban Water management for Latin America and the Caribbean (Colombia)　ラテンアメリカ・カリブ海地域の都市水管理地域センター（コロンビア）

UNESCO-HELP (1)　Centre for Water Law, Policy and Science (Scotland)　水に関する法律・政策・科学センター（スコットランド）
UNESCO-HELP (2)　International Centre of Water for Food Security (Australia - proposed)　食糧安全保障のための国際水センター（オーストラリア提案）
UNESCO-HTC　Regional Humid Tropics Hydrology and Water Resources Centre for Southeast Asia (Malaysia)　東南アジア・太平洋地域湿潤熱帯水文センター（マレーシア）
UNESCO-ICE-PAS　European Regional Centre for Ecohydrology (Poland)　ヨーロッパ地域生態水文センター（ポーランド）
UNESCO-ICHARM　International Centre for Water Hazard and Risk Management (Japan)　水災害・リスクマネジメント国際センター（日本）
UNESCO-ICQHHS　International Center on Qanats and Historic Hydraulic Structures (Iran)　カナートおよび歴史的水理構造物国際センター（イラン）
UNESCO-IHC　International Heritage Convention　無形文化遺産の保護に関する条約
UNESCO IHE　Institute for Water Education　ユネスコ水教育研究所
UNESGO-IHE-PoWER　Partnership for Water Education and Research (The Netherlands)　水教育研究パートナーシップ（オランダ）
UNESCO-IHE-PWE　Partnership for Water Education (The Netherlands)　水教育パートナーシップ（オランダ）
UNESCO-IHP　International Hydrological Programme　国際水文学計画
UNESCO-IRTCES　International Research and Training Centre for Erosion and Sedimentation (China)　国際浸食堆砂研究・研修センター（中国）
UNESCO-IRTCUD　International Research and Training Center on Urban Drainage (Serbia)　国際都市排水研究・研修センター（セルビア）
UNESCO-RCTWS　Regional Center for Training and Water Studies of Arid and Semi-Arid Zones (Egypt)　乾燥・半乾燥地域水研修・研究センター（エジプト）
UNESCO-RCUWM　Regional Center on Urban Water Management (Iran)　都市水管理地域センター（イラン）
UNESCO-SWEM　Centre on Sustainable Water Engineering and Management (Thailand - proposed)　持続可能な水に関する工学・管理センター（タイ提案）
UNESCO-WWAP　World Water Assessment Programme (Italy)　世界水アセスメント計画（イタリア）
UNEVOC　International Centre for Technical and Vocational Education and Training (UNESCO/Germany)　国際技術職業教育訓練センター（国連教育科学文化機関・ドイツ）
UNF　United Nations Foundation　国連財団
UNFAO　United Nations Food and Agricultural Organization　国連食糧農業機関
UNFCCC　United Nations Framework Convention on Climate Change　国連気候変動枠組条約
UNFF　United Nations Forum on Forests　国連森林フォーラム
UNFIP　United Nations Fund for International Partnerships　国際的パートナーシップのための国連基金
UNFPA　United Nations Population Fund　国連人口基金
UNG@ID　United Nations Global Alliance for Information and Communication Technologies and Development　国連世界情報通信技術開発同盟
UNGIWG　United Nations Geographical Information Working Group　国連地理情報ワーキンググループ
UNGA　United Nations General Assembly　国連総会
UNGARP　United Nations Global Atmospheric Research Programme　国連全球大気研究計画
UNGASS　United Nations General Assembly Special Session　国連総会特別会期

UNGIWG	United Nations Geographic Information Working Group　国連地理情報作業部会
UNHCR (1)	United Nations High Commissioner for Refugees　国連難民高等弁務官（事務所）
UNHCR (2)	United Nations Commission on Human Rights　国連人権委員会
UNHLCP	United Nations High Level Committee on Programmes　国連ハイレベル計画委員会
UNHRC	United Nations Human Rights Council　国連人権理事会
UNIA	United Nations Implementing Agreement　国連公海漁業協定
UNICEF	United Nations Children's Fund　国連児童基金
UNICJ	United Nations International Court of Justice　国連国際司法裁判所
UNICPOLOS	United Nations Informal Consultative Process on Oceans and the Law of the Sea　国連海洋法条約非公式協議プロセス
UNIDCP	United Nations International Drug Control Programme　国連薬物統制計画
UNIDO	United Nations Industrial Development Organization　国連工業開発機関
UNIDROIT	International Institute for the Unification of Private Law　私法統一国際協
UNIFEM	United Nations Development Fund for Women　国連婦人開発基金
UNISDR	United Nations International Strategy for Disaster Reduction　国連国際防災戦略
UNISDR-PPEW	UNISDR Platform for the Promotion of Early Warning　UNISDR 早期警報推進プラットフォーム
UNITAR	United Nations Institute for Training and Research　国連訓練調査研修所
UNJPO	United Nations Junior Professional Officer　国連ジュニア・プロフェッショナル・オフィサー
UNMDGs	United Nations Millennium Development Goals　国連ミレニアム開発目標
UNMOVIC	United Nations Monitoring, Verification and Inspection Commission　国連監視検証査察委員会
UNMP	United Nations Millennium Development Project　国連ミレニアム開発プロジェクト
UNNGLS	United Nations Non-Governmental Liaison Service　国連非政府組織連絡サービス
UNOCHA	United Nations Office for Coordination of Humanitarian Affairs　国連人道問題調整部
UNON	United Nations Office at Nairobi　国連ナイロビ事務所
UNOOSA	United Nations Office for Outer Space Affairs　国連宇宙局
UNOPS	United Nations Office for Project Services　国連プロジェクトサービス機関
UNPFFI	United Nations Permanent Forum on Indigenous Issues　国連先住民に関する常設フォーラム
UNPRI	United Nations Principles for Responsible Investment　国連責任投資原則
UNRC	United Nations Resident Coordinator　国連常駐調整官
UNRR	United Nations Resident Representative　国連常駐代表
UNRWA	United Nations Relief and Works Agency　国連難民救済事業機関
UNSC (1)	United Nations Security Council　国連安全保障理事会
UNSC (2)	United Nations Statistical Commission　国連統計委員会
UNSD	United Nations Statistics Division　国連統計局
UNSIA	United Nations Special Initiative for Africa　国連アフリカ特別イニシアティブ
UNSO	United Nations Sudano-Saheilian Office　国連スーダン・サヘール事務所
UNSTAT	United Nations Statistical Division　国連統計局
UNT	United Nations Treaty Collection　国連条約データベース
UNU	United Nations University (Japan)　国連大学（日本）
UNU-BIOLAC	UNU Programme for Biotechnology in Latin America and the Caribbean (Venezuela)　国連大学中南米バイオ技術プログラム（ベネズエラ）
UNU-CRIS	UNU Programme for Comparative Regional Integration Studies (Belgium)　国連大学地域統合比較研究プログラム（ベルギー）

UNU-EHS	UNU Institute for Environment and Human Security (Germany)　国連大学環境・人間の安全保障研究所（ドイツ）
UNU-FNP	UNU Food and Nutrition Programme for Human and Social Development (US)　国連大学人間と社会の開発のための食糧栄養プログラム（米国）
UNU-FTP	UNU Fisheries Training Programme (Iceland)　国連大学漁業訓練プログラム（アイスランド）
UNU-GTP	UNU Geothermal Training Programme (Iceland)　国連大学地熱教育訓練プログラム（アイスランド）
UNU-IAS	UNU Institute for Advanced Studies (Japan)　国連大学高等研究所（日本）
UNU-IIST	UNU International Institute for Software Technology (Macao)　国連大学ソフトウェア技術国際研究所（マカオ）
UNU-ILI	UNU International Leadership Institute (Jordan)　国連大学国際リーダーシップ研究所（ヨルダン）
UNU-INRA	UNU Institute for Natural Resources in Africa (Ghana)　国連大学アフリカ天然資源研究所（ガーナ）
UNU-INWEH	UNU International Network on Water, Environment, and Health (Canada)　国連大学水・環境・保健に関する国際ネットワーク（カナダ）
UNU-MERIT	UNU Maastricht Economic and Social Research and Training Center on Innovation Technology (The Netherlands)　国連大学マーストリヒト技術革新経済研究研修センター（オランダ）
UNU-WIDER	UNU World Institute for Development Economics Research (Finland)　国連大学世界開発経済研究所（フィンランド）
UNV	United Nations Volunteer　国連ボランティア
UNW(1)	United Nations Wire　国連ニュースレター
UNW(2)	United Nations 'UN' Water　国連水関連機関調整委員会
UN-WADOC	United Nations Water Decade Office on Capacity Development　能力開発に関する国連水問題10年事務所
UNWater	United Nations Committee on Fresh Water　国連水関連機関調整委員会
UNWIPO	United Nations World Intellectual Property Organization　国連世界知的所有権機関
UNWTO	United Nations World Tourism Organization　国連世界観光機関
UNWWAP	United Nations World Water Action Programme　国連世界水行動計画
UPOV	International Union for the Protection of New Varieties of Plants　植物新品種保護国際同盟
UPS	uninterrupted power supply　無停電電源装置
UPTW	University Partnership for Transboundary Water (UNESCO)　越境水に関する大学パートナーシップ（国連教育科学文化機関）
UPU	Universal Postal Union　万国郵便連合
URC	UNEP RISOE Center　国連環境計画リソ・センター
URF	universal reporting format　共通報告様式
URWH	Urban Rain Water Harvesting　都市雨水集水
US	United States of America　米国
USA	United States of America　米国
USACE	United States Army Corps of Engineers　米国陸軍工兵司令部
USAID	United States Agency for International Development　米国国際開発庁
USAID/OFDA	USAID Office of Foreign Disaster Assistance　米国国際開発庁／海外災害援助オフィス
USBOR	United States Bureau of Reclamation　米国開拓局
USCCSP	United States Climate Change Science Program　米国気候変動科学プログラム
USDA	United States Department of Agriculture　米国農務省
USDE	Unit of Sustainable, Development and Environment (OAS)　持続可能な発展と

	環境ユニット（米州機構）
USDOI	United States Department of Interior　米国内務省
USDOS	United States Department of State (Foreign Secretary)　米国国務省
USEPA	United States Environmental Protection Agency　米国環境保護庁
USFS	United States Forest Service　米国森林局
USFWS	United States Fish and Wildlife Service　米国魚類野生生物局
USGS	United States Geological Survey　米国地質調査所
USNGWA	United States National Ground Water Association　全米地下水協会
USNPS	United States National Park Service/System　米国国立公園局
USPC	United States Peace Corps　米国平和部隊
UTF	Unilateral Trust Fund (FAO)　一方的信託基金（国連食糧農業機関）
UV	ultraviolet　紫外線
UW	United Water (USA)　ユナイテッド・ウォーター社（米国）
UWI	University of the West Indies　西インド諸島大学
UWICED	UWI Center for Environment and Development　西インド大学環境開発センター

V

V&A	vulnerability and adaptation assessment　脆弱性・適応性評価
VA	voluntary agreement (IEA)　自主協定（国際エネルギー機関）
VASTRA	Swedish Water Management Research Programme　スウェーデン水管理研究プログラム
VAT	value added tax　付加価値税
VC (1)	video conference　ビデオ会議
VC (2)	Vienna Convention on the Law of Treaties　条約法に関するウィーン条約
VCLT	Vienna Convention on the Law of Treaties between States and International Organizations or between International Organizations (1986)　国と国際機関の間または国際機関相互の間の条約法に関するウィーン条約（1986）
VEA	voluntary environmental agreement　自主環境協定
Vienna/Montreal	Vienna Convention for the protection of the Ozone Layer and its Montreal Protocol on Substances that Deplete the Ozone Layer　オゾン層保護のためのウィーン条約
VietCapNet	Vietnam Capacity Building Network　ベトナム能力構築小部会
VIP (1)	very important person　重要人物
VIP (2)	ventilated pit latrine　換気トイレ
VISTA	Volunteers in Service to America (US)　米国貧困地区ボランティア活動
VITA	Volunteers in Technical Assistance　技術支援ボランティア
VMS	vessel monitoring System　船舶監視システム
VOCA	Volunteers International Cooperatives Association　国際海外協同支援ボランティア
VP	Vice President　副大統領、副社長、副会長、副総裁
VPP	victim pays principle　被害者負担原則
VRA	Volta River Authority　ボルタ川電力公社
VTPI	Victoria Transport Policy Institute (Canada)　ヴィクトリア交通政策研究所（カナダ）

W

W-E-T	Water-Education-Training (UNESCO)　水問題に関する教育・訓練（国連教育科学文化機関）
WAC	Water Management for African Cities (UN-Habitat)　アフリカ諸都市の水管理

	（国連人間居住センター）
WACLAC	World Association of Cities and Local Authorities Coordination　地方自治体世界会議
WAEMU	West African Economic and Monetary Union　西アフリカ経済通貨同盟
WANA	West Asia and North Africa　西アジア・北アフリカ
WANet	West African Network in Integrated Water Resource Management　西アフリカ統合的水資源管理ネットワーク
WAP (1)	Water Awareness Program　水意識プログラム
WAP (2)	Water Action Plan　水に関する行動計画
WARAP	West African Regional Action Plan for Integrated Water Resources Management　統合的水資源管理に関する西アフリカ地域行動計画
WARDA	West Africa Rice Development Association　西アフリカ稲開発協会
WARFSA	Water Research Foundation for Southern Africa　南アフリカ水研究財団
WASA	Water and Sewage Authority　上下水道庁
WASER	World Association for Sedimentation and Erosion Research　世界沈殿浸食研究会議
WATAC	West Africa Technical Advisory Committee (GWP)　西アフリカ技術諮問委員会（世界水パートナーシップ）
WAT_{RUR}	percentage of population having access to improved water supply in rural areas　農村部における改善された水供給にアクセスできる人口の割合
WAT_{TOT}	percentage of population having access to improved water supply　改善された水供給にアクセスできる人口の割合
WAT_{URB}	percentage of population having access to improved water supply in urban areas　都市部における改善された水供給にアクセスできる人口の割合
WaterNet	South and East African Network in Integrated Water Resource Management　南・東アフリカ統合的水資源管理ネットワーク
WAYS	World Academy of Young Scientists　世界若手科学者アカデミー
WB	World Bank　世界銀行
WB-BIP	World Bank – Bank Internship Program　世界銀行インターンシップ・プログラム
WB-JPA	World Bank – Junior Professional Associates Program　世界銀行ジュニア・プロフェッショナル・プログラム
WB-YPP	World Bank – Young Professional Program　世界銀行ヤング・プロフェッショナル・プログラム
WBCSD	World Business Council for Sustainable Development　持続可能な発展のための世界経済人会議
WBER	World Bank Economic Review　世界銀行エコノミック・レビュー
WBG	World Bank Group　世界銀行グループ
WBGU	German Advisory Council on Global Change　ドイツ連邦政府地球変動諮問委員会
WBI	World Bank Institute　世界銀行研究所
WC	WIDECAST – Wider Caribbean Sea Turtle Conservation Network　大カリブ海ウミガメ保護ネットワーク
WCA	Water Conservation in Agriculture (GWP)　農業用水保全（世界水パートナーシップ）
WCAR	World Conference against Racism　人種差別反対世界会議
WCASP	World Climate Application and Service Programme　世界気候利用・サービス計画
WCC	World Conservation Congress　世界保全会議
WCD	World Cmmission on Dams　世界ダム委員会
WCDP	World Climate Data Programme　世界気候資料計画

WCDR	World Conference on Disaster Reduction　国連防災世界会議
WCED	World Commissionson on Environment and Development (The Brundtland Commission)　環境と開発に関する世界委員会（ブルントラント委員会）
WCF	Water Cooperation Facility (UNESCO, WWC)　水協調促進機構（国連教育科学文化機関、世界水会議）
WCFSD	World Commission on Forests and Sustainable Development　森林と持続可能な発展に関する世界委員会
WCIP	World Climate Impact Study Programme (UNEP)　世界気候影響研究計画（国連環境計画）
WCMC	World Conservation Monitoring Centre　世界自然保全モニタリングセンター
WCO	World Customs Organization　世界税関機構
WCP	World Climate Programme　世界気候計画
WCPA	World Commissions on Protected Areas (IUCN)　世界保護地域委員会（国際自然保護連合）
WCRP	World Climate Research Programme　気候変動国際共同研究計画
WCS (1)	World Conservation Strategy　世界保全戦略
WCS (2)	Wildlife Conservation Society　野生動物保護協会
WCISW	Wider Caribbean Initiative for Ship-Generated Waste　船舶廃棄物に関する広域カリブ海イニシアティブ
WDC	World Data Centre (ICSU)　世界データセンター（国際科学会議）
WDCS	Whale and Dolphin Conservation Society　クジラ・イルカ保護協会
WDI	World Development Indicators　世界開発指標
WDPA	World Data Base on Protected Areas　世界保護地域データベース
WDR	World Development Report　世界開発報告
WE	Western Europe　西欧
WEA	World Energy Assessment　世界エネルギー・アセスメント
WEC (1)	World Energy Council 世界エネルギー会議
WEC (2)	World Environment Center　世界環境センター
WEC (3)	World Environment Capacity　世界の環境容量
WEC (4)	Water Resources Environment Technology Center (Japan)　水資源環境研究センター（日本）
WECB	water, education and capacity building　水と教育、能力開発
WEDO	Women's Environment and Development Organization　女性環境開発団体
WEF (1)	World Economic Forum　世界経済フォーラム
WEF (2)	Water Environment Federation (US)　水環境連盟（米国）
WEHAB	Water, Energy, Health, Agriculture and Biodiversity Objectives (WSSD)　水、エネルギー、健康、 農業生産性、生物多様性と生態系管理（持続可能な開発に関する世界首脳会議）
WEI	World Environment Institute　世界環境研究所
WEO (1)	World Environmental Organization　世界環境機関
WEO (2)	World Energy Outlook　世界エネルギー投資展望
WEOG	Western Europe and Others Group　西ヨーロッパ・その他のグループ
WERRD	Water and Environmental Resources in Regional Development　地域開発における水・環境資源
WES	Water, Environment and Sanitation Programme　水・環境・衛生プログラム
WET	Water Education for Teachers (US)　教師のための水に関する教育プロジェクト（米国）
Wetsus	Center for Sustainable Water Technology (The Netherlands)　持続可能な水技術センター（オランダ）
WFC	World Food Council　世界食糧理事会
WFD	Water Framework Directive (EU)　水枠組み指令（欧州連合）

WFE	water, food and environment　水・食糧・環境
WFED	World Foundation for Environment and Development　世界環境開発財団
WFEO	World Federation of Engineering Organizations　世界工学団体連盟
WFP (1)	World Food Programme　世界食糧計画
WFP/WFp (2)	water footprint　水フットプリント
WFS	World Food Summit of 1996　世界食糧サミット（1996）
WFUNA	World Federation of United Nations Associations　国連協会世界連盟
WG	Working Group　作業部会、ワーキンググループ
WGEM	Ad Hoc Working Group on Environmental Monitoring of the UNECE　UNECE 環境モニタリングに関する特別作業部会
WGI	Working Group on Planning (CITES)　計画作業部会（絶滅のおそれのある野生動植物の種の国際取引に関する条約）
WGMS	World Glacier Monitoring Service　世界氷河モニタリングサービス
WHA	World Health Assembly　世界保健総会
WHC (1)	World Heritage Convention (UNESCO)　世界遺産条約（国連教育科学文化機関）
WHC (2)	World Heritage Committee (UNESCO)　世界遺産委員会（国連教育科学文化機関）
WHO	World Health Organization　世界保健機関
WHYCOS	World Hydrological Observing System　世界水循環観測システム
WHYMAP	World-Wide Hydrological Mapping and Assessment Programme　世界水理地質図評価計画
WICE	World Industry Council for the Environment　世界産業環境協議会
WID	Women in Development　開発と女性
WIDECAST	Wider Caribbean Sea Turtle Conservation Network　大カリブ海ウミガメ保護ネットワーク
WIN	Water Integrity Network　水統合ネットワーク
WIPO	World Intellectual Property Organization　世界知的所有権機関
WIS	Water Information Summit (IWRN)　水情報サミット（米州水資源ネットワーク）
WMA	Water Monitoring Alliance　水質モニタリング連合
WMO	World Meteorological Organization　世界気象機関
WOC	Water Operating Center　水運用センター
WOCAR	World Conference against Racism　人種差別反対世界会議
WPC	World Parks Congress　世界国立公園会議
WPI	Water Poverty Index　水貧困指標
WQMP	Water Quality Management Programme (GWP)　水質管理プログラム（世界水パートナーシップ）
WRA	Water Resource Assessment　水資源アセスメント
WRC (1)	Water Resources Commission (AfDB)　水資源委員会（アフリカ開発銀行）
WRC (2)	Water Research Commission　水研究委員会
WRI (1)	World Resources Institute (US)　世界資源研究所（米国）
WRI (2)	Water Resources Institute (Ghana)　水資源研究所（ガーナ）
WRI (3)	Water Research Institute (Iran)　水調査研究所（イラン）
WS	water supply (WB)　水供給（世界銀行）
WSC	Water Sector Committee (ADB)　水セクター委員会（アジア開発銀行）
WSCU	Water Sector Coordination Unit　水セクター調整ユニット
WSDF	World Sustainable Development Forum　持続可能な発展に関する世界フォーラム
WSDP	Water Sector Development Programme　水分野開発計画
WSF (1)	World Solidarity Fund (UN)　世界連帯基金（国際連合）
WSF (2)	World Social Forum　世界社会フォーラム

WSI (1)	World Sindhi Institute (US)　世界シンド州研究所（米国）
WSI (2)	water stress index　水分ストレス指数
WSIS	World Summit on the Information Society　国連世界情報社会サミット
WSP (1)	water safety plans　水安全計画
WSP (2)	Water and Sanitation Programme (GWP)　水供給・衛生推進プロジェクト（世界水パートナーシップ）
WSS	Water Supply and Sanitation (WWC; AIDIS)　水供給・衛生（世界水会議、汎米州公衆衛生・環境工学会）
WSSCC	Water Supply and Sanitation Collaborative Council　水供給衛生協調会議
WSSD	World Summit on Sustainable Development　持続可能な開発に関する世界首脳会議（ヨハネスブルグ・サミット）
WSTA	Water Science and Technology Association (Bahrain)　水科学・技術協会（バーレーン）
WTA (1)	World Trade Agreement　世界貿易協定
WTA (2)	willingness to accept compensation　受け入れ補償額
WTO (1)	World Trade Organization　世界貿易機関
WTO (2)	World Tourist Organization　世界観光機関
WTP	willingness to pay　支払意思額
WTTERC	World Travel and Tourism Environment Research Centre　世界旅行観光環境研究センター
WUA	Water Users Association　水利用者協会
WUC	Water Users Cooperative　水利組合協会
WUF	Water Users Fund　水利用者基金
WUP	Water Utilities Partnerships in Africa (GWP)　アフリカ水道事業体パートナーシップ（世界水パートナーシップ）
WW2BW	from white water to blue water　ホワイトウォーターからブルーウォーターへ
WWA-WAU	World Water Council – Water Action Unit　世界水会議・水行動ユニット
WWAP	World Water Assessment Programme (UNESCO)　世界水アセスメント計画（国連教育科学文化機関）
WWC	World Water Council　世界水会議
WWDR	World Water Development Report　世界水発展報告書
WWF (1)	World Wide Fund for Nature (World Wildlife Fund, World Wide Fund International)　世界自然保護基金
WWF (2)	World Water Forum (WWC)　世界水フォーラム（世界水会議）
WWI	World Water Institute　世界水研究所
WWP	Women for Water Partnership　女性参加の水パートナーシップ
WWV	World Water Vision　世界水ビジョン
WWW	World Weather Watch (WMO)　世界気象監視計画（世界気象機関）

Y

YCELP	Yale (University) Center for Environmental Law and Policy　エール大学環境法政策センター
YFEU	Youth Forum of the EU　EU 青年サミット
YLYL	years of life lost　生命損失年数
YP	Yellow Pages　イエロー・ページ
YRCC	Yellow River Conservancy Commission (China)　黄河水利委員会（中国）
YWAT	Young Water Action Team　青年水活動チーム

Z

ZAMCOM	Zambezi Watercourse Convention　ザンベジ水路協定
ZEF	Centre for Development Research (Germany)　開発研究センター（ドイツ）
ZIL	Swiss Centre for International Agriculture　スイス国際農業センター
ZNWP	Zimbabwe National Water Partnership　ジンバブエ全国水パートナーシップ
ZOPP	objectives-oriented project planning (Ziel Orientierte Project Planung) 目的志向型プロジェクト計画立案手法
ZWA	Zero Waste Alliance　ゼロ・ウェイスト同盟

参考文献

Abbott, K. W. and Snidal, D. (2000) 'Hard and soft law in international governance,' *International Organization*, vol 54, no 3, pp421-456

Abbott, M. B. (1991) *Hydroinformatics: Information Technology and the Aquatic Environment*, Aldershot, Avebury Technical

Albert, A. (ed) (1995) Chaos and Society, Amsterdam, IOS Press

Alexander, D. E. and Fairbridge, R. W. (eds) (1999) *Encyclopedia of Environmental Science*, Dordrecht, Kluwer Academic Publishers

Antweiler, W. (2006) 'European Currency Unit (ECU): A brief history of the ECU, the predecessor of the Euro,' Vancouver, Sauder School of Business, The University of British Columbia, accessed 2 December 2006 at <http://fx.sauder.ubc.ca/ECU.html>

Arthur, W. B. (1993) 'Why do things become more complex?' *Scientific American*, May, p144

Asian Development Bank (1986) *Environmental Guidelines for the Development of Ports and Harbours*, Manila, ADB

Axelrod, R. (1997) *The Complexity of Cooperation, Princeton,* Princeton University Press

Beattie, A. (2005) 'Welcome to the Group of 78,' *The Financial Times*, 16 April

Benedick, R. E. (1993) 'Perspectives of a negotiation practitioner,' in Sjostedt, G. (ed) *International Environmental Negotiation*, London, Sage Publications, pp219-243

Bharati, V. (2001) *Yoga Sutras of Patanjali with the Exposition of Vyasa: A Translation and Commentary,* Delhi, Motilal Banarsidas Publishers

Biermann, F., Brohm, R. and Dingwerth, K. (eds) (2002) *Proceedings of the 2001 Berlin Conference on the Human Dimensions of Global Environmental Change: Global Environmental Change and the Nation State*, PIK Report No 80, Potsdam, Potsdam Institute for Climate Impact Research

Bigg, T. (2003) 'The World Summit on Sustainable Development: Was it worthwhile?' in Bigg, T. (ed) *Survival for a Small Planet*, London, Earthscan

Birnie, P. and Boyle, A. E. (1992) *International Law and the Environment*, Oxford, Clarendon Press

Boot, M. (2002) 'The big enchilada: American hegemony will be expensive,' *The International Herald Tribune*, 15 October

Botkin, D. B. (1990) *Discordant Harmony: A New Ecology for the Twenty-first Century*, Oxford, Oxford University Press

Brenig, L. (2007) *Making rain*, Presentation at the Water and Environment Exchange Conference, Seville, Spain

Brown, B. J., Hanson, M. E., Liverman, D. M. and Merideth, R. W., Jr. (1987) 'Global sustainability: Toward definition,' *Environmental Management*, vol 11, no 6, pp713-719

Brunwassar, M. (2006) 'For Europe, a lesson in ABCs (of Cyrillic),' *The International Herald Tribune*, 9 August

Burnett, V. (2007) 'Sarkozy stirs debate on Mediterranean,' *The International Herald Tribune*, 11 May

Caldwell, L. (1980) *International Environmental Policy and Law*, Durham: Duke University Press

Caldwell, L. (1990) *Between Two Worlds: Science, the Environmental Movement, and Policy Choice*, Cambridge, Cambridge University Press

Cambel, A. B. (1993) *Applied Chaos Theory: A Paradigm for Complexity*, San Diego, Academic Press, Inc.

Carnegie Council (2004) 'Human rights dialogue: Environmental rights,' *Human Rights Dialogue*, series 2, no 11, Spring

Centre for Global Development and the Carnegie Endowment for International Peace. (2003) 'Ranking the rich,' *Foreign Policy*, May/June, pp56-66

Chayes, A. and Chayes, A. H. (1991) 'Adjustment and compliance processes in international regulatory regimes,' in Tuchman Mathews, J. (ed) *Preserving the Global Environment: The Challenge of Shared Leadership*, New York and London, W. W. Norton and Company, pp280-308

Chertow, M. (2007) Industrial Symbiosis, Accessed through the Encyclopedia of the Earth – Earth Portal, at <http://www.eoearth.org>, accessed on 8 October 2007

Chirac, J. (2006) 'Message from the President of the French Republic to the Closing Session of the 4th World Water Forum', at <www.elysee.fr/elysee/elysee.fr/anglais/speeches_and_documents/2006/message_from_the_president_of_the_french_republic_to_the_closing_session_of_the_4th_world_water_forum.44782.html>, accessed 30 November 2006

Cohen, R. (2004) 'As world leaders meet, UN is at a crossroads,' *The International Herald Tribune*, 22 September

Columbia University (nd) CIESIN Data Base, at <http://sedac.ciesin.columbia.edu>

COMEST (2005) *The Precautionary Principle*, Paris, UNESCO

Commission on Global Governance (1995) 'The concept of global governance,' in CGG (ed) *Our Global Neighborhood: The Report of the Commission on Global Governance*, Oxford, Oxford University Press. 京都フォーラム監訳・編集『地球リーダーシップ：新しい世界秩序を目指して　グローバル・ガバナンス委員会報告書』日本放送出版協会、1995年

Commission on Global Governance (1999) 'The millennium year and the reform process', at <www.cgg.ch>

Cooper, A. F., English, J. and Thakur, R. (2002) *Enhancing Global Government: Towards a New Diplomacy*, Tokyo, UNU Press

Corell, E. and Betsell, M. M. (2001) 'A comparative look at NGO influence in intergovernmental environmental negotiations: Desertification and climate change,' *Global Environmental Politics*, vol 1, no 4, pp86-107

Cosgrove, W. (2006) 'Water for Growth and Security.' In: *Water Crises: Myth or Reality?* Fundacíon Marcelin Botin. London. Taylor and Francis.

Costanza R., Ralph d'Arge, de Groot R., Farber S., Grasso M., Hannon B., Limburg K., Naeem S., O'Neill R. V., Paruelo J., Raskin R.G., Sutton P., and van den Belt M. (1997) 'The value of the world's ecosystem services and natural capital.' *Nature*, 387: 253-260.

Cunningham, W. P., Cunningham M. A., and Saigo B. W. (2003) '*Environmental Science: A Global Concern*', McGraw-Hill.

Daly, H. E. (1996) *Beyond Growth: The Economics of Sustainable Development*, Boston, Beacon Press. ハーマン・E. デイリー著、新田功他訳『持続可能な発展の経済学』みすず書房、2005年

Deardorff, A. V. (2006) *Terms of Trade: Glossary of International Economics*, London, World Scientific Publishers

de Groot, R. S. (1992) '*Functions of Nature: Evaluation of Nature in Environmental Planning, Management, and Decision Making*', Wolters-Noordhoff, Groningen, The Netherland.

Demsey, J. (2007) 'Germany pushes G8 consensus on climate.' *The International Tribune*, 6 June.

Diamond, J. (2005) *Collapse: How Societies Choose to Fail or Succeed*, New York, Viking Press. ジャレド・ダイアモンド、楡井浩一訳『文明崩壊― 滅亡と存続の命運を分けるもの―』草思社、2005年

Dodds, F. and Strauss, M. (2004) *How to Lobby at Intergovernmental Meetings*, London, Earthscan

Dombey, D. (2007) 'Imperial sunset? America the all-powerful funds its hands tied by new rivals.' *Financial Times*, 13 February.

Domoto, A. (2001) 'International environmental governance: Its impact on social and human development,' *Inter-linkages*, World Summit for Sustainable Development. United Nations University Centre, 3-4 September

Dresner, S. (2004) *Principles of sustainability,* London, Earthscan

Drezner, D. W. (2002) 'Bargaining, enforcement, and multilateral sanctions: When is cooperation counterproductive?' *International Organization*, vol 54, no 1, 73-102

Dupont, C. (1993) 'The Rhine: A study of inland water negotiations,' in Sjostedt, G. (ed) *International Environmental Negotiation*, London, Sage Publications, pp135-148

Environmental News Service (2002) *Water and health declared a human right.* at <http://ens-news.com/ens/dec2002/2002-12-04-01.asp>, *accessed on* 5 December.

Environmental News Service (2003) *Environment and human rights linked before UN commission.* at <http://ens-news.com/ens/apr2003/2003-04-11-01.asp>, *accessed on* 15 April.

Esty, D. C. and Ivanova, M. H. (eds) (2002) *Global Environmental Governance: Options and Opportunities*, New Haven, Yale Center for Environmental Law and Policy

European Commission (2000) *Communication from the Commission on the Precautionary Principle,* EU COM(2000)1, at <http://europa.eu.int/comm/environmental/docum/20001_en.htm>

Falkenmark, M and Widstrand, C. (1992) 'Population and Water Resources: A Delicate Balance.' *Population Bulletin*, Washington, DC, Population Reference Bureau.

Fauth, J. E. (1997) 'Working toward operational definitions in ecology: Putting the system back into ecosystem,' *Bulletin of the Ecological Society of America*, vol 78, no 4, p295

Favar, T. and Milton, J. (1972) The Careless Technology: Ecology and International Development. Doubleday Publishers.

Flavin, C. et al. (eds) (2002) *State of the World 2002 – Progress Towards a Sustainable Society*, London, Worldwatch Institute and W.W. Norton and Company. クリストファー・フレイヴィン編著『地球白書〈2002−03(ワールドウォッチ研究所』 ワールドウォッチ・ジャパン、2003 年

French, H. (2001) *Vanishing Borders*, London, Worldwatch Institute and W.W. Norton and Company

French, H. (2002) 'Reshaping global governance,' in Flavin, C. et al. (eds) *State of the World 2002 – Progress Towards a Sustainable Society*, London, Worldwatch Institute and W.W. Norton and Company, pp174-198

Fridtjof Nansen Institute (2001) *Yearbook of International Cooperation on Environment and Development,* London, Earthscan

Friedman, T. L. (2005) '*The World is Flat: A Brief History of the Twenty-first Century.*' Published by Farrar, Straus and Giroux, LLC. トーマス・フリードマン著、伏見威蕃訳『フラット化する世界——経済の大転換と人間の未来（上下）』日本経済新聞出版社、2008 年

Friedman, T. L. (2007) 'The Power of Green.' *The International Herald Tribune*, 14-15 April. トーマス・フリードマン著、伏見威蕃訳『グリーン革命——温暖化、フラット化、人口過密化する世界（上下）』日本経済新聞出版社、2009—2010 年

Gallopin, G. C. (1981a) 'Human systems: Needs, requirements, environments and quality of life,' in Lasker, G. E. (ed) *Applied Systems and Cybernetics. Vol. 1. The Quality of Life: Systems Approaches,* Oxford, Pergamon Press

Gallopin, G. C. (1981b) 'The abstract concept of environment,' *International Journal of General Systems*, vol 7, pp139-149

Global Water Partnership. (2003) 'Effective water governance: Learning from the dialogues, Stockholm,' at <www.gwpforum.org/gwp/library/effective%20water%20governance.pdf>, accessed on 30 November 2006

Goulet, D. (1986) 'Three rationalities in development decision-making,' *World Development*, vol 14, no 2, pp301-317

Green Cross International, The International Secretariat for Water, and Maghreb-Machreq Allican for Water (2005) '*Draft (unpublished) fundamental principles for a framework convention on the right to water.* Geneva.

Gupta, J. (2002) *"On behalf of My Delegation..." A Survival Guide for Developing Country*

Climate Negotiators. Climate Change Knowledge Network/Center for Sustainable Development in the Americas,' at <http://www.unitar.org/cctrain/Survival%20Negotiators%(nAIP)www/index.htm>

Haas, P. (1992) 'Introduction,' *Epistemic Communities and International Policy Coordination*, International Organization, vol 46, no 1, pp1-35

Hanson, V. D. (2004) 'The U.N.? Who Cares...' *The Wall Street Journal – Europe*, 23 September

Hardin, G. (1968) 'The tragedy of the commons,' *Science*, vol 162, pp1243-1248

Harvey, F. and Fidler, S. (2007) 'Industry caught in carbon smokescreen,' *Financial Times*, 27 April

Hawley, A. H. (1986) *Human Ecology: A Theoretical Essay*, Chicago, The University of Chicago Press

Hempel, L. (1996) *Environmental Governance: the Global Challenge,* Washington, DC, Island Press

Henley, J. (2005) 'Parlez-vous bureaucratique?' *The Guardian*, 18 February

Hewson, M. and Sinclair, T. J. (eds) (1999) *Approaches to Global Governance Theory*, Albany, State University of New York Press

Hollings, C. S. (1973) 'Resilience and stability of ecological systems,' *Annual Review of Ecology and Systematics,* vol 4, pp1-24

Hubbard, G. and Duggan, W. (2007) 'Why Africa needs a Marshall plan.' *Financial Times*, 4 June.

Hunter, D., Salzman, J. and Zaelke, D. (1998) *International Environmental Law and Policy*, New York, Foundation Press

IISD (2001) 'Summary Report from the UNEP Expert Consultations on International Environmental Governance,' 2nd Round Table, 29 May 2001, *IISD Linkages*, vol 53, no 1

Ingerson, A. E. (2002) 'A critical user's guide to "ecosystem" and related concepts in ecology,' Institute for Cultural Landscape Studies, the Arnold Arboretum of Harvard University, at <www.icls.harvard.edu/ecology/ecology.html>, accessed 2003

International Herald Tribune (2004) 'Editorial: The cloud of Iraqi sanctions over the United Nations,' *International Herald Tribune*, 15 October

IPCC (2001) 'Climate Change 2001: Impacts, adaption and vulnerability,' *IPCC Third Assessment Report*. WHO/UNEP, at <www.ipcc.ch accessed>, accessed on 16 July, 2003. IPCC 第3次報告書、①第1作業部会報告 : 科学的根拠 (The Scientific Basis)(政策決定者向け要約) 日本語訳 :(気象庁訳)(PDF 形式 :635.60KB)、②第2作業部会報告 : 影響・適応・脆弱性 (Impacts, Adaptation and Vulnerability)(政策決定者向け要約) 日本語訳 :(環境省訳)(PDF 形式 :1.13MB)、③第3作業部会報告 : 緩和 (Mitigation)(政策決定者向け要約) 日本語訳 :(経済産業省訳)(PDF 形式 :170.11KB)、④統合報告書 (Synthesis Report) 日本語訳 :(文部科学省、経済産業省、気象庁、環境省訳)(PDF 形式 246.05KB)、(注 : 日本語訳は、IPCC HP '非 UN 言語への翻訳' サイト掲載版～ SPM (政策決定者向け要約) のみ)

IUCN, UNEP and WWF (1980) *World Conservation Strategy: Living Resource Conservation for Sustainable Development*, Gland, IUCN. 国際自然保護連合著、 世界自然保護基金日本委員会訳『かけがえのない地球を大切に——新・世界環境保全戦略』小学館、1991 年

Jakobson, M. (2002) 'Preemption: Shades of Roosevelt and Stalin,' *The International Herald Tribune*, 17 October

Kagan, R. (2002) 'Power and weakness,' Policy Review on Line, at <www.policyreview.org/JUN02/kagan.html>, accessed 15 August, 2002

Kay, J. J. (1991) 'A non-equilibrium thermodynamic framework for discussing ecosystem integrity,' *Environmental Management*, vol 15, no 4, pp483-495

Keating, M. (1993) *The Earth Summit's Agenda for Change: A Plain Language Version of Agenda 21 and the Other Rio Agreements*, Geneva, Centre for Our Common Future

Kellert, S. (1995) 'When is the economy not like the weather? The problem of extending chaos theory to the social sciences,' in Albert, A. (ed) *Chaos and Society,* Amsterdam, IOS Press

Kremenyuk, V. and Lang, W. (1993) 'The political, diplomatic, and legal background,' in Sjostedt, G.

(ed) *International Environmental Negotiation*, London, Sage Publications, pp3-16
Lackey, R. T. (2001) 'Values, policy, and ecosystem health,' *BioScience*, vol 51, no 6, pp437-443
Lawrence, P., Meigh, J. and Sullivan, C. (2002) 'The water poverty index,' Keele Economics Research Papers 2002/19, Department of Economics, Keele University, Keele
Lean, G. (2002) 'U.N. creates watchdog group in lieu of future summits,' *London Independent*, 8 September
Lipschutz, R. D. (1999) 'From local knowledge and practice to global environmental governance,' in Hewson, M. and Sinclair, T. J. (eds) *Approaches to Global Governance Theory*, Albany, NY State University of New York Press, pp259-283
Lipschutz, R. D. (2003) Global Environmental Politics from the Ground Up, at <http://ic.ucsc.edu/~rlipsch/pol174/syllabus.html>, accessed on 15 July, 2003
Loescher, G. (2004) 'Make aid a demilitarized zone,' *The International Herald Tribune*, 21-22 August
Lorenz, E. N. (1993) *The Essence of Chaos*, Seattle, University of Washington Press
Lugo, A. E. (1978) 'Stress and ecosystems,' in Thorp, J. H. and Gibbons, J. W. (eds) *Energy and Environmental Stress in Aquatic Systems*, DOE Symposium Series (1978)
Maerz, J. C. (1994) 'Ecosystem management: A summary of the Ecosystem Management Roundtable of 19 July 1993,' *Bulletin of the Ecological Society of America*, vol 75, no 2, pp93-95
Manners, I. R. and Mikesell, M. W. (eds) (1974) *Perspectives on Environment*, Washington, DC, Association of American Geographers
Marín, V. (1997) 'General system theory and the ecosystem concept,' *Bulletin of the Ecological Society of America*, vol 78, no 1, pp102-103
Markandya, A., Perelet, R., Mason, P. and Taylor, T. (2001) *Dictionary of Environmental Economics*, London, Earthscan
Martin, R. L. and Osberg, S. (2007) 'Social Entrepreneurship: The Case for Definition.' *Stanford Social Innovation Review*. Spring. 13pp
McConnell, F. (1996) *The Biodiversity Convention: A Negotiating History*, London, Klawer Law International
McDonough, W. and Braungart, M. (2002) *Cradle to Cradle: Remaking the Way we Make Things*, North Point Press
McDonough, W. and Braungart, M. (2003) *The Hanover Principles*, at <www.mbdc.com>
McGraw-Hill On-Line Learning Center, <http://highered.mcgraw-hill.com/sites/0070294267/studentview0/glossary> McGraw-Hill Publishers.
Meganck, R. A. and Saunier, R. E.. (1983) 'Managing our Natural Resources.' *The Naturalist* vol 4, no8 March-April.
Milibarnd, D. (2007) 'Kyoto can be made to work.' *Newsweek*. 12 February.
Millennium Project (2005) Investing in Development: A Practical Plan to Achieve the Millennium Development Goals, at <www.unmillenniumproject.org/reports/fullreport.htm>, accessed at 25 June, 2006
Miller, K. R. (1980) 'Cooperación y asistencia internacional en la dirección de parques nationales', *Planificación de Parques Nacionales para el Ecodesarrollo en Latinoamerica*, Madrid, Fundación para la Ecologia y la Protección del Medio Ambiente
Mitchell, R. B. (2002a) 'International environment,' in Risse, T., Simmons, B. and Carlsnaes, W. (eds) *Handbook of International Relations*, London, Sage Publications
Mitchell, R. B. (2002b) 'Of course international institutions matter: But when and how?' in Biermann, F., Brohm, R. and Dingwerth, K. (eds) *Proceedings of the 2001 Berlin Conference on the Human Dimensions of Global Environmental Change: Global Environmental Change and the Nation State*, PIK Report No 80, Potsdam, Potsdam Institute for Climate Impact Research, pp16-25
Mitchell, R. B. (2003) 'International environmental agreements defined', at <www.uoregon.edu/~rmitchel/IEA/overview/definitions/htm>, accessed on 15 October

Monbiot, G. (2007) 'The best way to give the poor a real voice is through a world parliament.' *The Guardian*. 24 April.

Naím, M. (2007) 'Rogue development aid.' *International Herald Tribune*. 16 February.

Najam, A. Mihaela Papa, M. and Taiyab, N.; International Institute for Sustainable Development (Content Partner); Cleveland, C.J. (Topic Editor). (2007) *Global Environmental Governance: A Primer on the GEG Reform Debate*. In: Encyclopedia of Earth. Eds. Cutler J. Cleveland (Washington, DC, Environmental Information Coalition, National Council for Science and the Environment). [First published April 5, 2007; Last revised May 14, 2007; Retrieved June 27, 2007]. at <http://www.eoearth.org/article/Global_Environmental_Governance:A_Primer_on the GEG_Reform_Debate>

Najan, A. (1995) 'An environmental negotiation strategy for the South,' *International Environmental Affairs,* vol 7, no 3, pp249-287

New York Times (2007). UN Council hits impasse over debate on warming. 18 April.

Nonaka, I. and Takeuchi, H. (1995) *The Knowledge-Creating Company; How Japanese Companies Create the Dynamics of Innovation*, New York, Oxford University Press

OAS (1987) *Minimum Conflict: Guidelines for Planning the Use of American Humid Tropic Environments*, Washington, DC, General Secretariat, Organization of American States

OAS (1998) 'First meeting of experts for the establishment of the Inter-American Biodiversity Information Network-IABIN,' 6-7 October 1997, Washington, DC, General Secretariat, Organization of American States

OAS (2001) *Inter-American Strategy for the promotion of Public Participation in Decision-Making for Sustainable Development*, Washington, DC, General Secretariat, Organization of American States

OECD (2006) 'OECD risk awareness tool for multicultural enterprises in weak governance zones,' at <www.oecd.org/dataoecd/26/21/36885821.pdf>, accessed on 26 June, 2006

O'Riordan, T. and Cameron, J. (1994) *Interpreting the Precautionary Principle,* London, Earthscan

O'Riordan, T., Cameron, J. and Jordan, A. (eds) *Reinterpreting the Precautionary Principle*, London, Cameron May

Pannell, D. J. and Schilizzi, S. (1997) 'Sustainable agriculture: A question of ecology, equity, economic efficiency or expedience?' *Sustainability and Economics in Agriculture*, SEA Working Paper 97/1, GRDC Project, University of Western Australia

Pavard, B. and Dugale, J. (2003) 'An introduction to complexity in social science,' at <www.irit.fr/cosi/training/Complexity-tutorial/htm>, accessed 15 July

Pezzey, J. (1992) *Sustainable Development Concepts: An Economic Analysis*, World Bank Environment Paper No. 2, Washington, DC, The World Bank

Pfaff, W. 2004. 'The debate on humanitarian intervention,' *The International Herald Tribune*, 31 August

Pomeroy, R. (2002) 'Earth summiteers cast doubt on future world meets,' *Reuters News Publication Service*, 4 September

Priscoli, J. D., Pageler, M., Szöllösi-Nagy, A., Victoria, P. and Zimmer, D. (2007) '*Draft (unpublished) position paper by the WWC Members of the 5th World Water Forum Political Process Committee*.' WWC Ref:BoG29.13iii, June, Marseille, France.

Ramsundersingh, A. (2003) *Introducing Creative Learning at UNESCO-IHE*, Proceedings of the Conference on Water Education and Capacity Building (WECB), Third World Water Forum, Kyoto

Reuters News Service (2007) 'Millennium targets at risk without new fund – U.N.' *Reuters*. at <http://www.alertnet.org/thenews/newsdesk/L0159519.htm> Published on 2 July 2007, accessed on 3 July 2007.

Risse, T., Simmons, B. and Carlsnaes, W. (eds) (2002) *Handbook of International Relations,* London, Sage Publications

Robertson, A. E. (2007) 'Ecuador invites world to save its forest.' *The Christian Science Monitor*, 5 June.

Rogers, P. and Hall, A. W. (2003) 'Effective Water Governance.' Tech background paper No. 7. *Global Water Partnership*, Stockholm.

Rubin, J. Z. (1993) 'Third party roles: Mediation in international environmental disputes,' in Sjostedt, G. (ed) *International Environmental Negotiation*, London, Sage Publications, pp275-290

Saarinen, T. F. (1974) 'Environmental perception,' in Manners, I. R. and Mikesell, M. W. (eds) *Perspectives on Environment*, Washington, DC, Association of American Geographers, pp252-289

Sachs, I. (1976) 'Ecodevelopment', *Ceres*, Rome, UNFAO

Saunier, R. E. (1982) *'Conflict Resolution in the Treatment of Environmental Problems in River Basin Management.'* Organization of American States. Washington, DC

Saunier, R. E. (1999) *Perceptions of Sustainability: A Framework for the 21st Century*, Trends for a Common Future 6, Washington, DC, CIDI/Organization of American States

Schnabel, A. and Thakur, R. (2000) 'Kosovo and the challenge of humanitarian intervention', UNU, Peace and Governance Programme, at <www.unu.edu/p&g/kosovo_full.htm>, accessed 25 November 2006

Sebenius, J, K. (1993) 'The Law of the Sea Conference: Lessons for negotiations to control global warming,' in Sjostedt, G. (ed) *International Environmental Negotiation*, London, Sage Publications, pp189-215

SER (2003) 'Global rationale for ecological restoration' IUCN-CEM 2nd Ecosystem Restoration Working Group Meeting, 2-5 March 2003, Taman Negara, Malaysia

Sharma, A., Mahapatra, R. and Polycarp, C. (2002) 'Dialogue of the deaf,' Down to Earth, Delhi, Centre for Science and Environment, pp25-33, at <www.downtoearth.org.in/cover.asp?foldername=20020930&filename=ana/&sec_id=9&sid=1>, accessed 20 January 2003

Sjostedt, G. (ed) (1993) *International Environmental Negotiation*, London, Sage Publications

Speth, J. G. and Haas, P. M. (2006) *Global Environmental Governance*, Washington, DC, Island Press

Suskind, R. (2006) *The ONE Percent Doctrine: Deep Inside America's Pursuit of its Enemies Since 9/11*, New York, Simon & Schuster

Sutton, P. and van den Belt, M. (1997) 'Ecosystem Services: Putting the Issues into Perspective.' *Ecological Economics,* 25: 67-72. Part of the McGraw-Hill On-Line Learning Center, at <http://highered.mcgraw-hill.com/sites/0070294267/studentview0/glossary> McGraw-Hill Publishers.

Taverne, D. (2005) *The March of Unreason: Science, Democracy and the New Fundamentalism*, London, Oxford University Press

The Aspen Institute (1996) 'Preventive intervention: Report of conference key findings, ideas and recommendations,' in The Aspen Institute (eds) *Managing Conflict in the Post-Cold War World: The Role of Intervention*, Report of the 2-6 August 1995 Aspen Institute Conference, Aspen, at <www.colorado.edu/conflict/peace/example/aspe7032.htm>, accessed on 1 December 2006

The Economist (2006) 'A Question of Definition?' *The Economist*, 14 September

The Frozen Ark (nd) *The Frozen Ark: Saving the DNA of Endangered* Species, at <www.frozenark.org/index.html>, accessed 3 December 2006

Third Millennium Foundation (2002) *Briefing on Japan's 'Vote-buying' Strategy in the International Whaling Commission*, Paciano, Third Millennium Foundation

Thorp, J. H. and Gibbons, J. W. (eds) (1978) *Energy and Environmental Stress in Aquatic Systems*, DOE Symposium Series

Trzyna, T., Margold, E. and Osborn, J. K. (1996) *World Directory of Environmental Organizations*, Sacramento, California Institute of Public Affairs, at <www/cipahq/prg/landmarks.htm>

Tuchman Mathews, J. (ed) (1991) *Preserving the Global Environment: The Challenge of Shared Leadership*, New York and London, W. W. Norton and Company
UNCESCR – United Nations Committee on Economic, Social and Cultural Rights (2002) '*Substantive Issues Arising in the Implementation of the International Covenant on Economic, Social and Cultural Rights.*' Twenty-ninth session, Geneva, Agenda Item 3, November.
UNCHS (2002) *Cities in a Globalizing World: Global Report on Human Settlements 2001*, London, Earthscan
UNDESA/DSD (2003) 'Partnerships for Sustainable Development' at <www.un.org/esa/sustdev/partnerships/htm.com>, accessed 13 November, 2003
UNDP (1996) *Environmental Projects Compendium for 1985-1995*, Han Noi, United Nations Development Programme
UNECE (2002) *Introducing the Aårhus Convention*, at <www.buwal.ch/inter/e/ea_zugan.htm>, accessed 15 August, 2001
UNEP (2002) *Global Environment Outlook 3*, London, Earthscan
UNEP (1997) *Compendium of Legislative Authority 1992-1997*, Oxford, United Nations Environment Programme/Express Litho Service
UNESCO (2007a) '*Diversity in One – Mapping the Environment in the UN in the context of UN Reform: the Case of the UN Environment Management Group.*' Paris.
UNESCO (2007b) '*Standards of Conduct for the International Civil Service.*' HRM-2007/WS/1. Paris.
UNGA (1982) *World Charter for Nature*, UNGA RES 37/7
United Nations (nd) United Nations Treaty Data Base, at <http://untreaty.un.org>
United Nations Food and Agriculture Organization (1997) *Food Production: The Critical Role of Water*, Rome, Technical background document 7, World Food Summit, 13-17 November, 1996
United Nations General Assembly (2003) *International Decade for Action, Water for Life, 2005-2015.*' Fifty-Eighth Session of the United Nations General Assembly, Document A/RES/58/217.
United Nations Millennium Development Goals (2000) at <www.un/org/millenniumgoals/>
United Nations Wire (2007a) '*UN attacks climate change as threat to peace.*' 19 April.
United Nations Wire (2007b) '*UN council seeks to stop natural resource abuse.*' 26 June.
van Hulten, M. (2007) '*Ten Years of Corruptions (Perceptions) Indices: Methods, Results, What's Next.*' ISBN 978-0-811048-2-1
Van Woerden, R. S. N., Meinder, J. and Rietjijk, T. (2006) 'World water exchange: Introducing a water exchange with the accompanying financial derivatives,' unpublished paper, Amsterdam
Varady, R. G. and Iles-Shih, M. (2005) 'Global water initiatives: What do the experts think' Paper presented at the Workshop on Impacts of Mega-Conferences on Global Water Development and Management, Bangkok, Thailand
Vatikiotis, M. (2005) 'A troubled world seen from a Swedish idyll,' *The International Herald Tribune*, 10 August
Waldrop, M. M. (1993) *Complexity: The Emerging Science at the Edge of Order and Chaos*, New York, Touchstone
Wali, M. (1995) 'eco Vocabulary: A glossary of our times,' *Bulletin of the Ecological Society of America*, vol 76, pp106-111
WBCSD (nd) *Eco-efficiency Learning Module*, World Business Council for Sustainable Development, Five Winds International, at <www.wbcsd.ch/DocRoot/5XIVdoQGPMFEwDdM1xhh.eco-efficiency-module.pdf>, accessed 30 November 2006
Weeks, D. (1992) *Eight Essential Steps to Conflict Resolution*, New York, G.P. Putnam's Sons
Wenger, E. (1998) *Communities of Practice; Learning, Meaning and Identity*, Cambridge, Cambridge University Press
WCED (World Commission on Environment and Development) (1987) *Our Common Future*, Oxford, Oxford University Press. 環境と開発に関する世界委員会編、大来佐武郎監修、環境

庁国際環境問題研究会訳『地球の未来を守るために』福武書店、1987年
Wolf, A. (1999) The transboundary freshwater dispute database project. *Water International.*
World Resources Institute (2003) 'WRI expresses disappointment over many WSSD outcomes', at <http://newsroom.wri.org>, accessed 6 October, 2003
WRI, IUCN, UNEP (1992) *Global Biodiversity Strategy,* Washington, DC, World Resources Institute
Wyant, J, G., Meganck, R, A. and Ham, S. H. (1995) 'The need for an environmental restoration decision framework,' *Ecological Engineering*, vol 5, pp417-420
Young, O. R. (ed) (1997a) *Global Environmental Accord: Strategies for Sustainability and Institutional Innovations*, Cambridge, MIT Press
Young, O. R. (1997b) 'Global governance: Drawing insights from the environmental experience,' in Young, O. R. (ed) *Global Environmental Accord: Strategies for Sustainability and Institutional Innovations*, Cambridge, MIT Press
Zartman, W. I. (1993) 'Lessons for analysis and practice,' in Sjostedt, G. (ed) *International Environmental Negotiation*, London, Sage Publications, pp262-274

付録1：水――グローバル環境ガバナンスにおけるテーマ事例研究

はじめに

「水」が、独立した分野のテーマだったのが、現在のように分野横断的な国際経済開発問題に発展したことは、地球環境ガバナンスプロセスの興味深い事例となっている。水科学と政策の変化する環境が意味するところについて考えるため、全く新しい用語が開発されてきた。水問題は、経済発展全体の議論の中で、どこに収まるのだろうか？

補助金と新しい貿易同盟の発展に関するWTOでの現在進行中の議論に、水はどのように関係してくるのだろうか？　水は、他の商品と同じように、地球規模で取り引きされるようになるのだろうか？　こうした発展は、水に恵まれた国とそうでない国との間の孤立や格差拡大ではなく、秩序をもたらすような結果にするためには、どのように制度化すればよいのか？　そして最後に、地球環境ガバナンスの用語とプロセスは、今後の一貫した発展の中でどのような役割を持つのだろうか？

これまで明らかにしようとしてきたように、会話に参加する全員が明確に用語を理解していない限り、そんな意図がなかったとしても、会話がどうしてもかみ合わなくなってしまう。「バーチャルウォーター（仮想水）」「水フットプリント」「水ナノテクノロジー」といった用語は、ほんの2、3年前には知られていなかった。「水の希少性」や「水ストレス」のような用語は、入れ替え可能な意味合いで一般的に使われてきたし、「水の質」や「水質汚濁」といった「昔からある」用語は、あまり正確を期さずに使われてきた。そして案の定、水が国際開発の議論の中で重要な地位を占めるようになった途端、誤解が生まれた。これは致し方ないことではあった。だがそのために、水管理をめぐる用語の発展にもっとずっと正確さと明確さを持たせる必要が生じたのである。科学者と政策当事者は努力してきたし、新しい用語法の発展は加速している。自然科学者、社会科学者、エンジニア、政策当事者、政治家は皆、水がどう管理されるべきかという議論に貢献している。でも彼らは、互いに向けて、もしくは互いに対面して、もしくは互いに寄り添って会話をしているだろうか？

水にまつわる事実や数字はごまんとあり、よく知られている。たとえば現在、10億人を超える人々が十分な量のきれいな飲み水にアクセスできておらず、世界人口の3分の1が過酷な水不足を経験しており、8秒ごとに子どもが水に関する病気で命を落とし、途上国で診察を受ける人の68%が水に関する問題のためであり、汚染水に関する病気で毎日3万人、つまり毎年500万人もの人が亡くなっており、アフリカの田舎に住む女性は水と薪を集めるのに毎年400億時間を費やしている、などなど。

しかし、今やこうした数字によって世界の注意を集められるようになったというのに、私たちは何ができているだろうか？　水を必要とし求めている人のところまで水をもっていく、有効かつ効率的なグローバルな水レジームをどのように構築すればよいだろうか？　そしてなぜ、地域や国ではなくグローバルなのか？　世界中の氷河を移動させて水の希少な地域に淡水へのアクセスをもたらそうとする提案を除けば、水の問題は地元のものなのでは？　もしくは、せいぜい地域的なものなのでは？

言葉と理解は一緒に進化していくようである。地球全体の水問題に関する Hoekstra and Chapagain (2008) の本は[1]、そのプロセスを描いている。たとえば、初期の研究は「グローバル」というとき「広範にわたる」という意味で使っていた。数年たって変わったのは、「水の問題は、河川流域のレベルよりずっと広いレベルで考えないと理解できないメカニズムで動いていることが多く……グローバル経済の構造と密接に関連している」という認識である。彼らは、水そのものが、新しい用語、相互作用のメカニズム、政策を必要とする、グローバル化した資源になったのだと主張している。

このテーマをめぐる議論は結局、何らかの国際的な水合意、ひょっとすると水質標準や、水が豊かな国が、そうでない国と（実物の水であれ仮想的な水であれ）水をシェアする仕組みのような、法的実効性のある目標に至る可能性がある[2]。

グローバルな水会議の短い歴史――プロセス

水ガバナンスの歴史を追うのは、複雑で、くじけそうになる作業である。これは、多くの政府機関や非政府集団が、水の利用と管理に関する様々な問題に、地元、地域、グローバルというレベルで取り組んでいるからでもある[3]。「水ガバナンス組織」とウェブ検索するだけでも、140万件の結果が出てくる。1970年代初期以降、水の管理と利用に対処した会議は何千とあったが、成功度合いは様々だった。水と衛生に直接関係する二つのMDG目標の達成ですら、明確ではない。確立されている目標が、水部門への投資がどれだけ行われるかに関わらず、依然として人口増加のために力を合わせても届かない目標になってしまっている。

例えば、1972年の環境と開発に関するストックホルム会議は、水を含めた国際会議としてもっとも初期に開かれたものの一つだったが、極めて幅広く、理想的とさえいえる議題を設定し、環境の質と不平等、そしてよくある近視眼的な開発の問題に世界の関心を引き付けた。人間環境に関するストックホルム宣言の結果、国連環境計画（UNEP）が設立され、淡水はその事業領域の一つと考えられた。加盟国が検討したこの新しい組織の使命は非常に幅広かったため、UNEPはその35年以上の歴史において、グローバルな淡水に関する議題において非常に限られた影響力しか持てなかった。

政府間のプロセスの中で淡水がはっきりと認識されるテーマになったのは、1977年のマルデルプラタ国連水会議と行動計画までさかのぼるとされることが多い。行動計画は、将来の水危機を回避し、かつ、国、地域、国際のレベルで目に見える成果を出すことを見据えた枠組み提供するものだった。米州機構（OAS）のような地域組織の中には、この行動計画を使って、今日であれば「統合的水資源管理」と呼ばれるであろうものに技術支援業務を集約したところもある。しかし一般的には、大半の政府は、数年たつまで、開発を推進するものとしての水の重要性を完全には理解していなかった。

国連は、1981～1990年を最初の国際飲み水・衛生の10年と宣言した。これは、いくつかの地域会議と1992年にアイルランド・ダブリンで開催された水と環境に関する国際会議（ICWE）につながる一歩となった。この会議は、水問題を、経済発展にとって分野横断的で統合的なテーマとしての水問題の性格をもっとずっと目に見えるものにした。100カ国、80のNGOを超える団体が会議に参加し、〔この会議で打ち出された〕ダブリン原則はいまだに国際的な水の議題における進歩が評価されるベースラインになっている。ダブリン原則を要約すると、1）淡水とは、有限で脆弱な資源であり、生命と発展を維持するのに必要不可欠である。2）水の開発と管理は、利用者、計画者、政策当事者をすべてのレベルで巻き込む参加型アプローチに基づくべきである。3）水の供給、管理、保全において女性は中心的役割を果たす。4）水は競合的用途の全てにおいて経済価値を持ち、経済的な財として認識されるべきである。

1992年中ごろにリオデジャネイロで開催された地球サミットは、環境と開発の統合的な性格に世界の指導者たちの関心を向けた。この会議で水が中心的議題だったわけではないが、持続可能な発展と私たちが住む世界の統合的な性格は、グローバルな良心にしっかりと根付くことになった。リオデジャネイロでの会議のすぐ後、地球サミットのアジェンダ21に書かれた多くの事項についての進捗を継続的に評価するため、国連持続可能な発展委員会（CSD）が創設された。2004年のCSD-12と2005年のCSD-13の両方とも、水と衛生を主な議題に据え、2008年のCSD-16では、干ばつと砂漠化が検討事項に盛り込まれた。

1995年と1996年には、四つの国連会議（水と貧困・社会開発、水とジェンダー、水と都市域の特別なニーズ、水と食料生産）において、水について議論が行われ、盛り上がり始めていた環境NGO運動だけでなく、科学コミュニティの関心を引いた[4)]。

1996年の世界水会議（WWC）の設立と、WWC主催によるモロッコにおける第1回世界水フォーラム（1997年）を機に、「水会議」が開かれるペースと関心が増加した。このフォーラムでは、リオ・サミットで概略がまとめられた政策の文脈の中で、ダブリン原則の重要性が強調された。同様に、国連ミレニアム・サミット（2000年9月）の成果としてミレニアム開発目標（MDGs）がまとめられ、特に水と関係のある二つの目標が含まれた。すなわち、きれいな飲み水を利用できない人口と、下水道・衛生サービスを利用できない人口を2015年までに半減するというものである。この翌年の国際淡水会議（ドイツ・ボン）では、MDGs達成に向けた国連加盟国の具体的なコミットメントが模索された。2000年にハーグで開かれた第2回世界水フォーラムでは、世界261に及ぶ越境河川流域の管理にとって重要な、いっそう複雑化する水関連問題に取り組むため、国際的な合意、あるいは条約が必要である可能性が提言された[5)]。

2002年の持続可能な開発に関する世界首脳会議（リオ＋10）では、宣言や閣僚声明が次々に発表され、ミレニアム開発目標を達成するためには、国際社会が水問題に対し、投資を含めて、より正式に取り組むことが重要であるとの見方を示した。他にも、毎年開かれるストックホルム水週間、米州水資源ネットワーク（IWRN）の各地域会議、アジア太平洋経済協力閣僚会議（APEC）の環境委員会、アフリカ水担当大臣会議（AMCOW）など多くの会議や各地域開発銀行等が、水部門のニーズは世界平和と進歩にとって極めて重要であるとして、緊急度を上げている。

1997年の世界水フォーラムでは、国連機構、開発銀行、政府、市民社会から多くの高官が集結し、各国政府代表者も参加して、より目に見える包括的な会議が実施された。こうして、その後のフォーラムでは閣僚会議も開催されるようになり、形のある成果として、アクション指向型の閣僚宣言が発表されるようになった[6]。

複雑でしばしばまとまりのないプロセスであったが、こうして水は国際社会の最重要課題として定着していったのである。

グローバル水ガバナンスの構造

ガバナンスの手段を解釈し管理するのに必要な合意や制度は脆弱であることが多く、そこがガバナンス過程の一番の弱点でもある。構造がしっかりしていないと、どのレベルにおいても合意内容はなかなか実行に移されない。必要とされているのは単純なものなのだが——合意に至った文書、組織の拠点、十分な資金と実効性と能力のある事務局——、国際的な合意がうまくいかない可能性がある理由については何百もの分析が行われてきた。国際的な合意の進展と実施は、いわゆる「厄介な問題」だらけであることが多く、最も基本的な事項で合意に至ることさえ、プロセスのどの段階でも起こりうる落とし穴が隠れているのである[7]。

こうした困難から生じる重要な問題は、次のようなものである。水についての合意の必要性に対する反応が複雑な状況で、国際社会はどうすべきだろうか？　グローバルな水合意はどんなものにすべきだろうか？　誰がそれを管理して実行力を持たせるのだろうか？　公式の条約が必要と主張する利害関係者は多いが、その実行可能性に疑問を呈する者もいる。どちらが正しいのだろうか？　水は国の問題なので、国境を越えた合意締結には関係者以外は関与すべきでないと感じる人もいる一方で、水が豊かな国は水に乏しい国に対する義務があり、これは何らかの国際的な協調を通じてしか対処できないと主張する人もいる。こうした問題はすべて難しいものであり、その答えは、これまでの多くの会議には欠けていた、近年の会議の中心的コンセプトの中にあるかもしれない。すなわち、水は人権であるという、強まりつつある信念である。

人権としての水

水は長い間、持続可能な発展と安全保障の両方にとっての戦略的資源と考えられてきた。ところが2002年になって、安全な飲み水は、国連の経済的、社会的及び文化的権利委員会の決議により、基本的人権の一つであると宣言された。この決議によって、経済的、社会的及び文化的権利に関する国際規約の署名国145か国が、水へのアクセスを単なる経済的な財としてだけでなく、社会的・文化的な財——人権——として扱うようになったのである[8]。

このテーマに対する関心を示す会議が、引き続いて開催された。2002年にフランス・リヨンで国際緑十字が主催した「地球対話集会」や、WSSD、2003年に日本で開催された世界水フォーラム、その他の会議の期間中に開かれた各協議の成果は、「水の権利枠組み条約のための基本原則」というタイトルで、非公表の「ノンペーパー」としてまとめられた[9]。この合意のサポート文書の一部は、次のようになっている。

> 水に対する権利は社会的正義、尊厳、衡平、平和の確保のために欠かせないものであり、この権利を実効化することは、すべての人が、十分に、受け入れられる水準で、そして差別なく、水にアクセスできることを保証するものであり、一方で利用者の側での責任感を養うものである……。水は様々な用途にとって必要であり、人間や生態系や発展にとって複数の機能を満たすものであることを考慮し――すべての人が水と衛生にアクセスできるという基本的権利を推進する他の行動と組み合わせることにより――本イニシアティブは、この権利を認識して実効化することが次のようなものであることを再確認する。
>
> ・生存権、尊厳を持つ権利、健康であることの権利、食糧に対する権利、平和に対する権利、安全な環境に対する権利、発展する権利など、他の権利にとってなくてはならないものであり、
> ・持続可能な発展の観点から不可欠なものであり、
> ・全関係者の参加と協調を強化するものである。水に対する権利は、経済的、文化的、社会的な権利ととらえれば、開発に関するすべての主体間での相乗効果をもたらす[10]。

さらに最近では、南アフリカの裁判所がヨハネスブルグ市に対し、ソウェト地区の住民一人一人に毎日最低でも50リットルの水を供給するよう命じた。判決では裁判長が「水は命であり、衛生は尊厳である。本件は、十分な水に対するアクセスを持つ基本的権利と、人間の尊厳に対する権利についての判断である」と述べた[11]。こうして、WWF2（ハーグ）のテーマ「ビジョンから行動へ」では、原則を行動に移すことを検討した。また閣僚宣言にも「行動」の文言や政府のコミットメントが盛り込まれた。しかし残念なことにそれ以降のWWFの集まりでは、行動を仲介したり、政府や援助主体の前向きな議論を推し進めたりすることはなくなり、行動計画という考え方はほぼ途絶えてしまった。京都でもメキシコでも、閣僚宣言では「実行する」という奮い立たせるような表現はほとんどなく、「すべきである」だの、もしくはとるべき行動を「再確認」や「検討」するだのといった表現にとどまった。このような残念な結果に至った理由は明らかで、準備会合での政府代表者のレベルが比較的低かったこと、議題に関する専門技術者ではなく外務大臣が主導権を握ったことに加え、目的が不明確で重複しており、開発銀行のコミットメントもほとんどなかったことによる。

それでも、人権としての水は非常に関心を引くテーマであるため、実効性のある行動アジェンダを確立するための努力は続く。変化に対するこうした呼びかけは、WWF5の目的や、ホスト国政府や世界水会議（WWC）の水の専門技術者の計画プロセスにおける役割がより重要性を増していることに見て取れる。

WWF5のプロセスと期待されるアウトカムの両方での変化を反映する3つの包括的な

コンセプトは、1）フォーラムの質（行動アジェンダによって測る）を上げること、2）全ての主体とすべての利害関係者にとっての、水に関する見解の相違を是正すること、3）フォーラムの成果が地球規模で目に見えるようにすること、である。これらはすべて、フォーラムの期待されるアウトカムに対して高い目標を設定することになる。すなわち、「行動計画」、「グローバル水コンパクト」[12]、そしてひょっとすると「世界水条約」である。

確かに、これらはいずれも野心的である。だが、効率的で効果のある水合意に至るためには必要なものである。加えて、会合に至るプロセスそのものが、今後の課題に対して世界の関心を集め、政府と市民社会の幅広い層から意見を引き出すのに役立つ。いったん公的なコミットメントが形成されれば、他のグループ（学界、地方政府、NGO、研究機関、民間部門）も議論を豊かにするために発言するようになり、支援のクリティカルマスを形成するのに貢献するようになるだろう。

グローバルな水レジームは必要なのだろうか？

付録1の冒頭で紹介した数字からすると、世界の人々の生活の質における水の位置づけに関する行動を起こし、資金を集め、実行に移すこれまでの努力は明らかに不十分だった。政府によるグローバルレベルでの意味あるコミットメントや協調行動はほとんどなかった。にもかかわらず、このことが、関連する国連機関、専門機関、地域委員会、そしてその他の組織が「既存の資源と自発的な資金を活用しつつ、2005～2015年の10年間に協調して対応する」よう促すことになった[13]。

この国連総会での呼びかけによって、各国が水資源とサービスに関して行動を起こし、世界全体で協調しつつ、水についての行動に関して政府と銀行の合意を支援する道が開けた。また、条約やコンパクトについての公式協議を開始するためのとても便利な原典にもなった。しかし、グローバルな政策手段が必要という主張のおそらく最も有力な根拠は、分野横断的な水問題について真剣に行動しなければ、世界はミレニアム開発目標と個別ターゲットをおそらく達成できないだろう、というものだった。良くも悪くも、MDGsこそが唯一の国際的な開発のアジェンダであり、その実現のために水は極めて重要なのである。

実行に移す：グローバルな水レジームとはどんなものだろうか？

ガバナンスのレジームとは、定義上、ある共有財産資源や問題領域の調査、資金調達、管理、運営を行う、公式・非公式に設立された制度的取り決めを含む。こうした合意は、政府のあらゆるレベルを貫くもので、以下のようなものがある。

- **条約**：グローバルな水条約とは、水資源とサービスに関するグローバルな原則を含む、各国政府が交渉する文書であり、批准されれば、署名国は一定の目標と責任に拘束されることになる。こうした文書は、国連を通じて、本格的な政府間プロセスの枠組みで交渉され、開発銀行や政府開発援助（ODA）の目的の優先事項に盛り込まれることになる。また、効力を持つには、決められた数の加盟国が批准しなければならない。

・**コンパクト（合意）**：グローバル水コンパクトとは、各国政府の選ばれた集団及び市民社会の参加者（サブナショナル団体）が交渉する、自発的な行動と原則をいう[14]。

・**行動計画**：行動計画とは、政府間プロセスを通じて各国政府が交渉し、国際的な会議の閣僚級レベルで最終確定した、行動と責任のリストを拡張したものを言う。これは交渉されるものではなく、システムそのものの名前である。

条約

水の条約を交渉するプロセスは、国連と世界水会議（WWC）という二つのレベルで始まることになるだろう。そして世界水フォーラムの準備プロセスの助けも得ながら、国連総会の特別セッションを設ける努力が必要になるだろう。これは、加盟国間の交渉プロセスを扱う事務局を設ける決議を通すために、政府もしくはいくつかの政府のグループが国連総会の特別セッションを提案する必要のある、時間のかかる作業である[15]。加盟国の3分の2以上が合意しなければならないため、どんな実際のプロセスの計画よりも前に、強い外交的な存在が不可欠である。決議の一部において、最終的に条約事務局を設置する先導機関を指定することになる。この機関には、政治的、科学的、技術的な幅広い専門性が必要である。この機関には、経験と、国連や他の水関連機関からの潜在的な貢献も必要だが、それに加えて、最終的に条約にもりこまれる可能性のあるアイデアを練り上げる大きな役割を果たすべきである。国連、市民社会の専門家コミュニティ、WWF計画プロセスの間の関係を構築するため、WWCからの勧告に基づいて技術的アドバイザリーボード（TAB）を設置することも考えられる。このようにすれば、過去の集まりで明らかになった政治的立場と技術的立場との間の溝をうまく埋めることができるだろう。

世界水フォーラムにおける作業は、国連における作業と同時に進めることができる。この点は重要である。なぜなら、もし国連総会が事務局と交渉プロセスを確立する決議を承認すれば、フォーラムの計画段階で検討されているテーマは、最終的にグローバル水条約となるかもしれないものに直接知見を提供することになるためである。

水コンパクト

水コンパクトを形成するプロセスは、国連が交渉の場としての役割を持つことは求められていない点を除けば、グローバル水条約のそれと同じように始まることになる。コンパクトの目的は、国の政府以外のものも巻き込むことにある。WWF4は議員と地方当局を巻き込むことに成功したので、国際科学委員会は将来の水フォーラムに向けてこうした統合の働きかけを続け、それを地域のガバナンス主体を巻き込むさらなるステップとすることを決めている。国内の地方政府と市民社会との間でグローバルな水コンパクトを形成すれば、技術的な議題を推し進め、国連での議論をさらに豊かなものにすることができる。

仮にコンパクトが拘束力のある合意であったならば、交渉はとても難しいものになるだろう。潜在的には何万にのぼる参加者と文書の中身を交渉しようとする手続きをとるだけでも不可能である。100 ～ 150 の地方当局や、それと同じくらいの数の議員やその他市民社会メンバーのグループを一堂に集め、地方政府が自ら自主的に提出することになる原則と行動のコンパクトを作ることになるのである。このために必要になるのは、何千もの地方当局の参加ではない。他のグループも参加するかもしれない、そして選挙で選ばれた役人を行動に駆り立てることのできる、常識ある文書を作り上げられる代表グループである。

このようなコンパクトがもたらす便益は数多くある。コンパクトが効力を持つ環境では、成功事例や教訓を共有することが円滑になる。加えて、水に関連する問題について、先んじて行動できるようになるので、リスク管理が改善し、意識が向上し、連帯が形成される。国民国家が行動計画や条約に署名したがらないのであれば、地方政府はコンパクトを通じて署名できる[16]。コンパクトはそれ自体で機能できるものの、条約や行動計画とリンクしているときにより効果を発揮する。コンパクトのテーマは、将来の世界水フォーラムの計画プロセスと緊密に関係しながら発展していくことになる。

行動計画（PoA）

WWF5（2009 年 3 月、イスタンブール）の政治的プロセスの結果にかかわらず、少なくとも行動計画の合意には至るべきである。行動計画の交渉も、グローバル水条約に使われたのと同じようなプロセスを経て国連を通じて行われ、国連総会での決議も必要となるのが理想的である。行動計画は、原則ではなくコミットメントに焦点を当てたものになり、条約が国レベルでの目標を定めるのとは対照的に、地域の行動を定めるものになる。

グローバル水レジーム

以上の 3 つの手段は、互いに排他的でなく、互いに関係しており、そして、特に重要な点として、同時に制定されることで効果が大きくなるという特徴がある。

条約、コンパクト、行動計画の交渉や施行のすべて――つまりグローバル水レジーム――は、国民政府の原則と行動についての国際的な法的拘束力のみならず、サブナショナル政府や地域での行動を含むものである。三つの文書におけるそれぞれのテーマは、同じとは言わなくてもかなり似通ったものになり、互いに関連するものになる。ちょうど様々なレベルでの政府がつながっているように。条約に向けて交渉される原則には、サブナショナル政府の参加が盛り込まれ、こうした同じ原則がコンパクトにも適用されることになる。

それぞれの文書は、人はすべて安全で衡平な水へのアクセス権を持つこと、そして国の政府は、階級、人種、性別、政治的属性、肌の色、宗教に関わらずすべての人に水を安全で衡平なやり方で供給し、すべての人に安全な水を供給できるよう地方政府と協働する、という原則に基づくものになる。議員は国の政府、地域や地元の当局と、効率的で効果的なやり方で協働し、二つのレベルの政府とをつなぐことになる。同様に地元の当局も、管轄下に住むすべての人に対して安全で衡平な水へのアクセスを供給するために、国の政府、地域当局と協働することになる。

結局のところ、拘束力のある国際的な条約やコンパクトについて合意に至るのは価値ある目標ではあるが、多くの個人や組織が長期にわたって献身することが必要になる。それでもやはり、目標そのものは価値あるものである。そして、複雑なプロセスであり、共有されたコミットメントと責任に対する根本的な理解が必要ではあるが、他に選択肢がないからこそ、国際的な検討事項で中心的な存在になったのである。

注

1）Hoekstra, A. and Chapagain, A. K. (2008) *Globalization of Water*, London, Blackwell Publishing.

2）例えば、気候変動に関する国連枠組条約、京都議定書、オゾン層の保護のためのウィーン条約、国連海洋法条約、生物多様性条約、ラムサール条約（特に水鳥の生息地として国際的に重要な湿地に関する条約）などがある。MDGsは、個別のタスクを挙げているが、条約の一部として批准されていないので、法的拘束力はない。本編の'Water'（水）、'Water trading/credits in virtual water'（仮想水の水取引／クレジット）、'World Water Exchange(r)'（世界水取引）、'Virtual water credit/debt relief '（仮想水クレジット／債務救済）も参照。

3）ケンブリッジ大学は、全7巻となる『水の歴史』（History of Water）の発刊に向けて準備をしており、第1巻が2008年後半に配本予定である〔訳注：詳細不明〕。

4）1995年のデンマーク・コペンハーゲンにおける世界社会開発サミット（水、貧困、社会開発）、1995年の中国・北京における国連第4回世界女性会議（ジェンダー、水供給、衛生）、1996年のトルコ・イスタンブールにおける人間居住会議（都市の水）、1996年のイタリア・ローマにおける国連世界食糧サミット（水と食料生産・安全保障）。

5）Wolf, Aaron (1999) 'The transboundary freshwater dispute database project,' *Water International*〔24(2), 160-163〕.

6）この部分の記述は、2007年6月にマルセイユで開催された第29回WWC理事会において、WWCおよびトルコ政府に査読とコメントのため提出された次の未発表提案書に大きく負っている。Priscoli, J. D., Pageler, M., Szöllösi-Nagy, A., Victoria, P. and Zimmer, D. (2007) 'Draft (unpublished) position paper by the WWC Members of the 5th World Water Forum Political Process Committee,' WWC Ref:BoG29.13iii, June, Marseille, France.

7）最も初期の2例として次が挙げられる。Taqhi Favar and John Milton (1972) *The Careless Technology: Ecology and International Development*, London, Doubleday Publishers、およびSjostedt, G. (1993) *International Environmental Negotiation*, London, Sage Publications.

8）United Nations Committee on Economic, Social and Cultural Rights (2002) 'Substantive issues arising in the implementation of the International Covenant on Economic, Social and Cultural Rights,' Twenty-ninth session, Geneva, Agenda Item 3, November

9）Green Cross International et al (2005) 'Draft (unpublished) fundamental principles for a framework convention on the right to water,' Geneva.

10）Green Cross International et al (2005) 'Draft (unpublished) fundamental principles for a framework convention on the right to water', Geneva.

11）United Nations Wire (2008) 'South Africa: court ruling on water sets "global precedent,"' 8 May.

12）アメリカ国内では、合意（コンパクト）は州間の条約とされ、国の政府の管轄下にはないが、国内法により拘束力を持つ。国際社会では、合意としてあげられるもののほとんどは（国連グローバル・コンパクト、イラク国際コンパクト、アフガニスタン国際コンパクト等）、国際法の下で拘束力を持たないため、各国政府以外の主体が署名できることになる。これが、「グローバル水コンパクト」の考え方、すなわち拘束力を持たない、交渉による合意で、国の下位の主体が自発的に合意できるというものである。

13)）United Nations General Assembly (2003) '58/217. International Decade for Action, Water for Life, 2005-2015.' Fifty-Eighth Session of the United Nations General Assembly, Document A/RES/58/217.

14）ここでいうサブナショナル団体とは、地方自治体、県、州、部局、NGO、民間企業、議員、学者など、国民政府の一員ではないすべての市民社会構成員を意味する。

15）現在の国連「命のための水」国際行動の10年の立ち上げや、生物多様性条約についての議論を始める際に、同じアプローチがとられた。

16）国家としては参加していないアメリカでも、全米400以上もの都市が京都議定書に従うことに自主的に合意している。

付録2： 政府間環境協定抜粋

初期の協定

1 世界人権宣言（1944 年）
2 国連憲章（1945 年）
3 児童の権利に関する条約（子どもの権利条約）（1959 年）
4 世界の文化遺産及び自然遺産の保護に関する条約（1972 年）
5 女子に対するあらゆる形態の差別の撤廃に関する条約（1979 年）

国連環境開発会議（1992 年）準備決議

6 A/Res/42/186（1987 年）
7 A/Res/42/187（1987 年）
8 A/Res/44/228-85（1989 年）

国連環境開発会議関連文書

9 環境と開発に関するリオ宣言（1992 年）
10 アジェンダ 21： 持続可能な開発に関する地球行動計画（1992 年）
11 持続可能な森林管理に関する森林原則声明（1992 年）
12 小島嶼開発途上国（SIDS）の持続可能な開発に関するバルバドス宣言と行動計画（1994 年）
13「アジェンダ 21」実施のレビューを行うために国連環境開発特別総会（リオ＋5）で採択された行動計画（1997 年）
14 国連ミレニアム宣言とミレニアム開発目標（2000 年）

社会問題

15 国際人口開発会議の行動計画（1994 年）
16 世界社会開発サミット報告書（1995 年）
17 ハビタット・アジェンダと人間居住に関するイスタンブール宣言（1996 年）
18 WHO 政策「21 世紀にすべての人に健康を」（1999 年）

経済問題

19 ウルグアイ・ラウンド最終文書と関連協定書（1994 年）
20 貿易と環境に関するマラケシュ閣僚決定（1994 年）
21 WTO ドーハ閣僚宣言（2001 年）

自然資源

22 特に水鳥の生息地として国際的に重要な湿地に関する条約（1975年）
23 絶滅のおそれのある野生動植物の種の国際取引に関する条約（1975年）
24 移動性野生動物種の保全に関する条約と本条約に基づく追加協定（1979年）
25 オゾン層の保護のためのウィーン条約（1985年）
26 モントリオール議定書（1987年）
27 世界栄養宣言と栄養に関する行動計画（1992年）
28 生物の多様性に関する条約（1993年）
29 国連気候変動枠組条約（1994年）
30 世界食糧安全保障に関するローマ宣言及び世界食糧サミット行動計画（1996年）
31 世界食糧サミット報告書（1996年）
32 深刻な干ばつ又は砂漠化に直面する国（特にアフリカの国）において砂漠化に対処するための国際連合条約（1996年）

有害廃棄物

33 有害廃棄物の国境を越える移動及びその処分の規制に関するバーゼル条約（1982年）
34 原子力事故の早期通報に関する条約（1986年）
35 核物質の防護に関する条約（1987年）
36 有害廃棄物のアフリカへの輸入禁止、及びアフリカ内の有害物質の越境移動および管理の規制に関するバマコ条約（1991年）
37 原子力の安全に関する条約（1996年）
38 使用済燃料管理および放射性廃棄物管理の安全に関する条約（2001年）

海　洋

39 船舶による汚染の防止のための国際条約（1973年）
40 国連海洋法条約（1994年）
41 FAO責任ある漁業のための行動規範（1995年）
42 京都宣言および行動計画（2005年）
43 地域海行動計画（策定年は各々異なる）

付録3：グローバル環境ガバナンスの諸原則と価値観

国連環境開発会議（UNCED）や持続可能な開発に関する世界首脳会議（WSSD）など、地球環境ガバナンスに関する会合、会議、首脳会議では、たいてい原則宣言と行動計画に分かれる最終成果物が作成される。原則宣言は一般に、国家の閣僚または首脳により署名される。行動計画では詳細な取り組みや実質的な責務が策定されるのに対し、原則宣言はそれを理解するための背景を大まかに示す文書である。このようにまとめられた原則は、今や地球環境ガバナンスに「指針」を与えるのに貢献している。そして、これらの原則の多くは、宣言として定められており、それゆえいわゆる「ソフト・ロー」であるが、普遍的に批准されすでに発効した国際協定のきわめて重要な一部をなしているがゆえに、国際法のように扱われている原則もある。ここに、いくつか重要なものを掲げる。

厳格にいうと原則でも価値観でもないが、ミレニアム開発目標（MDG）もこの付録に載せておく。これは、歴史上初めて、189の国連加盟国（2000年時点の加盟国）のすべてが、持続可能な発展に影響する基本的な問題に対処するために、共同で取り組むことに合意したものだからである。あらゆるレベルで強力なパートナーシップを構築するために、MDGは先進国にも開発途上国にも責任を課している。先進国は、債務救済を行うこと、援助を拡大すること、自国の市場や技術に開発途上国が公平にアクセスできるようにすることが明確に求められている。一方で開発途上国は、政策改革を行い、ガバナンスを強化する責任を負う。MDGは、今後10年間の開発途上国における技術援助と投資について指針を与えるものであり、開発の速度を上げ、その成果を実際に測定するひとつの手段となる。

世界人権宣言（1948年）

第一条

すべての人間は、生れながらにして自由であり、かつ、尊厳と権利とについて平等である。人間は、理性と良心とを授けられており、互いに同胞の精神をもって行動しなければならない。

第二条

1　すべて人は、人種、皮膚の色、性、言語、宗教、政治上その他の意見、国民的若しくは社会的出身、財産、門地その他の地位又はこれに類するいかなる事由による差別をも受けることなく、この宣言に掲げるすべての権利と自由とを享有することができる。

2　さらに、個人の属する国又は地域が独立国であると、信託統治地域であると、非自治地域であると、又は他のなんらかの主権制限の下にあるとを問わず、その国又は地域の政治上、管轄上又は国際上の地位に基づくいかなる差別もしてはならない。

第三条

すべて人は、生命、自由及び身体の安全に対する権利を有する。

第四条

何人も、奴隷にされ、又は苦役に服することはない。奴隷制度及び奴隷売買は、いかなる形においても禁止する。

第五条

何人も、拷問又は残虐な、非人道的な若しくは屈辱的な取扱若しくは刑罰を受けることはない。

第六条

すべて人は、いかなる場所においても、法の下において、人として認められる権利を有する。

第七条

すべての人は、法の下において平等であり、また、いかなる差別もなしに法の平等な保護を受ける権利を有する。すべての人は、この宣言に違反するいかなる差別に対しても、また、そのような差別をそそのかすいかなる行為に対しても、平等な保護を受ける権利を有する。

第八条

すべて人は、憲法又は法律によって与えられた基本的権利を侵害する行為に対し、権限を有する国内裁判所による効果的な救済を受ける権利を有する。

第九条

何人も、ほしいままに逮捕、拘禁、又は追放されることはない。

第十条

すべて人は、自己の権利及び義務並びに自己に対する刑事責任が決定されるに当っては、独立の公平な裁判所による公正な公開の審理を受けることについて完全に平等の権利を有する。

第十一条

1　犯罪の訴追を受けた者は、すべて、自己の弁護に必要なすべての保障を与えられた公開の裁判において法律に従って有罪の立証があるまでは、無罪と推定される権利を有する。

2　何人も、実行の時に国内法又は国際法により犯罪を構成しなかった作為又は不作為のために有罪とされることはない。また、犯罪が行われた時に適用される刑罰より重い刑罰を科せられない。

第十二条

何人も、自己の私事、家族、家庭若しくは通信に対して、ほしいままに干渉され、又は名誉及び信用に対して攻撃を受けることはない。人はすべて、このような干渉又は攻撃に対して法の保護を受ける権利を有する。

第十三条

1　すべて人は、各国の境界内において自由に移転及び居住する権利を有する。

2　すべて人は、自国その他いずれの国をも立ち去り、及び自国に帰る権利を有する。

第十四条

1　すべて人は、迫害を免れるため、他国に避難することを求め、かつ、避難する権利を有する。

2　この権利は、非政治犯罪又は国際連合の目的及び原則に反する行為をもっぱら原因とする訴追の場合には、援用することはできない。

第十五条

1　すべて人は、国籍をもつ権利を有する。

2　何人も、ほしいままにその国籍を奪われ、又はその国籍を変更する権利を否認されることはない。

第十六条

1　成年の男女は、人種、国籍又は宗教によるいかなる制限をも受けることなく、婚姻し、かつ家庭をつくる権利を有する。成年の男女は、婚姻中及びその解消に際し、婚姻に関し平等の権利を有する。

2　婚姻は、両当事者の自由かつ完全な合意によってのみ成立する。

3　家庭は、社会の自然かつ基礎的な集団単位であって、社会及び国の保護を受ける権利を有する。

第十七条

1　すべて人は、単独で又は他の者と共同して財産を所有する権利を有する。

2　何人も、ほしいままに自己の財産を奪われることはない。

第十八条

すべて人は、思想、良心及び宗教の自由に対する権利を有する。この権利は、宗教又は信念を変更する自由並びに単独で又は他の者と共同して、公的に又は私的に、布教、行事、礼拝及び儀式によって宗教又は信念を表明する自由を含む。

第十九条

すべて人は、意見及び表現の自由に対する権利を有する。この権利は、干渉を受けることなく自己の意見をもつ自由並びにあらゆる手段により、また、国境を越えると否とにかかわりなく、情報及び思想を求め、受け、及び伝える自由を含む。

第二十条

1 すべての人は、平和的集会及び結社の自由に対する権利を有する。
2 何人も、結社に属することを強制されない。

第二十一条

1 すべて人は、直接に又は自由に選出された代表者を通じて、自国の政治に参与する権利を有する。
2 すべて人は、自国において等しく公務につく権利を有する。
3 人民の意思は、統治の権力の基礎とならなければならない。この意思は、定期のかつ真正な選挙によって表明されなければならない。この選挙は、平等の普通選挙によるものでなければならず、また、秘密投票又はこれと同等の自由が保障される投票手続によって行われなければならない。

第二十二条

すべて人は、社会の一員として、社会保障を受ける権利を有し、かつ、国家的努力及び国際的協力により、また、各国の組織及び資源に応じて、自己の尊厳と自己の人格の自由な発展とに欠くことのできない経済的、社会的及び文化的権利を実現する権利を有する。

第二十三条

1 すべて人は、勤労し、職業を自由に選択し、公正かつ有利な勤労条件を確保し、及び失業に対する保護を受ける権利を有する。
2 すべて人は、いかなる差別をも受けることなく、同等の勤労に対し、同等の報酬を受ける権利を有する。
3 勤労する者は、すべて、自己及び家族に対して人間の尊厳にふさわしい生活を保障する公正かつ有利な報酬を受け、かつ、必要な場合には、他の社会的保護手段によって補充を受けることができる。
4 すべて人は、自己の利益を保護するために労働組合を組織し、及びこれに参加する権利を有する。

第二十四条
すべて人は、労働時間の合理的な制限及び定期的な有給休暇を含む休息及び余暇をもつ権利を有する。

第二十五条
1　すべて人は、衣食住、医療及び必要な社会的施設等により、自己及び家族の健康及び福祉に十分な生活水準を保持する権利並びに失業、疾病、心身障害、配偶者の死亡、老齢その他不可抗力による生活不能の場合は、保障を受ける権利を有する。
2　母と子とは、特別の保護及び援助を受ける権利を有する。すべての児童は、嫡出であると否とを問わず、同じ社会的保護を受ける。

第二十六条
1　すべて人は、教育を受ける権利を有する。教育は、少なくとも初等の及び基礎的の段階においては、無償でなければならない。初等教育は、義務的でなければならない。技術教育及び職業教育は、一般に利用できるものでなければならず、また、高等教育は、能力に応じ、すべての者に等しく開放されていなければならない。
2　教育は、人格の完全な発展並びに人権及び基本的自由の尊重の強化を目的としなければならない。教育は、すべての国又は人種的若しくは宗教的集団の相互間の理解、寛容及び友好関係を増進し、かつ、平和の維持のため、国際連合の活動を促進するものでなければならない。
3　親は、子に与える教育の種類を選択する優先的権利を有する。

第二十七条
1　すべて人は、自由に社会の文化生活に参加し、芸術を鑑賞し、及び科学の進歩とその恩恵とにあずかる権利を有する。
2　すべて人は、その創作した科学的、文学的又は美術的作品から生ずる精神的及び物質的利益を保護される権利を有する。

第二十八条
すべて人は、この宣言に掲げる権利及び自由が完全に実現される社会的及び国際的秩序に対する権利を有する。

第二十九条
1　すべて人は、その人格の自由かつ完全な発展がその中にあってのみ可能である社会に対して義務を負う。
2　すべて人は、自己の権利及び自由を行使するに当っては、他人の権利及び自由の正当な承認及び尊重を保障すること並びに民主的社会における道徳、公の秩序及び一般の福祉の正当な要求を満たすことをもっぱら目的として法律によって定められた制限にのみ服する。

3　これらの権利及び自由は、いかなる場合にも、国際連合の目的及び原則に反して行使してはならない。

第三十条
この宣言のいかなる規定も、いずれかの国、集団又は個人に対して、この宣言に掲げる権利及び自由の破壊を目的とする活動に従事し、又はそのような目的を有する行為を行う権利を認めるものと解釈してはならない。

出所： http://www.mofa.go.jp/MOFAJ/gaiko/udhr/1b_001.html
http://www.mofa.go.jp/MOFAJ/gaiko/udhr/1b_002.html

環境と開発に関するリオ宣言（1992年6月）

第1原則
人類は、持続可能な発展への関心の中心にある。人類は、自然と調和しつつ健康で生産的な生活を送る資格を有する。

第2原則
各国は、国連憲章及び国際法の原則に則り、自国の環境及び開発政策に従って、自国の資源を開発する主権的権利及びその管轄又は管理下における活動が他の国、又は自国の管轄権の限界を超えた地域の環境に損害を与えないようにする責任を有する。

第3原則
開発の権利は、現在及び将来の世代の開発及び環境上の必要性を公平に充たすことができるよう行使されなければならない。

第4原則
持続可能な発展を達成するため、環境保護は、開発過程の不可分の部分とならなければならず、それから分離しては考えられないものである。

第5原則
すべての国及びすべての国民は、生活水準の格差を減少し、世界の大部分の人々の必要性をより良く充たすため、持続可能な発展に必要不可欠なものとして、貧困の撲滅という重要な課題において協力しなければならない。

第6原則
開発途上国、特に最貧国及び環境の影響を最も受け易い国の特別な状況及び必要性に対して、特別の優先度が与えられなければならない。環境と開発における国際的行動は、全ての国の利益と必要性にも取り組むべきである。

第7原則
各国は、地球の生態系の健全性及び完全性を、保全、保護及び修復するグローバル・パートナーシップの精神に則り、協力しなければならない。地球環境の悪化への異なった寄与という観点から、各国は共通のしかし差異のある責任を有する。先進諸国は、彼等の社会が地球環境へかけている圧力及び彼等の支配している技術及び財源の観点から、持続可能な発展の国際的な追求において有している義務を認識する。

第8原則
各国は、すべての人々のために持続可能な発展及び質の高い生活を達成するために、持続可能でない生産及び消費の様式を減らし、取り除き、そして適切な人口政策を推進すべきである。

第9原則
各国は、科学的、技術的な知見の交換を通じた科学的な理解を改善させ、そして、新しくかつ革新的なものを含む技術の開発、適用、普及及び移転を強化することにより、持続可能な発展のための各国内の対応能力の強化のために協力すべきである。

第10原則
環境問題は、それぞれのレベルで、関心のあるすべての市民が参加することにより最も適切に扱われる。国内レベルでは、各個人が、有害物質や地域社会における活動の情報を含め、公共機関が有している環境関連情報を適切に入手し、そして、意思決定過程に参加する機会を有しなくてはならない。各国は、情報を広く行き渡らせることにより、国民の啓発と参加を促進しかつ奨励しなくてはならない。賠償、救済を含む司法及び行政手続きへの効果的なアクセスが与えられなければならない。

第11原則
各国は、効果的な環境法を制定しなくてはならない。環境基準、管理目的及び優先度は、適用される環境と開発の状況を反映するものとすべきである。一部の国が適用した基準は、他の国、特に開発途上国にとっては不適切であり、不当な経済的及び社会的な費用をもたらすかもしれない。

第12原則
各国は、環境の悪化の問題により適切に対処するため、すべての国における経済成長と持続可能な発展をもたらすような協力的で開かれた国際経済システムを促進するため、協力すべきである。環境の目的のための貿易政策上の措置は、恣意的な、あるいは正当な差別又は国際貿易に対する偽装された規制手段とされるべきではない。輸入国の管轄外の環境問題に対処する一方的な行動は避けるべきである。国境を越える、あるいは地球規模の環境問題に対処する環境対策は、可能な限り、国際的な合意に基づくべきである。

第 13 原則
各国は、汚染及びその他の環境損害の被害者への責任及び賠償に関する国内法を策定しなくてはならない。更に、各国は、迅速かつより確固とした方法で、自国の管轄あるいは支配下における活動により、管轄外の地域に及ぼされた環境悪化の影響に対する責任及び賠償に関する国際法を、更に発展させるべく協力しなくてはならない。

第 14 原則
各国は、深刻な環境悪化を引き起こす、あるいは人間の健康に有害であるとされているいかなる活動及び物質も、他の国への移動及び移転を控えるべく、あるいは防止すべく効果的に協力すべきである。

第 15 原則
環境を保護するため、予防的方策は、各国により、その能力に応じて広く適用されなければならない。深刻な、あるいは不可逆的な被害のおそれがある場合には、完全な科学的確実性の欠如が、環境悪化を防止するための費用対効果の大きい対策を延期する理由として使われてはならない。

第 16 原則
国の機関は、汚染者が原則として汚染による費用を負担するとの方策を考慮しつつ、また、公益に適切に配慮し、国際的な貿易及び投資を歪めることなく、環境費用の内部化と経済的手段の使用の促進に努めるべきである。

第 17 原則
環境影響評価は、国の手段として環境に重大な悪影響を及ぼすかもしれず、かつ権限ある国家機関の決定に服す活動に対して実施されなければならない。

第 18 原則
各国は、突発の有害な効果を他国にもたらすかもしれない自然災害、あるいはその他の緊急事態を、それらの国に直ちに報告しなければならない。被災した国を支援するため国際社会によるあらゆる努力がなされなければならない。

第 19 原則
各国は、国境を越える環境への重大な影響をもたらしうる活動について、潜在的に影響を被るかも知れない国に対し、事前の時宜にかなった通告と関連情報の提供を行わなければならず、また早期の段階で誠意をもってこれらの国と協議を行わなければならない。

第20原則
女性は、環境管理と開発において重要な役割を有する。そのため、彼女らの十分な参加は、持続可能な発展の達成のために必須である。

第21原則
持続可能な発展を達成し、すべての者のためのより良い将来を確保するため、世界の若者の創造力、理想及び勇気が、地球的規模のパートナーシップを構築するよう結集されるべきである。

第22原則
先住民とその社会及びその他の地域社会は、その知識及び伝統に鑑み、環境管理と開発において重要な役割を有する。各国は彼らの同一性、文化及び利益を認め、十分に支持し、持続可能な発展の達成への効果的参加を可能とさせるべきである。

第23原則
抑圧、支配及び占領の下にある人々の環境及び天然資源は、保護されなければならない。

第24原則
戦争は、元来、持続可能な発展を破壊する性格を有する。そのため、各国は、武力紛争時における環境保護に関する国際法を尊重し、必要に応じ、その一層の発展のため協力しなければならない。

第25原則
平和、開発及び環境保全は、相互依存的であり、切り離すことはできない。

第26原則
各国は、すべての環境に関する紛争を平和的に、かつ、国連憲章に従って適切な手段により解決しなければならない。

第27原則
各国及び国民は、この宣言に表明された原則の実施及び持続可能な発展の分野における国際法の一層の発展のため、誠実に、かつ、パートナーシップの精神で協力しなければならない。

出所： http://www.env.go.jp/council/21kankyo-k/y210-02/ref_05_1.pdf

持続可能な発展に関する米州特別首脳会議（1996年12月）

1. われわれ、米州における選挙で選出された国家元首および政府は、1994年にマイアミで開催された米州首脳会議において決定されたとおり、サンタクルス・デラシエラに集まり、持続可能な発展へ向けて前進し、1992年にリオデジャネイロで開催された「国連環境開発会議」で採択されたリオ宣言およびアジェンダ21の決定と約束を実施する決意を再確認する。

 われわれはまた、米州首脳会議の原則宣言および行動計画に定められた約束を再確認する。われわれは、1994年にバルバドスで開催された「小島嶼開発途上国の持続可能な発展に関する世界会議」における合意を促進し、最近の持続可能な発展に関する国連の諸会合において定められた諸原則の重要性を認識する。

 われわれは、中米の「持続可能な発展のための団結」や、「北米環境協力協定(NAAEC)」「アマゾン協力条約」および「南太平洋常設委員会」などの、半球的、地域的、および小地域的な取り組みを支持する。

2. われわれは、人間は自然と調和した健康で生産的な生活を送る権利を有しており、その意味において持続可能な発展の関心の中心にあると考えている。経済、社会および環境上の目標を、バランスのとれた相互依存に基づく統合的な形で達成するため、開発戦略において持続可能性を重要な要求として含める必要がある。

3. 米州の重要な特徴のひとつは、その自然および文化の多様性である。各国は、民主的な価値観に根差した独特で豊かな政治的伝統と、自由市場経済の流れにおける経済的成長と技術開発の大きな潜在的可能性を共有している。これらの特徴は、経済開発および社会福祉の促進、さらに健全な環境の保護において根本的な重要性を持つ。われわれは、持続可能な発展および生活の質の向上のため、ならびに自然環境の保護および貧困の軽減のために、生産および消費パターンの変化を奨励する政策および戦略を採用する。

 われわれは、米州首脳会議で再提示された米州機構憲章の基本原則に取り組むこと、すなわち平和、正義および開発のために代表民主制が不可欠であることを再確認する。持続可能な発展のため、われわれは、民主的な制度および価値観を強化し促進することが求められている。

4. グローバル化、融和を目指した取り組み、および環境問題の複雑性が、西半球の国々に対して課題と機会を与えることを認識し、われわれは共に進むことを誓約する。

5. われわれは、西半球にある国々が今日直面しているニーズと責任が多様であることを認識する。持続可能な発展は、すべての国々が同じ開発のレベルにあること、同じ能力を有すること、あるいはそれを達成するために必ずしも同じモデルを使えることを期待するものではない。地球環境劣化への寄与度が異なることを考慮し、各国は、地球規模での持続可能な発展の探求において、共通だが差異のある責任を有する。われわれは、持続可能な発展の便益が西半球のすべての国々、特に開発途上国、およびすべての人口区分に行き渡るよう取り組むべきである。

 われわれは、地理的状況、大きさ、および経済規模等の要因によって、特に自然災害に対してその環境の脆弱性が高い小島嶼国に特別の注意を払う。

6. 貧困の軽減は持続可能な発展の不可欠な部分である。繁栄の便益は、人間と自然の相互関係に注意を向ける政策を通してのみ獲得される。持続可能な発展のための政策およびプログラムを策定する際、先住民、少数民族、女性、青年および子どものニーズに対して、および開発プロセスへの彼らの全面的な参加を促進することに対して、特に注意が払われるべきである。障害を持った人々および高齢者の生活環境にも特別の注意が払われるべきである。
7. われわれは、持続可能な発展の目的を達成するために、プログラム、政策および制度的枠組みを確立し強化する。地球サミットでの資金源に関する約束を促進するために実施されている国際協力や、双方の合意に基づき特恵的な条件など公平かつ友好的な条件で行う技術移転により、各国の努力を補完すべきである。
8. われわれは、持続可能な発展の基本的な必要条件として、政策およびプログラムやその設計、実施および評価を含む意思決定プロセスにおいて、市民社会の広い参加を支援し奨励する。このため、われわれは市民参加の制度的メカニズムの拡充を促進する。
9. 持続可能な発展に関する本首脳会議は、人々の生活の質の向上に向けた共通の探求において米州諸国が協力するパートナーシップの礎となる。これは、統合的かつ補完的な経済、社会および環境の目的の上に確立されるものである。

　われわれの国々および地域のこれまでの経験を出発点として、ここに行動計画を作成する。同計画により各国は時宜を得た行動を約束し、その目的のために必要な資源を確保する。

10. 上記の原則に従い、持続可能な発展に向けた米州行動計画の適用に関して、われわれは以下の点を強調する。

a. 衡平な経済発展

　われわれのすべての国民にさらなる社会的公正をもたらすため、国際的な経済・財政システムが地域経済の成長と持続可能な発展を支援することを確保するような、効果的かつ継続的な対策を実施する。現在この分野で展開されている世界貿易機関（WTO）の貿易と環境委員会の取り組みを考慮に入れながら、環境を保護するとともに、開かれた衡平かつ非差別的な多国間貿易システムを保護することにより、貿易と環境の相互支援的な関係を強化する。われわれは、効果的かつ適切な環境政策を維持する一方で、市場へのアクセスを改善する大きな必要性を認識している。この点に関して、関税および貿易に関する一般協定／世界貿易機関（GATT/WTO）やその他の国際的義務に従い、隠された貿易制限を回避する。特に中小企業、零細企業、協同組合およびその他の生産組織などの民間部門による持続可能な発展戦略への全面的な参加は、その資源とダイナミズムを活用するために必要不可欠である。この戦略では、環境と開発の問題を扱う包括的政策のバランスがとられなければならない。

b. 社会的側面

　広くわれわれの社会、特に女性と子どもに影響を与えるような、貧困と社会的無視を軽減するための取り組みを強化する差し迫った必要性がある。われわれは、行動計画で決定されたものを含め、関連する措置およびプログラムを通して、適切なレベルの栄養摂取、食糧安全保障の向上、基本的な医療と飲料水、および雇用と住居への衡平かつ効果的なアクセスを促進する。また、特に最も脆弱な集団を考慮に入れながら、すべての人々のために公害防止ときれいな環境を確保するよう模索する。また、人間の尊厳を重視する一方で、社会の文化的多様性、ジェンダーの衡平性、平和と民主主義と自然を敬う特に子どもと青年向けの教育プログラムを尊重し促進する戦略を展開する。これに関連して、「汎米憲章　持続可能な人間開発における健康と環境」に定められた原則と優先順位を、必要に応じて実施する。

c. 健全な環境

持続可能な発展に向けた計画と意思決定を行うためには、社会的、経済的要因に加えて環境面での配慮を理解し、統合することが求められる。環境へ及ぼす悪影響を必要に応じて認識、防止、最小化、あるいは緩和するために、われわれの政策、戦略、プログラムおよび事業の環境影響を国内で、および国際協定の枠組みにおいて評価する。

d. 市民参加

われわれは、集団、組織、企業、および個人（先住民を含む）が、持続可能な発展に関して考えを表現し情報と伝統的知識を交換するような機会の増加を促す。また、それらの人々の生活に影響を与える決定の形成、採択および実行に効果的に参加する機会の増加も促す。

e. 技術の開発と移転

環境に配慮した効果的な技術の開発、採用、適合および応用は、持続可能な発展を保証するうえで重要な役割を果たす。

そのために、適切な技術の移転とアクセスを促進する取り組みを、西半球で継続すべきである。われわれは、市場メカニズムの果たす役割を認識しており、訓練および共同作業プログラムを通じて、および情報源へのアクセスの向上を通じて、技術移転の機会を促進する。これに加えて、国内の科学技術能力を、国際協力によって補完することにより、強化する。

f. 財　　源

リオ・サミットでの約束に見られるように、行動計画に明示された取り組みの実施には、財源の準備を必要とする。これは、革新的な資金メカニズムで補完すべきである。これに関連して、われわれは、西半球の取り組みに対する、国際機関および金融機関の強力な支援の重要性を強調する。

g. 法的枠組みの強化

この持続可能な発展のためのパートナーシップの枠組みにおいて、西半球の国家間の関係は、国際法のルールおよび原則に基づく。国際環境法における展開を考慮し、持続可能な発展の概念を反映させるために、必要に応じて国内法の改正と近代化を促進する。該当する国際的および国内の法規定を効果的に施行するため、われわれは国内メカニズムも進展させる。われわれは、持続可能な発展に関する国際的な法的文書の批准あるいは加入を確保するよう模索し、その中で合意されたすべての約束を履行する。

ゆえに、1996年12月7日に、スペイン語、フランス語、英語およびポルトガル語により、サンタクルス宣言に署名し、持続可能な発展のための米州行動計画を採択する。

ミレニアム宣言の「価値」とミレニアム開発目標（2000年）

価　値

自　由

男性も女性も、尊厳を有し、飢餓から解放され、暴力・抑圧・不公平の恐怖から解放されて、生活を営み子どもを育てる権利を有する。民意に基づく民主的で参加型の統治がこれらの諸権利を最大限に保障する。

平　等

いかなる個人、いかなる国家も、開発から恩恵を得る機会を否定されてはならない。女性と男性の権利と機会の平等は保障されねばならない。

団　結

グローバルな課題には、衡平と社会正義という基本的な原則にしたがって、コストと負担が公正に分担されるような方法で、取り組まねばならない。苦しんでいる者、恩恵を受けることの最も少ない者は、最も恩恵を受ける者から支援を受ける資格がある。

寛　容

人類は、信仰、文化及び言語の全ての多様性において相互を尊重しなければならない。社会の中の差異、及び社会同士の差異を畏れてはならず、抑圧してはならず、人間性の貴重な資産として大切にしなければならない。平和の文化と全ての文明間の対話は積極的に推進されねばならない。

自然の尊重

全ての生物及び天然資源の管理においては、持続可能な発展という指針にしたがって、慎重さが示されねばならない。それによってのみ、我々が自然から享受している計り知れない富を保全し、我々の子孫に伝えることができる。現在の持続不可能な生産・消費様式は、将来の我々の福利及び我々の子孫の福利のために、変更されねばならない。

責任の共有

世界の経済・社会開発並びに国際の平和と安全に対する脅威への取り組みの責任は、

世界の国々によって分かち合われ、多角的に果たされなくてはならない。世界で最も普遍的で最も代表的な機関として、国連は中心的な役割を果たさなくてはならない。

ミレニアム開発目標（MDGs）

191の国連加盟国は、2015年までに以下の目標を達成することを約束した。

目標1
極度の貧困と飢餓の撲滅
- 1日1米ドル未満で生活する人口の割合を半減させる。
- 飢餓に苦しむ人口の割合を半減させる。

目標2
初等教育の完全普及の達成
- 全ての子どもが男女の区別なく初等教育の全課程を修了できるようにする。

目標3
ジェンダー平等推進と女性の地位向上
- 2005年までに初等・中等教育における男女格差を解消し、2015年までに全ての教育レベルにおける男女格差を解消する。

目標4
幼児死亡率の削減
- 5歳児未満の死亡率を3分の1に削減する。

目標5
妊産婦の健康の改善
- 妊産婦の死亡率を4分の1に削減する。

目標6
HIV/エイズ、マラリア、その他の疾病の蔓延防止
- HIV/エイズの蔓延を食い止め、その後減少させる。
- マラリア及びその他の主要な疾病の発生を食い止め、その後発生率を減少させる。

目標7
環境の持続可能性の確保
- 持続可能な発展の原則を国家政策及びプログラムに反映させ、環境資源の損失を減少させる。
- 安全な飲料水を継続的に利用できない人々の割合を半減する。

• 2020年までに、少なくとも1億人のスラム居住者の生活を大幅に改善する。

目標8
開発のためのグローバルなパートナーシップの推進
• さらに開放的で、ルールに基づく、予測可能でかつ差別的でない貿易及び金融システムを構築する。国内及び国際的な良い統治、開発及び貧困の削減への取り組みを含む。
• 後発開発途上国の特別なニーズに取り組む（①後発開発途上国からの輸入品に対する無税・無枠、②重債務貧困国〈HIPC〉に対する債務救済のための拡大プログラム、③貧困削減にコミットしている国に対するより寛大な政府開発援助〈ODA〉の供与を含む）。
• 内陸開発途上国及び小島嶼開発途上国の特別なニーズに取り組む。
• 債務を長期的に持続可能なものとするために、国内及び国際的措置を通じて開発途上国の債務問題に包括的に取り組む。
• 開発途上国と協力し、適切で生産的な仕事を若者に提供するための戦略を策定する。
• 製薬会社と協力して、開発途上国において、人々が安価で必要不可欠な医薬品を入手できるようにする。
• 民間部門と協力して、特に情報・通信における新技術による利益が得られるようにする。

出所： http://www.mofa.go.jp/Mofaj/kaidan/kiroku/s_mori/arc_00/m_summit/sengen.html
http://www.mofa.go.jp/Mofaj/gaiko/oda/doukou/mdgs/handbook.html

持続可能な発展に関するヨハネスブルグ宣言（2002年9月）

我々の起源から将来へ

1 我々、世界の諸国民の代表は、2002年9月2日から4日にかけて南アフリカのヨハネスブルグで開催された持続可能な発展に関する世界首脳会議に集い、持続可能な発展への公約を再確認する。
2 我々は、万人のための人間の尊厳の必要性を認識した、人間的で、公正で、かつ、思いやりのある地球社会を建設することを公約する。
3 この首脳会議の初めに、世界の子どもたちは我々に対し、素朴であるがはっきりとした口調で未来の世界は彼らのものであると語りかけ、我々すべてに対して、我々の行動を通じて、彼らが貧困、環境破壊及び持続可能でない開発形態が引き起こす屈辱も不当もない世界を相続することを確保するよう求めた。
4 我々の未来全体を代表するこれらの子どもたちに対する回答の一環として、世界の隅々から集い、異なる生活体験を持つ我々全員は、緊急に新しくより明るい希望の世界を作り上げなければならないとの深い意識により結束し、動かされている。

5　したがって、我々は、持続可能な発展の、相互に依存しかつ相互に補完的な支柱、即ち、経済開発、社会開発及び環境保護を、地方、国、地域及び世界的レベルで更に推進し強化するとの共同の責任を負うものである。

6　人類発祥の地であるこの大陸から、我々は、互いに対する、より大きな生命共同体と我々の子どもたちに対する責任を、実施計画とこの宣言を通じて宣言する。

7　我々は、人類が今分岐点に立っていることを認識し、貧困撲滅と人類の発展につながる現実的で目に見える計画を策定する必要に応じるために、確固たる取り組みを行うとの共通の決意で団結した。

ストックホルムからリオデジャネイロを経てヨハネスブルグへ

8　30年前に、我々は、ストックホルムにおいて環境悪化の問題に緊急に対処する必要性について合意した。10年前に、リオデジャネイロで開催された国連環境開発会議において、我々は、リオ原則に基づき、環境保全と社会・経済開発が、持続可能な発展の基本であることに合意した。そのような開発を達成するために、我々はアジェンダ21及びリオ宣言という地球規模の計画を採択したが、我々はこの計画への公約を再確認する。リオ会議は、持続可能な発展のための新しいアジェンダを決定した重要な画期的出来事であった。

9　リオとヨハネスブルグとの間に、世界の国々は、ドーハ閣僚会議のみならずモンテレイで行われた開発資金国際会議を含む国際連合の主導の下のいくつかの主要な会議に、集った。これらの会議は、世界のために、人類の未来の包括的なヴィジョンを明示した。

10　ヨハネスブルグ・サミットで、我々は、持続可能な発展のヴィジョンを尊重し実施する世界に向けて、共通の道のために建設的な探求を行う中で諸国民と様々な意見を織り交ぜたタペストリーを織り上げるために、多くのことを達成した。ヨハネスブルグではまた、地球のすべての国民の間で地球規模の合意とパートナーシップを達成することに向けた重要な前進があったことが確認された。

我々が直面する課題

11　我々は、貧困削減、生産・消費形態の変更、及び経済・社会開発のための天然資源の基盤の保護・管理が持続可能な発展の全般的な目的であり、かつ、不可欠な要件であることを認める。

12　人間社会を富める者と貧しい者に分断する深い溝と、先進国と開発途上国との間で絶えず拡大する格差は、世界の繁栄、安全保障及び安定に対する大きな脅威となる。

13　地球環境は悪化し続けている。生物多様性の喪失は続き、漁業資源は悪化し続け、砂漠化は益々肥沃な土地を奪い、地球温暖化の悪影響は既に明らかであり、自然災害はより頻繁かつ破壊的になり、開発途上国はより脆弱になり、そして、大気、水及び海洋の汚染は何百万人もの人間らしい生活を奪い続けている。

14　グローバリゼーションは、これらの課題に新しい側面を加えた。急速な市場の統合、資本の流動性及び世界中の投資の流れの著しい増加は、持続可能な発展を追求するための新たな課題と機会をもたらした。しかしながら、グローバリゼーションの利益とコストは不公平に分配され、これらの課題に対処するに当たり開発途上国が特別な困難に直面している。

15 我々は、これらの地球規模の格差を固定化する危険を冒しており、また、我々が貧困層の生活を根本的に変えるような方法で行動しない限りは、世界の貧困層は、彼らの代表と我々が公約している民主的制度に対する信頼を失い、その代表者たちを鳴り響く金管楽器かじゃんじゃんと鳴るシンバル以外の何ものでもないとみることになるかもしれない。

持続可能な発展への我々の公約

16 我々は、我々の集合的な力である豊かな多様性が、変革のための建設的なパートナーシップのために、また、持続可能な発展の共通の目標の達成のために用いられることを確保する決意である。

17 人類の連帯を形成することの重要性を認識し、我々は、人種、障害、宗教、言語、文化、伝統にかかわりなく、世界の文明・国民間での対話と協力を促進するよう求める。

18 我々は、ヨハネスブルグ・サミットが人間の尊厳の不可分性に焦点を当てていることを歓迎し、目標、予定表及びパートナーシップについての決定を通じて、清浄な水、衛生、適切な住居、エネルギー、保健医療、食糧安全保障及び生物多様性の保全といった基本的な要件へのアクセスを急速に増加させることを決意する。同時に、我々は、互いに、資金源へのアクセスを獲得し、市場開放からの利益を得て、キャパシティー・ビルディングを確保し、開発をもたらす最新の技術を使用し、また、低開発を永遠に払いのけるための技術移転、人材開発、教育及び訓練を確保できるよう共に取り組む。

19 我々は、人々の持続可能な発展にとって深刻な脅威となっている世界的な状況に対する闘いに特に焦点を当て、また、優先して注意を払うとの我々の約束を再確認する。これらの世界的状況には、慢性的飢餓、栄養不良、外国による占領、武力衝突、麻薬密売問題、組織犯罪、汚職、自然災害、武器密輸取引、人身売買、テロリズム、不寛容と人種的・民族的・宗教的及びその他の扇動、外国人排斥、並びに特にHIV/AIDS、マラリア及び結核を含む風土病、伝染性・慢性の病気が含まれる。

20 我々は、女性への権限付与、女性の解放及び性の平等が、アジェンダ21、ミレニアム開発目標及び持続可能な発展に関する世界首脳会議の実施計画に含まれるすべての活動に統合されることを確保することを約束する。

21 我々は、地球社会がすべての人類の直面している貧困撲滅と持続可能な発展という課題に対処するための手段を持ち資金を与えられているとの現実を認識する。我々は共に、これらの利用可能な資金が人類の利益のために利用されることを確保するために更なる手段を講ずる。

22 この点に関し、我々の開発目標の達成に貢献するために、我々は、政府開発援助が国際的に合意されたレベルに達していない先進国に対し、具体的努力を行うよう要請する。

23 我々は、地域的協力を振興し、国際協力を改善し、持続可能な発展を推進するために、アフリカ開発のための新パートナーシップ（NEPAD）のような、より強力な地域集団や同盟の出現を歓迎し、支援する。

24 我々は、小島嶼開発途上国やLDCの開発ニーズに対し引き続き特別の注意を払うこととする。

25 我々は、持続可能な発展における先住民の極めて重要な役割を再確認する。

26 我々は、持続可能な発展が長期的視野とあらゆるレベルにおける政策形成の際の広範な参加、意思決定及び実施が必要であることを認識する。社会的パートナーとして、我々は、主たるグループの役割の独立した重要な役割を尊重しつつ、これらすべてのグループとの安定したパートナーシップのために引き続き尽くすつもりである。

27 我々は、大企業も小企業も含めた民間部門が、合法的な活動を追求するに際し、公正で持続可能な地域共同体と社会の発展に貢献する義務があることに同意する。

28 我々はまた、「労働における基本的原則及び権利に関する国際労働機関（ILO）宣言」を考慮しつつ、所得を生み出す雇用機会を増大するために支援を行うことに合意する。

29 我々は、民間部門の企業が透明で安定した規制環境の中で実行されるべき企業の説明責任を強化する必要があることに合意する。

30 我々は、アジェンダ21、ミレニアム開発目標及び持続可能な発展に関する世界首脳会議の実施計画の効果的な実施のために、あらゆるレベルでガバナンスを強化し改善することを約束する。

多国間主義が未来である

31 持続可能な発展の目標を達成するためには、我々は、より効果的、民主的かつ責任のある国際的な及び多国間の機関を必要としている。

32 我々は、国連憲章と国際法の原則と目的並びに多国間主義の強化に対する我々の公約を再確認する。持続可能な発展を推進するのに最も適した立場にある世界で最も普遍的で代表的な機関である国際連合の主導的役割を支持する。

33 我々は更に、我々の持続可能な発展の目標と目的の達成に向け、進捗状況を定期的に監視することを約束する。

ことを起こせ！

34 我々は、これがこの歴史的なヨハネスブルグ・サミットに参加したすべての主なグループと政府を含んだ包含的プロセスでなくてはならないことについて合意している。

35 我々は、地球を救い、人間の開発を促進し、そして世界の繁栄と平和を達成するという共通の決意により団結し、共同で行動することを約束する。

36 我々は、持続可能な発展に関する世界首脳会議の実施計画及び、その中に含まれる時間制限のある、社会的・経済的・環境的目標の達成を促進することを約束する。

37 人類のゆりかごであるアフリカ大陸から、我々は、世界の諸国民と地球を確実に受け継ぐ世代に対し、持続可能な発展の実現のための我々の結束した希望が実現することを確保する決意であることを厳粛に誓う。

出所： http://www.mofa.go.jp/Mofaj/gaiko/kankyo/wssd/sengen.html

付録4： 市民社会による主な代替的協定

（NGO代替条約は、1992年6月1日から15日にリオデジャネイロで開かれた「グローバル・フォーラム」にて策定されたもの。これらの文書の本文は、www.igc.org/habitat/treaties/index.html で参照が可能）

宣言および一般原則

1 市民地球宣言
2 リオデジャネイロ宣言
3 地球憲章
4 地球の生態の状態と行為に対する倫理的誓約

教育、コミュニケーション、協力

5 持続可能な社会と地球規模の責任のための環境教育に関する条約
6 コミュニケーション、情報、マスコミおよびネットワーキングに関する条約
7 NGO の協力と資源の共有に関する条約
8 技術交流のための技術銀行連帯制度に関する条約
9 NGO の世界的な意思決定に関するリオ枠組み条約
10 NGO の行動規範

代替経済問題

11 代替経済モデルに関する条約
12 貿易と持続可能な開発に関する代替条約
13 債務に関する条約
14 南北アメリカ市民条約
15 資本逃避と汚職に関する条約
16 多国籍企業に関する条約： 企業行為に対する民主的規制

消費、貧困、食糧および生存

17 消費とライフスタイルに関する条約
18 貧困に関する条約
19 食糧安全保障条約
20 持続可能な農業に関する条約
21 淡水に関する条約
22 漁業に関する条約

気候、エネルギーおよび廃棄物

23 気候変動に関するNGO代替協定
24 エネルギーに関する条約
25 廃棄物に関する条約
26 核問題に関する条約

土地および天然資源

27 森林に関する条約
28 乾燥帯、半乾燥帯に関する条約
29「セラード」（ブラジルの低木地帯）に関する条約

海洋問題

30 海洋環境汚染
31 海洋生態系の物理的改変の最小化
32 地球大気の変化からの海洋保護
33 保護海域
34 人類の遺産であるグアナバラ湾に関する決議

生物多様性とバイオテクノロジー

35 生物多様性に関する市民の誓約
36 海洋生物多様性条約
37 生物多様性保全に向けての科学的研究の構成に関する議定書案
38 バイオテクノロジーに関する市民の誓約

分野横断的問題

39 公正で健康な惑星・地球を求める世界NGO女性条約
40 人口、環境および開発に関する条約
41 青少年に関する条約
42 子供および未成年者の擁護と保護に関する条約
43 NGOと先住民の間の国際条約
44 人種差別に反対する条約
45 軍国主義、環境、開発に関する条約
46 都市化に関する条約

付録5：ガバナンスの文書化

地球環境ガバナンスの会合の目的は、その会合の既定の目標を達成するための活動を導く一連の決定を行うことだが、どんどん増加する一連の文書を作成しているにすぎないように見えることがある。これらのすべての文書を管理するために、最初のページの右上端に文字と数字を組み合わせた3～5行の文書記号・コードが記載されており、担当機関や補助機関、会合、識別番号、進捗状況、作成日または承認日、使用言語、といった文書の内容を示している。多くの政府機関と条約には類似点もあるが、相違点もある。たとえば、国連は大文字による記号を使用するが、他の政府機関は小文字を使用することもあり、米州機構（OAS）は、文書が英語やフランス語やポルトガル語で作成されていても、記号にはスペイン語を使用する。すべての略語の意味を解読することは、会合の経過を追い、探している文書をのちに見つける際に、初心者が直面する最初のハードルのひとつである。ここではより一般的な略語の一部を挙げる。その他については、本書の「略語一覧」の中に掲げる。国連の文書記号の説明は、www.un.org/depts./dh/resguides/symbol.htm を参照。

一般にコードの構成単位は、斜線「／」（ときにはピリオド「.」やハイフン「-」）で区切られている。最初の文字群は親機関や母体、2番目の文字群は補助機関を示す。次の文字群は会合や活動を表し、それに続く数字は、文書が発表された会合の会期、そして初版、補遺、改正、修正のいずれであるかを示す。また、文書の配布形式（部外秘、一般、内部、限定など）、さらに、参考情報にすぎないのか、あるいは任命された加盟国やオブザーバーによる発言、逐語的な記録または要約、決議、ワーキングペーパーまたは請願書のどれに当てはまるかなどの追加情報が示される。文書の表紙には、主催機関の正式名称、会合の場所と日付、文書名の情報があるかもしれない。以下は1ページ目の右上端に見られる例である（そのうちの主な行は文書全体の各ページにも掲載されることが多い）。

Dist
GENERAL
UNEP/CBD/COP/3/Inf.20
20 September 1996
ORIGINAL: ENGLISH

この表示によると、この文書はそもそも英語で作成され、1996年9月20日に一般向けに配布された。そして、国連環境計画（UNEP）が主催する生物多様性条約第3回締約国会議のために作成された一連の情報文書の20番目に該当する。これはわかりやすい例である。かなり難解になっても（そうなるものだが）、慌てなくてもいい。以下の表を参照しながら解読できるかもしれない。あるいは近くの人に尋ねてみるといい。もちろん、近くの人もわからないだろうが、わからないのが自分ひとりだけではないとわかれば、ほっとするだろう。

文書の識別表示

略語	名称や説明	機関
A	集会、総会	GEF, UN
A1, A2 ...	付録1、2…	UN
Add.	補遺、提出済みの文書の第2部	UN
AC	アドホック委員会	UN
AG	総会	OAS
Amend.	採択された本文の一部について、関係当局の決定による変更	UN
C	議会	GEF
C	常設委員会／主委員会	UN
CN	①会議の文書、②委員会の文書、③委員会	UN
Conf.	会議書類	
CONF.	会議書類	UN
COPdoc	締約国（会議）文書	UN
Corr.	訂正	
CP	会議前文書（暫定的なおよび通常の文書と議題）	UN
CP	常任理事会	OAS
CRP	会議室文書（交渉中に使用するワーキングペーパー）	
Dist.	文書の配布	
DP	国連開発計画	UN
E	経済社会理事会	UN
E	臨時会議	OAS
E	①英語、②編集済み、③幹部	UN
ED	幹部指令	UNEP
G	一般配布	UN
GC	管理理事会	UN
GET/PMA	環境保護に関する特別作業部会	OAS
GT	常任理事会作業部会	OAS
IDP	内部協議文書	WB
IDR	（国別報告書の）詳細な審査	WB
Inf.	情報文書	
INF	情報シリーズ	UN
INF. docs	情報文書（背景	
JD	理事会	OAS

L	限定配布	
L. docs	限定文書	
LC	中南米とカリブ海諸島	
Misc. Docs	その他文書（参加者／オブザーバーの意見書、参加者名簿）	
NC	国別報告書	UN
Non-paper	非公式文書（交渉を助ける非公式の会期中の文書）	UN
OEA	米州機構（OAS）	OAS
OP	運用手順、操作手順	WB
P	序文、前文	UN
PC	準備委員会	UN
PET	請願書	UN
PRST	安全保障理事会議長声明	UN
PV	会議の逐語的な記録	UN
R	配布制限、アクセス制限	UN
Rec.	勧告（勧告 1、勧告 2 など）	
RES (or Res)	決議	
Rev.	改訂（以前に発行された文書との差し替え）	
S	安全保障理事会	UN
SA	議事録のまとめ	
SC	小委員会	
Ser.	シリーズ	
Ser. A	OAS の署名のために開放されている多国間協約、条約、協定	OAS
Ser. B	OAS が参加している協定	OAS
Ser. G	常任理事会	OAS
Ser. L	米州特別機関	OAS
Ser. M	OAS に寄託された 2 国間および地域的な条約	OAS
Ser. P	総会	OAS
SR	会議の要約記録	UN
SS	特別議会	
ST	事務局	UN
Sub.	小委員会	UN
Summary	要約版	
TD	国連貿易開発会議	UN
TP	技術文書	
UNEP	国連環境計画	UN
WG	作業部会	
WP	作業文書	UN

付録6：ランダムな定義

以下の定義は大学院生と政府や非政府組織（NGO）の「環境」部門で働いている専門家に、「環境」「生態学」「生態系」「持続可能な発展」の定義について質問した際の回答である。質問は、空間計画と環境ガバナンスと自然資源管理に関する短期コースの開始時に行われた。（出所：リチャード・E・ソーニエの個人的なファイル）

環　境

- 国立公園、原生自然、野生生物。
- 自然と人工の両方によって生じる多くのさまざまな要素の組み合わせ。
- 土地、水、大気のシステムに関する周辺環境。
- 生物と非生物が存在する物理的および化学的な領域。
- 特定の地域を囲む生物圏。
- 人間を取り囲み、限られた空間内にある、自然および人工のすべてのもの。
- 植物、動物、水、土壌、大気など、私たちの周辺地域にあるものすべて。あらゆるものが相互依存している。ゆえに互いに影響を及ぼす。
- 生態系の集まり。
- 相互に機能し合う、植物相・動物相、地質学的な、水文学的な、大気中の構成部分。
- すべてのシステムの継続性に影響を及ぼす外的要因。
- 気候学、土壌、水、植物、動物などの自然の要素の集まり。
- 人間や動物などすべての生き物が相互作用する場所の集合体。
- 汚染などのように、小さいまたは広い地域で発生する多くの側面。
- 生き物が暮らす周辺環境。無機物と有機物を含む。
- 生き物の生息が可能な（あるいは生息が不可能な）周辺環境。
- 気候、植生、土壌など、周囲にある要因の総計。
- 広義では、環境という概念は、その内部に存在する対象物の生命になんらかの影響を及ぼす周辺環境のこと。
- 特定の地域で連携または依存し合う多くの異なる部分を含む媒体。
- 人間（またはあらゆる生き物）の周辺環境。
- 人間が相互に作用し合う地域や空間。
- 誰かの環境とは、彼（彼女）を囲むもの。
- 動物（人間と野生生物）、水、大気、土地などを含む自然の投入量の組み合わせ。環境なしでは生命は存在しない。
- 周辺環境への配慮。国の資源を守ること。
- 人間、植物、動物など、さまざまな形態の生命になんらかの形で影響を及ぼす周辺環境のあらゆる側面。

- 自然および人工の周辺環境。
- 環境とはすべてのもの。
- ５つの再生可能な自然資源を生産する多くの生態系の集まり。
- 空間。
- 大気圏。土地、太陽、空気、海など、自然に関係するすべてのもの。人間とその周囲。
- 人間活動を左右する自然条件の集まり。
- 私たちのまわりの空間。
- ある場所の主な特徴。
- 発展という点で相互に依存し合う、自然環境を形成する要素の集まり。生態系。
- それぞれの間で築かれた相互関係を含む物理的・社会的・経済的な周辺環境。この周辺環境の中では生命が発達し、一般に生き物の生命はこの周辺環境の影響を受ける。
- 水、大気、土地、動物、人間などを含む自然環境。(2) 広義には、家、教育などの人間開発指標を含む。
- 世界全体を取り囲み、これに影響を及ぼす、すべての自然。
- 私がほしいまたは必要なときに、私がほしいまたは必要な場所で、私がほしいまたは必要なもの。
- 多様な主体で構成される相互依存。
- 生きている理由。
- 私たちが暮らし、働き、遊ぶ場所。
- 私たちが生き、私たちを維持する空間。
- 生命に影響を及ぼし、維持する、すべての物理的および社会的な側面。

生 態 学

- 生物間のさまざまなつながり、および生物と環境との関係について研究する科学。
- 環境について研究するための科学。
- 生態系には海洋、河川、湖など多くの側面があることを意味する。
- 生態系の組み合わせと、生態系内および生態系同士でどのように相互に作用し合うか。
- 生き物および生き物と環境との関係についての研究。
- 環境について研究する科学。
- 気候に関連する専門分野。すなわち、ある環境での生き物の暮らし方。
- 生き物を扱う科学。
- 環境とそこにすむすべてのものの研究。
- 生き物と環境の相互関係の研究。
- 地球のさまざまなシステムと環境についての科学的な領域または研究。
- 地球の自然資源とその相互作用についての研究。
- 環境の生物および非生物の構成要素の間の相互作用に関する研究。
- まわりの環境とその仕組みに関する研究。
- 環境の研究。
- 生態系の研究（生態系内の動植物）。

- 特定のものの科学（植物相・動物相）。
- 植物、動物、環境の相互作用を理解する科学。
- 自然資源以外の物質を扱う科学。

生 態 系

- 植物、動物、木、環境を含む地域の分類。生態学的な重要性の点で特有の性質を持つ地域。
- 地球の自然環境と動物などの生き物との相互作用。
- 環境の生物的および非生物的な構成要素。
- 自然環境システムの構成要素。
- 特定の地域内の自然環境。
- 自然システムとそのシステム内のすべての関連する動植物種。また、そのシステムの環境（天気や気候、地理など）。
- 個々の均衡のとれた集合。
- 定義可能な生態系を構成する植物、動物、水、土地など。たとえば、エバグレイズ（フロリダ州の大沼沢地）の生態系は、北から南へ流れる水、アメリカワニ、ガー（硬鱗魚）、ヘビウ、サンゴや石灰岩が含まれる土壌、亜熱帯気候などで構成される。
- ある出来事での構成要素で、測定可能な自然要素の集まり。

持続可能な発展

- 開発において環境、公衆、社会の問題を重視することにより、将来の「スマート・グロース」を促進して、将来に構築されるものの質を維持または改善しようという概念。
- 枯渇を制御するように地球の資源を活用すること。これらの資源を、環境が可能な限り速やかに回復できるような方法で利用することで、さらなる開発が可能になる。
- 人間が「開発」という場合、与えられた自然資源を搾取および使い果たすことを本質的に意味するので、「持続可能な存在」という名称のほうがよいかもしれない。
- 存在する生態系と環境を、私たちが存続できるように、理想的で最適のレベルで永続化させるという考え。
- 自立的で外部の干渉なしで継続することが可能な開発。
- 他のものを悪化させない開発レベル（現在の生息地や、現在の流出量を維持するなど）。これを超えた開発レベルは、周辺地域に悪影響を与える。
- 均衡のとれた環境。
- 生物多様性を保護する開発（絶滅を起こさず、独特の生態系を守り、現在と未来の世代のために十分な「緑の空間」を残す）。
- すべてのシステムの連続した改善。
- 生活の質の向上。
- 人間が置かれた状況の改善。

日本語索引

あ

アースデイ　128
青の革命（1）　91
青の革命（2）　91
アキ・コミュノテール　72
悪影響　74
アグフレーション　74
アグレマン　75
アグロ・エコシステム　75
アグロ・フォレストリー　75
アジア開発銀行　80
アジア太平洋経済協力　80
アジア太平洋水フォーラム　80
アジアの褐色雲　80
アジェンダ21　74
［アジェンダ21］実施のレビューと評価を行う国連環境開発特別総会（UNGASS）のアタッシェ　82
アップサイクリング　276
アドインテリム　73
アドボカシー　74
アドホック・グループ　72
アトラクター　82
アドレフェレンドゥム　73
アプリオリ　71
アフリカ開発銀行　74
アフリカ統一機構　214
アフリカのための新パートナーシップ　208
アフリカ復興計画　74
アフリカ緑の革命同盟　76
アフリカ連合　74
アプレシス　71
アプローチ　78
アポステリオリ　71
アマゾン協力条約（機構）　77
アマゾン流域先住民組織の調整グループ　112
アラカルト多国間主義　204
アラブ経済社会開発基金　79
アラブ水会議　79
アラブ連盟　193
アリカンテ宣言　76
アルスター大学 UNESCO センター　262
アルタナ　76
アルバ議定書　79
アルベド　76
安全保障理事会　241
アンタント　135
安定性　246
アンデス開発公社　77
アンデス共同体　77
アンデス自由貿易協定　78
アンブレラグループ　261
アンブレラ条約　261
暗黙知　254
イードゥン　132
委員会　104
イエロー・ページ　292
異議　212
閾値問題　256
イケア式開発　174
移行域　258
移行帯　132
意思決定　118
萎縮的効果　99
イスラム開発銀行　186
イスラム途上国8カ国　117
一次下水処理　223
一次処理　223
一次生産量　223
一極世界　264
一国主義　264
一酸化炭素　96
逸脱（水質の）　146
一般概観会合　257
一般職員　157
一方的　264
遺伝子　156
遺伝子組み換え生物（Genetically modified organism）　157
遺伝子組み換え生物（Living modified orga-

nisms） 195
遺伝資源の原産国 114
遺伝子工学 157
遺伝子資源 157
遺伝素材 157
遺伝的多様性 157
井戸 284
移動耕作 242
移動性野生動物種の保全に関する条約 111
イニシアティブ 176
移入種 185
委任統治領 196
「命のための水」国際行動の10年（2005～2014年） 266
イプソファクト 185
イベリア・アメリカ・グループ 174
イベリアン・アメリカ 174
インターアリア 178
イントラファウケストラ 185
インフォーマル・セクター 176
インフォーマル経済 176
インフォーマル雇用率 176
飲料水 222
ウィーン方式 278
「ウィン・ウィン」の選択肢 285
ウィンドファーム 285
ウェストファリア条約 284
ウォーター 280
ウォーター・ニュートラル 282
浮き魚 218
受取意思額 285
ウトシュタイン・グループ 276
埋め立て処分場 191
裏書 101
ウルグアイ・ラウンド 276
ウルトラ・ヴィーレス 261
運営委員会 93
運営フォーカル・ポイント 213
運転・保守 213
エアベース 75
エアロゾル 74
永久凍土 218
衛生的な埋め立て 239
栄養段階 259
栄養分 211
英連邦 105
エーカー・フィート 72
エクスアエクオボノー 145
エクスグラティア 146
エクスプロピオモトゥ 145
エコシステム・アプローチ 131
エコ税 132
エコツーリズム 132
エコテロリズム(1) 129
エコテロリズム(2) 130
エコ認証 129
エコロジー 130
エコロジー経済学 130
エコロジカル・フットプリント 130
エスチュアリー 141
エタノール 141
越境汚染 258
越境ガバナンス 258
越境環境影響評価条約（エスポー条約） 111
越境診断分析 258
越境水 258
越境水路及び国際湖沼の保護および利用に関する条約（ヘルシンキ条約） 112
越境淡水紛争データベース 258
越境の 257
エックス・ファイル 291
エドメモワール 75
エネルギー・フットプリント 134
エネルギー供給源の分散化 118
エネルギー効率 134
エマージェンス 133
エメラルドネットワーク 133
エルガオムネス 141
エルダーズ 132
エルニーニョ現象 132
演繹的な 71
沿岸域 103
沿岸権 236
沿岸帯 195
援助（Aid） 75

援助（Assistance） 81
援助国 125
援助国会議 125
援助疲れ 125
援助保険 75
塩水化 239
エンド・オブ・パイプ対策 134
エンパワーメント 133
塩分濃度 239
塩類化 239
欧州委員会（EC） 142
欧州委員会委員長 142
欧州開発基金 142
欧州環境情報·観測ネットワーク（EIONET） 132
欧州環境情報報·観測ネットワーク（European Environment Information and Observation Network 142
欧州環境庁 143
欧州議会 143
欧州憲法 142
欧州自然情報システム 143
欧州滝環境視覚化サービスサイト（エア・ビュー） 76
欧州通貨制度 143
欧州通貨単位 142
欧州投資銀行 143
欧州トピックセンター 143
欧州についての議論 118
欧州評議会 113
欧州復興開発銀行 141
欧州理事会 142
欧州理事会議長国 142
欧州連合 143
欧州連合環境刑法 144
欧州連合条約（European Union Treaty） 144
欧州連合条約（Treaty on European Union） 259
欧州連合指令 144
欧州連合炭素排出削減イニシアティブ 144
欧州連合の機能に関する条約 144
欧州連合の３つの柱 144
横断的課題 115
オーストラリア国際開発庁 82
オーダーメード経済 254
オーフス条約 71
沖合 213
屋外外交 237
おしゃべりの場 254
オスパール条約 215
オスロ・パリ条約 215
オスロ条約 215
汚染者負担 221
汚染者負担原則 221
汚染相殺 221
汚染物質 109
汚染防止 221
オゾン 215
オゾン層 215
オゾン層の保護のためのウィーン条約 110
オゾン層破壊物質 215
オゾン層を破壊する物質に関するモントリオール議定書 203
オゾンホール 215
オックスファム 215
オブザーバー 212
覚書 75
温室効果 166
温室効果ガス 166

か

カーボン・キャピタルファンド 95
カーボン・フットプリント 96
カーボンオフセット 96
カーボンオフセットの追加性 96
カーボンクレジット 95
カーボンニュートラル監査 96
カーボンニュートラル輸送 96
ガイア仮説 156
ガイアの「復讐」仮説 156
海外直接投資 151
改革をともなう外交 258
会議 107
会期間会合 185
会議室文書 107

会計年度　149
外交　123
外交活動のための実業家グループ　93
外交官 (1)　123
外交官 (2)　123
外交官 (3)　123
外交関係と領事関係に関するウィーン条約　278
外交官の階級　123
外交語　123
外交行嚢（Diplomatic bag）　123
外交行嚢（Diplomatic pouch）　123
外交団　123
外交特権　123
外交免除　123
外国嫌い　291
外国好き　291
外在的価値　147
介入シナリオ　185
介入の義務　126
皆伐　101
開発　121
開発援助委員会　121
開発可能な水資源　146
開発機会領域 122
開発協力 122
開発協力局　124
開発協力総局　124
開発銀行 122
開発銀行（地域）122
開発貢献度指数　104
開発事業のエンジェル投資家　121
開発途上国　120
開発ラウンド 122
外部強制力　146
外部性　146
開放型政府間閣僚級グループ　213
外務職員　152
海面上昇　240
海面養殖　197
概要　71
海洋国際環境科学局　93
海洋砂漠　212
海洋生物多様性への脅威　88
外来種（Exotic species）　146
外来種（Alien species）　76
回廊　112
カイロ計画　94
カエル跳び　193
カエル跳びの経済学　193
カオード　98
カオス　99
カオス的自然システム　99
カオスの縁　132
カオス理論　99
科学技術諮問委員会　240
科学上および技術上の助言に関する補助機関　249
化学的炭素要求量　99
科学的フィランソロピー　240
科学的分類／科学的分類法　240
科学的方法　240
化学物質の登録・評価・認可および制限に関する規則　230
鍵　189
可逆性影響　235
核エネルギー 82
角括弧（Square brackets）　246
角括弧（Brackets）　92
核脅威イニシアティブ　211
核クラブ　211
学際的研究　179
拡散型汚染 122
革新型学習　177
拡大構造調整ファシリティ　135
拡大疲れ　146
拡大メコン地域　165
確定　82
核の冬　211
核物質の防護に関する条約　111
核分裂 (Fission)　149
核分裂（Nuclear fission）　211
学名　240
確約権限　104
核融合　211
隔離効果　226

閣僚級会合（High-level <meeting> segment） 170
閣僚級会合（Ministerial <meeting> segment） 202
『かけがえのない地球を大切に』 97
影の価格 242
可航水域 207
可採資源量 231
傘条約 261
河岸所有者権 236
加重多数決 284
化石水 151
化石燃料 151
仮説 173
河川流域 236
仮想水クレジット／債務救済 278
仮想水の水取引／クレジット 283
仮想評価法 109
価値評価 277
閣下 145
褐色雲 92
活性汚泥法 72
カナート 228
カナダ国際開発局 94
加入 72
加入国 72
金持ちクラブ 235
ガバナンス 164
河畔域 236
紙切れ 92
加盟国 (1) 198
加盟国 (2) 198
カメ脱出装置 260
カリブ共同体・共同市場 97
カリブ諸国連合 81
下流活動／下流投資／川下製品 126
カルタヘナ議定書 97
カルタヘナ条約 97
カルテット（中東カルテット） 228
カレーズ 189
がん（癌） 94
環境 135
環境アセスメント 135
環境安全保障 139
環境影響評価 138
環境会計 165
環境外交（Environmental diplomacy） 137
環境外交（Green diplomacy） 166
環境開発 129
環境科学百科事典 134
環境ガバナンス 138
環境監査 135
環境管理 139
環境管理監査制度 129
環境管理グループ 139
環境基金 135
環境基金 '92 129
環境協力員会 104
環境許可制度 77
環境経済学 137
環境決定論 137
環境効率 129
環境指数 138
環境十全性グループ 138
環境賞 135
環境情報調整プログラム 112
環境税 167
環境政策 139
環境中心主義 129
環境的持続可能性指数 140
環境（的）正義 138
環境（的）正義の概念 138
環境テロリズム 140
環境と開発に関する国連会議 265
環境と開発に関するリオ宣言 235
環境と開発のためのリーダーシップ 193
環境毒物学 132
環境難民 139
環境にやさしい科学 165
環境にやさしい製品 167
環境の機会費用 139
環境の権利 235
環境の衡平性 138
環境の持続可能性 140
環境の質 139
環境のストレス要因 140

環境のティッピング・ポイント　140
環境の毒物学　140
環境破壊の不可逆性　185
環境評議会　114
環境フットプリント（個人）　138
環境フットプリント（産業界）　138
環境ベースの基準　77
環境法　139
環境保護　139
環境水文学　129
環境問題諮問委員会　114
環境問題に関する直接行動　124
環境容量　97
環境リスク　139
環境リテラシーの概念　139
環境倫理学　138
関係市民　226
勧告　231
監査　82
監視　202
慣習国際法　116
干渉する権利　235
緩衝地帯　93
冠水期間　173
関税と貿易に関する一般協定　157
岩石圏　195
間接費　215
感染爆発　216
乾燥性　291
カントリー・デスク　114
カントリー・プロフィール　114
干ばつ　126
干ばつデリバティブ　126
幹部会　223
官報　156
官民パートナーシップ　227
涵養　231
緩和策　202
キーストーン種　189
黄色い雨　292
議会（Congress）　107
議会（Parliament）　217
機会費用 (1)　213
機会費用 (2)　213
危機管理　115
危機管理計画　109
企業の社会的責任　112
起源　226
記号　252
気候回廊　102
気候行動ネットワーク　101
気候システム　102
気候の変動制　102
気候変動　101
気候変動議定書　102
気候変動に関する政府間パネル　179
気候変動の悪影響　73
気候モデル　102
気候問題における格差　102
議事進行上の問題　220
議事進行妨害　149
技術移転 (1)　255
技術移転 (2)　255
技術至上主義　254
技術植民地主義　255
技術楽観主義者　255
気象学　198
希少作物　214
希少種　230
汽水域　141
規制　233
起草グループ（委員会）　126
議題案　126
北側諸国　211
寄託機関　120
議長（President（1））　222
議長（Chair）　98
議長の友　152
議定書　226
帰納的な　71
規模の経済　131
基本給　84
基本的人権　85
基本的な水へのアクセス　85
基本流水量　84
ギャップ分析　156

キャナリゼーション　94
キャパシティ・ビルディング　94
旧京都議定書　190
救済的伐採　239
吸収源　243
吸収能力　71
吸着　73
境界パートナー　92
協議グループ　109
教訓　194
強行規範　188
共進化　103
共生　252
競争　106
協調融資　103
共通だが差異ある責任　104
協定（Compact）　105
協定（Accord）　72
協定（Agreements）　75
共同作業部会　188
共同事業　81
共同実施　188
共同実施活動　72
京都議定書　190
京都議定書の認証機関／有効化および検証を行う企業　189
京都フォレスト　189
京都メカニズム　189
協約　135
共有財　105
「共有地の悲劇」　257
共有的資源　105
協力　112
共和国／共和制　233
漁獲可能量　256
漁業管理　149
極度の貧困　147
拒否権　277
金権政治　220
銀行　83
キンバリー・プロセス証明制度　189
勤務地　126
区域排出許可量　293
クイック・ウィン　228
クオドホック　228
草の根　164
クスコ宣言　116
国　114
クラスタリング　102
グラミン銀行　164
クリアリングハウスメカニズム　101
クリーナー・プロダクション　101
グリーン・アップグレード　167
グリーン・インフラストラクチャー　166
グリーン・ウォーター／イシュー　167
グリーン・ケミストリー　165
グリーン・ゴールドラッシュ　166
グリーン・セクター　167
グリーンウェイ　167
グリーン開発と気候に関するアジア太平洋パートナーシップ　80
クリーン開発メカニズム　101
グリーンカラーの仕事　165
グリーン経済学　166
グリーン製品　167
クリーン燃料　101
グリーンピース・インターナショナル　166
グリーンフィールド　166
グリーン料金（エネルギー）　166
クリントン・グローバル・イニシアティブ　102
グレー・ウォーター・イシュー　165
クレプトクラシー　189
グローカル　163
クローニング　102
グローバル・アトラス　159
グローバル・ヴィレッジ (1)　162
グローバル・ヴィレッジ (2)　162
グローバル・ウォーター・チャレンジ　162
グローバル・コモンズ　159
グローバル・コンパクト　159
グローバル・ディベロップメント・ラーニング・ネットワーク　160
グローバル化 (1)　163
グローバル化 (2)　163
グローバル化 (3)　163

グローバル閣僚級環境フォーラム　161
グローバル化の社会的側面に関する世界委員会　287
グローバルガバナンス委員会　104
グローバル人道フォーラム　289
グローバルなエコロジカル・ガバナンスのためのパリ会議　217
クローン作成　102
クロス・コンプライアンス　115
クロロフルオロカーボン　100
区分け　293
群衆　105
群島国家　79
群落　105
ケアンズ・グループ　94
景観健忘症の概念　191
景気依存型マクロ経済政策　116
経済協力開発機構（OECD）　212
経済協力開発機構（Organisation for Economic Co-operation and Development）　213
経済協力開発機構援助委員会（DAC）リスト・パートⅠ　214
経済協力開発機構援助委員会（DAC）リスト・パートⅡ　214
経済協力開発機構国際取引における公務員に対する贈賄の防止に関する条約　214
経済効率　130
経済成長　130
経済的・社会的および文化的権利に関する国際規約　181
経済的許容限界　130
経済的評価　130
経済発展　130
下水処理　242
下水の三次処理　255
下水の二次処理　241
結果（Outcomes）　215
結果（Results）　235
結果解析　215
結果の衡平性　108
決議（Decision）　118
決議（Resolution）　234
決議 21/21　118
決議 47/191　234
決議 55/199　234
血中鉛濃度　90
ゲノム・プロジェクト　157
ケムトレイル・シールド　99
限界費用　197
研究所@ WSIS の e 戦略　177
欠缺　191
権限移譲　133
権限のある当局 (1)　106
権限のある当局 (2)　106
減災　124
原産地　98
検証　277
憲章　99
原子力（核）エネルギー　211
原子力事故の早期発見に関する条約　110
原子力損害の補完的補償に関する条約　111
原子力損害の民事責任に関するウィーン条約　278
原子力の安全に関する条約　111
原生地域　285
原生林　223
建設的曖昧さ　109
現物寄与　176
減耗割り当て　120
合意　108
合意は守られなければならない　216
公海（High seas）　171
公海（Mare liberum）　197
後悔しない対策　209
後開発途上国　193
後開発途上国基金　192
高貴　145
工業国　175
公共財　226
公共信託地　227
公共部門　227
光合成　219
鉱滓　254
交差要件　115
公使（Envoy）　140
公使（Minister）　202

公式アルファベット　76
公式声明　105
公衆　226
公衆参加　226
交渉　207
交渉国　207
交渉した科学　207
口上書　277
恒常性　171
交渉による合意に代わる最善の代替案　86
公職の権威　93
高所得国　170
硬水　282
合成生物学　252
構造調整融資　248
公聴会　170
公的機関　226
行動計画（Agenda）　74
行動計画（Plan of action）　219
合同コンタクトグループ　187
高等弁務官　170
高度処理技術　73
高度排水処理　73
購買力平価　227
衡平原則　140
衡平性 (1)　140
衡平性 (2)　140
公平な貿易　148
後法は前法を排す　194
公有地　226
公用語　192
効率性　132
航連総会　269
コーデックス　103
枯渇性資源　146
国益の概念　206
国外居住者　146
国際エネルギー機関　181
国際海事機関（IMO）の会場安全および海洋汚染防止に関する諸条約　174
国際海底機構　183
国際開発協会　181
国際開発資金会議　180
国際開発省　119
国際海洋法裁判所　184
国際花粉媒介者イニシアティブ　183
国際環境法　181
国際機関　183
国際協力機構　187
国際協力局　124
国際協力庁　124
国際金融公社　182
国際金融ファシリティ　182
国際経済協力評議会　113
国際刑事裁判所　181
国際公共財　183
国際洪水イニシアティブ　182
国際自然保護連合（IUCN）　186
国際自然保護連合（World Conservation Union）　288
国際持続可能な発展基金　183
国際司法裁判所（International Court of Justice）　181
国際司法裁判所（World Court）　288
国際社会　180
国際獣疫事務局　182
国際収支　83
国際人口開発会議　180
国際人口開発会議の行動計画　224
国際人事委員会　180
国際水域　184
国際水文学計画（UNESCO-IHE）　263
国際水路の非航行的利用の法に関する条約　111
国際生物多様性の日　181
国際赤十字・赤新月（および赤菱）社連盟（International Federation of the Re Cross, Red Crescent (and Red Crystal) Societies　182
国際赤十字・赤新月社連盟（Red Cross and Red Crescent Societies）　231
国際沈殿物イニシアティブ　183
国際通貨基金　182
国際熱帯木材機関　184
国際農業開発基金　182
国際農業研究協議グループ　109

国際標準化機構　183
国際法に対する古典的国家論アプローチ　101
国際捕鯨委員会　184
国際水管理研究所　184
国際水協会　184
国際水条約　184
国際緑十字　165
国際連合　264
国際連合公用語　213
国際連盟　193
国内総生産　167
国内避難民　180
国内便益　125
国民間法　188
国民所得勘定　206
国民所得分配係数　158
国民総所得　167
国民総所得、世界銀行アトラス法　167
国民総生産　167
国民投票　231
国立公園　206
国立内民有地　176
国連　264
国連安全保障理事会改革プロセス作業部会　273
国連ウォッチ　264
国連欧州経済委員会　267
国連改革プロセス　271
国連開発グループ　266
国連開発計画　266
国連環境計画管理理事会　164
国連環境開発会議　265
国連環境開発特別総会（リオ＋5）　263
国連環境管理グループ　268
国連環境機関　268
国連環境計画　268
国連議会会議　270
国連気候変動枠組条約　269
国連教育科学文化機関　268
国連協会　264
国連グローバル・コンパクト　270
国連経済社会理事会　267
国連決議「現在および将来世代のためのカリブ海の持続可能な発展に向けて」(A/C.2/61/L.30)　272
国連憲章　265
国連語　263
国連財団　269
国連財団／マドリード・クラブ　気候変動に関するタスクフォース　269
国連砂漠化対処条約　266
国連システム　273
国連持続可能な発展委員会　265
国連持続可能な発展のための教育の10年（2005～2014年）　266
国連資本開発基金　264
国連事務局　272
国連事務総長　272
国連事務総長の水と衛生に関する専門家パネル　273
国連首脳会合　200
国連常駐代表／調整官　271
国連常駐調整官　271
国連食糧農業機関（FAO）　148
国連食糧農業機関（United Nations Food and Agriculture Oraganization）　269
国連女性の権利・福祉機関　264
国連人権委員会　265
国連人権高等弁務官事務所　270
国連人権理事会　270
国連信託統治理事会　273
国連人民議会　271
国連森林フォーラム　269
国連生物多様性条約　265
国連世界情報通信技術開発同盟　269
国連世界青年リーダーシップ・サミット　270
国連世界知的所有権機関　274
国連専門機関／組織　273
国連総会　269
国連速報　261
国連大学　274
国連大学環境・人間安全保障研究所　274
国連中央緊急対応基金　265
国連難民高等弁務官　270

国連人間居住センター　265
国連の修正改革計画 2007　272
国連の年／10 年　275
国連の友　152
国連非常駐機関地位　270
国連ファイアーウォールの概念　263
国連腐敗防止条約　265
国連平和構築委員会　271
国連水会議　274
国連水関連機関調整委員会　264
国連水と衛生に関する諮問委員会　272
国連ラテンアメリカ・カリブ経済委員会　268
国連レッドラインの概念　264
国連ワイヤー　264
固形廃棄物　244
ココヨック宣言　103
コジェネレーション　103
個人の水フットプリント　281
個体群　221
国家　206
国家 (1)　247
国家 (2)　247
黒海の汚染からの保護に関する条約　92
国家環境行動計画　206
国家公務員の行動規範　247
国家の水フットプリント　281
国境なき概念　286
固定価格買い取り制度　149
コトヌー協定　113
子どもの権利条約　112
好ましからざる人物　219
コペンハーゲン合意プロジェクト　112
コマンド・アンド・コントロール　103
ごみの流れ　280
コミュニケ　105
固有価値　185
固有の　134
コラボレーション　103
孤立主義　186
ゴルディロックス経済　163
混獲　93
コンコルダート　107
コンサベーション・インターナショナル　108
混焼　103
コンセンサス　108
コンタクトグループ　109
コンティンジェンシー・プラン　109
コントラレーゲム　110

さ

ザ・ネイチャー・コーンサーバンシー　255
災害　124
在外公館長　99
採掘産業レビュー　147
最恵国条項　203
債権国報告システム　115
最終文書　149
最重要任務　215
採取保護林　147
最小費用代替案　193
再植林　231
再生可能エネルギー　233
再生可能エネルギー源　233
再生可能材質　231
再生可能自然資源　233
再生材料　231
再生不可能な自然資源　210
最大持続生産量　197
採択　73
最適管理手法　86
サイドイベント　242
在任期間　257
栽培変種　115
再発防止の原則　208
裁判所　114
債務買い戻し　118
債務救済　118
在来種　206
在来の　175
サウス・センター　245
作業言語　192
作業部会　286
作業文書　286
削減　71

作物多様性の中心地　98
サシア　240
刺し網　158
殺虫剤（Insecticide）　177
殺虫剤（Pesticides）　219
砂漠　120
砂漠化　120
砂漠化対処条約　120
サハラ以南の　248
サブサハラ　248
サヘル　239
参加　217
参加型都市ガバナンス　217
参加型農村調査手法　217
参加する権利　235
参加適正　102
産業エコロジー　175
産業共生　175
産業生態学　175
産業物質代謝　175
サンク・コスト効果の概念　249
三者合意　259
酸性雨　72
暫定協定　202
暫定署名　242
暫定的な　73
暫定文書　236
残土　246
残留性有機汚染物質　218
残留性有機汚染物質に関するオーフス議定書 71
飼育下繁殖計画　95
ジェノサイド　157
「ジェリトール」気候－炭素効果　158
シェルパ　242
ジェンダー　156
ジェンダー・バランス　156
ジェンダー開発指数　156
ジェンダー平等　156
ジェンダー分析　156
ジオウェブ　158
ジオタギング／ジオコーディング　158
ジオパーク　158
自給自足農業　249
事業　224
資金メカニズム　149
資源回収　234
自己完結型条約　241
事後評価　146
自主協定　278
市場経済移行国（Countries with economies in transition）　114
市場経済移行国（Economies in transition） 131
市場経済移行国（Transition countries）　258
市場ベースの環境手段　197
指針　168
試錐孔　91
事前環境評価　145
自然災害　207
自然災害測定スケール　207
慈善事業化　219
自然資源　207
自然資本　206
自然人　207
事前のかつ情報に基づく同意の原則　223
自然の財・サービス　206
事前の情報に基づく合意　73
自然法　207
自然保護債務スワップ　118
持続可能性　249
持続可能性指標　250
持続可能性の原則　250
持続可能性のバロメーター　84
持続可能性評価手法　250
持続可能な開発（発展）のための国家戦略 206
持続可能な企業　251
持続可能な経済福祉指数　175
持続可能なコミュニティ　250
持続可能な消費　250
持続可能な森林管理　251
持続可能な生計　251
持続可能な人間開発　251
持続可能な発展　250
持続可能な発展委員会　104

持続可能な発展委員会・水行動連携データベース　104
持続可能な発展に関する世界首脳会議　289
持続可能な発展に関するヨハネスブルグ宣言　187
持続可能な発展のための経済人会議　93
持続可能な発展のための国際センター　180
持続可能な発展のための世界経済人会議　287
持続可能な発展のための中国−欧州間対話・交流　99
持続可能な発展の３つの柱　256
持続的産出量　251
シックハウス症候群　242
執行機関　146
実施機関　174
実施計画　219
実質的な現金　132
実施に関する補助機関　248
実践共同体　105
実践コミュニケ　105
湿地　284
疾病率　203
児童の権利に関する条約　112
使途指定（金）　128
シナリオ　240
ジニ係数　158
シネクアノン　243
忍びよる（潜行的）常態の概念　115
自発的基金　278
支払意思額　285
支払い可能な最小安全基準アプローチ　74
支払能力の原則　95
地盤沈下　192
指標　175
指標生物　175
死亡率　203
資本　95
資本コスト　95
姉妹提携協定　260
市民科学者　100
市民サミット　218
市民参加のための世界連盟　286
市民社会　100
市民としての身分　100
市民法　188
事務局　241
事務局長　241
使命　202
地元の知識　195
諮問グループ　109
社会・ジェンダー分析　243
社会開発サミットに関する報告書　233
社会関係資本　243
社会起業家精神　243
社会正義　244
社会生態学　243
社会的事業　243
社会的費用　243
社会分析／評価　243
社会問題　244
ジャカルタ・マンデート　187
シャトル外交　242
シャレット　99
シャローエコロジー　242
種　245
自由競争主義　191
集合行為の概念　195
集合的意思決定プロセス　103
重債務貧困国　170
自由市場志向の改革　152
集水域　97
修正　77
周旋 (1)　164
周旋 (2)　164
重大な違反　176
集団虐殺　157
柔軟性メカニズム　150
十分かつ率直な議論　153
自由貿易　152
住民投票　231
重油流出議定書　213
受益者（Beneficiary）　86
受益者（Recipient）　231
受益者負担の原則　86
種回復計画　245

主観的貧困　222
主権　245
主査　193
種々雑多な文書　202
首相　223
ジュスカンズ　188
主体　91
受諾　71
主たるグループ（利益集団）　196
出生率（Fertility rate）　149
出生率（Birth rate）　90
首都　95
需要管理　119
主要債権国会議　217
主要７カ国（旧）　154
主要７カ国（新）　154
主要８カ国　154
主要報告書　150
主流化　196
順化　72
順応的管理　73
準備委員会　222
浄化　101
浄化能力　81
償還補助金　233
小規模金融　199
小規模金融機関　199
小規模グラント・プログラム　243
小規模土地所有　200
小規模販売　200
小規模融資　199
上級委員会　78
商業的絶滅　103
譲許的資金　106
譲許的融資　107
条件　107
小国家主義　200
召集力　110
使用済燃料管理及び放射性廃棄物管理の安全に関する条約　187
常駐代表　234
上程する　254
小島嶼国連合　76
承認　78
蒸発散量　145
消費的水利用　109
小氷期　195
情報格差 122
情報通信技術　176
情報文書　176
正本　82
正味現在価値　208
条約（Convention）　110
条約（Treaty）　259
条約対応能力構築活動　133
植物相　150
食物連鎖　150
（食物連鎖による）生物濃縮　89
食糧安全保障　150
食料農業植物遺伝資源　220
女子に対するあらゆる形態の差別の撤廃に関する条約　111
女性大使　77
女性の地位向上部　125
除草剤 170
所有（権）　215
白の革命　285
人為起源　78
新欧州　208
進化　145
新規植林　74
新京都議定書　190
人権　172
人権としての水の概念　281
人口、環境、安全保障問題プロジェクト　119
新興国／新興経済国　133
新古典派経済学　208
新自由主義　208
浸出水　193
人身取引対策に関する国連グローバル・イニシアティブ　270
新世界秩序　208
親善大使（Goodwill Ambassasdor）　164
親善大使（Ambassador, Goodwill）　77
迅速評価法　230

信託基金　259
人道憲章　172
浸透性殺虫剤／農薬　253
人道的介入　172
信任状　114
真の進歩指標　157
進歩のための支払いの概念　218
侵略的外来種　185
森林管理　151
森林管理協議会　151
森林景観回復　151
森林原則　151
森林原則声明（国連環境開発会議）　247
森林と気候に関するグローバル・イニシアティブ　161
森林に関する政府間フォーラム　179
森林認証　151
森林破壊　119
人類の議会　289
人類の共通遺産　105
人類の共通の関心事　104
水位　246
スイゲネリス　249
水質　282
水質基準　282
水質の法令遵守の監視　106
推進力・圧力・状況・影響・対策　126
水年　284
水文学　172
水文学的貧困　172
水文地質学　172
水文パターン　173
水力　173
水路づけ　94
スウェーデン国際開発庁　251
スーパーファンド　249
スケールメリット　131
スコーピング　240
スチュワードシップ　247
ステークホルダー　246
ステークホルダー分析　246
ストックホルム条約　247
ストックホルム宣言　247
ストラドリング・ストック　247
ストレンジ・アトラクタ　248
スフィア概念／プロジェクト　246
スモッグ　243
生活の質　228
政教条約　107
請訓書　231
制限要因　194
制裁（国連の）　239
政策　220
政策関与　220
政策サイクル　220
生産・流通・加工過程の管理認証　98
政治的意思　221
政治的焦点　220
政治的に正しい　221
脆弱性　279
脆弱な国家　152
脆弱な生態系　152
生殖細胞質　158
精神圏　210
成層圏　248
生息域外収集物　146
生息域外保全　146
生息域内保全　177
生息地　169
政体　221
生態エネルギー　130
生体エネルギー学　88
生態学　130
生態学的な債務超過（日、月、年）　130
生態学的範囲　130
生態系　131
生態系アプローチ　131
生態系管理　131
生態系サービス　131
生態経済学　130
生態系の健全性　131
生態系の財とサービス　131
生態系復元　131
生態ゾーン　194
生態地域（Eco-regions）　129
生態地域（Ecological regions）　130

生態的回廊　130
生態的地位　208
制度　177
精度（Precision）　222
精度（Accuracy）　72
正統性　193
正の逸脱　221
政府援助　212
政府開発援助 (1)　212
政府開発援助 (2)　212
政府間海洋学委員会　179
政府間交渉委員会　179
政府代表団　206
生物安全保障　89
生物回廊　89
生物化学的酸素要求量　87
生物学的酸素要求量　89
生物学的浄化　89
生物学的防除　89
生物群系　89
生物圏　89
生物検定　87
生物圏保護区　90
生物資源（Biological resources）　89
生物資源（Biotic resources）　90
生物資源調査　89
生物相　90
生物多様性　87
（生物多様性の）持続可能な利用　251
生物多様性尺度　88
生物多様性情報クリアリングハウス・メカニズム　88
生物多様性条約信託基金　259
生物多様性の経済的価値　88
生物多様性ホットスポット　88
生物地球化学循環　88
生物蓄積　87
生物蓄積係数　87
生物的海賊行為　89
生物濃縮　87
生物の多様性（Biodiversity）　87
生物の多様性（Biological diversity）　89
生物の多様性に関する条約　110
生物百科事典　134
生物変換　87
生分解性　87
生命地域　89
誓約会議　220
セーフガード政策　239
セーフティーネット支援の概念　239
世界遺産基金（World Heritage Fund）　288
世界遺産基金（World Heritage Trust）　289
世界遺産条約　288
世界遺産同盟　288
世界遺産登録地　289
世界環境機関　288
世界環境デー　288
世界銀行　286
世界銀行グループ　287
世界銀行セーフガード政策　287
世界銀行の汚職防止戦略　286
世界銀行の自発的開示プログラム　287
世界経済フォーラム（ダボス会議）　288
世界作物多様性財団　159
世界資源研究所　289
世界自然憲章　287
世界自然資源保全戦略　287
世界自然保護基金　290
世界自然保護モニタリングセンター　287
世界社会フォーラム　289
世界食糧安全保障に関するローマ宣言と世界食糧サミット行動計画（1996年）　23
世界食糧サミット5年後会合（2002年）に関する報告書　233
世界人権宣言　275
世界生物多様性フォーラム　159
世界の文化遺産および自然遺産の保護に関する条約　110
世界フォーラム　247
世界貿易機関　290
世界貿易機関（WTO）を設立するウルグアイ・ラウンド最終文書　149
世界保健機関　288
世界水会議　290
世界水取引　290
世界水の日　290

世界水パートナーシップ　163
世界水フォーラム　290
赤十字国際委員会　180
石炭ガス化　102
責任投資原則　223
責任と救済　194
責任分担　93
セクター　241
セクター別の　241
セクター融資　241
セクターローン　241
世代間衡平　179
絶対的貧困　71
説明責任　72
絶滅危惧種　134
絶滅危惧Ⅱ類　279
絶滅危惧分類群　279
絶滅種　147
絶滅の恐れのある種 (1)　256
絶滅の恐れのある種 (2)　256
絶滅のおそれのある野生動植物の種の国際取引に関する条約　111
ゼロ・ウェイスト同盟　293
ゼロ・サム　293
遷移　249
善意　91
全会一致　261
宣言　118
全権　220
全権委任状　153
潜在力を発揮させる環境　134
先住民族開発計画　175
先進国　120
全身性　252
先制的介入の概念　222
全体委員会　104
全体会合　220
全地球測位システム　163
全地球的航法衛星システム　161
前提（リスク）　81
セントラルグループ 11　98
船舶および航空機からの投棄による海洋汚染の防止のための条約　110
全浮遊物質　257
前文　99
全米開発団（PADF）　216
専門家集団　146
戦略　248
戦略的曖昧性の概念　248
戦略的環境アセスメント　248
戦略的金属・鉱物の備蓄　248
戦略的市民活動訴訟　248
戦力多重増強要因 (1)　151
戦力多重増強要因 (2)　151
善隣友好（の原則）　164
総会（General Assembly）　157
総会（Assembly）　80
送金　233
総合的病害虫管理　178
相互に整合性のある政策　204
相殺効果　213
相殺枠　213
増資　233
相乗効果　252
増殖炉　92
相対的な海面上昇　240
相対的貧困（Poverty, relative）　222
相対的貧困（Relative poverty）　233
創発　133
増分費用　174
双方が不利益を被る選択肢　195
総溶解固形分　257
総領事　109
造林　242
ソウル・ミレニアム宣言　241
ソーシャル・キャピタル　243
ゾーニング　293
遡及的な条件調整　235
遡及の概念　235
属　157
促進　148
俗世の法王　241
組織　214
阻止提携　90
粗死亡率　115
粗出生率　115

ソフト・ロー　244
ソフトな国連　273
存在価値　146
村内総生産　168

た

ダーウィニズム　117
ダーウィン宣言　117
ターゲットグループ　254
ターナー基金　260
第一世界　149
ダイオキシン 122
タイガ　254
耐乾燥植物　291
大気　81
代議員会　107
大気汚染　75
大気汚染エピソード　76
大気汚染基準（Air pollution criteria）　75
大気汚染基準（Air pollutions standards）　76
大気下降物　82
大気大循環モデル　157
大気の逆転　82
大国　192
第三国　255
第三世界　255
第三世界科学アカデミー　255
第三世界科学団体ネットワーク　255
第三世界女性科学者組織　256
大使　77
大使館　133
大使館事務所　98
対象集団　254
対象分野　150
大臣　202
滞水層　79
滞水層貯蔵と回復　79
体制　232
対世的　141
堆積　241
代替エネルギー　76
代替燃料　76
代替水供給　76
タイタニック気候症候群　256
大腸菌指数　103
態度　82
大統領　223
大統領貿易促進権限　148
ダイナミクス　126
第二次評価報告書　240
第二のスーパーパワー　241
第8条 (j) 項に関する作業グループ　79
堆肥化　106
代表団　119
タイプ1の成果　260
タイプ2の成果　260
大洋エネルギー　244
太陽光水殺菌システム　244
第四世界　151
大陸棚　109
兌換通貨　112
多機能性　203
多極世界　204
濁度　260
択伐　241
多国間援助　204
多国間機関　204
多国間主義　204
多国間政府開発援助　212
多国間投資協定　204
多国間の　204
多次元の（問題解決法）　203
多数　196
多数決　196
多数国間投資保証機関　204
ただ乗り問題　152
脱塩　120
脱退　286
棚上げする　254
ダブリン原則／声明　126
ダボス・シンポジウム　117
ダボスならではの瞬間　117
ダボスのジレンマ　117
単位系　275
炭化水素　172
単純過半数　242

炭素隔離（Sequestration） 242
炭素隔離（Carbon sequestration） 97
炭素機会費用 97
炭素偽装 97
炭素吸収源 97
炭素クレジット 95
炭素 14 による年代測定 95
炭素循環 96
炭素税 97
炭素排出量取引 96
断片化 152
担保可能 83
地域 232
地域海条約と行動計画 232
地域海プログラム 232
地域グループ 232
地域社会による自然資源管理 105
地域住民組織 105
地域調整乗数 222
地域的な経済統合のための機関 232
治外法権 147
地下水 168
地下水面 283
地下水路 228
地球益 159
地球温暖化 162
地球温暖化係数 163
地球温暖化スーパーファンド 162
地球温暖化防止行動の日 101
地球緩急概況 161
地球環境益 160
地球環境ガバナンスシナリオ 160
地球環境機関 160
地球環境基金 161
地球環境ファシリティ 160
地球議会 161
地球機構 161
地球気候連合 159
地球規模の海面上昇 240
地球憲章 128
地球工学 157
地球交渉会報 128
地球最後の日のための種子倉庫 125
地球サミット 129
地球資源情報データベース 167
地球資源探査衛星 191
地球システム 129
地球市民社会 159
地球税 162
地球政策フォーラム 162
地球ダスト収支 160
地球通貨単位 159
『地球の未来を守るために』 215
地球薄暮化 160
地球法議会 128
地球ポータル 128
地球水イニシアティブ 162
地球村 162
地球冷却 159
知識 189
地中海行動計画 197
地中海投資銀行 198
地中海連合 198
窒素酸化物 208
知的財産 178
知的財産権 178
地熱 158
中規模プロジェクト 198
仲裁 79
注釈付き課題 78
注釈付きの議題案 126
中所得国 200
中東カルテット（Middle East Quartet） 200
中東カルテット（Diplomatic Quartet） 123
注入弁 176
調印 242
調印者 242
超国家主体 258
超先進国 173
調停（Conciliation） 107
調停（Mediation） 197
長老政治家 241
調和化 169
調和のとれた世界の概念 169
直接規制 103
直接的貢献 123

直接利用価値　124
貯水池　234
貯蔵庫　234
地理情報システム　158
地理的バランス　158
沈着　120
追加基金　256
追加事業　256
追加性　73
通行許可証　191
通告　211
通常資金（制限なしのコアファンド）　233
通常予算　233
通訳　184
通訳、完全　185
通訳、受動的　185
通訳、同時　185
通訳、能動的　184
津波　259
ツンドラ　260
ディアスポラ 122
提案依頼書　234
ディープ・エコロジー　119
低開発国　194
低所得国　195
底生生物　86
定足数　228
底辺の 10 億人　92
締約国（Contracting state）　110
締約国（Party）　217
締約国会議　107
締約国会合　198
デオキシリボ核酸　125
適応（1）　73
適応（2）　73
適応基金　73
適応措置　73
適正技術　78
デジュリ　118
デタント　120
手続き規則　237
手続き言語　224
手続的衡平性の原則　223
デトリタス　120
デファクト　118
デポジット制度　120
デマルシュ　119
テルベリフォーラム　254
デレーゲフェレンダ　118
テロリズム　255
殿下 / 妃殿下（His/Her Royal Highness H.R.H.）171
点源汚染　220
電子廃棄物　128
伝染病　140
伝統的資源権　257
天然資源　207
デンマーク国際開発庁　117
ドイツ技術協力公社　158
党員集会　98
ドゥールドリゾン　257
道具　177
凍結箱舟計画　152
統合　178
統合開発総合開発計画　177
統合管理　108
統合的地域管理　177
統合的水資源管理　178
統合分類学情報システム―生物種の目録 2000 .178
統合報告書　252
同時通訳　243
投資紛争解決国際センター　180
島嶼生物地理学　186
「どうぞ私の裏庭に」の原則　220
統治　164
当直官　126
東南アジア諸国連合　81
投票（の権利）　278
動物相　149
透明性　258
登録　72
登録認定　72
登録法案　135
討論終結　102
ドーハ閣僚宣言　125

独裁者 82
特使　77
独自の　249
特定多数決　228
特別会計　245
特別基金　246
特命全権大使　77
独立国　175
都市ヒートアイランド／効果　276
土壌母材　217
土地改良　191
土地図化単位　191
土地保有権　192
土着の　175
土着の知恵　175
土地利用　192
特許　217
トラック１外交　257
トラック２外交　257
トラフィック　257
トランシェ (1)　257
トランシェ (2)　257
トランスペアレンシー・インターナショナル　258
鳥インフルエンザ　90
取引可能な排出許可証　257
取引可能な排出量　257
トリプルボトムライン (1)　259
トリプルボトムライン (2)　259
取り戻し効果　254
泥棒国家　189

な

内部化コスト　179
内部化費用　179
内部告発者　284
内部収益率　179
内部補助　115
ナチュラ 2000　206
ナチュラル・ステップの概念　207
ならず者開発援助　236
ならず者国家　236
軟水　283
南南　245
南米共同体　244
南米バイオ燃料協定　245
南北　245
南北 (1)　211
南北 (2)　211
難民　231
難民援助疲れ　81
難民疲れ　232
ニース条約　259
ニーズ調査　207
二国間　87
二国間協定主体　87
二国間債務スワップ　87
二国間条約　87
二国間政府開発援助　212
二酸化炭素　96
二酸化炭素換算　96
二酸化炭素施肥　96
二酸化炭素の倍増レベル　95
二酸化炭素削減の副次的便益　95
二重加重多数決方式　125
二重多数決　125
二重の特定多数決　228
二次林　241
偽情報　124
日没条項　249
日当（Daily subsistence alllowance）　117
日当（DSA）　126
任意拠出金　278
人間開発指数 171
人間開発報告書 171
人間環境宣言　247
人間圏 171
人間中心主義　78
人間中心的環境倫理　78
人間と生物圏計画　196
人間貧困指数　172
認識共同体　140
認証　98
認証 (C2C 認証)　114
認証排出削減量　98
認証木材 (1)　98

認証木材 (2)　98
任地の言語　192
沼地　197
ネガティブ・サム　207
熱帯雨林（Rainforest）　230
熱帯雨林（Tropical forest）　259
熱帯収束帯　185
熱電併給　103
燃料からの漏出　153
農村開発研究所　237
農地テロ　75
農地の社会的公平性　75
能力開発　94
能力構築　94
ノー・ネット・ロス原則　209
ノーブルメイヤー原則　208
ノーベル賞　208
ノーリグレット対策　209
ノルウェー開発協力庁　211
ノングループ　209
ノンペーパー　209

は

バーゼル合意 85
バーゼル条約 84
バーチャル・ウォーター／イシュー　278
ハード・ロー　169
パートナーシップ (1)　217
パートナーシップ (2)　217
ハードな国連　270
灰　80
バイオテクノロジー　90
バイオ燃料の（社会的・環境的）反動　88
バイオパイラシー　89
バイオマス　89
バイオマス燃料　89
バイオレメディエーション　89
廃棄物　280
排出　133
排出基準　133
排出許可　133
排出口　215
排出源　244
排出量上限　133
排出量取引　133
廃水　132
排水域　126
排他的経済水域　145
ハイドロフルオロカーボン　172
波及効果　189
爆弾漁法　90
ハゲタカ・ファンドと開発途上国債務問題　279
派遣代表部　202
派遣団　202
橋本行動計画 170
バステール条約　259
破綻国家　148
発がん物質　97
バックグラウンド濃度 (1) 83
バックグラウンド濃度 (2) 83
発言の権利　278
発効　135
発生源　244
発生源での対応原則　244
発声投票　278
発展の権利　235
ハノーバー原則　169
ハビタット　169
ハビタット・アジェンダ　169
パブリック・コンサルテーション　226
バブル（Bubble）　92
バブル（Bubbles）　92
パラダイム　217
パリクラブ　217
バルカン化 83
バルセロナ条約 84
バルト海気候協定 83
バルバドス宣言と行動計画（Barbados Declaration and Plan of Action）　84
バルバドス宣言と行動計画（Declaration and Plan of Action of Barbados）　119
汎アフリカインフラ開発基金（PAIDF）　216
汎アフリカ議会（PAP）　216
反汚職戦略　78
半減期　169

判事　114
パンダ外交　216
パンデミック　216
反復　186
汎米保健機関　216
汎米連合　216
氾濫原　150
被圧（帯水層または井戸）　79
被圧帯水層　107
ピーク・レベル　218
ヒートアイランド現象 170
被影響住民　74
被害者負担原則　277
東カリブ諸国機構　214
微気象　198
飛行機雲　110
非公式協議　　176
非公式グループ　176
非公式経済　176
非公式合意　176
非公式交渉グループ　176
非公式世論調査　248
非公式な非公式協議　176
非国家主体　210
ビザ (1)　278
ビザ (2)　278
批准　230
批准を条件としない署名　119
微小植物相　200
微小動物相　199
非消費的価値　209
非政府主体　209
非政府組織　209
微生物の持続可能な利用とアクセス規制の国際的行動規範　203
非線形性　209
ビッグテーブル　87
必須条件　243
非締約国　209
非点源汚染　210
人・地球・利益　218
非同盟運動　209
人新世　78
ひとつの国連（One UN）213
ひとつの国連（UN　One）263
ヒト免疫不全ウイルス 171
１人当たりの平等概念　140
ピノチェト原則／概念　219
非メタン揮発性有機化合物　209
ひも付き援助　256
百万分立／十億分立　217
評議会 (1)　113
評議会 (2)　113
費用効率性　113
兵庫行動枠組み　173
費用対効果　113
費用便益アプローチ　113
費用便益分析　113
費用－有効性　113
ビランソロピー　87
微粒子　217
貧困・環境パートナーシップ　222
貧困を過去のものに　196
貧酸素化　173
品種　277
ファーカル・ポイント (1)　150
ファクター 10 クラブ　148
ファクター４／ファクター 10　148
ファスト・トラッキング　149
フィードインタリフ制度　149
フィードバック　149
フィンランド国際開発庁　149
風力発電地帯　285
フェア・トレード　148
富栄養化　145
富栄養の　145
ブエノスアイレス行動計画　93
フォーカル・ポイント (2)　150
フォースマジュール　149
フォーラム　151
フォギー・ボトム　150
不確実性　261
不可抗力　150
負荷量（水）195
ブカレスト人口会議　92
不許容の原則　174

復元　234
複合体　106
複合適応系　106
複雑系　106
複雑整理御　106
複雑適応系　106
副産物　93
附属書Ｂ国　78
附属書Ⅰ締約国　78
附属書Ⅱ締約国　78
附属書Ⅲ締約国　78
付帯条件　235
フッ化炭素　150
フネ報告書　151
負のインセンティブ　124
負の相乗効果　127
腐敗　112
腐敗認識指数　112
普遍的管轄権の行使　276
普遍的正義　276
不法行為　256
部門　241
部門別の　241
ブラウン・ウォーター／イシュー　92
ブラウン・セクター／イシュー　92
ブラウンフィールド　92
ブラック・ウォーター／イシュー　91
ブラッド・ダイヤモンド　90
フランス開発庁　74
古い欧州　213
ブルー・ウォーター／イシュー　91
ブルー・セクター　91
ブルー・プラン　90
ブルーヘルメット　90
フルオロカーボン　150
ブルントラント委員会報告書　92
ブレトンウッズ会議　92
フレミング原則　150
フローズン・アーク計画　152
プログラム (1)　224
プログラム (2)　224
プロジェクト　224
プロジェクト・サイクル　224
プロジェクト・スクリーニング　225
プロジェクト形成資金　224
プロセス指標　224
プロダクト RED（レッド）　224
ブロック　90
プロテンポレ　226
プロトコル　226
プロトタイプ炭素基金　226
分解（生物学）　119
文化的多様性　115
分岐点　86
分権化　118
分水界　283
紛争　107
紛争ダイヤモンド　107
プンタ・デル・エステ宣言　227
分担金　80
分担金投資の概念　80
分野横断的課題　115
分類法　254
ベアフット・カレッジ　84
米国国際開発庁　275
米州開発銀行　178
米州機構　214
米州首脳会議プロセス　249
米州生物多様性情報ネットワーク　178
米州水資源ネットワーク　179
米中持続可能な発展センター　100
平面地球の新しい概念　150
平和維持　218
平和構築　218
ベースライン (1)　85
ベースライン (2)　85
北京宣言　85
ベラジオ原則　85
ヘルシンキ条約（Helsinki Convention）　170
ヘルシンキ条約（Helsinki I Convention）　170
ペルソナ・ノン・グラータ　219
ベルリン・マンデート　86
ベルリン宣言　86
ベルン条約　86
便益費用比率　86
変更について準備する　204

ベンチ 85
ベンチスケール試験 86
法案 87
包括的環境復元計画 106
包括予算案 213
砲艦外交 168
防御的支出 119
報告者 230
防災 124
防災対策 124
放射強制力 230
放射性廃棄物 230
放射能 230
法的先例 222
法の支配 237
亡命先あさり 81
法律 192
法令 72
ポートフォリア 221
ホールドリッジ生態ゾーン分類体系 171
補完性原則（Subsidiarity, principle of） 248
補完性の原則（Complementarity, principle of） 106
補完性の原則（Principle of subsidiarity） 223
補完性の原則（Supplementarity, principle of） 249
北米環境協力委員会 210
北米環境協力協定 210
北米自由貿易協定 210
北米生物多様性情報ネットワーク 210
保護区 225
保護区域・開発統合プロジェクト 177
保護する責任の原則 234
保護地域管理カテゴリー（国際自然保護連合＜ＩＵ CN＞） 225
保護貿易主義 226
保護領 120
ポジティブ・サム 221
補助金 249
ポスト 222
ポスト京都議定書 190
ホスト国 171
保全 108
保全地役権 108
北極域環境保護戦略 237
ホットエアー 171
ホットスポット (1) 171
ホットスポット (2) 171
北方林 91
ボナフィデ 91
ホメオスタシス 171
ボリビア＋10 91
ボリビア・サミット 91
ポルトガル協力機構 221
ホワイト・ウォーター／イシュー 285
ホワイト・ウォーター・トゥー・ブルー・ウォーター 285
ホワイト・ヘルメット 285
ボン・ガイドライン 91
ボン条約 91
本部 171
本文 91
翻訳 258

ま

マーストリヒト条約 196
マイクロクレジット 199
マイクロファイナンス 199
埋没費用効果の概念 249
マドリード・クラブ 102
マトリックス 197
マニフェスト・デストニー 197
マニラ宣言 197
マルサス主義者 196
マルチステークホルダー 204
マルチステークホルダー対話 204
マルデルプラタ国連水会議 197
マルポール条約 197
マルメ宣言 196
マングローブ 196
未開発地 166
未決定種 175
水依存度 281
水ガバナンス 281
水管理に関する米州対話 178
水希少性 (1) 283

水希少性 (2)　283
水教育研究所（UNESCO-IHE）　262
水協調促進機構　281
水災害・リスクマネジメント国際センター　180
水自給率　283
水収支　281
水循環（Hydrological cycle）　172
水循環（Water cycle）　281
水潤沢国／水貧困国　282
水情報科学　172
水ストレス　283
水戦争の状況　172
水統合ネットワーク　282
水統治　281
（水と衛生に関する）橋本アクションプラン　170
水取引　283
水ナノテクノロジー　282
水の 'GOUTTE'　164
水の権利　235
水の滞留時間　234
水貧困指数　282
水負荷　282
水フットプリント　281
水辺域　236
水連帯　173
密漁　220
緑の革命　167
緑の航空マイル税　165
緑の航空マイル割り当て　165
緑の生産性　167
緑の党　166
緑の万里の長城の概念　165
南　244
南太平洋地域環境計画　245
南の銀行　84
ミレニアム・ギャップ　201
ミレニアム・ビレッジ　201
ミレニアム・プロジェクト　201
ミレニアム・プロミス　201
ミレニアム開発目標　201
ミレニアム生態系評価　201
ミレニアム宣言　200
ミレニアム挑戦会計　200
ミレニアム挑戦公社　200
民営化　223
民間セクター　223
民主主義共同体　105
民主主義の赤字　119
民法　100
無形文化遺産保護条約　182
無任所大使　77
「村中みんなで」の概念　186
明白な運命　197
盟約　105
メコン川委員会　198
メタン　198
メルスコール　198
模擬国連　202
目的　212
目標　163
モダリティ　202
モニタリング　202
モニタリング・評価　202
もや　170
モラトリウム　203
モンキーレンチング　202
モンテビデオ・プログラム　203
モンテレー合意　203
モントリオール・プロセス　203

や

焼き畑農業（Slash-burn agriculture）　243
焼き畑農業（Swidden agriculture）　251
野生動物の肉　93
厄介な問題　285
ユーエヌスピーク　264
有害廃棄物（Hazardous waste）　170
有害廃棄物（Toxic waste）　257
有害廃棄物のアフリカへの輸入禁止およびアフリカ内の越境移動および管理の規制に関するバマコ条約　83
有害廃棄物の国境を越える移動およびその処分の規制に関するバーゼル条約　266
有権者　132

融資条件 (1)　107
融資条件 (2)　107
遊水池　247
ユーロ（€）　141
ユーロサイエンス　145
ゆがんだ環境補助金の概念　219
ユスコーゲンス　188
ゆでガエル症候群　91
ユネスコ　268
ゆりかごから墓場までの概念　114
ゆりかごからゆりかごへの概念　114
良いガバナンス　163
用益権　276
様式　202
要衝　100
溶存酸素量　124
ヨーロッパ・ブルー計画　141
ヨーロッパ・ブルーフラッグ　141
ヨーロッパ科学技術振興協会　145
予算　93
予算外の　147
ヨハネスブルグ実施計画　187
ヨハネスブルグ宣言　187
ヨハネスブルグ方式　187
予防外交　223
予防原則　222
よりクリーンな生産　101

ら

ライフサイクルアプローチ　194
ライプチヒ宣言 (1)　193
ライプチヒ宣言 (2)　194
ラウンド　237
ラニーニャ現象　192
ラムサール条約　230
ランドサット　191
リーチ　230
リーチ法　230
リープフロッキング　193
利益共同体　105
利益代表部　179
リオ・グループ　235
リオ原則　236
リオ＋5　129
利害関係者　246
利害関係者分析　246
陸上起因汚染防止議定書　191
利権　106
離散の民 122
リスク　236
リスク集団　221
リスク分析／リスク評価　236
リスボン戦略　195
リソスフェア　195
リバウンド効果　231
リボ核酸　236
流域　283
留保　234
流量　124
領海（Mare clausum）　197
領海（Territorial sea）　255
了解覚書　198
料金　254
領事館　109
利用者負担アプローチ　276
利用者負担原則　276
領土　255
緑地帯　165
緑道　167
リリーフウェブ　284
臨界質量 (1)　115
臨界質量 (2)　115
臨界負荷　115
臨時（Pro tempore）　226
臨時（Ad interim）　73
臨時代理大使　99
臨時代理人　195
倫理的価値　141
倫理的取引イニシアティブ　141
累積的影響　115
ルワンダ症候群　238
零細漁業　79
礼譲　103
冷戦　103
レジーム　232
レセ・パセ　191

レセフェール　191
列国議会同盟　184
レッドリスト（レッドデータブック）種　231
連携　103
連邦議会議事録　107
連立　102
漏出　152
労働における基本的原則および権利に関するILO宣言　174
ロードマップ　236
ローマ規定　237
ロッテルダム条約　237
露天採鉱　248
ロバート議事法　236
ロビーイング　195
ロビー活動　195
ロメ協定　195
ロンドン・クラブ　195

わ

ワーキング・グループ　286
わがすばらしき世界キャンペーン　205
枠組み　152
枠組条約　152
惑星工学　219
ワジ水文学　280
ワシントン・コンセンサス　280
「私の裏庭ではやらないで」の原則　211
割当額　228
割当制　229

数字

0.7% 国家　206
10カ国グループ　155
1963年ウィーン条約　277
1969年ウィーン条約　277
1985年ウィーン条約　277
1986年ウィーン条約　277
1日当たり総合最大負荷量　257
1日当たりの　218
20／20イニシアティブ　176
20：20協定　176
2005年世界サミット　289
20カ国グループ　155
21カ国グループ　155
22カ国グループ　155
25×25　134
30% クラブ　256
33カ国グループ　155
5常任理事国（P5）　216
5常任理事国（Perm-5）　218
5常任理事国「条約」　218
6階　243
6カ国　243
7階　242
90カ国グループ　156

A～Z

A21主要グループ　71
ASEAN賢人会議　81
BAUシナリオ　93
C8子どもフォーラム　94
CFC　98
CNN効果　102
CoC認証　98
DATA　117
DCM　117
DDT　117
Dレベル職員　125
E3　128
E6　128
E9　128
ECエコラベル　129
EDUN　132
EU3　141
EU3＋　141
EU6　141
EU閣僚理事会　113
EU加盟候補国　72
EU勧告　144
EU規制　144
EUトロイカ　145
EU法　144
EU法の総体系　72
EUリオグループ　141

FAO 責任ある漁業のための行動規範（1995 年） 148
FoE インターナショナル 152
G10 155
G13 155
G15 155
G20 155
G21 155
G22 155
G3 154
G33 155
G4 154
G5（旧） 154
G5（新） 154
G6（旧） 154
G6（新） 154
G7（旧） 154
G7（新） 154
G77 ＋中国 155
G8 154
G8 ＋ 155
G8 ＋（新） 155
G90 156
GEF の資金供与の対象 156
GS レベル職員 168
G レベル職員 158
H.E. 閣下 169
HFC 170
HIPC に対する G8 債務救済計画 171
ISO14000 規格 186
ISO9000 規格 186
ISO 統合マネジメントシステム 186
IUCN のレッドリストカテゴリー 108
LULUs 195
L 書類 191
MDIAR 合意 197
NGO の（国連経済社会理事会との）協議資格 209
NIMBY（ニンビー）の原則 211
ONE 213
P5 レベル職員 216
PDF A 218
PDF B 218
pH 値 219
PIC 条約 219
PIMBY の原則 219
PM10, 20, 30 など 220
P レベル職員（P staff） 216
P レベル職員（P-level staff） 220
RNA 236
SRES シナリオ 246
U4 資源センター 261
UNDP・スペイン MDG 達成基金 267
UNEP ブループラン 268
UNESCO-IHE 水教育パートナーシップ 262
UNESCO カテゴリーⅠの水機関 261
UNESCO カテゴリーⅡの水機関 261
UNESCO 世界水アセスメント計画 263
UNESCO 水「ファミリー」 263
UN ハウス 263
WEHAB（水、エネルギー、健康、農業、生物多様性）（ウィーハブ） 284
WHO 政策「21 世紀にすべての人に健康を」 285
WSSD 実施計画 290

監訳者あとがき

松下和夫

はじめに

本書は Richard A. Meganck and Richard E. Saunier著、*Dictionary and Introduction to Global Environmental Governance*（Earthscan, 2007年刊）に2009年刊の第2版の増補内容も収めた日本語版である。

本事典が対象としている時代は、大まかには、1972年に開催された「国連ストックホルム人間環境会議」から、1992年の「環境と開発に関する国連会議」（地球サミット）、2002年の「持続可能な発展に関する国連会議」（ヨハネスブルグ・サミット）、1997年に採択された京都議定書とその後の展開などの期間であり、2007年頃までである。したがって2012年に開催された「国連持続可能な開発会議」（リオ＋20）や2015年に採択された気候変動に関するパリ協定や「持続可能な発展目標」（SDGs）などは対象となっていない。

一方、本事典は極めて広範な領域をカバーしている。地球環境ガバナンスに関連する学術的・技術的な考察とともに、関連する自然科学的・社会科学的専門用語も含まれる。それに加えて本書の特色は、実際の国際交渉に関連した実務的用語が幅広く取り上げられていることである。国際交渉の表舞台と裏舞台で飛び交う略語・頭字語はもとより、主要な国際機関・国際組織、研究機関、市民社会団体に関連する用語も広く網羅されている。

地球環境問題が人類の将来を左右する重要な課題と国際社会で認識され、取り組みが始められてから既に半世紀近く経過した。その間に地球環境ガバナンスの体系は著しく高度化・複雑化した。にもかかわらず現実の環境問題の改善の成果は乏しく、持続可能な発展への道筋はいまだ明らかではない。喫緊の度を強めている気候変動問題を始め、地球環境問題はすべての人々が当事者である。パリ協定とSDGs時代の新たな地球環境ガバナンスの構築が求められる今の時代にこそ改めて本書の価値がある。

以下では、本事典のテーマである「地球環境ガバナンス論」が浮上した背景と意味について考察する。

1.「グローバル環境ガバナンス論」登場の背景

ストックホルム・レジリエンス・センター所長ロックストロームらは、地球の環境容量を科学的に評価し、人類が生存できる限界を明らかにするために、「プラネタリー・バウンダリー」という概念を開発している。これは地球の環境容量を代表する9つのプラネタリーシステム（気候変動、海洋酸性化、成層圏オゾンの破壊、窒素とリンの循環、グローバルな淡水利用、土地利用変化、生物多様性の損失、大気エアロゾルの負荷、化学物質による汚染）を対象として取り上げ、そのバウンダリー（臨界点、ティッピング・ポイント）の具体的な評価を行うものである。現在人類が地球のシステムに与えている圧力は飽和状態に達しており、気候、水環境、生態系などが本来持つレジリエンス（回復力）の限界を超えると、不可逆的変化が起こりうる。人類が生存できる限界を科学的に把握することにより、壊滅的変化を回避し、限界（臨界点）がどこにあるかを知ることが重要であるという考え方を示したものである。この概念は2009年にロックストロームを代表とする29名の科学者グループによる論文により発表された[1)]。

実はこの概念はすでに1977年に科学者のピーター・ビトセック（Peter Vitousek）らが『サイエンス』誌で以下のように指摘している。

「……共通点がないように見えるこれらの現象すべては、ひとつの原因にたどり着く。つまり、人間活動の規模拡大である。現在起きている変化のスピード、規模、種類、組み合わせは、過去のどの時代とも根本的に違う。われわれが地球を変えているスピードは、われわれの地球を理解するスピードよりも速い。われわれが住んでいるのは、人類に支配された地球なのだ。人口増加の勢いに加え、世界の大部分でさらなる経済発展を求める声により、われわれの支配はますます強まることになる。（中略）人類が地球を支配するということは、すなわち、地球を適正に管理する責任を逃れられないということだ[2)]」。

1980年代末の東西冷戦体制の崩壊以来、国際秩序の流動化と経済のボーダレス化が進み、グローバリゼーションの巨大な波となって経済の地球規模での一体化が進んだ。一方で、人口増加と経済活動の拡大を背景とし、地球温暖化などの地球環境問題の深刻化が進行し、生態学的・経済的相互依存関係がますます深まっている。ローカルレベル、国レベル、国境を越えたリージョナルなレベル、そしてグローバルなレベルのそれぞれで、経済活動がそれを支える生態系の維持能力を越え、自然や人々の生活や健康にさまざまな被害を起こす事例が顕在化している。

このように、現在の世界は、グローバル化と生態学的・経済的相互依存関係がますます進行し、地球の環境容量の限界が顕在化している。このような中で、現在と将来の世代にとっての生存の基盤である良好な地球環境などの「地球公共益」をいかにして確保し、持続可能な社会を形成していくべきであろうか。このような問いに長らく国際社会は直面してきたといえる。

1987年に発表されたブルントラント委員会（環境と開発に関する世界委員会）報告（「地球の未来を守るために」）[3)] はこのような状況をいち早く洞察し、問題の核心を端的に表現していた。ブルントラント報告書が指摘した地球環境の悪化と世界的な富の不平等という現実、そして個別に分断された主権国家という既存システムの相克についての問題提起は、現在でも依然として重要な課題である。現代の環境問題の課題は、気候変動問題、有害化学物質汚染、資源リサイクル問題等に代表されるように、その科学的メカニズム・関連分野・空間スケール・関連主体とも複雑化・多様化しており、その解決には多様な主体と関連施策の連携が必要である。また、環境問題に関する政策形成やその実施主体も多様化・重層化している。このような重層化した環境問題に対処するために、戦略的な観点から新たなガバナンスの必要性が高まっている。

地球規模での環境破壊に対応するため、ストックホルム国連人間環境会議（1972年）を一つの契機として一連の環境外交が展開された。1980年代には、各国政府は地球の管理責任に関心を払い対応を始めた。

ストックホルム会議から20年後（1992年）にリオデジャネイロで開催された国連環境開発会議（地球サミット）をピークとして、国際社会において大規模で主要な環境問題のアジェンダが定められた。21世紀の地球社会の持続可能な発展を目指す行動計画である「アジェンダ21」、双子の条約といわれる「国連気候変動枠組条約」と「生物多様性条約」、国家と個人の行動原則を定めた「環境と開発に関するリオ宣言」などの一連の体系である。

このアジェンダに対応して、無数の国際会議、国際交渉、行動計画、条約策定などの取り組みが行われてきた。そして、数え切れないほどの国際環境法が生まれた。

国際連合や国際開発銀行などの多国間機関も、また各国政府も、このような動きを認識し、地球環境問題に対処する部署を設けている。環境NGOなど市民セクターは、世界的にこれまでよりずっと力をつけ、洗練された活動を数多く行うようになった。多国籍企業は今でも現実に目をそむけているところも多いが、一方で非常に斬新な考えで目覚しい対策を、政府より早く行っている企業もある。地球環境に関する科学研究は一層発展し、地球環境問題は学界における主要なテーマとなった。環境対策に関する経済的・社会的な分析も行われるようになり、地球環境問題に関する学術的な分析を行う著名な機関も存在する。

このように国際社会はこの40年余で確かに地球環境ガバナンスの構築への歩みを始め、一定のガバナンス体系を形作ってきた。現在の地球環境ガバナンスは多くの課題を抱えているが、これまである程度の実績をあげてきたことは事実である。

2. 現代的ガバナンスの意味するもの

ひるがえって、現代の地球環境ガバナンスの意味するところを考えてみよう。本稿では、「ガバナンス」を、「人間の作る社会的集団における進路の決定、秩序の維持、異なる意見や利害対立の調整の仕組みおよびプロセス」として捉え 、「環境ガバナンス」を、上（政府）からの統治と下（市民社会）からの自治を統合し、持続可能な社会の構築に向け、関係する主体がその多様性と多元性を生かしながら積極的に関与し、問題解決を図るプロセスとして捉える[4)]。

今日、「ガバナンス」という言葉は、多くの局面で使われている。企業レベルでは、コーポレート・ガバナンス論、開発援助の領域では、グッド・ガバナンス論、国際関係では、グローバル・ガバナンス論などがその代表的なものである[5)]。

「ガバナンス」（governance）について英和辞典を参照すると、支配、政治、統社会、多国籍企業、学界、マスメディアなど社会の多様な主体の相互関係を含むものとして捉えている。そしてガバナンスを「個人と機関、私と個とが、共通の問題に取り組む多くの方法の集まりであり、相反する、あるいは多様な利害関係を調整したり、協力的な行動をとる継続的なプロセス」として定義している[15]。すなわちガバナンスとは、先述のように問題解決のためのアプローチのことであり、多様な行為主体がかかわるプロセスと捉えていることがわかる。

また、この報告書の日本語版への序文で、緒方貞子委員は次のように述べている。

「ガバナンス」は「統治」ではありません。しかし、「統治」とは無関係ではありません。私なりの理解では、「統治」と「自治」の統合の上に成り立つ概念が「ガバナンス」です[16]。

この報告書におけるグローバル・ガバナンスの特徴としては、主権国家のみでなく、地球規模での市民社会の構成員が自発的にグローバル・ガバナンスに関与すべきことを強調した「市民性」、そして国連システムや国際法の強化を主張する「実践性」、さらにガバナンスのあり方についてその前提として民主主義や公正の原理を前提とする「規範性」があげられる[17]。さらに、広義の地球安全保障、経済的相互依存関係、環境、国連改革など多様な課題への対応を考慮していること、多国間主義、人間と地球の安全保障を取り上げていることも注目される。

報告書において、環境問題については、人間活動が環境に悪影響を与え、時には取り返しのつかない結果をもたらしているとし、貧困、人口、消費および環境が相互に関連した問題であることが強調されている。そして、持続可能な開発の促進と、各国が行ってきた開発パターンを根底から変えることを主張し、さらには大気、海洋、南極などの地球共有財産の保護と管理のための国際的な環境ガバナンス・システム構築への提案を行っている。

ガバナンスのもうひとつの概念は、主として開発途上国を対象とした「よい統治（グッド・ガバナンス）論」である。これは世界銀行などの開発援助機関が、開発途上国で開発援助資金がその目的にそって効率的な使用が確保されるような統治のあり方という観点から提起したものである。開発援助資金の運用は被援助国内での統治体制と密接な関連がある。そこで開発援助資金の供与と各国でのよい統治（グッド・ガバナンス）が関連付けられ、資金供与の条件としてよい統治が求められると、この点をめぐり資金供与国（先進国）と開発途上国の対立が顕在化することとなる。

4. 「パリ協定」と「持続可能な発展目標」（SDGs）時代のグローバル環境ガバナンス

2015年は、国連で「気候変動に関するパリ協定」と「持続可能な発展目標」（SDGs）が採択され、地球環境ガバナンスの観点からは記念すべき年となった。

パリ協定は、世界が化石燃料依存文明から脱却し、脱炭素社会に向かうための長期目標と枠組みを定めたものである。

2015年12月に採択され2016年11月4日に発効したパリ協定は、産業革命以来の全球平均気温の上昇を2℃より十分低く、さらには1.5℃に抑えるよう努力することを目標としている。このため、今世紀後半に、世界全体の人為的な温室効果ガス排出量を人為的吸収量で相殺する（「ネット・ゼロ・エミッション」）という目標を掲げている。これは人間活動による温室効果ガスの排出量を実質的にゼロにする目標であり、脱化石燃料文明への経済・社会の抜本的転換が必要となる。先進国に率先的行動を求めながらもすべての途上国の参加も包括する枠組みを構築した。さらに継続的レビューと5年ごとの対策強化のサイクルを定めている。各国には自主的に定める国別目標の提出と目標達成のための国内措置の追求などが義務付けられている。しかし、その実施や目標達成に法的義務はない。プロセスは詳細に定められたが、国別目標とその達成は各国の自主性に委ねられている。

一方、2015年9月の国連総会で採択された持続可能な発展目標（SDGs）は、経済発展、社会的包摂、環境保全の3側面に統合的対応を求める17のゴールと169のターゲットで構成される。「ミレニアム開発目標」（Millennium Development Goals：MDGs）（2000年国連で採択。2015年が目標達成年）が、途上国の開発目標として定められたのとは異なり、SDGsは、途上国だけでなく先進国も対象とする普遍的かつ革新的な目標だ。

SDGsは、「誰も置き去りにしないこと」を中心概念とし、貧困に終止符を打ち、不平等と闘い、気候変動をはじめとする環境問題に対処する取り組みを進めることを求めている。

SDGsは、すべての国々に対し、人々の生活基盤の向上を追求しながら、地球システムの境界の中での行動を求めている。その前提は、貧困に終止符を打つために経済発展を促進する一方、教育や健康、社会的保護、雇用機会といった基本的人権を確保するための幅広い社会的なニーズに取り組みつつ、気候変動対策や環境保護を図る戦略が必要だという認識である。

SDGsとパリ協定が示す新たな世界の経済社会ビジョンはどのようなものだろうか。それは、地球システムの境界の中で、貧困に終止符を打ち、自然資源の利用を持続可能な範囲にとどめ、環境的に安全で、かつ基本的人権という視点から社会的に公正な空間領域で、地球上のすべての人々が例外なくその幸福（well being）の持続可能な向上が図られる社会と定義できる。

パリ協定とSDGsが採択されたことは、地球環境ガバナンスの確固たる進展として評価することができる。と同時に今日まさにこれらの目標を相互補強的に達成していくための新たな地球環境ガバナンスが求められるのである。

5. おわりに

本事典の翻訳は、多くの方々の協力により進められた。ご協力いただいた翻訳分担者は以下の通りである。この場を借りて心より御礼申し上げたい。

翻訳分担者（50音順）

浅野耕太、植田和弘、太田隆之、大原有理、小野田勝美、篭橋一樹、川本充、小坂真理、小端あゆ美、五頭美知、清水万由子、高村ゆかり、谷口光太郎、礪波亜希、前田利蔵、松下和夫、松本泰子、森晶寿、吉積己貴、吉野章

最後に共同で本事典の監訳を行った植田和弘教授について触れたい。植田教授は、長年にわたって日本の環境経済学の先駆者として傑出した活動を続けてきた。筆者は2001年11月から2013年3月まで京都大学で同僚（特に大学院地球環境学堂・学舎発足（2002年4月）以来の約10年）として緊密に連携して環境経済・政策学に関する研究・教育活動を共にする機会に恵まれた。植田教授は第一級の研究者としての活動を続けると同時に、分野融合的・学際的で新たな地球環境学を組織し、多くの優れた研究者・実務家を輩出してきた。そのアプローチは、幅広い問題意識を持ち、専門の環境経済・財政学にとどまらず、環境ガバナンス論、持続可能な発展論、再生可能エネルギー論など多岐にわたる新しい研究分野を開拓していくものであった。またその活動分野は学術分野のみならず、政策決定の分野にも深くコミットしてきた。特に2011年3月の東日本大震災以降は、震災復興構想会議検討部会委員、調達価格等算定委員会委員長、総合資源エネルギー調査会基本政策分科会委員などを務められた。これは植田教授の持論である、「どうなるかよりどうするかが重要」との観点からの政策的研究の重視と、研究と政策との接点を強化する姿勢の具現化であると理解できる。

本事典の翻訳プロジェクトは、植田教授のこのような積極的な学際的発想から生まれたものである。翻訳作業は当時の京都大学大学院地球環境学堂・学舎の植田研究室・松下研究室の関係者を中心として2007年末から開始され、明石書店に出版を引き受けていただいた。明石書店の神野斉さんの長期にわたる粘り強いご支援には改めて御礼を申し上げたい。

多様な分野に関連する膨大な事典の翻訳を多くの担当者で分担し、それを編集していくことには予想外に多くの時間を要した。それぞれ多忙な公務や研究活動に追われる中、最終編集作業は植田教授に担当していただいていた。ところがその途上で植田教授が病に倒れ、しばらく作業の中断を余儀なくされた。その後を松下が引き継ぎ、ようやく今日出版までこぎつけることができた次第である。また、山口臨太郎氏には植田教授の担当部分の一部をとりまとめていただいた。ここに記して御礼申し上げる。

植田教授の一日も早い回復をお祈りするとともに、本書の刊行を第一に報告したい。

（本稿の一部は松下他（2007）を抜粋・加筆したものである）。

注

1）Rockström et al （2009）. 論文全文は *Ecology and Society* に、要約版は *Nature* に掲載されている。プラネタリー・バウンダリーは、その後 2015 年の国連総会で採択された持続可能な開発目標（SDGs）にも多大な影響を与え、地球環境に関する目標は、プラネタリー・バウンダリー内で達成すべきものとして設定されている。
2）Vitousek et al（1997）（引用部分は筆者訳）
3）環境と開発に関する世界委員会（1987）
4）宮川公男、山本清（2002）、p15
5）大芝・山田（1996）、p3
6）リーダーズ英和辞典、研究社
7）宮川公男、山本清（2002）、p15
8）佐和隆光編著（2000）、p301 ～ 302
9）加藤久和（2002）、大芝・山田（1996）
10）Rosenau and Czempiel（1992）
11）同上
12）Young（ed.）（1997）、p4
13）Young（1994）、p26、大芝・山田（1996）p7
14）グローバル・ガバナンス委員会（1995）
15）同上、p28
16）同上
17）大芝・山田（1996）p8

引用文献

大芝亮・山田敦 (1996)、「グローバル・ガバナンスの理論的展開」『国際問題』No.438、pp3-14
加藤久和（2002）、『環境とグローバル・ガバナンス』環境情報科学 31-2
環境と開発に関する世界委員会（大来佐武郎監訳）（1987）、「地球の未来を守るために」（環境と開発に関する世界委員会報告）（原題：Our Common Future）ベネッセ・コーポレーション
グローバル・ガバナンス委員会、京都フォーラム監訳（1995）、『地球リーダーシップ』NHK 出版
佐和隆光編著（2000）、『21 世紀の問題群』新曜社、2000 年
松下和夫・大野智彦、『環境ガバナンス論の新展開』松下和夫編（2007）『環境ガバナンス論』京都大学学術出版会
宮川公男、山本清編著（2002）、『パブリック・ガバナンス』日本経済評論社

Rockström et al (2009), 'Planetary boundaries: exploring the safe operating space for humanity,' *Ecology and Society 14* (2), 32
Rockström et al (2009), 'A safe operating space for humanity,' *Nature* 461(24), 472-475
Rosenau, James N, and Czempiel, Erst-Otto eds, (1992), *Governance without*

Government: Order and Change in World Politics, Cambridge University Press
Speth, J.G., and Haas, P.M.(2006), *Global Environmental Governance*, Island Press
Vitousek, P.M., Mooney, H.A., Lubchenco, J., and Melillo.J.M.,(1997), 'Human Domination of Earth's Ecosystems.' *Science* 277 (5325): 494-499
Young, O.R,(1994), *International Governance: Protecting the Environment in a Stateless Society*, Ithaca: Cornell University Press
Young, O.R(ed.)(1997), *Global Environmental Governance*, MIT Press

編者紹介

リチャード・E・ソーニア（RICHARD E. SAUNIER）博士は、1975年3月から1996年12月に退職するまで米州機構の地域開発環境局の上級環境管理アドバイザーを務めた。1970年から1975年まで、米国平和部隊のスタッフとしてパラグアイ、ペルー、ワシントンDCに駐在し、1967～69年には、チリ南大学バルディビア校の客員教授を務めた。コロラド州立大学にて森林学と牧場管理の学位（学士）、アリゾナ大学にて牧場生態学と流域管理の学位（修士、博士）を取得。関心と近年の経験は、環境管理政策とプログラム評価、資源利用争議の特定と仲裁である。リチャード・A・メガンクとの共編著に、*The Bottoms Up of International Development*,（Infinity Publishing、2002年）、*Conservation of Biodiversity and the New Regional Planning*（米州機構・国際自然保護連合、1995年）、*C.H.A.O.S.S.: An Essay and Glossary for Students and Practitioners of Global Environmental Governance*（A.A. Balkema Publishers、2004年）がある。
rsaunier@comcast.net

リチャード・A・メガンク（RICHARD A. MEGANCK）博士は、オランダ・デルフトにあるUNESCO-IHE水教育研究所の所長である。2003年にオランダに着任する以前は、米州機構の持続可能な発展と環境局長を務めた。30年にわたり国連とアメリカ間システムの両方における国際開発と自然資源管理に携わり、その間に400件の技術・行政ミッションを世界106カ国で実施した。ミシガン州立大学にて自然資源開発政策と流域管理の学士と修士、オレゴン州立大学にて自然資源管理の博士を取得。これまでに90本以上の論文と4冊の著書を発表している。最初の専門職としてオレゴン州立大学の森林カレッジ教員として専門職をスタートさせ、1971～72年に南米コロンビアの米国平和部隊ボランティアを務めた。
r.meganck@unesco-ihe.org; meganck@live.com

監訳者紹介

植田和弘（うえた・かずひろ）
京都大学名誉教授。日本における環境経済学の草分け的存在。専門は環境経済学、財政学。政策分野でも、震災復興構想会議検討部会委員、総合資源エネルギー調査会基本政策分科会委員などを歴任。
著書に『緑のエネルギー原論』（岩波書店、2013年）、『環境経済学への招待』（丸善、1998年）、『環境経済学』（岩波書店、1996年）、『廃棄物とリサイクルの経済学――大量廃棄社会は変えられるか』（有斐閣、1992年）、訳書に『国連大学　包括的「富」報告書』（明石書店、2014年、山口臨太郎との共訳）等。

松下和夫（まつした・かずお）
京都大学名誉教授。環境省、OECD、国連環境開発会議上級計画官、京都大学大学院教授等を経て現職。専門は環境政策論。（公財）地球環境戦略研究機関シニアフェロー、国際協力機構（JICA）環境ガイドライン異議申立審査役、環境経済・政策学会理事等も務める。
著書に『地球環境学への旅』（文化科学高等研究院出版局、2011年）、『環境政策学のすすめ』（丸善、2007年）、『環境ガバナンス論』（京都大学学術出版会、2007年）、『環境ガバナンス』（岩波書店、2002年）、『環境政治入門』（平凡社、2000年）等。

グローバル環境ガバナンス事典

2018年５月10日　初版第1刷発行

編　者　リチャード・E・ソーニア
　　　　リチャード・A・メガンク
監訳者　植　田　和　弘
　　　　松　下　和　夫
発行者　大　江　道　雅
発行所　株式会社　明石書店

〒101-0021　東京都千代田区外神田6-9-5
電　話　03（5818）1171
FAX　03（5818）1174
振　替　00100-7-24505
http://www.akashi.co.jp
装丁　明石書店デザイン室
印刷・製本　モリモト印刷株式会社

（定価はカバーに表示してあります）　ISBN978-4-7503-4667-0

名古屋大学 環境学叢書 4

中国都市化の診断と処方

――開発・成長のパラダイム転換

林 良嗣、黒田由彦、高野雅夫

名古屋大学グローバルCOEプログラム「地球学から基礎・臨床環境学への展開」［編］

A5判／上製／192頁

◎3000円

中国の急激な都市化・経済発展は、PM2・5の問題も含め、さまざまな環境破壊・都市問題をもたらしている。本書はこのテーマに対し、日中の研究者が、観光を通じた「持続可能な発展」をはかる湯布院に集い議論した成果をまとめたもの。

内容構成

はじめに――中国の都市化と湯布院を架橋するもの［黒田由彦］

序章 シンポジウムを貫く視点――ダイナミック・スタビリティ［林 良嗣］

〈第1部 中国における都市化の現在〉

第1章 南京市の開発とその課題［翟 国方］

第2章 江南の異変――蘇南地域の開発とその問題［張 玉林］

第3章 「都市・農村」遷移地域における社区での階層構造および管理のジレンマ――長春市郊外を例に［田 毅鵬］

第4章 東豊県の経済社会発展と直面する環境問題およびその対策［単 聯成］

第5章 中国農村部におけるゴミ問題の診断と治療［李 全鵬］

第6章 上海市田子坊地区再開発に見るコントロールされた成長［徐 春陽］

第7章 中国農村の都市化――多系的発展の道筋［黒田由彦］

〈第2部 成長の制御（コントロール）〉

第8章 岐路に立つ癒しの里・由布院温泉［王 昊凡］

第9章 市町村合併がもたらした『問題』［石橋康正］

第10章 鼎談「由布院温泉に見るコントロールされた成長と前向きな縮小という課題」［中谷健太郎氏×桑野和泉氏×高野雅夫］

第11章 由布院が示唆するもの［林 良嗣］

終章 鼎談「日本社会への提言」［林 良嗣×黒田由彦×高野雅夫］

名古屋大学 環境学叢書 5

持続可能な未来のための知恵とわざ

――ローマクラブメンバーとノーベル賞受賞者の対話

林 良嗣、中村秀規［編］

A5判／上製 144頁

◎2500円

世界の重大事項を扱いレポートを刊行しているローマクラブ共同会長のエルンスト・フォン・ワイツゼッカー、同クラブフルメンバーの林良嗣、小宮山宏に加え、ノーベル賞受賞者の赤﨑勇、天野浩が集い、持続可能な未来のための科学技術について議論する。

内容構成

はしがき［林良嗣］

エルンスト・フォン・ワイツゼッカー博士への名古屋大学名誉博士称号授与の言葉［松尾清一］

〈第1部 記念講演〉

ローマクラブからの新たなメッセージ［エルンスト・フォン・ワイツゼッカー］

ローマクラブに参画して［林良嗣］

〈第2部 トークセッション〉

持続可能な未来のための知恵とわざ［エルンスト・フォン・ワイツゼッカー×赤﨑勇×小宮山宏×天野浩×林良嗣×飯尾歩］

名古屋大学での思い出と青色発光ダイオードの実現［赤﨑勇］

21世紀のビジョン「プラチナ社会」［小宮山宏］

ローマクラブと持続可能な社会――ハピネスを探して［林良嗣×丸山一平］

〈価格は本体価格です〉

世界の環境の歴史 生命共同体における人間の役割
明石ライブラリー 62 ドナルド・ヒューズ著 奥田暁子、あべのぞみ訳 ◉6800円

世界の水質管理と環境保全
経済協力開発機構（OECD）編著 及川裕二訳 ◉2300円

開発途上国の都市環境 バングラデシュ・ダカ 持続可能な社会の希求
三宅博之 ◉3800円

アジアの経済発展と環境問題 社会科学からの展望
伊藤達雄、戒能通厚編 ◉3500円

環境と資源利用の人類学 西太平洋諸島の生活と文化
印東道子編著 ◉5500円

人々の資源論 開発と環境の統合に向けて
佐藤 仁編著 ◉2500円

タイの森林消失 1990年代の民主化と政治的メカニズム
倉島孝行 ◉5500円

破壊される世界の森林 奇妙なほど戦争に似ている
明石ライブラリー 97 デリック・ジェンセン、ジョージ・ドラファン著 戸田 清訳 ◉3000円

開発の思想と行動 「責任ある豊かさ」のために
明石ライブラリー 104 ロバート・チェンバース著 野田直人監訳 中林さえ子、藤倉達郎訳 ◉3800円

開発のための政策一貫性 東アジアの経済発展と先進諸国の役割
経済協力開発機構（OECD）、財務省財務総合政策研究所共同研究プロジェクト 河合正弘、深作喜一郎編著・監訳 ◉10000円

生物多様性の保護か、生命の収奪か グローバリズムと知的財産権
ヴァンダナ・シヴァ著 奥田暁子訳 ◉2300円

アース・デモクラシー 地球と生命の多様性に根ざした民主主義
ヴァンダナ・シヴァ著 山本規雄訳 ◉3000円

食糧テロリズム 多国籍企業はいかにして第三世界を飢えさせているか
ヴァンダナ・シヴァ著 浦本昌紀監訳 竹内誠也、金井塚務訳 ◉2500円

図表でみるOECD諸国の農業政策 2004年版
OECD編著 生源寺眞一、中嶋康博監訳 ◉2500円

日本の農政改革 競争力向上のための課題とは何か
OECD編著 木村伸吾訳 ◉3000円

農産物貿易自由化で発展途上国はどうなるか 地獄へ向かう競争
吾郷健二 ◉3800円

〈価格は本体価格です〉